개정판

디지털 논리회로

이론 및 실험

김 종 현 지음

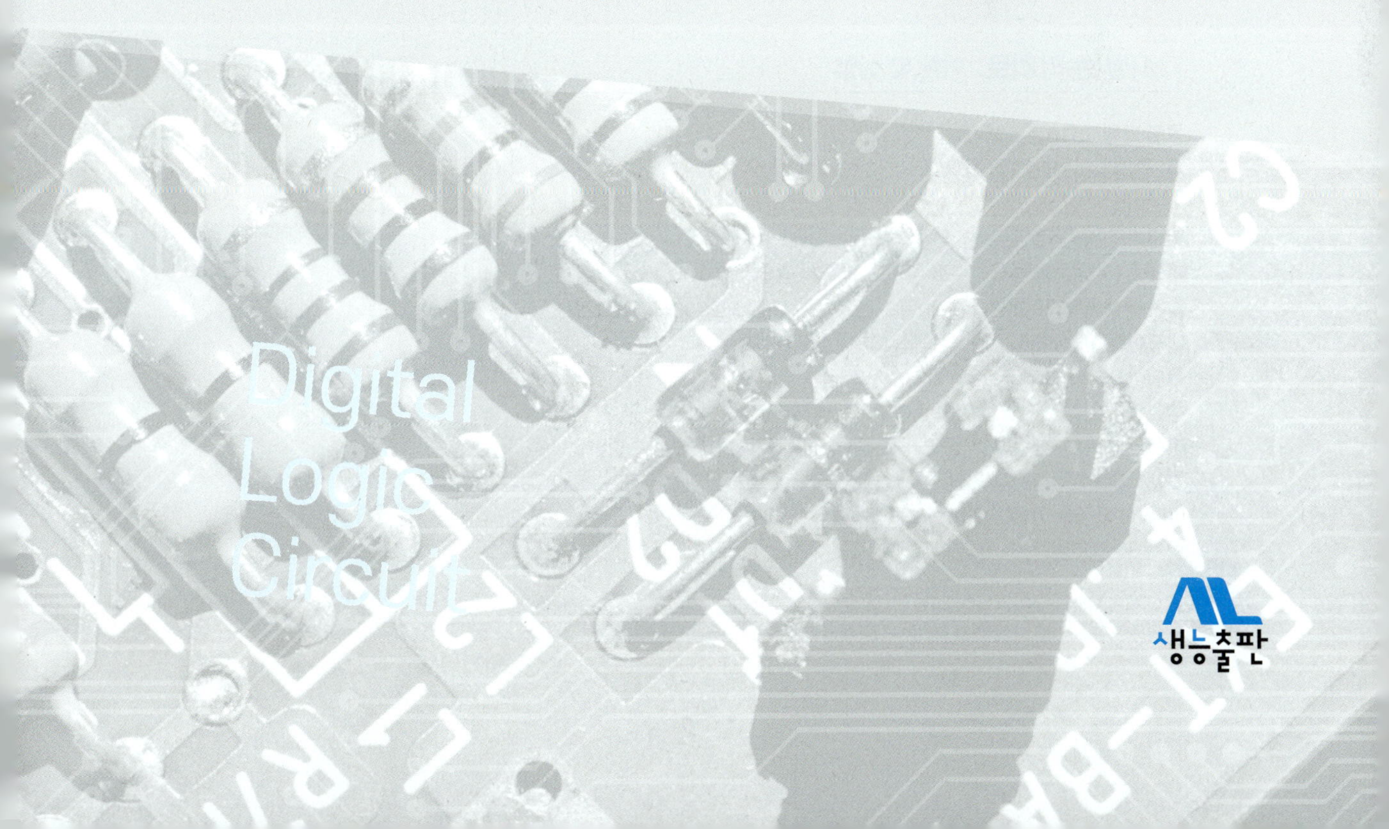

생능출판

저자 약력

김종현
연세대학교 공과대학 전기공학과 (공학사)
연세대학교 대학원 전기공학과 (공학석사)
Arizona State University, Department of Electrical and Computer Engineering (Ph.D)
한국전자통신연구소 컴퓨터연구단 프로세서구조연구실 실장
연세대학교 과학기술대학 컴퓨터정보통신공학부 교수
(현) 연세대학교 명예교수

저서
컴퓨터구조론, 병렬컴퓨터구조론

관심분야
컴퓨터구조, 병렬처리, 임베디드시스템, 클라우드컴퓨팅

디지털 논리회로: 이론 및 실험

초판발행 2016년 2월 5일
제2판3쇄 2025년 1월 10일
지은이 김종현
펴낸이 김승기, 김민수
펴낸곳 (주)생능출판사 / **주소** 경기도 파주시 광인사길 143
출판사 등록일 2005년 1월 21일 / **신고번호** 제406-2005-000002호
대표전화 (031)955-0761 / **팩스** (031)955-0768
홈페이지 www.booksr.co.kr
책임편집 신성민 / **편집** 이종무, 최동진 / **디자인** 유준범, 노유안
마케팅 최복락, 심수경, 차종필, 백수정, 송성환, 최태웅, 명하나, 김민정
인쇄 · 제본 (주)상지사P&B
ISBN 978-89-7050-608-1 93560
정가 30,000원

머리말

현재 우리는 모든 정보들이 디지털화 되고, 디지털컴퓨터에 의해 처리되며, 디지털통신 시스템인 인터넷을 통하여 전송되는 디지털 시대(digital era)에 살고 있다. 그에 따라 디지털 시스템은 현재 뿐 아니라 미래 사회에서도 기반설비(infrastructure)가 될 것이다. 디지털 시스템은 2진수 체계(binary number system)와 부울 대수(Boolean algebra)에 수학적 근거를 두고 발전해 왔으며, 그 하드웨어는 디지털 논리회로(digital logic circuits)에 의해 구현된다. 디지털 논리회로는 첨단 반도체기술의 발전에 힘입어 초소형, 초고속, 초저가의 IC 칩으로 제조되고 있다.

디지털 시스템을 설계하고 성능을 지속적으로 향상시키는 일은 IT 전문가들이 담당해야 한다. 따라서 IT 전문인력을 양성하는 컴퓨터 관련학과들과 전자공학과의 교과과정에는 '디지털 논리회로'가 필수과목으로 포함되어 있다. 이 강의를 위하여 외국에서 수입한 원서들뿐 아니라 국내 서적들도 다수 출판되어 있지만, 본 저서가 많은 독자들로부터 분에 넘칠 정도로 호평을 받으며 많은 대학에서 강의교재로 사용되고 있음에 깊이 감사드리며, 그에 보답하는 마음으로 본 개정판을 출판하게 되었다. 전체 9장으로 구성된 이 책의 주요 내용을 요약하여 소개하면 다음과 같다.

제1장 디지털 시스템의 개요

디지털 시스템의 개념에 대하여 설명하며, 디지털 정보의 표현 방법과 디지털 논리 연산에 대하여 소개한다. 그리고 논리 연산을 처리하는데 사용되는 논리 게이트들의 동작 원리를 개략적으로 분석하고, 마지막으로 디지털 IC의 종류와 패키징 방식들에 대하여 살펴본다.

제2장 2진수 체계와 디지털 코드

수 체계인 2진수, 8진수 및 16진수의 표현 및 상호 변환 방법에 대하여 설명하고, 디지털 시스템에서 사용되는 2진수의 산술 연산 원리에 대하여 살펴본다. 또한 2진수 체계에서 음수를 표현하는 방법과 그들 간의 연산 방법들을 분석한다. 그리고 2진 비트들로 표현할 수 있는 각종 코드들에 대하여 알아본 다음에, 정보의 처리 및 전송과정에서 발생할 수 있는 오류를 검출하기 위한 코드화 방식에 대하여 설명한다.

제3장 논리 게이트

기본적인 논리 게이트들 및 다양한 응용에 사용되고 있는 XOR 게이트와 XNOR 게이트의 동작 특성에 대하여 설명한다. 그리고 논리 게이트를 구현하기 위한 내부 회로인 각종 트랜지스터 회로들을 분석하고, 그들을 집적시킨 IC 칩들을 이용한 시스템 구성 방법에 대하여 살펴본다.

제4장 부울 대수

디지털 시스템의 수학적 기반이 되는 부울 대수의 법칙과 규칙들을 소개하며, 그를 이용하여 논리회로를 분석 및 설계하는 방법에 대하여 설명한다. 그리고 각종 게이트들을 이용하여 부울 함수를 구현하는 방법을 공부한 다음에, 마지막으로 XOR 연산과 XNOR 연산에 대한 함수들을 살펴본다.

제5장 카노프 맵을 이용한 부울 함수의 간략화

부울 함수를 논리회로로 구현하기 전에 최소 형태로 간략화시키기 위한 효과적인 기법인 카노프 맵의 작성과 활용 방법에 대하여 설명한다. 또한 카노프 맵을 이용하여 각종 논리회로를 설계하는 기법을 습득한다.

제6장 조합회로의 분석과 설계

조합회로의 기본 구조와 분석 및 설계 방법에 대하여 설명한 다음에, 각종 조합회로들의 구성과 동작 특성에 대하여 살펴본다. 여기에는 가산기를 비롯한 산술연산 회로들과 디코더, 비교기, 멀티플렉서 등, 각종 디지털 시스템에서 널리 사용되고 있는 조합회로들에 대한 분석과 설계도 포함된다.

제7장 순차회로의 분석과 설계

먼저 순차회로의 핵심 요소인 각종 래치와 플립-플롭들의 내부 구조 및 동작 특성에 대하여 살펴본다. 그런 다음에, 그들을 기억 소자로 이용하여 구성되는 다양한 형태의 순차회로들을 분석하고 설계하는 방법에 대하여 설명한다.

제8장 카운터 및 레지스터

플립-플롭을 이용한 순차회로의 대표적인 응용들인 카운터와 레지스터의 동작 특성을 살펴본 다음에, 그들을 설계하는 방법에 대하여 설명한다. 여기에는 비동기식 및 동기식 카운터가 모두 포함되며, 데이터의 저장뿐 아니라 비트 이동 동작도 지원하는 시프트 레지스터에 대해서도 살펴본다.

제9장 PLD와 FPGA

게이트 배열 IC 칩들을 이용하여 대규모 논리회로를 간편하게 구현하는 방법에 대하여 설명한다. 특히 사용자 편이성을 높여주는 각종 PLD(programmable logic device)들의 내부 구조 분석과 그들을 이용한 회로구현 과정을 살펴보고, 더욱 많은 논리 배열들로 구성되는 FPGA(field programmable gate array)의 내부 구조를 소개한다.

부록: 실험

앞의 본문에서 설명한 주요 내용들에 대하여 해당 IC 칩들을 이용한 실험을 직접 수행해 볼 수 있도록 다양한 실험 주제들과 실험 방법을 제시하고 있다. 이 실험들은 이론 내용을 더욱 깊이 이해하는데 도움이 될 뿐 아니라, 디지털 논리회로 분야의 실무에 대비한 좋은 경험이 될 것이다.

이 책의 특징은 논리회로의 분석 및 설계를 위하여 반드시 알아야 할 핵심적인 내용들만 발췌하여 이해하기 쉽도록 간결하게 설명하였다는 점과 한 학기 동안 마지막 장까지 공부하기에 적합하도록 분량을 조절하였다는 점이다. 또한, 각 장에는 본문의 내용을 충실히 공부한 학생들이면 누구나 풀 수 있는 수준의 기본문제 및 연습문제들을 수록함으로써, 개념을 명확하게 이해하는데 도움이 되도록 하였다. 이 책의 수준은 대학 및 전문대학의 컴퓨터 관련학과들과 전자공학과의 '논리회로설계' 강의교재로 적절하며, 연구소나 기업체의 연구개발 엔지니어들에게도 직접적으로 도움이 되는 참고 서적이 될 것이다.

마지막으로, 본 개정판의 출판을 위하여 아낌없는 지원을 해주신 생능출판사 김승기 사장님을 비롯한 임직원 여러분께 깊은 감사를 드린다.

2022년 11월

저자 김 종 현

C O N T E N T S

차례

CHAPTER 01 디지털 시스템의 개요

CHAPTER 02 2진수 체계와 디지털 코드

CONTENTS

C O N T E N T S

Digital Logic Circuits

CHAPTER 01

디지털 시스템의 개요

CONTENTS

CHAPTER

01 디지털 시스템의 개요

1.1 아날로그 신호와 디지털 신호

자연 현상이나 기계 장치 등으로부터 정량적으로 측정될 수 있는 대부분의 물리적인 양(크기, 값)들은 연속적으로 변하는 수치들로 표현될 수 있다. 예를 들어 하루의 기온은 시시각각으로 변하는데, 그렇게 변화되는 값들은 '연속적'이라는 특징을 가지고 있다. 즉, 15°C이던 기온이 갑자기 16℃로 높아지지는 않으며, 그 값들 사이에서 15.01℃, 15.011℃, … 와 같이 아주 미세하게 변해간다. 다른 예로서, 마이크를 통하여 음성을 입력시키면 소리의 크기와 음색에 따라 그에 대응되는 전압을 나타내는 전기적 신호가 연속적으로 출력된다. 이와 같이 연속적으로 변하는 현상을 물리적인 양으로 표현한 것을 아날로그(analog)라고 하며, 그들 중에서 전기적 신호로 변환된 것을 아날로그 신호(analog signal)라고 부른다.

자동차의 속도는 가속 페달이나 브레이크를 밟을 때마다 변하게 된다. 그림 1-1은 자동차가 출발한 순간부터 속도가 서서히 높아졌다가 다시 떨어지는 경우를 아날로그 값들로 표시한 그래프를 보여주고 있다. 이러한 속도 변화는 속도계의 바늘이 원형 평판 상의 해당 숫자를 가리키게 함으로써 운전자가 인식할 수 있게 된다. 최근에는 측정된 속도를 LCD(liquid crystal display) 화면을 이용하여 표시해주는 자동차들도 있다. 이 경우에는 속도를 전기적 값으로 변환한 다음에, 그에 대응되는 숫자들을 LCD 화면에 표시해주는 것이다. 그런데 연속적으로 변하는 속도를 그대로 LCD 화면에 표시해준다면 숫자들이 매우 빨리 바뀌기 때문에 운전자가 읽기 어려울 것이다.

그러한 문제를 방지하는 방법은 일정 시간(예: 1초) 간격으로 입력 신호를 측정하여

LCD 화면을 갱신해주는 것이다. 이와 같이 일정 시간 간격으로 값을 측정하는 동작을 '샘플링(sampling)한다'라고 말한다. 그림 1-2는 속도를 나타내는 그림 1-1의 아날로그 신호를 1초 간격으로 샘플링 한 값들을 보여주고 있는데, 대략적으로 표현해보면 17, 31, 42, 53, 62, … 등이다. 이러한 값들은 연속적 값(continuous value)에 대응되는 용어로서, 이산적 값(discrete value)이라고 부른다. 이산적 값은 디지털 데이터(digital data; 이하 데이터라고 함)라고도 부르며, 그림 1-2와 같이 그 값들을 샘플링 한 시간 순서대로 나열한 형태를 디지털 신호(digital signal)라고 한다.

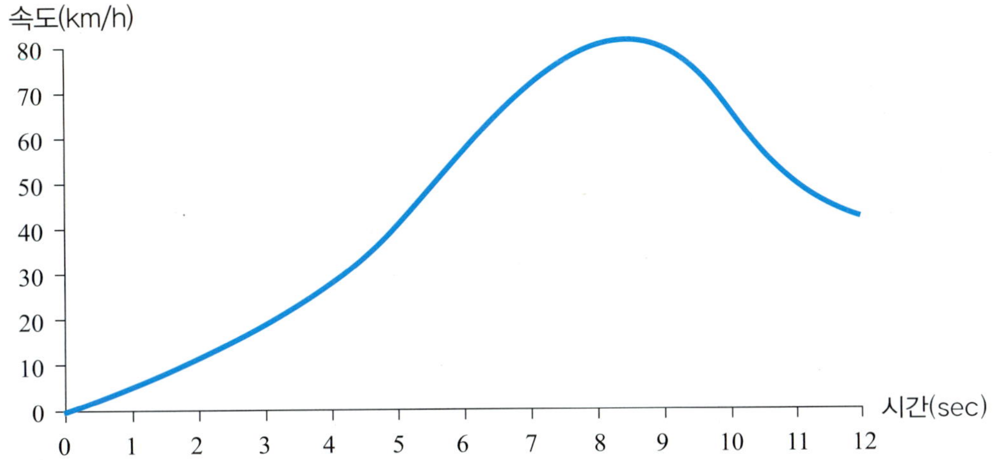

그림 1-1 아날로그 신호로 표시한 속도 그래프

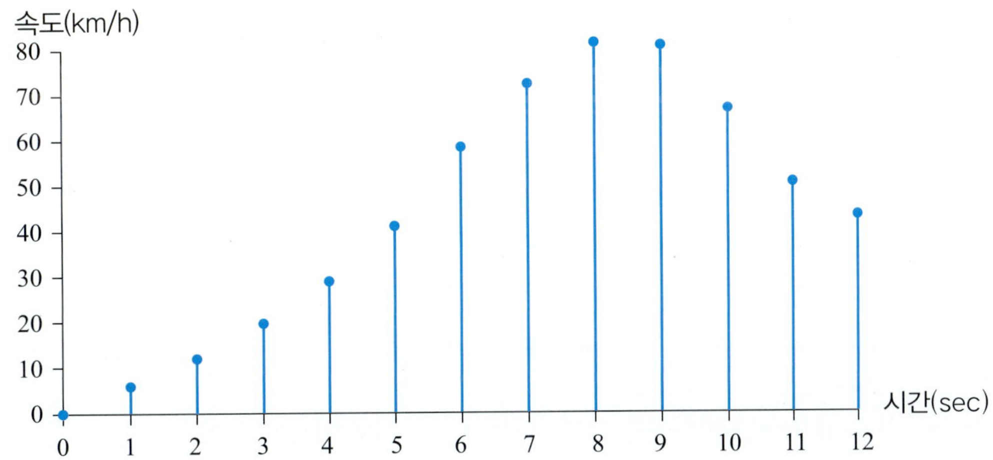

그림 1-2 디지털 신호로 표시한 속도 그래프

1.2 아날로그 시스템과 디지털 시스템

우리 주위에는 자연 현상으로부터 측정되거나 기계 장치 등으로부터 생성된 물리적인 양(physical quantity)들을 받아들여 단순히 디스플레이 시키거나, 적절한 처리 과정을 거쳐 다른 값으로 변경시키는 장치들이 많이 있다. 그들 중에서 전기적인 아날로그 신호를 받아서 그대로 처리하는 부품들로 구성된 장치를 아날로그 시스템(analog system)이라고 부른다. 즉, 아날로그 시스템에서는 그림 1-3과 같이 입력 신호와 출력 신호가 모두 시간에 따라 연속적으로 변하는 아날로그 신호이다. 아날로그 시스템의 예로는 음성 신호를 전송하는 과거의 일반전화시스템, 음향 정보를 저장하고 재생해 주는 카셋 테이프 레코더(cassette tape recorder), 전압의 높이를 바꾸어주는 변압기(transformer) 등이 있다.

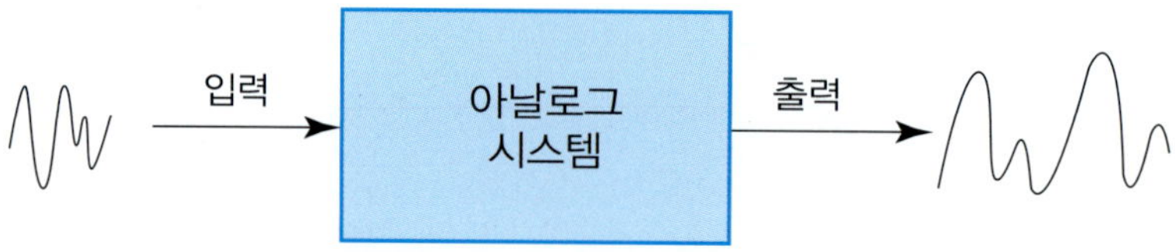

그림 1-3 아날로그 시스템의 입력과 출력

반면에, 이산적 값들로 이루어지는 디지털 신호를 입력으로 받아 처리하고, 다시 디지털 신호로 출력하는 부품들로 이루어진 장치를 디지털 시스템(digital system)이라고 부른다. 즉, 디지털 시스템은 그림 1-4에서 보는 바와 같이 디지털 데이터를 발생시키는 키보드와 같은 입력장치로부터 값을 직접 받아서 내부 기억장치에 저장하거나, 적절히 처리한 다음에 디지털 출력장치로 내보낸다.

그런데 각종 센서 등으로부터 얻어지는 원래의 값들을 처리하는 경우에는 그 신호가 아날로그 신호이기 때문에 직접 디지털 시스템으로 입력시킬 수는 없다. 따라서 아날로그 신호를 먼저 디지털 신호로 변환한 다음에 입력시켜야 한다. 또한 디지털 시스템에서 처리된 디지털 데이터를 외부로 출력시키기 위해서는 다시 아날로그 신호로 바꾸어야 한다.

한 예로서 그림 1-4의 하단부를 보면, 마이크를 통하여 입력된 음성 신호(아날로그 신호)는 디지털 신호로 변환되어 디지털 시스템으로 입력되며, 원하는 처리(예: 증폭) 과정을 거친 다음에는 다시 아날로그 신호로 변환되어 스피커로 출력되는 음향처리 과정을 보여주고 있다. 이 과정에서 아날로그 신호를 디지털 신호로 변환해주는 장치를 A/D 변환기(analog-to-digital converter)라고 부르며, 반대로 출력단에서 디지털 신호를 아날로그 신호로 변환해주는 장치는 D/A 변환기(digital-to-analog converter)라고 부른다.

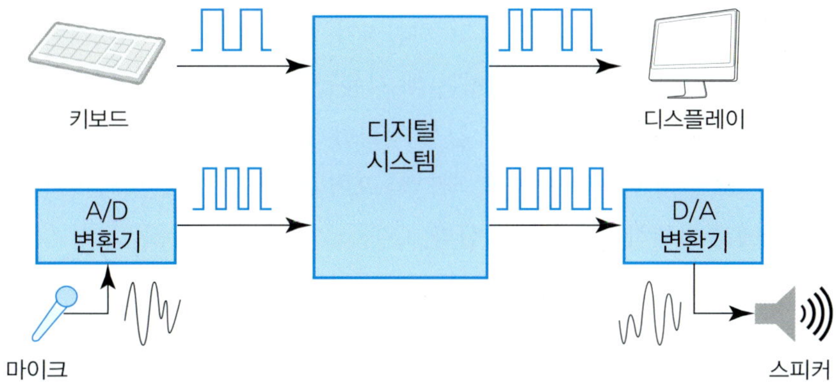

그림 1-4 디지털 시스템과 입출력장치들

각종 전자장치들의 주요 부품인 진공관(vacuum tube)이나 트랜지스터(transistor)가 개발된 후에도 오랫동안 사용되어 오던 아날로그 시스템들이 최근에는 대부분 디지털 시스템으로 대체되었다. 그 주요 이유로는 디지털 시스템이 다음과 같은 상대적 장점들을 가지고 있기 때문이다.

(1) **외부 환경 변화에 영향을 적게 받아 신뢰도가 높다:** 온도 변화나 잡음(noise) 등에 의해 신호 값이 변하여 오차(error)를 유발하는 아날로그 시스템에 비하여, 디지털 시스템은 그러한 외부 요인에 의한 영향을 적게 받는다. 디지털 시스템에서는 모든 정보를 '0'과 '1'만 사용하는 2진수 체계를 이용하여 표현하기 때문에, 온도 변화에 의해 신호에 약간의 변화가 발생하더라도 정보를 표현하는 값은 영향을 받지 않는다.

(2) **시스템 설계가 용이하다:** 신호의 정확한 값을 유지할 필요가 없고, '0'과 '1'을 나타내는 대략적인 전압 범위만 유지하면 된다. 따라서 회로는 연산 기능만 가지면 되기 때문에 시스템 설계가 더 쉬워진다.

(3) **크기와 가격이 점차적으로 감소한다:** 반도체 집적회로(IC) 기술의 발전으로 인하여 복잡한 회로를 작은 크기로 제작할 수 있게 되고, 대량 생산이 용이하기 때문에 가격도 낮아지며, 부품들의 수가 감소함에 따라 결함 발생률도 줄어든다.

그러나 디지털 시스템은 근본적인 한계를 가지고 있다. 자연 현상으로부터 측정되는 대부분의 물리적인 양들은 아날로그 신호이며, 그들을 디지털 시스템이 받아서 처리하기 위해서는 그림 1-4에서와 같이 A/D 및 D/A 변환기가 필요하다. 그런데 디지털 시스템에서는 아날로그 값을 디지털 데이터로 표현하는 데 사용될 수 있는 하드웨어에 한계가 있기 때문에, 디지털 데이터가 원래의 아날로그 값을 정확하게 반영하지 못한다. 즉, 디지털 데이터를 표현하는 비트 수의 한계로 인하여, 약간의 오차(error)가 발생한다. 이러한 문제점에 대해서는 제2장에서 자세히 설명하기로 한다.

1.3 디지털 정보의 표현

디지털 시스템에서 처리되는 정보를 표현하기 위하여 다양한 종류의 수 체계(number system)들이 사용되고 있다. 그들 중에서 가장 보편적으로 사용되는 것으로는 2진수(binary number), 8진수(octal number), 10진수(decimal number) 및 16진수(hexadecimal number) 체계가 있다. 이들 중에서 8진수와 16진수에 대해서는 제2장에서 자세히 살펴보기로 하고, 여기서는 사람들에게 친숙한 10진수와 디지털 컴퓨터에서 가장 널리 사용되고 있는 2진수에 대해서만 간략히 설명하기로 한다.

1.3.1 10진수

10진수는 숫자(digit)를 나타내는 10개의 기호들(0, 1, 2, 3, 4, 5, 6, 7, 8, 9)을 사용하여 수를 표현한다. 10진수 체계는 기수-10 체계(base-10 system)라고도 부른다. 그 이유는 9보다 더 큰 수를 표현하기 위하여 여러 개의 숫자들을 사용할 때, 각 숫자의 자릿수(weight; 가중치라고도 함)가 10의 거듭제곱 값을 가지기 때문이다. 예를 들어, 세 개의 숫자들로 표현되는 10진수 385의 경우에 3의 자릿수는 10^2, 8의 자릿수는 10^1, 그리고 5의 자릿수는 10^0이다. 따라서 $(3\times10^2) + (8\times10^1) + (5\times10^0) = 300 + 80 + 5 = 385$가 되는 것이다.

조금 더 복잡한 예로서, 소수점 이하의 수를 포함하는 10진수 385.47의 각 숫자들은 아래와 같은 자릿수들을 가진다.

$$\begin{array}{cccccc} 10^2 & 10^1 & 10^0 & 10^{-1} & 10^{-2} & \leftarrow \text{자릿수} \\ 3 & 8 & 5\,. & 4 & 7 & \end{array}$$

그와 같이 지정된 자릿수들을 이용하여 이 수의 값을 구하면, $(3\times10^2) + (8\times10^1) + (5\times10^0) + (4\times10^{-1}) + (7\times10^{-2}) = 385.47$이 된다. 이 수에서 가장 큰 자릿수를 가지는 3은 가장 중요한 숫자라는 의미로서 MSD(Most Significant Digit)라고 부르며, 자릿수가 가장 작은 7을 LSD(Least Significant Digit)라고 한다. 이와 같이, 10진 소수점을 중심으로 좌측에 위치한 숫자들의 자릿수는 양(+)의 멱수(power), 우측의 숫자들은 음(−)의 멱수를 가지며, 그 자릿수들을 각 숫자와 곱한 다음에 모두 더하면 그 수의 값이 결정된다.

1.3.2 2진수

디지털 시스템에서 10진수 체계를 이용하여 표현된 정보를 사용한다면 회로의 구현이 매우 어려워지게 된다. 그 이유는 어떤 수의 각 자리에 위치한 숫자들을 전기적 신호로 나타내려면 10단계의 전압 레벨이 사용되어야 하는데, 그 신호들을 처리하는 전자회로는 아날로그 시스템에서 사용되는 회로와 별 차이가 없을 만큼 복잡해지기 때문이다. 반면에, 두 개의 전압 레벨(예: 0V와 5V)에 대해서만 동작하는 회로를 이용한다면 설계가 간단해질 뿐 아니라, 외부 환경 변화에 따른 오차 발생의 위험도 줄어든다. 따라서 대부분의 디지털 시스템에서는 2진수가 사용되고 있다.

2진수에서는 낮은 전압 레벨(0V)을 0으로, 높은 전압 레벨(5V)을 1로 각각 대응시킨다. 그와 같이 표현되는 0과 1의 값을 가지는 기본 데이터 단위를 2진 숫자(binary digit)라고 하며, 간략히 비트(bit)라고 부른다. 이러한 수 체계를 사용하는 시스템에서는 일반적으로 입력 신호에 대한 비트 값을 표현하는데 있어서 전압 레벨 상에 약간의 여유(margin)를 허용한다. 예를 들어, CMOS 게이트[1]의 경우에는 그림 1-5(a)와 같이 입력 신호의 전압 레벨이 0V~1.5V 사이이면 '0'으로 인식되고, 3.5V~5V 사이이면 '1'로 인식된다. 따라서 디지털 시스템의 입력 신호나 내부 연산 과정에서 그 전압 레벨에 어느 정도의 오차가 발생하

1) CMOS 게이트의 특성과 내부 회로에 대해서는 3.4절에서 자세히 설명된다.

더라도 각각의 범위 내에만 있다면, 0과 1이 바뀔 정도로 영향을 주지는 않는다. 그러나 만약 입력 전압이 그 이외의 값, 즉 1.5V~3.5V 사이라면, 연산 과정에서 0으로 취급될 지 혹은 1로 취급될 지 불확실한 상태가 되기 때문에 연산 결과는 예측 불허가 된다. 따라서 그 영역에 속하는 입력 신호가 들어오지 않도록 유의해야 한다. 그림 1-5(b)는 디지털 시스템에서 데이터를 전기적 펄스(electrical pulse) 형태로 표현하는 전형적인 파형(waveform)을 보여주고 있다.

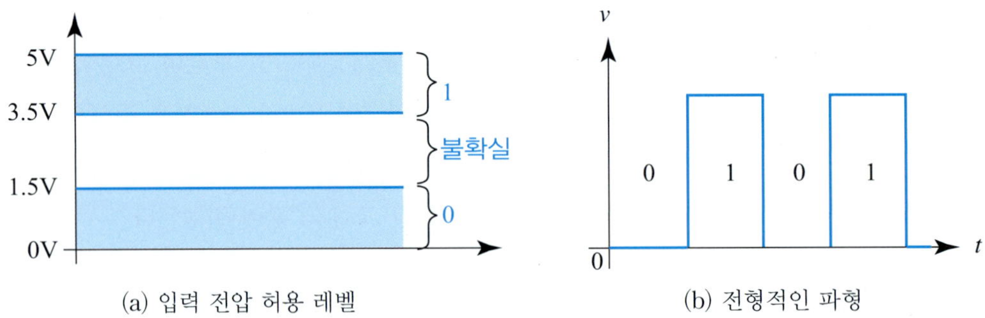

그림 1-5 디지털 신호의 입력 전압 허용 레벨과 전형적인 파형

그런데 디지털 시스템이 처리해야 하는 실제 값들은 대부분 0과 1보다 더 큰 수들이다. 그들을 디지털 시스템에서는 어떻게 표현할까? 10진수 체계에서는 0부터 9까지를 이용하여 표현한 다음에, 그보다 더 큰 수를 표현하기 위해서는 두 자리 수를 이용하여 10, 11, 12, … 등으로 표현하고, 그 이상의 수들은 더 많은 자리 수를 이용하여 표현한다. 2진수 체계에서도 그와 마찬가지로 여러 개의 2진 비트들을 이용하면 된다. 즉, 〈표 1-1〉과 같이 1보다 더 큰 2와 3은 두 비트, 4부터 7까지는 세 비트, 그 이상은 네 비트를 이용하여 각각 표현할 수 있다. 이때 비트들은 표의 상단에 표시된 것과 같이 우측 비트부터 각각 2^0, 2^1, 2^2, 2^3의 자릿수를 가진다. 즉, 기수(base)는 2가 되고, 멱수는 10진수에서와 마찬가지로 윗자리 수로 가면서 1씩 증가하는 정수가 되는 것이다.

위의 예에서 4비트를 이용한 경우에는 $2^4 = 16$이므로 모두 16가지(0~15)의 수들을 표현할 수 있다. 같은 방법으로 8개의 비트들을 이용한다면, 표현할 수 있는 수의 범위는 '00000000'부터 '11111111'까지의 256가지가 되며, 이들은 10진수 0부터 255에 해당한다. 그리고 16비트로는 10진수 0부터 65535까지를 표현할 수 있다.

〈표 1-1〉 10진수에 대한 2진수 표현

10진수	$2^3=8$	$2^2=4$	$2^1=2$	$2^0=1$
0				0
1				1
2			1	0
3			1	1
4		1	0	0
5		1	0	1
6		1	1	0
7		1	1	1
8	1	0	0	0
9	1	0	0	1
10	1	0	1	0
11	1	0	1	1
12	1	1	0	0
13	1	1	0	1
14	1	1	1	0
15	1	1	1	1

지금까지의 설명과 관련하여, 1.2절에서 설명한 디지털 시스템의 세 가지 장점들 중에서 가장 중요한 첫 번째 장점에 대한 예를 하나 살펴보기로 하자. 과거에 널리 사용되던 오디오 테이프에 저장되어 있는 음향 신호들은 오랜 시간이 지난 후에는 전압이 떨어지거나 잡음 신호(noise signal)가 추가되는 경우가 흔히 있기 때문에, 그 신호를 재생시켰을 때 소리가 원래보다 작아지거나 잡음이 섞여 나오는 문제가 발생하였다. 그런데 만약 그 음향 신호를 디지털 저장장치인 USB 플래시 메모리[2)]에 저장한다면, 아날로그 신호는 일정 주기로 샘플링 되어 디지털 데이터들로 변환된 다음에 저장된다. 그 과정에서 어떤 순간에 샘플 된 값이 8-비트 데이터 '01001101'로 변환되어 저장되었다고 가정하자. 그 비트들이 처음에는 그림 1-6에서와 같이 0V 혹은 5V 전압의 파형으로 저장되지만, 일정 시간이 경과한 후에는 그림에서 청색으로 표현된 것과 같이 전압이 떨어지거나 잡음이 섞여 왜곡(distortion)될 수도 있다. 그러나 그 값들이 앞에서 언급한 디지털 시스템의 0과 1에 대한 전압 여유

2) 국제입출력표준프로토콜인 USB(universal serial bus)를 통하여 컴퓨터 본체와 접속되는 반도체 저장장치인 플래시 메모리(flash memory)

(1.5V 이하 혹은 3.5V 이상) 범위 내에만 있다면, 데이터는 여전히 '01001101'로 인식되어 원래의 아날로그 값이 그대로 재생될 수 있다. 이것이 디지털 시스템의 신뢰도를 높여주는 주요 이유가 된다.

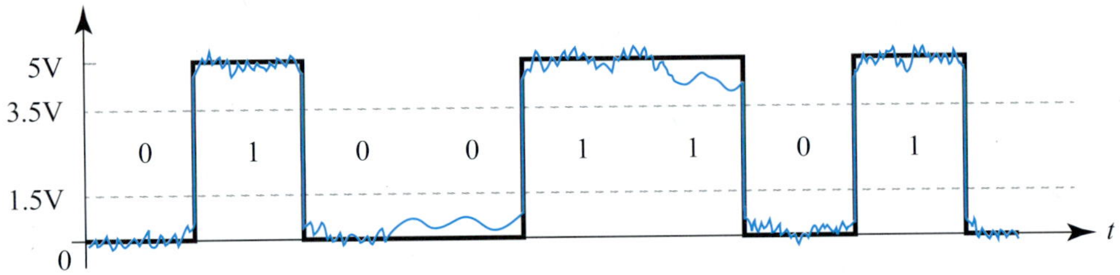

그림 1-6 전압 레벨 여유에 따른 디지털 신호의 신뢰도 향상

2진수 체계에서도 10진수와 마찬가지로 소수점 아래의 작은 수들도 표현할 수 있다. 이 경우에 2진 소수점(binary point)의 우측에 있는 비트들은 자릿수로서 2^{-1}, 2^{-2}, 2^{-3}, … 등을 가지게 된다. 예를 들어, 10진수 13.625는 2진수로 1101.101로 표현할 수 있는데, 아래와 같이 자릿수를 이용하여 다시 10진수를 구해보면 그들이 같은 값이라는 것을 확인할 수 있다.

$$\begin{aligned} 1101.101_2 &= (1 \times 2^3) + (1 \times 2^2) + (0 \times 2^1) + (1 \times 2^0) \\ &\quad + (1 \times 2^{-1}) + (0 \times 2^{-2}) + (1 \times 2^{-3}) \\ &= 8 + 4 + 1 + 0.5 + 0.125 = 13.625_{10} \end{aligned}$$

위의 수 표현에서 하첨자 2와 10은 각각 해당 수가 2진수 혹은 10진수라는 것을 가리킨다. 이와 같은 2진수와 10진수 간의 변환 방법에 대해서는 2.1절에서 자세하게 설명할 것이다.

그런데 디지털 시스템에서 정보를 저장하거나 처리하는 하드웨어를 무한히 포함시킬 수는 없기 때문에, 비트 수가 제한될 수밖에 없게 된다. 따라서 어떤 한도 이상의 매우 큰 수나 매우 작은 수는 표현할 수 없다. 표현 가능한 수의 크기 및 정확도의 한계를 극복하기 위하여 비트 수를 늘릴 수는 있지만, 그러한 문제를 완전히 해결할 수는 없다. 디지털 컴퓨터에서 처리할 데이터들의 길이를 32비트, 64비트 혹은 그 이상으로 증가시키는 이유도 그러한 문제점들을 완화시키기 위한 것일 뿐이다. 디지털시스템의 유일한 결점인 이 문제점에 대해서는 제2장에서 좀 더 자세하게 분석해볼 것이다.

2진 비트들을 이용하여 수 이외의 다른 정보들도 표현할 수도 있다. 예를 들어, 디지털 컴퓨터에서는 문자 및 특수 문자들을 ASCII(American Standard Codes for Information Interchange)라는 국제표준코드 규약에 따라 일곱 개의 비트들로 표현한다. 디지털 컴퓨터에서는 키보드로 문자 혹은 데이터를 입력하거나 다른 컴퓨터들과 정보를 교환할 때 그러한 약속된 비트 패턴들을 이용한다. 예를 들어, 알파벳 A와 B 및 특수 문자 @에 대한 ASCII 코드 표현들은 아래와 같은데, 2.6절에서 전체적으로 살펴보기로 한다.

A : 1000001
B : 1000010
@ : 1000000

1.4 디지털 논리 연산의 개념

2진 비트들로 표현된 정보들을 처리하는 디지털 시스템에서는 모든 연산들이 논리적 연산(logical operation)을 이용하여 처리되기 때문에, 기본 구성요소들은 모두 논리 소자(logic element)들로 이루어진다. 따라서 디지털 시스템은 2진 논리회로(binary logic circuit; 이하 논리회로라 함)로 구현된다.

논리회로는 두 개의 상태(논리적 '0'과 논리적 '1')로 표현되는 입력 신호들에 대하여 논리적 연산을 수행하는 전자회로이다. 여기서 논리적 '0'(logical '0')이란 '전기 신호가 인가되지 않았다', '어떤 일이 일어나지 않았다', 혹은 '스위치가 열려있다(opened switch)'와 같은 부정적인 의미를 가진다. 반면에, 논리적 '1'(logical '1')은 그 반대되는 상태로서, '전기 신호가 인가되었다', '어떤 일이 발생하였다', 혹은 '스위치가 닫혀있다(closed switch)'는 것을 의미한다. 이들에 대한 의미를 다시 정리하면 〈표 1-2〉와 같다.

〈표 1-2〉 논리적 0과 1의 의미

논리적 '0'	논리적 '1'
꺼짐(*off*)	켜짐(*on*)
낮음(*low*)	높음(*high*)
아니요(*no*)	예(*yes*)
거짓(*false*)	참(*true*)

기본적인 논리 연산으로는 AND 연산, OR 연산 및 NOT 연산이 있다. 이들에 대한 설명을 위하여, 먼저 그림 1-7(a)와 같이 +5V를 공급하는 전원(배터리)이 스위치를 통하여 램프(lamp)와 접속되는 회로를 고려해보자. 회로에서 R은 램프로 흐르는 전류의 크기를 조정하기 위하여 삽입하는 저항(resistor)이다. 전원이 공급되어 램프가 켜지도록 하기 위해서는 스위치를 닫아서 두 접점을 서로 연결해야 한다. 이 회로에서 접점의 개폐 동작을 제어하는 신호를 A라고 하자. 만약 스위치가 열려있는 상태($A=0$)라면, 회로에 전류가 흐르지 못하므로 램프는 꺼진 상태로 있게 된다. 그러나 만약 $A=1$이 되어 스위치가 닫힌다면, 전류가 흐르게 되어 램프가 켜진다. 결과적으로, 이 예의 경우에 램프는 A의 값이 0이라면 '꺼진(*off*)' 상태가 되고, 1이면 '켜진(*on*)' 상태가 된다. 따라서 입력 변수 A의 값에 따른 램프의 상태는 그림 1-7(b)와 같이 정리될 수 있다.

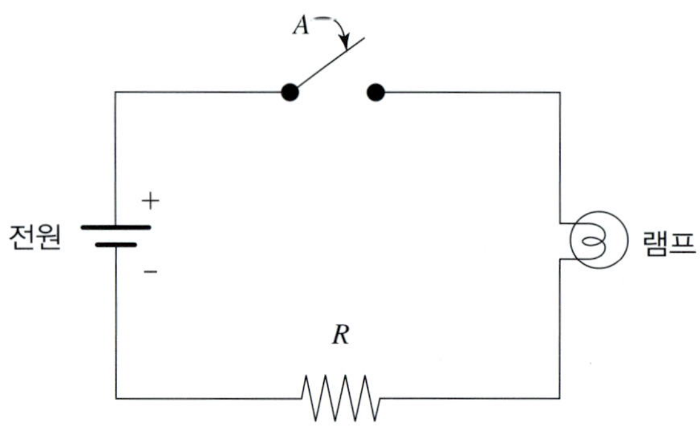

(a) 스위치 회로

A	램프
0	*off*
1	*on*

(b) 램프의 상태

그림 1-7 스위치 회로와 동작 특성

1.4.1 AND 연산

그림 1−8(a)와 같이 전원과 램프 사이에 두 개의 스위치들이 직렬(serial)로 연결된 회로를 고려해보자. 이 회로에서는 두 스위치들이 모두 '닫힌' 상태가 되어야 램프로 전류가 공급되어 켜지게 되며, 그들 중의 어느 하나라도 '열린' 상태로 있으면 램프는 켜지지 않는다. 두 스위치의 개폐 구동 신호를 각각 A와 B라고 한다면, A와 B가 모두 1이어야 램프가 '*on*' 되는 것이다. 다시 표현하면, 그림 1−8(b)와 같이 A와 B 중의 어느 하나만 0이라도 램프는 켜지지 않으며, $A=B=1$이 되어야 램프가 켜진다. 즉, A **AND** B = 1일 때만 램프가 '*on*' 되므로, 이러한 직렬 스위치 회로를 AND−스위치 회로라고 부른다. 그리고 이와 같은 연산을 논리적 AND 연산(logical AND operation) 혹은 단순히 AND 연산이라고 하며, 램프의 상태를 나타내는 변수(L)는 $L=A \cdot B$ 혹은 곱셈 기호(·) 없이 $L=AB$로 표현된다. 이러한 회로는 세 개 혹은 그 이상의 스위치들을 직렬로 연결한 경우에도 동일한 연산을 수행할 수 있다.

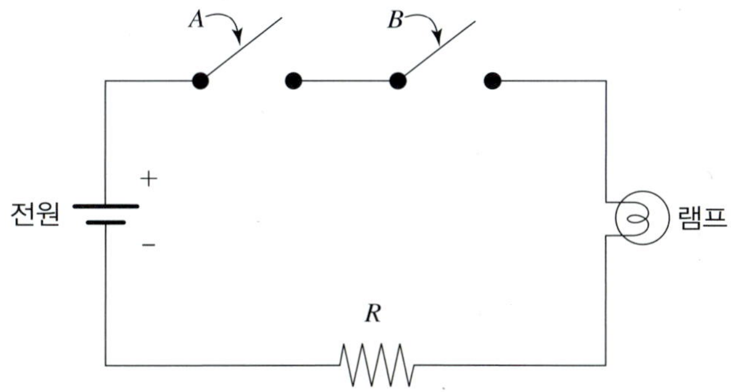

(a) AND−스위치 회로

A	B	램프(L)
0	0	*off*
0	1	*off*
1	0	*off*
1	1	*on*

(b) 램프의 상태

그림 1-8 AND−스위치 회로와 동작 특성

1.4.2 OR 연산

다른 경우로서, 그림 1−9(a)와 같이 전원과 램프 사이에 두 개의 스위치들이 병렬(parallel)로 접속된 회로의 동작을 살펴보기로 하자. 이 회로에서는 두 스위치들이 모두 열린 상태로 있으면 램프가 꺼져 있지만, 둘 중의 어느 한 스위치만 닫아도 그 스위치를 통하여 전류가 공급되므로 램프가 켜지게 된다(그림 1−9(b) 참조). 즉, A **OR** B = 1일 때 램프의 상태가 '*on*'이 되므로, 이러한 병렬 스위치 회로를 OR−스위치 회로라고 부른다. 그리고 이와 같은 연산을 논리적 OR 연산(logical OR operation) 혹은 단순히 OR 연산이라고 하며, $L=A+B$로 표현한다. 이러한 회로는 세 개 혹은 그 이상의 스위치들을 병렬로 연결한 경우에도 같은 연산을 수행할 수 있다.

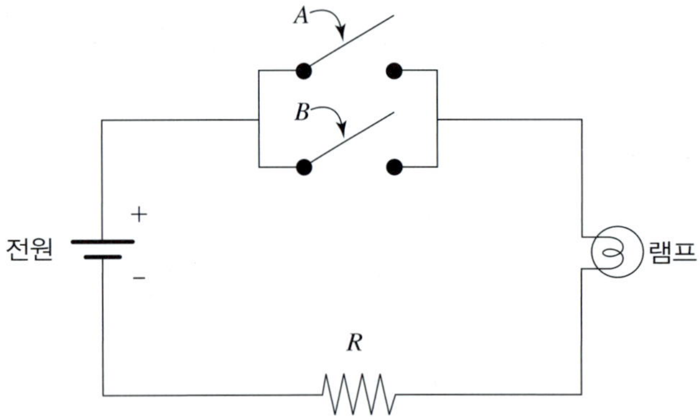

(a) OR–스위치 회로

A	B	램프(L)
0	0	*off*
0	1	*on*
1	0	*on*
1	1	*on*

(b) 램프의 상태

그림 1-9 OR–스위치 회로와 동작 특성

1.4.3 NOT 연산

그 외의 기본적인 논리 연산으로 'NOT 연산'이 있다. 이 연산을 보여주는 회로는 앞의 스위치 회로들과는 달리 스위치가 한 개만 사용된다. 이 스위치는 그림 1–10(a)에서 보는 바와 같이 램프와 병렬로 접속된다. 만약 스위치가 열린 상태($A=0$)로 있으면, 모든 전류가 램프로 흐르기 때문에 램프가 켜지게 된다. 그러나 만약 스위치를 닫는다면($A=1$), 전류가 저항 성분이 있는 램프 쪽으로는 흐르지 않고 스위치를 통하여 접지(ground)로 모두 흘러버려서 램프는 꺼지게 된다. 결과적으로, 이 회로에서 스위치의 구동 신호에 따른 램프의 상태는 그림 1–10(b)와 같아진다. 이 연산의 결과는 스위치 구동 신호인 A 값과 반대가 되기 때문에 NOT 연산 혹은 반전(inversion)이라고 부르며, $L=A'$으로 표현한다(A'은 "A 프라임" 혹은 "A 대시"라고 읽는데, 이 책에서는 "A 프라임"으로 읽기로 한다).

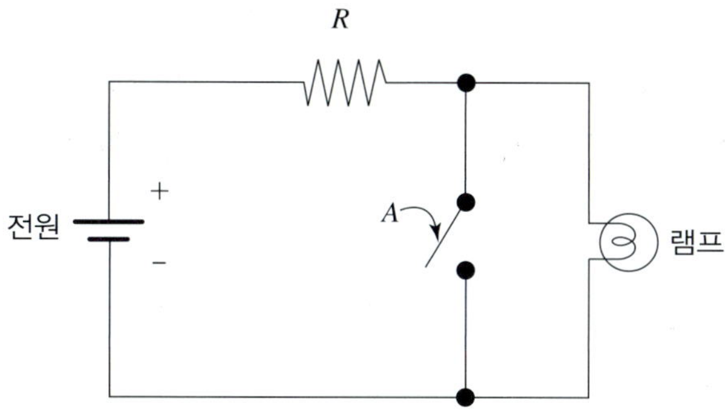

(a) NOT-스위치 회로

A	램프(L)
0	*on*
1	*off*

(b) 램프의 상태

그림 1-10 NOT-스위치 회로와 동작 특성

지금까지 설명한 AND 연산, OR 연산 및 NOT 연산은 가장 기본적인 논리 연산들이며, 그 외에도 NAND 연산, NOR 연산, Exclusive-OR 연산 등이 있는데, 그들에 대해서는 다음 절에서 추가적으로 설명하기로 한다.

1.5 논리 게이트

디지털 시스템에서 논리 연산들은 기본 전자 부품인 트랜지스터(transistor)들을 이용하여 구현되는 논리 게이트(logic gate)들에 의해 수행된다. 논리 게이트는 2진 정보(binary information)를 처리하기 위한 기본적인 요소로서, 여러 가지 논리 연산들을 지원할 수 있도록 다양한 종류가 존재한다. 앞에서 설명한 기본적인 논리 연산들을 수행하는 논리 게이트들의 기호(symbol)와 동작 특성을 살펴보면 다음과 같다.

1.5.1 AND 게이트

디지털 시스템에서 AND 게이트는 두 개 혹은 그 이상의 입력 값들에 대하여 'AND 연산'을 수행하고, 그 결과값을 출력으로 내보내는 전자 회로이다. 그림 1-11(a)는 두 개의 입력 A와 B를 받아서 하나의 출력 F를 발생하는 AND 게이트, 즉 2-입력 AND 게이트(two-input AND gate)에 대한 기호이고, (b)는 그 동작 특성을 나타내는 진리표(truth table)를 보여주고 있다. 진리표란 논리 게이트 혹은 논리 회로가 입력 신호들에 대하여 어떤 출력 신호를 발생하는지를 보여주는 표를 말한다. 진리표에는 각 입력 변수들이 가질 수 있는 값들(0과 1)로 이루어질 수 있는 모든 조합들을 좌측에 열거하며, 각 입력 조합에 대하여 발생되는 출력 값들을 우측에 열거한다.

만약 입력의 수가 n개라면, 입력 조합의 수는 2^n개가 된다. 그림 1-11(a)와 같은 AND 게이트에서는 입력 변수가 두 개이므로, 네 가지 입력 조합들(00, 01, 10, 11)이 존재한다. 그림 1-11(b)는 이 게이트에 대한 진리표로서, 네 개의 입력 조합들 각각에 대한 AND 연산의 결과들을 보여주고 있다. 즉, 이와 같은 2-입력 AND 게이트는 입력 A와 B 중의 어느 하나라도 0이면, 출력 F로 0을 발생한다. 그리고 A와 B가 모두 1인 경우에만 $F=1$이 된다.

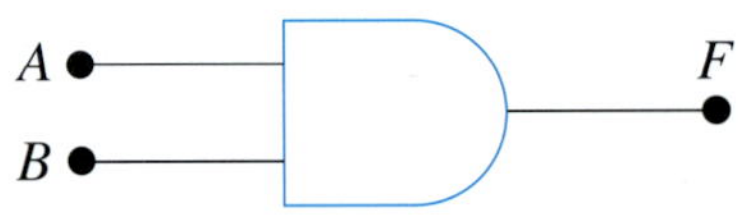

(a) 기호

A	B	F
0	0	0
0	1	0
1	0	0
1	1	1

(b) 진리표

그림 1-11 AND 게이트의 기호와 진리표

1.5.2 OR 게이트

OR 게이트는 두 개 혹은 그 이상의 입력 값들에 대하여 'OR 연산'을 수행하고, 그 결과값을 출력으로 내보내는 전자 회로이다. 그림 1-12(a)는 2-입력 OR 게이트(two-input OR gate)에 대한 기호를 보여주고 있는데, 두 개의 입력 신호 A와 B를 받아서 OR 연산을 수행하여 출력 신호 F를 발생한다. 이 게이트의 동작 특성을 보여주는 진리표인 그림 1-12(b)를 보면, 두 입력 A와 B 중의 어느 하나라도 1이라면 출력 F로 1을 발생한다는 것을 알 수 있다. 그리고 A와 B가 모두 0인 경우에만 $F=0$이 된다.

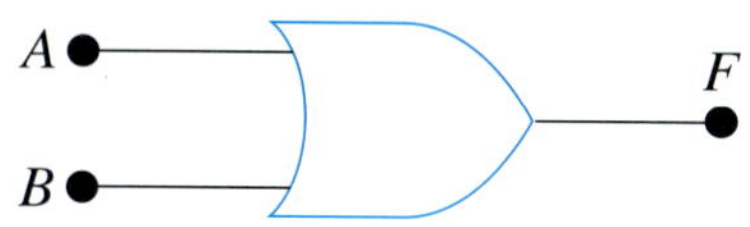

(a) 기호

A	B	F
0	0	0
0	1	1
1	0	1
1	1	1

(b) 진리표

그림 1-12 OR 게이트의 기호와 진리표

1.5.3 NOT 게이트

인버터(inverter)라고도 부르는 NOT 게이트(NOT gate)는 한 개의 입력 신호만 받아들이며, 그 입력 값에 대하여 논리적으로 반대되는 값을 출력으로 내보내는 전자 회로이다. 즉, 이 게이트는 입력 신호가 0이면 1을, 1이면 0을 출력하는 'NOT 연산'을 수행하며, 반전시킨다는 의미를 가진 명칭으로서 인버터라고도 불리는 것이다. 입력 A와 출력 F의 관계식은 $F=A'$으로 표현된다. 그림 1-13은 NOT 게이트에 대한 기호와 진리표를 보여주고 있다.

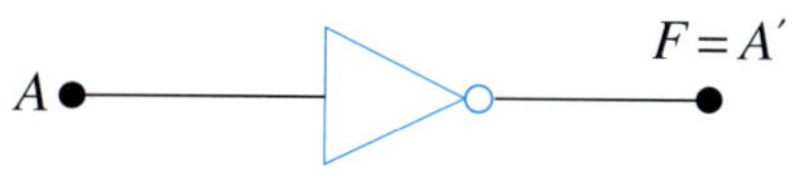

(a) 기호

A	F
0	1
1	0

(b) 진리표

그림 1-13 NOT 게이트의 기호와 진리표

1.5.4 그 외의 게이트들

지금까지는 가장 기본적인 게이트들의 기호와 동작 특성을 살펴보았는데, 그 외에도 디지털 시스템에서 유용하게 사용되는 몇 가지 게이트들이 더 있다. 그들에 대해서는 제3장에서 자세히 설명될 것이므로, 여기서는 간략하게만 소개하고자 한다. 먼저 앞에서 설명하였던 AND 게이트 및 OR 게이트와 반대되는 출력을 발생시키는 NAND 게이트 및 NOR 게이트의 기호와 동작 특성을 나타내는 진리표들을 살펴보기로 하자.

NAND 게이트의 기호는 그림 1-14(a)에서 보는 바와 같이 AND 게이트 기호의 출력단에 작은 원이 추가된 형태이다. 작은 원은 앞에서 설명한 NOT 게이트를 간략화시켜 나타낸 기호로서, NAND 게이트가 AND 연산의 결과를 반전시켜 출력한다는 것을 의미한다. 즉, 그림 1-14(b)의 진리표와 같이 두 입력이 모두 1일 때만 출력이 0이 되고, 그 외의 입력 조건에서는 1이 출력됨으로써, AND 연산과 반대되는 결과값을 발생시킨다.

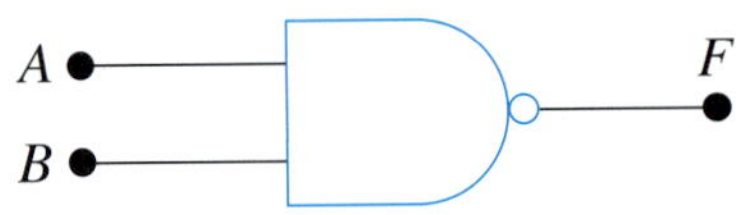

(a) 기호

A	*B*	*F*
0	0	1
0	1	1
1	0	1
1	1	0

(b) 진리표

그림 1-14 NAND 게이트의 기호와 진리표

그와 상반되는 연산을 수행하는 NOR 게이트의 기호는 그림 1-15(a)와 같이 OR 게이트 기호의 출력단에 작은 원이 추가된 형태이다. 따라서 NOR 게이트는 OR 연산의 결과를 반전시켜 출력한다는 것을 의미한다. 즉, 그림 1-15(b)의 진리표와 같이 두 입력이 모두 0일 때만 출력이 1이 되고, 그 외의 입력 조건에서는 0이 출력됨으로써, OR 연산과 반대되는 결과값을 발생시킨다는 것을 알 수 있다.

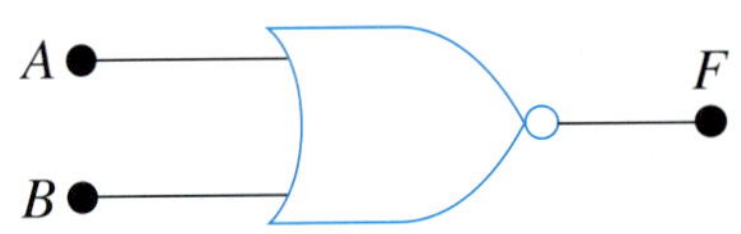

(a) 기호

A	*B*	*F*
0	0	1
0	1	0
1	0	0
1	1	0

(b) 진리표

그림 1-15 NOR 게이트의 기호와 진리표

마지막으로 소개할 게이트들은 다소 복합적인 기능을 가진 XOR(exclusive-OR) 게이트와 XNOR(exclusive-NOR) 게이트이다. **XOR 게이트**의 기호는 그림 1-16(a)에서 보는 바와 같이 OR 게이트 기호의 앞부분에 곡선이 하나 추가된 형태이다. 그 기능을 나타내는 우측의 진리표를 보면, 두 입력이 서로 다른 값을 가질 때는 출력이 1이 되고, 같은 값을 가질 때는 0이 된다는 것을 알 수 있다.

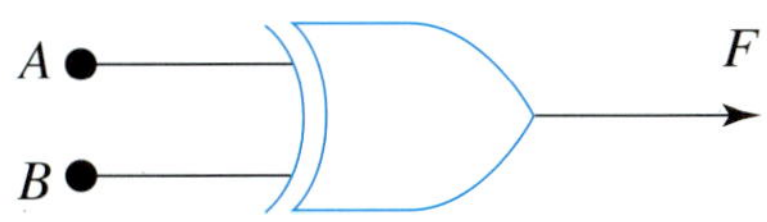

(a) 기호

A	B	F
0	0	0
0	1	1
1	0	1
1	1	0

(b) 진리표

그림 1-16 XOR 게이트의 기호와 진리표

반면에, **XNOR 게이트**는 그림 1-17(a)와 같이 XOR 게이트의 출력단에 원을 추가한 기호를 사용하며, XOR 연산과 반대되는 출력을 발생한다. 즉, 진리표에서 보는 바와 같이 두 입력이 동일한 값을 가질 때는 1을 출력하고, 다른 값일 때는 0을 출력한다. 이 게이트는 입력값이 서로 같은지 비교하는 응용에 적합하다. 이 게이트들의 동작 특성 및 응용 사례에 대해서는 3.3절에서 자세히 설명된다.

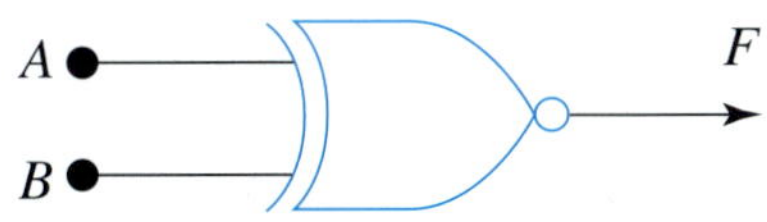

(a) 기호

A	B	F
0	0	1
0	1	0
1	0	0
1	1	1

(b) 진리표

그림 1-17 XNOR 게이트의 기호와 진리표

1.6 조합회로 및 순차회로

앞 절에서 설명한 여러 유형의 논리 게이트들을 서로 연결하면 복잡한 논리적 기능을 수행하는 디지털 회로를 구성할 수 있다. 그 기능의 예로는 산술적 계산, 수치의 크기 비교, 코드 변환 및 해독, 데이터 선택 및 분배, 데이터 저장 등과 같이 수없이 많다. 즉, 디지털 회로는 입력되는 신호들에 각종 연산을 수행하여 원하는 결과를 얻을 수 있도록 논리 게이트들을 적절히 배열하고 상호 연결한 것이다. 이와 같은 디지털 회로는 동작 특성에 따라 크게 두 가지로 분류된다.

첫 번째 분류인 조합회로(combinational circuit)는 논리 게이트들로만 구성되는 회로 모듈이다. 회로 내의 각 게이트는 입력 신호를 받아 연산을 수행하여 출력하고, 그 출력 신호는 다음 단계의 게이트로 입력되어 처리되는 방식으로 최종 결과를 생성한다. 이 과정에서 게이트들의 동작에 필요한 짧은 시간만큼 지연되지만, 모든 연산들은 입력 신호의 변화에 대하여 즉시 이루어진다. 즉, 그 이전의 입력 신호나 출력 결과는 상관없이 현재의 입력 신호들에 대해서만 연산을 수행하고 출력 신호를 발생시키는 회로인 것이다.

그림 1-18은 조합회로의 두 가지 예들을 보여주고 있는데, 먼저 (a)는 입력 신호와 출력 신호가 각각 두 개씩인 조합회로이다. 이 회로는 계산기나 디지털 컴퓨터에 필수적으로 포함되는 2-비트 가산기(adder)인데, 앞에서 살펴본 AND 게이트와 XOR 게이트가 한 개씩 사용되었다. 그 기능은 두 개의 비트들을 입력으로 받아서, 합(sum)을 나타내는 비트와 올림수(carry) 비트를 출력하는 것이다. 그림 1-18(b)는 BCD-7SEG 디코더(BCD-to-seven-segment decoder)라고 불리는 조합회로의 출력 신호들이 7-세그먼트 디스플레이 장치와 연결된 구성도를 보여주고 있다. 이 회로는 10진수를 나타내는 BCD 코드[3]를 입력으로 받아서 해독(decode)한 다음에 7비트의 출력값을 발생시켜, 입력값에 대응되는 숫자가 디스플레이 되게 해준다. 이 디코더는 1.1절에서 설명한 자동차 속도를 나타내는 디스플레이 장치의 핵심 소자로 사용되는데, 다소 복잡하기 때문에 여기서는 블록도(block diagram)로만 표시하였으며, 제9장에서 실제 설계 및 구현하는 방법에 대하여 설명할 것이다. 여기서 예로서 살펴본 두 조합회로들은 모두 입력 신호들이 들어오면, 그 시점에서 연산 처리한 결

3) BCD(binary coded decimal) 코드는 0~9 사이의 10진수를 4비트로 표현하는 2진 코드로서, 제2장에서 자세히 설명된다.

과값을 즉시 출력으로 내보낸다.

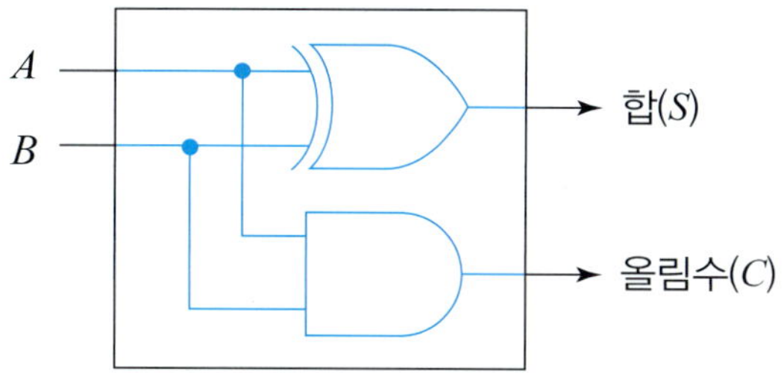

(a) 2-비트 가산기 회로

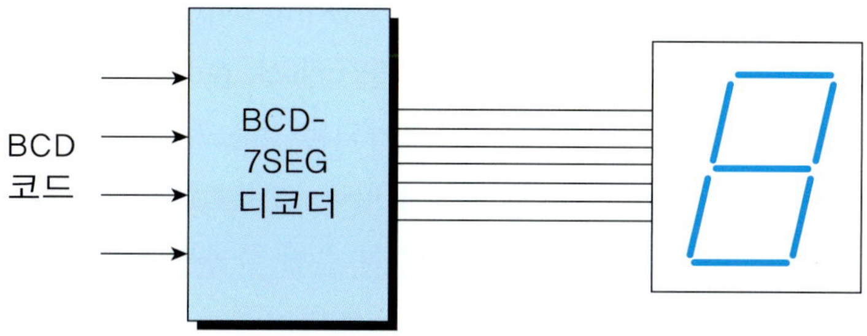

(b) 7-세그먼트 디스플레이 장치 구동회로

그림 1-18 조합회로의 예

그와 대비되는 디지털 회로의 분류인 순차회로(sequential circuit)는 조합회로와 마찬가지로 논리 게이트들로 구성되지만, 이전의 입력 혹은 출력 값을 저장해둘 수 있는 기억 소자(memory element)가 추가된다는 점에서 차이가 있다. 즉, 이전의 중간 혹은 최종 결과를 내부의 기억 소자에 저장해두었다가, 새로운 출력을 결정하는 과정에서 그 시점의 입력뿐 아니라 저장되어 있던 값도 함께 이용한다. 그림 1-19는 순차회로의 개념을 설명하기 위한 간략한 구성도를 보여주고 있는데, 조합회로와 기억 소자(그림에서 M으로 표시)로 이루어진다. 여기서 이해를 돕기 위하여 조합회로 부분을 앞에서 보았던 2-비트 가산기로 간주하고, 기억 소자는 한 비트를 저장할 수 있다고 가정하자. 그러면 가산기는 두 개의 입력들 A와 B를 받아서 덧셈을 수행하고, 두 출력들 중에서 올림수(C)를 기억 소자에 저장해두었다가, 다음 번 덧셈 과정에서 그때 들어오는 입력값들과 함께 더해주는 순차회로가 되는 것이다.

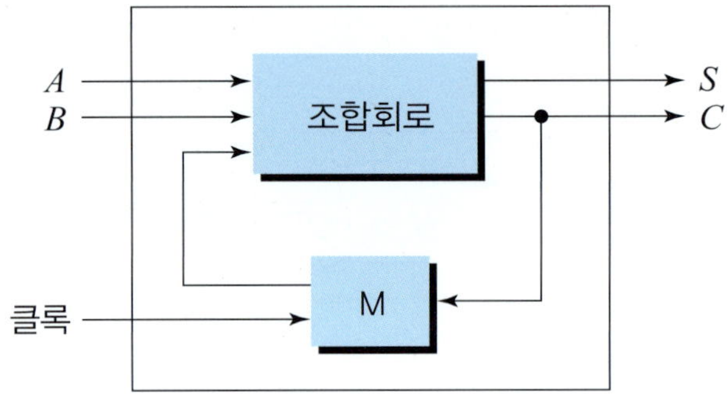

그림 1-19 순차회로의 구성도

이와 같은 순차회로에서 기억 소자로는 플립-플롭(flip-flop)[4]이 주로 사용되고 있으며, 출력 값을 기억 소자에 저장하는 시점은 클록 펄스(clock pulse)에 의해 결정된다. 그림 1-19의 회로에서도 클록 펄스가 기억 소자로 인가되는 것을 볼 수 있다. 기억 소자로 사용되는 플립-플롭의 수는 회로의 복잡도 및 특성에 따라 늘어날 수 있으며, 가장 복잡한 순차회로인 디지털컴퓨터에서는 데이터 저장을 위하여 플립-플롭들 뿐 아니라 대용량의 반도체 기억장치(semiconductor memory)도 사용되고 있다.

1.7 디지털 IC 칩

이 절에서는 앞에서 설명한 논리 게이트들이 실제 구현되는 반도체 집적회로 칩(semiconductor integrated circuit chip; 이하 IC 칩이라 함)에 대하여 개략적으로 살펴보고자 한다. 최근 대부분의 디지털 시스템들을 구성하는 회로들은 IC 칩들로 구현된다. IC 칩은 논리 게이트를 구성하는 트랜지스터들과 연결선들을 실리콘(silicon)이라고 불리는 반도체 조각 위에 아주 작은 크기로 집적(integrate)시켜 제조한다. 그러한 칩의 회로를 구현하는 방법에는 여러 가지가 있는데, 대표적인 것들로는 TTL, CMOS, NMOS, ECL 등이 있다. 예를 들어, TTL(transistor-transistor logic)은 주요 회로 요소로서 2극 트랜지스터(bipolar transistor)를 이용하며, CMOS(complementary metal-oxide-semiconductor)는 enhancement MOSFET라는 트랜지스터를 이용한다. 이들에 대해서는 3.4절에서 좀 더 자세히 설명하기로 한다.

4) 플립-플롭의 종류로는 *D* 플립-플롭, *JK* 플립-플롭 및 *T* 플립-플롭이 있으며, 제7장에서 자세히 설명된다.

IC 칩은 제조 기술과 집적 밀도 및 크기에 따라 하나의 칩에 넣을 수 있는 트랜지스터의 수가 달라지며, 반도체 제조 기술의 발달에 따라 그 수가 점차 더 많아지고 있다. 한 칩에 넣을 수 있는 트랜지스터들의 수가 증가한다는 것은 칩 내부에 들어가는 게이트의 수가 그만큼 더 많아진다는 것을 의미한다. 일반적으로 IC 칩들은 집적도에 따라 아래와 같이 분류된다.

- SSI(Small Scale IC): 수십 개의 트랜지스터들이 집적되는 소규모 IC 칩으로서, 주로 기본적인 논리 게이트(logic gate)들이나 기억 소자인 플립-플롭(flip-flop)들을 포함하는 칩으로 제조되고 있다.
- MSI(Medium Scale IC): 수백 개의 트랜지스터들이 집적되는 중간급 규모의 IC 칩으로서, 카운터(counter), 해독기(decoder) 혹은 시프트 레지스터(shift register)와 같은 조합회로나 순차회로를 포함하는 칩으로 제조되고 있다.
- LSI(Large Scale IC): 수천 개의 트랜지스터들이 집적되는 대규모 IC 칩으로서, 8-비트 마이크로프로세서 칩이나 소규모 반도체 기억장치 칩들이 이 분류에 속한다.
- VLSI(Very Large Scale IC): 수만 내지 수십만 개 이상의 트랜지스터들이 집적되는 초대규모 IC로서, 마이크로프로세서 칩들과 대용량 반도체 기억장치 칩들이 이 분류에 속한다.
- ULSI(Ultra-Large Scale IC): 수백만 개 이상의 트랜지스터들이 집적되는 32-비트급 이상의 마이크로프로세서 칩들과 수백 메가비트 이상의 반도체 기억장치 칩들을 지칭하기 위한 용어이며, VVLSI(Very Very Large Scale IC)라고 부르기도 한다.

각 논리 게이트는 대개 10개 이하의 트랜지스터들을 이용하여 구현될 수 있기 때문에, 소수의 기본적인 게이트들만 포함하고 있는 IC 칩은 위의 분류에서 SSI에 속한다. 그러한 IC 칩에는 네 개 혹은 여섯 개 정도의 게이트들을 넣을 수 있다. 그리고 각 IC 칩에는 고유 번호가 부여되어 있다. 실제 반도체 칩은 아주 작은 크기이지만, 인쇄회로기판(printed circuit board: PCB) 상에 고정시키고 다른 부품들과도 접속시켜야 하기 때문에, 플라스틱류의 특수 재료를 이용하여 적절한 크기로 패키징(packaging) 된다. 반도체 칩을 패키징하는 다른 목적으로는 칩에서 발생되는 열을 방출시키고, 외부의 충격이나 습기로부터 칩을 보호하는 것도 포함된다.

그림 1-20(a)는 SSI급 IC 칩의 패키지 내부 단면도를 보여주고 있는데, 중심부에 위치

한 반도체 칩에 실제 게이트를 구성하는 트랜지스터들이 집적되어 있으며, 그 칩으로부터 입력 및 출력 단자들이 금속 리드 선을 통하여 지정된 핀(pin)으로 연결된다. 이 패키지의 경우에는 핀이 양쪽으로 일곱 개씩 나열되어 모두 14개가 있으며, 그 핀들을 통하여 전원과 접지 및 다른 칩들과의 접속이 이루어지게 된다.

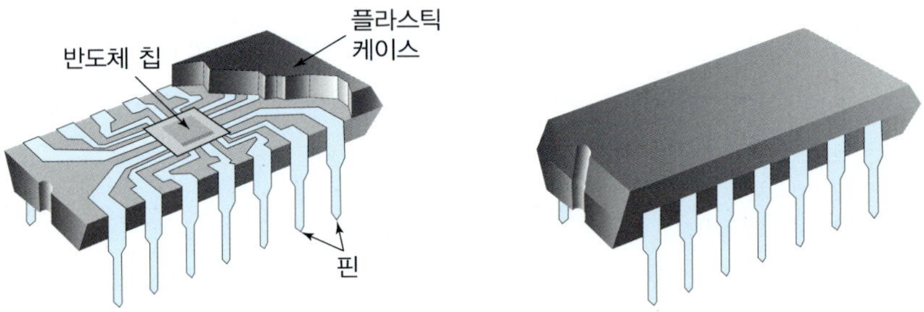

(a) 단면도 (b) 외형

그림 1-20 IC 패키지의 내부 단면도와 외형

IC 칩의 패키징 방식으로는 여러 가지가 있는데, 여기서는 대표적인 몇 가지 유형들만 살펴보기로 한다. 먼저, 그림 1-20과 같은 패키지는 핀들이 양쪽으로 나열되고 기판에 직각으로 꽂히는 형태이기 때문에 듀얼 인-라인 패키지(dual in-line package: DIP)라고 부른다. 이와 같은 DIP 형은 적은 수의 논리 게이트들을 포함하고 있는 IC 칩에 가장 널리 사용되고 있는 패키징 방식으로서, 전체적인 외형은 그림 1-20(b)와 같다. DIP형 IC를 PCB에 장착할 때는 보드에 일정 간격으로 뚫린 구멍(hole)으로 핀들을 꽂아서 관통시키고 반대편에서 납땜을 하기 때문에, 회로 연결을 위하여 보드의 양쪽 면을 모두 사용할 수 있다.

다른 형태의 패키지로서, PCB의 한쪽 면에만 부착시키도록 하는 표면-장착 기술(surface-mount technology: SMT) 방식으로 제조된 IC 칩들이 있는데, 그림 1-21은 그들 중에서 가장 보편적인 두 가지 유형들을 보여주고 있다. 먼저, SOP(small-outline package) 패키지는 그림 1-21(a)에서 보는 바와 같이 핀들이 바깥쪽으로 구부러져 있어서, PCB 상의 금속 리드 선(lead line)들과 쉽게 접속되도록 하고 있다. 이 유형의 칩을 PCB에 장착시킬 때는 구멍을 뚫을 필요가 없고, PCB 양면에 칩을 장착시킬 수 있다는 장점이 있다. 반면에, 칩이 장착되는 면 위에서 다른 칩들과의 모든 접속이 이루어져야 하기 때문에, 리드 선들이 좁고 가늘어져 손상될 위험이 높아진다.

SMT 방식의 다른 유형인 LCC(leadless chip carrier) 패키지는 그림 1-21(b)에서 보는 바와 같이 핀들이 정방형 패키지의 네 모서리를 따라 설치되며, 칩 하부의 안쪽으로 구부러진 형태를 가진다. 이 유형의 패키지는 고온 환경에서 사용되는 경우에는 세라믹(ceramic)을 이용하여 제조되며, 대량으로 생산하여 저렴하게 공급하는 일반 상업용을 위해서는 플라스틱으로 제조된다. 이러한 칩은 PCB의 한 면에 납땜으로 직접 부착시킬 수도 있고, PCB에 미리 장착한 소켓(socket)에 삽입하는 방식을 사용할 수도 있다. 소켓을 이용하는 경우에는 칩의 탈부착이 용이하기 때문에, 제9장에서 소개될 PLD(programmable logic device)들과 같이 칩의 내부 요소들 간의 접속을 변경시킬 필요가 있는 경우에 유용하다.

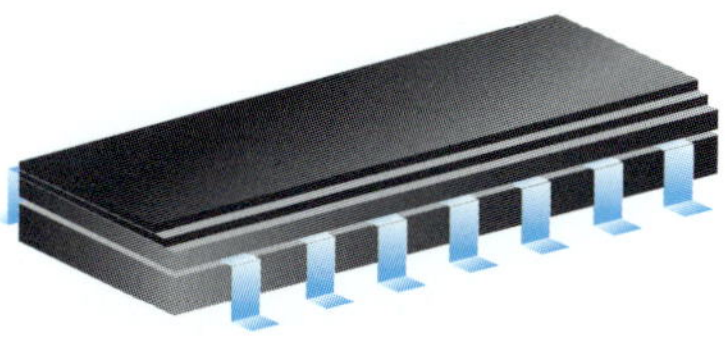

(a) SOP 패키지

(b) LCC 패키지

그림 1-21 SMT 방식의 IC 패키지 유형들

VLSI급 이상의 고집적 IC들의 경우에는 외부와 접속되어야 하는 입출력 핀들의 수가 매우 많기 때문에, 앞에서 설명한 패키지 유형들과 같이 칩의 측면 모서리들만 이용하면 부족하게 된다. 그에 따라 패키지의 아래 면 전체를 사용하는 격자형 패키지가 필요하게 되었으며, 그 유형들 중에서 가장 먼저 개발된 것이 BGA(ball grid array) 패키지이다. BGA 패키지는 그림 1-22(a)에서 보는 바와 같이 패키지의 아래 면에 핀 대신에 둥근 공 모양의 솔더 볼(solder ball)들을 격자형으로 부착하는 방식이다. 이러한 패키지를 사용하는 칩은 납성분의 재료로 만들어진 솔더 볼들을 녹여서 PCB의 리드 선들과 접속시킴으로써 다른 칩들과의 전기적 연결이 이루어진다. 이 패키지 방식을 사용하면 보드 면과 접촉되는 면적이 적어지기 때문에 인덕턴스(inductance)와 캐패시턴스(capacitance)가 낮아져 전기적 특성이 좋아진다. 또한 칩의 아래 면과 PCB 간에 공간이 존재하기 때문에 열 방출 공간이 늘어나게 되어 냉각에도 도움이 된다.

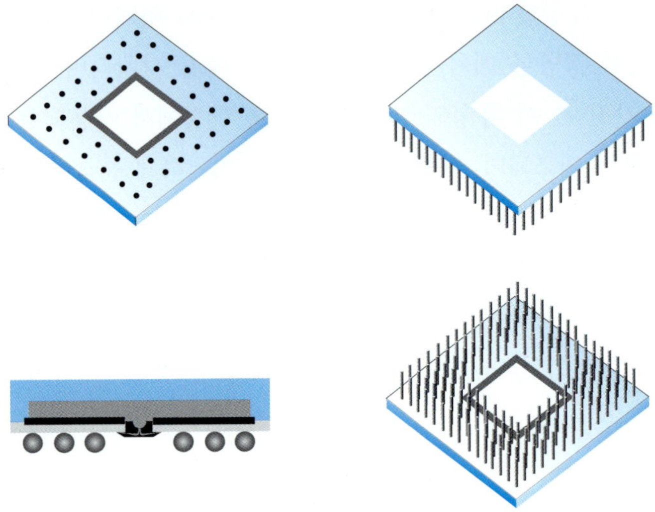

(a) BGA 패키지 (b) PGA 패키지

그림 1-22 격자형 패키지의 유형들

격자형 패키지의 가장 큰 장점은 칩의 아래 면 전체를 이용함으로써 더 많은 입출력 핀들을 배치할 수 있다는 것이다. 따라서 입출력 핀의 수가 수백 개인 32-비트급 이상의 마이크로프로세서 칩들도 격자형 방식을 이용하는데, 그러한 칩들의 경우에는 솔더 볼 대신에 그림 1-22(b)와 같이 일반적인 금속 핀들을 부착하는 PGA(Pin Grid Array) 패키지를 사용한다. PGA 패키지의 상대적 장점은 각 핀이 PCB에 뚫린 구멍을 통과하는 동안에 다층 PCB(multi-layer PCB)의 여러 층에서 리드 선들과 전기적으로 접속될 수 있다는 점이다.

그런데 최근 스마트폰과 같은 모바일 정보 단말기나 사물인터넷(IoT) 응용분야가 급속히 발전함에 따라 부품의 소형화, 고성능화 및 융복합화에 대한 요구가 매우 높아지고 있다. 특히 IC 칩의 고집적화와 소형화를 위한 패키징 기술의 개발은 상품경쟁력 제고에 중요한 요소로 부각되고 있다. 그러한 기술의 핵심으로는 기능에 따라 별도로 제조된 여러 개의 칩들을 하나의 패키지 내에 포함시키는 것이 있다. 이를 위해서는 집적도를 더욱 높여 칩의 크기를 줄이고, 칩들 간의 신호선 접속도 패키지 내에서 이루어져야 한다. 또한 한 단계 더 높은 소형화를 위하여 패키지 내에서 칩들을 수직 방향으로 쌓아 올리는 기술도 개발되고 있다.

먼저, 서로 다른 기능을 가진 여러 개의 칩들을 그림 1-23(a)와 같이 하나의 패키지 기판(package substrate) 상에 수평으로 배치하여 패키징한 칩을 2.5차원 IC(이하 2.5D IC라 함)라고 부른다. 이러한 패키지에 포함되는 칩들로는 특정 기능을 수행하기 위한 조합회로나 순차회로 모듈 외에도 프로세서(CPU), 기억장치, 통신 인터페이스 칩 등이 있다. 즉, 소형 컴퓨터나 마이크로컨트롤러(micro-controller)를 구성하는 대부분의 부품들을 하나의 2.5D IC 칩으로 제조할 수 있는 것이다. 이 경우에 칩들 간의 신호 선 접속은 인터포저 층(interposer layer)에서 이루어진다.

최근에는 2.5D IC에 넣을 칩들을 수직으로 쌓아올려 패키징함으로써 PCB(printed circuit board) 상에서 차지하는 면적을 최소화시켜주는 3차원 IC(이하 3D IC라 함) 기술도 발전하고 있다. 그림 1-23(b)는 3D IC 칩 내부 구조의 예를 보여주고 있는데, 좌측의 2.5D IC에 포함되었던 모든 칩들이 세 개의 층으로 배치되어 패키징된 모습을 볼 수 있다. 이 경우에 아래위로 포개어진 칩들 간에 신호 선들을 접속하기 위하여 칩의 표면에 수많은 구멍들을 뚫는 TSV(through-silicon-via) 기술이 사용되고 있다.

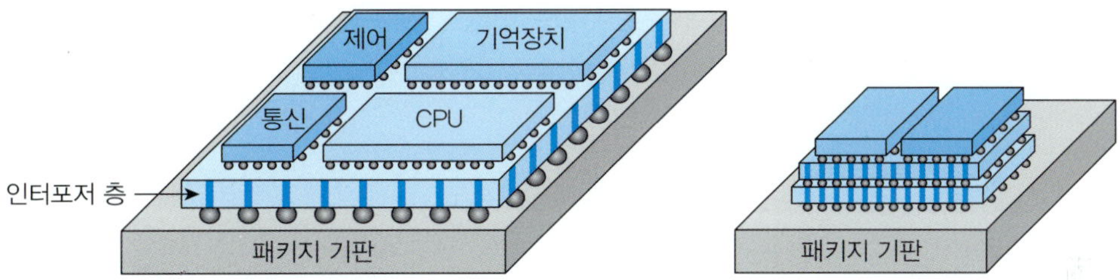

(a) 2.5D IC (b) 3D IC

그림 1-23 2.5D IC 및 3D IC 패키지 (출처: [HTF17])

3D 패키징 기술은 단순히 여러 칩들을 통합하는 수준에서 벗어나, 제품화가 완료된 단위 패키지들을 수직 방향으로 배치하고 TSV 기술로 상호 연결함으로써 실장 면적을 최소화하는 PoP(Package-on-Package) 방식으로도 발전되고 있다. PoP 방식을 이용하면 신호 선들의 길이를 최소화 할 수 있어서 신호 전송지연을 줄일 수 있다. 또한, 각 패키지 단위로 검사도 완료한 상태이기 때문에 불량 발생 시에는 해당 패키지만 교체하면 되는 장점도 있다. 그림 1-24는 PoP 패키징의 한 사례로서, 칩 표면에 구멍을 뚫은 비아(via) 및 내부 배선을 이용하여 상단 패키지와 하단 패키지들이 접속된 모습과 BGA 방식을 적용한 최

종 패키지의 단면도를 보여주고 있다.

그림 1-24 PoP 패키징의 단면도 (출처: [SMT21])

기 본 문 제

1.1 다음 중에서 아날로그 시스템에 비하여 디지털 시스템의 상대적 장점으로 볼 수 없는 것은?

가. 대량 생산이 가능함에 따라 가격이 점차 낮아진다.
나. 주위 온도나 잡음에 의한 오류 발생 위험이 적다.
다. 데이터의 값을 정확하게 표현할 수 있다.
라. 2진수 체계를 이용하므로 시스템의 설계가 용이하다.

1.2 디지털 시스템이 외부로부터 아날로그 신호를 받아들이기 위하여 필요한 장치는 어떤 것인가?

가. VLSI 칩　　나. D/A 변환기
다. 마이크　　라. A/D 변환기

1.3 비트(bit)에 대한 아래의 설명 중에서 잘못된 것은?

가. 0 혹은 1의 값을 가진다.
나. Binary digit의 약어이다.
다. 디지털시스템에서 정보를 표현하는 기본 단위이다.
라. 10진수 표현에 사용된다.

1.4 USB 플래시 메모리에 저장된 디지털 음향은 오랜 시간이 지난 후에도 테이프에 저장된 아날로그 음향에 비하여 잡음이 적고, 음의 왜곡 현상이 거의 없이 재생될 수 있는 이유로 볼 수 없는 것은?

가. 반도체 장치이기 때문에 외부 온도나 충격에 영향을 거의 받지 않는다.
나. 각 비트(0 혹은 1)를 나타내는 전압 레벨에 여유(margin)가 있다.
다. 잡음 성분을 제거하는 필터를 사용한다.
라. 각 신호값을 여러 비트의 2진수로 표현하여 저장한다.

1.5 10진수 37259에서 MSD와 LSD를 바르게 나열한 것은?

가. 3, 9 나. 9, 5
다. 3, 7 라. 9, 3

1.6 10진수 24를 2진수로 표현하는 데 필요한 비트의 수는?

가. 2 나. 3
다. 4 라. 5

1.7 8-비트 길이의 2진수에서 MSB(most significant bit)의 자릿수는 아래의 어느 것인가?

가. 8 나. 32
다. 128 라. 256

1.8 두 개의 스위치들이 병렬로 접속된 회로에서 어느 한 스위치만 닫혀도 전류가 흐르는 동작은 아래의 어떤 논리적 연산을 나타내는가?

가. AND연산 나. OR 연산
다. NOT 연산 라. XOR 연산

1.9 두 개의 인버터를 직렬로 연결한 회로의 입력으로 +5V를 인가한다면 출력으로 어떤 전압이 발생하게 되는가?

가. 0V 나. 2.5V
다. 10V 라. 5V

1.10 아래의 게이트들 중에서 두 입력으로 들어오는 값들이 모두 1일 때만 출력으로 0을 발생하는 것은?

가. OR 게이트 나. AND 게이트
다. NAND 게이트 라. XOR 게이트

1.11 NOR 게이트의 두 입력 A와 B에 어떤 값이 들어올 때 출력으로 1이 발생되는가?

가. $A = 0, B = 0$ 나. $A = 0, B = 1$
다. $A = 1, B = 0$ 라. $A = 1, B = 1$

1.12 아래의 게이트들 중에서 두 입력으로 들어오는 값들이 같을 때만 출력으로 1을 발생하는 것은?

가. OR 게이트　　나. XNOR 게이트
다. NOT 게이트　　라. XOR 게이트

1.13 아래의 IC 칩 패키지들 중에서 PCB 기판에 장착할 때 구멍(hole)을 뚫을 필요가 없는 것은?

가. SIP　　나. PGA
다. BGA　　라. DIP

1.14 SSI 급의 칩을 위하여 가장 널리 사용되고 있는 패키지 유형은 어느 것인가?

가. DIP　　나. PGA
다. BGA　　라. SOP

1.15 서로 다른 기능을 가진 여러 IC 칩들을 하나의 패키지에 통합시킴으로써 실장 면적을 최소화시켜주는 패키징 방식은 어느 것인가?

가. PGA　　나. 3D IC
다. BGA　　다. LCC

정답

1.1 다	1.2 라	1.3 라	1.4 다	1.5 가	1.6 라	1.7 다	1.8 나	1.9 라
1.10 다	1.11 가	1.12 나	1.13 다	1.14 가	1.15 나			

연 습 문 제

1.1 디지털 시스템과 아날로그 시스템을 아래의 관점에서 비교하라.

(1) 신뢰도 (2) 정확도

1.2 아래의 신호들 중에서 아날로그 신호는 A, 디지털 신호(데이터)는 D로 표시하라.

(1) 1년 중 월별 강우량 통계 ( )
(2) A/D 변환기의 출력 ( )
(3) 스피커로 전달되는 음성 신호 ( )
(4) 전열기에 전원이 공급된 후의 온도 변화 ( )
(5) 한 시간 간격으로 측정한 입원 환자의 혈압 ( )

1.3 그림 1-2는 그림 1-1의 아날로그 신호를 1초의 시간 간격으로 샘플링 한 결과를 보여주는 그래프이다. 샘플링 간격을 아래와 같이 변경한 경우에 대하여 그래프를 각각 다시 그리고, 아날로그 신호와의 차이를 비교하라.

(1) 2초 (2) 0.5초

1.4 비트(bit)가 약칭되기 전의 원어를 쓰고. 그 의미를 설명하라.

1.5 그림 1-5와 같은 디지털 신호에서 각 상태(0과 1)를 나타내는 입력전압 레벨 상의 여유(margin)는 몇 볼트(V)씩 인가?

1.6 2진수 표현 110011.1101에 대응되는 10진수를 구하라.

1.7 아래와 같은 수의 비트들로 표현할 수 있는 10진수의 최대값은 무엇인가?

(1) 7비트 (2) 12비트

1.8 ASCII 코드 표를 구하여 아래의 영문자와 숫자들을 2진 비트 패턴들로 표현하라.

〈Fig. 1-5(a)〉

1.9 여러 개의 스위치들을 가진 회로에서 한 개 이외의 모든 스위치들을 닫았으나, 램프는 켜지지 않았다. 이것은 어떤 유형의 스위치 회로인가?

1.10 여러 개의 스위치들을 가진 회로에서 어느 한 스위치만 닫았더니, 램프가 켜졌다. 이것은 어떤 유형의 스위치 회로인가?

1.11 두 개의 입력을 가진 게이트의 입력값이 모두 1일 때만 출력으로 0이 발생되었다. 이것은 어떤 게이트인가?

1.12 두 개의 입력을 가진 게이트의 입력값이 같을 때만 출력으로 1이 발생되었다. 이것은 어떤 게이트인가?

1.13 두 개의 입력들을 가진 아래와 같은 논리 게이트에 비트 열(bit stream) '11010110'과 '00001111'을 각 입력으로 동시에 인가한 경우에, 출력으로 발생되는 비트 열을 구하라.

(1) AND 게이트

(2) XOR 게이트

1.14 인버터의 입력으로 비트 열 '11010101'을 인가했을 때, 출력되는 비트 열을 구하라.

1.15 DIP 패키지와 비교했을 때 SOP 패키지의 상대적 장점을 두 가지만 들라.

1.16 BGA 패키지와 PGA 패키지 간의 상대적 장점을 한 가지씩 들라.

1.17 2.5D IC와 3D IC의 차이점은 무엇인가?

Digital Logic Circuits

CHAPTER **02**

2진수 체계와 디지털 코드

CONTENTS

CHAPTER

02 2진수 체계와 디지털 코드

디지털 시스템을 구성하는 논리회로는 2진수에 대해서만 동작하기 때문에, 그러한 시스템을 분석하거나 설계하기 위해서는 2진수 체계를 명확하게 이해할 필요가 있다. 이 장에서는 먼저 2진수의 표현 방법에 대하여 자세하게 살펴본 다음에, 다른 수 체계들(8진수, 10진수 및 16진수)과의 상관관계에 대하여 설명하고자 한다. 그리고 2진수들 간의 산술적 연산 방법과 2진수를 기반으로 하는 각종 디지털 코드들(digital codes)도 소개한다.

2.1 2진수 표현

디지털 시스템에서는 수(number) 혹은 문자(character)와 같은 정보를 표현하기 위하여 0과 1 중의 한 값을 가지는 2진 숫자(binary digit), 즉 비트(bit)를 사용한다. 그리고 1보다 더 큰 수들은 여러 개의 비트들을 이용하여 표현한다. 수가 아닌 정보(문자, 특수문자 등)를 표현하는 경우에도 여러 개의 비트들을 이용하면 된다. 먼저, 수를 표현하는데 있어서 비트 수에 따라 표현가능한 정수의 범위를 살펴보면 〈표 2-1〉과 같다. 즉, 한 비트로는 0과 1, 두 비트를 이용하면 0부터 3까지, 그리고 세 비트를 이용하면 0부터 7까지의 정수를 표현할 수 있다.

〈표 2-1〉 비트 수에 따른 정수 표현 범위

정수	1비트	2비트	3비트
0	0	00	000
1	1	01	001
2		10	010
3		11	011
4			100
5			101
6			110
7			111

물론 더 많은 수의 비트들을 이용하면 그 이상의 정수를 표현하는 것도 가능하다. 예를 들어, 네 비트들을 이용하면 0000부터 1111까지의 2진수 조합들을 사용할 수 있으므로, 0부터 15까지의 수들을 표현할 수 있게 된다. 그리고 다섯 비트로는 0부터 (2^5-1), 즉 31까지 표현할 수 있다. 이 관계를 일반식으로 표현하면, n개의 비트들을 이용하여 나타낼 수 있는 정수의 범위는 $0 \sim (2^n-1)$ 사이가 된다.

그러면 여기서 10진수를 2진수로 변환하는 방법을 알아보기로 하자. 이 방법들 중에서 가장 널리 사용되는 것은 반복 2분법(repeated division-by-2 method)으로서, 아래와 같은 절차를 따르면 된다.

① 10진수를 2로 나누고, 나머지 수(remainder)를 기록한다.
② 몫(quotient)이 0이 될 때까지 ①번을 반복한다.
③ 가장 나중에 발생한 나머지 수부터 시작하여, 이전의 나머지 수들을 순서대로 나열하여 2진수 비트 배열($b_{n-1}b_{n-2}\ldots b_1b_0$)을 구한다.

위의 절차를 이용하는 예로서, 10진수 45를 2진수로 변환하는 과정을 보면 〈예제 2-1〉과 같다.

예제 2-1

10진수 45를 2진수로 변환하라.

풀이

2) 45

2) 22 　나머지 수 = 1 → b_0

2) 11 　나머지 수 = 0 → b_1

2) 5 　나머지 수 = 1 → b_2

2) 2 　나머지 수 = 1 → b_3

2) 1 　나머지 수 = 0 → b_4

0 　나머지 수 = 1 → b_5

결과적으로, 10진수 45는 6-비트 길이의 2진수 '1 0 1 1 0 1'로 변환되었다.

n개의 비트들로 이루어진 2진수 $b_{n-1}b_{n-2}\ldots b_1b_0$가 부호없는 정수(unsigned integer) N으로 해석된다면, 비트들은 좌측 비트부터 2^{n-1}, 2^{n-2}, ..., 2^1, 2^0과 같은 자릿수(weight)를 가진다. 여기서 가장 큰 자릿수를 가지는 맨좌측 비트(b_{n-1})를 MSB(Most Significant Bit)라고 부르며, 가장 작은 자릿수를 가지는 맨우측 비트(b_0)를 LSB(Least Significant Bit)라고 부른다. 〈예제 2-1〉의 경우에는 b_5가 MSB이고, b_0는 LSB이다.

n-비트 길이의 2진수를 10진수로 변환하려면 식 (2-1)을 이용하면 된다.

$$N = b_{n-1}\times 2^{n-1} + b_{n-2}\times 2^{n-2} + \ldots + b_1\times 2^1 + b_0\times 2^0 \tag{2-1}$$

한 예로서, 2진수 '110101'에 대한 10진수는 아래와 같이 구할 수 있으며, 그 값은 원래의 10진수인 53이 된다는 것을 확인할 수 있다.

$$\begin{aligned} 110101_2 &= 1\times 2^5 + 1\times 2^4 + 0\times 2^3 + 1\times 2^2 + 0\times 2^1 + 1\times 2^0 \\ &= 32 + 16 + 4 + 1 \\ &= 53_{10} \end{aligned}$$

지금까지의 설명에서는 정수(integer)만 고려하였기 때문에 LSB의 우측에 2진 소수점(binary point)이 있다고 가정하였다. 이제 1보다 작은 수, 즉 10진 소수점(decimal point) 이하의 수에 대한 2진수는 어떻게 구할 수 있는지 알아보기로 하자. 먼저, MSB의 왼쪽에 2진 소수점이 있다고 가정한다면, n-비트 길이의 2진수($b_{-1}b_{-2} \ldots b_{-(n-1)}b_{-n}$) 비트들은 좌측부터 2^{-1}, 2^{-2}, ... , $2^{-(n-1)}$, 2^{-n}의 자릿수를 가진다.

1보다 작은 10진수를 2진수로 변환하는 절차는 아래와 같으며, 〈예제 2-2〉는 그 변환의 예를 보여주고 있다.

① 10진수에 2를 곱한다.

② 결과값이 1보다 작다면 해당 위치의 비트 값을 '0'으로 쓰고, 1보다 크다면 '1'로 쓴 다음에 결과값에서 1을 뺀다.

③ ②번의 결과값이 0이 될 때까지 위의 과정을 반복한다.

예제 2-2

10진수 0.6875를 2진수로 변환하라.

풀이

A = 0.6875	0.375	0.75	0.5
× 2	× 2	× 2	× 2
1.375	0.75	1.5	1.0
− 1		− 1	− 1
0.375	0.75	0.5	0
→ ($b_{-1} = 1$)	($b_{-2} = 0$)	($b_{-3} = 1$)	($b_{-4} = 1$)

결과적으로, 10진수 0.6875는 2진 소수점 아래의 네 비트들로 표현되는 .1011로 변환되었다.

그런데 어떤 10진수에 대하여 위의 변환 과정을 적용할 때, 2를 곱한 결과값이 계속하여 0이 아닌 값을 가지게 되는 경우가 있다. 만약 그 과정을 계속 반복한다면 2진수 표현의 비트 수가 계속 늘어나게 되는데, 이와 같은 경우에는 허용된 비트 수만큼까지만 구한 다음에 변환 과정을 중단해야 한다. 그 이유는 2진수 비트들을 저장하는 기억 장소의 비트 수가 제한되기 때문이다. 그런 경우에는 해당 10진수에 대한 2진수가 정확하게 표현되지 못하고 약간의 오차(error: ε)를 가지게 된다. 〈예제 2–3〉은 그러한 현상이 발생하는 예를 보여주고 있다.

예제 2–3

10진수 0.6에 대한 2진수 표현을 구하라. 단, 2진수의 길이는 8비트로 가정한다.

풀이

A = 0.6	0.2	0.4	0.8	0.6	0.2	0.4	0.8	
× 2	× 2	× 2	× 2	× 2	× 2	× 2	× 2	⋯
1.2	0.4	0.8	1.6	1.2	0.4	0.8	1.6	
→ (b_{-1}=1)	(b_{-2}=0)	(b_{-3}=0)	(b_{-4}=1)	(b_{-5}=1)	(b_{-6}=0)	(b_{-7}=0)	(b_{-8}=1)	

위의 결과를 보면 10진수 0.6에 대한 2진수는 .10011001⋯로서, 완전하게 표현하는 것은 불가능하다는 것을 알 수 있다. 만약 비트 수를 여덟 개로 제한한다면, 결과값은 .10011001이 된다.

n개의 비트들로 이루어진 2진수가 그 MSB의 좌측에 2진 소수점이 위치한 $0.b_{-1}b_{-2}\cdots b_{-n}$으로 해석된다면, 그에 대한 10진수는 식 (2–2)와 같은 일반식을 이용하여 구할 수 있다.

$$A = b_{-1}\times 2^{-1} + b_{-2}\times 2^{-2} + \ldots + b_{-(n-1)}\times 2^{-(n-1)} + b_{-n}\times 2^{-n} \qquad (2-2)$$

한 예로서, 식 (2–2)를 이용하여 〈예제 2–2〉의 2진수 결과값을 다시 10진수로 변환한다면, 아래와 같이 원래의 10진수를 얻을 수 있다는 것을 알 수 있다.

$$\begin{aligned} 0.1011_2 &= 1\times 2^{-1} + 0\times 2^{-2} + 1\times 2^{-3} + 1\times 2^{-4} \\ &= 0.5 + 0.125 + 0.0625 = 0.6875_{10} \end{aligned}$$

그런데 〈예제 2–3〉에서와 같이 10진수 0.6에 대한 2진수가 8비트로 표현된 경우에, 그 수를 10진수로 다시 변환해보면 결과는 다음과 같아진다.

$$
\begin{aligned}
0.10011001_2 &= 1 \times 2^{-1} + 1 \times 2^{-4} + 1 \times 2^{-5} + 1 \times 2^{-8} \\
&= 0.5 + 0.0625 + 0.03125 + 0.00390625 \\
&= 0.59765625_{10}
\end{aligned}
$$

즉, 2진수로 표현된 값은 원래의 10진수인 0.6이 아니라 0.59765625를 나타내고 있으며, 그에 따른 오차(ε)는 (0.6−0.59765625) = 0.00234375가 된다는 것을 알 수 있다. 이와 같은 오차는 디지털 계산기나 컴퓨터에서 처리하는 수로서는 상당히 큰 값에 해당하는데, 2진수를 저장하는 기억 장소의 비트 수가 하드웨어에 의해 제한되기 때문에 발생하는 문제점이다. 이것은 아날로그 값을 디지털시스템에서 처리하기 위하여 2진수로 변환하는 과정에서 발생하는 피할 수 없는 문제이다.

그러한 오차를 줄이기 위해서는 2진수를 표현하는 비트 수를 늘여야 하지만, 공간과 비용 문제 때문에 한계가 있게 된다. 디지털 컴퓨터에서 한 번에 저장 및 처리되는 비트의 수를 나타내는 단어(word)의 길이를 컴퓨터의 성능이나 가격에 따라 8비트, 16비트, 32비트 혹은 64비트로 다양화시키는 이유도 여기에 있는 것이다.

지금까지의 2진수 표현 방법을 종합적으로 이용하여 정수와 소수가 합해져 있는 수를 2진수로 표현해보기로 하자. 이 경우에는 2진 소수점을 기준으로 하여, 정수 부분과 소수점 아래 부분을 별도로 변환한 다음에 합치면 된다. 〈예제 2-4〉는 그러한 변환의 예를 한 가지 보여주고 있다.

예제 2-4

10진수 23.625에 대한 2진수 표현을 구하라.

풀이

정수 부분(23)에 대한 2진수 변환:

2) 23	
2) 11	나머지 수 = 1 → b_0
2) 5	나머지 수 = 1 → b_1
2) 2	나머지 수 = 1 → b_2
2) 1	나머지 수 = 0 → b_3
0	나머지 수 = 1 → b_4

소수 부분(0.625)에 대한 2진수 변환:

0.625	0.25	0.5
× 2	× 2	× 2
1.250	0.5	1.0
→ $(b_{-1} = 1)$	$(b_{-2} = 0)$	$(b_{-3} = 1)$

결과적으로, 10진수 23.625에 대한 2진수 표현은 10111.101이 된다.

이제 비트 배열 내에 소수점이 포함되어 있는 2진수를 10진수로 변환하는 방법에 대하여 살펴보기로 하자. 이 경우에 비트들의 자릿수는 앞에서 설명한 바와 같이 2진 소수점을 기준으로 하여, 좌측으로는 2의 양의 멱수(power), 우측으로는 음의 멱수로 주어진다. 10진수로 변환할 때는 소수점을 기준으로 별도로 할 필요 없이 전체 2진수의 각 비트에 해당 자릿수를 곱하고, 그들을 모두 더하면 된다. 그 과정에 대한 예로서, 〈예제 2-5〉에서는 〈예제 2-4〉의 변환을 반대 방향으로 수행하고, 두 결과를 비교해 보기로 한다.

예제 2-5

2진수 10111.101에 대한 10진수 표현을 구하라.

풀이

2진수의 비트들에 자릿수를 각각 곱하고, 그들을 모두 더해주면 된다.

$2^4 \;\; 2^3 \;\; 2^2 \;\; 2^1 \;\; 2^0 \quad 2^{-1} \; 2^{-2} \; 2^{-3} \quad \Leftarrow$ 자릿수

$1 \;\; 0 \;\; 1 \;\; 1 \;\; 1 \;.\; 1 \;\; 0 \;\; 1$

$= 1\times2^4 + 0\times2^3 + 1\times2^2 + 1\times2^1 + 1\times2^0 + 1\times2^{-1} + 0\times2^{-2} + 1\times 2^{-3}$

$= 16 + 0 + 4 + 2 + 1 + 0.5 + 0 + 0.125$

$= 23.625_{10}$

결과적으로, 2진수 10111.101에 대한 10진수 표현은 23.625가 되어, <예제 2-4>의 원래 10진수와 같아진다는 것을 확인할 수 있다.

앞에서 설명한 바와 같이, 디지털 컴퓨터를 비롯한 각종 디지털 시스템들은 정해진 비트 수로 이루어진 단어 단위로 입력, 처리, 저장 및 출력한다. 일반적으로 사용되는 단어 길이는 8비트, 16비트, 32비트 혹은 64비트로서 2^n(단, $n = 3, 4, 5, 6$)에 해당한다. 그들 중의 하나인 8-비트 시스템에서는 정수들이 0부터 255까지 표현될 수 있는데, 몇 가지 예를 살펴보면 〈예제 2-6〉과 같다.

예제 2-6

8-비트 단어를 이용한 정수 표현의 예:

00000000 = 0

00000001 = 1

00011001 = 25

10000010 = 130

11111111 = 255

〈예제 2-6〉에서 보는 바와 같이, 작은 수를 표현할 때도 단어 내의 상위 비트들을 '0'으로 세트하여 정해진 비트 수를 모두 채워야 한다. '0'으로 채워진 상위 비트들이 불필요한 것으로 보이지만, 해당 위치의 기억 장소에 예상치 못한 값이 저장되는 것을 방지해준다.

2.2 8진수 및 16진수 표현

디지털 시스템에서 사용되는 2진수를 이용하여 큰 수를 표현하게 되면 비트 수가 많아지기 때문에, 입출력 과정에서 3-비트 혹은 4-비트 그룹으로 묶어서 간략하게 표현할 수 있도록 8진수(octal number)나 16진수(hexadecimal number)를 사용하는 경우가 있다. 0부터 9까지의 열 가지 숫자들을 이용하여 수를 표현하는 10진수와는 달리, 8진수는 0부터 7까지의 여덟 가지 숫자들을 이용한다. 따라서 그 숫자들을 2진수 비트 조합으로 표현하기 위해서는 ($8=2^3$이므로) 세 비트가 필요하다. 그리고 16진수는 열여섯 가지의 숫자들과 문자들(0부터 9까지의 숫자들과 A부터 F까지의 문자들)을 이용하여 수를 표현한다. 그런데 $16=2^4$이므로, 네 개의 비트로 16진 숫자들(hexadecimal digits)을 모두 표현할 수 있다. 〈표 2-2〉는 0부터 15까지의 10진수에 대응되는 8진수와 16진수, 그리고 각 수에 대한 2진수 표현들을 보여주고 있다.

〈표 2-2〉 8진수 및 16진수에 대한 2진 비트 패턴들

10진수	8진수		16진수	
	수의 표현	비트 패턴	수의 표현	비트 패턴
0	0	000	0	0000
1	1	001	1	0001
2	2	010	2	0010
3	3	011	3	0011
4	4	100	4	0100
5	5	101	5	0101
6	6	110	6	0110
7	7	111	7	0111
8	10	001 000	8	1000
9	11	001 001	9	1001
10	12	001 010	A	1010
11	13	001 011	B	1011
12	14	001 100	C	1100
13	15	001 101	D	1101
14	16	001 110	E	1110
15	17	001 111	F	1111

8진수 체계에서 7보다 더 큰 수들을 표현할 때는 〈표 2-2〉에서와 같이 두 개의 8진 숫자들을 이용한다. 그 경우에 좌측 숫자의 자릿수는 $8^1=8$이고, 우측 숫자의 자릿수는 $8^0=1$이다. 그리고 그들에 대한 2진수 표현은 각 숫자를 나타내는 3-비트 그룹 두 개를 사용하여 표현한다.

10진수를 직접 8진수로 변환하는 방법은 2.1절에서 설명하였던 2진수로의 변환 방법과 유사한데, 10진수를 (2가 아닌) 8로 나눈다는 것만 다르다. 반복 8분법(repeated division-by-8 method)이라고 부르는 이 과정을 실제 예를 통하여 살펴보면, 〈예제 2-7〉과 같다. 즉, 10진수를 8로 나누고, 나머지 수를 기록한다. 그리고 남은 수가 8보다 더 작아서 몫이 0이 될 때까지 나누기를 계속 반복한다. 그 과정이 종료되었을 때, 그동안 기록해둔 나머지 수들을 아래편의 것부터 나열하면 8진수 표현이 된다.

예제 2-7

10진수 854를 8진수로 변환하라.

풀이

```
8 ) 854
8 ) 106   나머지 수 = 6
8 )  13   나머지 수 = 2
8 )   1   나머지 수 = 5
      0   나머지 수 = 1
```

결과적으로, 10진수 854에 대한 8진수 표현은 1 5 2 6이 된다.

10진수를 16진수로 변환하는 경우에 이와 유사한 방법(반복 16분법)을 사용할 수도 있지만, 번거로운 작업이고 오류를 유발하기 쉽다. 따라서 16진수로 변환할 때는 10진수를 먼저 2진수로 변환한 후에, 다음의 설명에서와 같은 비트-분할 방법(bit-partition method)을 사용하는 것이 더 효과적이다.

비트-분할 방법을 이용하여 2진수를 8진수로 변환하는 절차는 2진수의 비트들을 3비트씩 분할하고, 각 비트 그룹에 대응되는 8진 숫자들을 나열하는 것이다. 이때 2진 소수점을 중심으로 좌측 방향으로 세 비트씩 분할해 올라가고, 우측 방향으로도 3비트씩 분할해 내려간다는 것에 유의하라. 그리고 양쪽 방향 각각에서 마지막 그룹에 포함되는 비트 수가 세 개 미만일 경우에는 좌측 최상위 그룹에서는 상위 비트 위치에 0을 추가하고, 우측 최하위 그룹에는 하위 비트 값으로 0을 추가하여 3비트를 채운 다음에 변환하면 된다. 그와 같은 방법으로 2진수 10110101001100.1110100001을 8진수로 변환하는 과정은 다음과 같다.

010 110 101 001 100 . 111 010 000 100 = $(26514.7204)_8$
2 6 5 1 4 . 7 2 0 4

반대로, 8진수를 2진수로 변환하는 것은 아래의 예에서와 같이 각 8진 숫자에 대한 비트 그룹들을 나열해가면 된다.

$(5214.637)_8$ = 101 010 001 100 . 110 011 111
5 2 1 4 . 6 3 7

이와 같은 변환 방법을 활용하면 큰 값의 10진수를 2진수로 변환하는 과정이 더 간편해질 수 있다. 한 예로서, 10진수 854에 대한 2진수 표현을 구하는 경우에, 먼저 위의 〈예제 2-7〉에서와 같이 8진수 1526을 구한다. 그런 다음에, 위에서와 같은 방법을 이용하여 2진수 표현으로 변환하면 001101010110을 쉽게 얻을 수 있다.

16진수 체계에서 10진수 15보다 더 큰 수를 표현하는 경우에도 두 개 이상의 16진 숫자들을 사용하며, 비트 패턴은 각 숫자에 대응되는 4-비트 그룹들을 나열하면 된다. 2진수와 16진수 간의 변환 방법은 8진수의 경우와 유사하며, 아래의 예에서 보는 바와 같이 각 비트 그룹이 네 비트씩으로 분할되는 것만 다르다. 각 16진 숫자에 대한 2진 비트 패턴은 〈표 2-2〉를 참조하라.

0011 1010 0110 1101 . 1011 0010 = $(3A6D.B2)_{16}$
3 A 6 D . B 2

$(5B2.1E)_{16}$ = 0101 1011 0010 . 0001 1110
5 B 2 . 1 E

2.3 2진 산술 연산

디지털 시스템에서 산술적 연산들(+, −, ×, ÷)을 10진수로 처리하는 것은 매우 복잡하기 때문에, 2진수로 표현된 수들을 그대로 이용하여 처리한다. 2진 산술 연산(binary arithmetic operation)의 규칙들은 근본적으로 10진수의 경우와 동일하며, 처리하는 수로서 0과 1만 사용된다는 것이 다를 뿐이다.

2.3.1 2진 덧셈

2진 덧셈(binary addition)이란 2진 비트들 간의 더하기 연산을 말하며, 그 원리는 다음과 같다: **덧셈의 결과로서 합(sum)과 올림수(carry)를 얻을 수 있으며, 두 수가 모두 1일 때 올림수가 발생한다.** 이것은 10진 덧셈(decimal addition)에서 두 수의 합이 9를 초과할 때 올림수가 발생하는 것과 같으며, 윗자리 수로 올림수(1)가 올라가서 그 수들과 함께 더해진다. x와 y가 0 혹은 1의 값을 가지는 2진 변수라 할 때, 두 변수들 간의 덧셈에 대한 규칙은 아래와 같다.

x	y	합	올림수
0	0	0	0
0	1	1	0
1	0	1	0
1	1	0	1

덧셈의 한 예로서, 2진수로 표현된 9와 13을 더하는 과정을 살펴보자. 두 수를 각각 4비트로 표현한다면, $9=1001_2$이고 $13=1101_2$이 된다. 이들에 대한 덧셈은 〈예제 2-8〉에서 보는 바와 같이 맨우측 비트들을 더한 결과인 0을 합의 최하위 비트로 쓰고, 그 과정에서 발생한 올림수인 1을 윗자리 수로 올려 보낸다. 두 번째 비트들의 덧셈에서는 아래에서 올라온 올림수를 포함하여 세 개의 비트들을 더하며, 그 결과로서 합의 두 번째 비트는 1이 되고, 올림수는 0이 된다. 그와 같은 과정을 세 번째 및 네 번째 비트들의 덧셈에도 적용하면, 최종 합으로서 10110, 즉 10진수 22를 얻을 수 있게 된다.

예제 2-8

아래와 같은 10진수들 간의 덧셈을 2진 덧셈으로 수행하라.

(a) 3 + 9 (b) 27 + 43

풀이

(a)

		0 1 1	← 올림수
3_{10}	=	0 0 1 1	
+ 9_{10}	=	+ 1 0 0 1	
12_{10}		1 1 0 0	

(b)

27_{10}	=	0 1 1 0 1 1
+ 43_{10}	=	+ 1 0 1 0 1 1
70_{10}		1 0 0 0 1 1 0

2.3.2 2진 뺄셈

2진 뺄셈(binary subtraction)이란 2진 비트들 간의 빼기 연산을 말하며, 그 원리는 다음과 같다: **뺄셈의 결과로서 차이(difference)와 빌림수(borrow)를 얻을 수 있으며, 피감수(minuend)가 감수(subtrahend)보다 작을 때 빌림수가 발생한다.** 빌림수는 10진수 뺄셈에서 어떤 수를 더 큰 수로 빼기할 때 윗자리 수로부터 10을 빌려오는 것과 같은 의미이다. 즉, 2진수 뺄셈 (0−1)이 수행되는 경우, 윗자리 비트로부터 2를 빌려와서 (2−1)=1이 차이 값이 되고 빌림수는 1이 된다. 그리고 윗자리 비트의 값은 1이 감소하게 된다. 2진 변수 x와 y 간의 뺄셈 규칙은 다음과 같다.

x	y	차이	빌림수
0	0	0	0
0	1	1	1
1	0	1	0
1	1	0	0

위의 관계를 적용하여 2진수로 표현된 4-비트 정수들 간의 뺄셈을 수행한 예를 보면 〈예제 2−9〉와 같다. (1)번의 계산에서 유의할 부분은 세 번째 비트들 간의 뺄셈(0−1)의 결과값은 1이 되고, 빌림수가 1이 발생한다는 것이다. 그런데 피감수의 최상위 비트로부터 빌림수가 아래 자리수로 내려갈 때는 2가 되어서, (2−1=1)의 계산이 이루어졌다. 그리고 최상위 비트는 하위 비트로 1을 빌려주었으므로 0이 되어, 최상위 비트들 간의 뺄셈은 (0−0=0)이 되었다.

예제 2-9

아래와 같은 10진수들 간의 뺄셈을 2진 뺄셈으로 수행하라.

(a) 11 − 5 (b) 34 − 13

풀이

(a)
$$\begin{array}{rcr} 11_{10} & = & 1\,0\,1\,1 \\ -\;5_{10} & = & -\;0\,1\,0\,1 \\ \hline 6_{10} & & 0\,1\,1\,0 \end{array}$$

(b)
$$\begin{array}{rcr} 34_{10} & = & 1\,0\,0\,0\,1\,0 \\ -\;13_{10} & = & -\;0\,0\,1\,1\,0\,1 \\ \hline 21_{10} & & 0\,1\,0\,1\,0\,1 \end{array}$$

〈예제 2-9〉의 (2)번 계산에서는 첫 번째 비트들 간의 뺄셈(0−1)에서 빌림수가 발생하였는데, 빌림수는 최상위 비트로부터 전달되어 왔다. 결과적으로 맨우측의 첫 번째 비트들 간에는 (2−1=1), 두 번째 비트들 간의 뺄셈은 (1−1=0), 세 번째 비트들 간의 뺄셈은 (1−0=1), 그리고 최상위 비트들 간의 뺄셈은 (0−0=0)으로 수행되었다.

2.3.3 2진 곱셈

2진 곱셈(binary multiplication)이란 2진 비트들 간의 곱하기 연산을 말하며, 그 원리는 다음과 같다: **두 비트들 중의 어느 하나만 0이라도 곱셈 결과는 0이 되고, 두 비트들이 모두 1이면 결과가 1이 된다.** 즉, 2진 곱셈은 아래와 같은 규칙에 따라 수행된다.

$$0 \times 0 = 0$$
$$0 \times 1 = 0$$
$$1 \times 0 = 0$$
$$1 \times 1 = 1$$

두 정수들 간의 곱셈에서 곱해지는 앞의 수를 피승수(multiplicand)라 부르며, 곱하는 수인 뒤의 수를 승수(multiplier)라고 한다. 여러 개의 2진 비트들로 표현된 두 정수들 간의 곱셈 과정은 다음과 같다. 승수의 최하위 비트부터 검사하여, 그 값이 1이라면 부분 적(partial product)으로서 피승수를 그대로 쓰고, 그 값이 0이라면 피승수의 비트 수만큼의 0을 쓴다. 승수의 두 번째 비트에 대해서도 같은 동작을 수행하지만, 이때는 부분 적을 한 비트 좌측으로 이동한 자리에 쓴다는 것이 다르다. 그러한 과정을 모든 승수 비트들에 대하여 반복한 다음에, 부분 적들을 모두 더하면 최종 곱셈 결과를 얻을 수 있다. 예를 들어, 10진수 곱셈 (12×13)을 2진 곱셈(binary multiplication)으로 수행하는 과정을 보면 〈예제 2-10〉과 같다.

예제 2-10

2진 곱셈 규칙을 이용하여 10진수 곱셈 (12×13)을 수행하라.

풀이

```
      1 1 0 0      (12)10
   ×  1 1 0 1      (13)10
   ----------
      1 1 0 0  ┐
    0 0 0 0    │
  1 1 0 0      ├ ⇒ 부분 적
1 1 0 0        ┘
---------------
1 0 0 1 1 1 0 0    = (156)10
```

2.3.4 2진 나눗셈

2진 나눗셈(binary division)이란 2진 비트들로 표현된 두 개의 정수들 간의 나누기 연산을 말하며, 10진 나눗셈과 동일한 원리에 근거를 두고 있다. 즉, 10진 나눗셈에서와 마찬가지로, 2진 나눗셈의 규칙도 반복적인 자리 이동과 뺄셈으로 이루어진다. 먼저, 나눗셈에 대한 일반적인 수식은 다음과 같이 표현할 수 있다.

$$D \div V = Q \ \cdots\cdots \ R$$

단, D = 피제수(dividend)
V = 제수(divisor)
Q = 몫(quotient)
R = 나머지 수(remainder)

2진 나눗셈은 피제수 D와 제수 V가 모두 2진수로 표현된 상태에서 이루어진다. 연산 과정은 10진 나눗셈과 같은 원리로 수행된다. 즉, D의 맨좌측 비트부터 시작하여 V와 비교하는데, 만약 D의 해당 상위 비트들로 이루어진 값이 V보다 더 작다면, 몫의 해당 자리 비트를 0으로 세트하면서 우측으로 한 비트씩 이동한다. 그러나 만약 D의 상위 비트들로 이루어진 값이 V보다 더 크다면, V만큼을 빼고 몫의 해당 자리 비트를 1로 세트한다. 이러한 동작은 D의 모든 비트들이 사용될 때까지 반복되며, 그 때의 남은 D값이 나머지 수가 된다.

위의 연산 과정을 실제 예를 통하여 자세히 살펴보기로 하자. 〈예제 2-11〉은 2진 나눗셈의 한 예로서, 피제수 10010011을 제수 1011로 나누는 과정을 보여주고 있다. 먼저, 피제수의 비트들을 좌측에서부터 우측으로 차례대로 검사하여, 그 비트들이 나타내는 값이 제수보다 같거나 큰 경우가 될 때(뺄 수 있을 때)까지 한 비트씩 우측으로 이동하면서 검사를 반복한다. 그때까지 몫은 좌에서 우로 가면서 0으로 채워진다. 뺄 수 있게 되면, 그에 대응되는 몫의 비트를 1로 세트하고, 부분 피제수(partial dividend)에서 제수만큼을 뺀다. 여기서 부분 피제수란 피제수의 맨좌측 비트부터 해당 비트까지(〈예제 2-11〉의 경우에 피제수의 상위 다섯 비트인 10010)를 말한다. 그 값에서 제수를 뺀 결과값은 부분 나머지 수(partial remainder)라고 부른다. 다음 단계에서는 피제수로부터 부분 피제수에 포함되지 않은 그 다음 비트를 부분 나머지 수에 추가하고, 위의 과정을 반복한다. 이 과정은 피제수의 모든 비트들이 부분 나머지 수에 추가될 때까지 계속된다. 다음의 〈예제 2-11〉의 경우에 모든 피제수 비트들이 사용된 다음에 나눗셈은 종료되었고, 최종적으로 몫(1101)과 나머지 수(100)가 결정되었다.

예제 2-11

2진 나눗셈 (10010011 ÷ 1011)을 수행하라.

풀이

```
                    00001101       ← 몫(Q)
                  ----------
제수(V) → 1011 ) 10010011       ← 피제수(D)
                  -1011
                  ----------
                  001110
부분 나머지 수      -1011
                  ----------
                    001111
                     -1011
                  ----------
                       100       ← 나머지 수(R)
```

확인: $10010011_2 = 147_{10}$, $1011_2 = 11_{10}$이므로, $147 \div 11 = 13 \cdots 4$

2.4 음수 표현

컴퓨터는 양수뿐 아니라 음수도 처리하기 때문에 2진수로 음수를 표현하는 방법이 필요하다. 그 방법에는 여러 가지가 있는데, 모든 방법들에서 공통적인 것은 단어의 맨좌측 비트(leftmost bit)가 부호 비트(sign bit)로 사용된다는 점이다. 만약 부호 비트가 0이라면 그 수는 양수이고, 1이라면 음수이다. 부호 비트를 사용하여 양수와 음수를 모두 표현하는 방법으로서, 아래와 같은 세 가지 표현들이 있다.

- 부호화-크기 표현(signed-magnitude representation)
- 1의 보수 표현(1's complement representation)
- 2의 보수 표현(2's complement representation)

2.4.1 부호화-크기 표현

앞의 세 가지 표현 방법들 중에서 가장 간단한 것이 부호화-크기 표현이다. 이 표현에서는 수를 표현하는 단어의 비트 수가 n이라면, 맨좌측 비트가 부호 비트이고, 나머지 $(n-1)$개의 비트들은 수의 크기(magnitude)를 나타낸다. 여기서 수의 크기 부분은 부호 없는 정수에 대한 2진수 표현과 같은 방법으로 변환된다. 결과적으로, 부호화-크기 표현에서는 음수와 양수가 부호 비트만 서로 다르고, 크기 부분은 동일하다. 8-비트 정수에 대한 부호화-크기 표현의 예를 들면 〈예제 2-12〉와 같다.

예제 2-12

부호화-크기 표현의 예

(a) + 9 = 0 0001001
　　− 9 = 1 0001001

(b) + 35 = 0 0100011
　　− 35 = 1 0100011

부호화-크기로 표현된 n-비트 2진수($a_{n-1}\ a_{n-2}\ a_{n-3}\ \ldots\ a_1\ a_0$)를 10진수로 변환하는 방법은 식 (2-3)과 같다.

$$A = (-1)^{a_{n-1}} (a_{n-2} \times 2^{n-2} + a_{n-3} \times 2^{n-3} + \ldots + a_1 \times 2^1 + a_0 \times 2^0) \qquad (2-3)$$

한 예로서, 부호화-크기로 표현된 양수 00001001과 음수 10100011을 식 (2-3)을 이용하여 10진수로 변환하는 과정을 살펴보면 〈예제 2-13〉과 같다.

예제 2-13

부호화-크기로 표현된 아래의 2진수들을 10진수로 변환하라.

(a) 0 0001001 $= (-1)^0 (0\times2^6 + 0\times2^5 + 0\times2^4 + 1\times2^3 + 0\times2^2 + 0\times2^1 + 1\times2^0)$
$= (8 + 1) = 9$

(b) 1 0100011 $= (-1)^1 (0\times2^6 + 1\times2^5 + 0\times2^4 + 0\times2^3 + 0\times2^2 + 1\times2^1 + 1\times2^0)$
$= -(32 + 2 + 1) = -35$

부호화-크기 표현에는 몇 가지 결점들이 있다. 첫 번째 결점은 산술 연산을 수행하는 과정에서 부호 비트와 크기 부분을 별도로 처리해야 하기 때문에, 회로가 복잡해지고 연산 시간이 더 오래 걸린다는 점이다. 예를 들어, 두 수의 덧셈은 아래와 같은 과정을 통하여 이루어져야 한다.

① 두 수의 부호를 비교한다.
② 부호가 같은 경우에는 크기 부분들을 더하고, 다른 경우에는 크기 부분의 차이를 구한다.
③ 크기 부분의 절대값이 더 큰 수의 부호를 결과값의 부호로 세트한다.

이 표현 방법의 두 번째 결점은 '0'에 대한 표현이 다음과 같이 두 가지라는 점이다.

$$0\ 0000000 = +0$$
$$1\ 0000000 = -0$$

결과적으로, n-비트 2진수로 표현할 수 있는 정수들이 2^n개가 아니라 (2^n-1)개로 줄어든다. 예를 들어, 8비트로 표현할 수 있는 정수의 범위는 $-127 \sim +127$로서, 모두 255개가 된다.

2.4.2 보수 표현

부호화-크기 표현의 결점들을 보완하기 위하여 보수 표현(complement representation)이 개발되었다. 보수 표현에서도 맨좌측 비트(MSB)를 부호 비트로 사용하는 것은 마찬가지이며, 0은 양수, 1은 음수를 가리킨다. 따라서 양수에 대한 1의 보수 표현과 2의 보수 표현은 부호화-크기 표현의 결과와 동일하며, 음수에 대한 표현만 달라진다. 1의 보수 혹은 2의 보수로 음수를 표현하는 방법은 같은 크기의 양수 표현에 아래의 규칙을 각각 적용하면 된다.

- 1의 보수: 모든 비트들을 반전시킨다(0 → 1, 1 → 0).
- 2의 보수: 모든 비트들을 반전시키고, 결과값에 1을 더한다. 그 과정에서 만약 MSB로부터 올림수가 발생하면, 버린다(drop-out).

앞의 방법을 이용하여 양수를 음수로 변환하는 사례를 몇 가지 살펴보면, 〈예제 2-14〉와 같다.

예제 2-14

보수를 이용한 음수화의 예

(a) + 9 = 0 0001001
  − 9 = 1 1110110 (1의 보수 표현)
  − 9 = 1 1110111 (2의 보수 표현)

(b) + 36 = 0 0100100
  − 36 = 1 1011011 (1의 보수 표현)
  − 36 = 1 1011100 (2의 보수 표현)

〈예제 2-14〉에서 보는 바와 같이, 어떤 크기를 가진 음수를 2진수로 표현하기 위해서는 먼저 같은 크기를 가진 양수에 대한 2진수(부호 비트 포함)를 구한 다음에, 1의 보수 혹은 2의 보수를 취하면 된다. 그런데 여기서 '보수를 취한다'라는 말은 양수를 음수로, 혹은 음수를 양수로 바꾼다는 것을 의미한다. 따라서, 음수에 대한 보수 표현에 대하여 다시 보수를 취하면 양수에 대한 2진수 표현이 된다.

예를 들어, 앞의 예에서 구하였던 −9에 대한 2의 보수 표현인 11110111에 대하여 2의 보수를 취하면, 반대 부호를 가진 수인 00001001, 즉 +9에 대한 2의 보수 표현으로 바뀌게 된다. 여기서 유의할 사항은 −9에 대한 1의 보수 표현인 11110110에 대하여 1의 보수를 취하는 경우에도 결과값은 00001001이 된다는 것이다. 즉, 양수에 대해서는 1의 보수 표현과 2의 보수 표현이 동일하다는 것을 확인할 수 있다.

1의 보수에서는 부호화-크기 표현과 마찬가지로 0에 대한 표현이 두 가지가 존재한다. 즉, +0에 대한 표현은 '00000000'이고, 그 표현에 대하여 1의 보수를 취하면 −0에 대한 표현으로서 '11111111'을 얻게 된다. 반면에, 2의 보수 표현에서는 +0에 대한 표현인 '00000000'을 2의 보수로 변환하는 과정에서 비트들을 반전시킨 후에 1을 더하면, 그 결과는 (11111111 + 1 = 1 00000000)이 되어 올림수가 발생하게 된다. 그런데 2의 보수 변환

규칙에 따르면 MSB로부터 발생한 올림수는 버리게 되어 있으므로, 결과적으로 −0에 대한 표현은 +0에 대한 표현과 동일한 '00000000'이 된다. 즉, 2의 보수 표현에서는 0에 대한 비트 패턴이 한 가지만 존재하는 것이다. 그리고 1의 보수에서 −0을 표현하는데 사용되는 '11111111'은 부호 비트가 '1'이므로, 음수(−1)를 표현하는 데 사용할 수 있게 된다. 따라서 2의 보수 표현에서는 1의 보수보다 음수를 한 개 더 표현할 수 있다. 그 이유 때문에, 보수로 변환하는 과정은 1의 보수가 더 간편함에도 불구하고, 대부분의 디지털 시스템 및 디지털 컴퓨터에서 2의 보수가 사용되고 있다.

부호 비트를 포함한 8-비트 2진수를 이용하여 1의 보수와 2의 보수로 표현할 수 있는 정수의 범위와 각각의 비트 패턴들을 나열해보면 〈표 2-3〉과 같다. 표를 보면, 양수들에 대한 1의 보수 표현과 2의 보수 표현은 모두 같으며, 표현의 범위도 0 ~ +127(즉, 7비트로 표현할 수 있는 가장 큰 값인 2^7)까지로서 동일하다. 그러나 음수의 경우에는 1의 보수 표현으로는 −127까지만 표현할 수 있는 반면에, 2의 보수 표현으로는 −128까지 표현할 수 있다는 것을 확인할 수 있다. 그리고 크기 부분도 2의 보수가 1이 더 크기 때문에 약간 다르다.

〈표 2-3〉 8-비트 보수로 표현할 수 있는 정수의 범위와 비트 패턴들

10진수	1의 보수 표현	2의 보수 표현
127	01111111	01111111
126	01111110	01111110
:	:	:
1	00000001	00000001
+0	00000000	00000000
−0	11111111	−
−1	11111110	11111111
−2	11111101	11111110
:	:	11111101
−126	10000001	:
−127	10000000	10000001
−128	−	10000000

보수 표현을 사용하는 경우에도 비트 수에 따라 표현 가능한 정수의 범위가 달라지는데, 그에 대하여 좀 더 자세히 살펴보기로 하자. 먼저, 부호 비트를 포함한 n개의 비트들로 표현할 수 있는 정수의 범위는 아래와 같다.

1의 보수 표현: $-(2^{n-1}-1) \sim (2^{n-1}-1)$
2의 보수 표현: $-2^{n-1} \sim (2^{n-1}-1)$

위와 같은 일반 관계식을 이용하여 8-비트 2진수로 표현할 수 있는 10진수의 범위를 구해보면 아래와 같아지며, 〈표 2-3〉에서도 확인할 수 있다.

1의 보수 표현: $-(2^{7}-1) \sim (2^{7}-1) = -127 \sim 127$
2의 보수 표현: $-2^{7} \sim (2^{7}-1) = -128 \sim 127$

이제부터는 대부분의 디지털 시스템에서 음수를 포함한 정수의 표현 방식으로 사용되고 있는 2의 보수를 기준으로 설명을 진행하고자 한다. 먼저, 앞에서와 같은 방법을 이용하여 순차회로와 컴퓨터에서 흔히 사용되는 수들인 10-비트 및 16-비트 길이의 2의 보수로 표현할 수 있는 10진수의 범위를 구해보면 아래와 같다.

10 비트: $-2^{9} \sim (2^{9}-1) = -512 \sim 511$
16 비트: $-2^{15} \sim (2^{15}-1) = -32768 \sim 32767$

그리고 2의 보수로 표현된 2진수에서 부호 비트 $a_{n-1}=0$인 양수를 10진수로 변환하는 방법은 식 (2-4)와 같다.

$$A = a_{n-2}\times 2^{n-2} + a_{n-3}\times 2^{n-3} + \ldots + a_{1}\times 2^{1} + a_{0}\times 2^{0} \quad (2-4)$$

즉, 양수의 경우에는 부호 비트를 제외한 비트들에 대하여 2.1절에서 설명한 것과 같은 방법으로 변환하면 된다. 그런데 부호 비트 $a_{n-1}=1$인 음수를 10진수로 변환할 때는 식 (2-5)와 같이 부호 비트를 별도로 고려해주어야 한다.

$$A = -2^{n-1} + (a_{n-2}\times 2^{n-2} + a_{n-3}\times 2^{n-3} + \ldots + a_1\times 2^1 + a_0\times 2^0) \qquad (2-5)$$

예를 들어, 2의 보수로 표현된 8-비트 2진수 1010111에 대한 10진수는 〈예제 2-15〉와 같이 구할 수 있다.

예제 2-15

2의 보수로 표현된 10101110을 10진수로 변환하라.

풀이

$A = -2^7 + (1\times 2^5 + 1\times 2^3 + 1\times 2^2 + 1\times 2^1)$

$= -128 + (32 + 8 + 4 + 2)$

$= -82$

2의 보수로 표현된 2진수를 10진수로 변환하는 다른 방법으로서 〈예제 2-16〉에서 보는 바와 같이, ① 2의 보수로 표현된 음수를 양수 표현으로 변환하고, ② 그 표현에 대한 10진수를 계산한 다음에 – 부호를 붙이는, 2-단계 방법도 가능하다.

예제 2-16

2의 보수로 표현된 10101110을 10진수로 변환하는 다른 방법

① 10101110 → 01010010

② $A = -(1\times 2^6 + 1\times 2^4 + 1\times 2^1) = -(64 + 16 + 2) = -82$

2.5 2의 보수 산술 연산

2의 보수 표현이 사람들에게는 익숙하지 않지만, 2진수만 처리할 수 있는 계산 기계인 컴퓨터에서는 가장 중요한 산술 연산인 덧셈과 뺄셈을 신속하게 처리할 수 있도록 해준다. 이 절에서는 산술 연산들 중에서 2의 보수로 표현된 수들 간의 덧셈과 뺄셈을 수행하는 방법에 대하여 살펴보기로 한다.

2.5.1 2의 보수 덧셈

2의 보수로 표현된 두 개의 수들을 더하는 방법은 2.3.1절에서 부호 없는 2진수들 간의 덧셈 방법과 기본적으로는 같다. 즉, 2의 보수로 표현된 두 수의 맨우측 비트(LSB)들을 더하여, 합과 올림수를 구한다. 그리고 만약 올림수가 발생한다면, 두 번째 비트들의 덧셈에 포함시키기 위하여 올려 보낸다. 그런 다음에는 좌측 방향으로 한 자릿수씩 이동하면서 같은 동작을 수행하게 되는데, 그때부터는 해당 자릿수의 두 비트들뿐 아니라 아래 자리로부터 올라온 올림수도 함께 더한다. 이러한 동작은 맨좌측 비트인 MSB들 간의 덧셈을 수행할 때까지 계속된다. 그런데 2의 보수로 표현된 수는 전체 비트 수가 정해져 있기 때문에, 그 마지막인 MSB들 간의 덧셈에서는 올림수가 발생하더라도 버려야(drop-out) 한다. 〈예제 2-17〉은 2의 보수로 표현된 4-비트 혹은 8-비트 데이터들 간의 덧셈 연산을 그와 같은 방법으로 수행한 몇 가지 예들을 보여주고 있다. 이 방법은 더 많은 비트들로 이루어진 2의 보수들 간의 덧셈에서도 동일하게 적용될 수 있다.

예제 2-17

2의 보수 덧셈의 사례들

(a) $4 + 2 = 6$

```
  0 1 0 0
+ 0 0 1 0
---------
  0 1 1 0 = +6
```

(b) $-76 + 76 = 0$

```
        1 0 1 1 0 1 0 0
      + 0 1 0 0 1 1 0 0
      -----------------
버림 ← (1) 0 0 0 0 0 0 0 0 = 0
```

(c) $(-6) + (+2) = -4$

```
   1010
 + 0010
 ------
   1100 = -4
```

(d) $(-55) + (-13) = -68$

```
     11001001
   + 11110011
   ----------
버림 ← (1) 10111100 = -68
```

그런데 이러한 덧셈 과정에서 두 수를 더한 결과값이 표현 범위를 초과하는 경우가 발생한다면, 전혀 틀린 결과값을 생성하게 된다. 예를 들어, 2의 보수로 표현된 4-비트 데이터의 표현 범위는 −8부터 +7까지이지만, 〈예제 2−18〉에서 보는 바와 같이 덧셈 결과값이 그 범위를 초과하게 되면 결과값이 틀리게 되는데, 이것을 오버플로우(overflow)라고 한다. 이 예제에서는 예상 결과값들(+11과 −13)이 4-비트 데이터의 표현 범위를 초과하기 때문에 오버플로우가 발생되어 잘못된 결과들이 산출된 것이다.

예제 2−18

덧셈에서 오버플로우가 발생하는 사례들

(a) $5 + 6 = 11$

```
   0101
 + 0110
 ------
   1011 = -5 (오버플로우)
```

(b) $(-6) + (-7) = -13$

```
          1010
        + 1001
        ------
버림 ← (1) 0011 = +3 (오버플로우)
```

그런데 이와 같이 오버플로우가 발생하는 경우에는 그 계산을 수행한 디지털 회로가 즉시 그 사실을 확인할 수 있는 방법이 필요하다. 그 방법으로서, 두 수의 최상위 비트(MSB)들을 더했을 때 발생하는 올림수와 그 아래 자리 비트들 간의 덧셈에서 발생하는 올림수가 서로 다른 값을 가진다면, 오버플로우가 발생한 것으로 판단하면 된다.[1)]

〈예제 2−17〉에서 수행한 네 가지 덧셈들을 다시 살펴보면, 각각의 계산 과정에서 그 두 올림수들이 모두 같은 값이었다는 것을 확인할 수 있을 것이다. 반면에, 〈예제 2−18〉의 (a)

1) 오버플로우에 대해서는 6.11절에서 실제 회로 설계와 함께 자세히 설명된다.

에서는 MSB들 간의 덧셈에서 올림수가 0이고, 그 아래 비트들 간의 덧셈에서는 올림수가 1이기 때문에 오버플로우가 발생했다는 것을 확인할 수 있다. 예제 (b)의 덧셈에서도 MSB들 간의 덧셈에서 올림수가 1이고, 그 아래 비트들 간의 덧셈에서는 올림수가 0으로서 같지 않기 때문에, 역시 오버플로우가 발생한 것으로 판단할 수 있다. 이와 같이 오버플로우가 발생한 사실이 확인되면, 덧셈 회로는 적절한 방법을 이용하여 그 사실을 외부에 알림으로써 잘못된 결과값이 사용되지 않도록 해야 한다. 그에 대해서는 제6장에서 자세히 설명하기로 한다.

2.5.2 2의 보수 뺄셈

일반적으로 정수들 간의 뺄셈은 아래와 같이 덧셈을 이용하여 수행할 수 있다: A(피감수: minuend)로부터 B(감수: subtrahend)를 빼는 것은 B를 음수로 바꾼 다음에 A와 더하면 된다.

$$A - (+B) = A + (-B)$$
$$A - (-B) = A + (+B)$$

2의 보수로 표현된 2진수들 간의 뺄셈도 같은 방법으로 수행할 수 있다. 즉, 감수 B에 대하여 2의 보수를 취하면 반대 부호를 가진 수(양수라면 음수로, 음수라면 양수)로 바꾼 값이 되므로, 그 값을 피감수 A와 더하면 뺄셈 $(A-B)$을 수행한 것과 같은 결과를 얻게 된다. 이 방법을 이용하여 뺄셈을 수행한 몇 가지 예를 보면 〈예제 2-19〉와 같다. 이 연산에서도 덧셈과 마찬가지로 최상위 비트(MSB)들 간의 덧셈에서 발생한 올림수는 버린다.

예제 2-19

2의 보수 뺄셈의 사례들

(a) $3 - 7 = 3 + (-7) = -4$

$$\begin{array}{r} 0\,0\,1\,1 \\ +\,1\,0\,0\,1 \\ \hline 1\,1\,0\,0 \end{array} = -4$$

(b) 81 − 25 = 81 + (−25) = +56

```
        01010001
버림  + 11100111
      ----------
      ① 00111000 = +56
```

〈예제 2−19〉에서 보는 바와 같이, 2진수 뺄셈은 2의 보수와 덧셈을 이용하여 수행할 수 있다. 따라서 대부분의 디지털 컴퓨터에서는 뺄셈을 위한 회로를 별도로 두지 않고 덧셈 회로를 이용하여 뺄셈을 처리한다. 뺄셈 과정에서도 오버플로우가 발생할 수 있기 때문에 덧셈 회로는 그것을 검출하는 기능을 가지고 있어야 하는데, 그에 대해서는 제6장에서 설명하기로 한다.

2.6 각종 2진 코드들

2진 비트들을 이용하여 다양한 형태의 정보들을 표현하기 위한 각종 코드(code)들이 정의되어 있다. 여기서 정보란 수치뿐 아니라 알파벳, 각종 기호 및 특수 문자 등을 발한다. 각 코드를 구성하는 비트의 수는 표현하고자 하는 정보를 구성하는 요소들의 개수에 따라 결정된다. 예를 들어, 네 개의 요소들을 포함하고 있는 어떤 정보는 두 비트로 이루어진 코드를 이용하여 표현할 수 있다. 즉, 두 비트를 이용한 네 개의 서로 다른 비트 조합들(00, 01, 10, 11)로 하여금 정보의 서로 다른 요소를 가리키게 하는 것이다. 8개 혹은 16개의 요소들을 가진 정보를 표현하기 위해서는 각각 3-비트 혹은 4-비트 길이의 코드가 필요하다. 일반적으로 표현하면, 요소의 수가 2^n개인 정보를 표현하기 위해서는 n-비트 길이의 코드를 이용하여 각 요소를 구별하면 된다. 이 절에서는 4비트 혹은 그 이상의 비트들을 이용하여 각종 정보를 코드화(encoding) 하는 방법에 대하여 살펴보고자 한다.

2.6.1 10진수 표현을 위한 2진 코드들

먼저, 10진수를 표현하기 위해 사용되고 있는 몇 가지 2진 코드(binary code)들에 대하여 분석해보기로 한다. 10개의 숫자들로 이루어지는 10진수를 2진 비트들로 표현하기 위해서는 최소한 네 개의 비트들이 필요하며, 비트들을 조합하는 방법에 따라 그 이상이 사용되기도 한다. 그 비트들을 이용하여 10개의 서로 다른 비트 패턴을 나타내도록 정의한 2진 코드에는 여러 가지가 있는데, 그들 중의 대표적인 몇 가지를 살펴보면 〈표 2-4〉와 같다.

〈표 2-4〉 10진수를 표현하기 위한 2진 코드들

10진수	8421 코드 (BCD)	2421 코드	84-2-1 코드	3증수 코드	존슨 코드
0	0000	0000	0000	0011	00000
1	0001	0001	0111	0100	00001
2	0010	0010	0110	0101	00011
3	0011	0011	0101	0110	00111
4	0100	0100	0100	0111	01111
5	0101	1011	1011	1000	11111
6	0110	1100	1010	1001	11110
7	0111	1101	1001	1010	11100
8	1000	1110	1000	1011	11000
9	1001	1111	1111	1100	10000

(1) BCD 코드

BCD(Binary Coded Decimal; 2진화 10진수) 코드라고도 불리는 8421 코드는 10진수를 2진 비트들로 표현하는 가장 보편적인 방법으로서, 네 개의 비트들이 왼쪽에서부터 각각 $8(2^3)$, $4(2^2)$, $2(2^1)$, $1(2^0)$의 자릿수를 가지도록 하는 방법이다. 이와 같이, 자릿수를 가지는 비트들을 이용하여 수를 표현하는 코드를 가중치 코드(weighted code)라고 한다. BCD 코드를 이용하여 10진수를 표현하는 방법은 아래와 같이 각 10진 숫자를 그에 대응되는 BCD 비트 패턴으로 변환하면 된다.

$$(792)_{10} = (0111\ 1001\ 0010)_{BCD}$$

참고 밀집형 10진수(Packed BCD)

컴퓨터나 계산기에서 데이터의 저장은 단어(word) 단위로 이루어진다. 단어의 길이로는 8비트, 16비트 혹은 32비트, 64비트 등이 있다. 또한 4-비트 그룹을 니블(nibble)이라고 부르며, 8-비트 그룹을 바이트(byte)라고 부른다. 따라서 한 바이트는 두 개의 니블들로 이루어진다. BCD 코드는 니블에 해당하는 4-비트 길이이므로, 8-비트 단어에는 두 개의 10진 숫자들이 저장될 수 있고, 16-비트 단어에는 4개, 32-비트 단어에는 8개가 들어갈 수 있다. 즉, 한 단어 내에 여러 개의 독립적인 BCD 코드들을 배열하여 하나의 10진수를 표현할 수 있는 것이다. 이와 같은 방법으로 표현된 10진수를 밀집형 10진수(묶음 10진수 혹은 팩형 10진수)라고 부른다.

그리고 수의 부호를 함께 저장하기 위하여 BCD 코드에서 사용되지 않는 4-비트 패턴들을 이용하는데, '1100'은 양수(+) 부호, '1101'은 음수(−) 부호를 각각 나타낸다.[2] 그리고 부호가 없는 수일 때는 '1111'을 넣는데, 그 비트들은 단어의 마지막 니블에 들어간다. 그림 2-1은 그러한 표현의 예로서 16-비트 단어에 (a) +64 및 (b) −792를 각각 저장한 결과를 보여주고 있다.

+64 :	0000	0110	0100	1100

(a)

−792 :	0111	1001	0010	1101

(b)

그림 2-1 16-비트 단어에서 밀집형 10진수의 형식과 표현 사례들

(2) 2421 코드

〈표 2-4〉에서 두 번째로 소개된 2421 코드도 각 비트가 위치에 따른 자릿수를 가지는 가중치 코드 방식이다. 개발한 사람의 이름을 따서 Aiken 코드라고도 불리는 이 코드도 네 비트로 구성되는데, 맨좌측 비트부터 우측으로 가면서 각각 2, 4, 2, 1의 자릿수를 가진다. 한 예로서, 이 코드로 표현된 '1011'은 $(1\times2)+(0\times4)+(1\times2)+(1\times1) = 2+2+1 = 5$가 되어, 10진수 5를 나타낸다. 2421 코드에서는 자릿수 2를 가지는 비트가 두 개이기 때문

2) 양수 부호로서 '1010' 혹은 '1110', 음수 부호로서 '1011'이 사용되기도 한다.

에 어떤 수를 나타내는 표현이 여러 가지가 존재하는 것을 막기 위한 규칙이 있다: 0부터 4까지의 수를 나타내는 코드에서는 맨좌측 비트가 '0'이 되고, 5부터 9까지는 그 비트가 '1'로 세트된다.

(3) 84-2-1 코드

〈표 2-4〉에서 세 번째로 소개된 84-2-1 코드는 우측의 두 비트가 음의 자릿수(negative weight)를 가지는 가중치 코드 방식이다. 즉, 비트들은 좌측부터 각각 8, 4, −2, −1의 자릿수를 가진다. 한 예로서, 이 코드로 표현된 1001은 $\{1 \times 8\} + \{0 \times 4\} + \{0 \times (-2)\} + \{1 \times (-1)\} = (8-1)$이 되어, 정수 7을 나타낸다.

(4) 3증수 코드

Stibitz 코드라고도 부르는 3증수 코드(excess-3 code; 3-초과 코드)는 BCD 코드의 각 비트 패턴에 3(즉, 0011)을 더하여 표현한다. 예를 들어, 10진수 2와 8에 대한 3증수 표현을 구하기 위해서는 아래와 같이 각 수에 대한 BCD 비트 패턴에 0011을 더하면 된다.

$$2: \quad 0010 + 0011 = 0101$$
$$8: \quad 1000 + 0011 = 1011$$

또한, 정수 0에 대한 3증수 표현은 0011이 된다. 위의 결과값들을 이용하여 10진수 826을 3증수 코드로 표현하면 아래와 같아진다.

$$826_{10} = (1011\ 0101\ 1001)_{excess\text{-}3}$$

(5) 존슨 코드

〈표 2-4〉의 마지막 열에 소개된 존슨 코드(Johnson code)는 다른 코드들과는 달리, 5비트로 이루어지는 2진 코드이다. 이 코드에서는 10진수 1~5까지에 대해서는 수가 증가할 때마다 1의 개수가 우측에서부터 좌측으로 가면서 한 개씩 추가되고, 6 이상의 수에서는 우측에서부터 0이 한 개씩 증가하는 패턴을 가지고 있다. 이 코드도 3증수와 마찬가지로 비트들이 자릿수를 가지지 않는 비가중치 코드(non-weighted code)이며, 1의 개수와 위치만으

✎ 참고 **자기-보수 코드(self-complement code)**

어떤 10진수를 d라고 할 때, 그에 대한 9의 보수는 $(9-d)$로 구할 수 있다. 즉, 3에 대한 9의 보수는 9−3=6이다. 그런데 10진수 표현에 사용되는 2진 코드들 중에서 비트들을 모두 반전(0 → 1, 1 → 0)시키면 그 결과값에 대응되는 10진수가 원래의 10진수에 대한 9의 보수와 같아지는 특징을 가진 코드들이 있는데, 그러한 코드를 자기-보수 코드라 한다.

예를 들어, 자기-보수 코드들 중의 하나인 2421 코드에서 3에 대한 표현은 '0011'이며, 이 비트들을 모두 반전시키면 6에 대한 표현인 '1100'이 된다. 이러한 관계는 0부터 9까지의 모든 수들에 대하여 성립한다.

2421 코드 외에도, 앞에서 설명한 코드들 중에서 84−2−1 코드와 3증수 코드가 자기-보수 코드에 해당한다. 아래의 예들을 보면, 각각 84−2−1 코드 및 3증수 코드로 표현된 10진수에서 비트들을 반전시키면 9의 보수로 바뀐다는 것을 확인할 수 있다. (여기서, 10진수 713에 대한 9의 보수는 999−713 = 286이고, 627에 대한 9의 보수는 999−627 = 372이다.)

84−2−1 코드: (1001 0111 0101) → (0110 1000 1010)
7 1 3 → 2 8 6

3증수 코드: (1001 0101 1010) → (0110 1010 0101)
6 2 7 → 3 7 2

로 각 숫자를 구분해주고 있다. 이 코드로 표현된 수를 사용하면 산술적 연산을 수행할 수는 없지만, 전자회로의 설계가 용이해진다는 장점을 가지고 있다.

2.6.2 그레이 코드

산술적 연산이 불가능하지만 다른 특징을 가진 코드로서 그레이 코드(Gray code)가 있다. 이 코드에서도 각 비트는 위치에 따른 자릿수를 가지지 않는다. 〈표 2-5〉는 10진 숫자들 각각에 대한 그레이 코드 표현을 보여주고 있는데, 그레이 코드에서는 순서적으로 앞과 뒤의 숫자에 대한 비트 패턴들은 단 한 개의 비트만 서로 다른 값을 가진다는 것을 알 수 있다. 예를 들어, 3과 4를 나타내는 그레이 코드는 각각 0010과 0110으로서, 두 번째 비트만 서로 다르고 다른 세 비트들은 모두 같다. 그리고 14와 15에 대한 그레이 코드는 마지막 비트의 값만 서로 다르다. 〈표 2-5〉에는 10진수에 대한 일반적인 2진수 표현도 함께 나열되어 있는데, 연속적인 수들의 표현에서 여러 비트의 값이 달라지는 것과 비교해 볼 수 있다.

〈표 2-5〉 4-비트 그레이 코드

10진수	2진수	그레이 코드	10진수	2진수	그레이 코드
0	0000	0000	8	1000	1100
1	0001	0001	9	1001	1101
2	0010	0011	10	1010	1111
3	0011	0010	11	1011	1110
4	0100	0110	12	1100	1010
5	0101	0111	13	1101	1011
6	0110	0101	14	1110	1001
7	0111	0100	15	1111	1000

그레이 코드는 아주 작은 차이를 가지는 연속적인 아날로그 값들을 디지털 값으로 변환하는 경우에 유용하게 사용될 수 있다. 한 예로서, 그림 2-2에서 보는 바와 같이 회전축에 고정된 원형판 상에 네 개의 트랙들이 있고 각 트랙에는 센서(sensor)가 설치되어 있어서, 그 위치의 표면이 나타내는 4-비트 데이터를 감지하여 출력시키는 회전판 코드 발생기(rotational platter code generator)가 있다고 하자. 그림에서 흰색 부분은 0, 청색 부분은 1을 각각 나타낸다고 할 때, 그림 2-2(a)의 원형판에는 4-비트 길이의 2진수, (b)에는 그에 대응되는 그레이 코드가 순서대로 저장되어 있는 모습을 보여주고 있다.

이 장치에서 원형판이 시계 방향으로 회전하면, 0부터 15까지의 값을 나타내는 4-비트 데이터들이 연속적으로 센서를 통하여 출력된다. 그런데 2진수의 경우에는 경계선을 지나 다른 코드로 넘어갈 때 값이 바뀌는 비트가 여러 개인 경우들이 발생한다. 예를 들어, 3(0011)에서 4(0100)로 코드가 바뀔 때는 세 비트의 값들이 바뀐다. 이 때 만약 센서들의 위치 배열이 약간이라도 어긋난다면, 경계선을 지나갈 때 예상치 못한 값인 '0111' 혹은 '0010' 등이 일시적으로 출력될 수가 있다. 그러나 그레이 코드를 이용하는 경우에는 그와 같이 센서 배열이 어긋나더라도 3(0010)에서 4(0110)로 바뀔 때 두 번째 비트가 바뀌는 시간이 다소 지연되거나 미리 나타날 뿐, 잘못된 값이 출력되지는 않는다.

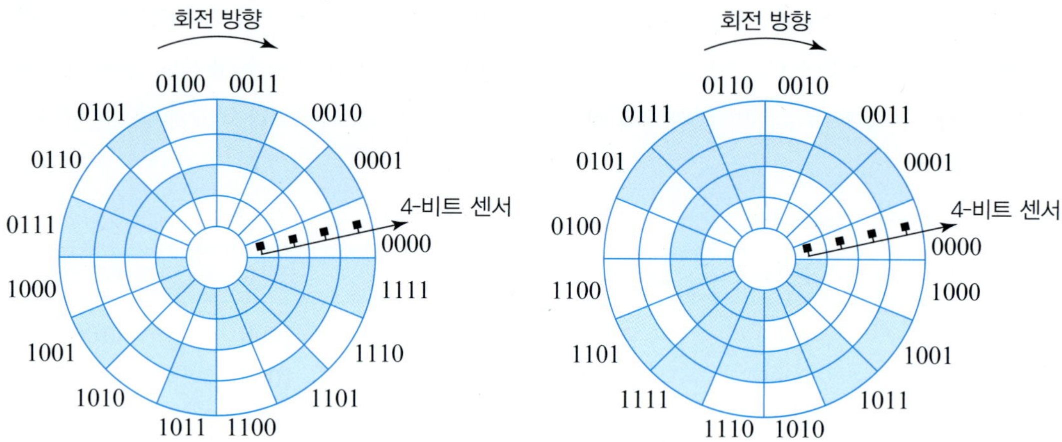

(a) 2진수 (b) 그레이 코드

그림 2-2 회전판 코드 발생기

이제 2진수와 그레이 코드 간의 변환 방법에 대하여 살펴보기로 하자. 먼저 2진수를 그레이 코드로 변환하는 절차는 다음과 같다.

① 2진수의 최상위 비트(MSB)는 그대로 그레이 코드의 최상위 비트가 된다.
② 그 다음 비트부터는 2진수의 좌측부터 우측으로 이동하면서 인접한 두 비트를 더하고, 올림수를 제외한 결과값을 그레이 코드의 비트 값으로 결정한다.

예를 들어, 4-비트 길이의 2진수 '0110'을 그레이 코드로 변환하는 과정과 그 결과값은 아래와 같다.

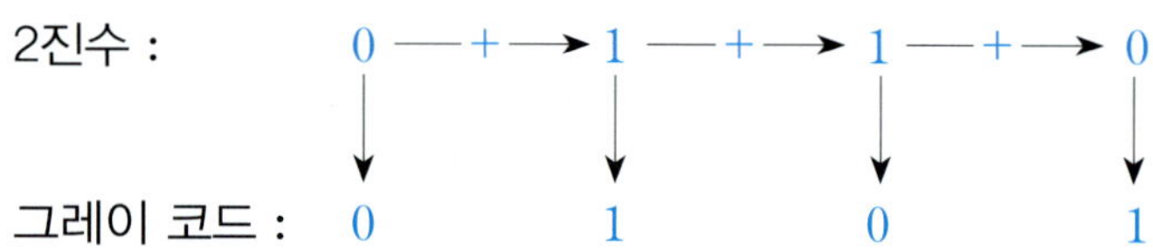

결과적으로, 0110에 대응되는 그레이 코드는 0101이 된다. 이 결과는 〈표 2-5〉에서 확인할 수 있다. 이 규칙은 더 많은 비트들로 표현된 2진수를 그레이 코드로 변환하는 경우에도 동일하게 적용할 수 있다. 예를 들어, 6-비트 길이의 2진수 표현인 110101을 그레이 코드로 변환하면 다음과 같이 101111이 된다.

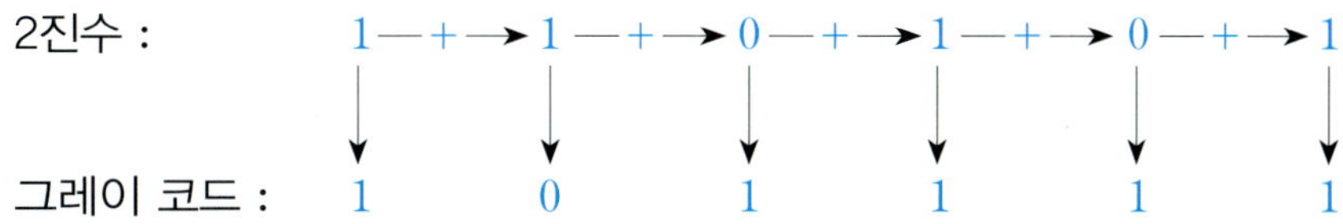

반대로, 그레이 코드를 일반적인 2진수 표현으로 변환하는 절차는 위의 경우와 유사하지만, 아래와 같이 약간 다르다.

① 그레이 코드의 최상위 비트(MSB)는 그대로 2진수의 최상위 비트가 된다.
② 그렇게 결정된 2진수의 최상위 비트를 그레이 코드의 다음 비트와 (대각선 방향으로) 더하고, 올림수를 제외한 결과값을 2진수의 비트 값으로 결정한다. 그리고 같은 방법을 우측으로 이동하면서 모든 비트들에 적용한다.

예를 들어, 4-비트 그레이 코드인 1110을 일반적인 2진수 표현으로 변환하는 과정과 그 결과값은 아래와 같다.

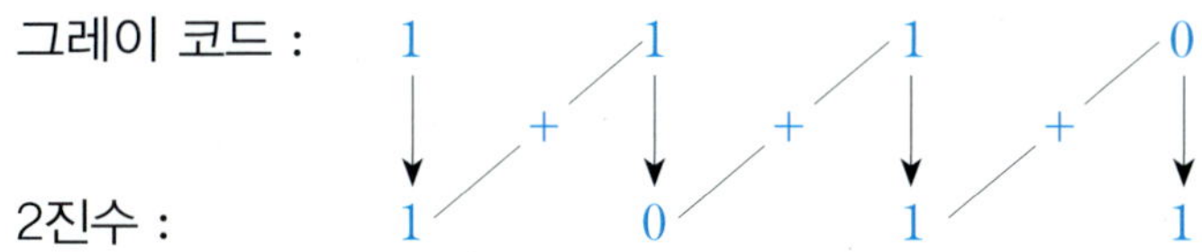

결과적으로, 그레이 코드 1110에 대응되는 2진수 표현은 1011이 된다. 이 결과는 〈표 2-5〉에서도 확인할 수 있다. 이 방법도 데이터의 비트 수에 관계없이 적용될 수 있다.

2.6.3 ASCII 코드

디지털 컴퓨터의 응용들 중에는 숫자뿐 아니라 알파벳이나 $ 기호와 같은 특수 문자들이 혼합된 정보를 처리하는 경우도 흔히 있다. 예를 들어, 은행의 서버 컴퓨터는 고객에 관한 정보로서 이름과 거래 내역 및 잔액 등을 저장하고 처리해야 한다. 그러한 복합적인 정보를 키보드와 같은 외부 장치로부터 입력 받아서, 처리하고, 프린터와 같은 출력장치로 내보내기 위해서는 그들을 모두 2진 비트들로 표현할 수 있어야 한다. 그와 같이 숫자, 알파벳 및 특수 문자 등을 모두 포함한 정보를 표현하기 위하여 현재 가장 널리 사용되고 있는 국제 표준 코드는 ASCII(American Standard Codes for Information Interchange) 코드이다.

ASCII 코드는 7비트로 구성되는데, 〈표 2-6〉에서 보는 바와 같이 $2^7=128$가지의 비트 조합들을 이용하여 10진 숫자들, 영문 대소문자, 특수 문자 및 제어 문자들을 각각 지정해준다. 〈표 2-6〉에서 보면, ASCII 코드의 상위 3비트(b_7, b_6, b_5)들의 값에 의해 8개의 행들이 구분된다. 즉, 같은 행에 나열된 문자들은 모두 동일한 상위 비트 값들을 가진다. 예를 들어, 네 번째 행에 나열되어 있는 숫자들(0~9)과 기호들(: ; 〈 = 〉 ?)에 대한 ASCII 코드들의 상위 3비트는 모두 '011'이다. 그리고 하위 4비트들(b_4, b_3, b_2, b_1)은 수직 방향으로 나열되어, 각 행에 포함된 16개 문자들에 대한 하위 비트들을 지정해주고 있다.

〈표 2-6〉으로부터 각 요소(숫자나 문자)에 대한 ASCII 코드값을 찾는 방법은 먼저 해당 요소가 포함된 행을 가리키는 상위 3비트를 구하고, 그 요소가 위치한 열을 구분해주는 하위 4비트를 좌측에서 찾아서 합치면 된다. 여기서 상위 3비트는 해당 숫자 혹은 문자가 포함된 존(zone; 영역)을 지정해주는 비트들이다. 즉, 숫자 영역의 존 비트는 '011', 알파벳 대문자 영역은 '100'과 '101', 그리고 소문자 영역은 '110'과 '111' 등이다. 예를 들어, 숫자 7에 대한 ASCII 코드는 '0110111'(존 비트: 011)이며, 알파벳 Q에 대한 ASCII 코드는 '1010001'(존 비트: 101)이다. 그리고 특수 문자들은 존 비트 '010'에 의해 지정되어, #은 '0100011', &는 '0100110'으로 각각 표현된다. 특히, 존 비트인 '011'과 BCD 코드가 합해져서 0부터 9까지의 10진 숫자를 나타내는 방식을 존 10진수(zoned decimal)라고도 부른다.

ASCII 코드에는 실제 프린트 될 수 있는 문자들이 모두 94개가 있고, 여러 가지 제어(control) 기능을 위한 키 값들이 34개가 정의되어 있다. 프린트 가능한 문자들로는 26개의 알파벳 대문자, 26개의 소문자, 10개의 숫자들(0부터 9까지), 그리고 32개의 특수 문자들이 있다. 제어 문자의 예로서, 코드값 '0001000'으로 표현되는 BS는 backspace를 의미하며, 코드값 '0001101'은 줄을 바꾸는 CR(carriage return)을 나타낸다. 그리고 통신 제어 코드로서 STX(start of text), ETX(end of text) 등이 있다.

〈표 2-6〉 ASCII 코드들

$b_4b_3b_2b_1$	$b_7b_6b_5$							
	000	001	010	011	100	101	110	111
0000	NUL	DLE	SP	0	@	P	‘	p
0001	SOH	DC1	!	1	A	Q	a	q
0010	STX	DC2	"	2	B	R	b	r
0011	ETX	DC3	#	3	C	S	c	s
0100	EOT	DC4	$	4	D	T	d	t
0101	ENQ	NAK	%	5	E	U	e	u
0110	ACK	SYN	&	6	F	V	f	v
0111	BEL	ETB	'	7	G	W	g	w
1000	BS	CAN	(	8	H	X	h	x
1001	HT	EM	)	9	I	Y	i	y
1010	LF	SUB	*	:	J	Z	j	z
1011	VF	ESC	+	;	K	[	k	{
1100	FF	FS	,	〈	L	\	l	|
1101	CR	GS	−	=	M	]	m	}
1110	SO	RS	.	〉	N	^	n	~
1111	SI	US	/	?	O	_	o	DEL

예제 2-20

아래의 영숫자를 ASCII 코드로 표현하라.

[Ex 2−8]

풀이

<표 2−6>을 참고하여 변환하면, 위의 8개 문자들에 대한 ASCII 코드는 다음과 같아진다.

1011011 1000101 1111000 0100000 0110010 0101101 0111000 1011101

[E x 2 − 8]

이와 같이 ASCII 코드는 7비트로 구성된다. 그러나 대부분의 컴퓨터들은 한 번에 처리하는 정보의 기본 단위로서 바이트(byte)라고 불리는 8-비트 데이터를 이용한다. 따라서 ASCII 코드로 생성된 정보도 전송되거나 저장될 때는 8비트 단위로 이동된다. 그러면 한 비트는 무엇으로 채워지는가? 다음에 설명하는 '오류 검출을 위한 비트'로 채워진다.

2.6.4 오류 검출 코드들

디지털 통신장치들이나 컴퓨터들 간에 정보를 교환하는 과정에서 원래의 데이터 비트에 어떤 이유로 오류(error)가 발생하여 1이 0으로, 혹은 0이 1로 잘못 변경되는 경우가 있다. 또한 컴퓨터 내부에서 데이터를 처리하는 과정에서도 오류가 발생할 수 있는데, 그러한 오류들은 다음 단계의 데이터 처리 과정이 진행되기 전에 반드시 검출되어야 한다. 오류를 검출하는 방법에는 여러 가지가 있는데, 그들 중에서 몇 가지를 살펴보면 다음과 같다.

(1) 패리티 비트

오류 검출을 위하여, 앞에서 보았던 ASCII 코드의 7비트에 패리티 비트(parity bit)를 추가하여 8비트로 구성하는 방식이 널리 사용되고 있다. 패리티 비트 방식은 추가되는 비트 수가 적으면서도 오류가 발생했는지를 검사할 수 있는 효과적인 방법이다.

패리티 비트를 추가하는 방법에는 두 가지가 있다. 먼저, 짝수 패리티(even parity) 방식은 데이터 비트들과 패리티 비트를 합하여 만들어진 8-비트 데이터 내에 포함된 1의 개수가 짝수가 되도록 하는 방법이다. 반면에, 홀수 패리티(odd parity) 방식은 8개의 데이터 비트들 중에서 1의 개수가 홀수가 되도록 패리티 비트를 추가하는 방법이다.

〈예제 2-21〉은 ASCII 코드에 짝수 패리티 비트 혹은 홀수 패리티 비트를 추가하는 예를 보여주고 있다. 예제에서 보는 바와 같이, 짝수 패리티 방식에서는 각 단어의 최상위 비트 위치에 0 혹은 1을 추가함으로써 전체 8비트에 포함된 1의 개수가 짝수가 되었으며, 홀수 패리티 방식에서는 1의 개수가 홀수가 되었다는 것을 알 수 있다.

예제 2-21

알파벳 G와 특수문자 @에 대한 ASCII 코드에 짝수 패리티 비트와 홀수 패리티 비트를 각각 추가하라.

풀이

	짝수 패리티	홀수 패리티
ASCII 코드 : G = 1000111	01000111	11000111
ASCII 코드 : @ = 1000000	11000000	01000000

이 방식들이 데이터통신시스템에서 사용된다면, 이 두 가지 패리티 방식들 중에서 어느 하나를 선택하여 데이터 전송장치(data transmitter)와 데이터 수신장치(data receiver)에 동일하게 적용해야 한다. 예를 들어, 짝수 패리티 방식을 사용하는 데이터통신시스템을 고려해보자. 전송장치가 데이터에 짝수 패리티 비트를 추가하여 전송하면, 그 데이터를 받은 수신장치는 데이터 비트들 중에서 1의 개수를 검사하여 짝수인지 확인한다. 만약 짝수 개라면, 데이터 전송은 정상적으로 이루어진 것으로 보고, 데이터를 저장하거나 다음 처리 단계로 넘긴다. 그러나 만약 1의 개수가 짝수가 아니라면, 전송 과정에 오류가 발생한 것으로 판단하여 그 데이터를 버리거나(drop-out), 전송장치로 재전송 요구를 보내야 한다.

2차원적 패리티 비트 방식을 사용하는 경우도 있다. 이 방식은 아래의 예에서 보는 바와 같이, 여러 개의 단어들에 대하여 수평 방향으로 패리티 비트를 추가할 뿐 아니라, 수직 방향으로도 같은 위치의 비트들에 대한 패리티 비트를 추가하여 이중으로 오류를 검사하는 경우에 사용된다. 〈표 2-7〉은 일곱 개의 7-비트 데이터들에 대하여 생성된 수평 패리티 비트 및 수직 패리티 단어를 보여주고 있다.

〈표 2-7〉 2차원 패리티 방식의 예

	데이터	수평 패리티 비트
	0 0 1 1 1 0 1	0
	1 1 1 0 1 0 1	1
	0 0 1 0 0 1 0	0
	1 1 0 1 1 0 1	1
	0 0 1 1 0 0 1	1
	1 0 0 1 1 0 1	0
	0 0 1 1 0 1 1	0
수직 패리티 단어 →	1 0 1 1 0 0 0	1

(2) 해밍 코드

앞에서 설명한 패리티 비트를 이용하는 경우에, 수신한 데이터에 오류가 있는 것으로 확인되었다는 것은 8비트 중의 어느 한 비트가 1에서 0으로, 혹은 0에서 1로 잘못 전송되었다는 것을 의미한다. 그러나 그것이 어느 비트인지는 알 수가 없다. 만약 그 비트의 위치를 확인할 수만 있다면, 해당 비트 값을 반전(0이면 1로, 1이면 0으로 변경)시킴으로써 정정(correction)이 가능한데, 패리티 방식으로는 불가능하다.

오류 검출뿐 아니라 정정도 가능한 코드를 오류-정정 코드(error-correcting code)라고 부르는데, 그들 중에서 가장 널리 사용되고 있는 해밍 코드(Hamming code) 방식에 대하여 살펴보기로 한다. 해밍 코드는 벨 연구소의 Richard Hamming에 의해 고안되었으며, 데이터 비트의 수에 따라 다수의 패리티 비트(검사 비트라고도 부름)들을 추가하여 오류가 발생한 비트의 위치를 찾는 방식이다. 이 방식에서 필요한 패리티 비트의 수를 k, 데이터 비트의 수를 d라고 한다면, k는 식 (2−1)을 이용하여 구할 수 있다.

$$2^k - 1 \geq d + k \qquad (2-1)$$

예를 들어, 데이터 비트들의 수가 4개($d=4$)라면, 다음과 같이 k의 값으로서 2와 3을 대입하여 위의 등식 관계가 성립되는 지를 확인하면 된다.

$$k = 2 : \quad 2^2 - 1 < 4 + 2$$
$$k = 3 : \quad 2^3 - 1 = 4 + 3$$

이와 같이 k=3에 대해서는 식 (2–1)의 등식이 성립되므로, 데이터 비트가 네 개라면 세 개의 패리티 비트들이 필요하다는 것을 알 수 있다. 결과적으로, 4-비트 데이터를 해밍 코드로 변환하면 7-비트 코드가 되는 것이다. 여기서 네 개의 데이터 비트들을 상위 비트부터 D_4, D_3, D_2, D_1이라고 부르고, 세 개의 패리티 비트들을 p_4, p_2, p_1이라고 한다면, 해밍 코드 내에서 이들이 배치되는 위치는 〈표 2–8〉과 같아진다.

〈표 2–8〉 4–비트 데이터에 대한 해밍 코드 형식

비트 번호	7 (111)	6 (110)	5 (101)	4 (100)	3 (011)	2 (010)	1 (001)
해밍 코드	D_4	D_3	D_2	p_4	D_1	p_2	p_1

그런데 표에서 패리티 비트들의 위치를 2진수로 표시한 비트 번호를 보면, '1'이 한 개씩만 포함되어 있다는 것을 알 수 있다. 각 패리티 비트의 값은 그 비트와 같은 위치에 '1'이 있는 비트 번호를 가진 데이터 비트들에 대한 짝수 패리티 값으로 세트된다. 즉, 아래와 같이 결정된다.

p_1 : 비트 번호(3, 5, 7)에서 1의 개수가 짝수이면 '0', 홀수이면 '1'로 세트
p_2 : 비트 번호(3, 6, 7)에서 1의 개수가 짝수이면 '0', 홀수이면 '1'로 세트
p_4 : 비트 번호(5, 6, 7)에서 1의 개수가 짝수이면 '0', 홀수이면 '1'로 세트

예를 들어, 전송할 4-비트 데이터가 '0101'인 경우에, 〈표 2–9〉와 같이 표에 채운 다음에, 패리티 비트들을 아래와 같이 구하여 해당 위치에 채우면 된다.

p_1 : 비트 번호(3, 5, 7) = 1, 0, 0 이므로, '1'로 세트
p_2 : 비트 번호(3, 6, 7) = 1, 1, 0 이므로, '0'으로 세트
p_4 : 비트 번호(5, 6, 7) = 0, 1, 0 이므로, '1'로 세트

〈표 2-9〉 데이터 '0101'에 대한 해밍 코드

비트 번호	7 (111)	6 (110)	5 (101)	4 (100)	3 (011)	2 (010)	1 (001)
해밍 코드	0	1	0	1	1	0	1

결과적으로, 데이터 '0101'에 대한 해밍 코드로서 '0101101'이 생성되었다. 그런데 만약 전송 과정에서 한 비트에 오류가 발생하여, 수신된 단어가 '0001101'이었다고 가정하자. 즉, 비트 번호 6번에 위치한 D_3 비트가 1이 아닌 0으로 잘못 수신된 것이다. 오류 여부를 검사하는 방법은 수신된 데이터(0001101)에 대하여 앞에서와 같은 방법으로 짝수 패리티들을 구하되, 아래와 같이 해당 패리티 비트의 값도 함께 고려한 신드롬 비트(syndrome bit)들을 계산한다.

s_1 : 비트 번호(1, 3, 5, 7) = 1, 1, 0, 0 이므로, '0'으로 세트
s_2 : 비트 번호(2, 3, 6, 7) = 0, 1, 0, 0 이므로, '1'로 세트
s_4 : 비트 번호(4, 5, 6, 7) = 1, 0, 0, 0 이므로, '1'로 세트

위의 결과로서 신드롬 단어($s_4\ s_2\ s_1$)='110'이 되었는데, 이것은 6번 비트에 오류가 발생했다는 것을 의미한다. 따라서 해당 위치의 비트 값을 반대로 바꾸면 정정이 된다. 만약 이 과정에서 ($s_4\ s_2\ s_1$)='000'으로 나타난다면, 위에서 설명한 해밍 코드의 형식에서 0번 비트는 존재하지 않으므로, 오류가 발생하지 않았다는 것을 가리킨다.

만약 데이터 비트들의 수가 8개($d=8$)라면, 아래와 같이 $k=4$가 되어, 네 개의 검사 비트가 추가되어야 한다는 것을 알 수 있다. 결과적으로, 해밍 코드는 12비트로 이루어지는 것이다. 이 경우에 8개의 데이터 비트들을 상위 비트부터 D_8, D_7, D_6, D_5, D_4, D_3, D_2, D_1이라고 부르고, 네 개의 검사 비트들을 p_8, p_4, p_2, p_1이라고 한다면, 이들이 함께 배치되는 위치는 〈표 2-10〉과 같아진다.

〈표 2-10〉 8-비트 데이터에 대한 해밍 코드의 형식

비트 번호	12	11	10	9	8	7	6	5	4	3	2	1
	1100	1011	1010	1001	1000	0111	0110	0101	0100	0011	0010	0001
배치	D_8	D_7	D_6	D_5	p_8	D_4	D_3	D_2	p_4	D_1	p_2	p_1

그리고 각 패리티 비트의 값은 아래와 같이 결정된다.

p_1 : 비트 번호(3, 5, 7, 9, 11)에 대한 짝수 패리티
p_2 : 비트 번호(3, 6, 7, 10, 11)에 대한 짝수 패리티
p_4 : 비트 번호(5, 6, 7, 12)에 대한 짝수 패리티
p_8 : 비트 번호(9, 10, 11, 12)에 대한 짝수 패리티

또한 오류 검사 과정에서는 앞의 설명에서와 마찬가지로 데이터 비트들과 해당 패리티 비트의 값을 함께 고려하여 신드롬 단어를 구하면, 오류가 발생한 비트를 찾을 수 있다.

(3) 기타 오류 검출 코드들

앞에서 설명한 코드들과 같이 오류 검출을 위하여 비트를 추가하는 경우와는 달리, 비트 패턴 자체가 오류 검출이 용이하도록 구성되는 코드들도 있다. 먼저, 바이퀴너리 코드(bi-quinary code: 2중-5중 코드)는 7비트를 이용하여 0부터 9까지의 10진 숫자들을 나타내는데, 명칭이 의미하듯이 2비트 및 5비트로 나누어지는 두 개의 그룹으로 이루어진다. 그리고 아래에서 보는 바와 같이 각 비트는 청색으로 표시된 자릿수를 가지며, 상위 2비트 그룹은 5보다 더 큰지 혹은 작은지를 나타내는데 사용된다. 즉, 5 이상의 수들을 나타낼 때는 $b_6=1$, $b_5=0$이 되며, 5 미만의 경우에는 $b_6=0$, $b_5=1$이 된다.

자릿수	5	0	4	3	2	1	0
비트	b_6	b_5	b_4	b_3	b_2	b_1	b_0

위의 코드로 나타낸 2진수를 10진수로 변환하는 방법은 $(b_6 \times 5) + (b_5 \times 0) + (b_4 \times 4) + (b_3 \times 3) + (b_2 \times 2) + (b_1 \times 1) + (b_0 \times 0)$이 된다. 한 예로서, 바이퀴너리 코드로 표현된 '1000100'에 대한 10진수를 계산해보면 $(1 \times 5) + (1 \times 2) = 7$이 된다.

〈표 2-11〉 오류 검출이 용이한 2진 코드들

10진수	바이이퀴너리 코드	2-out-of-5 코드	링카운터 코드
0	0100001	00011	0000000001
1	0100010	00101	0000000010
2	0100100	00110	0000000100
3	0101000	01001	0000001000
4	0110000	01010	0000010000
5	1000001	01100	0000100000
6	1000010	10001	0001000000
7	1000100	10010	0010000000
8	1001000	10100	0100000000
9	1010000	11000	1000000000

〈표 2-11〉의 두 번째 열에서 소개한 2-out-of-5 코드는 다섯 개의 비트들을 이용하여 10진수를 표현하는 코드인데, 모든 경우에 5비트들 중에서 2비트씩이 1로 세트되는 특징을 가지고 있기 때문에 명칭이 그렇게 붙여졌다. 이 코드를 만드는 데는 특별한 규칙이 없으며, 가장 우측의 두 비트들부터 1로 채운 다음에, 좌측으로 한 비트씩 이동해가면서 두 개의 1들을 위치시키면 된다.

이 코드는 오류-검출을 용이하게 해준다는 장점을 가지고 있다. 예를 들어, 이 코드를 사용하는 통신시스템들 간의 데이터 전송 과정에서 오류가 발생하여 어떤 비트가 1에서 0으로 혹은 0에서 1로 바뀌게 된다면, 1의 개수가 더 이상 두 개가 아니기 때문에 오류 발생 여부를 쉽게 확인할 수 있다. 이 코드에서는 비트들이 위치에 따른 자릿수를 가지지 않기 때문에, 이 코드로 표현된 수들 간에 산술적 연산을 수행하는 것은 불가능하다.

〈표 2-11〉의 마지막 열에서 소개한 링-카운터 코드(ring-counter code)는 10개의 비트들을 이용하여 10진 숫자들을 표현한다. 이 코드에서는 각 비트의 자릿수가 맨우측 비트에서 좌측으로 가면서 0부터 9까지 하나씩 증가한다. 따라서 10개의 비트들 중에서 해당 10진 숫자에 대응되는 자릿수에 위치한 비트의 값만 1이 된다. 즉, 모든 비트 패턴들에 1이 한 개씩만 포함되어 있다. 결과적으로, 이 코드로부터 10진수로 변환하는 것도 각 비트 패턴에서 1의 값을 가지는 비트의 위치만 확인하면 되기 때문에 매우 용이하다. 또한, 이 코드를 사용하는 시스템에서는 수신된 데이터에 포함된 1의 개수가 한 개인지만 검사하면 오류 발생 여부를 확인할 수 있으므로, 오류를 쉽게 검출할 수 있다.

기본문제

2.1 8-비트 길이의 2진수로 표현할 수 있는 정수는 모두 몇 개인가?

가. (2^7-1)　　나. 2^7

다. (2^8-1)　　라. 2^8

2.2 정수 36을 2진수로 표현하기 위해서는 몇 비트가 필요한가?

가. 4비트　　나. 5비트

다. 6비트　　라. 7비트

2.3 10진수 142를 2진수로 변환한 결과는 어떤 것인가?

가. 10001010　　나. 10001110

다. 11001010　　라. 10001011

2.4 10진수 14.8125를 2진수로 변환한 결과는 어떤 것인가?

가. 1011.1101　　나. 1101.1001

다. 1110.1011　　라. 1110.1101

2.5 2진수 10101.101을 10진수로 표현한 결과는 어떤 것인가?

가. 21.125　　나. 22.625

다. 21.625　　라. 15.615

2.6 10진수 0.72를 4-비트 길이의 2진수로 표현할 때 발생하는 오차(error)는 아래의 어떤 값이 되는가?

가. 0.0125　　나. 0.0225

다. 0.095　　라. 0.0325

2.7 8진수 1526을 2진수로 나타내면 아래의 어떤 표현이 되는가?

가. 100101010110　　나. 1101010110
다. 10101010110　　라. 1101010111

2.8 2진수 '11100101100011010110'을 16진수로 나타내면 아래의 어떤 표현이 되는가?

가. 72CD6　　나. E59AC
다. 7B9E6　　라. F29AC

2.9 8진수 6152를 16진수로 변환하면 어떤 값이 되는가?

가. D6B　　나. C4A
다. C6A　　라. 87E

2.10 10진수 245.625를 8진수로 변환하면 어떤 값이 되는가?

가. 365.5　　나. F5.5
다. 165.6　　라. 365.A

2.11 8진수 63.57을 16진수로 변환하면 어떤 값이 되는가?

가. 33.BC　　나. C3.5E
다. C6.A7　　라. 33.57

2.12 16진수 6D.8F를 8진수로 변환하면 어떤 값이 되는가?

가. 155.437　　나. 255.436
다. 145.426　　라. 155.436

2.13 부호 없는 2진수들 간의 덧셈 (1010 + 1110)의 결과값은 무엇인가?

가. 1000　　나. 11110
다. 11000　　라. 11100

2.14 부호 없는 2진수들 간의 뺄셈 (11010 − 1101)의 결과값은 무엇인가?

가. 1101　　나. 10011
다. 1011　　라. 11100

2.15 아래의 음수 표현 방법들 중에서 산술 연산을 위하여 부호 비트를 반드시 비교해야 하는 것은?

가. 1의 보수
나. 2의 보수
다. 부호화-크기
라. 그레이 코드

2.16 아래의 음수 표현 방법들 중에서 같은 개수의 비트들을 이용하여 가장 큰 범위의 정수를 표현할 수 있는 방법은 어느 것인가?

가. 1의 보수
나. 2의 보수
다. 부호화-크기
라. BCD 코드

2.17 정수를 7비트들을 사용하여 1의 보수로 표현했을 때, 그 값의 범위는?

가. −63 ~ 63
나. −64 ~ 63
다. −128 ~ 127
라. −127 ~ 127

2.18 어떤 정수를 10-비트 길이의 2의 보수로 표현했을 때, 정수의 표현 범위를 바르게 나타낸 것은?

가. −511 ~ 511
나. −512 ~ 511
다. −1024 ~ 1023
라. −1023 ~ 1023

2.19 2의 보수 덧셈 과정에서 오버플로우의 발생을 검사하는 조건에 해당하는 것은?

가. 최상위 비트(MSB)들 간의 덧셈에서 올림수가 발생한다.
나. 두 번째 상위 비트들 간의 덧셈에서 올림수가 발생한다.
다. 최상위 비트들 및 두 번째 상위 비트들 간의 덧셈에서 발생한 올림수가 같다.
라. 최상위 비트들 및 두 번째 상위 비트들 간의 덧셈에서 발생한 올림수가 서로 다르다.

2.20 2의 보수 덧셈 과정에서 오버플로우가 발생하는 이유는 어떤 것인가?

가. 양수와 음수를 더하였기 때문이다.
나. 수를 표현하는 비트 수가 너무 많기 때문이다.
다. 덧셈 결과가 표현 가능한 수의 범위를 초과하였기 때문이다.
라. 음수들 간에 덧셈을 하였기 때문이다.

2.21 아래의 2의 보수들 간의 덧셈들 중에서 오버플로우가 발생하는 것은?

가. 0010 + 0110　　나. 0100 + 0011
다. 1110 + 1010　　라. 0011 + 1010

2.22 10진수들 간의 뺄셈인 (4−7)을 2의 보수 덧셈을 이용하여 계산하기 위한 아래의 식들 중에서 옳은 것은?

가. 1100 + 1001　　나. 0100 + 0111
다. 0100 + 1001　　라. 0111 + 1000

2.23 아래의 2진 코드들 중에서 비트들이 자릿수를 가지고 있는 가중치 코드(weighted code)가 아닌 것은?

가. BCD 코드　　나. 바이퀴너리 코드
다. 84-2-1 코드　　라. 존슨 코드

2.24 다음 중에서 자기-보수 코드(self-complement code)가 아닌 것은?

가. 2421 코드　　나. 84-2-1 코드
다. 그레이 code　　라. 3증수 코드

2.25 10진수 −482를 16-비트 밀집형(팩형) 10진수 형식으로 표현한 결과로서 옳은 것은?

가. 0100 1000 0010 1100　　나. 0100 1000 0010 1101
다. 0100 1000 0010 1111　　라. 1101 0100 1000 0010

2.26 2진수로 표현된 1100을 그레이 코드로 변환한 결과로서 옳은 것은?

가. 1010　　나. 1000
다. 0011　　라. 0010

2.27 그레이 코드로 표현된 110100을 2진수로 변환한 결과로서 옳은 것은?

가. 101111　　나. 100111
다. 101110　　라. 011011

2.28 알파벳 'K'에 대한 ASCII 코드에 홀수 패리티를 추가한 결과로서 옳은 것은?

가. 11001011　　나. 01001011
다. 11011100　　라. 01001100

2.29 오류 검출 및 정정을 위하여 해밍 코드를 사용하는 시스템에서 전송할 데이터의 길이가 10비트라면, 몇 개의 검사 비트가 추가되어야 하는가?

가. 1개　　나. 3개
다. 4개　　라. 5개

2.30 BCD 코드로 표현된 '0110'을 해밍 코드로 변환하면 아래의 어떤 값이 되는가?

가. 1011001　　나. 0110110
다. 0110001　　라. 0110011

2.31 4-비트 데이터를 해밍 코드로 변환한 값으로 '1110011'이 전송되어 왔을 때 오류가 발생했는지 검사하라. 오류가 발생했다면, 수정된 원래의 코드는 아래의 어떤 값인가?

가. 오류 없음　　나. 0110011
다. 1010011　　라. 1110111

2.32 8-비트 데이터에 대한 해밍 코드로 '100111101001'이 수신되었을 때, 오류 검사를 위하여 생성한 신드롬 단어가 '0111'이었다면, 원래의 데이터는 어떤 값이었나?

가. 11010100　　나. 10011100
다. 10010100　　라. 00010100

정답

2.1 라	2.2 다	2.3 나	2.4 나	2.5 라	2.6 라	2.7 나	2.8 가	2.9 다
2.10 가	2.11 가	2.12 라	2.13 다	2.14 가	2.15 다	2.16 나	2.17 가	2.18 나
2.19 라	2.20 다	2.21 가	2.22 다	2.23 라	2.24 다	2.25 나	2.26 가	2.27 나
2.28 가	2.29 다	2.30 라	2.31 나	2.32 다				

연 습 문 제

2.1 아래의 10진수들을 2진수로 변환하라.

(1) 47　　(2) 185

(3) 0.8125　　(4) 0.28125

2.2 아래와 같이 소수점을 포함하고 있는 2진수들을 10진수로 변환하라.

(1) 0.0011　　(2) 0.101001

(3) 1011.1011　　(4) 101100.0111

2.3 아래와 같이 소수점을 포함하고 있는 10진수들을 2진수로 변환하라.

(1) 35.8125　　(2) 48.5625

(3) 126.46875　　(4) 243.28125

2.4 10진수 0.45에 대한 2진수를 아래와 같은 비트 수로 표현하고, 각각의 경우에 대한 오차(ε)를 구하라.

(1) 4비트　　(2) 8비트

2.5 10진수 0.7을 8-비트 2진수로 변환하고, 반올림(round-up)을 이용하여 6-비트 2진수로 바꾼 다음에, 오차(ε)를 구하라. 단, 반올림이란 비트 수 제한에 의해 절삭되는 비트들 중의 첫 번째 비트가 1일 때는 그 상위 비트에 1을 더해주는 연산이다.

2.6 아래의 수들에서 맨좌측 숫자인 MSD(Most Significant Digit)의 값에 대한 10진수를 구하라. 단, 각 수의 하첨자는 진법을 가리킨다.

(1) 536294_{10}　　(2) 1100110_2

(3) 76321_8　　(4) $3F8B_{16}$

2.7 아래의 10진수들을 8진수로 변환한 다음에, 2진수로 표현하라.

(1) 465　　(2) 2985

2.8 10진수 16부터 31까지의 수들에 대한 8진수 및 16진수 표현과 각각의 비트 패턴을 구하여, 〈표 2-2〉와 같은 표를 작성하라.

2.9 아래의 2진수 표현들을 각각 8진수와 16진수로 변환하라.

(1) 110110100101 (2) 1101101.0110011

2.10 아래의 8진수와 16진수를 각각 10진수로 변환하라.

(1) 236.47_8 (2) 236.47_{16}

2.11 16비트로 표현할 수 있는 가장 큰 2진수를 쓰고, 그에 대한 10진수, 8진수 및 16진수를 구하라.

2.12 아래 물음에 답하라.

(1) 세 개의 8진 숫자(octal digit)로 표현할 수 있는 8진수의 최대값에 대한 10진수를 구하라.

(2) 세 개의 16진 숫자(hexadecimal digit)로 표현할 수 있는 16진수의 최대값에 대한 10진수를 구하라.

2.13 아래의 2진 덧셈과 뺄셈을 수행하라. 그리고 각 2진수를 10진수로 변환하여, 계산 결과가 옳은지 확인하라.

(1) 1101 + 1010 (2) 101101 − 1110

2.14 아래의 2진 곱셈과 나눗셈을 각각 수행하라.

(1) 1011 × 0110 (2) 10011010 × 1010

(3) 110101 ÷ 1010 (4) 10111101 ÷ 1001

2.15 아래의 10진수들에 대한 8-비트 길이의 부호화-크기 표현을 각각 구하라.

(1) −0 (2) 7

(3) −32 (4) −125

2.16 아래의 10진수들에 대한 4-비트 길이의 1의 보수 및 2의 보수 표현을 각각 구하라.

(1) −3 (2) 4

(3) 0 (4) −7

2.17 아래의 10진수들에 대한 8-비트 길이의 1의 보수 및 2의 보수 표현을 각각 구하라.

(1) 5 (2) −0

(3) −32 (4) −126

2.18 MSB가 부호 비트인 아래의 2진수들에 대하여 1의 보수 및 2의 보수를 각각 취함으로써 보수화(양수는 음수로, 음수는 양수로 변환)하라.

(1) 1010 (2) 0100

(3) 01101100 (4) 11100000

2.19 아래와 같은 2진수 표현 방법들을 사용하는 경우에 12-비트 단어로 표현할 수 있는 수의 범위를 10진수로 쓰라.

(1) 부호화-크기 표현

(2) 1의 보수 표현

(3) 2의 보수 표현

2.20 〈예제 2-15〉 및 〈예제 2-16〉의 방법을 이용하여 2의 보수 '11100101'을 10진수로 각각 변환하고, 두 결과가 같은지 비교하라.

2.21 어떤 2진수에 대하여 2의 보수를 취하는 다른 방법은 LSB로부터 시작하여 좌측으로 가면서 1을 만날 때까지는 원래 값을 그대로 쓰고, 그 다음부터는 각 비트를 반전(1 → 0, 0 → 1)시키는 것이다. 이 방법을 이용하여 아래의 2진수들에 대하여 2의 보수를 취하고, 앞 문제의 결과값과 같은지 확인하라.

(1) 1010 (2) 0100

(3) 01101100 (4) 11100000

2.22 아래와 같은 10진수들 간의 산술 연산을 2의 보수 덧셈(2's complement addition)으로 수행하라. 단, 각 수는 5비트로 표현한다.

(1) 5 + 7 (2) 5 − 14

2.23 10진수 57과 23, −57 및 −23에 대한 2의 보수 표현을 8-비트 데이터 형식으로 각각 구한 다음에, 아래의 산술 연산들을 덧셈을 이용하여 수행하라. 그리고 각 결과값을 다시 10진수로 변환하여 답이 옳은지 확인하라.

(1) 57+23　　(2) 57−23

(3) −57+23　　(4) −57−23

2.24 2의 보수 덧셈인 아래의 계산을 수행하고, 오버플로우가 발생했는지 검사하라.

(1) 1100 + 1001　　(2) 1110 + 0011

(3) 01101011 + 00110110　　(4) 10110010 + 11100011

2.25 10진수 479를 아래와 같은 2진 코드로 각각 표현하라.

(1) BCD 코드　　(2) 3증수 코드

2.26 기억장치에 12-비트 데이터 '011101011001'이 저장되어 있다. 만약 그 데이터가 아래와 같은 2진 코드로 표현된 값이라면, 저장된 값이 가리키는 10진수가 무엇인지 해석하라.

(1) BCD 코드　　(2) 3증수 코드

(3) 84-2-1 코드　　(4) 그레이 코드

2.27 아래의 2진수는 그레이 코드로 변환하고, 그레이 코드(G)는 2진수로 변환하라.

(1) 1011_2　　(2) 0111_G

(3) 00110101_2　　(4) 11011011_G

2.28 E-mail 주소를 나타내는 아래의 영숫자를 ASCII 코드를 이용하여 표현하라. 그리고 각 ASCII 코드에는 홀수 패리티 비트를 추가하라.

Kim34@nav.com

2.29 짝수 패리티 방식을 사용하는 통신 시스템에서 아래와 같은 6개의 8-비트 데이터들이 수신되었다. 전송 과정에서 오류가 발생한 단어가 있는지 검사하라.

01001101 10110101 11101101 01101101 00110000 11010011

2.30 ASCII 코드로 표현된 어떤 정보의 각 단어에 짝수 패리티 비트를 추가한 다음에, 16진수로 변환한 결과가 아래와 같다.

47 E1 74 65 A0 B2 B7

(1) 2진 비트 패턴으로 변환하고, ASCII 코드를 해독하라.

(2) 홀수 패리티 방식으로 변경한 다음에, 다시 16진수로 표현하라.

2.31 2차원 패리티 방식을 사용하는 시스템에서 아래의 〈표 2-12〉와 같은 데이터들에 대한 수평 패리티 비트 및 수직 패리티 단어를 구하여 표의 빈 칸에 채우라. 단, 짝수 패리티 방식을 이용한다.

〈표 2-12〉 문제 2.31을 위한 데이터

	데이터	수평 패리티 비트
	1 0 1 1 1 0 1	
	1 0 1 0 0 0 1	
	0 1 1 0 1 1 0	
	1 0 0 1 1 1 1	
	0 1 1 1 0 0 1	
	1 0 0 1 1 0 1	
	0 0 1 1 0 1 1	
수직 패리티 단어 →		

2.32 2진수 '0110'에 대한 해밍 코드를 구하라.

2.33 8-비트 데이터를 저장하는 컴퓨터 기억장치에서 오류 검출 및 정정을 위하여 해밍 코드가 사용되고 있다. 저장할 데이터가 '10010100'일 때, 아래 물음에 답하라.

(1) 검사 비트들의 값을 구하고, 데이터 비트들과 함께 배치한 해밍 코드를 구하라.

(2) 데이터가 저장되어 있는 동안에 오류가 발생하여 해밍 코드의 최상위 비트(MSB)가 0으로 변경되었다면, 오류 검사 과정에서 생성되는 검사 비트들은 어떤 값이 되는가?

(3) 오류 비트를 찾아내기 위한 신드롬 단어(syndrome word)를 구하라.

2.34 10진수 '57'에 대한 아래 코드들의 표현을 각각 구하라.

(1) 2-out-of-5 코드
(2) 링카운터 코드
(3) 존슨 코드
(4) 바이퀴너리 코드

Digital Logic Circuits

CHAPTER 03

논리 게이트

CONTENTS

CHAPTER

03 논리 게이트

디지털 시스템은 트랜지스터(transistor)를 이용하여 구현되는 논리 게이트들에 의해 구성된다. 이 장에서는 제1장에서 설명한 기본 논리 연산들 및 변형된 몇 가지 연산들을 수행하는 논리 게이트들의 동작 특성과 응용 사례에 대하여 설명하고자 한다. 그리고 논리 게이트들의 내부 회로를 구현하기 위한 각종 트랜지스터 회로의 구성도와 동작 원리를 분석해 본다.

3.1 기본 논리 게이트

디지털 회로의 설계에서 사용되는 가장 기본적인 논리 게이트들은 1.5절에서 소개하였던 AND 게이트, OR 게이트 및 NOT 게이트이다. 그들의 동작 특성을 보여주는 진리표는 이미 설명하였으므로, 여기서는 그 게이트들의 기호들만 다시 살펴보면 그림 3-1과 같다.

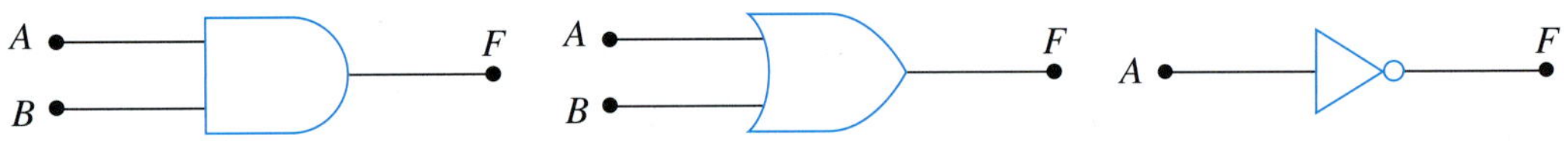

(a) AND 게이트 (b) OR 게이트 (c) NOT 게이트

그림 3-1 기본적인 논리 게이트들

3.1.1 AND 게이트

AND 게이트는 두 개 혹은 그 이상의 입력들에 대하여 AND 연산을 수행하고, 그 결과값을 출력으로 발생하는 전자회로이다. 그림 3-2는 입력 단자 A와 B로 그림에서와 같은 파형(waveform)을 가진 입력 신호들이 각각 들어올 때, AND 게이트가 어떤 파형의 출력 신호를 발생하는지를 보여주고 있다. 여기서 파형이란 0과 1에 해당하는 전기적 신호(예: 0V와 5V)가 시간에 따라 연속적으로 바뀌는 모습을 그림으로 표현한 것을 말한다. 그림 3-2를 보면 AND 게이트는 두 입력 신호들이 게이트의 각 입력 단자로 들어와서 통과하는 동안에 두 신호가 모두 '1'에 해당하는 전압을 가지는 경우에만 출력 신호가 '1'이 되고, 어느 입력으로든 '0'에 해당하는 신호가 들어오는 순간에는 출력 신호가 '0'으로 떨어진다는 것을 확인할 수 있다.

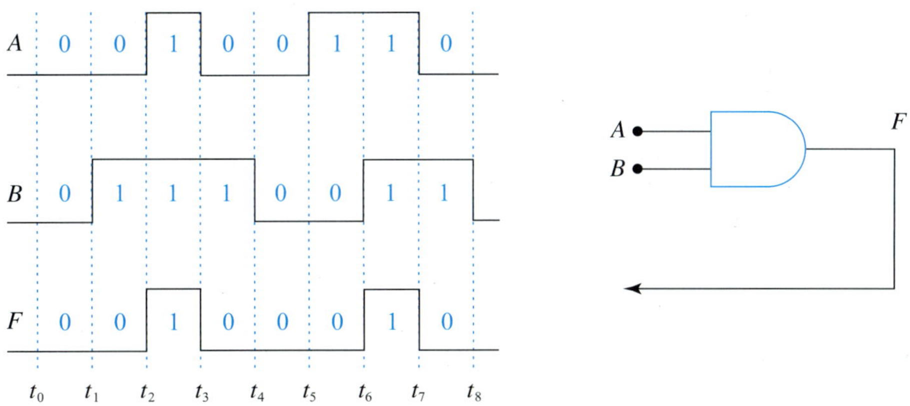

그림 3-2 입력 파형들에 대한 AND 게이트의 출력 파형

그림 3-2의 좌측과 같은 파형들이 각각 입력 단자 A와 B로 들어오는 시간 흐름 동안에 t_0부터 t_1 사이에는 입력 신호들이 모두 0이므로, 출력 신호 F는 0이 된다. t_1~t_2에서는 $A=0$, $B=1$이므로 출력 신호 $F=0$이다. 그러나 t_2~t_3에서는 A와 B가 모두 1이므로 출력 신호 $F=1$이 된다. 그 이후의 시간 흐름에서는 t_6~t_7에서 A와 B가 모두 1이므로 $F=1$이 되고, 그 외에는 적어도 어느 한 입력이 0이므로 F로는 0이 출력된다.

예제 3-1

극장에 관객이 입장할 때마다 센서(sensor)가 작동하여 펄스(pulse) 신호를 한 개씩 발생시키는 장치가 설치되어 있다. 영화가 시작되기 직전 10분 동안 입장하는 관객 수만 카운트하여 디스플레이 해주는 회로를 구성하라.

풀이

그림 3−3에서 보는 것과 같이, 관객이 입장할 때마다 생성되는 펄스 신호들을 2-입력 AND 게이트의 한 입력단으로 연결하고, 입장객 수를 카운트 할 시간 구간(영화 시작 전 10분) 동안만 '1' 상태를 유지하는 카운트 신호를 AND 게이트의 다른 입력으로 인가해준다. 그러면 카운트 신호가 '1'인 동안에 들어오는 펄스들만 AND 게이트를 통과하게 되며, 그 출력을 카운터(counter)로 입력시켜 계수한 다음에 디스플레이하면 된다. (카운터와 디스플레이 회로에 대해서는 제8장과 제9장에서 자세히 설명된다.)

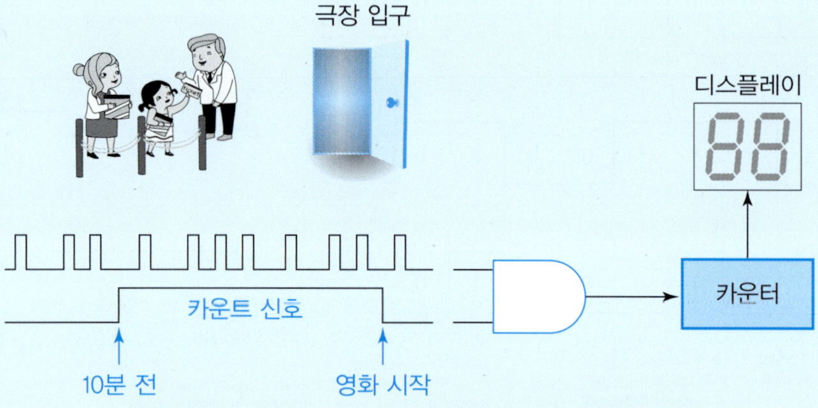

그림 3-3 선택 구간 동안의 신호들만 카운트하는 회로

AND 게이트의 동작은 세 개 혹은 그 이상의 입력 신호들에 대해서도 동일하게 수행된다. 예를 들어, 3-입력 AND 게이트의 경우에는 입력 신호 A, B, C 가 모두 1일 때만 출력 $F=1$이 되며, 그들 중의 어느 하나라도 0이라면 $F=0$이 된다. 이 게이트에 대한 기호와 진리표는 그림 3-4와 같은데, 입력 신호가 세 개이기 때문에 입력 조합의 수는 $2^3=8$개가 된다.

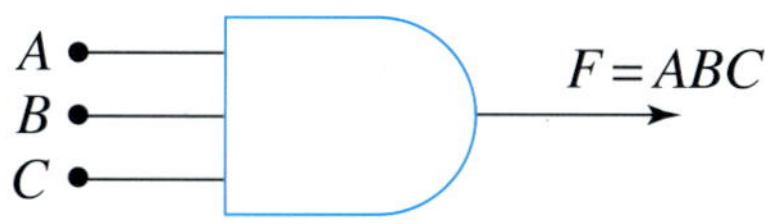

(a) 기호

A	B	C	F
0	0	0	0
0	0	1	0
0	1	0	0
0	1	1	0
1	0	0	0
1	0	1	0
1	1	0	0
1	1	1	1

(b) 진리표

그림 3-4 3-입력 AND 게이트의 기호와 진리표

예제 3-2

자동차 운전자가 엔진을 켠 후 5초 이내에 안전벨트를 착용하지 않으면 경고음(alarm)이 울리는 회로를 구성하라. 단, 경고음이 울린 후에라도 안전벨트를 착용하면 즉시 경고음이 꺼지도록 한다.

풀이

엔진 스위치가 켜지면 '1'을 발생하는 신호를 3-입력 AND 게이트의 첫 번째 입력으로 연결하고, 그 신호를 지연회로(delay circuit)로 입력시켜 5초 후에 1로 세트되도록 한 다음에 AND 게이트의 두 번째 입력으로 들어가게 한다. 그리고 안전벨트를 착용하지 않으면 '1'을 출력하고, 착용한 즉시 '0'이 되는 신호를 세 번째 입력으로 연결하여 그림 3−5(a)와 같이 회로를 구성하면 된다. 그림 3−5(b)는 엔진을 켠 다음 15초 후에 안전벨트를 착용한 경우에 대한 입출력 파형들을 보여주고 있다. 결과적으로, 경고음은 10초 동안 울리다가 꺼진다는 것을 알 수 있다.

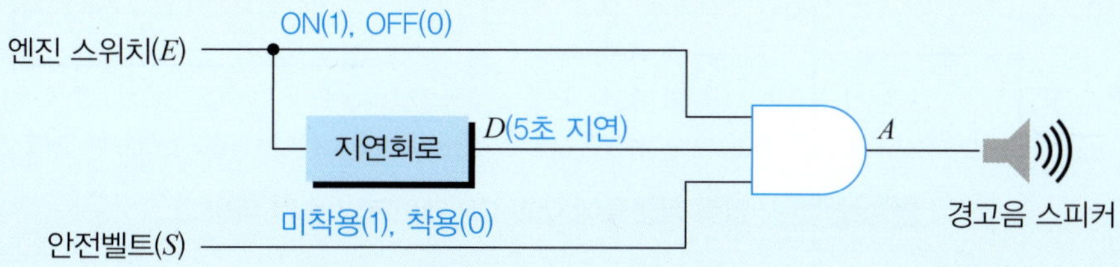

(a) 3-입력 AND 게이트를 이용한 회로 구성도

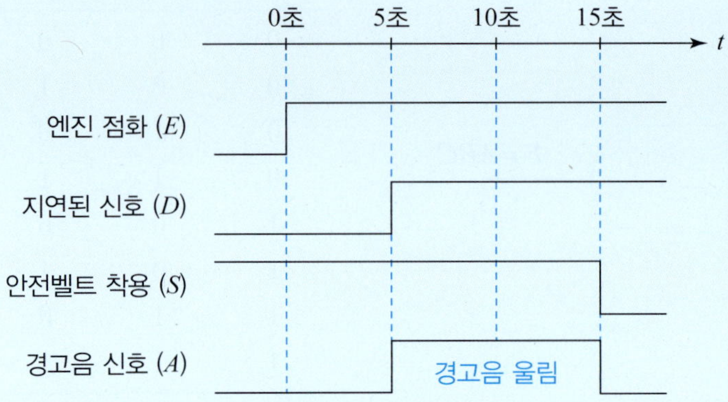

(b) 입출력 파형

그림 3-5 안전벨트 경고음 발생회로

3.1.2 OR 게이트

OR 게이트는 두 개 혹은 그 이상의 입력 값들에 대하여 OR 연산을 수행하고, 그 결과 값을 출력으로 발생하는 전자회로이다. 그림 3-6은 입력 A와 B로 그림에서와 같은 파형을 가지는 입력 신호들이 각각 들어올 때, 2-입력 OR 게이트가 어떤 출력 파형을 발생하는지를 보여주고 있다. 두 입력 신호들이 게이트로 들어오는 시간 흐름 동안에 두 신호의 레벨이 모두 0일 때는 출력 신호가 0이 된다는 것을 알 수 있다. 그러나 두 입력 신호들 중의 어느 하나라도 1이 들어온다면, 출력 신호는 1이 된다.

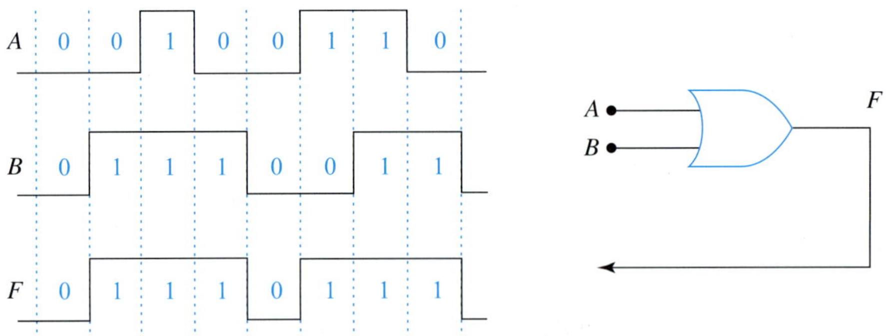

그림 3-6 입력 파형들에 대한 OR 게이트의 출력 파형

OR 연산도 세 개 혹은 그 이상의 입력들에 대하여 다중-입력 OR 게이트에 의해 동일하게 수행될 수 있다. 그림 3-7은 세 개의 입력 단자들을 가진 OR 게이트가 입력 파형들에

대하여 어떤 출력 파형을 발생하는지를 보여주고 있다. 이 경우에도 세 입력 값들이 모두 0일 때만 출력 $F=0$이 되며, 어느 한 입력으로든 1이 들어온다면 $F=1$이 된다는 것을 확인할 수 있다.

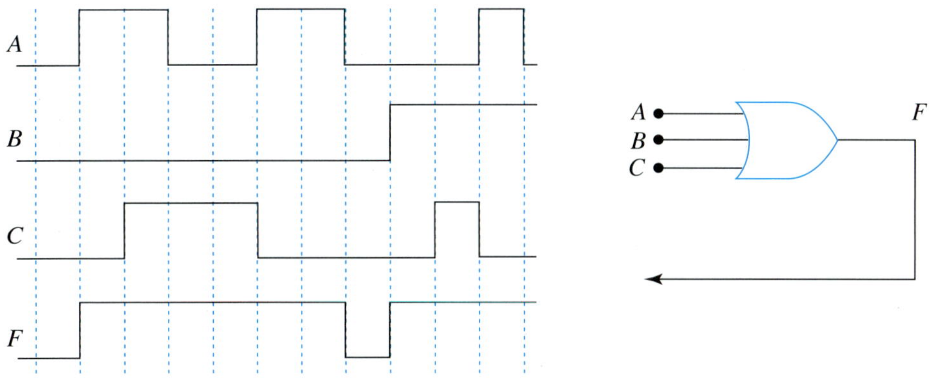

그림 3-7 3-입력 OR 게이트의 입출력 파형

예제 3-3

어떤 주택에 침입탐지시스템을 설치하려고 한다. 현관문과 두 개의 창문에 침입탐지 센서가 각각 한 개씩 설치되어 있으며, 그들 중의 어느 한 곳에서라도 침입자가 있어 센서 출력이 1이 된다면 경고음이 울리도록 시스템을 구성하라.

풀이

그림 3-8과 같이 세 개의 센서들의 출력을 각각 3-입력 OR 게이트로 입력시키고, 그 출력을 이용하여 경고음 발생장치를 구동시키면 된다.

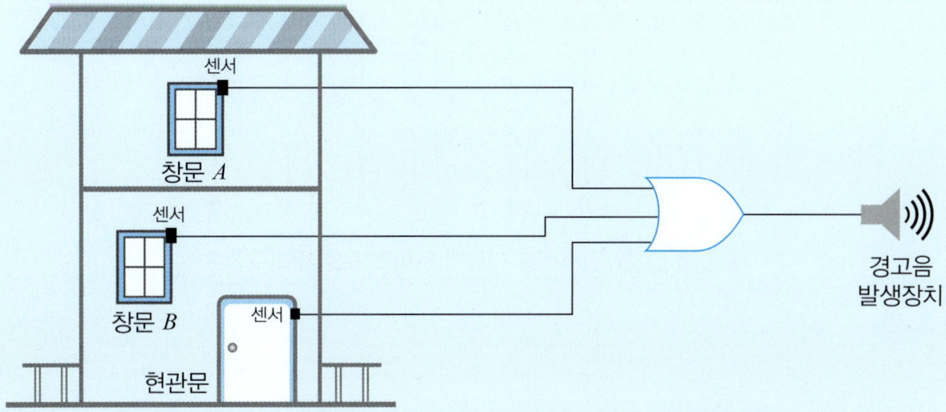

그림 3-8 주택침입방지 시스템을 위한 OR 회로

3.1.3 NOT 게이트

인버터(inverter)라고도 불리는 NOT 게이트는 입력으로 하나의 신호만 받으며, 그 입력 신호를 반전시켜 출력을 발생하므로, 출력 신호 F는 그림 3-9와 같이 발생한다. 즉, 입력 신호 A가 0일 때는 F로 1이 출력되며, $A=1$일 때는 $F=0$이 된다.

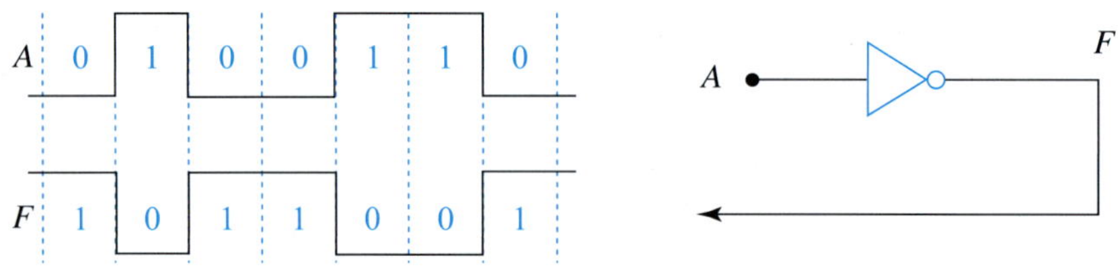

그림 3-9 입력 파형에 대한 NOT 게이트의 출력 파형

예제 3-4

부호 비트를 가진 2진수에 대하여 '1의 보수'를 취함으로써 반대 부호의 수로 바꾸어주는 보수기(complementer)의 내부 회로를 구성하라.

풀이

어떤 2진수에 대하여 1의 보수를 취하기 위해서는 모든 비트들을 0은 1로, 1은 0으로 반전시켜야 한다. 만약 데이터의 길이가 8비트라면, 보수기는 그림 3-10과 같이 8개의 인버터들을 이용하여 구성할 수 있다. 그림에는 한 예로서 양수인 '00101101'을 1의 보수로 표현된 음수로 변환한 결과가 표시되어 있다.

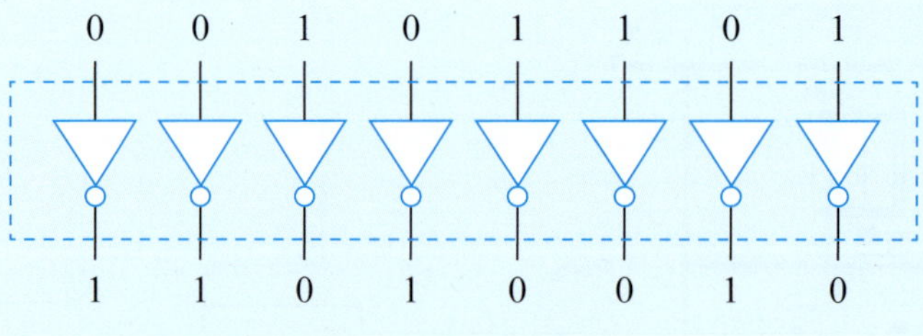

그림 3-10 인버터를 이용한 8-비트 보수기의 구성도

3.2 NAND 게이트와 NOR 게이트

디지털 시스템에서는 지금까지 살펴본 기본 게이트들의 변형인 NAND 게이트와 NOR 게이트도 널리 사용되고 있다. 이 게이트들은 내부 전자회로를 비교하면 오히려 기본 게이트들보다 더 간단하지만, 기능적으로는 AND 게이트와 인버터 혹은 OR 게이트와 인버터를 결합한 것으로 볼 수 있다. 이 절에서는 NAND 게이트와 NOR 게이트의 동작 특성에 대하여 살펴보기로 한다.

3.2.1 NAND 게이트

NAND 게이트는 AND 게이트와 반대되는 출력 신호를 발생하는 전자회로이다. 그림 3-11은 2-입력 NAND 게이트에 대한 기호와 그 동작 특성을 나타내는 진리표를 보여주고 있다. 즉, 이 게이트는 입력 신호 A와 B 중의 어느 하나라도 0이면 출력 신호 $F=1$을 발생하며, 두 입력들이 모두 1인 경우에만 $F=0$이 된다. 결과적으로, 이 게이트는 AND 게이트의 출력단에 인버터를 연결한 것과 같은 기능을 수행한다.

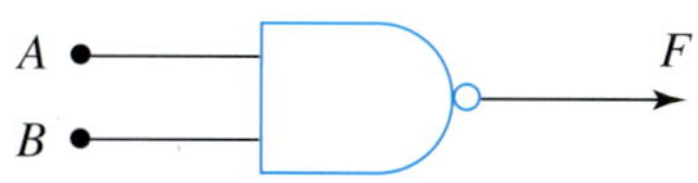

(a) 기호

A	B	F
0	0	1
0	1	1
1	0	1
1	1	0

(b) 진리표

그림 3-11 NAND 게이트의 기호와 진리표

그림 3-12는 그림의 좌측과 같은 파형을 가지는 신호들이 입력 A와 B로 각각 들어올 때 NAND 게이트가 어떤 파형의 출력을 발생하는지를 보여주고 있다. 그림에서 보는 바와 같이, 두 입력 신호들이 게이트로 들어오는 시간 흐름 동안에 두 신호의 값들이 모두 '1'일 때는 출력 신호가 '0'이 된다. 그러나 입력 신호들 중의 어느 하나라도 '0'인 경우에는 출력 신호가 '1'이 된다는 것을 알 수 있다.

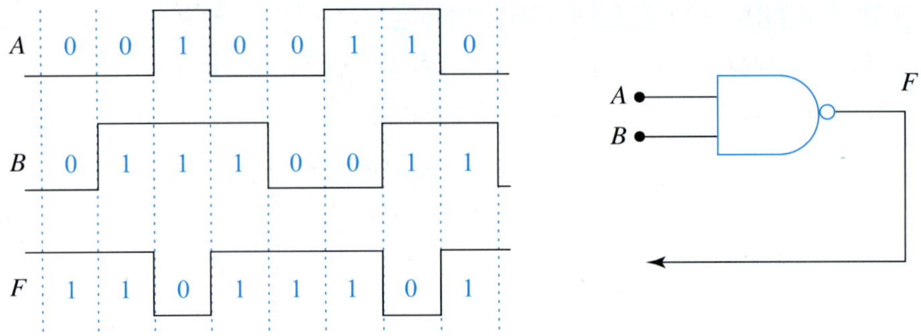

그림 3-12 입력 파형들에 대한 NAND 게이트의 출력 파형

예제 3-5

프린터에서 토너가 부족해지거나 용지가 없는 경우에는 경고등이 켜지게 하는 회로를 구성하라.

풀이

토너가 충분할 때는 '1', 부족하면 '0'을 발생하는 신호와 종이가 있는 경우에는 '1', 없는 경우에는 '0'을 발생하는 신호를 그림 3-13과 같이 NAND 게이트의 두 입력으로 각각 연결하여 회로를 구성한다. 그렇게 하면 둘 중의 어느 한 입력이라도 '0'이 되는 경우에 경고음 발생 신호가 '1'로 세트 된다. 출력 신호 '1'은 +5V를 의미하므로, 회로의 저항을 통하여 적절한 전류가 흐르게 되어 경고등이 켜지게 된다.

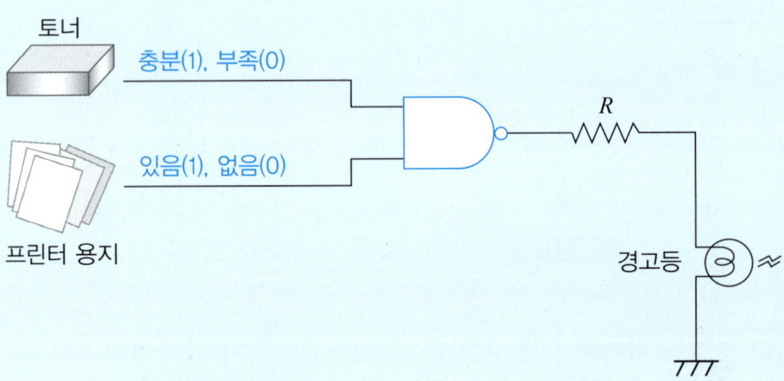

그림 3-13 프린터 소모품 부족 경고등 발생회로

다음 절에서 자세히 설명하겠지만, NAND 게이트는 내부 전자회로가 AND 게이트보다 더 간단하다. 따라서 미세한 차이지만 시간 지연도 더 짧고 전력 소모도 더 적기 때문

에, 실제 회로 구현에서 다른 게이트와 결합하여 다양한 용도로 사용되고 있다. 예를 들어, 이 게이트는 그림 3-14(a)와 같이 두 입력 단자들을 연결하여 하나의 입력만 받도록 회로를 구성한다면, 인버터와 같은 기능을 수행할 수 있다. 또한 그림 3-14(b)와 같이 NAND 게이트의 출력에 (a)의 회로를 직렬로 연결한다면, AND 연산을 수행할 수도 있다. 이와 같이 NAND 게이트는 다른 논리 연산 기능을 수행하는 게이트로 재구성하는 것이 용이하기 때문에 만능 게이트(universal gate)라고도 불린다.

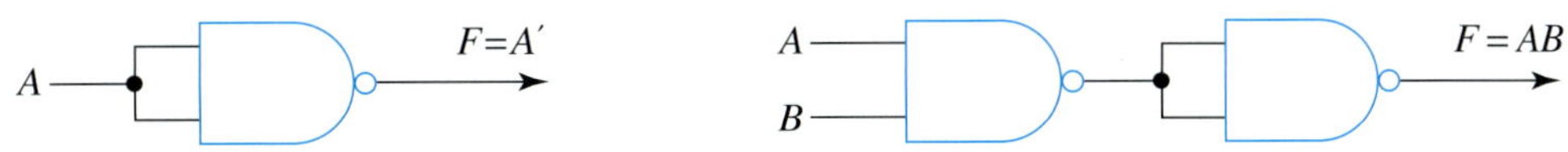

(a) 인버터로의 변환 (b) AND 게이트로의 변환

그림 3-14 NAND 게이트의 재구성

3.2.2 NOR 게이트

NOR 게이트는 OR 게이트와 반대되는 출력 신호를 발생하는 전자회로이다. 그림 3-15는 2-입력 NOR 게이트에 대한 기호와 동작 특성을 나타내는 진리표를 보여주고 있다. 즉, 이 게이트는 입력 신호 A와 B 중의 어느 하나라도 1이면 출력 신호 F로 0을 발생하며, 두 입력 신호들이 모두 0인 경우에만 $F=1$이 된다. 결과적으로, 이 게이트는 OR 게이트의 출력단에 인버터를 연결한 것과 같은 기능을 수행한다.

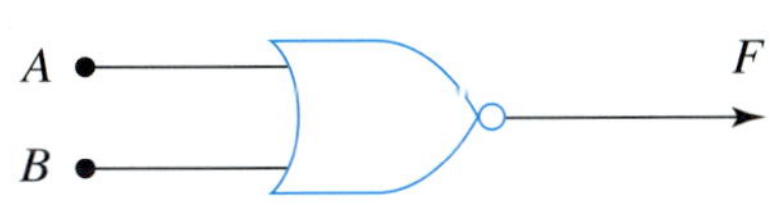

(a) 기호

A	B	F
0	0	1
0	1	0
1	0	0
1	1	0

(b) 진리표

그림 3-15 NOR 게이트의 기호와 진리표

그림 3-16은 그림에서와 같은 파형을 가지는 신호들이 입력 A와 B로 각각 들어올 때 NOR 게이트가 어떤 파형의 출력을 발생하는지를 보여주고 있다. 두 입력 신호들이 게이트로 들어오는 시간 흐름 동안에 두 신호들의 값이 모두 '0'일 때는 출력 신호가 '1'이 된다. 그러나 두 입력 신호들 중의 어느 하나라도 '1'인 경우에는 출력 신호가 '0'이 된다는 것을

확인할 수 있다.

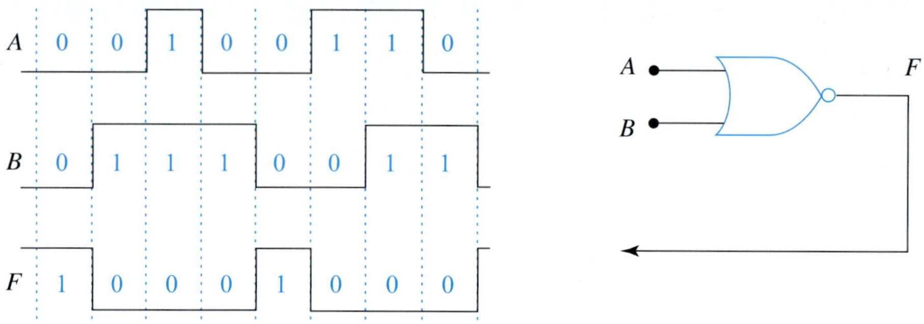

그림 3-16 입력 파형들에 대한 NOR 게이트의 출력 파형

예제 3-6

어떤 은행에서 사용 중인 금고는 근무시간이 아닐 때는 담당직원과 보안요원이 모두 입회한 경우에만 열 수 있다. 따라서 그 조건이 만족되지 않은 상태에서는 '금고 사용불가'를 알리는 적색 경고등이 켜져 있도록 해주는 회로를 구성하라.

풀이

근무시간 중일 때 1, 근무시간 외에는 0을 발생하는 신호를 그림 3-17과 같이 NOR 게이트의 한 입력으로 접속한다. 그리고 담당직원이나 보안직원이 입회한 경우에는 1, 아니면 0이 되는 두 개의 신호를 AND 게이트로 접속하고, 그 출력을 NOR 게이트의 다른 입력으로 연결하여 회로를 구성한다. 그러면 근무시간 외에는 담당직원과 보안요원 중의 어느 한 사람이라도 없는 경우에는 AND 게이트의 출력이 '0'이 되기 때문에 NOR 게이트의 두 입력이 모두 '0'이 되므로, 회로의 최종 출력은 '1'로 세트되어 경고등이 켜진 상태가 된다.

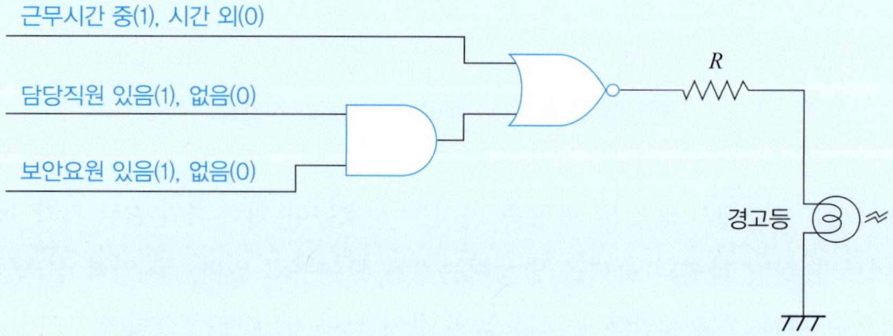

그림 3-17 NOR 게이트를 이용한 은행금고 경고등 제어회로

NOR 게이트도 기호 상으로는 NOR 게이트의 출력단에 인버터가 추가로 접속된 형태이지만, 내부 전자회로는 OR 게이트보다 더 간단하다. 따라서 시간 지연도 더 짧고 전력 소모도 더 적기 때문에, 실제 회로 구현에서 다양한 용도로 사용되고 있다. 이 게이트도 그림 3-18(a)와 같이 두 입력 단자들을 연결하여 하나의 입력만 받도록 회로를 구성한다면, 인버터와 같은 기능을 수행할 수 있다. 또한 그림의 (b)와 같이 NOR 게이트의 출력에 (a)의 회로를 직렬로 연결한다면, OR 연산을 수행할 수 있다. 이와 같이 NOR 게이트도 다른 논리 연산 기능을 수행하는 게이트로 재구성하는 것이 용이하기 때문에, NAND 게이트와 마찬가지로 만능 게이트라고 불린다.

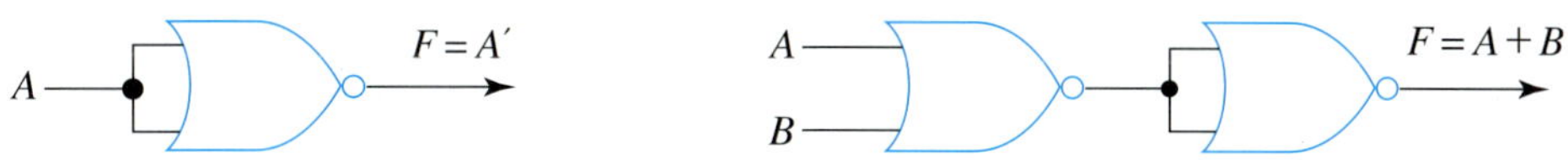

(a) 인버터로의 변환 (b) OR 게이트로의 변환

그림 3-18 NOR 게이트의 재구성

3.3 Exclusive-OR 게이트

다양한 응용들을 위한 디지털 시스템을 쉽게 구성할 수 있도록 하기 위하여, 지금까지 설명한 기본적인 논리 게이트들 외에도 몇 가지 변형된 게이트들이 구성되어 있다. 그 대표적인 게이트가 exclusive-OR 게이트(익스크루시브-OR 게이트라고 읽음; 이하 XOR 게이트라 함)이다. XOR 연산은 몇 개의 기본 게이트들을 이용하여 구현되기도 하지만(제4장에서 설명), 단일 회로로 구현할 수도 있기 때문에 그림 3-19(a)와 같이 하나의 기호로 표시하고 있다.

앞에서 설명한 게이트들과는 달리, 항상 두 개의 입력만 가지는 XOR 게이트는 두 입력의 값이 같을 때는 출력으로 0을 발생하고, 서로 다를 때는 1을 발생한다. 즉, 그림 3-19(b)의 진리표에서 보는 바와 같이, 입력 A와 B가 모두 0이거나 A와 B가 모두 1인 경우에는 출력 $F=0$이 된다. 그러나 $A=0$, $B=1$ 혹은 $A=1$, $B=0$인 경우에는 $F=1$이 된다. 따라서 이 게이트는 두 값이 서로 같은 지 혹은 다른 지를 비교하는 기능을 쉽게 구현할 수 있게 해준다.

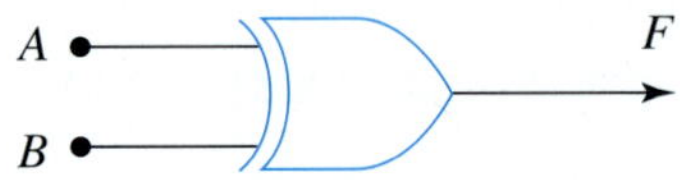

(a) 기호

A	*B*	*F*
0	0	0
0	1	1
1	0	1
1	1	0

(b) 진리표

그림 3-19 XOR 게이트의 기호와 진리표

그림 3-20은 그림에서와 같은 파형을 가지는 신호들이 입력 *A*와 *B*로 각각 들어올 때 XOR 게이트가 어떤 파형의 출력을 발생하는지를 보여주고 있다. 그림의 결과에서 보는 바와 같이, 두 입력 신호들이 게이트로 들어오는 시간 흐름 동안에 모두 0이거나 모두 1일 때는 출력 신호가 '0'이 된다. 그러나 두 입력 신호들이 서로 다른 값을 가지는 경우에는 출력 신호가 '1'이 된다는 것을 확인할 수 있다.

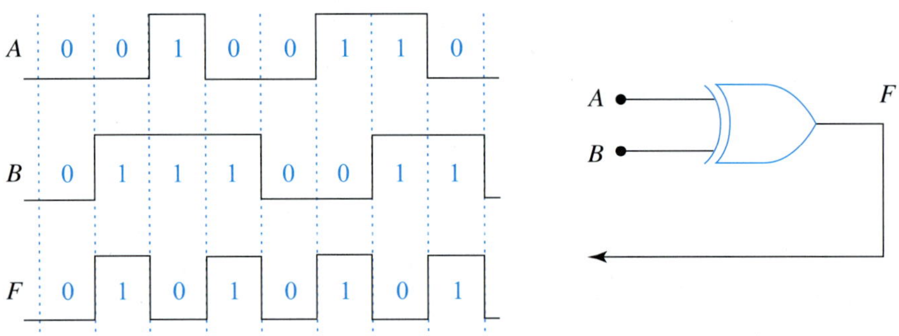

그림 3-20 입력 파형들에 대한 XOR 게이트의 출력 파형

예제 3-7

제2장에서 설명하였던 2진 덧셈 규칙을 다시 쓰면 아래 표와 같다. 합(*S*)과 올림수(*C*)를 생성하는 회로를 구성하라.

A	*B*	*S*	*C*
0	0	0	0
0	1	1	0
1	0	1	0
1	1	0	1

풀이

합(S)은 두 비트가 같으면 0, 다르면 1이 된다. 그리고 올림수(C)는 두 비트가 모두 1일 때만 '1'이 된다. 따라서 합은 두 입력 비트들 간에 XOR 연산, 올림수는 AND 연산을 각각 수행하면 얻을 수 있으므로, 아래와 같은 회로를 구성하면 된다.

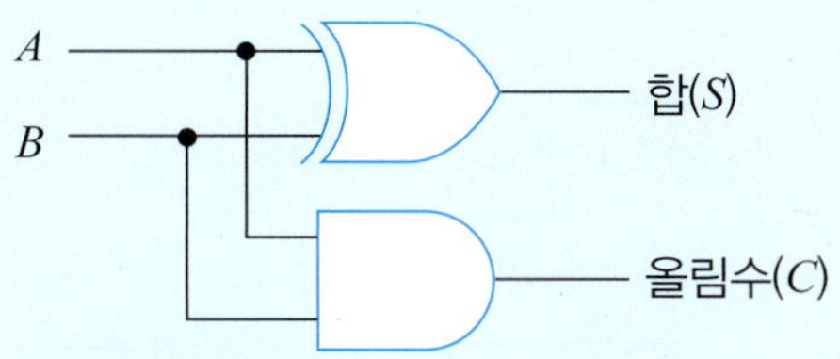

그림 3-21 2진 비트 덧셈을 위한 회로

XOR 게이트의 다른 응용 예로는 비교기(comparator), 오류 검출을 위한 패리티 발생기(parity generator) 및 패리티 검사기(parity checker) 등으로 매우 다양한데, 그 회로들의 구성에 대해서는 제6장에서 자세하게 설명할 것이다.

유사한 기능을 가지는 변형된 게이트로서 그림 3-22과 같은 exclusive-NOR 게이트(이하 XNOR 게이트라 함)가 있다. 그림 3-22(a)에서 보는 바와 같이 이 게이트의 기호는 위의 XOR 게이트와 유사하지만, 출력단에 버블(bubble: 작은 원)이 추가되는 것이 다르다. 버블 표시는 XNOR 게이트의 출력값이 XOR 게이트의 반대가 된다는 것을 의미한다. 즉, 그림 3-22(b)의 진리표에서와 같이, 두 입력값이 같은 경우에는 출력 $F=1$을 발생하고, 서로 다른 경우($A=0$, $B=1$ 혹은 $A=1$, $B=0$)에는 $F=0$을 발생한다.

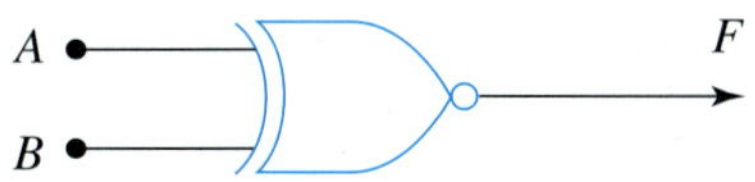

(a) 기호

A	B	F
0	0	1
0	1	0
1	0	0
1	1	1

(b) 진리표

그림 3-22 XNOR 게이트의 기호와 진리표

그림 3-23은 좌측과 같은 파형을 가지는 신호들이 입력 A와 B로 각각 들어올 때 XNOR 게이트가 어떤 출력 파형을 발생하는지를 보여주고 있다. 두 입력 파형들이 게이트로 들어오는 시간 흐름 동안에 두 입력 신호들이 모두 0이거나 모두 1일 때는 출력 신호가 '1'이 된다. 그러나 두 입력 신호들이 서로 다른 값을 가지는 경우에는 출력 신호가 '0'이 된다는 것을 확인할 수 있다.

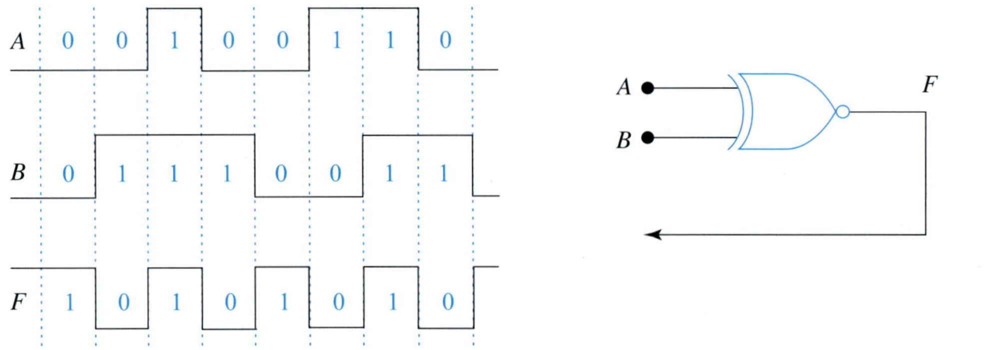

그림 3-23 입력 파형들에 대한 XNOR 게이트의 출력 파형

예제 3-8

2-비트 길이의 두 개의 2진수들($A=a_1a_0$, $B=b_1b_0$) 간에 크기를 비교하고, 같은 경우에는 '1'을 출력하는 회로를 구성하라.

풀이

2진수들이 같은 크기라는 것을 판단하는 조건은 동일한 자릿수를 가지는 비트들의 값이 서로 같아야 한다(즉, $a_1=b_1$ 및 $a_0=b_0$). 따라서 먼저 XNOR 연산을 이용하여 두 비트씩을 비교한다. 만약 두 XNOR 연산들의 결과가 모두 1이라면, 2진수 A와 B의 크기가 같다는 것을 의미한다. 따라서 그림 3-24와 같이 두 개의 XNOR 게이트들을 이용하여 두 비트들을 비교한 다음에, 그 결과들을 AND 게이트로 입력시킨다. 그러면 두 수가 동일한 경우에는 회로의 최종 결과로 '1'이 출력될 것이며, 어느 한 비트라도 다르다면, '0'이 출력된다.

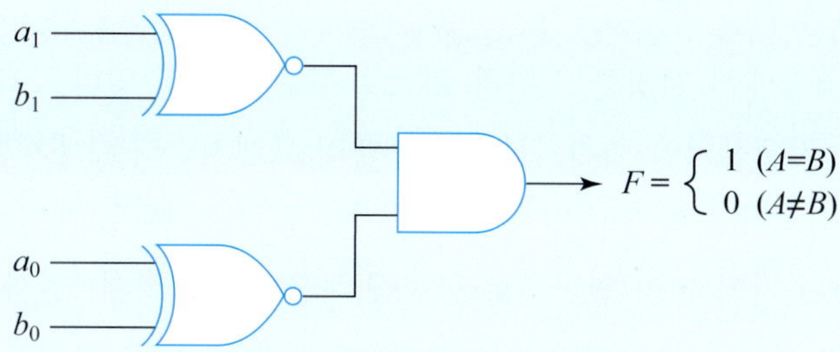

그림 3-24 2진수들 간의 크기를 비교하는 회로

3.4 논리 게이트의 내부 회로

지금까지 설명한 논리 게이트들의 내부 회로는 전자회로 소자(electronic component)들을 이용하여 구현된다. 여기서 전자회로 소자란 트랜지스터(transistor), 다이오드(diode) 및 저항(resistor) 등을 말하며, 그들을 적절히 결합하여 해당 논리 연산을 수행하는 게이트 회로를 반도체 칩 상에 제조하게 된다. 그들 중에서 핵심 소자인 트랜지스터는 반도체 회로의 제조 공정에 따라 몇 가지로 분류될 수 있으며, 각각은 전력 소모량, 공간 및 속도 측면에서 장단점을 가지고 있다. 논리 게이트들은 구현에 사용되는 트랜지스터 및 부품들의 종류에 따라 아래와 같은 계열(family)들로 분류된다.

RTL(Resistor-Transistor Logic)
DTL(Diode-Transistor Logic)
TTL(Transistor-Transistor Logic)
MOSFET(Metal-Oxide Semiconductor Field-Effect Transistor)
CMOS(Complementary Metal-Oxide Semiconductor)

이와 같은 구현 방법들을 이용하여 게이트 회로를 설계하는 것은 전자공학 및 반도체공학에 관한 세부적인 지식이 필요하며, 이 책의 범위를 벗어난다. 따라서 이 절에서는 논리 게이트들의 동작 원리를 이해하는데 필요한 수준에서 간략히 설명하고자 한다.

3.4.1 RTL 및 DTL 게이트 회로

논리 게이트들은 1.4절에서 설명한 스위치 회로로 구현될 수도 있다. 그러나 반도체 기술이 개발된 이후에는 기계장치인 스위치를 전자부품인 트랜지스터로 대체할 수 있게 됨에 따라, 게이트 회로의 속도가 높아지고 크기도 대폭 축소되었다. RTL 계열과 DTL 계열은 반도체 부품이 개발된 초기의 논리 연산회로 구현에 사용된 기술로서, 현재는 거의 사용되지 않고 있지만 회로의 구성과 동작 원리를 이해하는데 도움이 되기 때문에 먼저 살펴보기로 한다.

RTL 및 DTL 게이트의 회로를 분석하기 위해서는 먼저 2극 트랜지스터(bipolar transistor; 이하 트랜지스터라고 함)의 동작 원리를 이해해야 한다. 이 트랜지스터는 내부 구성요소인 다이오드 회로의 극성에 따라 NPN 형과 PNP 형으로 분류되는데, 반도체 재료인 실리콘(silicon)을 이용하면 NPN 트랜지스터가 된다. 그림 3-25(a)는 NPN 트랜지스터의 그래픽 기호를 보여주고 있다. 이 트랜지스터는 세 개의 단자들을 가지고 있는데, 이들은 각각 베이스(base: B), 콜렉터(collector: C), 에미터(emitter: E)라고 부른다.

그림 3-25(b)는 NPN 트랜지스터의 베이스 단자와 콜렉터 단자에 각각 저항 R_B와 R_C가 접속된 스위칭 회로를 보여주고 있다. 각 저항은 내부 회로에 흐르는 전류의 크기를 조절하기 위하여 삽입된다. 회로에서 보는 바와 같이 콜렉터는 Vcc(+5V)와 접속되어 전원 공급 통로가 되며, 에미터는 접지(0V)와 연결된다. 트랜지스터의 스위칭 동작은 베이스 단자로 인가되는 입력 전압 Vi에 의해 결정된다. Vi가 인가되면 베이스와 에미터 간에는 전압 V_{BE}가 걸리게 되는데, 그 값이 일정 기준 전압(threshold voltage; 일반적으로 0.6V) 이상이 되면 실리콘 트랜지스터의 특성에 따라 베이스 전류(I_B)가 흐르기 시작하게 된다.

만약 Vi가 논리적 '1'을 나타내는 +5V라면, 트랜지스터는 포화(saturation) 영역에 들어가게 되어 콜렉터와 에미터 사이에 전류가 $I_C = Vcc/R_C$ 크기로 흐르게 된다. 이것은 사실상 트랜지스터의 콜렉터와 에미터가 서로 접속되어 전도 상태(conduction state)가 된 것을 의미하며, 그림 1-7의 회로에서 스위치가 닫힌 상태에 해당한다. 결과적으로, 콜렉터가 접지와 연결된 것과 같은 상태가 되므로 출력 전압 Vo는 0V가 된다. 그런데 만약 Vi=0V, 즉 V_{BE}가 0V 혹은 그에 근접한 값이 되면, 트랜지스터는 차단 상태(cutoff state)가 되어 I_C는 흐르지 못한다. 이것은 스위치가 열려 있는 상태에 해당하며, 이 경우에는 $Vo = Vcc$가 된다. 트랜지스터는 베이스 전류에 따라 다양한 크기의 증폭 기능을 가지지만, 논리연산

회로에서 사용될 때는 입력 전압으로 '논리적 0'을 나타내는 0V 혹은 '논리적 1'을 나타내는 +5V만 인가되기 때문에 전도(포화) 상태 혹은 차단 상태에서만 동작하게 된다.

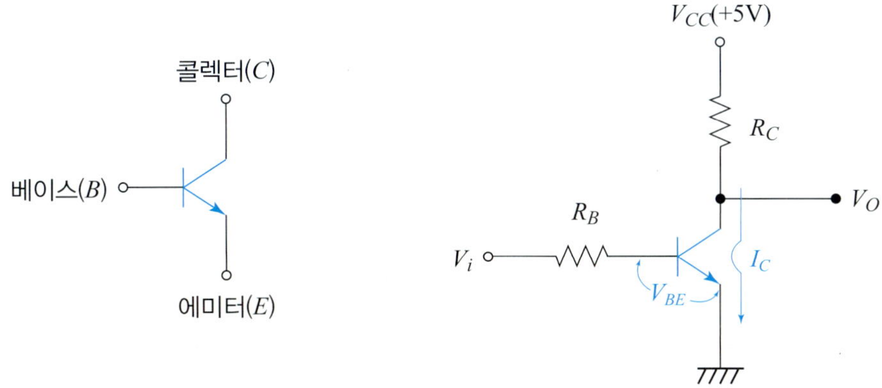

(a) 기호 (b) 스위칭 회로

그림 3-25 NPN 트랜지스터 및 스위칭 회로

이제 그림 3-25(b) 회로의 전체 동작을 논리적 입력에 대한 연산 동작 관점에서 다시 살펴보기로 한다. 만약 입력 전압이 0V라면 트랜지스터는 차단 상태가 되어 출력 전압은 +5V가 된다. 그리고 만약 입력 전압이 +5V라면 트랜지스터는 전도 상태가 되어 출력 전압은 0V가 된다. 결과적으로, 이 회로는 입력 전압의 레벨을 반전시켜주는 인버터(NOT 게이트)로서 동작하게 되는 것이다. 그리고 이것은 저항(resistor)과 트랜지스터를 이용하여 구성되었기 때문에 RTL 회로라고 부른다.

RTL 회로는 그림 3-26과 같이 두 개의 트랜지스터들(Q_1, Q_2)을 직렬로 접속하고, 각 트랜지스터의 베이스 단자로는 서로 다른 입력 신호 A와 B가 인가되도록 구성할 수도 있다. 이 경우에 만약 두 입력들로 0V가 인가된다면, 두 트랜지스터는 모두 차단 상태가 되어 I_C는 흐르지 못하며, 결과적으로 출력 $F= Vcc$(+5V)가 된다. 그리고 입력 A로 5V가 인가되고 입력 B는 0V라면, Q_1은 전도 상태가 되지만 Q_2는 차단 상태가 되어 전류가 흐르지 못하므로, 이 경우에도 F=5V가 된다. 그러한 상태는 입력 A로 0V, B로 5V가 인가되는 경우에도 같은 결과를 얻게 된다.

그러나 만약 두 입력으로 모두 5V가 인가되는 경우에는 Q_1 및 Q_2가 모두 전도 상태가 되어 I_C가 흐르게 되므로, 출력 F=0V가 된다. 이와 같은 동작 과정은 그림 3-26(b)에 정리되어 있는데, 이것은 2-입력 NAND 게이트의 동작 특성을 보여주는 진리표에 해당한다. 즉, 그림 3-26(a)는 NAND 게이트를 RTL로 구현한 회로이다.

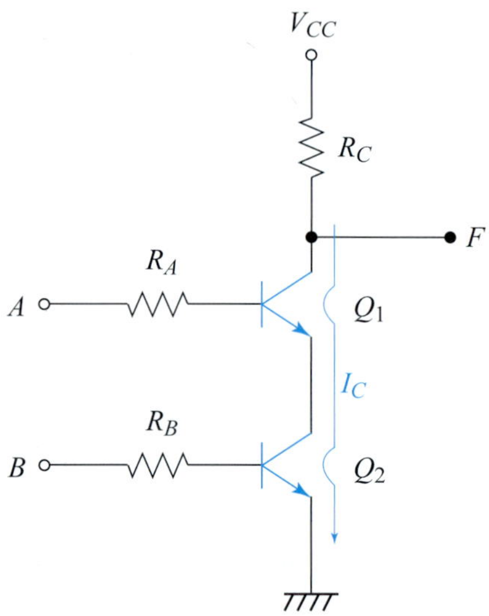

(a) NAND 게이트 회로

A	B	F
0V	0V	5V
0V	5V	5V
5V	0V	5V
5V	5V	0V

(b) 진리표

그림 3-26 NAND 게이트의 RTL 구현 및 진리표

그리고 이 회로의 출력단에 그림 3-25(b)의 인버터 회로를 연결한다면, AND 게이트 회로가 된다. 앞에서는 논리적으로 AND 게이트의 출력에 인버터를 접속하여 NAND 게이트를 구성한다고 설명하였지만, 여기서 확인할 수 있는 바와 같이 실제로는 NAND 게이트에 인버터를 추가하여 AND 게이트를 구성하는 것이다. 즉, NAND 게이트의 내부 회로가 더 간단하며 동작 시간도 더 짧다는 것을 알 수 있다. 그러한 이유 때문에 NAND 게이트를 기본 게이트라고도 부르는 것이다. 그림 3-26(a)의 회로에 세 번째 트랜지스터를 Q_2 아래에 직렬로 추가 접속한다면, 3-입력 NAND 게이트가 된다.

그림 3-27(a)는 두 개의 트랜지스터들을 병렬로 접속한 RTL 구현을 보여주고 있다. 이 회로의 경우에는 입력 전압 A와 B가 모두 0V라면 두 트랜지스터들이 차단 상태가 되기 때문에, 출력 $F=Vcc$(5V)가 된다. 그러나 만약 A와 B 중에서 어느 하나라도 5V가 들어온다면, 해당 트랜지스터는 전도 상태가 되어 모든 전류는 그 트랜지스터의 에미터로 흐르게 되

므로, 출력 전압은 0V가 된다. 또한 두 입력이 모두 5V인 경우에도 같은 결과가 나타난다. 즉, 그림 3-27(a)의 회로는 입력 신호 A와 B 중의 어느 하나라도 5V라면 출력이 0이 되는 2-입력 NOR 게이트를 구현한 것이며, 그림 3-27(b)는 그 회로의 동작 특성을 보여주는 진리표이다. 그리고 그림 3-27(a) 회로에 트랜지스터를 한 개 더 병렬로 접속한다면, 3-입력 NOR 게이트가 된다. 또한 앞에서 설명한 NAND 게이트의 경우와 마찬가지로, 회로의 출력단에 그림 3-25(b)의 인버터 회로를 접속한다면 OR 게이트 회로를 구성할 수 있다.

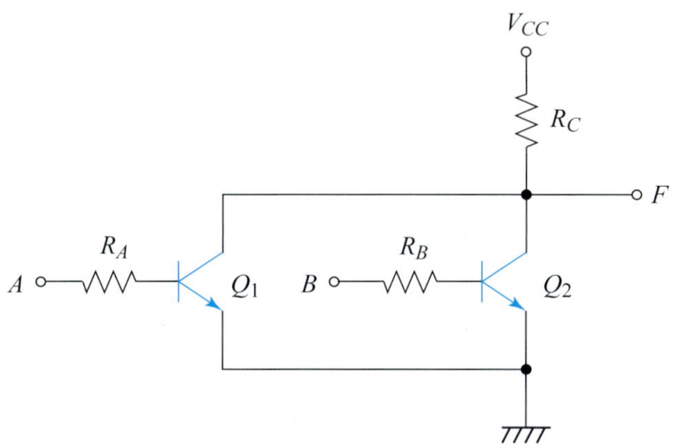

(a) NOR 게이트 회로

A	B	F
0V	0V	5V
0V	5V	0V
5V	0V	0V
5V	5V	0V

(b) 진리표

그림 3-27 NOR 게이트의 RTL 구현 및 진리표

다이오드(diode)와 트랜지스터로 구성되는 DTL 회로는 RTL 회로와 마찬가지로 실제 게이트 구현에 사용되지는 않지만, 회로 동작의 이해를 돕기 위하여 간략히 살펴보기로 한다. 그림 3-28은 DTL 방식으로 구성된 2-입력 NAND 게이트 회로를 보여주고 있다. 이 회로에서는 각 입력 신호가 다이오드와 접속되어 있다. 다이오드의 그래픽 기호는 그림 3-28(a)와 같으며, 양극에 해당하는 애노드(anode)와 음극에 해당하는 캐소드(cathode) 간에 +5V의 정방향 전압이 인가된다면 전류가 흐르게 되어 스위치를 닫은 것과 같은 전도 상태가 된다. 그러나 만약 0V 혹은 역방향 전압이 걸린다면, 전류가 흐르지 못하여 스위치가 열린 것과 같은 차단 상태가 된다.

그림 3-28(b)의 회로를 보면 각 입력단은 다이오드의 캐소드와 접속되어, 두 입력들 중의 어느 하나라도 0V가 되면 Vcc(+5V)와 입력 단자 간에 정방향의 전위차가 발생하여 전류가 흐르게 된다. 따라서 트랜지스터 Q_1의 베이스로 인가되는 전압은 0V가 되며, 결과적

으로 트랜지스터 Q_1은 V_{BE}가 기준 전압에 미달하게 되므로 차단 상태가 된다. 그렇게 되면 출력 전압 F는 '논리적 1'의 상태를 나타내는 5V가 된다. 그러나 만약 두 입력으로 모두 5V가 인가된다면, Vcc와 다이오드의 캐소드 간에는 전위차가 없기 때문에 전류가 흐르지 못하게 된다. 그러한 경우에는 Vcc가 Q_1의 베이스 단자로 인가되어 Q_1이 전도 상태가 되므로, $F=0$이 된다. 즉, 이 회로는 2-입력 NAND 게이트의 동작을 수행하게 되는 것이다. 트랜지스터의 베이스에 접속된 두 개의 다이오드들은 입력단의 잡음(noise) 신호로 인한 오동작을 방지하기 위하여 삽입된다.

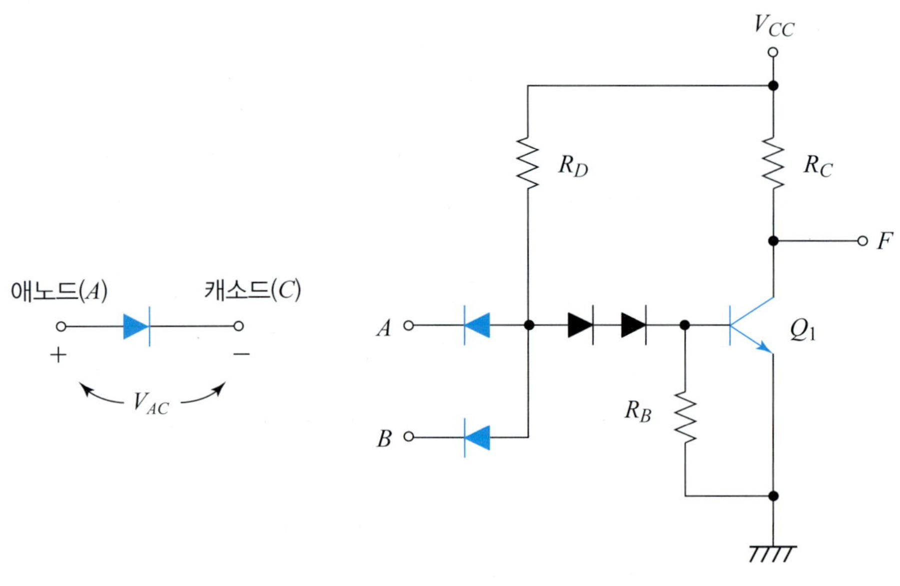

(a) 다이오드의 그래픽 기호　　(b) NAND 게이트 회로

그림 3-28 다이오드의 기호 및 NAND 게이트의 DTL 구현

그림 3-28(b)의 회로에서 입력단에 같은 방법으로 다이오드를 한 개 더 추가한다면 3-입력 NAND 게이트를 구성할 수 있다. 그리고 이 회로의 출력단에 그림 3-25(b)의 인버터 회로를 접속하면 AND 게이트 회로가 된다. 또한 회로 입력단의 다이오드들을 모두 반대 방향으로 위치시켜 입력 신호 A와 B가 각각 다이오드의 애노드와 접속되도록 하고, Vcc와 다이오드 사이의 연결을 제거하여 회로를 재구성한다면, 이 회로는 NOR 게이트가 된다. 즉, 입력들 중의 어느 하나라도 5V가 된다면, 다이오드를 통하여 전류가 Q_1의 베이스로 흘러 Q_1이 전도 상태가 되므로 $F=0$이 되는 것이다. 그러나 만약 $A=B=0$이라면, Q_1은 차단 상태가 되어 $F=5$V가 된다.

3.4.2 TTL 게이트 회로

논리 게이트 회로의 안정성을 높이기 위하여 RTL 및 DTL 회로를 개선한 것이 TTL 회로이다. TTL 게이트는 소규모 반도체 IC 칩으로 제조되는 대표적인 디지털 부품이며, 약간의 회로 수정을 통하여 속도, 전력소모량 및 가격 측면에서 다양한 유형으로 제조되고 있다. TTL 게이트는 DTL의 입력단 다이오드들을 트랜지스터로 대체한 것으로서, 기본적인 회로는 그림 3-29와 같다.

그림 3-29의 2-입력 TTL NAND 게이트 회로를 보면, 입력 신호들이 연결되는 NPN 트랜지스터 Q_1은 입력 단자 수만큼의 에미터들을 가지고 있다. 그리고 Q_1의 콜렉터가 Q_2의 베이스로 접속되며, Q_2의 콜렉터 전압이 회로의 출력이 된다. 만약 입력 신호들 중에서 어느 하나라도 0V가 된다면, Vcc(+5V)와 그 에미터 간에는 순방향 회로가 구성되어 전류가 흐르게 된다. 따라서 Q_2는 V_{BE}가 기준 전압에 미달하게 되므로 차단 상태가 되어, 출력 F=5V가 된다. 그러나 만약 입력 A와 B로 동시에 5V가 인가된다면, Q_1의 베이스와 에미터들 사이에는 전류가 흐르지 못한다. 그렇게 되면 Q_1의 베이스와 콜렉터 접합 부분이 순방향 바이어스(forward-biased) 상태가 되어, Vcc가 Q_2의 베이스 전압으로 인가된다. 그렇게 되면 Q_2는 포화 상태가 되어 콜렉터와 에미터 간에 전류가 흐르므로, 출력 F=0V가 되는 NAND 연산이 이루어지는 것이다.

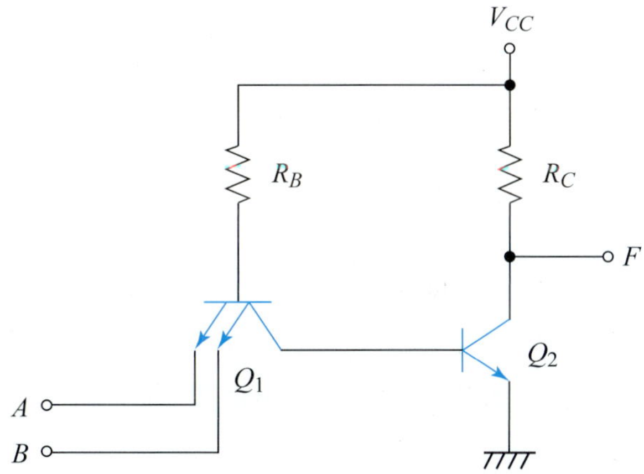

그림 3-29 2-입력 TTL NAND 게이트 회로

그림 3-29의 회로에서 입력단 트랜지스터인 Q_1의 에미터들의 수를 추가하면 다중-입력 NAND 게이트를 만들 수 있다. 그리고 이 회로의 경우에도 출력단에 그림 3-25(b)와 같은 인버터 회로를 접속하면 AND 게이트가 된다. 앞에서 설명한 바와 같이 TTL 게이트는 널리 사용되고 있기 때문에 사용 환경 및 응용에 따라 적절히 선택하여 사용할 수 있도록 다양한 특징을 가진 회로들이 개발되어 있다. 〈표 3-1〉은 TTL 게이트의 유형들과 몇 가지 특성들을 보여주고 있다.

기본적인 트랜지스터들로 구성되는 회로를 표준 TTL 게이트라고 부르는데, 이 유형의 게이트 회로들을 집적시킨 IC 칩의 번호는 '74'로 시작된다. 예를 들어, 네 개의 NAND 게이트들이 집적되어 있는 IC 칩의 번호는 7400이고, AND 게이트와 OR 게이트 칩의 번호는 각각 7408과 7432이다. TTL 게이트는 반도체 칩에 집적시킬 때 뒤에서 설명할 다른 유형들에 비하여 면적을 많이 차지하는 편이기 때문에 주로 소규모인 SSI 칩으로 제조된다. 일반적으로 네 개의 게이트들이 하나의 IC 칩에 포함되는 경우에 전력 소모량은 10mW이며, 게이트 응답시간에 해당하는 전파지연(propagation delay)은 9ns 정도이다. 모바일 기기와 같이 전력소모량을 최소화시켜야 하는 응용을 위하여 저전력(low-power) TTL 칩도 개발되었는데, 이 유형의 칩은 1mW의 전력만 소모하는 대신에, 전파지연은 33ns로 길어져 속도가 느려지는 단점을 가지고 있다. 그러한 칩의 번호에는 74L00과 같이 숫자들 사이에 'L'이 추가된다. 반면에, 속도를 높인 고속형 TTL 칩(74H00)의 경우에는 전파지연이 6ns로 짧아진 대신에, 전력소모량은 22mW로 증가한다.

다음 단계로 개선된 유형은 쇼트키(schottky) TTL 게이트이다. 이 회로는 속도를 더 높이기 위하여 포화 상태까지 도달하지 않고도 0과 1의 상태 전이를 할 수 있는 트랜지스터를 사용한다. 그 결과로서, 〈표 3-1〉에서 보는 바와 같이 전파지연이 3ns로 크게 줄어들었다. 그러나 그 칩의 전력소모량은 상당한 높은 편이기 때문에, 저전력 쇼트키(low-power schottky) TTL 및 고급 쇼트키(advanced schottky) TTL과 같은 개선된 회로들이 계속하여 개발되었다. 그들 중에서도 가장 탁월한 성능을 가지는 유형은 신속(fast)함을 특징으로 하는 'F'형 칩으로서, 전력소모량과 속도가 각각 4mW 및 3ns이다.

〈표 3-1〉 TTL 게이트의 유형과 특성들(예: NAND 게이트)

TTL 유형	칩 번호 표기	전력소모량[mW]	전파지연[ns]
표준형	7400	10	9
저전력형	74L00	1	33
고속형	74H00	22	6
쇼트키형	74S00	19	3
저전력 쇼트키	74LS00	2	9
고급 쇼트키	74AS00	8	1.7
신속형	74F00	4	3

3.4.3 MOS 게이트 회로

전자(electron)와 정공(hole)에 의해 전류가 흐르는 2극 트랜지스터와는 달리, 그 둘 중의 하나에 의해 전류 흐름이 가능한 전계효과 트랜지스터(field-effect transistor: 이하 FET라고 함)를 이용하여 게이트 회로를 구현할 수도 있다. FET는 JFET(junction FET)와 MOSFET(metal-oxide semiconductor FET)로 구분되는데, JFET는 주로 선형회로에 사용되며, MOSFET가 디지털 게이트 회로의 스위칭 소자로 사용된다. MOSFET는 반도체 칩 상에 제조될 때 차지하는 면적이 TTL 회로에 비하여 20~30% 정도밖에 되지 않기 때문에 고밀도 집적이 가능하여, VLSI 칩을 위해 주로 사용되고 있다.

MOSFET로는 NMOS라고 부르는 n-채널 트랜지스터와 PMOS라고 부르는 p-채널 트랜지스터가 있는데, 동작 전압의 극성이 서로 반대이다. 이 트랜지스터는 드레인(drain), 소스(source) 및 게이트(gate)라는 세 개의 단자들을 가지고 있으며, 그래픽 기호는 그림 3-30(a)와 같다. NMOS 트랜지스터는 게이트와 소스 간의 전압 V_{GS}로 기준값 이상의 양전압(positive voltage)이 인가된다면 전도 상태가 되어, 드레인으로부터 소스로 전류가 흐르게 된다. 그러나 만약 V_{GS}=0V라면, 트랜지스터는 차단 상태가 되어 전류가 흐르지 못한다.

그림 3-30(b)는 하나의 NMOS 트랜지스터를 이용한 간단한 스위칭 회로를 보여주고 있다. 전원 V_{DD}(+5V)와 드레인 사이에는 전류의 크기를 조절하기 위한 부하 저항(load resistor) R_D가 접속된다. 만약 게이트에 인가되는 입력 전압 Vi=0V라면, 트랜지스터는 차단 상태가 되어 출력 전압 Vo=+5V가 된다. 그러나 만약 Vi=+5V가 된다면, 트랜지스

터는 전도 상태가 되어 V_{DD}와 접지 사이에 전류 I_{DS}가 흐르게 되므로 출력 전압 $Vo=0V$가 된다. 즉, 이 회로는 입력 신호가 '논리적 0'이라면 출력은 '논리적 1'이 되는 인버터 회로가 되는 것이다.

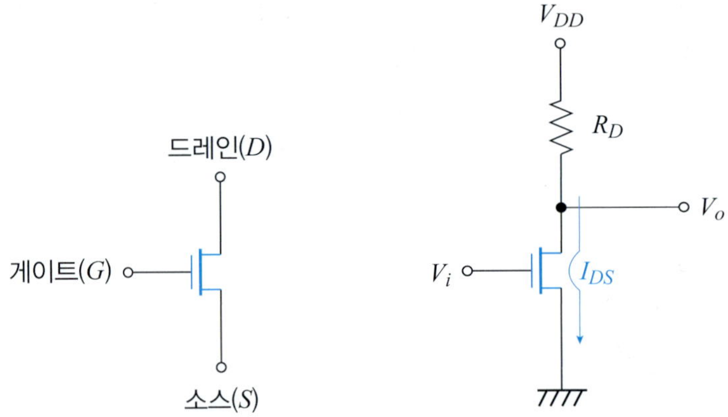

(a) 그래픽 기호 (b) 인버터 회로

그림 3-30 NMOS 트랜지스터의 기호와 NMOS 인버터 회로

그림 3-31(a)는 두 개의 NMOS 트랜지스터들을 직렬로 접속한 회로를 보여주고 있다. 이 회로에서는 두 개의 입력 A와 B 중에서 어느 하나라도 0V가 된다면, 그 입력을 받은 트랜지스터는 차단 상태가 되기 때문에 V_{DD}와 접지 사이에는 전류가 흐르지 못하게 되어 출력 $F=V_{DD}$가 된다. 그러나 만약 A와 B로 동시에 +5V가 인가된다면, 두 트랜지스터 모두 전도 상태가 되기 때문에 V_{DD}와 접지 사이에 전류가 흐르게 되므로, 출력 $F=0V$가 된다. 즉, 이 회로는 2-입력 NAND 게이트를 NMOS로 구현한 결과를 보여주고 있다.

그림 3-31(b)는 두 개의 NMOS 트랜지스터들을 병렬로 접속하여 NOR 게이트를 구현한 회로를 보여주고 있다. 이 회로에서는 두 개의 입력 A와 B 중에서 어느 하나라도 +5V가 인가된다면, 그 신호를 받는 트랜지스터는 전도 상태가 되기 때문에 V_{DD}와 접지 사이에 전류가 흐르게 되어 출력 F는 0V가 된다. 그러나 만약 $A=B=0V$라면, 두 트랜지스터는 모두 차단 상태가 되어 출력 $F=+5V$가 된다. 즉, 이 NMOS 회로는 2-입력 NOR 연산을 수행하게 되는 것이다.

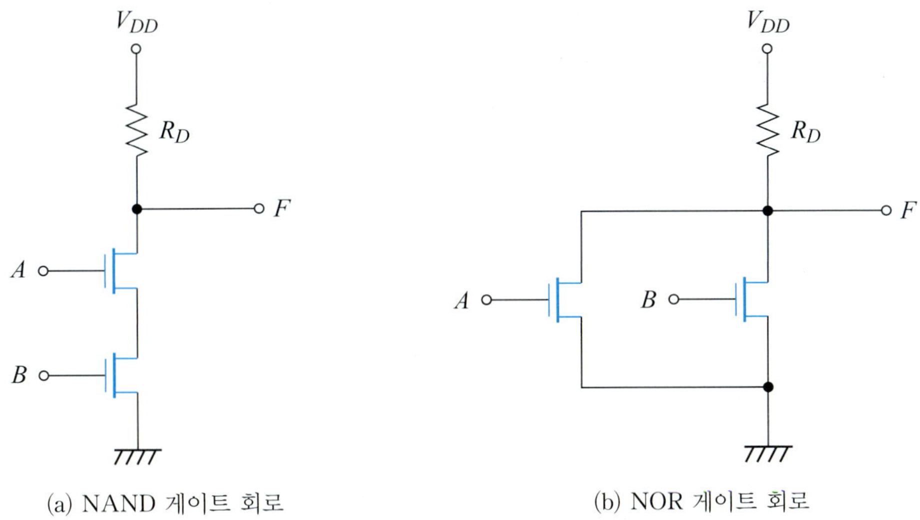

그림 3-31 NAND 게이트 및 NOR 게이트의 NMOS 구현

그런데 NMOS 트랜지스터의 드레인과 게이트를 서로 접속하고 V_{DD}를 공통으로 인가한다면, 그 트랜지스터는 항상 전도 상태로 있으며 일정 저항값을 가지는 수동적 소자가 되는데, 이것을 NMOS 저항이라고 부른다. 따라서 게이트 회로에서 부하 저항 R_D 대신에 그와 같이 접속한 트랜지스터를 사용하는 경우가 많은데, 그 이유는 반도체 칩의 제조 과정에서 NMOS 트랜지스터가 저항보다 더 적은 면적을 차지하고 만들기도 쉽기 때문이다. 한 예로서, NMOS NOR 게이트의 출력단에 인버터를 접속하여 OR 게이트를 구성한 그림 3-32(a) 회로를 살펴보기로 하자. 이 회로에서는 V_{DD}와 구동 트랜지스터 사이에 NMOS 저항을 연결하여 부하 저항으로 사용하고 있다. 즉, 이 회로의 좌측 부분은 그림 3-31(b)의 NOR 게이트 회로를 NMOS 저항을 이용하여 재구성한 것이고, 우측 부분은 그림 3-30(b)의 인버터 회로를 재구성한 것이다.

그와 유사한 다른 예로서, 그림 3-32(b)는 XOR 게이트를 NMOS 트랜지스터들을 이용하여 구현한 회로를 보여주고 있다. 이 회로에서는 입력 신호 A와 B뿐 아니라 그들을 반전시킨 A' 및 B' 신호의 사용도 가능하다고 가정하고 있다. 만약 두 입력값들이 동시에 0V($A=B=0$)라면, 아래편 좌측의 두 NMOS 트랜지스터들은 차단되지만 우측의 두 트랜지스터들은 모두 전도 상태가 되므로 출력 $F=0$이 된다. 그리고 $A=B=+5$V인 경우에는 좌측의 두 트랜지스터들(Q_2, Q_3)이 모두 전도 상태가 되어, 우측 트랜지스터들(Q_4, Q_5)의 상태와 상관없이 $F=0$이 된다. 그러나 만약 입력 A와 B가 서로 다른 값을 가진다면

(A=0V, B=5V, 혹은 A=5V, B=0V), 아래편의 직렬로 연결된 두 트랜지스터들 중의 하나(Q_2 혹은 Q_3, Q_4 혹은 Q_5)는 차단 상태가 되기 때문에 출력 F=+5V가 된다. 결과적으로, 두 입력값들이 같을 때는 '논리적 0'을 발생하고, 서로 다를 때는 '논리적 1'을 발생하는 XOR 게이트가 구현된 것이다.

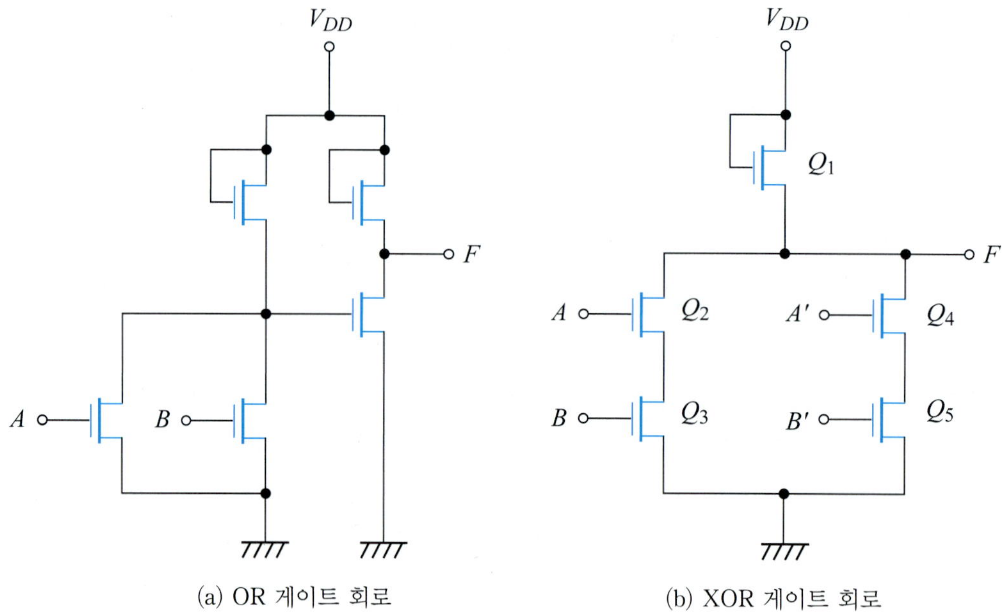

그림 3-32 NMOS 저항을 이용한 NMOS 게이트 회로들

3.4.4 CMOS 게이트 회로

앞에서 설명한 바와 같이 MOSFET의 유형으로는 NMOS뿐 아니라 p-채널 트랜지스터인 PMOS도 있다. PMOS는 게이트의 전압이 0V가 되면 전도 상태가 되고, +5V가 인가되면 차단 상태가 된다. 즉, NMOS와는 반대 극성의 전압에 대하여 응답하는 특성을 가지고 있다. 그러한 동작 특성 때문에 PMOS 트랜지스터의 그래픽 기호는 그림 3-30(a)의 게이트 단자에 버블(o)을 표시한다. 그런데 이와 같이 서로 반대되는 동작 특성을 가지는 NMOS 및 PMOS 트랜지스터들을 함께 이용하여 게이트 회로를 구성할 수도 있는데, 이것을 CMOS(complementary MOS) 게이트라고 한다.

그림 3-33(a)는 PMOS와 NMOS 트랜지스터들을 직렬로 연결하여 구성한 인버터 회로를 보여주고 있다. 이 회로는 PMOS를 V_{DD}(+5V)와 접속하고, 그 아래에 NMOS를 연결

한 형태이다. 그리고 두 트랜지스터의 게이트들은 서로 접속되어 동시에 입력 신호가 인가되며, 아래 쪽 트랜지스터의 드레인 전압이 회로의 출력이 된다. 만약 입력 신호 $Vi=0\text{V}$라면, 위의 PMOS는 전도 상태가 되고 아래의 NMOS는 차단 상태가 된다. 그러한 동작을 개념적인 스위치 회로로 나타낸 것이 그림 3-33(b)이다. 이 경우에는 그림과 같이 출력 단자가 V_{DD}와 접속된 것과 같은 상태가 되므로 $Vo=V_{DD}$가 된다. 그러나 만약 $Vi=+5\text{V}$라면, PMOS는 차단 상태가 되고 NMOS는 전도 상태가 된다. 그림 3-33(c)는 그 경우에 대한 동작을 스위치 회로로 표시한 것이다. 이때는 그림과 같이 출력 단자가 접지와 접속된 것과 같은 상태가 되어 $Vo=0\text{V}$가 된다. 결과적으로, 그림 3-33(a)의 회로는 CMOS로 구현한 인버터(NOT 게이트)인 것이다.

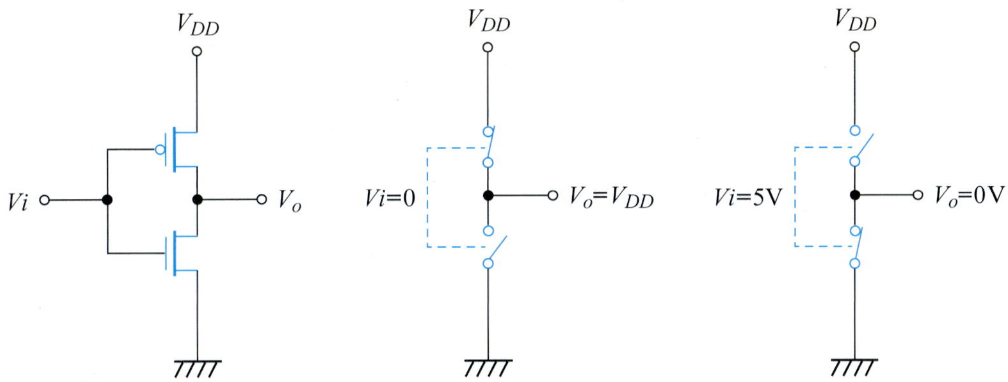

(a) 인버터 회로 (b) $Vi = 0\text{V}$일 때 (c) $Vi = +5\text{V}$일 때

그림 3-33 CMOS 인버터 회로 및 스위칭 개념도

CMOS의 동작 특성을 이용하여 2-입력 NAND 게이트를 구현하면 그림 3-34(a)와 같아진다. 이 회로에서는 먼저 두 개의 PMOS 트랜지스터들을 병렬로 위치시킨 다음에 V_{DD}를 접속하며, 그 아래에 두 개의 NMOS 트랜지스터들을 직렬로 접속한다. PMOS인 Q_1의 게이트는 NMOS인 Q_3의 게이트와 접속되어 입력 A를 동시에 받으며, Q_2의 게이트는 Q_4의 게이트와 접속되어 입력 B를 받는다. 만약 입력 A와 B 모두 혹은 그 둘 중의 어느 하나라도 0V라면, Q_1과 Q_2 중에서 적어도 하나는 전도 상태가 되지만 Q_3 혹은 Q_4가 차단되기 때문에, 출력 $F=V_{DD}(+5\text{V})$가 된다. 그러나 만약 $A=B=+5\text{V}$라면, Q_1과 Q_2는 모두 차단 상태가 되고 Q_3과 Q_4가 모두 전도 상태가 되기 때문에, 출력 F는 접지된 것과 같아져 0V가 된다. 그림 3-34(b)의 진리표는 그와 같은 동작 특성들을 보여주고 있다. 이 진리표에서

'*on*'은 해당 트랜지스터가 전도 상태라는 것을 나타내며, '*off*'는 차단 상태를 나타낸다. 결과적으로, 이 회로는 NAND 연산을 수행한다는 것을 확인할 수 있다.

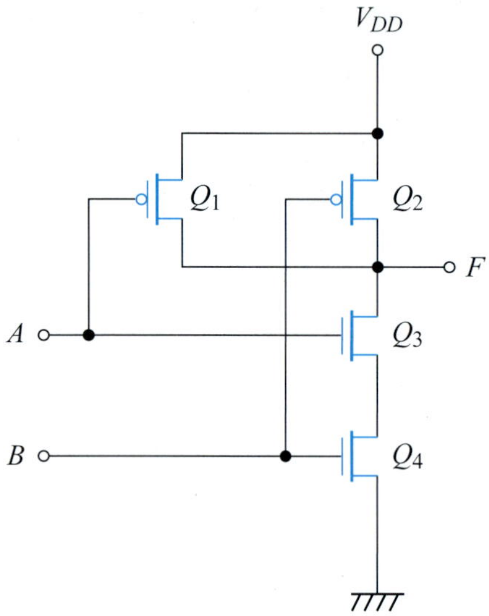

(a) NAND 게이트 회로

A	B	Q_1	Q_2	Q_3	Q_4	F
0V	0V	*on*	*on*	*off*	*off*	5V
0V	5V	*on*	*off*	*off*	*on*	5V
5V	0V	*off*	*on*	*on*	*off*	5V
5V	5V	*off*	*off*	*on*	*on*	0V

(b) 진리표

그림 3-34 CMOS NAND 게이트 회로 및 진리표

그림 3-35(a)는 CMOS NOR 게이트 회로를 보여주고 있다. CMOS NAND 게이트 회로와는 반대로, 이 회로에서는 위쪽의 PMOS 트랜지스터들이 직렬로 접속되고 아래의 NMOS들은 병렬로 접속된다. 이 회로에서도 Q_1과 Q_3의 게이트들은 서로 접속되어 입력 A를 동시에 받으며, Q_2와 Q_4의 게이트들은 접속되어 입력 B의 단자가 된다. 만약 입력 A와 B 모두 혹은 그 둘 중의 어느 하나로 +5V가 인가된다면, Q_1과 Q_2 중의 하나는 차단 상태가 되어 Q_1과 Q_2와의 접속은 단절되지만, Q_3와 Q_4는 모두 전도 상태가 되기 때문에 출력 단자는 접지와 접속되는 상태가 되어 $F=0$이 된다. 그러나 만약 $A=B=0$V가 된다면 Q_1과 Q_2는 모두 전도 상태가 되고, Q_3와 Q_4는 모두 차단 상태가 되기 때문에 출력 $F=V_{DD}$가 된다. 이 동작 특성들을 진리표로 정리한 결과는 그림 3-35(b)와 같다. 결과적으로, 이 회로는 NOR 연산을 수행한다는 것을 확인할 수 있다.

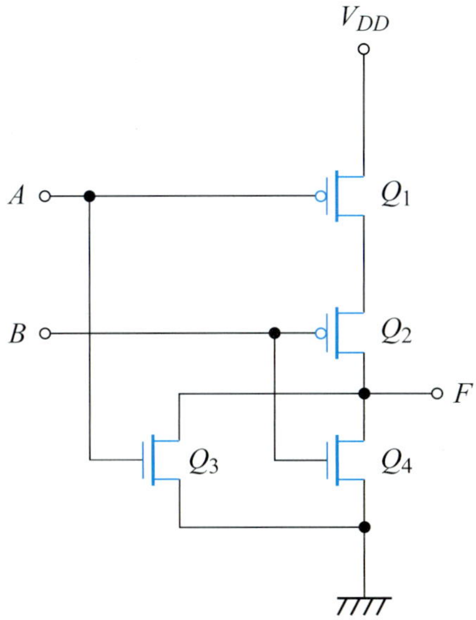

(a) NOR 게이트 회로

A	B	Q_1	Q_2	Q_3	Q_4	F
0V	0V	*on*	*on*	*off*	*off*	5V
0V	5V	*on*	*off*	*off*	*on*	0V
5V	0V	*off*	*on*	*on*	*off*	0V
5V	5V	*off*	*off*	*on*	*on*	0V

(b) 진리표

그림 3-35 CMOS NOR 게이트 회로 및 진리표

CMOS로 구현한 NAND 게이트 및 NOR 게이트의 출력단에 각각 그림 3-33(a)의 인버터 회로를 연결하면, AND 게이트와 OR 게이트가 된다. 그리고 그림 3-34(a) 및 그림 3-35(a)의 회로에 PMOS 트랜지스터와 NMOS 트랜지스터를 동일한 방법으로 하나씩 더 접속한다면, 각각 3-입력 NAND 게이트 및 3-입력 NOR 게이트를 구성할 수 있다.

3.5 논리 게이트 IC 칩을 이용한 회로 구현

제1장에서 설명한 바와 같이 논리 게이트는 반도체 IC 칩으로 제조된다. 그런데 IC 칩에는 많은 수의 트랜지스터들을 집적시킬 수 있기 때문에, 일반적으로 하나의 IC 칩 내에 여러 개의 게이트들을 포함시킨다. 앞에서 설명한 기본적인 논리 게이트들은 각각 10개 이하의 트랜지스터들을 이용하여 구성할 수 있다. 따라서 논리 게이트 IC 칩(이하 IC 칩이라 함)은 제1장에서 설명한 IC 분류에서 SSI에 속한다. 일반적으로 하나의 SSI급 IC 칩에는 4~6개 정도의 게이트들을 넣는다. 그리고 각 IC 칩은 국제 공통으로 부여된 고유 번호에 의하여 구분된다.

이 장에서 공부한 논리 게이트들을 포함하고 있는 IC 칩들은 그림 3-36과 같다. 먼저, 그림의 (a)와 같이 7408이라는 번호가 부여된 IC 칩에는 네 개의 AND 게이트들이 포함되어 있다. 그리고 내부 회로로 전원을 공급하기 위한 *Vcc*(+5V) 및 접지(ground: GND) 핀이 필요하다. 따라서 7408 칩은 네 개의 2-입력 AND 게이트들의 입출력 핀들과 두 개의 전원 핀들을 합하여 모두 14개의 핀을 가진 DIP형 IC 칩으로 제조된다. 그림에서 보는 바와 같이 IC 칩의 상단부(top)에는 반원 모양이 파여져 있으며, 그 좌측 아래의 첫 번째 핀이 1번으로 지정된다. 그리고 반시계 방향으로 1번부터 14번까지의 핀 번호가 지정된다.

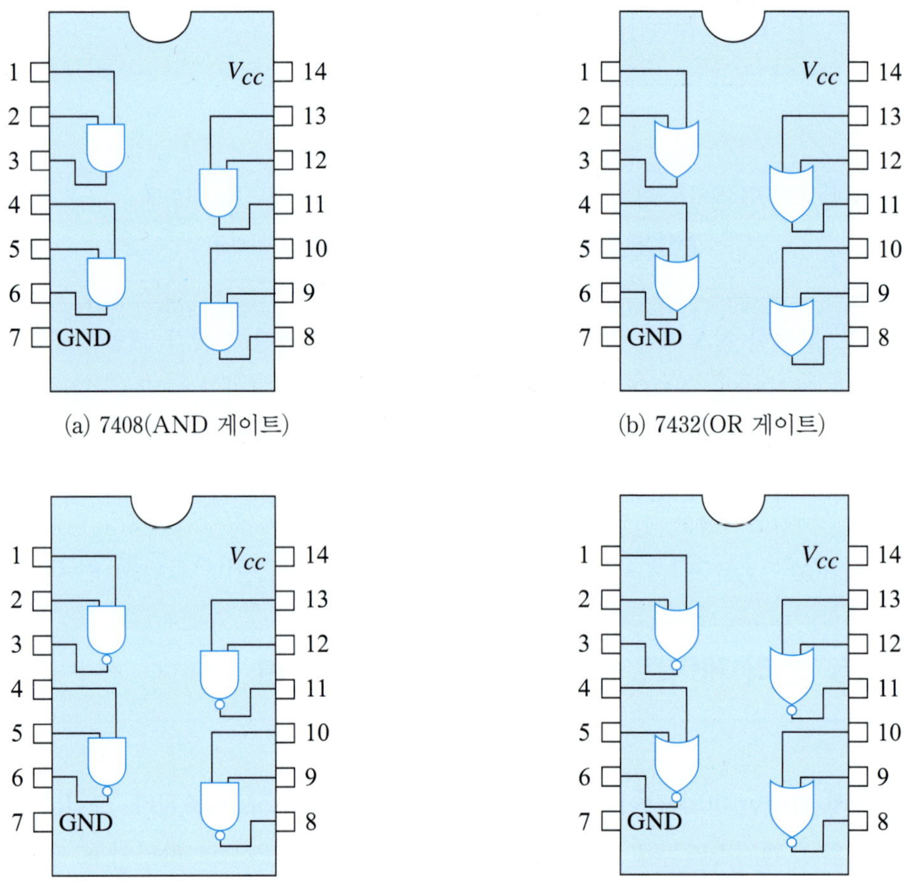

(a) 7408(AND 게이트)

(b) 7432(OR 게이트)

(c) 7400(NAND 게이트)

(d) 7402(NOR 게이트)

그림 3-36 논리 게이트 IC 칩들의 내부 구성 및 핀 번호

그림 3-36의 (b), (c) 및 (d)는 각각 7432(OR 게이트) 칩, 7400(NAND 게이트) 칩, 그리고 7402(NOR 게이트) 칩의 내부 구성과 핀 번호들을 보여주고 있다. 이들은 모두 7408 칩과 마찬가지로 해당 게이트들이 네 개씩 포함되어 있으며, 핀 번호도 같은 방법으로 지정된다.

그림 3-37의 7404 칩은 여섯 개의 NOT 게이트들을 포함하고 있는 IC 칩으로서, hex inverter 칩이라고 부른다. NOT 게이트는 입력 핀과 출력 핀이 각각 한 개씩만 필요하기 때문에, 그림과 같이 14핀 칩에 여섯 개를 넣을 수 있다.

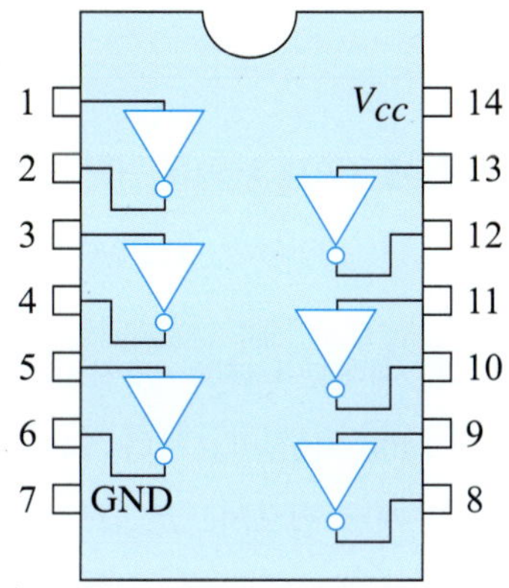

그림 3-37 7404 칩의 내부 구성과 핀 번호

이와 같이 각종 논리 게이트들을 포함하고 있는 IC 칩들을 이용하여 논리회로를 구현하는 방법은 필요한 칩의 핀들을 리드 선(lead wire)을 이용하여 서로 연결해주면 된다. 〈예제 3-9〉는 그러한 구현을 위한 한 가지 예를 보여주고 있다.

예제 3-9

아래와 같은 논리회로를 IC 칩들을 이용하여 구현하는 방법을 제시하라.

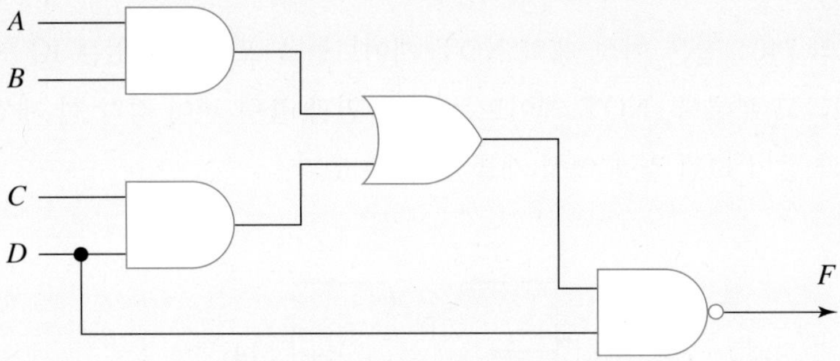

그림 3-38 〈예제 3-9〉를 위한 논리회로

풀이

그림 3−38의 회로는 두 개의 AND 게이트들과 한 개씩의 OR 게이트 및 NAND 게이트로 구성되어 있으므로, 7408, 7432 및 7400 칩이 필요하다. 7408에는 네 개의 AND 게이트들이 포함되어 있지만, 회로 구현에는 두 개만 필요하므로 그들 중에서 두 개를 선택하여 사용하면 된다. 그리고 OR 게이트와 NAND 게이트는 한 개씩만 필요하므로, 7432와 7400 칩에서 각각 한 개만 사용하면 된다. 회로 구현은 그 세 개의 IC 칩들을 그림 3−39와 같이 적절히 배열하고, 사용할 게이트들의 입력 및 출력 핀들을 그림 3−36의 내부 구성을 참고하여 서로 연결해주면 된다.

각 칩에서 실제 사용할 게이트들은 임의로 선택하면 되지만, 칩들 간에 연결되는 리드 선들의 길이가 가능한 한 최소화 될 수 있도록 하는 것이 바람직하다. 이 예에서는 7408 칩의 우측에 위치한 두 개의 AND 게이트들이 선택되었으며, 7432 칩에서는 좌측 아래에 위치한 OR 게이트, 그리고 7400 칩에서는 좌측 상단에 위치한 NAND 게이트가 각각 사용되었다. 결과적으로, 입력 신호 A와 B는 7408 칩의 12번 핀과 13번 핀으로 들어가며, C와 D는 각각 9번 핀과 10번 핀으로 들어간다. 그리고 회로의 출력 F는 7400 칩의 3번 핀을 통해 나가게 된다. 각 칩에서 14번 핀으로는 전원(+5V)이 공급되고, 7번 핀은 접지(GND)로 접속된다.

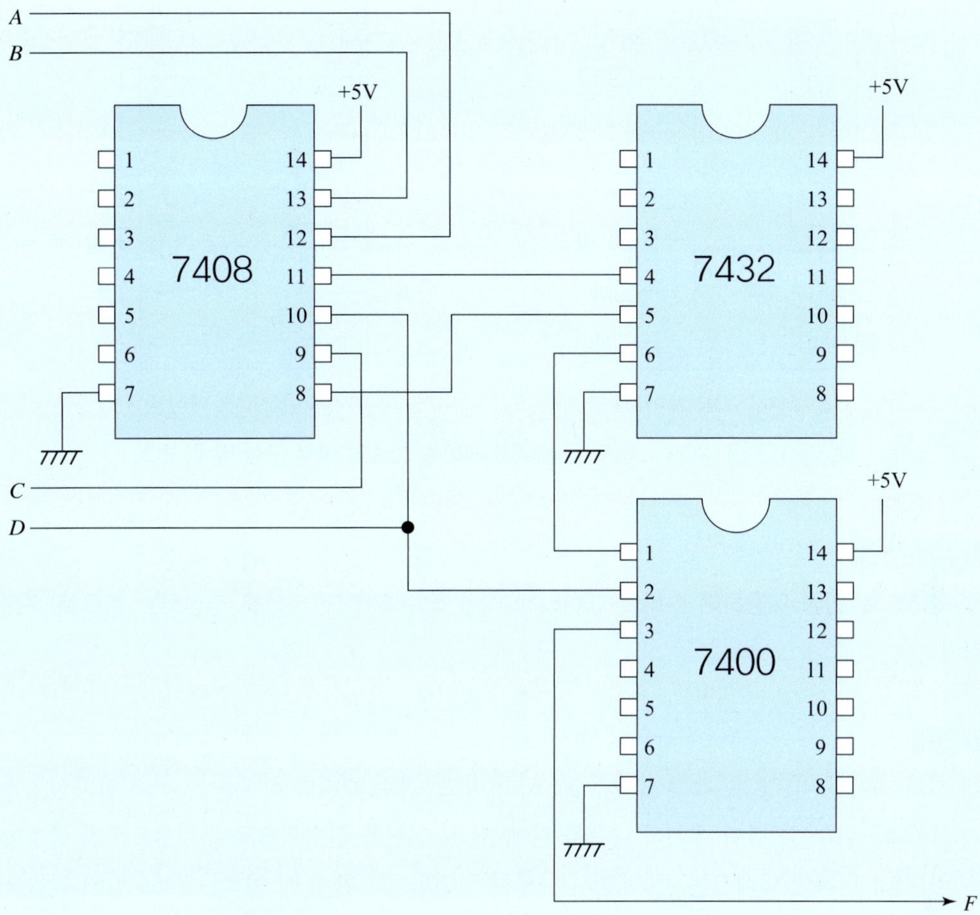

그림 3-39 IC 칩들을 이용한 그림 3-38 회로의 구현 방법

마지막으로, XOR 게이트와 XNOR 게이트를 위한 IC 칩들을 살펴보기로 하자. 먼저 XOR 게이트는 그림 3-40(a)와 같이 7486으로 번호가 붙여진 칩에 네 개씩이 들어있다. 이 칩도 전원 공급을 위한 *Vcc*(+5V) 및 GND 핀을 포함하여 14개의 핀을 가진다. 그림 3-40(b)는 네 개의 XNOR 게이트들을 포함하고 있는 74266 칩을 보여주고 있다. 이 칩의 XNOR 게이트들은 더 많은 부하 전류(load current)를 공급할 수 있도록 하기 위하여 open collector 형이라는 특수 구조를 가지고 있으며, 그것을 나타내기 위하여 각 게이트의 출력에 별표(*)가 표시되어 있다. 이 칩은 핀 번호가 지금까지 설명한 칩들과는 약간 다르게 할당되어 있다. 즉, 하단의 두 게이트들은 5번 및 6번 핀과 8번 및 9번 핀이 각 게이트의 입력 핀으로 사용되고, 4번과 10번 핀은 각각 출력 핀으로 사용된다.

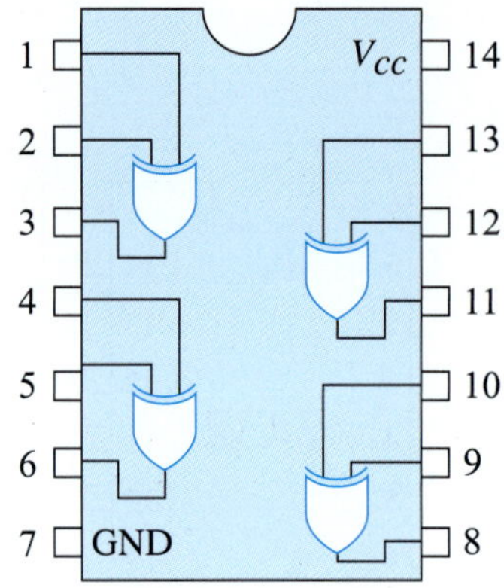

(a) 7486(XOR 게이트)

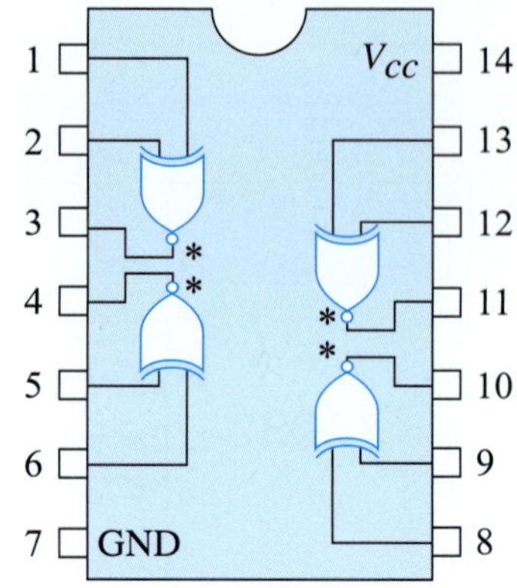

(b) 74266(XNOR 게이트)

그림 3-40 XOR 게이트 및 XNOR 게이트 칩들의 내부 구성 및 핀 번호

예제 3-10

XOR 게이트 칩을 이용하여 4-비트 데이터에 대한 짝수 패리티 비트를 생성하는 회로를 구현하라.

풀이

네 개의 데이터 비트들을 각각 b_1, b_2, b_3, b_4라 하고, 짝수 패리티 비트를 P_E라고 한다면, P_E는 그림 3-41(a)와 같이 데이터 비트들 간에 XOR 연산을 연속적으로 수행함으로써 생성할 수 있다(그 원리에 대해서는 제6장에서 자세히 설명함). 그런데 이 회로는 7486 칩의 핀들을 그림 3-41(b)와 같이 접속하면 구성할 수 있기 때문에, 한 개의 칩만 사용하여 전체 회로의 구현이 가능하다.

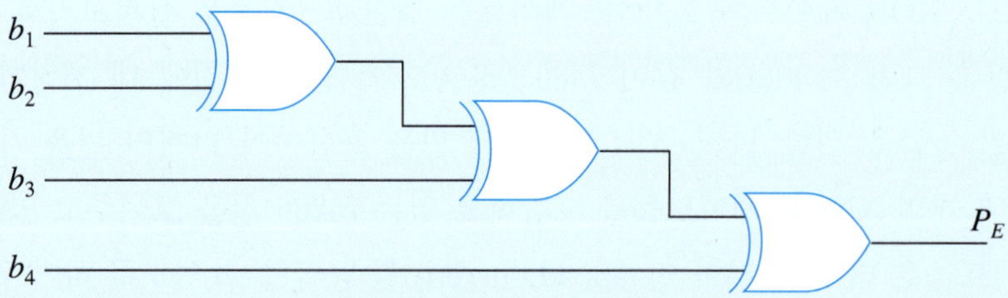

(a) P_E 비트 생성을 위한 회로

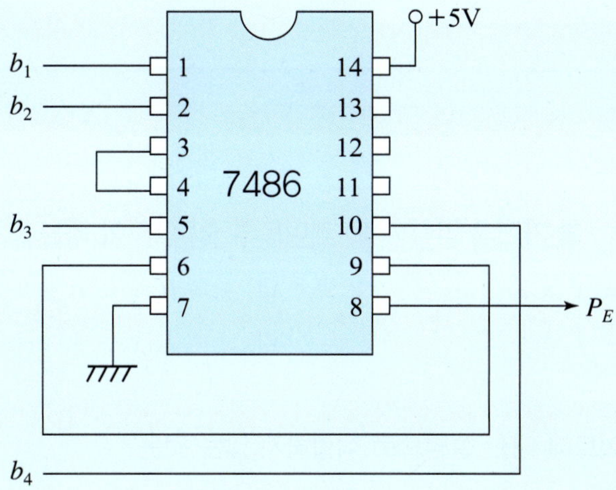

(b) 7486 칩을 이용한 구현

그림 3-41 짝수 패리티 비트 생성을 위한 회로의 구현

기 본 문 제

3.1 입력 신호 x, y, z를 가진 3-입력 AND 게이트의 출력이 1이 되는 조건은?

가. $x = 0, y = 1, z = 1$ 나. $x = 0, y = 0, z = 0$
다. $x = 1, y = 1, z = 1$ 라. $x = 1, y = 1, z = 0$

3.2 2-입력 OR 게이트에 대한 설명으로 적합하지 않는 것은?

가. 두 입력이 모두 1이라면, 출력은 1이 된다.
나. 한 입력이 0이면, 출력은 0이 된다.
다. 두 입력들 중의 하나만 1이라면, 출력은 1이 된다.
라. 출력에 인버터를 접속하면 NOR 게이트가 된다.

3.3 입력 신호 x, y, z를 가진 3-입력 OR 게이트의 출력이 0이 되는 조건은?

가. $x = 0, y = 1, z = 1$ 나. $x = 1, y = 0, z = 0$
다. $x = 1, y = 1, z = 1$ 라. $x = 0, y = 0, z = 0$

3.4 NAND 게이트가 기본 게이트 혹은 만능 게이트라고 불리는 이유에 해당하지 않는 것은?

가. 내부 회로가 가장 간단하다.
나. 다른 게이트들을 구성하는데 사용될 수 있다.
다. 속도는 느린 편이다.
라. 전력 소모가 상대적으로 적다.

3.5 '1의 보수'를 구하는데 유용하게 사용될 수 있는 게이트는 어느 것인가?

가. AND 게이트 나. NOT 게이트
다. OR 게이트 라. XOR 게이트

3.6 입력이 모두 0일 때만 출력이 1이고, 그 이외의 경우에는 0인 게이트는?

가. AND 게이트 나. NAND 게이트
다. OR 게이트 라. NOR 게이트

3.7 NAND 게이트의 출력이 0이 되는 조건은 아래의 어느 것인가?

가. 모든 입력이 0이다. 나. 어느 한 입력이 1이다.
다. 어느 한 입력이 0이다. 라. 모든 입력이 1이다.

3.8 아래 중에서 NOR 게이트의 출력이 항상 '0'이 되기 위한 기본적인 조건이 아닌 것은?

가. 모든 입력이 0이다. 나. 어느 한 입력이 1이다.
다. 어느 한 입력이 0이다. 라. 모든 입력이 1이다.

3.9 AND 게이트의 두 입력 신호가 각각 인버터를 통과한 다음에 입력되도록 한다면, 그 회로의 기능은 아래의 어느 게이트와 같아지는가?

가. NAND 게이트 나. NOR 게이트
다. OR 게이트 라. XOR 게이트

3.10 NOR 게이트의 두 입력 신호가 각각 인버터를 통과한 다음에 입력되도록 한다면, 그 회로의 기능은 아래의 어느 게이트와 같아지는가?

가. AND 게이트 나. NOR 게이트
다. OR 게이트 라. XOR 게이트

3.11 두 비트의 값이 같은지 비교하는데 적합한 게이트는 어느 것인가?

가. AND 게이트 나. NOR 게이트
다. OR 게이트 라. XNOR 게이트

3.12 2-입력 게이트를 이용하여 인버터를 구현하는 방법이 아닌 것은?

가. NAND 게이트의 두 입력 단자를 연결한다.
나. NOR 게이트의 한 입력 단자를 0으로 고정시킨다.
다. XOR 게이트의 한 입력 단자를 0으로 고정시킨다.
라. XNOR 게이트의 한 입력 단자를 0으로 고정시킨다.

3.13 〈표 3-1〉에 근거하면, 아래의 TTL AND 게이트(7408)들 중에서 속도가 가장 빠른 유형은 어느 것인가?

가. 74LS08　　나. 74H08
다. 74F08　　라. 74AS08

3.14 아래의 게이트 구현 기술들 중에서 전력소모량이 가장 낮은 것은?

가. RTL　　나. TTL
다. NMOS　　라. CMOS

3.15 NMOS 트랜지스터를 이용한 게이트 회로에서 사용되는 NMOS 저항에 대한 아래의 설명 중에서 잘못된 것은?

가. NMOS 트랜지스터의 드레인과 게이트를 서로 접속하여 구성한다.
나. 게이트 회로에서 부하 저항 대신에 사용된다.
다. 일반 저항보다 면적은 더 많이 차지하지만 제조가 용이하다.
라. 항상 전도 상태에 있으며 일정한 저항값을 가진다.

정답

3.1 다　3.2 나　3.3 라　3.4 다　3.5 나　3.6 라　3.7 라　3.8 가　3.9 나
3.10 가　3.11 다　3.12 다　3.13 라　3.14 라　3.15 다

연습문제

3.1 인버터(NOT 게이트)들이 아래의 그림 3-42(a)와 같이 접속되어 있다. 이 회로의 입력 A로 그림 3-42(b)와 같은 파형이 인가되는 경우에 출력 B, C, D 및 E를 각각 구하라.

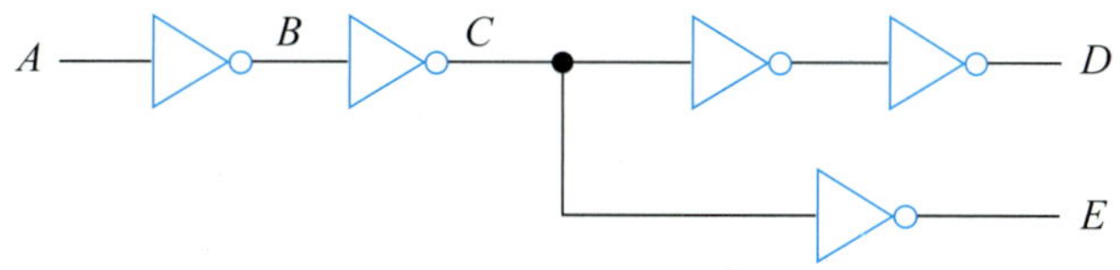

(a) 인버터 회로

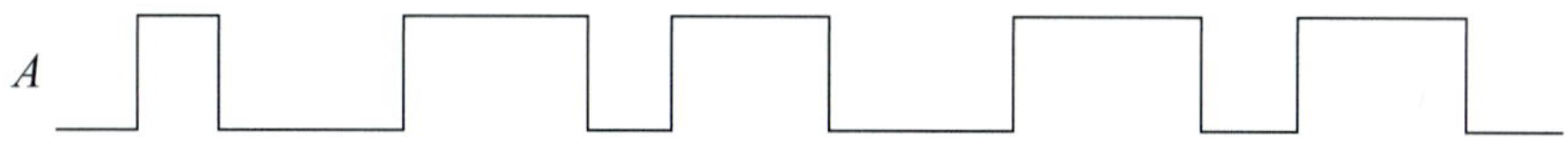

(b) 입력 파형

그림 3-42 문제 3.1을 위한 인버터 회로 및 입력 파형

3.2 아래의 그림 3-43과 같은 입력 파형들이 두 개의 입력 A와 B를 가진 아래와 같은 게이트들로 인가될 때 발생되는 출력 파형을 각각 구하라.

(1) AND 게이트 (2) OR 게이트

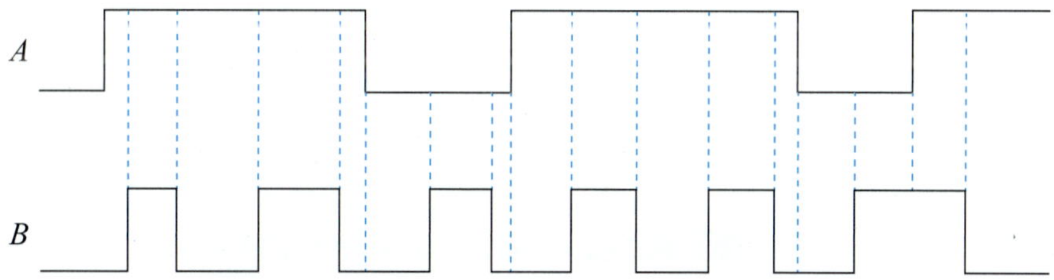

그림 3-43 문제 3.2를 위한 인버터 회로 및 입력 파형

3.3 두 개의 입력 A와 B를 가진 아래와 같은 게이트들로 아래의 그림 3-44와 같은 입력 파형들이 인가될 때 발생되는 출력 파형을 각각 구하라.

(1) NAND 게이트 (2) NOR 게이트

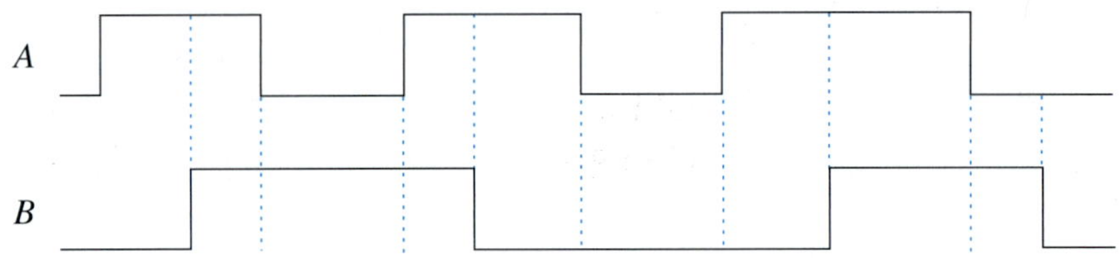

그림 3-44 문제 3.3과 3.4를 위한 입력 파형들

3.4 문제 3.3의 그림 3-44와 같은 입력 파형들이 아래의 게이트들로 인가되는 경우에 발생되는 출력 파형을 각각 구하라.

(1) XOR 게이트 (2) XNOR 게이트

3.5 세 개의 입력(A, B, C)을 가진 아래와 같은 게이트들로 그림 3-45와 같은 파형의 신호들이 인가될 때 발생되는 출력 파형을 각각 구하라.

(1) 3-입력 AND 게이트 (2) 3-입력 OR 게이트
(3) 3-입력 NAND 게이트 (4) 3-입력 NOR 게이트

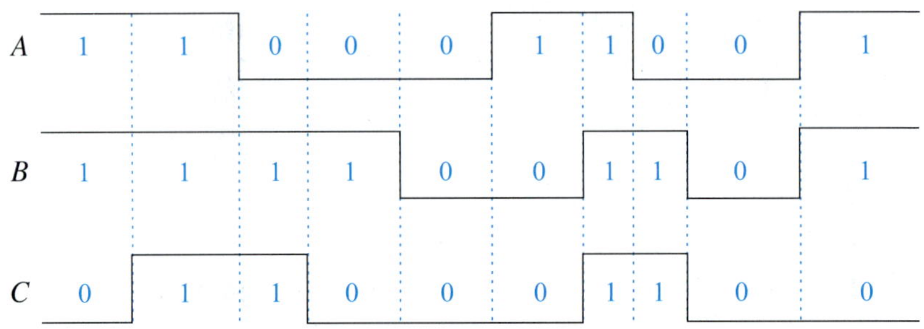

그림 3-45 문제 3.5와 3.6을 위한 입력 파형들

3.6 문제 3.5의 그림 3-45와 같은 입력 파형들이 아래의 그림 3-46과 같은 회로로 입력되는 경우에 발생되는 출력 F의 파형을 구하라.

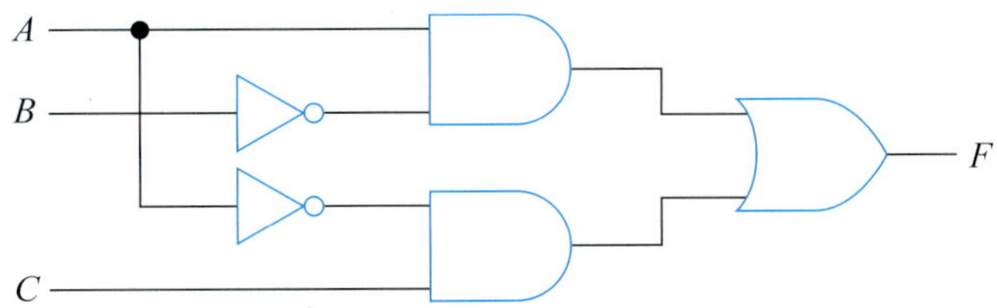

그림 3-46 문제 3.6을 위한 조합회로

3.7 전조등(headlight)을 켜고 자동차를 운행한 후에 엔진을 끄면 전조등도 자동적으로 꺼지게 하는 회로를 구성하고자 한다. 즉, 엔진점화 스위치(ignition switch)가 *off* 되었을 때 전조등 스위치가 *on*인 경우에는 전조등을 *off*시키기 위한 구동 신호(+5V)를 발생하는 게이트 회로를 구성하라.

3.8 그림 3-8과 같은 침입탐지시스템이 설치된 주택을 증축하여 방을 한 개 더 만들었다. 그 방에는 창문이 두 개(C, D)가 있는데, 그 창문들에 설치된 센서들의 출력은 초기값이 '1'이며, 침입이 발생한 경우에는 '0'이 된다고 가정한다. 집안 어느 곳에서든 침입이 발생하면 경고음이 울리도록, 원래의 회로를 수정하라. 단, 모든 논리 게이트들은 입력 단자의 수가 두 개인 것을 사용하라.

3.9 아래의 물음에 답하라.

(1) 어떤 의사결정 회의에서 두 위원(A, B)이 각 인건에 대한 의견을 표명하기 위한 스위치를 한 개씩 가지고 있다. 각 위원은 안건에 찬성한다면 스위치를 누르고, 반대한다면 스위치를 누르지 않는다고 하자. 두 위원의 의견이 같은 경우에만 출력으로 '1'을 발생하여 '의견 일치'를 나타내는 램프가 켜지도록 해주는 장치를 어떤 한 개의 논리 게이트만 이용하여 구성하라. 단, 스위치는 누르면 '1'을 발생하고, 누르지 않으면 '0'을 발생한다.

(2) 두 위원의 의견이 같더라도, 위원장인 C가 '확인' 스위치를 눌러야 램프가 켜지도록 장치를 보완한다면, 전체 회로를 어떻게 구성하면 되겠는가? 단, 확인 스위치도 누르면 '1'을 발생하고, 누르지 않으면 '0'을 발생한다.

3.10 어떤 사무실에서 오후 6시 이후에는 창문을 닫아야 하며, 마지막으로 퇴실하는 직원은 전등을 끈 다음에 출입문을 잠그고 퇴근해야 한다. 만약 어느 조건이라도 지켜지지 않으면, 경보음(alarm: A)이 켜지는($A=1$) 회로를 구성하라. 단, 각종 센서들이 설치되어 있어서, 창문이 열린 상태이면 $W=1$, 전등이 켜진 상태이면 $L=1$, 출입문이 잠긴 상태이면 $D=1$, 시간이 오후 6시가 넘으면 $T=1$이 된다.

3.11 그림 3-25(b)와 그림 3-26(a)의 회로를 결합하여 RTL AND 게이트 회로를 구성하라.

3.12 그림 3-28(b)의 회로를 변형하여 DTL NOR 게이트 회로를 구현하라.

3.13 그림 3-32(a)의 회로를 3-입력 OR 게이트로 변형하라.

3.14 그림 3-34(a)의 회로를 3-입력 NAND 게이트로 변형하라.

3.15 그림 3-36 및 3-37의 IC 칩들을 이용하여 아래의 그림 3-47과 같은 회로의 동작을 실험할 수 있도록 (그림 3-39와 같은) 구현 방법을 제시하라.

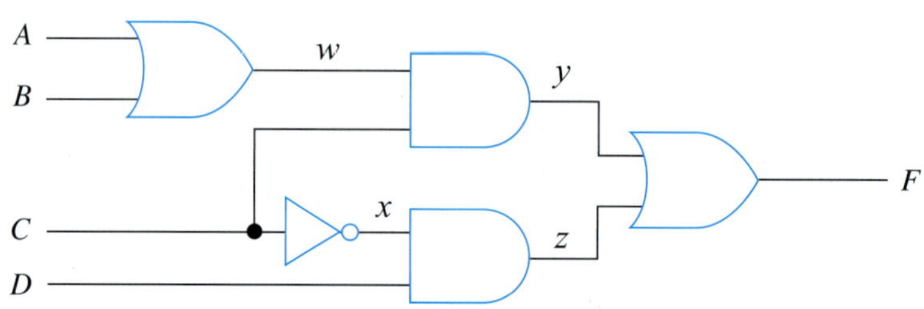

그림 3-47 문제 3.15를 위한 회로

3.16 7-비트 길이의 ASCII 코드에 대한 짝수 패리티 비트(P_E)를 생성하는 회로를 XOR 게이트(7486) 칩들을 이용하여 구현하는 방법을 제시하라. [힌트: 그림 3-41 참조]

Digital Logic Circuits

CHAPTER 04 부울 대수

CONTENTS

CHAPTER

04 부울 대수

논리학자이며 수학자인 영국인 George Boole이 논리적 프로세스들을 표현하기 위하여 개발한 부울 대수(Boolean algebra)는 디지털 논리회로의 분석과 설계의 기본이 되는 수학이다. 이 대수에 근거하여 표현되는 부울 함수(Boolean function)는 두 개의 요소들을 포함하는 집합 {0,1}과 2진 변수들(binary variables), 그리고 연산자로서 부울 합(Boolean sum)을 나타내는 기호인 +와 부울 곱(Boolean product)을 나타내는 기호인 · 로 이루어진다.

부울 함수에 포함된 2진 변수들에 특정 값이 주어질 때 함수가 가질 수 있는 결과값은 0 혹은 1이다. 예를 들어, 아래의 부울 함수를 살펴보자.

$$F = A + B'C$$

여기서 2진 변수 A, B, C는 입력 변수들이고, F는 출력 변수이며, 각 변수는 0 혹은 1의 값을 가질 수 있다. 위의 함수에서 두 번째 항인 $B'C$에는 변수들 간에 연산자가 표시되지 않았는데, 부울 곱을 나타내는 기호(·)는 생략될 수 있기 때문이다. 함수의 의미를 분석해 보면, 변수 B의 값이 반전된 후에 변수 C와 부울 곱셈(Boolean multiplication)이 수행되며, 그 결과값과 변수 A 사이에 부울 덧셈(Boolean addition)이 수행되어 출력 F를 산출하게 된다는 것을 나타낸다. 즉, 부울 곱의 결과값은 부울 곱셈 연산을 수행하여 구할 수 있으며, 부울 합의 결과값은 부울 덧셈 연산을 수행하여 구할 수 있다.

4.1절에서 각 부울 연산에 대하여 자세히 설명하겠지만, 부울 덧셈은 OR 연산, 부울 곱셈은 AND 연산에 각각 대응된다. 따라서 위의 함수에서 만약 입력 변수 $A=1$이라면, B와 C가 어떤 값을 가지든 상관없이 출력 변수 $F=1$이 된다. 또한 $B=0$이고 $C=1$인 경우에는 $B'C=1$이기 때문에, A가 어떤 값을 가지든 $F=1$이 된다. 그리고 입력 변수들이

그 외의 값을 가진다면, $F=0$이 된다. 이 부울 함수를 논리회로로 그려보면 그림 4-1과 같다.

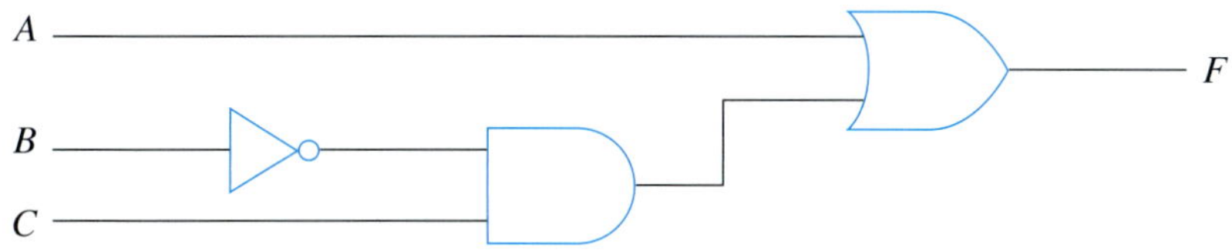

그림 4-1 $F = A + B'C$ 에 대한 논리회로

이와 같이 2진 변수와 논리 연산 기호들로 구성되는 부울 함수는 논리회로로 직접 변환될 수 있기 때문에, 각종 디지털시스템을 설계하거나 그 동작을 함수로 표현하는 데 널리 사용되고 있다. 이 장에서는 먼저 부울 대수를 위한 법칙들과 규칙들에 대하여 살펴보고, 그들을 이용하여 부울 함수를 간략화시키는 방법도 공부하기로 한다.

4.1 부울 연산의 표현

부울 대수에서는 디지털 회로에서 존재하는 두 개의 상태를 나타내기 위하여 2진 숫자(binary digit), 즉 비트(bit)를 사용하며, 이들은 부울 함수에서 2진 변수 형태로 표현된다. 부울 함수는 하나 혹은 그 이상의 변수들과 부울 연산 기호들로 이루어진다. 각 변수는 '1' 혹은 '0'의 값을 가지기 때문에, 부울 함수도 최종적으로 그 두 값들 중의 어느 하나를 가지게 된다. 여기서는 먼저 기본적인 부울 연산들에 대하여 살펴보기로 한다.

4.1.1 부울 보수

부울 보수(Boolean complement)란 2진 변수의 값을 반전시킨다는 것을 의미하며, 그 변수를 나타내는 영문자 뒤에 프라임(prime: ')을 붙이거나 그 영문자 위에 바(bar: –)를 붙여 표현한다. 따라서 만약 $A=0$이라면, 보수 $A'=1$이 된다. 그리고 $A=1$이라면, $A'=0$이 된다(앞에서 A'은 "A 프라임"으로 읽기로 하였음). 이와 같은 2진 변수에 대한 보수 연산은 논리 게이트들 중에서 인버터(inverter)를 이용하여 구현할 수 있다. 즉, 그림 4-2와 같이 입력 변수 A가 인버터를 통과하면, 부울 보수 값인 A'으로 변환된다.

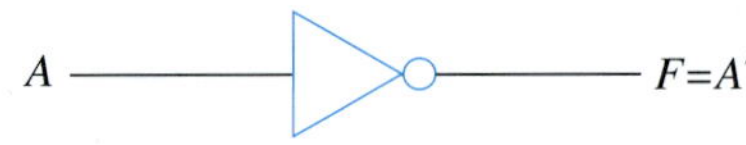

그림 4-2 인버터를 이용한 부울 보수의 구현

4.1.2 부울 덧셈

부울 대수에서의 덧셈 연산인 부울 덧셈(Boolean addition)은 산술적 덧셈 기호와 같은 +를 사용하며, 기본 규칙은 아래와 같다.

$$0 + 0 = 0$$
$$0 + 1 = 1$$
$$1 + 0 = 1$$
$$1 + 1 = 1$$

즉, 두 값들이 모두 0이라면 부울 덧셈의 결과값은 0이며, 둘 중의 어느 하나라도 1이면 결과값은 1이 된다. 위의 규칙을 제2장에서 설명하였던 산술적 2진 덧셈(arithmetic binary addition)의 규칙과 비교해보면, 두 변수들이 모두 1일 때만 결과가 다르고(2진 덧셈에서는 1+1=0, 올림수=1 발생), 다른 경우에는 모두 같다.

2진 변수 A와 B 간의 부울 덧셈은 $A + B$로 표현한다. 이 대수 관계를 논리 연산에 대응시킨다면, OR 함수에 해당한다. 따라서 부울 덧셈은 OR 게이트로 구현할 수 있다. 이 연산에서 입력 변수의 수는 두 개 혹은 그 이상이 될 수도 있다. 즉, 입력의 수에 따라 OR 함수는 $F_2=A+B$, $F_3=A+B+C$, $F_4=A+B+C+D$ 등으로 표현된다. 여기서 유의할 점은 변수가 세 개 이상인 경우에도 두 변수들 간의 부울 덧셈 규칙과 마찬가지로 입력들 중의 어느 하나라도 1이라면, 출력은 1이 된다는 것이다. F_3 및 F_4를 각각 3-변수 OR 함수(3-variable OR function) 및 4-변수 OR 함수라고 부르며, 그림 4-3의 (b) 및 (c)와 같이 각각 3-입력 OR 게이트와 4-입력 OR 게이트를 이용하여 구현할 수 있다.

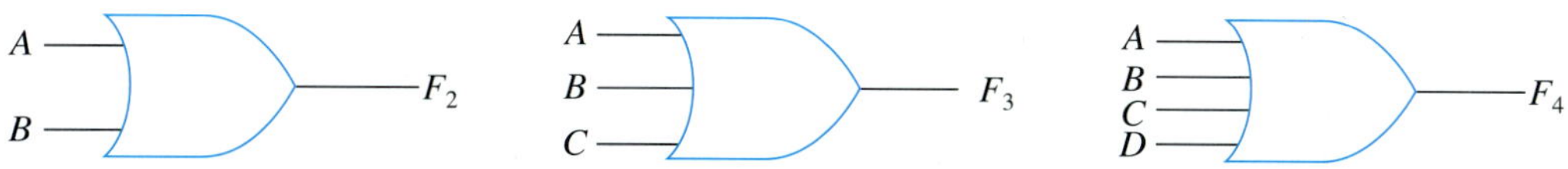

(a) 2-입력 OR 게이트 (b) 3-입력 OR 게이트 (c) 4-입력 OR 게이트

그림 4-3 OR 게이트에 의한 부울 덧셈 함수의 구현

4.1.3 부울 곱셈

부울 대수에서의 곱셈 연산인 부울 곱셈(Boolean multiplication)은 제2장에서 설명한 산술적 2진 곱셈(arithmetic binary multiplication)과 동일한 규칙을 따르는데, 다시 나열하면 아래와 같다.

$$0 \cdot 0 = 0$$

$$0 \cdot 1 = 0$$

$$1 \cdot 0 = 0$$

$$1 \cdot 1 = 1$$

즉, 두 값들 중의 어느 하나라도 0이면 결과값은 0이 되며, 두 값들이 모두 1일 때만 결과값이 1이 된다. 따라서 부울 대수에서의 곱셈은 AND 함수와 같으며, AND 게이트로 구현할 수 있다. 만약 두 변수명을 A와 B라고 한다면, 그들 간의 부울 곱셈은 $A \cdot B$ 혹은 중간의 기호를 생략하고 AB로 표현하면 된다. 그리고 그림 4-4와 같이 입력 변수의 수에 따라 AND 게이트의 출력들은 $F_2=AB$, $F_3=ABC$, $F_4=ABCD$ 등으로 표현된다. 여기서 변수가 세 개 혹은 그 이상인 경우에도 앞에서 설명한 기본 규칙과 마찬가지로 입력 변수들 중의 어느 하나라도 0이면 출력은 0이 된다. 즉, 2진 곱셈과 동일한 함수 특성을 가진다. 이들은 각각 3-변수 AND 함수 및 4-변수 AND 함수라고 부르며, 그림 4-4의 (b), (c)와 같이 각각 3-입력 AND 게이트와 4-입력 AND 게이트를 이용하여 구현할 수 있다.

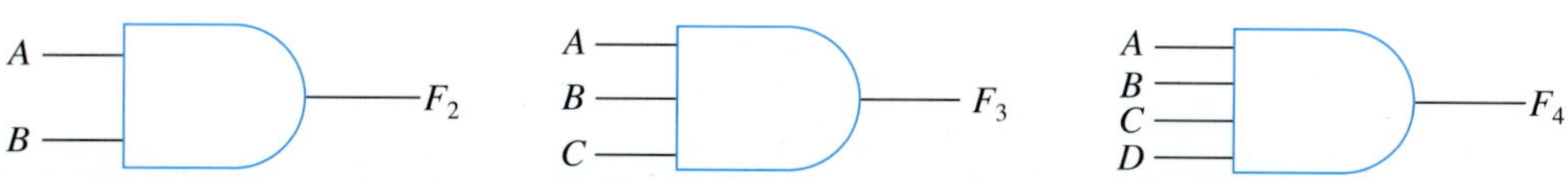

(a) 2-입력 AND 게이트 (b) 3-입력 AND 게이트 (c) 4-입력 AND 게이트

그림 4-4 AND 게이트에 의한 부울 곱셈 함수의 구현

4.1.4 기타 부울 함수들

제3장에서 공부한 기본적인 논리 게이트들 중에서 NOR 게이트는 부울 대수의 측면에서 본다면 OR 함수의 출력에 부울 보수를 취한 것과 같다. 따라서 그림 4-5(a)와 같은 NOR 게이트의 출력 함수는 $F=(A+B)'$ 으로 표현된다. 여기서 NOR 게이트 출력단의 버블(bubble: 작은 원)은 신호를 반전시키는 것을 의미하므로, (a)의 아래편 그림과 같이 OR 게이트의 출력에 인버터가 접속된 회로로 표현할 수도 있다. 입력 변수 A와 B의 실제 2진 값들에 대한 출력값을 분석해보면 그림 4-5(b)의 진리표와 같아진다. 이 결과는 부울 대수에서 NOR 함수의 특성을 보여주는 것으로서, 두 입력들 중의 어느 하나라도 1이라면 출력은 0이 된다.

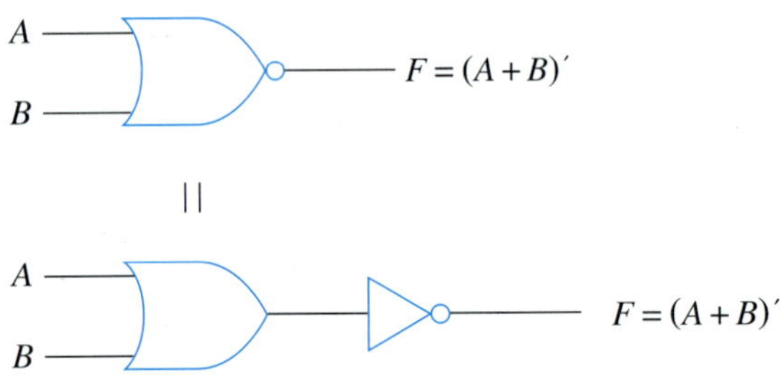

(a) 게이트 회로

A	B	$F=(A+B)'$
0	0	$(0+0)'=0'=1$
0	1	$(0+1)'=1'=0$
1	0	$(1+0)'=1'=0$
1	1	$(1+1)'=1'=0$

(b) 진리표

그림 4-5 OR 게이트와 인버터에 의한 NOR 함수의 구현과 진리표

반면에 NAND 게이트는 부울 대수의 측면에서 본다면 AND 함수의 출력에 보수를 취한 것과 같다. 즉, 그림 4-6(a)와 같이 AND 게이트의 출력에 인버터가 접속된 회로로 구현할 수 있으며, 출력 함수는 $F=(AB)'$ 으로 표현된다. 그리고 입력 변수들의 실제 2진 값들에 대한 출력값들은 그림 4-6(b)의 진리표와 같다. 이 결과는 부울 대수에서의 NAND 함수의 특성을 보여주는 것으로서, 두 입력들이 모두 1일 때만 출력이 0이 된다.

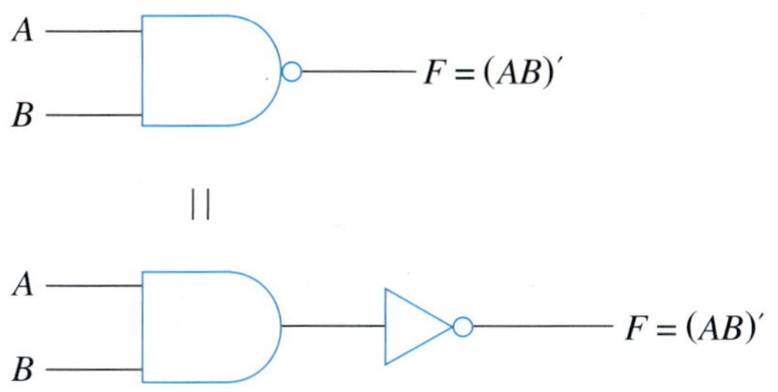

(a) 게이트 회로

A	B	$F=(AB)'$
0	0	$(0\cdot 0)'=0'=1$
0	1	$(0\cdot 1)'=0'=1$
1	0	$(1\cdot 0)'=0'=1$
1	1	$(1\cdot 1)'=1'=0$

(b) 진리표

그림 4-6 AND 게이트와 인버터를 이용한 NAND 함수의 구현과 진리표

4.2 부울 대수의 법칙과 규칙

부울 대수는 논리회로를 수학적으로 표현하는 데 사용될 수 있으며, 그를 통하여 회로의 동작을 이론적으로 분석하는 데 도움이 된다. 그리고 논리회로의 설계 과정에서 부울 함수를 간략화시키는데 활용될 수 있어서, 필요한 기능을 가장 간단한 회로, 즉 최소 개수의 부품들을 사용하여 구현할 수 있도록 해준다. 그를 위하여 부울 대수에서는 여러 가지 규칙(rule)들이 개발되어 있으며, 그들을 부울 대수에 적용할 수 있도록 다양한 법칙(law)들도 정리되어 있다. 이 절에서는 그러한 법칙들과 규칙들에 대하여 살펴보기로 한다.

4.2.1 부울 대수의 법칙

부울 대수는 2진 변수들과 2진 연산자인 부울 곱(· , AND 연산) 및 부울 합(+, OR 연산)에 대하여 다음과 같은 법칙들을 만족한다.

[법칙 1] 교환 법칙(Commutative law)

부울 덧셈과 곱셈 연산 과정에서 변수들에 대한 처리 순서가 바뀌어도 동일한 결과를 얻을 수 있다. 따라서 부울 함수는 아래와 같이 변수들의 위치를 바꾸어도 성립된다.

(a) $A+B=B+A$ (b) $A\cdot B=B\cdot A$

[증명] 앞의 두 부울 함수들이 성립한다는 것은 아래의 진리표를 통하여 증명될 수 있다.

A	B	$A+B$	$B+A$	$A \cdot B$	$B \cdot A$
0	0	0	0	0	0
0	1	1	1	0	0
1	0	1	1	0	0
1	1	1	1	1	1

[법칙 2] 결합 법칙(Associative law)

부울 덧셈과 곱셈 연산 과정에서 변수들 간에 아래와 같은 결합 법칙이 성립한다. 여기서 결합이란 먼저 처리되어야 할 변수들과 연산자를 괄호( )를 이용하여 묶어줌으로써, 연산을 먼저 처리하도록 지정해주는 것을 말한다.

(a) $(A + B) + C = A + (B + C)$ (b) $A \cdot (B \cdot C) = (A \cdot B) \cdot C$

이 법칙은 세 개 이상의 변수들 간의 OR 연산 및 AND 연산은 처리 순서가 바뀌어도 결과는 변하지 않는다는 것을 의미한다.

[증명] 위 법칙의 (a)는 OR 게이트들로 구성되는 그림 4-7과 같은 회로에서 입력들에 대한 출력 값을 확인함으로써 증명될 수 있으며, (b)는 AND 게이트들을 이용하면 같은 방법으로 증명될 수 있다.

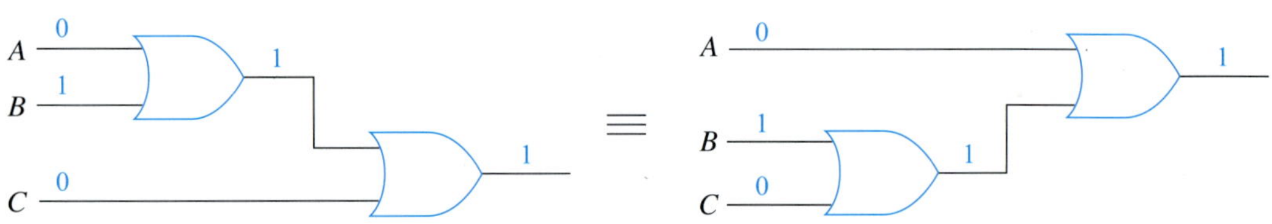

그림 4-7 결합 법칙의 증명을 위한 등가 회로(예: $A=0$, $B=1$, $C=0$)

[법칙 3] 분배 법칙(Distributive law)

(a) 2진 연산자 AND(·)와 OR(+)에 대하여 아래와 같은 분배 관계가 성립한다. 즉, 좌측의 부울 함수는 A가 괄호 내의 각 변수와 AND 연산된 후에, 그 두 결과들 간에

OR 연산을 수행하는 우측의 부울 함수와 동일하다. (이하 · 연산자 표시는 생략함)

$$A\,(B + C) = AB + AC$$

(b) 2진 연산자에 대하여 아래와 같은 분배 관계도 성립한다. 즉, 좌측 부울 함수는 우측과 같이 A가 괄호 내의 각 변수와 OR 연산된 후에 그 두 결과들 간에 AND 연산을 수행하는 부울 함수와 동일하다.

$$A + BC = (A + B)\,(A + C)$$

[증명] 위의 두 경우들 중에서 (b)가 성립한다는 것은 세 변수들의 모든 2진 값들에 대한 연산 결과를 보여주는 아래의 진리표에 의해 입증할 수 있으며, (a)도 같은 방법으로 증명될 수 있다.

A	B	C	BC	$A + BC$	$A + B$	$A + C$	$(A + B)(A + C)$
0	0	0	0	0	0	0	0
0	0	1	0	0	0	1	0
0	1	0	0	0	1	0	0
0	1	1	1	1	1	1	1
1	0	0	0	1	1	1	1
1	0	1	0	1	1	1	1
1	1	0	0	1	1	1	1
1	1	1	1	1	1	1	1

위의 분배 법칙들 중에서 (a)를 반대 방향으로 적용하는 것도 유용하게 사용될 수 있는데, 이 방법은 '공통 변수를 팩터링(factoring) 한다'라고 말한다. 이것은 선형대수의 방정식에서 공통 변수로 묶는 것과 같은 개념이다. 즉, 부울 함수 $AB+AC = A(B+C)$와 같이, 두 항에 모두 존재하는 변수인 A를 공통 변수로서 묶을 수 있다. 그와 같이 함수를 변형하는 경우에는 그림 4-8에서 확인할 수 있듯이 부울 함수의 구현에 필요한 게이트 수를 세 개에서 두 개로 줄일 수 있다.

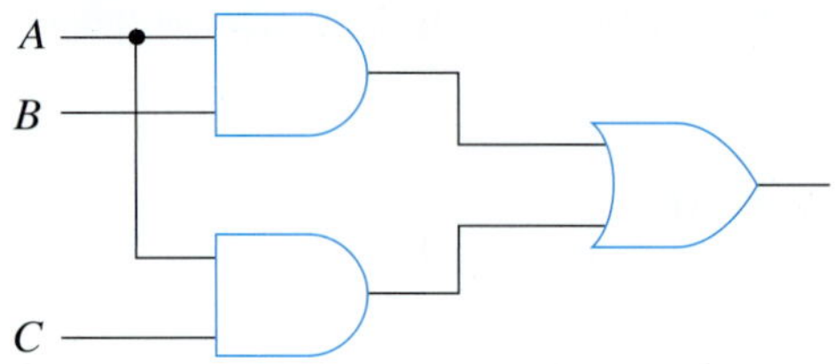

(a) $AB+AC$의 회로 구현

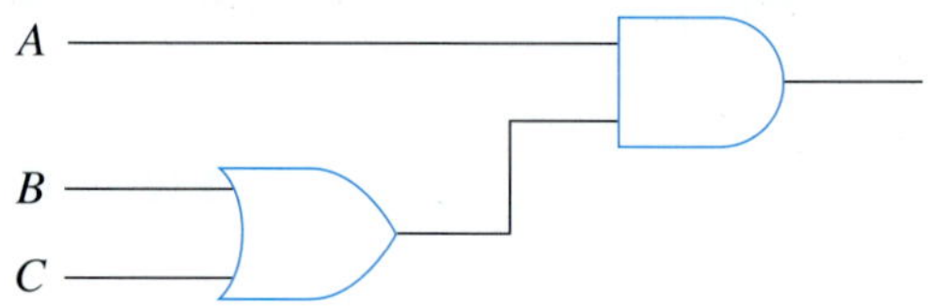

(b) $A(B+C)$의 회로 구현

그림 4-8 팩터링을 이용한 회로 구현의 간략화

4.2.2 부울 대수의 규칙

논리 대수에는 논리적 변수들 및 그들이 가질 수 있는 값들(0, 1) 간의 논리적 연산 관계를 규정해주는 규칙들이 있다. 이 규칙들은 부울 함수를 변형하거나 간략화시키는데 유용하게 사용될 수 있다. 그들 중에는 논리 게이트들의 특성으로부터 직접 얻을 수 있는 것들도 있고, 앞에서 설명하였던 법칙이나 간단한 규칙들을 이용하여 유도되는 것들도 있다.

[규칙 1] $A \cdot 0 = 0$: 만약 어떤 변수와 0 사이에 AND 연산이 수행된다면, 결과값은 항상 0이 된다. 이것은 일반적인 산술 곱셈에서 '어떤 수에 0을 곱하면 결과값은 0이 된다'는 것과 같다. 이 규칙은 아래의 그림과 같이 AND 게이트의 한 입력값이 0이라면, 다른 입력으로 어떤 값이 들어오더라도 출력은 항상 0이 된다는 것으로 증명될 수 있다.

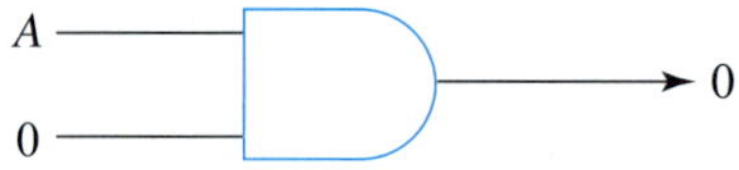

[규칙 1]에 대한 증명

[규칙 2] $A \cdot 1 = A$: 만약 어떤 변수와 1 사이에 AND 연산이 수행된다면, 결과는 그 변수값과 같아진다. 이것도 일반적인 산술 곱셈에서 '어떤 수에 1을 곱하면 결과값은 그 수가 된다'는 것과 같다. 이 규칙은 아래의 그림과 같이 AND 게이트의 한 입력값이 1이라면, 출력으로는 입력 A의 값이 그대로 통과된다는 것으로 증명될 수 있다.

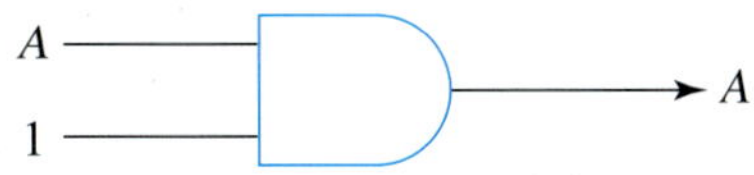

[규칙 2]에 대한 증명

[규칙 3] $A \cdot A = A$: 동일한 변수들 간에 AND 연산을 수행하면, 결과는 그 변수값과 같아진다. 예를 들어, $A=0$이라면 $A \cdot A=0 \cdot 0=0$이 되며, $A=1$이라면 $A \cdot A=1 \cdot 1=1$이 된다. 이것은 아래의 그림과 같이 AND 게이트의 두 입력단을 묶어서 동시에 입력 신호를 인가하는 경우에 해당한다. 결과적으로, 게이트의 입력 조합은 두 가지($0 \cdot 0$ 혹은 $1 \cdot 1$)가 된다. 따라서 $A=0$이면 출력은 0, $A=1$이면 출력이 1이 되어, 출력은 항상 입력 값 A와 같아진다.

[규칙 3]에 대한 증명

[규칙 4] $A \cdot A' = 0$: 어떤 변수와 그 변수의 보수 간에 AND 연산을 수행하면, 결과는 0이 된다. 예를 들어, 만약 $A=1$이라면 $A'=0$이고, $A=0$이라면 $A'=1$이다. 따라서 A와 그 보수인 A' 사이의 AND 연산에서는 두 입력들 중의 어느 하나가 0이므로, 결과값은 항상 0이 된다. 이것은 아래의 그림과 같이 AND 게이트의 한 입력으로 A를 인가하고, 다른 입력으로는 그 신호를 반전시킨 신호를 인가하는 것에 해당한다. 이 경우에 두 입력들 중의 어느 하나는 반드시 0이 되기 때문에, AND 게이트의 출력은 항상 0이 된다는 것을 확인할 수 있다.

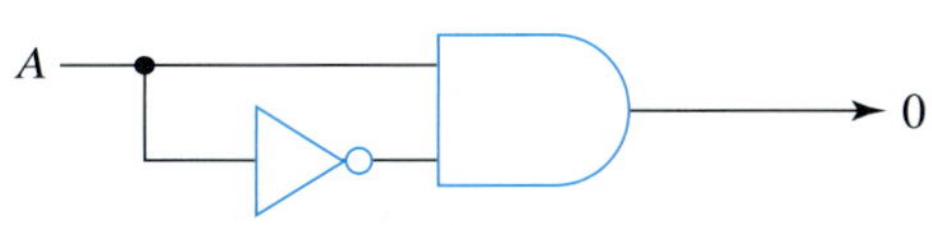

[규칙 4]에 대한 증명

[규칙 5] $A + 0 = A$: 만약 어떤 변수와 0 사이에 OR 연산이 수행된다면, 결과는 그 변수값과 같아진다. 이것은 어떤 수에 0을 더하여도 값이 변하지 않는 일반적인 산술 덧셈과 동일하다. 이 규칙은 아래의 그림과 같이 OR 게이트의 한 입력으로 신호 A를 인가하고 다른

입력으로 0을 인가한다면, 출력으로는 A가 그대로 통과된다는 것으로 증명될 수 있다.

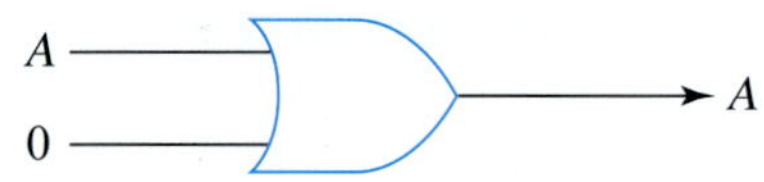

[규칙 5]에 대한 증명

[규칙 6] $A + 1 = 1$: 만약 어떤 변수와 1 사이에 OR 연산이 수행된다면, 결과값은 항상 1이 된다. OR 연산에서는 입력들 중의 어느 하나만 1이면, 결과값은 항상 1이 되기 때문이다. 이 규칙은 아래의 그림과 같이 OR 게이트의 한 입력이 1이라면, 출력값은 다른 입력으로 어떤 값이 들어오든 항상 1이 된다는 것으로 증명될 수 있다.

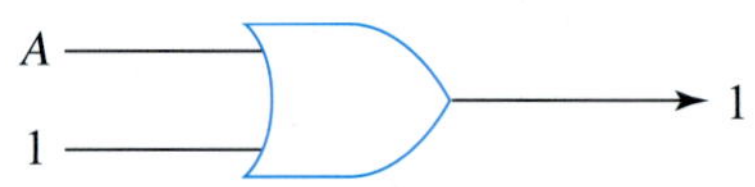

[규칙 6]에 대한 증명

[규칙 7] $A + A = A$: 동일한 변수들 간에 OR 연산을 수행하면, 결과는 그 변수값과 같아진다. 즉, 어떤 신호가 OR 게이트의 두 입력으로 동시에 인가된다면, 출력은 그 입력 신호와 같아진다. 이것은 아래의 그림과 같이 OR 게이트의 두 입력단을 묶어서 동시에 입력을 인가하는 경우에 해당한다. 따라서 게이트의 입력 조합으로는 두 가지($A=0$이면 0+0, $A=1$이면 1+1)만 가능하며, 결과값은 각각 0 혹은 1이 되어 A의 값과 같아진다.

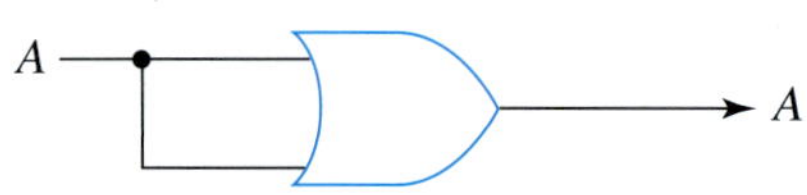

[규칙 7]에 대한 증명

[규칙 8] $A + A' = 1$: 어떤 변수와 그 변수의 보수 간에 OR 연산을 수행하면, 결과는 항상 1이 된다. 그 이유는 두 값들 중의 하나는 반드시 1이 되므로, 결과값은 항상 1이 되는 것이다. 이것은 아래의 그림과 같이 OR 게이트의 한 입력으로 신호 A를 인가하고, 다른 입력으로는 A를 반전시킨 신호를 인가하는 것에 해당한다. 이 경우에 OR 게이트의 두 입력 신호들 중의 하나는 반드시 1이 되기 때문에, 출력은 항상 1이 된다는 것을 확인할 수 있다.

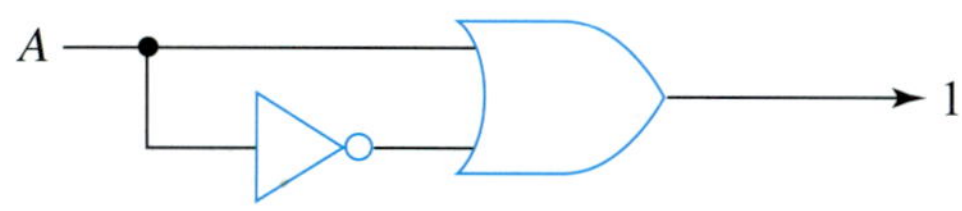

[규칙 8]에 대한 증명

〈표 4-1〉은 지금까지 설명한 규칙들을 AND 연산과 OR 연산으로 분리하여 정리한 결과를 보여주고 있다. 그런데 표를 보면 두 연산들 간에는 흥미로운 관계가 성립된다는 것을 알 수 있다: **좌측 AND 연산의 각 규칙에서 AND 연산자를 OR 연산자로 바꾸고, 0 → 1 및 1 → 0으로 각각 바꾸면, 같은 행의 우측에 있는 OR 연산 규칙이 된다는 것이다.** 이러한 관계는 반대 방향으로도 성립한다. 이와 같은 경우에, 대응되는 (같은 행의 좌우측에 위치한) 규칙들은 '서로 쌍대(dual) 관계에 있다'고 말한다. 그리고 이와 같이 연산자와 2진값을 바꾸면 서로 대응되는 규칙이 성립되는 것을 쌍대성의 원리(principle of duality)라고 부른다. 이 원리는 부울 함수의 간략화 및 논리회로 설계에서 유용하게 사용될 수 있다.

〈표 4-1〉 부울 규칙들 간의 쌍대 관계

AND 연산	OR 연산
$A \cdot 0 = 0$	$A + 1 = 1$
$A \cdot 1 = A$	$A + 0 = A$
$A \cdot A = A$	$A + A = A$
$A \cdot A' = 0$	$A + A' = 1$

[규칙 9] $A'' = A$: 어떤 변수의 보수에 대한 보수, 즉 중복 보수(double complement)를 취하면 원래의 변수값이 된다. 이 규칙은 다음의 그림과 같이 입력 신호가 인버터를 통과한 다음에 다시 한 번 더 인버터를 통과하면 원래의 신호 값이 된다는 것으로 증명될 수 있다. 이러한 회로는 디지털 시스템에서 신호 전달시간을 지연(delay)시키고자 할 때 주로 사용된다. 즉, 입력 신호가 두 인버터들을 통과하는데 걸리는 시간만큼 지난 후에 다음 단계로 보내지게 된다.

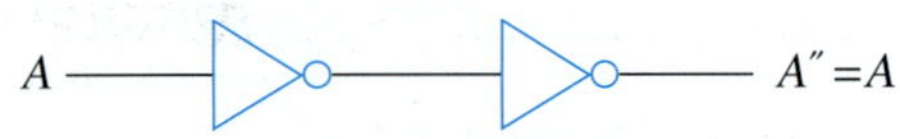

[규칙 9]에 대한 증명

[규칙 10] $A + AB = A$: 이 규칙은 앞의 분배 법칙에서 설명하였던 것과 같이, 함수의 두 항에서 공통 변수인 A를 묶음으로써 증명될 수 있다.

$$
\begin{aligned}
A + AB &= A(1 + B) && \{\text{팩터링}\} \\
&= A \cdot 1 && \{\text{규칙 6: } (1 + B) = 1\} \\
&= A && \{\text{규칙 2: } A \cdot 1 = A\}
\end{aligned}
$$

[규칙 11] $A + A'B = A + B$: 이 규칙은 앞에서 설명한 법칙과 규칙을 아래와 같이 순차적으로 적용함으로써 증명될 수 있다.

$$
\begin{aligned}
A + A'B &= (A + A')(A + B) && \{\text{분배 법칙}\} \\
&= 1 \cdot (A + B) && \{\text{규칙 8: } A + A' = 1\} \\
&= A + B
\end{aligned}
$$

[규칙 11]은 그림 4-9에서와 같이 세 개의 게이트들로 구성되는 논리회로가 단 한 개의 게이트만 사용해도 동일한 기능을 수행하도록 간략화될 수 있다는 것을 보여준다.

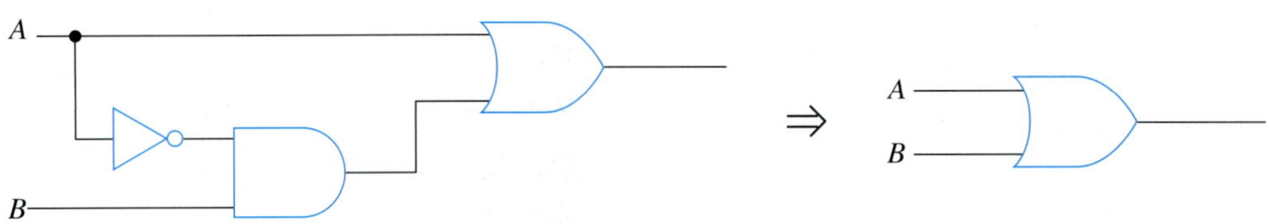

그림 4-9 [규칙 11]에 의한 논리회로의 간략화

[규칙 12] $(A + B)(A + C) = A + BC$: 이 규칙도 다음과 같은 단계들을 통하여 증명될 수 있다.

$$
\begin{aligned}
(A+B)(A+C) &= AA+AC+AB+BC && \{\text{분배 법칙}\} \\
&= A+AC+AB+BC && \{\text{규칙 3: } A\cdot A=A\} \\
&= A(1+C)+AB+BC && \{\text{팩터링}\} \\
&= A+AB+BC && \{\text{규칙 6: } A+1=1\} \\
&= A(1+B)+BC && \{\text{팩터링}\} \\
&= A+BC && \{\text{규칙 6: } A+1=1\}
\end{aligned}
$$

지금까지 설명한 법칙들과 규칙들을 이용하면 부울 함수에서 항들의 수를 줄일 수 있다. 그렇게 되면, 부울 함수를 논리회로로 구현하는 데 필요한 게이트의 수를 줄일 수 있기 때문에, 동작 속도를 높이고 비용도 절감할 수 있게 된다. 〈예제 4-1〉을 통하여 그 사례를 살펴보기로 하자.

예제 4-1

부울 대수의 규칙과 법칙들을 이용하여 아래의 부울 함수를 간략화하고, 구현되는 회로를 비교하라.

$$F = xy + x(y+z) + y(y+z)$$

풀이

$$
\begin{aligned}
F &= xy + x(y+z) + y(y+z) \\
&= xy + xy + xz + y + yz \\
&= xy + xz + y(1+z) \\
&= xy + xz + y \\
&= (x+1)y + xz \\
&= y + xz
\end{aligned}
$$

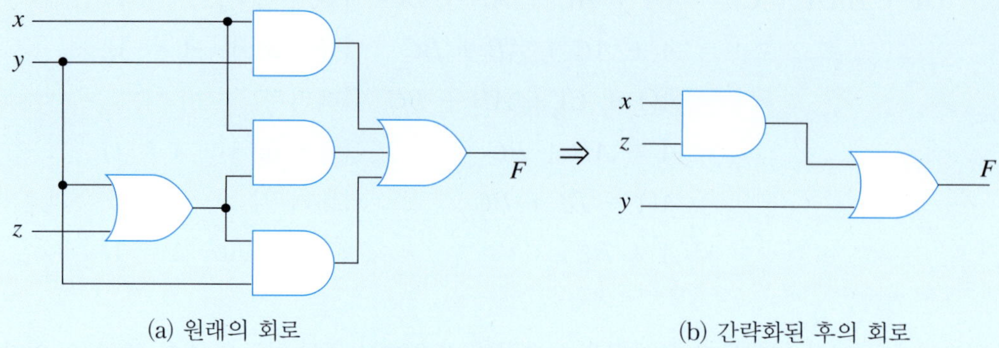

그림 4-10 〈예제 4-1〉에 대한 회로도

4.2.3 드모르간의 정리

부울 대수에서 가장 중요한 두 가지 정리(theorem)들이 수학자 드모르간(DeMorgan)에 의해 개발되었다. 드모르간의 정리(DeMorgan's theorem)라고 부르는 이들은 부울 함수의 간략화 혹은 변형을 위하여 매우 유용하게 사용되고 있다. 이 정리들은 부울 함수에서 변수들의 곱(product)과 합(sum) 사이의 변환 관계를 아래와 같이 정의해준다.

$$(A + B)' = A' \cdot B'$$
$$(A \cdot B)' = A' + B'$$

첫 번째 정리는 '두 변수들 간의 합에 대한 보수는 각 변수의 보수들 간의 곱과 같다'는 것을 의미한다. 이것을 좀 더 포괄적으로 정의하면, 두 개 혹은 그 이상의 변수들을 더한(OR 연산한) 상태에서, 그 전체에 대한 보수를 취한 결과는 각 변수의 보수들을 곱한(AND 연산한) 결과와 같다는 것이다. 이 정의에 대한 일반 표현식은 아래와 같다.

$$(A + B + C + \ldots)' = A' \cdot B' \cdot C' \cdot \ldots$$

두 번째 정리는 '두 변수들 간의 곱에 대한 보수는 각 변수의 보수들 간의 합과 같다'는 것을 의미한다. 이 정의도 위에서와 마찬가지로 두 개 혹은 그 이상의 변수들을 곱한(AND 연산한) 상태에서, 그 전체에 대한 보수를 취한 결과는 각 변수의 보수들을 더한(OR 연산한) 결과와 같다는 것이다. 이 정의에 대한 일반 표현식은 아래와 같다.

$$(A \cdot B \cdot C \cdot \ldots)' = A' + B' + C' + \ldots$$

드모르간의 정리에 대한 증명은 각 정리의 좌우측에 대한 진리표를 작성하여 비교하면 가능하다. 그림 4-11의 (a)와 (b)는 각각 첫 번째 및 두 번째 정리에 대한 논리회로의 등가관계와 진리표를 이용한 증명을 보여주고 있다.

입력		출력	
A	B	$(A+B)'$	$A' \cdot B'$
0	0	1	1
0	1	0	0
1	0	0	0
1	1	0	0

(a) $(A+B)' = A' \cdot B'$

입력		출력	
A	B	$(A \cdot B)'$	$A' + B'$
0	0	1	1
0	1	1	1
1	0	1	1
1	1	0	0

(b) $(A \cdot B)' = A' + B'$

그림 4-11 드모르간의 정리에 대한 회로 등가관계 및 증명

예제 4-2

드모르간의 정리를 이용하여 아래 부울 함수들(F_1, F_2)에 대한 보수(F_1', F_2')를 각각 구하라.

(a) $F_1 = ABC + DEF$ (b) $F_2 = x(y + z')$

풀이

(a) $F_1' = (ABC + DEF)' = (ABC)'(DEF)' = (A' + B' + C')(D' + E' + F')$

(b) $F_2' = \{x(y + z')\}' = x' + (y + z')' = x' + y'z$

4.3 부울 대수를 이용한 논리회로의 분석

논리회로의 기능, 즉 회로가 입력 신호들에 대하여 어떤 출력을 발생하는지를 분석하는 절차는 다음과 같다.

① 논리회로에 대한 부울 함수를 구한다.
② 부울 함수로부터 회로의 동작 특성을 분석한다.
③ 진리표를 작성하여 전체적인 연산 과정 및 입출력 관계를 확인한다.

첫 번째 단계로서, 부울 함수를 효과적으로 구하기 위해서는 먼저 회로의 좌측 편에 위치한 게이트의 출력에 대한 부울 함수를 입력 변수들의 함수로서 표현한 다음에, 우측 편으로 이동하면서 각 게이트의 출력 함수를 구하며, 마지막으로 최종 출력에 대한 부울 함수를 유도하면 된다.

한 예로서, 그림 4-12와 같은 회로의 동작 특성을 나타내는 부울 함수를 구해보기로 하자. 이 회로의 경우에는 먼저 게이트 x의 출력에 대한 부울 함수로서 $(A+B)$를 구한 다음에, 그 결과와 입력 변수 C를 AND 연산하여 두 번째 게이트인 y의 출력 함수를 구하면 $C(A+B)$가 된다. 마지막으로, 게이트 y의 출력 함수와 입력 변수 D를 OR 연산하면, 게이트 z의 출력 함수, 즉 회로의 최종 출력인 F에 대한 부울 함수 $F=D+C(A+B)$를 구할 수 있다.

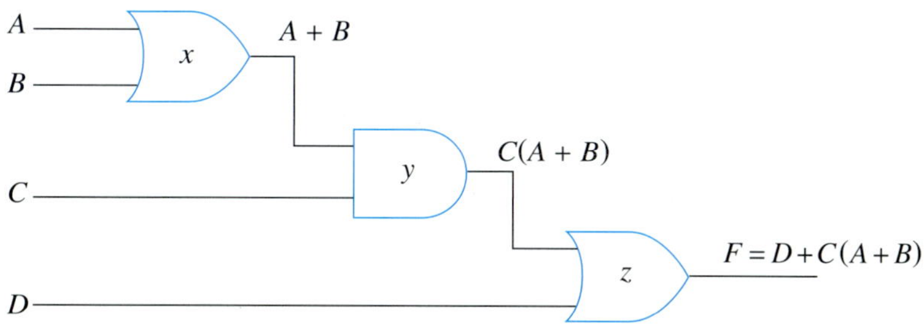

그림 4-12 부울 함수 표현을 위한 논리회로의 예

앞 절차의 두 번째 단계로서, 회로의 동작 특성을 이해하기 위해서는 유도된 부울 함수의 각 입력 변수에 실제 2진 값들을 대입하고, 그 출력 값을 분석해보면 된다. 그들 중의 몇 가지 특성들을 살펴보면 아래와 같다.

- $D=1$이면, 출력 F는 다른 입력 값들에 상관없이 항상 1이 된다.
- $D=0$일 때 $C=0$이라면, $F=0$이 된다.
- $D=0$이고 $C=1$일 때 A와 B 중의 어느 하나라도 1이라면, $F=1$이 된다.

이와 같은 분석 방법을 이용하면 회로의 부분적인 동작 특성은 파악 할 수 있지만, 전체적인 회로 동작을 이해하는 데는 한계가 있다. 그러한 한계를 극복하기 위해서는 모든 입력 조합들에 대한 출력 값들을 보여주는 〈표 4-2〉와 같은 진리표를 작성하는 것이 도움이 된다.

진리표를 작성하는 방법은 〈표 4-2〉에서 보는 바와 같이 입력 변수들이 실제 가질 수 있는 실제 2진값들의 모든 조합들을 맨좌측의 첫 번째 열에 나열한다. 이 예에서는 입력 변수들의 수가 4개이므로 전체 입력 조합의 수는 16가지가 된다. 그런 다음에는 부울 함수 $F=D+C(A+B)$에서 가장 먼저 수행될 $(A+B)$ 연산의 결과를 모든 A 및 B의 2진 값들을 대입하여 구하고, 표의 다음 열에 차례대로 나열한다.

그 다음 열에는 앞의 결과 값들을 C와 AND 연산시킨 결과들로 채운다. 그리고 그 값들을 첫 번째 열의 D 값들과 OR 연산시켜 회로의 최종 출력인 F에 대한 결과 값들을 가장 우측 열에 나열하면 진리표 작성이 완료된다. 이와 같이 단계적으로 출력 값들을 구하여 작성한 진리표를 보면, 16가지의 입력 조합들에 대한 각 게이트의 출력들과 최종 출력 결과를 일목요연하게 파악할 수 있게 된다.

〈표 4-2〉 그림 4-12의 회로에 대한 진리표

A	B	C	D	$A + B$	$C(A + B)$	$F = D + C(A + B)$
0	0	0	0	0	0	0
0	0	0	1	0	0	1
0	0	1	0	0	0	0
0	0	1	1	0	0	1
0	1	0	0	1	0	0
0	1	0	1	1	0	1
0	1	1	0	1	1	1
0	1	1	1	1	1	1
1	0	0	0	1	0	0
1	0	0	1	1	0	1
1	0	1	0	1	1	1
1	0	1	1	1	1	1
1	1	0	0	1	0	0
1	1	0	1	1	0	1
1	1	1	0	1	1	1
1	1	1	1	1	1	1

4.4 부울 대수를 이용한 논리회로의 설계

사용자가 원하는 기능을 수행하는 논리회로를 부울 대수를 이용하여 설계하는 절차는 다음과 같다.

① 입력 조합에 따른 출력 값들을 보여주는 진리표를 작성한다.
② 진리표로부터 부울 함수를 유도한다.
③ 부울 대수의 법칙과 규칙들을 이용하여 부울 함수를 간략화한다.
④ 논리 게이트들을 이용하여 회로를 구성한다.

설계 절차는 사실상 앞 절에서 설명한 분석 절차의 반대에 해당하며, 회로를 단순화시키기 위하여 부울 함수를 간략화하는 단계만 추가된다. 위 절차의 첫 번째 단계인 진리표를 작성하는 방법에 대해서는 앞에서 이미 설명하였다. 따라서 이 절에서는 먼저 진리표로부터 부울 함수를 유도하는 방법에 대하여 공부하고, 부울 함수를 간략화하여 최적의 논리회로를 설계하는 과정에 대하여 설명하고자 한다.

4.4.1 최소항과 최대항

진리표로부터 부울 함수를 유도하기 위해서는 먼저 입력값에 따른 변수들의 표현 방법을 알아야 한다. 입력 변수는 그 값에 따라 정상형(normal form) 혹은 보수형(complement form)으로 표현될 수 있다. 입력값이 1일 때는 정상형, 0일 때는 보수형으로 변수를 표현하고, 그 변수들을 부울 곱으로 결합한 것을 최소항(minterm) 혹은 표준 곱(standard product)이라고 부른다. 예를 들어, 입력 변수 x와 y가 각각 0과 1의 값을 가진다면, 그들에 대한 최소항은 $x'y$가 된다. 즉, 최소항이란 두 입력값에 대한 AND 연산 결과가 1이 되도록 항을 표현하는 것을 말한다.

〈표 4-3〉은 입력 변수가 두 개인 경우에, 모든 입력 조합들에 대하여 최소항을 구한 결과를 보여주고 있다. 표에서 첫 번째 열에는 두 개의 입력 변수들 A와 B에 대한 2진수 조합들이 나열되어 있으며, 두 번째 열은 각 입력 조합에 대응되는 최소항들을 보여주고 있다. 표에서 보는 바와 같이, A와 B가 모두 0일 때는 두 변수가 모두 보수형으로 표현되어야 그

들 간의 AND 연산 결과가 1이 되기 때문에, 그 입력 조합에 대한 최소항은 $A'B'$으로 표현된다. 그리고 $A=0$ 및 $B=1$인 경우에는 $A'B$, $A=1$ 및 $B=0$인 경우에는 AB', $A=B=1$인 경우에는 AB로 각각 표현된다.

〈표 4-3〉 2-변수에 대한 최소항들

A	B	최소항
0	0	$A'B'$
0	1	$A'B$
1	0	AB'
1	1	AB

그와는 반대로, 입력값이 0일 때 정상형, 1일 때는 보수형으로 변수들을 표현한 다음에, 그들을 부울 합으로 결합한 것을 최대항(maxterm) 혹은 표준 합(standard sum)이라고 부른다. 예를 들어, 입력 변수 x와 y가 각각 0과 1의 값을 가진다면, 그들에 대한 최대항은 $(x + y')$이 된다. 즉, 최대항이란 두 입력값을 OR 연산한 결과가 0이 되도록 표현한 항을 말한다. 〈표 4-4〉의 두 번째 열에는 각 입력 조합에 대한 최대항들이 나열되어 있다. 입력 변수 A와 B가 모두 0일 때는 두 변수가 모두 정상형이 되어야 그들 간의 OR 연산 결과가 0이 되므로, 최대항은 $(A + B)$로 표현된다. 그리고 $A=0$ 및 $B=1$인 경우에는 $(A + B')$, $A=1$ 및 $B=0$인 경우에는 $(A' + B)$, $A=B=1$인 경우에는 $(A' + B')$으로 각각 표현된다.

〈표 4-4〉 2-변수에 대한 최대항들

A	B	최대항
0	0	$A + B$
0	1	$A + B'$
1	0	$A' + B$
1	1	$A' + B'$

최소항과 최대항을 구하는 방법은 입력 변수의 수가 세 개 혹은 그 이상인 경우에도 동일하게 적용될 수 있다. 예를 들어, 세 개의 입력 변수들의 값이 $x=0$, $y=1$, $z=0$이라면, 그에 대한 최소항은 $x'yz'$이 되고, 최대항은 $(x+y'+z)$가 된다. 이 방법은 앞으로 논리 회로

의 설계 과정에서 진리표로부터 부울 함수를 구할 때 직접 사용되기 때문에 반드시 기억해야 한다. 그리고 함수 전개 과정에서의 편이를 위하여 최소항은 m_i, 최대항은 M_i로 간략하게 표기하기도 한다. 그러한 표기들을 포함하여 3-변수 시스템에서의 표현 방법들을 전체적으로 살펴보면 〈표 4-5〉와 같다.

〈표 4-5〉 세 변수 시스템에서의 최소항과 최대항들

A	B	C	최소항		최대항	
			항	간략화된 표기	항	간략화된 표기
0	0	0	$A'B'C'$	m_0	$A+B+C$	M_0
0	0	1	$A'B'C$	m_1	$A+B+C'$	M_1
0	1	0	$A'BC'$	m_2	$A+B'+C$	M_2
0	1	1	$A'BC$	m_3	$A+B'+C'$	M_3
1	0	0	$AB'C'$	m_4	$A'+B+C$	M_4
1	0	1	$AB'C$	m_5	$A'+B+C'$	M_5
1	1	0	ABC'	m_6	$A'+B'+C$	M_6
1	1	1	ABC	m_7	$A'+B'+C'$	M_7

4.4.2 최소항을 이용한 부울 함수의 유도

논리회로를 설계하기 위한 다음 단계로서, 최소항을 이용하여 진리표로부터 부울 함수를 유도하는 방법을 살펴보기로 하자. 한 예로서, 〈표 4-6〉의 진리표에서 보는 바와 같이 세 개의 입력 변수 값들에 대하여 출력 F_1 및 F_2가 각각 발생하는 경우에, 각 출력에 대한 부울 함수를 구해보기로 하자.

먼저, 〈표 4-6〉에서 첫 번째 출력 $F_1=1$이 되기 위해서는 세 입력들의 값이 000, 011, 100 혹은 110으로 세트 되어야 한다. 즉, 입력값들의 조합이 그들 중의 어느 하나 혹은 그 이상이 되는 경우에 F_1의 값이 1이 되는 것이다. 그 입력 조합들을 최소항으로 표현하면, 각각 $A'B'C'$, $A'BC$, $AB'C'$ 및 ABC'이 된다. 그런데 출력 F_1은 그 세 입력 조건들 중의 어느 하나라도 만족되면 1이 되므로, 출력 함수는 그 최소항들 간의 부울 합으로 표현되는 식 (4-1)과 같아진다.

$$F_1 = A'B'C' + A'BC + AB'C' + ABC' \tag{4-1}$$

〈표 4-6〉 세 개의 입력과 두 개의 출력을 가지는 진리표의 예

A	B	C	F_1	F_2
0	0	0	1	0
0	0	1	0	1
0	1	0	0	0
0	1	1	1	0
1	0	0	1	1
1	0	1	0	1
1	1	0	1	1
1	1	1	0	1

식 (4−1)과 같은 부울 함수를 최소항들의 합(sum of minterms)이라고 부른다. 이 함수를 〈표 4−5〉에 나열된 간략화된 표기들은 이용하여 다시 표현하면 식 (4−2)와 같아진다.

$$F_1 = m_0 + m_3 + m_4 + m_6 \qquad (4-2)$$

그리고 식 (4−2)를 더 간결하게 표현하는 방법은 합(sum)의 단축 기호인 시그마(sigma: Σ)를 이용하는 것이다. Σ는 해당 항들을 OR(+)로 묶는다는 것을 의미하며, 괄호 속의 숫자들은 함수 내 최소항들의 번호를 가리킨다. 즉, 0은 입력 조합 '000'에 대한 최소항을 나타내며, 3은 '011'에 대한 최소항을 가리킨다. 그리고 괄호에는 A, B, C 등과 같이 함수를 구성하는 변수들을 순서대로 모두 나열해준다. 결과적으로, 출력 함수 F_1은 아래와 같은 형태로 표현할 수도 있다.

$$F_1(A,B,C) = \Sigma(0,3,4,6)$$

지금까지 설명한 방법을 〈표 4−6〉의 출력 F_2에 대하여 적용한 결과는 식 (4−3)과 같다.

$$\begin{aligned} F_2 &= A'B'C + AB'C' + AB'C + ABC' + ABC \qquad (4-3) \\ &= m_1 + m_4 + m_5 + m_6 + m_7 \\ &= \Sigma(1,4,5,6,7) \end{aligned}$$

이와 같은 과정을 통하여 구해진 부울 함수들의 특징은 그에 대한 논리회로를 구성해 보면 쉽게 이해할 수 있다. 먼저, 식 (4-1)의 함수 F_1은 세 변수들이 곱해진 네 개의 항들을 서로 더한 형태로 이루어져 있다. 앞에서도 설명한 바와 같이 부울 곱은 AND 게이트를 이용하여 구현할 수 있으며, 부울 합은 OR 게이트로 구현된다. 따라서 이 회로는 그림 4-13(a)와 같이 입력 신호들이 네 개의 AND 게이트들로 들어가고, 그 출력들이 모두 하나의 OR 게이트를 통과한 다음에 출력(F_1)으로 나가도록 구성하면 된다. 즉, AND-OR 회로로 구현되었다.

그리고 F_2는 식 (4-3)과 같이 다섯 개의 최소항들을 서로 더한 형태로 이루어져 있다. 따라서 이 회로는 그림 4-13(b)와 같이 입력 신호들이 다섯 개의 AND 게이트들로 먼저 들어가고, 그 출력들이 모두 하나의 OR 게이트를 통과한 다음에 출력(F_2)으로 나가도록 구성하면 된다. 이 회로들에서 각 입력의 반전된 값들(A',B',C')은 미리 준비되어 있는 것으로 가정하였다.

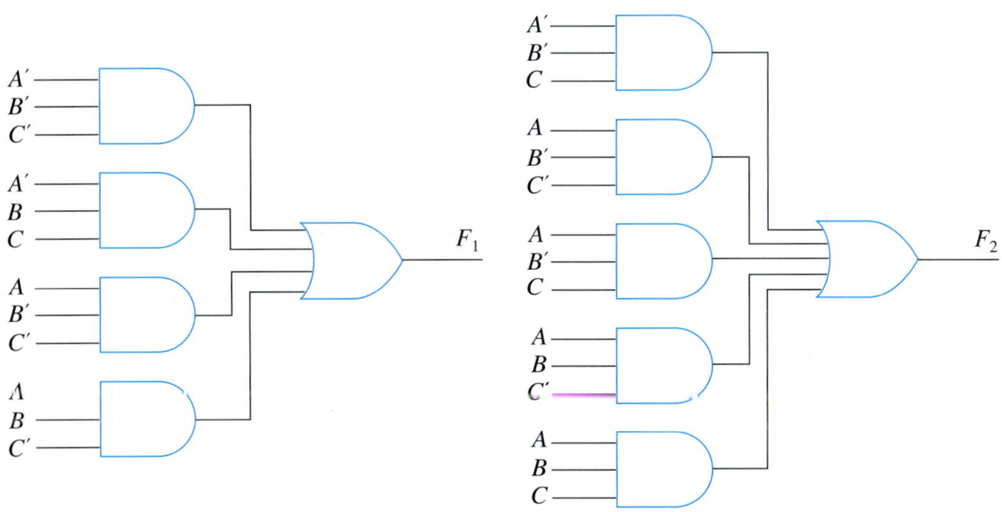

(a) F_1을 구현한 논리회로 (b) F_2를 구현한 논리회로

그림 4-13 최소항들의 합으로 표현된 부울 함수들의 구현

4.4.3 최대항을 이용한 부울 함수의 유도

진리표로부터 최대항들로 이루어진 부울 함수를 유도할 수도 있다. 한 예로서 〈표 4-6〉의 진리표로부터 출력 F_1에 대한 부울 함수를 최대항들을 이용하여 구해보기로 하자. 이를 위하여 먼저 진리표에서 $F_1=0$이 되게 해주는 입력 조합들(001, 010, 101, 111)을 찾은 다음에, 각각에 대한 최대항을 표현하면 $(A+B+C')$, $(A+B'+C)$, $(A'+B+C')$ 및 $(A'+B'+C')$이 된다. 그런데 입력 변수들(A,B,C)의 값이 그 조합들 중의 어느 하나라도 만족하는 경우에 $F_1=0$이 되도록 하기 위해서는, 식 (4-4)와 같이 그 최대항들을 부울 곱(AND 연산)으로 묶어주면 된다.

$$F_1 = (A+B+C')(A+B'+C)(A'+B+C')(A'+B'+C') \qquad (4-4)$$

식 (4-4)와 같은 부울 함수를 최대항들의 곱(product of maxterms)이라고 부른다. 식 (4-4)에서 첫 번째 최대항의 경우에 입력 변수들의 값이 $A=0$, $B=0$, $C=1$이라면 $(A+B+C')=(0+0+0)=0$이 되므로, 다른 최대항들의 값에 상관없이 $F_1=0$이 된다. 다른 최대항들도 같은 방법으로 해당 입력 조건이 만족되면 출력 F_1의 값이 0이 되게 해준다는 것을 알 수 있다. 위의 함수를 간략화된 표기로 바꾸어 표현하면 다음과 같아진다.

$$F_1 = M_1 \cdot M_2 \cdot M_5 \cdot M_7$$

그리고 위의 식을 더 간결하게 표현하는 방법은 곱(product)의 단축 기호인 파이(Pi: Π)를 이용하는 것이다. Π는 항들을 AND(·)로 묶는다는 것을 의미하며, 괄호 속의 숫자들은 최대항들의 번호를 가리킨다. 즉, 1은 '001'에 대한 최대항을 나타내며, 2는 '010'에 대한 최대항을 가리킨다. 결과적으로, 식 (4-4)는 아래와 같은 형태로 표현될 수 있다.

$$F_1(A,B,C) = \Pi(1,2,5,7) \qquad (4-5)$$

이와 같이 최대항들의 곱으로 표현되는 부울 함수를 최소항 표현을 이용하여 구할 수도 있다. 〈표 4-6〉에서 출력 $F_1=0$이 되게 하는 입력 조합들에 대한 최소항들을 구하여 OR 연산으로 묶고, 그것을 반전된 출력 함수인 F_1'으로 표기하면 식 (4-6)과 같아진다.

$$F_1' = A'B'C + A'BC' + AB'C + ABC \tag{4-6}$$

그런 다음에 식 (4-6)의 부울 함수에 보수를 취하고 드모르간의 법칙을 적용하면, 아래와 같이 F_1에 대한 부울 함수와 간략화된 표현을 구할 수 있다.

$$\begin{aligned} F_1 &= (F_1')' = (A'B'C + A'BC' + AB'C + ABC)' \\ &= (A'B'C)'(A'BC')'(AB'C)'(ABC)' \\ &= (A+B+C')(A+B'+C)(A'+B+C')(A'+B'+C') \\ &= M_1M_2M_5M_7 \end{aligned}$$

F_2에 대한 부울 함수도 최대항을 이용하여 같은 방법으로 구할 수 있다. 즉, 〈표 4-6〉에서 $F_2=0$이 되게 해주는 입력 조합들에 대한 최대항들을 구한 다음에, 그들을 AND 연산으로 결합하면 식 (4-7)과 같은 부울 함수를 유도할 수 있다.

$$\begin{aligned} F_2 &= (A+B+C)(A+B'+C)(A+B'+C') \\ &= M_0M_2M_3 \\ &= \prod(0,2,3) \end{aligned} \tag{4-7}$$

그리고 F_2의 경우에도 앞에서와 마찬가지로 최소항들을 이용하여 아래와 같이 구할 수도 있다.

$$\begin{aligned} F_2 &= (F_2')' = (A'B'C' + A'BC' + A'BC)' \\ &= (A'B'C')'(A'BC')'(A'BC)' \\ &= (A+B+C)(A+B'+C)(A+B'+C') \\ &= M_0M_2M_3 \end{aligned}$$

최대항들의 곱으로 이루어진 부울 함수의 특징을 살펴보기 위하여, 그에 대한 논리회로를 그려보기로 하자. 예를 들어, 식 (4-4)의 함수 F_1은 세 변수들의 합으로 이루어진 네 개의 최대항들이 서로 곱해진 형태로 이루어져 있다. 그에 대한 논리회로는 그림 4-14(a)와 같이 입력 신호들이 네 개의 OR 게이트들로 먼저 들어가고, 그 출력들이 모두 하나의

AND 게이트를 통과하여 출력(F_1)으로 나가는 형태가 된다. 이 회로를 그림 4-13(a)와 비교해보면, 두 회로에서 사용된 게이트의 수는 같고 AND 게이트와 OR 게이트의 위치만 서로 바뀐다는 것을 알 수 있다. 즉, OR-AND 회로로 구현되었다. 〈표 4-6〉의 진리표에서 보면 출력 $F_1=0$이 되게 해주는 입력 조합들의 수와 $F_1=1$이 되게 해주는 입력 조합들의 수가 같기 때문에, 회로 구현에 필요한 게이트의 수도 같아지는 것이다.

반면에, 식 (4-7)과 같이 표현된 F_2를 구현한 4-14(b)의 회로를 보면, 구현에 필요한 게이트들의 수가 두 개 줄어든다는 것을 알 수 있다. 즉, 최소항들의 합을 구현한 그림 4-13(b)에서는 모두 여섯 개의 게이트들이 사용되었으나, 최대항들의 곱을 구현한 이 회로에서는 게이트가 네 개만 있으면 된다. 그 이유는 〈표 4-6〉에서 출력 $F_2=0$이 되게 해주는 입력 조합들은 세 개만 있기 때문이다.

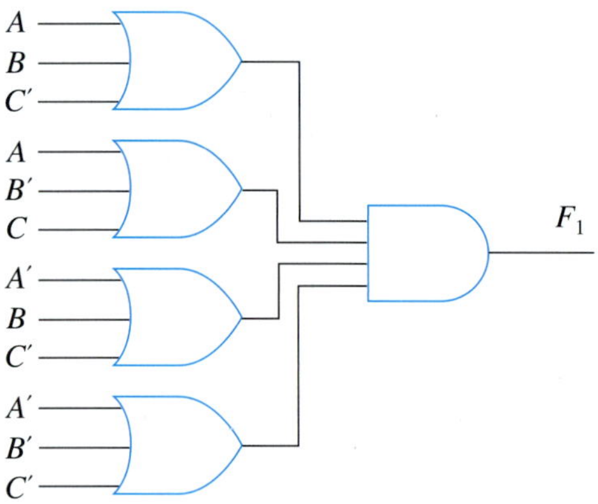

(a) F_1에 대한 논리회로

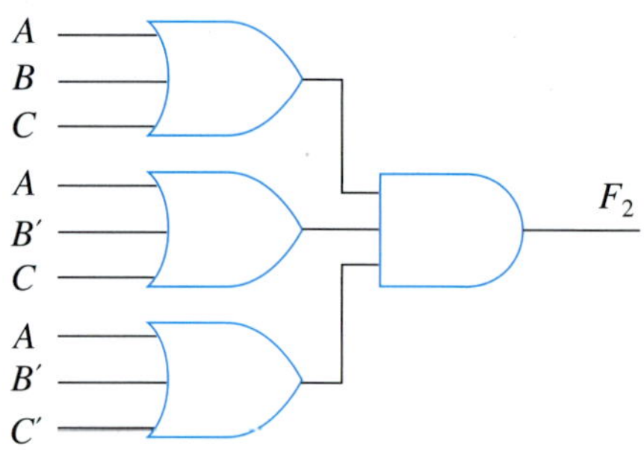

(b) F_2에 대한 논리회로

그림 4-14 최대항들의 곱으로 표현된 부울 함수들의 구현

이와 같이 진리표로부터 직접 유도한 최소항들의 합 혹은 최대항들의 곱으로 표현된 부울 함수 형태를 정규형(canonical form)이라고 부른다. 즉, 식 (4-4) 및 (4-7)과 같이 각 항이 모든 변수들을 포함하고 있는 것을 정규형 부울 함수라고 한다. 그런데 정규형 부울 함수는 간략화되지 않은 상태이기 때문에, 그 함수들을 그대로 하드웨어로 구현하는 경우에는 회로가 복잡해지고, 많은 수의 게이트들이 필요하게 된다. 따라서 부울 함수를 좀 더 간단한 회로로 구현하기 위해서는 다음 절에서 설명하는 간략화 과정을 반드시 거쳐야 한다.

4.4.4 부울 함수의 간략화

이 절에서는 부울 함수를 간략화시킴으로써 가능한 한 적은 수의 게이트들을 이용하여 논리회로를 구현할 수 있게 해주는 방법에 대하여 설명하고자 한다. 여기서 간략화란 부울 함수에서 항의 개수를 줄이거나, 각 항에 포함된 변수들의 수를 최소화시키는 것을 말한다. 먼저, 아래와 같이 4.2절에서 설명한 부울 대수의 법칙 및 규칙들을 이용하여 부울 함수를 간략화시키는 두 가지 예를 살펴보기로 하자.

① $ABC + AB'C = AC(B + B') = AC$

② $$\begin{aligned}(A + B)(A + B' + C) &= AA + AB' + AC + AB + BB' + BC \\ &= A + AB' + AC + AB + BC \\ &= A(1 + C) + A(B' + B) + BC \\ &= A + A + BC \\ &= A + BC\end{aligned}$$

위의 첫 번째 예에서는 결합 법칙을 이용하여 공통 변수를 묶은 다음에 $(B+B')=1$의 규칙을 적용하여 AC 항만 남게 되도록 간략화시켰다. 원래의 부울 함수를 구현하려면 두 개의 3-입력 AND 게이트와 한 개의 2-입력 OR 게이트가 필요하였지만, 간략화시킴으로써 한 개의 2-입력 AND 게이트만으로 동일한 기능을 수행하는 회로를 구현할 수 있게 되었다. 두 번째 예에서는 분배 법칙을 이용하여 함수를 전개한 다음에 $AA=A$, $BB'=0$, $(1+C)=1$ 및 $(B+B')=1$ 등의 규칙들을 적용함으로써, 최종적으로 $A + BC$만 남도록 간략화시켰다. 결과적으로, 2-입력 및 3-입력 OR 게이트 한 개씩과 2-입력 AND 게이트를 사용하여 구현해야 할 부울 함수를 2-입력 AND 게이트와 2-입력 OR 게이트를 한 개씩만 사용하여 구현할 수 있게 된 것이다. 위의 예들은 간략화 과정의 중요성을 잘 보여주고 있다.

좀 더 복잡한 예로서, 〈표 4-6〉으로부터 유도한 부울 함수들 중에서 F_2에 대한 함수인 식 (4-3)의 부울 함수는 다음과 같은 과정을 통하여 간략화시킬 수 있다.

$$
\begin{aligned}
F_2 &= A'B'C + AB'C' + AB'C + ABC' + ABC \\
&= A'B'C + AB'C + AB'C' + AB'C + ABC' + ABC \quad \{AB'C \text{ 항의 추가}\} \\
&= B'C(A'+A) + AB'(C'+C) + AB(C'+C) \\
&= B'C + AB' + AB \\
&= B'C + A(B'+B) \\
&= A + B'C
\end{aligned}
$$

이와 같이 간략화 과정을 거침으로써, F_2는 그림 4-15와 같이 한 개의 2-입력 AND 게이트 및 OR 게이트만으로 구현할 수 있게 되었다. 간략화되지 않은 함수를 구현한 그림 4-13(b)의 회로와 비교해보면, 회로가 훨씬 더 간단해지고 구현에 필요한 게이트의 수도 크게 줄어들었다는 것을 알 수 있다. 따라서 논리회로를 설계하는 과정에서 회로 구현 이전에 부울 함수를 최대한 간략화시켜야 한다.

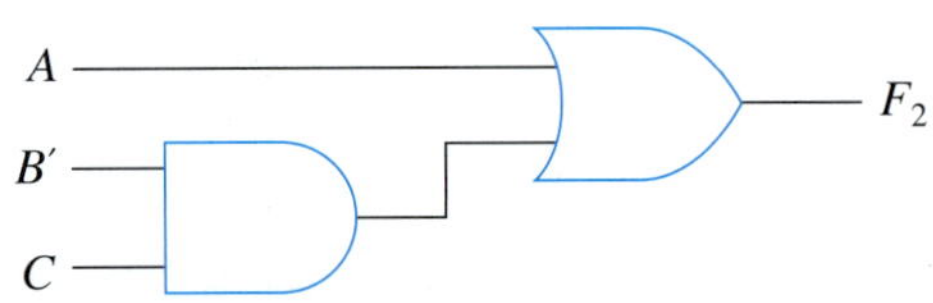

그림 4-15 간략화된 F_2 함수에 대한 논리회로

위의 간략화 과정에서 유의할 점은 첫 번째 단계에서 $AB'C$ 항을 추가하는 것인데, 그 항과 같은 항이 이미 원래의 함수에 포함되어 있기 때문에 하나 더 추가하더라도 전체 함수에는 영향을 미치지 않는다. 즉, $(x+x)=x$의 규칙을 적용하면 $AB'C+AB'C=AB'C$가 되기 때문이다. 그렇게 함으로써, 추가된 $AB'C$ 항을 $A'B'C$ 항과 공통 변수($B'C$)로 묶을 수 있게 되어 더욱 간략화할 수 있게 되었다. 그런데 이러한 기법을 적용하는 것은 많은 경험을 필요로 하며, 그것을 적용하지 못하는 경우에는 최종 결과 함수에서 $B'C$ 항이 아니라 $A'B'C$ 항이 남게 된다. 그렇게 된다면 그림 4-15에서 2-입력 AND 게이트 대신에 3-입력 AND 게이트가 사용되어야 할 것이다.

〈예제 4-3〉은 복잡한 간략화 과정의 다른 사례를 보여주고 있다. 이와 같이 대수적 기법을 이용하여 복잡한 부울 함수를 간략화시키는 경우에는 항들의 수나 각 항에 포함되는 변수들의 수를 완전히 최소로 줄이는 것은 쉬운 일이 아니다. 따라서 일반적인 논리회로 설계 과정에서는 그러한 어려움을 해결하기 위하여, 제5장에서 설명하게 될 카노프 맵(Karnaugh map)을 이용하는 방법이 널리 사용되고 있다.

예제 4-3

부울 대수를 이용하여 부울 함수 $F = xyz + x'yz + xy'z' + x'y'z' + xy'z$ 를 간략화하라.

풀이

$$
\begin{aligned}
F &= xyz + x'yz + xy'z' + x'y'z' + xy'z \\
&= yz(x + x') + xy'(z' + z) + x'y'z' \\
&= yz + xy' + x'y'z' \\
&= yz + y'(x + x'z') \\
&= yz + y'(x + x')(x + z') \\
&= yz + y'(x + z') \\
&= yz + xy' + y'z'
\end{aligned}
$$

4.4.5 논리회로 설계의 사례

이제 4.4절에서 지금까지 설명한 여러 가지 기법들을 이용하여 간략한 논리회로를 설계해 보기로 한다. 먼저, 설계할 회로의 기능이 아래와 같이 정의되었다고 가정해보자.

세 개의 입력들로 이루어지는 2진수 조합이 나타내는 10진수 값이 0부터 4까지일 때는 출력으로 '0'을, 5 이상인 경우에는 출력으로 '1'을 발생한다.

앞에서 설명한 바와 같이 회로 설계를 위한 첫 번째 단계는 진리표를 작성하는 것이다. 그를 위하여 세 입력들의 변수명으로서 각각 A, B, C를 지정하고 출력을 F라고 한다면, 설계될 회로의 기능을 반영하는 진리표는 〈표 4-7〉과 같아진다.

〈표 4-7〉 회로설계 사례를 위한 진리표

A	B	C	F
0	0	0	0
0	0	1	0
0	1	0	0
0	1	1	0
1	0	0	0
1	0	1	1
1	1	0	1
1	1	1	1

다음 단계로서 〈표 4-7〉로부터 출력 F에 대한 부울 함수를 최소항들의 합의 형태로 구하고, 간략화하면 아래와 같아진다.

$$
\begin{aligned}
F &= AB'C + ABC' + ABC \\
&= AB'C + AB(C'+C) = AB'C + AB \\
&= A(B'C+B) = A(B'+B)(C+B) \qquad \text{\{분배 법칙\}} \\
&= A(B+C)
\end{aligned}
$$

이제 회로 설계의 마지막 단계로서, 간략화된 부울 함수에 대한 회로를 구성하면 그림 4-16과 같아진다.

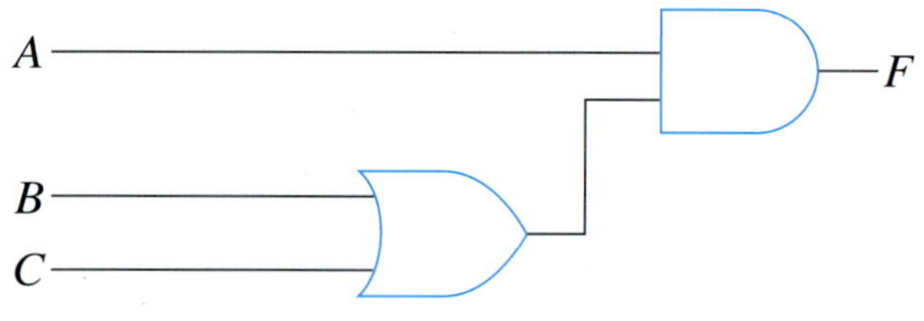

그림 4-16 회로설계 사례의 결과

4.5 표준형 부울 함수의 표현

논리적 연산을 표현하는 식 (4−8)과 같은 부울 함수를 논리회로로 구현하면 그림 4−17(a)와 같아진다.

$$F(A,B,C) = A(B + C) + BC \tag{4-8}$$

그런데 위의 함수를 분배 법칙을 이용하여 식 (4−9)와 같이 변수들 간의 곱으로 이루어진 항들의 합으로 표현된 부울 함수로 변형시킨 다음에, 그에 대한 회로를 그려보면 그림 4−17(b)와 같아진다.

$$F(A,B,C) = AB + AC + BC \tag{4-9}$$

그림 4−17의 두 회로를 비교해보면, (a)의 회로는 입력 신호들이 출력을 발생할 때까지 세 단계의 게이트들을 거치게 되는 반면에, (b)의 회로에서는 세 개의 AND 연산들이 동시에 수행되기 때문에 두 단계만 통과하면 되어 처리 시간이 단축된다. 예를 들어, 각 게이트를 통과하는 데 10ns가 걸린다면, (a)의 회로는 출력을 발생할 때까지 30ns가 소요된다. 반면에, (b)의 회로는 출력을 발생하는 데 20ns만 걸린다. 그리고 (b)의 회로는 첫 단계가 AND 게이트들만으로 이루어지고, 그 출력들이 모두 두 번째 단계의 OR 게이트로 들어가는 AND-OR 회로로 정형화 되었다.

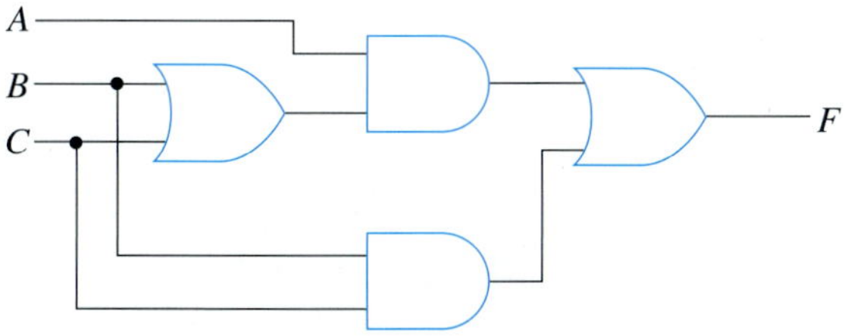

(a) $F = A(B+C)+BC$에 대한 회로

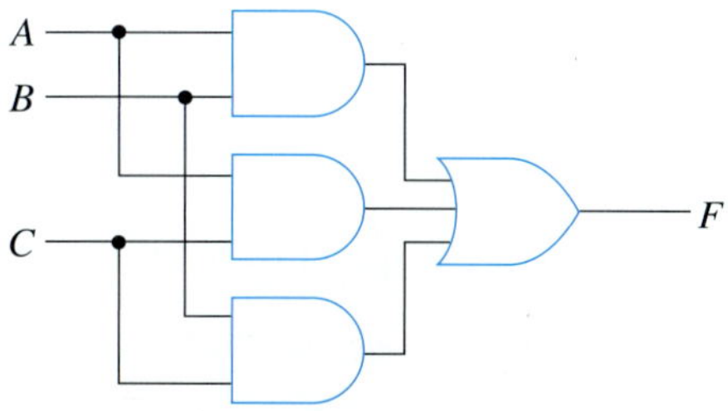

(b) $F = AB+AC+BC$에 대한 회로

그림 4−17 혼합된 부울 함수와 표준형 부울 함수에 대한 회로의 비교

그와 같은 이점들이 있기 때문에, 부울 함수를 간략화시킨 다음에는 아래와 같은 두 가지 형태들 중의 어느 하나로 정리하는 것이 바람직하다.

- 변수들 간의 부울 곱으로 이루어진 항들을 합한 형태 (예: 식 (4-9))
- 변수들 간의 부울 합으로 이루어진 항들을 곱한 형태

그와 같이 일관성 있게 정리된 형태의 부울 함수를 표준형(standard form)이라고 부른다. 표준형 부울 함수는 간략화 과정을 거친 후에 얻어지는 것이기 때문에, 식 (4-9)에서와 같이 각 항에는 포함되지 않은 변수들도 있다는 것이 정규형 부울 함수와의 차이점이다.

4.5.1 SOP 표현

앞에서 설명한 표준형 부울 함수의 두 가지 형태들 중에서 첫 번째 경우, 즉 변수들 간의 부울 곱으로 이루어진 두 개 이상의 항들이 부울 덧셈에 의해 합해진 형태의 부울 함수를 SOP 표현(sum-of-products representation)이라고 부른다. 그에 대한 몇 가지 예들을 보면 다음과 같다.

$$F(A,B,C) = A + BC + A'BC'$$
$$F(A,B,C,D) = AB' + BC'D' + ABCD'$$

SOP형으로 표현된 부울 함수는 그 항들 중의 어느 하나라도 값이 1이 되면, 출력 $F=1$이 된다. 이러한 형태의 부울 함수를 논리회로로 구현한다면 앞의 그림 4-17(b)와 같이 곱 항들의 수만큼의 AND 게이트들로 입력 신호들을 접속하고, 그 게이트들의 출력을 모두 하나의 OR 게이트로 입력시키면 된다. 즉, SOP형 부울 함수들은 AND-OR 회로로 구현된다.

표준형으로 정리되지 않은 부울 함수를 SOP 표현으로 변형하는 방법은 앞에서 본 바와 같이 분배 법칙을 이용하면 된다. 그에 대한 몇 가지 예를 보면 〈예제 4-4〉와 같다.

예제 4-4

아래의 부울 함수들을 SOP 표현으로 변환하라.

(a) $AC + B(CD + AE)$ (b) $(A' + B)'(C + D' + E)$

풀이

(a) $AC + B(CD + AE) = AC + BCD + ABE$

(b) $(A' + B)'(C + D' + E) = AB'(C + D' + E)$

$= AB'C + AB'D' + AB'E$

지금까지 살펴본 SOP 표현에서는 그 함수에 사용될 변수들 중에서 포함되지 않은 변수가 있는 항들이 있었다. 예를 들어, 변수 A, B, C 및 D로 표현되는 디지털 시스템에 대한 부울 함수 $F(A,B,C,D) = A'CD + AB' + ABC'D$를 보면, 첫 번째 항에는 B가 포함되지 않았고, 두 번째 항에는 C와 D가 없다. 부울 함수가 이와 같은 형태를 가진 경우에는 그에 대한 진리표를 작성하거나 다음 장에서 설명할 카노프 맵을 작성하는 데 어려움이 따른다. 그러한 문제를 해결하기 위해서는 부울 함수의 모든 항들이 변수들을 모두 포함하도록 변환하면 되는데, 그와 같은 변환 과정의 결과로서 얻게 되는 함수 형태를 정규형 SOP 표현(canonical SOP representation)이라고 부른다.

SOP 표현을 정규형 SOP 표현으로 변환하기 위해서는 앞에서 설명한 부울 대수의 여덟 번째 규칙인 $(A+A')=1$이 이용된다. 변환하는 방법은 변수 A가 없는 항에 $(A+A')$을 곱하더라도 그 항의 값은 변하지 않는다는 성질을 이용하여, 그 변수를 추가하는 것이다. 즉, $B'C=(A+A')B'C=AB'C+A'B'C$로 변형할 수 있다. 그리고 이러한 과정을 그 항에 없는 변수가 모두 추가될 때까지 반복하면 된다.

한 예로서 부울 함수 $F(A,B,C,D)=A'CD+AB'+ABC'D$를 정규형 SOP 표현으로 변환해보기로 하자. 이 변환을 위해서는 먼저 첫 번째 항인 $A'CD$에 포함되지 않은 변수 B를 추가하기 위하여 그 항에 $(B+B')$을 곱한 다음에 분배 법칙으로 전개한다.

$$A'CD = A'CD(B + B') = A'BCD + A'B'CD$$

그리고 두 번째 항인 AB'에는 C와 D가 없으므로, 아래에서 보는 바와 같이 그 항에 $(C+C')$을 곱하고 전개한 다음에, 그 결과로 얻어진 두 항들에 각각 $(D+D')$을 곱하고 전개하는 과정을 반복한다.

$$\begin{aligned} AB' &= AB'(C + C') = AB'C + AB'C' \\ &= AB'C(D + D') + AB'C'(D + D') \\ &= AB'CD + AB'CD' + AB'C'D + AB'C'D' \end{aligned}$$

마지막 단계로, 위의 결과들을 모두 원래의 함수에 대입하면, 부울 함수 $F(A,B,C,D)=A'CD+AB'+ABC'D$에 대한 정규형 SOP 표현은 아래와 같이 일곱 개의 최소항들을 더한 형태로 변환된다.

$$\begin{aligned} F(A,B,C,D) = {} & A'BCD + A'B'CD + AB'CD + AB'CD' + AB'C'D \\ & + AB'C'D' + ABC'D \end{aligned}$$

이와 같이 얻어진 함수에 대한 진리표를 작성하는 절차는 다음과 같다. 먼저, 네 개의 입력 변수들에 대한 16개의 입력 조합들을 나열한다. 그런 다음에, 위의 함수에 포함된 항들의 값이 1이 되게 하는 입력 조합들에 대응되는 출력 F의 값을 1로 세트한다. 예를 들어, 첫 번째 항인 $A'BCD=1$이 되게 하는 2진수 입력 조합은 0111($A=0$, $B=1$, $C=1$, $D=1$)이다. 결과적으로, 진리표에서 입력 조합 0111, 0011, 1011, 1010, 1001, 1000 및 1101에 대한 출력들을 1로 세트하고, 나머지 입력 조합들에 대한 출력들은 모두 0으로 세트하면 된다(〈예제 4-5〉 참조).

예제 4-5

세 개의 변수들 A, B, C로 표현되는 시스템에 대한 부울 함수 $F(A,B,C) = A'+BC$를 정규형 SOP 표현으로 변환하고, 그에 대한 진리표를 작성하라.

풀이

$$\begin{aligned} F &= A' + BC \\ &= A'(B + B') + BC(A + A') \\ &= A'B + A'B' + ABC + A'BC \\ &= A'B(C + C') + A'B'(C + C') + ABC + A'BC \\ &= A'BC + A'BC' + A'B'C + A'B'C' + ABC + A'BC \\ &= A'BC + A'BC' + A'B'C + A'B'C' + ABC \end{aligned}$$

위 과정의 마지막 단계에서 $A'BC$ 항이 두 개가 존재하기 때문에, 그들 중의 하나(마지막 항)를 제거하였다. 진리표는 다섯 개 항들 각각에 대하여, 항의 값이 1이 되게 하는 입력 조합에 대응되는 출력 F를 1로 세트하여 작성하면 된다. 즉, 위의 함수에 포함된 다섯 개 항들의 값이 1이 되게 해주는 입력 조합은 $A'BC \leftrightarrow 011$, $A'BC' \leftrightarrow 010$, $A'B'C \leftrightarrow 001$, $A'B'C' \leftrightarrow 000$, $ABC \leftrightarrow 111$이므로, 그 조합들에 대응되는 출력값(F)은 1로, 나머지 출력값들은 0으로 세트하여 진리표를 작성하면 <표 4-8>과 같아진다.

〈표 4-8〉 $F = A' + BC$ 에 대한 진리표

A	B	C	F	해당 항
0	0	0	1	$A'B'C'$
0	0	1	1	$A'B'C$
0	1	0	1	$A'BC'$
0	1	1	1	$A'BC$
1	0	0	0	
1	0	1	0	
1	1	0	0	
1	1	1	1	ABC

4.5.2 POS 표현

앞 절에서 설명한 SOP 표현과는 반대되는 부울 함수 형태로서, 변수들 간의 부울 합으로 이루어진 두 개 이상의 항들이 부울 곱셈에 의해 곱해진 형태로 표현된 부울 함수를 POS 표현(product-of-sums representation)이라고 부른다. 그에 대한 몇 가지 예들을 보면 아래와 같다.

$$F(A,B,C) = A(B + C)(A' + B + C')$$
$$F(A,B,C) = (A' + B)(A + B' + C)(A + C)$$
$$F(A,B,C,D) = (A + B' + C)(B + C' + D')(A + B + C + D')$$

POS 표현에서는 그 항들 중의 하나 혹은 그 이상이 0이면, 출력 $F = 0$이 된다. 이와 같은 형태의 부울 함수를 논리회로로 구현하는 방법은 곱 항들의 수만큼의 OR 게이트들의 출력들을 AND 게이트로 입력시키는 것이다. 즉, POS형 부울 함수는 OR-AND 회로로 구현된다. 예를 들어, 위의 두 번째 부울 함수를 구현한 회로는 그림 4-18과 같다.

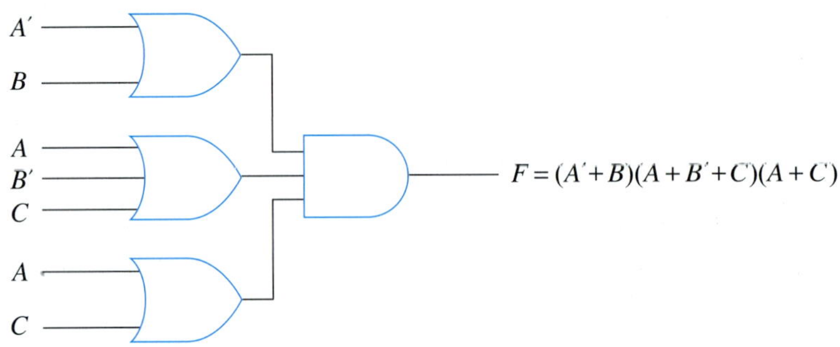

그림 4-18 $F = (A'+B)(A+B'+C)(A+C)$를 구현한 회로

SOP형 부울 함수를 POS형으로 변형하는 방법은 아래의 예와 같이 분배 법칙들 중의 하나인 $x + yz = (x + y)(x + z)$를 이용하는 것이다.

$$\begin{aligned} F &= A'B + AC \\ &= (A'B + A)(A'B + C) \\ &= (A' + A)(B + A)(A' + C)(B + C) \qquad \{(A'+A)=1\text{이므로 제거}\} \\ &= (A + B)(A' + C)(B + C) \end{aligned}$$

그런데 이와 같이 얻어진 POS형 부울 함수에도 모든 변수들을 포함하지는 않은 항들이 있다. 즉, 첫 번째 항에는 C가 없고, 두 번째 항에는 B가 없으며, 마지막 항에는 A가 없다. 이와 같은 부울 함수를 각 항이 모든 변수들을 포함하는 정규형 POS 표현(canonical POS representation)으로 변환하는 방법은 4.2절에서 설명한 부울 대수의 네 번째 규칙인 $A \cdot A'=0$을 이용하면 된다. 즉, 어떤 변수와 그에 대한 보수 간에 AND 연산을 수행하면 결과값은 0이 되므로, 이 규칙을 적용한 항을 더하더라도 부울 함수에는 아무런 영향이 없다. POS형 부울 함수에서 만약 어떤 항에 변수 A가 포함되지 않았다면, AA'을 더하고 분배 법칙을 적용한다. 그리고 그 항에 포함되지 않은 변수들이 모두 추가될 때까지 같은 과정을 반복하면 된다.

예를 들어, 부울 함수 $F = (A + B)(A' + C)(B + C)$를 정규형 POS 표현으로 변환하기 위해서는, 각 항에 포함되지 않은 변수를 아래와 같은 방법으로 추가한다.

$$(A + B) = A + B + CC' = (A + B + C)(A + B + C')$$
$$(A' + C) = A' + C + BB' = (A' + B + C)(A' + B' + C)$$
$$(B + C) = B + C + AA' = (A + B + C)(A' + B + C)$$

위의 결과로 얻은 항들 중에서 $(A+B+C)$ 항과 $(A'+B+C)$은 두 개씩 있으므로, 그 중의 한 개씩을 제거하면, 아래와 같은 정규형 POS 표현을 얻을 수 있다.

$$F = (A + B + C)(A + B + C')(A' + B + C)(A' + B' + C)$$

그런데 위의 네 개 항들 중 어느 하나의 값이라도 0이 되면, $F=0$이 된다. F는 세 개의 변수들로 구성되는 회로에 대한 출력 함수이므로, 모두 8개의 입력 조합들이 존재한다. 따라서 F에 대한 진리표는 그 입력 조합들 중에서 각 항의 값이 0이 되게 하는 것들에 대한 F의 값을 0으로 세트하면 된다. 예를 들어, $(A'+B+C)$ 항은 입력 조합이 100이라면, $(1'+0+0)=(0+0+0)=0$이 된다. 모든 항들에 대하여 같은 방법을 적용하면, 입력 조합이 000, 001, 100, 110일 때 $F=0$이 된다. 따라서 위 식에 대한 진리표를 작성하는 방법은 〈표 4-9〉에서와 같이 그 입력 조합들에 대한 출력들은 0으로 세트하고, 나머지는 1로 세트하면 된다.

〈표 4-9〉 정규형 POS 표현에 대한 진리표

A	B	C	F	해당 항
0	0	0	0	$(A+B+C)$
0	0	1	0	$(A+B+C')$
0	1	0	1	
0	1	1	1	
1	0	0	0	$(A'+B+C)$
1	0	1	1	
1	1	0	0	$(A'+B'+C)$
1	1	1	1	

예제 4-6

세 개의 변수들 A, B, C로 구성되는 시스템에 대한 부울 함수 $F = A'(B+C)$를 정규형 POS 표현으로 변환하고, 진리표를 작성하라.

풀이

$$
\begin{aligned}
F &= A'(B+C) \\
&= (A'+BB')(B+C+AA') \\
&= (A'+B)(A'+B')(A+B+C)(A'+B+C) \\
&= (A'+B+CC')(A'+B'+CC')(A+B+C)(A'+B+C) \\
&= (A'+B+C)(A'+B+C')(A'+B'+C)(A'+B'+C')(A+B+C) \\
&\quad (A'+B+C) \\
&= (A'+B+C)(A'+B+C')(A'+B'+C)(A'+B'+C')(A+B+C)
\end{aligned}
$$

위 과정의 마지막 두 번째 줄에서 $(A'+B+C)$ 항이 두 개가 존재하기 때문에, 그들 중의 하나(마지막 항)를 제거하여 최종 결과를 얻었다. 진리표를 작성하는 방법은 최종 결과 함수의 다섯 개 항들 각각에 대하여, 해당 변수들이 그 항의 값이 0이 되게 하는 입력 조합에 대응되는 출력값(F)을 0으로 표시하면 된다. 예를 들어, $(A'+B'+C)=(1'+1'+0)=(0+0+0)=0$이며, 같은 방법으로 모든 항들에 대하여 0이 되게 하는 조합을 구하면 된다. 결과적으로, 위의 다섯 항들 각각에 대하여 0이 되게 해주는 입력 조합들을 구해보면 100, 101, 110, 111, 000가 되며, 그에 따른 진리표는 <표 4-10>과 같아진다.

〈표 4-10〉 〈예제 4-6〉에 대한 진리표

A	B	C	F	해당 항
0	0	0	0	$(A+B+C)$
0	0	1	1	
0	1	0	1	
0	1	1	1	
1	0	0	0	$(A'+B+C)$
1	0	1	0	$(A'+B+C')$
1	1	0	0	$(A'+B'+C)$
1	1	1	0	$(A'+B'+C')$

4.5.3 정규형 SOP 표현과 정규형 POS 표현 간의 변환

이제 정규형 SOP 표현을 정규형 POS 표현으로, 혹은 그 반대로 변환하는 방법에 대하여 살펴보기로 하자. 이 변환들의 기본 원리는 어느 한 표현에 존재하는 항들을 나타내는 2진수 입력 조합들이 다른 표현에는 존재하지 않는다는 성질을 이용하는 것이다. 먼저, 정규형 SOP 표현을 정규형 POS 표현으로 변환하는 과정을 보면 아래와 같다.

① SOP 형으로 표현된 부울 함수에 포함된 항들에 대응되는 2진수 조합들을 나열한다.
② ①번 결과에 포함되지 않은 2진수 조합들을 찾는다.
③ ②번 결과로 얻은 2진수 조합들에 대한 POS 표현을 구한다.

한 예로서, 위의 절차를 이용하여 아래와 같은 정규형 SOP 표현을 정규형 POS 표현으로 변환해보자.

$$F_1(A,B,C) = A'B'C + A'BC + AB'C + ABC' + ABC$$

① 위의 함수를 각 항의 값이 1이 되게 해주는 2진수 조합들로 표현하면 다음과 같아진다.

$$001 + 011 + 101 + 110 + 111$$

② F_1 함수에 사용된 변수들이 세 개이므로, 전체적으로 2^3, 즉 8개의 2진수 조합들이 존재한다. 그들 중에서 ①번의 결과에 포함되지 않은 나머지 세 개의 2진수 조합들은 000, 010, 100이다.

③ ②번에서 찾은 2진수 조합들(000, 010, 100) 각각에 대하여, 0은 해당 변수를 정상형으로, 1은 보수형으로 표현하여 합의 항을 구한 다음에, 세 개의 항들을 모두 곱하면, 아래와 같은 정규형 POS 표현을 구할 수 있다.

$$F_1(A,B,C) = (A + B + C)(A + B' + C)(A' + B + C)$$

예제 4-7

아래의 정규형 SOP 표현을 정규형 POS 표현으로 변환하라.

$$F(x,y,z) = x'yz' + x'yz + xyz'$$

풀이

위의 함수를 각 항이 1이 되게 해주는 2진수 조합들로 표현하면 (010 + 011 + 110)이 된다. 그리고 그 표현에 포함되지 않은 2진수 조합들을 구하면 다음과 같다.

000, 001, 100, 101, 111

마지막 단계로, 위의 2진수들에 대응되는 POS 표현을 구하면, 아래와 같아진다.

$$F(x,y,z) = (x+y+z)(x+y+z')(x'+y+z)(x'+y+z')(x'+y'+z')$$

반대로, 정규형 POS 표현을 정규형 SOP 표현으로 변환하는 것도 유사한 절차를 이용하면 된다. 예를 들어, 아래와 같은 POS 표현을 SOP 표현으로 변환하는 것을 고려해보자.

$$F_2(A,B,C) = (A' + B + C')(A' + B + C)(A + B' + C)$$

앞의 POS 표현은 세 개의 항들 중의 어느 하나라도 0이 되면, 함수 F_2의 값은 0이 된다는 것을 의미한다. 따라서 이 함수를 각 항의 값이 0이 되게 해주는 2진수 입력 조합들로 표현하면, (1+0+1)(1+0+0)(0+1+0)이 된다. 그런 다음에, 여기에 포함되지 않은 2진수 조합들을 나열해보면 000, 001, 011, 110, 111이 되며, 이들을 이용하여 정규형 SOP 표현을 구하면 아래와 같아진다.

$$F_2(A,B,C) = A'B'C' + A'B'C + A'BC + ABC' + ABC$$

예제 4-8

아래의 정규형 POS 표현을 정규형 SOP 표현으로 변환하라.

$$F(x,y,z) = (x'+y+z')(x'+y+z)(x+y+z')$$

풀이

위의 함수가 0이 되게 해주는 2진수 조합을 표시하면 (1+0+1)(1+0+0)(0+0+1)이 된다. 그리고 그 조합들에 포함되지 않은 것들을 나열하면 다음과 같다.

000, 010, 011, 110, 111

마지막으로, 위의 입력 조합들에 대한 SOP 표현을 구하면 아래와 같아진다.

$$F(x,y,z) = x'y'z' + x'yz' + x'yz + xyz' + xyz$$

이제 정규형 표현들 간의 변환에 사용될 수 있는 방법을 한 가지 더 살펴보기로 하자. 먼저, 위의 설명에서 사용한 함수 F_1은 아래와 같이 간략화된 표기들을 이용하여 나타낼 수 있다.

$$\begin{aligned} F_1 &= A'B'C + A'BC + AB'C + ABC' + ABC \\ &= m_1 + m_3 + m_5 + m_6 + m_7 \\ &= \Sigma(1,3,5,6,7) \end{aligned}$$

앞의 SOP 표현은 입력 조합의 값이 1, 3, 5, 6 혹은 7이라면, 함수 F_1의 값이 1이 된다는 것을 의미한다. 그리고 반대로 입력 조합의 값이 0, 2, 혹은 4라면, 함수 F_1의 값은 0이 된다. 이 관계를 이용하여 위의 함수에 대한 보수 함수인 F_1'에 대한 표현을 구해 본다면, 출력값이 0이 되게 해주는 입력 조합들의 합으로 나타내야 하므로 아래와 같아진다.

$$F_1' = \Sigma(0,2,4) = m_0 + m_2 + m_4$$

이제 함수 F_1에 대한 POS 표현을 구하는 방법은 위의 보수 함수에 대하여 다시 보수를 취하고, 드모르간의 정리를 적용하는 것이다. 이 과정에서 최소항과 최대항이 서로 보수 관계($m_j' = M_j$)에 있다는 특성을 이용한다. 예를 들어, $m_2' = (A'BC')' = (A+B'+C) = M_2$이다. 결과적으로, F_1의 정규형 POS 표현은 아래와 같은 절차에 따라 구할 수 있다.

$$\begin{aligned} F_1 &= (F_1')' = (m_0 + m_2 + m_4)' \\ &= m_0' m_2' m_4' \\ &= M_0 M_2 M_4 \\ &= \Pi(0,2,4) \\ &= (A + B + C)(A + B' + C)(A' + B + C) \end{aligned}$$

다음으로, 아래와 같은 정규형 POS 표현을 정규형 SOP 표현으로 변환하는 방법에 대하여 살펴보기로 하자.

$$\begin{aligned} F_2 &= (A' + B + C')(A' + B + C)(A + B' + C) \\ &= \Pi(2,4,5) \end{aligned}$$

이 POS 표현은 입력 조합의 값이 2, 4 혹은 5일 때 함수 F_2의 값이 0이 된다는 것을 의미한다. 그것은 입력 조합의 값이 0, 1, 3, 6 혹은 7라면, 함수 F_2의 값은 1이 된다는 것을 의미하기도 한다. 여기서도 이 관계를 이용하여 F_2에 대한 보수 함수인 F_2'에 대한 표현을 구해 본다면, 출력값이 1이 되게 해주는 입력 조합들의 곱으로 나타내야 하므로 다음과 같아진다.

$$F_2' = \Pi(0,1,3,6,7)$$
$$= M_0M_1M_3M_6M_7$$

이제 함수 F_2에 대한 SOP 표현을 구하는 방법은 위의 보수 함수에 대하여 다시 보수를 취하고, 드모르간의 정리를 적용하는 것이다. 즉, F_2의 정규형 SOP 표현은 아래와 같은 절차에 따라 구할 수 있다.

$$\begin{aligned} F_2 &= (F_2')' = (M_0M_1M_3M_6M_7)' \\ &= M_0' + M_1' + M_3' + M_6' + M_7' \\ &= m_0 + m_1 + m_3 + m_6 + m_7 \\ &= \Sigma(0,1,3,6,7) \\ &= A'B'C' + A'B'C + A'BC + ABC' + ABC \end{aligned}$$

예제 4-9

아래의 3-변수 정규형 표현들을 각각에 대응되는 다른 정규형 표현으로 변환하라. 즉, SOP 표현은 POS로, POS 표현은 SOP 표현으로 변환하라.

(1) $\Sigma(0,1,3,7)$

(2) $\Pi(1,2,5)$

풀이

(1) $\Sigma(0,1,3,7) = \Pi(2,4,5,6)$

(2) $\Pi(1,2,5) = \Sigma(0,3,4,6,7)$

4.6 NAND 및 NOR 게이트를 이용한 회로 구현

트랜지스터를 이용하여 구현한 논리 게이트의 내부 회로를 보면, NAND 게이트와 NOR 게이트가 가장 간단하다는 것을 알 수 있다. 즉, 3.4절에서 설명한 바와 같이 AND 게이트는 NAND 게이트의 출력단에 인버터를 접속하여 출력을 반전시킨 회로로 구현되며, OR 게이트는 NOR 게이트의 출력단에 인버터를 접속하여 출력을 반전시킨 회로로 구현된다. 결과적으로, NAND 게이트와 NOR 게이트는 구현에 필요한 트랜지스터의 수가 가장 적기 때문에 동작 속도도 가장 빠르다. 따라서 디지털 논리회로는 AND 게이트와 OR 게이트보다는 NAND 게이트와 NOR 게이트들을 이용하여 구성하는 경우가 많다. 이 절에서는 앞에서 설명한 표준형 부울 함수들을 NAND 혹은 NOR 게이트를 이용하여 구현할 수 있도록, 부울 함수를 변환하는데 필요한 법칙과 방법들에 대하여 설명하고자 한다.

4.6.1 NAND 회로

3.2절에서도 간략히 설명한 바가 있지만, NAND 게이트를 이용하여 다른 종류의 게이트들을 구성하는 것이 가능하다. 그림 4-19는 NAND 게이트를 이용하여 인버터와 AND 게이트 및 OR 게이트를 구성하는 방법을 보여주고 있다. 즉, 2-입력 NAND 게이트의 두 입력 선들을 묶어서 하나의 입력으로 만들면 인버터가 된다. 그리고 (a)의 인버터를 (b)와 같이 NAND 게이트의 출력단에 접속한다면, $[(AB)']'=AB$가 되어 AND 게이트가 된다. 또한 (c)와 같이 두 입력 신호들이 각각 (a)의 인버터를 통과한 다음에 NAND 게이트로 들어오게 한다면, $(A'B')'=A+B$가 되어 OR 게이트로 동작하게 된다.

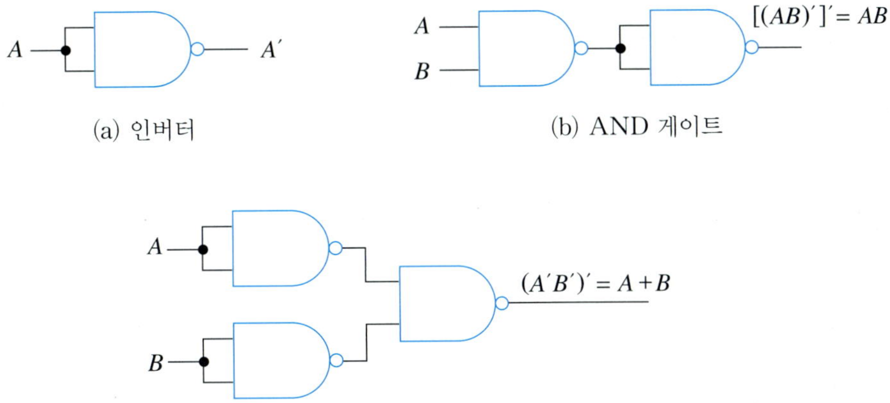

(a) 인버터 (b) AND 게이트 (c) OR 게이트

그림 4-19 NAND 게이트를 이용한 다른 게이트들의 구성 방법

그와 같이 NAND 게이트를 이용하여 인버터, AND 게이트 및 OR 게이트를 구성할 수 있기 때문에, 사실상 거의 모든 부울 함수를 NAND 게이트만으로 구현하는 것이 가능해진다. 그런데 부울 함수를 NAND 게이트만 이용하여 구현하기 위해서는 곱의 합(SOP) 형태로 만들어야 한다. 예를 들어, 부울 함수 $F=A(B+C)$에 분배법칙을 적용하여 SOP형으로 변환하면 아래와 같아지며, 이 함수에 대한 회로는 그림 4-20(a)와 같이 구성할 수 있다.

$$F = A(B + C) = AB + AC$$

그림 4-20(a)의 회로를 IC 칩으로 구현한다면 7408(AND 게이트) 칩과 7432(OR 게이트) 칩을 한 개씩 사용해야 한다. 그런데 그 회로에 그림 4-20(b)와 같이 AND 게이트의 출력단과 OR 게이트의 두 입력단에 각각 버블(o)을 한 개씩 삽입해보자. 여기서 버블은 신호를 반전시키는 인버터를 의미한다. 이렇게 하면 AND 게이트와 OR 게이트 사이에는 두 개의 인버터들이 직렬로 연결되는데, 그것은 두 번의 보수를 취하는 것과 같으므로 결과에는 아무런 영향이 없다.

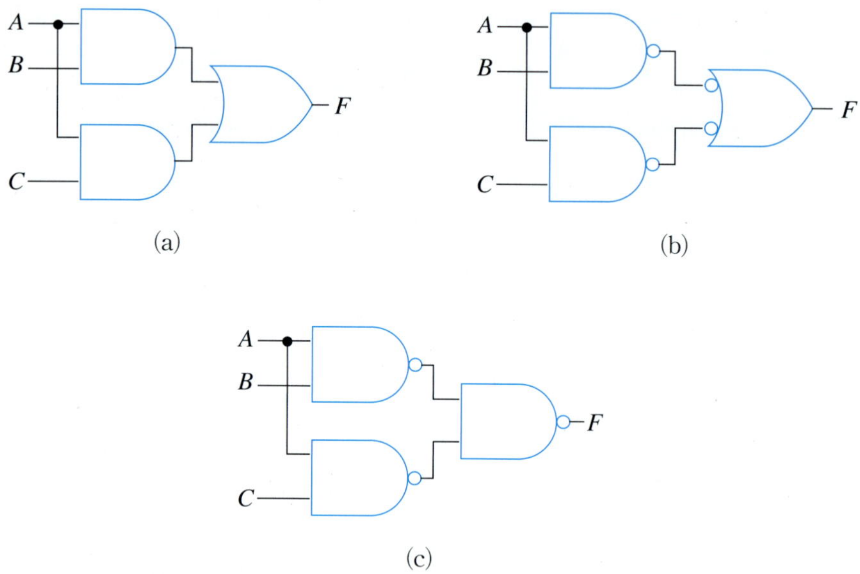

그림 4-20 $F = AB + AC$ 에 대한 세 가지 구현 방법들

그런데 그림 4-20(b)에서 두 입력으로 모두 반전된 신호들이 들어오는 우측의 OR 게이트는 $A'+B'=(AB)'$ 이므로, NAND 게이트로 대체될 수 있다. 결과적으로, 그림 4-20(a)의 회로는 (c)와 같이 세 개의 NAND 게이트만으로 구성된 회로로 변형시킬 수 있게 되었다.

여기서, 그림 4-20의 (a)와 (b) 회로의 부울 함수들을 표현해보면 아래와 같이 등가 관계가 성립된다는 것을 알 수 있다.

$$F = AB + AC = [(AB)']' + [(AC)']'$$

다음과 같이 드모르간의 정리를 이용하면, 그림 4-20의 (a) 회로로부터 (c) 회로로 직접 변경하는 것도 가능해진다.

$$F = AB + AC = (AB + AC)'' = [(AB)'(AC)']'$$

그림 4-20(c)와 같이 NAND 게이트만 이용하여 회로를 구현하게 되면, 원래의 회로인 (a)에 비하여 다음과 같은 두 가지 이점들이 있다.

▣ 기본 게이트인 NAND 게이트를 이용하므로 동작 시간이 더 빨라진다.

▣ 7400 칩에는 네 개의 NAND 게이트들이 포함되어 있으므로(3.5절 참조), 하나의 IC 칩만으로 회로 구현이 가능해진다.

NAND 게이트의 출력 함수에 드모르간의 정리를 적용하면 $(AB)'=(A'+B')$이 되는데, 그와 같은 등가 관계는 NAND 게이트의 입력 단자 수에 관계없이 항상 적용될 수 있다. 예를 들어 입력 단자의 수가 세 개인 NAND 게이트의 출력 함수에 대해서는 $(ABC)'=(A'+B'+C')$의 관계가 성립된다. 이 등가 관계를 게이트 기호로 표시해보면, 그림 4-21(a)의 3-입력 NAND 게이트가 (b)와 같이 반전된 세 입력 신호들을 받아들이는 OR 게이트와 동일하다는 것을 알 수 있다. 따라서 NAND 게이트의 기호로서 그림 4-21의 두 가지를 모두 사용할 수 있다.

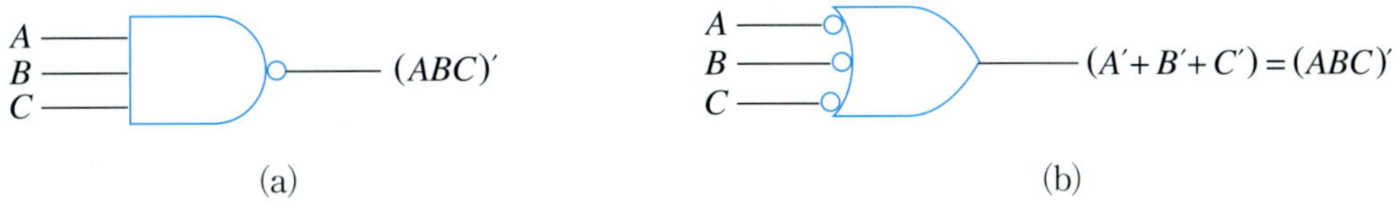

그림 4-21 NAND 게이트에 대한 두 가지 그래픽 기호들

예제 4-10

아래와 같은 부울 함수에 대한 회로를 NAND 게이트들만 이용하여 구현하라.

$$F(A,B,C) = A + B'C + BC'$$

풀이

위의 부울 함수에 대한 회로는 그림 4−22(a)와 같이 두 개의 AND 게이트들과 하나의 3-입력 OR 게이트로 구현할 수 있다. 그 회로에서 AND 게이트들을 NAND 게이트로 변환하고 버블들을 추가하는 과정을 거친 다음에, 회로를 다시 정리하면 (b)와 같이 세 개의 NAND 게이트들만으로 이루어진 회로를 구성할 수 있다(이 회로에서 마지막 단의 게이트는 그림 4−21(b)와 같은 3-입력 NAND 게이트의 기호이다). 단, 그림 4−22(b)의 회로에서 입력 A는 A'으로 바뀐 다음에 입력되지만, 인버터는 표시하지 않았다.

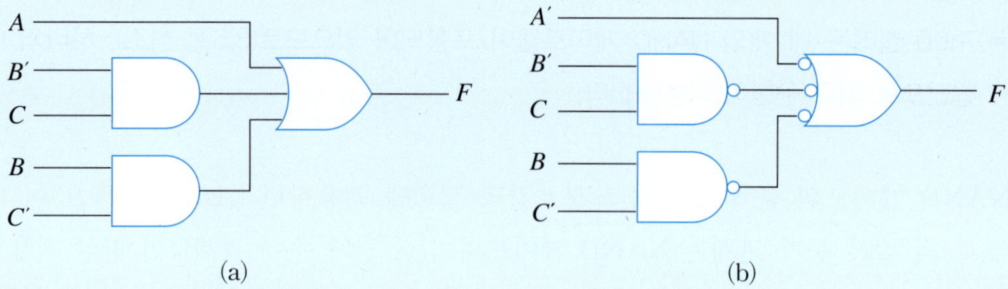

그림 4-22 $A+B'C+BC'$ 함수에 대한 NAND 게이트 구현

위의 풀이 과정도 아래와 같이 드모르간의 정리를 이용하면 부울 대수적으로도 동일한 결과를 얻을 수 있다.

$$F(A,B,C) = A + B'C + BC' = (A + B'C + BC')''$$
$$= \{A'(B'C)'(BC')'\}'$$

4.6.2 NOR 회로

NOR 연산은 NAND 연산과 쌍대(dual) 관계를 가진다. 따라서 NOR 게이트를 이용한 회로 구현의 모든 과정과 규칙은 NAND 게이트에 대한 것들에 쌍대성의 원리가 적용될 수 있다. 또한 NOR 게이트를 이용하여 모든 논리 게이트들을 구현할 수 있기 때문에, NAND 게이트와 마찬가지로 NOR 게이트도 범용 게이트라고 부른다.

그림 4-23은 NOR 게이트를 이용하여 인버터, OR 게이트 및 AND 게이트를 구성하는 방법을 보여주고 있다. 즉, 2-입력 NOR 게이트의 두 입력을 묶으면 인버터가 된다. 그리고 NOR 게이트의 출력에 (a)의 인버터를 접속하면, $[(A+B)']'=(A+B)$가 되어 OR 게이트가 된다. 그림 (c)와 같이 두 입력이 각각 (a)의 인버터를 통과한 다음에 NOR 게이트의 입력으로 들어오게 한다면, $(A'+B')'=AB$가 되어 AND 게이트로서 동작한다는 것을 알 수 있다.

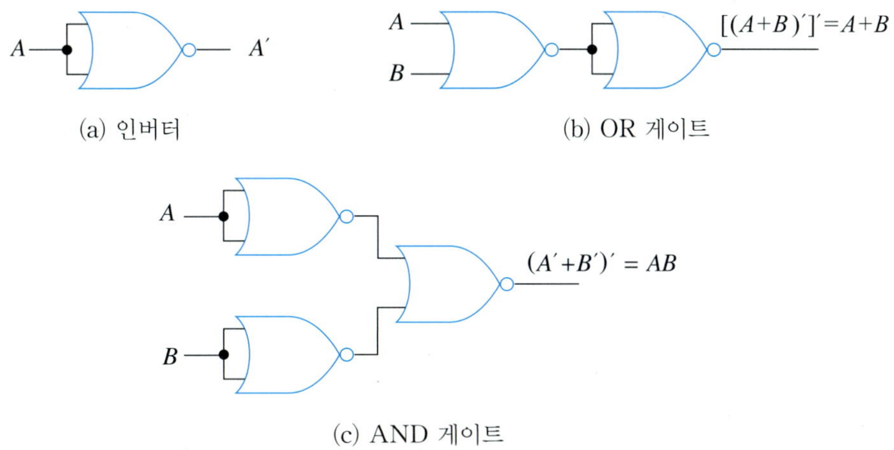

그림 4-23 NOR 게이트를 이용한 다른 게이트들의 구성 방법

부울 함수를 NOR 게이트만 이용하여 구현하기 위해서는 먼저 합의 곱(POS) 형태로 만들어야 한다. 예를 들어, 부울 함수 $F=(A+B)(C+D)$에 대한 회로 구성은 그림 4–24(a)와 같은데, OR 게이트들의 출력과 AND 게이트의 입력 사이에 두 개의 버블들을 삽입하면, 그림의 (b)와 같은 회로가 된다. 그리고 $(A'B')=(A+B)'$의 관계를 이용하여 마지막 단의 게이트 기호를 NOR 게이트로 대체하면, 그림 4–24(c)와 같이 세 개의 NOR 게이트들만으로 이루어진 회로를 구성할 수 있다.

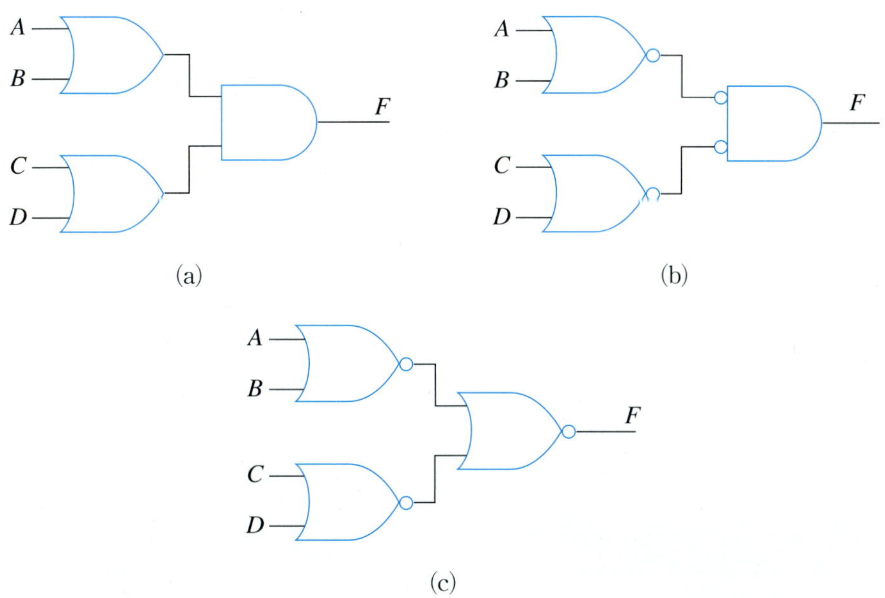

그림 4-24 $F = (A + B)(C + D)$에 대한 세 가지 구현 방법들

각 회로에 대한 부울 함수를 아래와 같이 표현해보면, 모든 함수들이 등가 관계라는 것을 확인할 수 있다.

$$F = (A + B)(C + D) \quad \text{(a)}$$
$$= [(A + B)']'[(C + D)']' \quad \text{(b)}$$
$$= [(A + B)' + (C + D)']' \quad \text{(c)}$$

그림 4-24의 회로 변환 과정에서도 이미 언급하였지만, NOR 게이트의 출력 함수에 드모르간의 정리를 적용하면 $(A+B)'=(A'B')$이 된다. 이와 같은 등가 관계는 NOR 게이트의 입력 개수에 관계없이 항상 성립될 수 있다. 예를 들어, 입력의 수가 세 개인 NOR 게이트의 출력 함수에 대해서는 $(ABC)'=(A'+B'+C')$이 성립된다. 이 등가 관계를 게이트 기호로 표시해 본다면, 그림 4-25(a)의 3-입력 NOR 게이트가 (b)와 같이 반전된 세 입력 신호들을 받아들이는 AND 게이트와 동일하다는 것을 알 수 있다. 따라서 NOR 게이트의 기호로서 그림 4-25의 두 가지를 모두 사용할 수 있다.

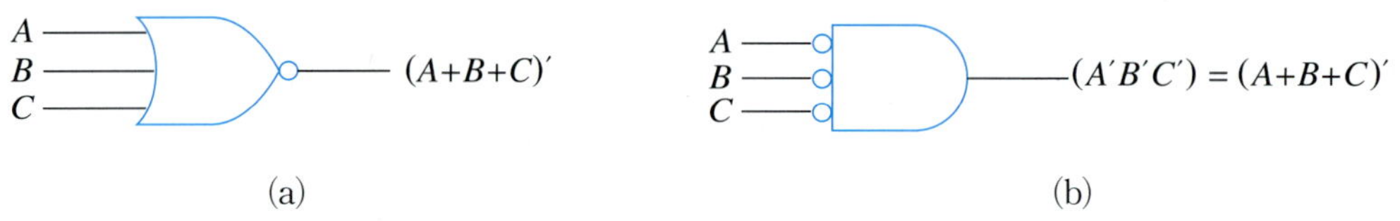

그림 4-25 NOR 게이트에 대한 두 가지 그래픽 기호들

4.7 XOR 연산과 XNOR 연산

XOR 연산에 대한 부울 대수적 특징을 분석하기 위하여, 제3장에서 공부한 XOR 게이트에 대한 기호와 진리표를 다시 살펴보면 그림 4-26과 같다.

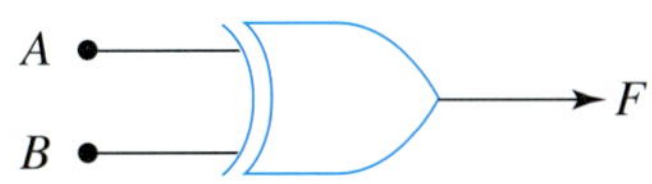

(a) 기호

A	B	F
0	0	0
0	1	1
1	0	1
1	1	0

(b) 진리표

그림 4-26 XOR 게이트의 기호와 진리표

XOR 연산은 두 개의 입력 변수들 간에만 적용될 수 있으며, 기호로는 ⊕를 사용한다. 따라서 그림 4-26(a)의 XOR 게이트에 대한 출력 함수는 $F=A\oplus B$로 표현할 수 있다. 그리고 그림 4-26(b)의 진리표로부터 XOR 연산에 대한 부울 함수를 유도하면 식 (4-10)과 같아진다.

$$F = A \oplus B = A'B + AB' \qquad (4-10)$$

XOR 게이트는 그림 3-32(b)와 같은 트랜지스터 회로로 구현되기 때문에 그림 4-26(a)와 같은 그래픽 기호로 표시하지만, 기본 게이트들을 이용하여 식 (4-10)을 구현한 그림 4-27과 같이 구성할 수도 있다.

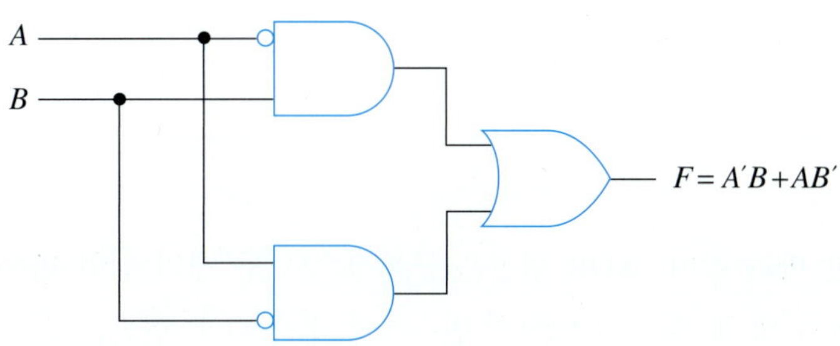

그림 4-27 기본 게이트들로 구성된 XOR 게이트의 내부 회로

진리표와 부울 표현을 근거로 하여, XOR 함수에 적용될 수 있는 법칙과 규칙들을 정리해보면 아래와 같다.

$$A \oplus 0 = A \qquad (4-11)$$

$$A \oplus 1 = A' \qquad (4-12)$$

$$A \oplus A = 0 \qquad (4-13)$$

$$A \oplus A' = 1 \qquad (4-14)$$

$$A \oplus B = B \oplus A \qquad \{\text{교환 법칙}\}\ (4-15)$$

$$(A \oplus B) \oplus C = A \oplus (B \oplus C) \qquad \{\text{결합 법칙}\}\ (4-16)$$

$$A(B \oplus C) = AB \oplus AC \qquad \{\text{분배 법칙}\}\ (4-17)$$

$$(A \oplus B)' = A' \oplus B = A \oplus B' \qquad (4-18)$$

위에서 열거된 법칙들 중에서 식 (4−15)의 교환 법칙은 $0 \oplus 1 = 1 \oplus 0 = 1$이 유효하므로 증명될 수 있다. 그 다음의 결합 법칙은 세 변수들 간의 XOR 연산 관계를 보여주고 있는데, 〈표 4−11〉의 진리표를 통하여 식 (4−16)의 세 가지 표현들 간에 등가 관계가 성립한다는 것을 확인할 수 있다.

〈표 4−11〉 XOR 연산의 결합 법칙을 증명하기 위한 진리표

A B C	$A \oplus B$	$(A \oplus B) \oplus C$	$(B \oplus C)$	$A \oplus (B \oplus C)$	$A \oplus B \oplus C$
0 0 0	0	0	0	0	0
0 0 1	0	1	1	1	1
0 1 0	1	1	1	1	1
0 1 1	1	0	0	0	0
1 0 0	1	1	0	1	1
1 0 1	1	0	1	0	0
1 1 0	0	0	1	0	0
1 1 1	0	1	0	1	1

앞에서 언급한 바와 같이, XOR 연산은 근본적으로 두 개의 입력 변수들 간에만 적용될 수 있다. 따라서 세 개 혹은 그 이상의 변수들에 대한 XOR 연산은 먼저 두 변수들 간의

XOR 연산을 수행한 다음에, 그 결과값과 나머지 변수 간에 XOR 연산을 수행하는 방법으로 최종 결과를 얻을 수 있다. 결합 법칙은 그 과정에서 XOR 연산을 처리하는 순서와 상관없이 결과가 동일하다는 것을 보여주고 있다.

하드웨어 구현에서도 세 개 혹은 그 이상의 입력 신호들을 가진 XOR 게이트는 일반적으로 2-입력 XOR 게이트들을 이용하여 구성된다. 즉, 그림 4-28의 (a) 및 (b) 회로들과 같이 먼저 두 개의 입력들을 선택하여 첫 번째 XOR 게이트를 통과시킨 다음에, 그 결과와 나머지 입력을 두 번째 XOR 게이트로 입력시키면, 세 입력들 간의 XOR 연산 결과를 얻을 수 있다. 그림 4-28의 (a)와 (b) 회로가 구성은 약간 다르지만, 입력 신호들의 연산처리 순서에 상관없이 동일한 결과를 얻을 수 있다는 사실을 〈표 4-11〉의 세 번째 및 다섯 번째 열의 결과를 통하여 확인할 수 있다. 그와 같이 3-변수 XOR 연산을 처리하는 회로들은 (c)와 같은 하나의 그래픽 기호로 표현되기도 하며, 그에 대한 출력은 $F=A \oplus B \oplus C$로 표기된다. 그리고 결과값들은 〈표 4-11〉의 마지막 열에서 보는 바와 같이 다른 경우들과 동일하게 나타낸다.

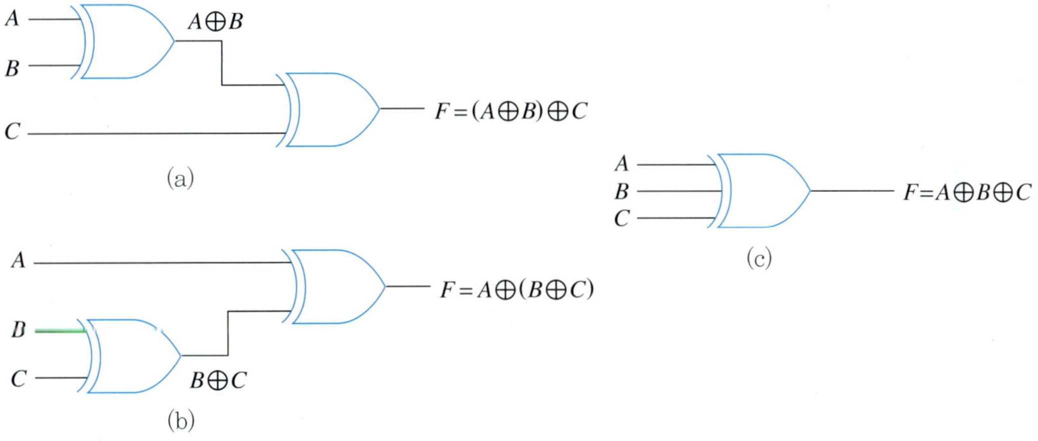

그림 4-28 3-입력 XOR 게이트의 등가 회로들과 기호

〈표 4-11〉의 3-입력 XOR 연산 결과들을 다시 살펴보면, 입력 값들 중에서 1의 개수가 홀수일 때만 최종 결과값이 1이 된다는 것을 알 수 있다. 이러한 특징은 2-입력 XOR 연산에 대한 진리표(그림 4-26(b))뿐 아니라, 4비트 혹은 그 이상의 비트들 간의 XOR 연산에서도 확인할 수 있다. 따라서 XOR 함수를 **홀수 함수(odd function)**라고도 부른다.

식 (4–17)의 분배 법칙은 아래와 같이 역방향의 함수 유도를 통하여 증명할 수 있다.

$$\begin{aligned} AB \oplus AC &= (AB)'AC + AB(AC)' \\ &= (A' + B')AC + AB(A' + C') \\ &= A'AC + AB'C + AA'B + ABC' \\ &= AB'C + ABC' \\ &= A(B'C + BC') = A(B \oplus C) \end{aligned}$$

이 결과는 XOR 함수에서도 공통 변수를 묶을 수 있다는 것을 보여주는데, 이 유도 과정을 반대 방향으로 보면 XOR 연산된 변수 B와 C를 변수 A와 각각 곱한 항으로 분배할 수 있다는 것을 보여주고 있다. 즉, 이 관계를 통하여 분배 법칙도 성립한다는 것을 확인할 수 있다. 그러나 AND 및 OR 함수와는 달리, $A+BC=(A+B)(A+C)$ 유형의 분배 법칙은 성립되지 않는다. 즉, $A \oplus BC \neq (A \oplus B)(A \oplus C)$이다.

XOR 함수에 대한 법칙과 규칙들 중에서 식 (4–18)은 두 변수들 간에 XOR 연산을 수행한 결과에 대하여 보수를 취할 때 드모르간의 정리가 적용될 수 없다는 것을 보여주고 있다. 즉, 두 변수 간의 XOR 연산에 대한 보수는 두 변수들 중의 어느 한 개만 보수가 된 XOR 연산으로 변환될 수 있다. 이 규칙은 다음에 설명할 XNOR 함수의 특징을 보여주는 것인데, 그 등가 관계를 진리표를 이용하여 증명해보면 〈표 4–12〉와 같다.

〈표 4–12〉 식 (4–18)의 증명을 위한 진리표

A B	$A \oplus B$	$(A \oplus B)'$	A'	$A' \oplus B$	B'	$A \oplus B'$
0 0	0	1	1	1	1	1
0 1	1	0	1	0	0	0
1 0	1	0	0	0	1	0
1 1	0	1	0	1	0	1

이제 마지막으로 등가 연산(equivalence operation)이라고도 부르는 XNOR 연산의 부울 대수적 특징에 대하여 살펴보기로 하자. 이를 위하여, 제3장에서 살펴보았던 XNOR 게이트의 기호와 진리표를 다시 보면 그림 4–29와 같다.

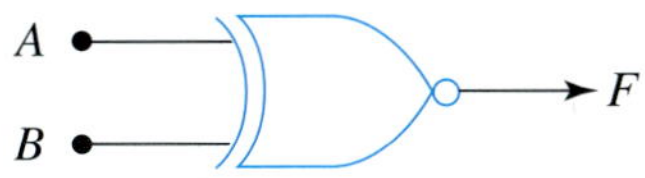

(a) 기호

A	B	F
0	0	1
0	1	0
1	0	0
1	1	1

(b) 진리표

그림 4-29 XNOR 게이트의 기호와 진리표

XNOR 연산도 기본적으로 두 개의 입력 변수들 간에만 적용될 수 있으며, 기호로는 ⊙ 혹은 ≡를 사용한다(이 책에서는 ⊙를 사용하기로 함). 그에 따라, 그림 4-29(a)의 XNOR 게이트에 대한 출력 함수는 $F=A \odot B$로 표현할 수 있다. 그림 4-29(b)의 진리표에서 보는 바와 같이 XNOR 연산은 두 입력이 동일한 값을 가질 때만 출력이 1이 되며, 그에 대한 부울 표현을 구하면 식 (4-19)과 같아진다.

$$F = A \odot B = AB + A'B' \tag{4-19}$$

그런데 그림 4-29(a)의 기호에서 보는 바와 같이 XNOR 게이트는 XOR 게이트의 출력단에 인버터를 접속하여 출력 신호를 반전시킨 것과 같다. 그러한 관계는 아래와 같은 부울 함수의 유도를 통해서도 확인할 수 있다.

$$\begin{aligned}(A \oplus B)' &= (A'B + AB')' \\ &= (A'B)'(AB')' \\ &= (A + B')(A' + B) \\ &= AB + A'B' = A \odot B\end{aligned}$$

이와 같은 관계는 식 (4-18)을 이용하여 아래와 같이 증명할 수도 있다.

$$\begin{aligned}(A \oplus B)' &= A' \oplus B \\ &= AB + A'B' = A \odot B\end{aligned}$$

XNOR 함수에서도 교환 법칙과 결합 법칙이 성립하지만 분배 법칙은 성립하지 않는다. 그리고 세 개 혹은 그 이상의 변수들에 대한 XNOR 연산의 결과는 아래와 같은 함수 관계에 의해 XOR 연산 결과와 반대가 되는 값을 가진다.

$$(A \odot B \odot C) = (A \oplus B \oplus C)' \tag{4-20}$$

$$(A \odot B \odot C \odot D) = (A \oplus B \oplus C \oplus D)' \tag{4-21}$$

결과적으로, XNOR 연산은 입력값들 중에서 1의 개수가 짝수일 때만 출력이 1이 되기 때문에, XNOR 함수를 짝수 함수(even function)라고도 부른다.

기 본 문 제

4.1 아래 중에서 부울 곱셈의 결합 법칙에 해당하는 것은?

가. $A = AA$　　나. $A + B = B + A$
다. $(AB)C = A(BC)$　　라. $A(B + C) = AB + AC$

4.2 아래 중에서 분배 법칙에 해당하는 것은?

가. $x(x + 1) = x$　　나. $x(yz) = xyz$
다. $y + yz = y$　　라. $x + yz = (x + y)(x + z)$

4.3 아래의 규칙들 중에서 잘못된 것은?

가. $x + xy' = x$　　나. $x + x'y = x + y'$
다. $x + x' = 1$　　라. $(x + y)(x + z) = x + yz$

4.4 '$BB' = 0$'과 쌍대 관계에 있는 규칙은 아래의 어느 것인가?

가. $B + B' = 0$　　나. $B'B = 0$
다. $B + B' = 1$　　라. $B'B = 1$

4.5 다음 중에서 팩터링(factoring)에 해당하는 것은?

가. $A + B = B + A$
나. $A(B + C) = AB + AC$
다. $AB + AC = A(B + C)$
라. $A + BC = (A + B)(A + C)$

4.6 부울 규칙을 적용하여 부울 함수 $(x + x'y + x'y')$을 간략화시킨 결과는 아래의 어느 것이 되는가?

가. 0　　나. 1
다. $x + y$　　라. y

4.7 $Y = A + AB' + A'B$의 논리식을 간략화하면?

가. $Y = AB'$　　나. $Y = A' + B$

다. $Y = AB$　　라. $Y = A + B$

4.8 드모르간의 정리를 적용한 아래의 등식들 중에서 잘못된 것은?

가. $(A + B)' = A'B'$　　나. $(ABC)' = A' + B' + C'$

다. $(A'B'C')' = A + B + C$　　라. $(A'B')' = A' + B'$

4.9 아래의 등가 관계들 중에서 옳은 것은?

가. $(A + B)' + (C + D)' = A'B' + C'D'$

나. $(A + B)' + (C + D)' = (A' + B')(C' + D')$

다. $(A + B + C + D)' = A' + B' + C' + D'$

라. $(AB)' + (CD)' = (A' + B')(C' + D')$

4.10 세 개의 변수들(x,y,z) 중에서 홀수 개가 1인 경우에 출력 $F=1$이 되는 함수를 최소항들의 합으로 바르게 나타낸 것은?

가. $F = x'y'z' + x'yz' + xy'z' + xyz$

나. $F = x'y'z' + x'yz' + xy'z' + xyz$

다. $F = x'y'z + x'yz' + xy'z' + x'yz$

라. $F = x'y'z + x'yz' + xy'z' + xyz$

4.11 부울 함수 $F(A,B,C) = AB+B'C$를 표준형으로 변환하기 위한 절차로서 옳은 것은?

가. 첫 번째 항에 CC'을 더하고, 두 번째 항에는 AA'을 더한다.

나. 첫 번째 항에 AB'을 더하고, 두 번째 항에는 BC'을 더한다.

다. 첫 번째 항에 $(C+C')$을 곱하고, 두 번째 항에는 $(A+A')$을 곱한다.

라. 첫 번째 항에 $(A+B)$를 곱하고, 두 번째 항에는 $(B+C)$를 곱한다.

4.12 부울 함수 $F(A,B,C) = (A+B)(B+C')$을 표준형으로 변환하기 위한 절차로서 옳은 것은?

가. 첫 번째 항에 CC'을 더하고, 두 번째 항에는 AA'을 더한다.

나. 첫 번째 항에 AB'을 더하고, 두 번째 항에는 BC'을 더한다.

다. 첫 번째 항에 $(C+C')$을 곱하고, 두 번째 항에는 $(A+A')$을 곱한다.

라. 첫 번째 항에 $(A+B)$를 곱하고, 두 번째 항에는 $(B+C)$를 곱한다.

4.13 세 개의 변수들(x,y,z) 중에서 짝수 개가 1인 경우에 출력 $F=0$이 되는 함수를 최대항들의 곱으로 바르게 나타낸 것은?

가. $F = \prod(0,3,5,6)$ 나. $F = \prod(0,2,4,6)$
다. $F = \prod(2,4,5,6)$ 라. $F = \prod(1,2,4,6)$

4.14 아래의 논리회로의 출력 F는?

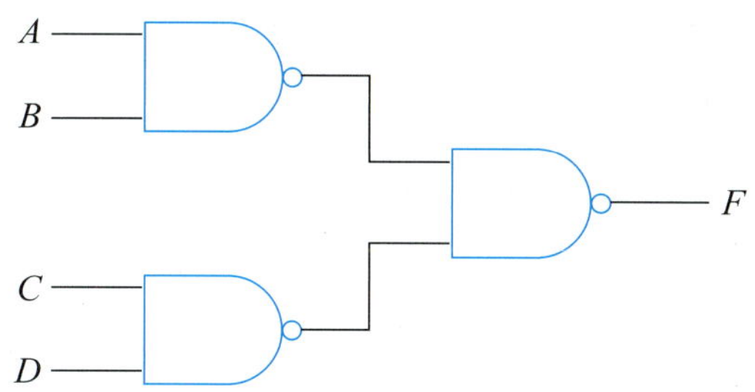

가. $(A+B)'+(C+D)'$ 나. $(AB)'+(CD)'$
다. $(A+B)(C+D)$ 라. $AB+CD$

4.15 부울 함수 $F = (A + B)(A + B')$을 간략화시킨 결과로서 옳은 것은?

가. $F = A+B'$ 나. $F = A$
다. $F = B$ 라. $F = AB'$

4.16 부울 함수 $F = \{(A' + B)B'\}'$을 간략화한 결과로서 옳은 것은?

가. $F = A + B$ 나. $F = A' + B$
다. $F = A + B'$ 라. $F = A' + B'$

4.17 부울 함수 $F(A,B,C) = A + B'C$를 최소항의 합으로 바르게 표시한 것은?

가. $F(A,B,C) = \Sigma(1,4,5,6,7)$ 나. $F(A,B,C) = \Sigma(1,3,4,6,7)$
다. $F(A,B,C) = \Sigma(1,2,4,6,7)$ 라. $F(A,B,C) = \Sigma(1,2,3,6,7)$

4.18 SOP 표현인 $F(A,B,C) = \Sigma(0,1,3,7)$을 POS 표현으로 변환한 결과는 어느 것인가?

가. $\prod(0,1,3,7)$ 나. $\prod(0,2,4,6)$
다. $\prod(2,4,5,7)$ 라. $\prod(2,4,5,6)$

4.19 아래의 XOR 함수들 중에서 바르게 표현되지 않은 것은?

가. $x \oplus 0 = x$　　나. $x \oplus 1 = x'$

다. $x \oplus x' = 1$　　라. $(x \oplus y)' = x' \oplus y'$

4.20 XNOR 함수에 대한 아래의 설명 중에서 잘못된 것은?

가. XOR 함수와 반대되는 값을 출력한다.

나. 두 입력의 값이 같을 때 0을 발생한다.

다. 짝수 함수라고도 부른다.

라. 등가 연산을 수행한다.

정답

4.1 다	4.2 라	4.3 나	4.4 다	4.5 다	4.6 나	4.7 라	4.8 라	4.9 가
4.10 라	4.11 다	4.12 가	4.13 가	4.14 라	4.15 나	4.16 가	4.17 가	4.18 라
4.19 라	4.20 나							

연습문제

4.1 아래의 그림 4-30과 같은 회로에서 출력 F에 대한 부울 함수를 유도하고 간략화하라. 또한 그 결과에 대한 회로를 그려서 비교하라.

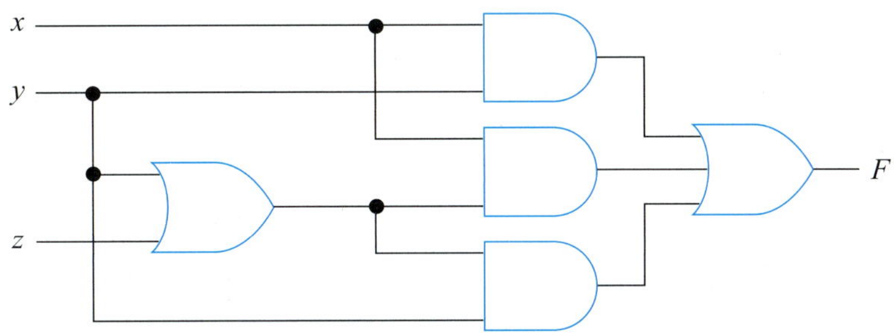

그림 4-30 문제 4.1을 위한 회로

4.2 아래의 그림 4-31의 회로로부터 출력 F에 대한 부울 함수를 유도하고 간략화하라.

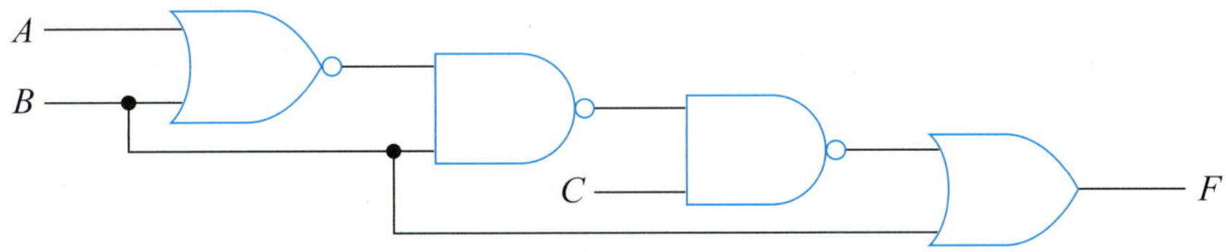

그림 4-31 문제 4.2를 위한 회로

4.3 아래의 각 문장을 부울 함수로 표현하라.

(1) 은행 금고의 잠금장치(locker: L)는 영업시간(x) 중이거나 감사기간(y) 중에, 담당직원(A)과 보안요원(B)이 모두 사무실에 있을 때만 열어둘($L=1$) 수 있다.

(2) 엘리베이터의 문(Gate: G)은 엘리베이터가 멈추어 있고($R=0$), 그 층의 버튼이 눌려져 있거나($B=1$) 비상벨이 울릴 때($E=1$), 열린다($G=1$).

4.4 부울 대수의 법칙들과 규칙들을 이용하여 아래의 부울 함수들을 간략화하라.

(1) $AB + A(B + C) + B(B + C)$

(2) $[AB'(C + BD) + A'B']C$

(3) $(xy' + w'z)(wx' + yz')$

(4) $xyz + x'y + xyz'$

4.5 $A + A'B = A + B$가 성립한다는 것을 진리표를 이용하여 증명하라.

4.6 드모르간의 정리를 이용하여 아래 부울 함수들의 보수(F')를 각각 구하라.

(1) $F(A,B) = AB' + A'B$

(2) $F(A,B,C) = (A + B)(A + B' + C)(B + C)$

(3) $F(x,y,z) = x'y + yz + x'z$

(4) $F(x,y,z) = (x' + y)(x + y + z')(y' + z)$

4.7 4.3절에서 설명한 것과 같은 방법으로, 아래의 그림 4-32와 같은 회로를 부울 대수를 이용하여 분석하라.

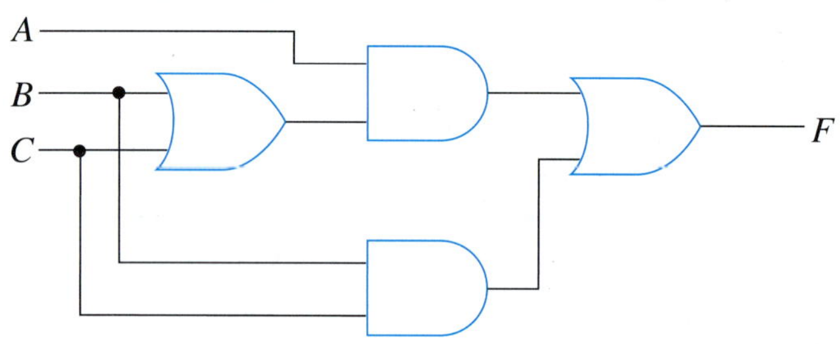

그림 4-32 문제 4.7을 위한 회로

4.8 아래의 그림 4-33과 같은 회로에서 각 게이트의 출력에 주어진 임시 변수들(a,b,c) 및 두 출력 변수들(F와 G)에 대한 부울 함수를 각각 유도하라. 그리고 그 변수들을 사용하여 〈표 4-2〉와 같은 진리표를 작성하고, 동작 특성을 분석하라.

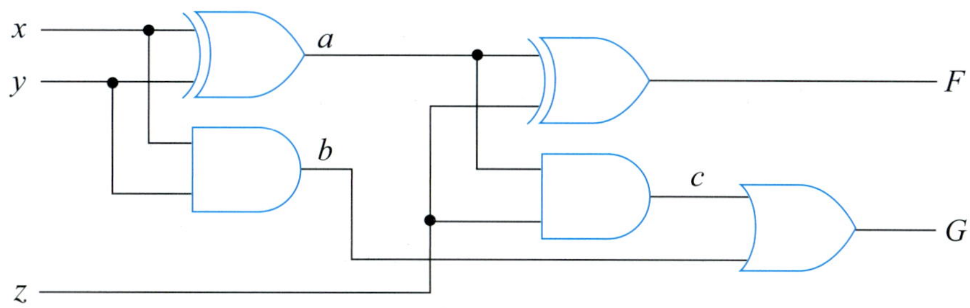

그림 4-33 문제 4.8을 위한 회로

4.9 앞면과 뒷면을 가진 동전 세 개에 각각 논리 변수 A, B 및 C를 지정하기로 하자. 동전을 던져서 앞면이 나오면 '1', 뒷면이 나오면 '0'이라고 할 때, 세 개를 모두 던져서 한 개의 동전만 앞면이 나온 경우에 출력 $F=1$이 된다. 진리표를 작성하고, 함수 $F(A,B,C)$를 아래의 형태로 각각 표현하라.

(1) 최소항들의 합으로 표현한 부울 함수

(2) 최대항들의 곱으로 표현한 부울 함수

4.10 〈표 4-13〉의 진리표로부터 아래와 같은 부울 함수들을 구하고, 각 결과를 식 (4-3), (4-4) 및 (4-5)와 같이 간략화된 기호와 단축 기호(Σ, Π)를 이용하여 각각 표현하라.

(1) 최소항들의 합으로 표현한 부울 함수

(2) 최대항들의 곱으로 표현한 부울 함수

〈표 4-13〉 문제 4.8을 위한 진리표

A	B	C	F
0	0	0	1
0	0	1	1
0	1	0	0
0	1	1	1
1	0	0	0
1	0	1	0
1	1	0	1
1	1	1	0

4.11 부울 함수 $F(A,B,C) = A + B(C + A'C')$에 대하여 아래 물음에 답하라.

(1) 표준형 SOP 표현으로 변환하라.

(2) (1)번 결과로부터 정규형 SOP 표현을 구하고, 진리표를 작성하라.

4.12 부울 함수 $F(x,y,z) = xy' + xz$에 대하여 아래 물음에 답하라.

(1) 표준형 POS 표현으로 변환하라.

(2) (1)번의 결과로부터 정규형 POS 표현을 구하고, 진리표를 작성하라.

4.13 아래의 정규형 SOP 표현들을 정규형 POS 표현으로 변환하라.

(1) $F(A,B,C) = A'B'C + A'BC' + AB'C$

(2) $F(A,B,C,D) = \Sigma(0,1,3,5,6,12,14,15)$

(3) $F(x,y,z) = x'yz' + x'yz + xy'z' + xyz$

(4) $F(w,x,y,z) = \Sigma(0,1,3,8,11,13,15)$

4.14 아래의 정규형 POS 표현들을 정규형 SOP 표현으로 변환하라.

(1) $F(A,B,C) = (A'+B'+C)(A'+B+C')(A+B'+C)(A+B+C)$

(2) $F(A,B,C,D) = \Pi(0,2,3,5,8,10,11,14)$

(3) $F(x,y,z) = (x+y+z)(x'+y+z')(x'+y'+z')$

(4) $F(w,x,y,z) = \Pi(1,2,8,11,13,14)$

4.15 $F(A,B,C) = \Sigma(1,3,6)$이고 $G(A,B,C) = \Sigma(1,2,4,6)$일 때, $(F+G)$를 구하라.

4.16 아래와 같은 부울 함수에 대한 회로를 NAND 게이트들만 이용하여 구현하라. 단, 각 변수의 보수 입력은 사용 가능한 것으로 가정한다.

$$F(x,y,z) = x'y + yz' + xz$$

4.17 아래와 같은 부울 함수에 대한 회로를 NOR 게이트들만 이용하여 구현하라. 단, 각 변수의 보수 입력은 사용 가능한 것으로 가정한다.

$$F(x,y,z) = (x + y)(y' + z)(x' + z')$$

4.18 XOR 함수들 간의 등가 관계인 $[(A \oplus B) \oplus C = A \oplus (B \oplus C)]$를 AND 및 OR 연산식으로 변환하여 대수적으로 증명함으로써, XOR 함수에서 결합 법칙이 성립한다는 것을 보여라.

4.19 XOR 함수에서 아래와 같은 유형의 분배 법칙은 성립되지 않는다는 것을 대수적 방법으로 확인하라.

$$A \oplus BC = (A \oplus B)(A \oplus C)$$

4.20 XNOR 함수들 간의 등가 관계 $[(A \odot B) \odot C = A \odot (B \odot C)]$를 아래와 같은 방법들로 각각 증명함으로써, XNOR 함수에서 결합 법칙이 성립한다는 것을 보여라.

(1) AND 및 OR 연산 함수로 변환한 대수적 방법

(2) 진리표를 이용한 방법

4.21 아래의 부울 함수를 AND 및 OR 함수로 변환하고, 간략화하라.

$$F = (x' \odot z)(y \oplus z')$$

4.22 아래의 두 가지 방법을 이용하여 $[A(B \odot C) \neq AB \odot AC]$를 증명함으로써, XNOR 함수에서는 분배 법칙이 성립하지 않는다는 것을 보여라.

(1) 대수적 방법

(2) 진리표를 이용한 방법

4.23 4-변수 XOR 연산에 대한 진리표를 작성하고, 그 연산이 홀수 함수라는 것을 증명하라.

4.24 식 (4-20)과 식 (4-21)을 이용하여 3-변수 및 4-변수 XNOR 연산에 대한 진리표를 각각 작성하고, 그 결과들로부터 XNOR 연산이 짝수 함수라는 것을 증명하라. [힌트: 먼저 XOR 연산에 대한 진리표를 구한 다음에, 보수를 취하여 XNOR 연산의 결과를 구하라.]

Digital Logic Circuits

CHAPTER 05

카노프 맵을 이용한 부울 함수의 간략화

CONTENTS

CHAPTER

05 카노프 맵을 이용한 부울 함수의 간략화

부울 함수를 논리회로로 구현하기 전에 항과 변수들의 개수를 최소화시키면 회로의 복잡도를 줄이고 처리 시간을 단축시킬 수 있다는 것이 제4장에서 입증되었다. 그런데 부울 대수의 규칙과 법칙들을 이용하여 부울 함수를 간략화시키는 경우에는 많은 경험이 필요할 뿐 아니라, 최소 형태로 간략화시키지 못하는 경우가 발생할 수 있다. 그러한 문제를 해결하기 위하여, 부울 함수를 체계적으로 간략화시키는 기법인 카노프 맵(Karnaugh map)이 개발되었다.

카노프 맵은 입력 변수들에 대한 2진수 조합 개수만큼의 셀(cell)들을 2차원 평면상에 배열한 구조를 가진다. 각 셀에는 대응되는 입력 변수 조합에 대한 출력값이 표시된다. 간략화는 카노프 맵 상에서 서로 인접해 있는 1(혹은 0)들을 묶은 다음에, 정해진 규칙에 따라 변수를 제거하는 방법으로 이루어진다. 2-변수 부울 함수는 부울 규칙과 법칙을 이용하여 쉽게 간략화 시킬 수 있기 때문에, 이 방법은 주로 3-변수, 4-변수 및 5-변수 부울 함수들의 간략화에 사용된다. 그 이상의 변수들로 이루어진 부울 함수를 간략화하기 위해서는 (이 책에서는 다루지 않는) Quine-McClusky라고 부르는 다른 방법을 사용해야 한다.

5.1 3-변수 카노프 맵

세 개의 변수들로 이루어진 부울 함수에 대한 카노프 맵은 2^3개, 즉 8개의 셀들로 이루어진 2-차원 배열로 구성된다. 한 예로서, 세 개의 입력 변수 A, B, C로 이루어진 부울 함수에 대한 카노프 맵의 기본 구성도는 그림 5-1(a)와 같다. 즉, 2차원 배열의 세로 방향으로는 최상위 자릿수를 가지는 변수 A에 대한 2진 값을 0과 1의 순서로 쓰고, 가로 방향으로는 변수 B와 C에 대한 2진수 표현들을 00, 01, 11 및 10의 순서로 각각 나열한다(여기서 나열되는 순서가 일반적인 2진수의 순서와는 다르다는 점을 유의해야 한다). 그런 다음에는 두 방향의 입력 변수들에 대한 2진 값들이 조합되어 만나는 위치에 있는 셀에 그 입력 조합에 대한 출력값을 쓰면 된다. 예를 들어, 어떤 함수의 입출력 관계가 그림 5-1(b)의 진리표와 같다면, 각 입력 조합에 대한 출력값들을 카노프 맵의 해당 셀에 표시한 결과는 그림 5-1(c)와 같아진다.

이제 그림 5-1(c)의 카노프 맵을 작성하는 과정에 대하여 좀 더 자세히 살펴보기로 하자. 셀 배열의 윗줄 맨 좌측 셀에는 입력 변수들이 $A=0$, $BC=00$일 때의 출력값, 즉 입력 조합 000에 대한 출력값인 '0'을 쓴다. 그리고 그 우측 셀에는 001($A=0$, $BC=01$)에 대한 출력값인 '1'을 쓰면 된다. 같은 방법으로 011 및 010($A=0$, $BC=11$ 및 10)에 대한 출력값들을 그 다음 셀들에 각각 순서대로 써넣는다.

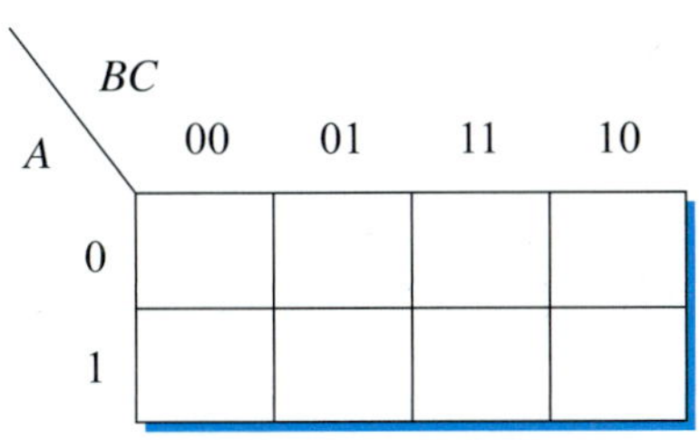

(a) 3-변수 카노프 맵의 기본 구성도

A	B	C	F
0	0	0	0
0	0	1	1
0	1	0	1
0	1	1	0
1	0	0	1
1	0	1	0
1	1	0	1
1	1	1	1

(b) 3-변수 진리표의 예

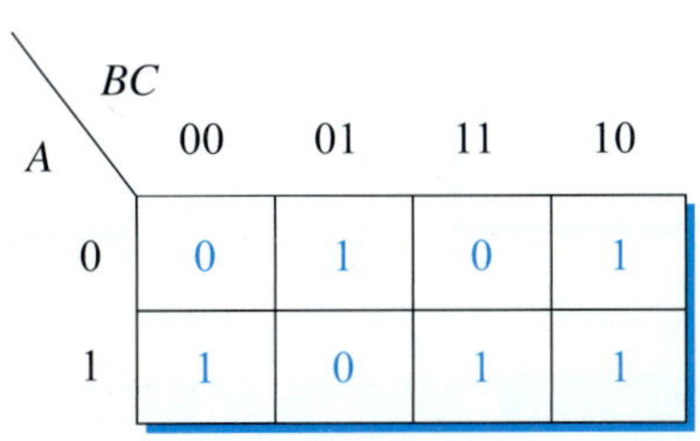

(c) (b)의 진리표에 대한 카노프 맵

그림 5-1 3-변수 카노프 맵의 기본 구성 및 작성 예

아래 편에 위치한 셀 배열에는 입력 조합 100(A=1, BC=00)에 대한 출력값을 첫 번째 셀에 쓰고, 101과 111 및 110(A=1, BC=01, 11, 10)에 대한 출력값들을 그 다음 셀들에 순서대로 써넣으면 된다. 여기서 수평 방향의 셀들 위에 표시되는 2진수들은 일반적인 순서와는 달리 BC = 00, 01, 11, 10의 순서로 나열하는데, 그 이유는 앞으로 설명할 간략화 과정을 위하여 좌우 및 상하로 인접한 셀들에 대응되는 2진수 표현들이 서로 한 비트만 다른 값을 가지도록 할 필요가 있기 때문이다.

그런데 그림 5-1(b)의 진리표로부터 (c)의 카노프 맵을 작성하는 더 간단한 방법은 출력 F의 값이 1인 입력 조합들만 찾아서 해당 셀을 1로 채우고, 나머지 셀들은 0으로 채우는 것이다. 이 방법은 진리표로부터 아래와 같은 F에 대한 부울 함수를 유도하고, 각 항의 값이 1이 되게 해주는 2진수 조합에 대응되는 셀에 1을 채워나가는 방법과 동일하다.

$$F = A'B'C + A'BC' + AB'C' + ABC' + ABC$$

전체적으로 3-변수 카노프 맵의 각 셀에 대응되는 2진수들을 모두 표시해보면 그림 5-2(a)와 같다. 이 맵을 자세히 살펴보면, 각 셀에 채워진 2진수 표현은 좌우 혹은 상하에 인접한 셀의 2진수 표현과 한 비트씩만 서로 다른 값을 가진다는 것을 확인할 수 있을 것이다. 그리고 각 셀의 2진수 표현을 그에 대응되는 최소항으로 나타내면 그림 5-2(b)와 같아진다. 즉, 그림의 (b)는 (a)의 각 셀에서 해당 변수의 2진값이 0인 경우에는 보수형으로, 1인 경우에는 정상형으로 표현한 최소항들을 보여주고 있다.

A \ BC	00	01	11	10
0	000	001	011	010
1	100	101	111	110

(a) 각 셀에 대응되는 2진수

A \ BC	00	01	11	10
0	m_0	m_1	m_3	m_2
1	m_4	m_5	m_7	m_6

(b) 각 셀에 대응되는 최소항

그림 5-2 3-변수 카노프 맵의 셀 배열

정규형이 아닌 SOP 표현의 부울 함수에 대한 카노프 맵을 작성하기 위해서는 먼저 그 함수를 정규형 표현으로 변형해야 한다. 예를 들어, 3-변수 부울 함수 $F(A,B,C) = A'B'C' + BC'$에 대한 카노프 맵을 작성해보기로 하자. 이 함수는 두 번째 항에 변수 A가 포함되어 있지 않기 때문에 정규형이 아니다. 따라서 첫 번째 단계로서 함수를 정규형 SOP 표현으로 변형해야 한다. 그를 위하여 두 번째 항에 A를 추가해주어야 하는데, 그 방법은 4.5절에서 설명한 바와 같이 두 번째 항에 $(A'+A)$를 곱한 다음에 전개하면 된다.

$$
\begin{aligned}
F(A,B,C) &= A'B'C' + BC' \\
&= A'B'C' + (A'+A)BC' \\
&= \underset{000}{A'B'C'} + \underset{010}{A'BC'} + \underset{110}{ABC'}
\end{aligned}
$$

그 다음 단계로서, 위의 정규형 부울 함수에 포함된 세 개의 최소항들(혹은 그들에 대한 2진수 표현인 000, 010, 110)에 대응되는 세 개의 셀들에 '1'을 써넣는다. 그리고 나머지 셀에는 '0'을 써넣거나 그대로 비워두면, 카노프 맵의 작성은 그림 5-3과 같이 완성된다. '0'으로 채워지는 셀들은 그림 5-3에서와 같이 비워두어도 되는데, 그렇게 하는 것이 간략화 과정에서 시각적으로 혼란을 줄이는데 도움이 된다.

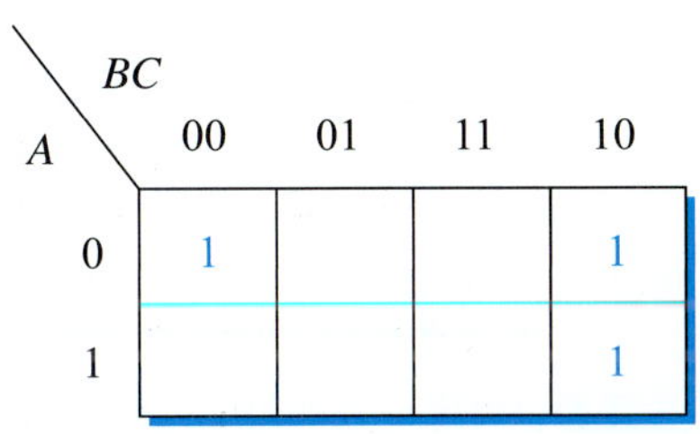

그림 5-3 $F = A'B'C' + BC'$ 에 대한 카노프 맵

예제 5-1

아래의 부울 함수에 대한 카노프 맵을 작성하라.

$$F(x,y,z) = x + y'z + x'yz'$$

풀이

카노프 맵을 작성하기 위해서는 먼저 부울 함수를 정규형으로 변형해야 한다. 예제의 부울 함수를 정규형으로 변형하기 위해서는 첫 번째 항과 두 번째 항에 포함되지 않은 변수들을 추가해야 하는데, 그 과정은 아래와 같다.

$$\begin{aligned} F(x,y,z) &= x(y + y') + (x + x')y'z + x'yz' \\ &= xy + xy' + xy'z + x'y'z + x'yz' \\ &= xy(z + z') + xy'(z + z') + xy'z + x'y'z + x'yz' \\ &= xyz + xyz' + xy'z + xy'z' + x'y'z + x'yz' \\ &= \Sigma(1,\ 2,\ 4,\ 5,\ 6,\ 7) \end{aligned}$$

이와 같이 얻게 된 정규형 부울 함수의 각 항에 대응되는 셀에 1을 써넣어 카노프 맵을 작성하면 그림 5-4와 같아진다.

x \ yz	00	01	11	10
0		1		1
1	1	1	1	1

그림 5-4 〈예제 5-1〉의 카노프 맵 작성 결과

지금까지 설명한 방법과는 달리, 원래의 부울 함수로부터 각 항에 대응되는 2진수들을 직접 찾아서 카노프 맵을 작성하는 것도 가능하다. 이 경우에 만약 어떤 항에 포함되지 않은 변수가 있다면, 그 변수의 값으로는 0과 1을 모두 적용하여 두 개의 2진수들을 나열하면 된다. 항에 어떤 변수가 포함되지 않았다는 것은 그 변수의 값은 0이든 1이든 상관없다는 의미이기 때문이다. 이 방법을 적용해보기 위하여 〈예제 5-1〉의 부울 함수 $F(x,y,z)=x+y'z+x'yz'$의 각 항에 대응되는 2진수들을 나열해보면 다음과 같아진다. 즉, 첫 번째 항(x)에는 변수 y와 z가 포함되지 않았기 때문에 $x=1$이라면, y와 z의 값이 0이든 혹은 1이든 그 항의 값은 항상 1이 된다. 따라서 그 항에 대응되는 2진수로는 $x=1$일 때, $yz=00$, 01, 10 혹은 11인 모든 2진수들이 해당된다. 두 번째 항($y'z$)의 경우에는 $y=0$, $z=1$이라면, x는 0이든 1이든 그 항의 값은 1이 된다. 결과적으로, 마지막 항에 대응되는 010을 포함한 모든 2진수 표현들에 대하여 카노프 맵의 해당 셀에 1을 써넣으면, 그림 5-4와 동일한 결과를 얻을 수 있다.

$F(x,y,z)$ =	x	+	$y'z$	+	$x'yz'$
	100		001		010
	101		101		
	110				
	111				

5.2 4-변수 카노프 맵

네 개의 변수들로 이루어진 부울 함수를 위한 4-변수 카노프 맵은 2^4개, 즉 16개의 셀들이 4×4 형태의 2차원 배열로 구성된다. 한 예로서, 입력 변수 A, B, C, D로 이루어진 부울 함수에 대한 카노프 맵은 그림 5-5(a)와 같다. 그림에서 보는 바와 같이, 2차원 셀 배열의 바깥 부분에 세로 방향으로는 상위 자릿수를 가진 변수들인 A와 B에 대한 2진 값들을 00, 01, 11 및 10의 순서로 나열하고, 가로 방향으로는 하위 자릿수를 가진 변수들인 C와 D에 대한 2진 값들을 00, 01, 11 및 10의 순서로 나열한다. 그와 같이 배열하는 이유도 3-변수 카노프 맵에서와 마찬가지로 인접한 셀들 간에는 한 비트의 값만 서로 달라지도록 하기 위한 것이다. 그와 같이 구성된 카노프 맵의 각 셀에는 해당 입력 조합에 대응되는 출력값을 채워 넣으면 된다.

그림 5-5(a)는 각 셀에 채워 넣을 출력값에 대응되는 2진수 입력 조합들을 보여주고 있다. 즉, 좌측 최상단에 위치한 셀은 입력 조합 0000에 대한 출력값으로 채워지며, 그 우

측의 셀은 입력 조합 0001에 대한 출력값으로 채운다. 같은 방법으로, 입력 조합 1011 및 1010에 대한 출력값들은 각각 최하단 우측 두 번째 셀과 마지막 셀에 써넣게 된다. 다른 표현으로서, 그림 5–5(b)는 각 셀에 대응되는 최소항의 간략화된 표기들을 보여주고 있다.

AB \ CD	00	01	11	10
00	0000	0001	0011	0010
01	0100	0101	0111	0110
11	1100	1101	1111	1110
10	1000	1001	1011	1010

(a) 각 셀에 대응되는 2진수

AB \ CD	00	01	11	10
00	m_0	m_1	m_3	m_2
01	m_4	m_5	m_7	m_6
11	m_{12}	m_{13}	m_{15}	m_{14}
10	m_8	m_9	m_{11}	m_{10}

(b) 각 셀에 대응되는 최소항들

그림 5–5 4-변수 카노프 맵

이제 4-변수 부울 함수에 대한 카노프 맵을 작성하는 과정을 실제 예를 통하여 살펴보기로 하자. 정규형 SOP로 표현된 부울 함수 $F(A,B,C,D) = A'B'C'D'+ABC'D+A'BCD'$에 대한 카노프 맵을 작성하기 위해서는, 먼저 함수를 이루고 있는 세 개의 항들이 나타내는 2진수 표현들을 구해야 한다. 그 값들은 각각 0000, 1101 및 0110이다. 그런 다음에, 그림 5–6에서와 같이 그 값들에 대응되는 세 개의 셀에는 1을 써넣고, 나머지 셀들은 0으로 채우거나 그림에서와 같이 그대로 비워두면 된다.

$$F(A,B,C,D) = A'B'C'D' + ABC'D + A'BCD'$$

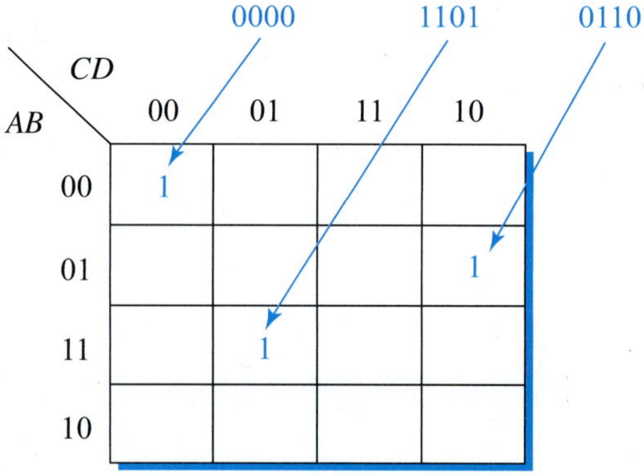

그림 5–6 4-변수 부울 함수에 대한 카노프 맵을 작성하는 예

부울 함수가 정규형 SOP 표현이 아닌 경우에는 앞에서 설명하였던 3-변수에서와 마찬가지로 각 항에 포함되지 않은 변수들을 추가하여 정규형으로 변형하거나, 각 항에 대응되는 2진 값들을 찾아서 4-변수 카노프 맵을 작성하면 된다. 한 예로서, 두 번째 방법을 이용하여 아래와 같은 부울 함수에 대한 카노프 맵을 작성해보면 그림 5-7과 같아진다. 이 과정에서 구해진 2진수 표현들은 모두 13개이지만, 그들 중의 4개는 중복되었기 때문에 카노프 맵에서는 9개의 셀들만 1로 채워졌다.

$$F(A,B,C,D) = A'B + CD' + AB'C + BCD' + ABC'D'$$

$A'B$	CD'	$AB'C$	BCD'	$ABC'D'$
0100	0010	1010	0110	1100
0101	0110	1011	1110	
0110	1010			
0111	1110			

AB \ CD	00	01	11	10
00				1
01	1	1	1	1
11	1			1
10			1	1

그림 5-7 비정규형 부울 함수에 대한 카노프 맵 작성의 예

5.3 셀의 인접성을 이용한 간략화 방법

카노프 맵을 이용하여 부울 대수를 간략화시키는 기본 원리는 셀들 간의 인접성(adjacency) 관계에 기반을 두고 있다. 두 셀이 인접하다는 것은 카노프 맵에서 바로 옆 혹은 위/아래에 위치한다는 것을 의미한다. 그림 5-2(a) 및 5-5(a)의 맵에서 인접한 셀들에

대한 2진수 표현들을 비교해보면, 한 비트만 서로 다른 값을 가진다는 것을 알 수 있었다. 카노프 맵을 작성하면서 바깥 부분에 수평 및 수직 방향으로 변수값들을 나열할 때 00, 01, 10, 11의 순서가 아니라, 00, 01, 11, 10으로 나열하였던 이유도 여기에 있다. 이제 3-변수 및 4-변수 카노프 맵에서의 인접 관계를 좀 더 자세히 살펴보고, 그것을 이용하여 부울 함수를 간략화시키는 방법에 대하여 공부하기로 한다.

5.3.1 3-변수 카노프 맵을 이용한 간략화

3-변수 카노프 맵에서 수직 방향으로는 셀이 두 개씩 있으며, 그들은 서로 인접해있다. 수평 방향으로는 위쪽 및 아래쪽 배열에 각각 네 개씩의 셀들이 있는데, 그들은 좌측 및 우측 셀과 인접한 관계에 있다. 즉, 첫 번째와 두 번째 셀, 두 번째와 세 번째 셀, 그리고 세 번째와 네 번째 셀들이 서로 인접해 있다. 그러한 인접 관계에 있는 셀들이 가지는 특징은 각 셀에 대응되는 2진수 표현을 통하여 확인할 수 있다. 그림 5-2(a)를 참조하면, 위쪽 행의 000과 001, 001과 011, 011과 010은 한 비트씩만 서로 다르다. 그리고 아래쪽 행의 100과 101, 101과 111, 111과 110도 서로 한 비트씩만 다르다. 여기서 유의할 사항으로는 위쪽 행의 맨좌측 셀에 대한 2진수(000)와 맨우측 셀에 대한 2진수(010)도 한 비트(두 번째 비트)만 서로 다르다. 즉, 그 두 셀들도 인접 관계에 있다고 볼 수 있다. 이러한 관계는 아래 쪽 행에서도 마찬가지인데, 그것을 원형(ring) 혹은 돌려감기(wrap-around) 형태의 인접 관계라고 말한다. 그러나 대각선 방향으로 위치한 셀들은 서로 인접 관계에 있지 않다. 그림 5-8은 서로 인접한 셀들을 화살표로 표시한 모습을 보여주고 있다.

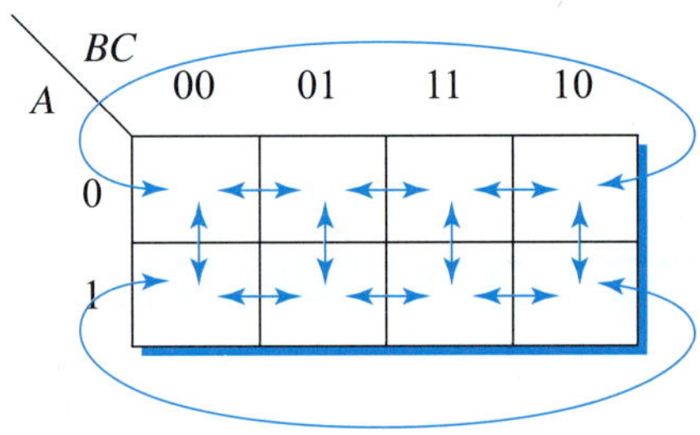

그림 5-8 3-변수 카노프 맵에서의 인접 관계

인접한 셀들에 대한 최소항 표현을 서로 비교해보면(그림 5-2(b) 참조), 세 변수들 중의 어느 하나만 서로 다르다는 것을 알 수 있다. 즉, 두 최소항들의 표현에 포함된 세 변수들 중에서 두 개는 정상형 혹은 보수형으로 같지만, 어느 한 변수는 한 셀에서 정상형이면 다른 셀에서는 보수형이다(예: $A'B'C'$과 $A'B'C$).

앞 절에서 설명한 방법을 이용하여 SOP 표현에 대한 카노프 맵이 작성되었을 때, 인접 관계를 이용하여 부울 함수를 간략화하는 절차는 아래와 같다.

① '1'로 채워진 인접한 셀들이 있다면, 그들을 하나의 그룹으로 묶는다. 단, 한 그룹으로 묶을 수 있는 셀의 수는 2^n개(즉, 2개, 4개, 8개) 단위가 되어야 한다.
② 한 그룹으로 묶여진 셀들을 나타내는 2진수 표현들을 비교하여, 서로 다른 값을 가진 비트에 대응되는 변수를 제거한 다음에, 남은 변수들을 이용하여 하나의 항으로 표현한다.
③ 모든 묶음 그룹들에 대하여 ②번 과정을 반복한다.

한 예로서 부울 함수 $F(A,B,C)=A'B'C+A'BC$에 대한 카노프 맵을 나타내는 그림 5-9를 보면, 각 최소항에 대한 출력값인 '1'이 두 개의 인접한 셀에 위치하고 있다. 위에서 설명한 간략화 절차의 첫 단계로서, 그림 5-9에서 보는 바와 같이 타원(혹은 사각형)을 이용하여 두 셀의 '1'들을 하나의 그룹으로 묶는다.

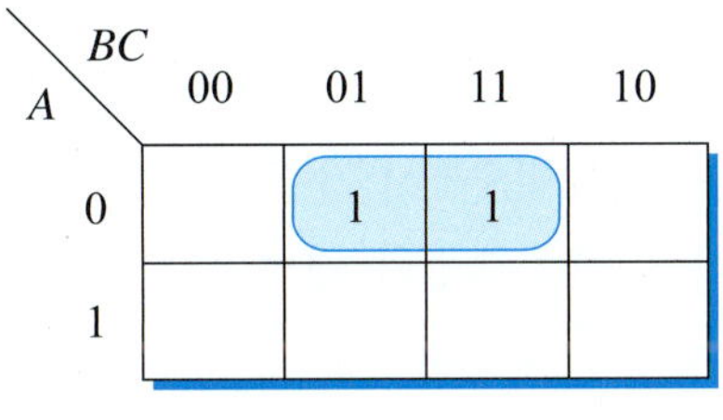

그림 5-9 $F = A'B'C + A'BC$ 에 대한 카노프 맵

두 번째 단계는 묶여진 셀들을 나타내는 2진수 표현들 간에 서로 다른 값을 가진 비트에 대응되는 변수를 제거하는 것이다. 이 예의 경우에 수직 방향으로는 한 셀뿐이고 비트값이 0이므로, 결과 항의 첫 번째 변수로서 A'을 얻는다. 그런데 수평 방향으로 묶여진 두 셀을 나타내는 비트 패턴들인 '01'과 '11' 간에는 첫 번째 비트가 서로 다른 값이므로, 그에 대응되는 변수 B를 제거한다. 그리고 남은 변수 C의 비트값은 두 셀에서 모두 1이므로, C는 남는다. 따라서 수직 방향에서 얻은 변수인 A'과 수평 방향에서 얻은 결과인 C를 곱하여, 간

략화된 항으로서 $A'C$를 얻게 된다. 결과적으로, 부울 함수 $F(A,B,C)=A'B'C+A'BC$는 $A'C$로 간략화되었다.

그런데 이와 같이 간략화시킨 결과는 부울 대수의 규칙을 이용하여 간략화한 결과와 동일하다는 것을 알 수 있다. 즉, 그림 5-9의 카노프 맵에서 인접한 셀들 간에 서로 다른 비트 값을 가지는 변수인 B를 제거하는 것은, 다음과 같이 부울 대수를 이용한 간략화 과정에서 $(B'+B)=1$이라는 규칙에 의해 변수 B를 제거하는 것과 같은 원리이다.

$$\begin{aligned} F(A,B,C) &= A'B'C + A'BC \\ &= A'C(B'+B) \\ &= A'C \end{aligned}$$

여기서 유의할 점은 하나의 그룹으로 묶을 수 있는 셀들의 수가 2^n개 단위, 즉 2개, 4개 및 8개만 가능하다는 것이다. 따라서 1로 채워진 셀들이 서로 인접해 있더라도 그와 같은 개수가 아닌 경우(예: 6개) 혹은 홀수 개인 경우에는 하나의 그룹으로 묶을 수 없다.

그와 관련된 예로서, 부울 함수 $F=A'B'C'+A'B'C+A'BC$에 대한 카노프 맵인 그림 5-10(a)와 같이 세 개의 1들이 인접하여 있는 경우에는 모든 1들을 하나의 그룹으로 묶을 수 없으며, 그림에서와 같이 두 개씩 묶은 두 개의 그룹이 되도록 해야 한다. 그리고 각 그룹으로부터 한 개씩의 항이 남게 된다. 먼저, 좌측 묶음에서는 두 2진수 표현들($BC=00$, 01) 간에 비트값이 서로 다른 우측 변수인 C가 제거되어, $A'B'$ 항이 남는다. 그리고 우측 묶음에서는 비트값이 서로 다른 변수인 B가 제거되고, $A'C$ 항이 남게 된다. 결과적으로, 원래의 부울 함수는 두 개의 항들로 이루어진 $F=A'B'+A'C$로 간략화되었다.

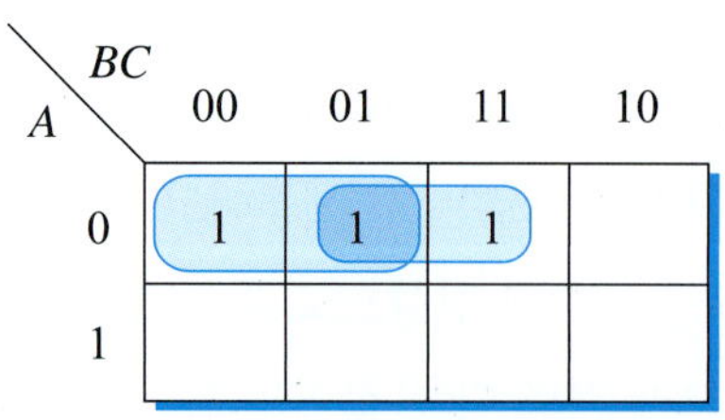

(a)

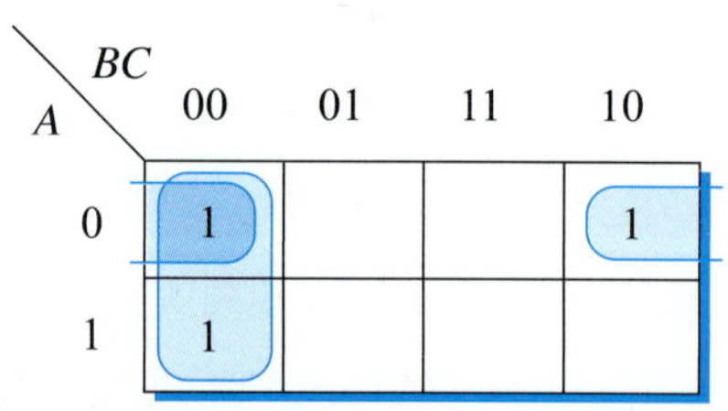

(b)

그림 5-10 세 개의 1을 포함한 카노프 맵의 예

그런데 이 예에서 유의할 사항은 그림 5-10(a)에서 중간에 위치한 셀(001)에 채워진 1이 양쪽 그룹에 모두 포함됨으로써, 두 번의 변수 제거 과정에서 중복적으로 사용되었다는 사실이다. 이것은 원래의 부울 함수를 대수적으로 간략화하는 과정에서 그 셀에 대응되는 최소항인 $A'B'C$를 추가한 다음에, 다른 두 항들을 각 $A'B'C$ 항과 팩터링하여 변수 C와 B를 제거한 경우에 해당한다. 즉, 대수적 간략화 과정에서 아래와 같이 최소항을 추가하여 팩터링하는 것과, 카노프 맵에서 그에 대응되는 셀을 두 개(혹은 그 이상)의 그룹들에 중복적으로 포함시키는 것은 동일한 기법인 것이다.

$$
\begin{aligned}
F &= A'B'C' + A'B'C + A'BC \\
&= A'B'C' + A'B'C + A'BC + A'B'C \\
&= A'B'(C'+C) + A'C(B'+B) \\
&= A'B' + A'C
\end{aligned}
$$

다른 형태의 카노프 맵으로서, 부울 함수 $F=A'B'C'+A'BC'+AB'C'$에 대한 카노프 맵인 그림 5-10(b)에서는 위쪽 셀 배열의 맨좌측과 맨우측의 셀을 돌려감기로 묶는 경우가 발생하였다. 이 그룹에 포함된 두 셀의 2진수들은 $BC=00$과 10이므로, 비트 값이 다른 변수인 B를 제거하면 $A'C'$ 항을 얻을 수 있다. 그리고 앞쪽 수직 방향의 묶음에서는 A의 값이 0과 1이므로, 변수 A를 제거하고 $B'C'$을 얻을 수 있다. 결과적으로, 부울 함수는 $F=A'C'+B'C'$ 으로 간략화되었다. 이 과정에서도 최소항 $A'B'C'$에 대응되는 셀(000)에 채워진 1은 두 그룹에 의해 중복적으로 사용되었다.

또 다른 예로서, 그림 5-11과 같이 셀들 중의 네 개가 1로 채워진 두 가지 카노프 맵에 대한 간략화 과정을 살펴보기로 하자. 그림 5-11의 (a)와 (b)는 각각 식 (5-1)과 (5-2)의 부울 함수에 대한 카노프 맵을 보여주고 있다.

$$F(A,B,C) = A'B'C' + A'B'C + AB'C' + AB'C \quad (5-1)$$

$$F(A,B,C) = A'B'C' + A'B'C + A'BC + A'BC' \quad (5-2)$$

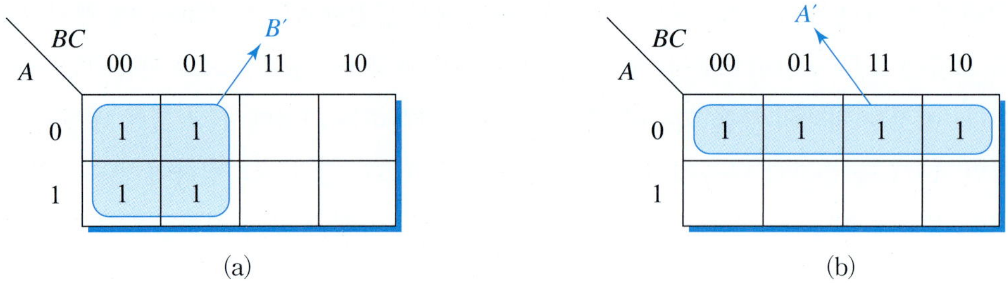

그림 5-11 네 개의 1들을 묶은 카노프 맵들의 예

그림 5-11에서는 두 경우에 모두 네 개의 1들이 서로 인접해 있다. 이때는 그림에서와 같이 네 개를 모두 하나의 그룹으로 묶을 수 있다. 먼저 그림 5-11(a)의 경우를 간략화시켜 보면, 수직 방향으로 A의 비트값이 서로 다르므로 변수 A가 제거된다. 그리고 묶음의 수평 방향으로는 C의 비트값이 서로 다르므로 변수 C가 제거되며, 남은 변수인 B의 값은 0이므로 B'만 남는다. 결과적으로, 간략화된 부울 함수는 $F=B'$ 이 된다. 이와 같은 간략화 과정은 식 (5-1)을 아래와 같이 A와 C가 각각 부울 대수의 규칙 $(A'+A)=1$ 및 $(C'+C)=1$을 이용하여 제거하는 것과 같은 원리이다.

$$
\begin{aligned}
F(A,B,C) &= A'B'C' + A'B'C + AB'C' + AB'C' \\
&= (A'+A)B'C' + (A'+A)B'C \\
&= B'C' + B'C \\
&= B'(C'+C) \\
&= B'
\end{aligned}
$$

그림 5-11(b)에서는 그룹에 포함된 네 개의 셀들에서 변수 B와 C의 비트값이 모두 0 혹은 1로 서로 다르기 때문에, 변수 B와 C를 모두 제거할 수 있다. 그리고 남은 변수인 A의 비트값은 0이므로, A' 만 남는다. 따라서 부울 함수가 간략화된 결과는 $F = A'$이 된다. 이 과정도 부울 대수를 이용하여 확인해 보면 다음과 같이 $(B'+B)=1$과 $(C'+C)=1$에 의해 그 변수들을 제거하는 것과 같은 결과를 얻었다는 것을 확인할 수 있다.

$$\begin{aligned} F(A,B,C) &= A'B'C' + A'B'C + A'BC + A'BC' \\ &= A'B'(C'+C) + A'B(C+C') \\ &= A'B' + A'B \\ &= A'(B'+B) \\ &= A' \end{aligned}$$

이와 같이, 카노프 맵을 이용하여 부울 함수를 간략화시키는 방법은 인접한 셀들을 묶은 그룹에서 서로 다른 비트값을 가지는 변수를 제거한 다음에, 남은 공통 변수들로 구성되는 항만 남기는 원리를 이용하는 것이다.

예제 5-2

카노프 맵을 이용하여 아래의 부울 표현에 대한 간략화된 함수를 구하라.

$$F(x,y,z) = \Sigma(0,1,3,4,5,7)$$

풀이

예제와 같은 형태의 부울 표현에 대한 카노프 맵을 작성할 때는 괄호 속의 숫자들에 대응되는 셀들을 1로 세트하면 되므로 결과는 그림 5-12와 같아지며, 네 개의 '1'들을 묶은 두 개의 그룹들로부터 아래와 같은 간략화된 부울 함수를 얻을 수 있다.

$$F = y' + z$$

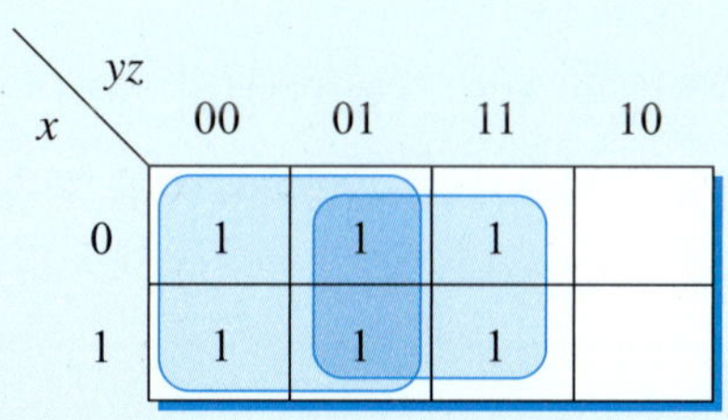

그림 5-12 〈예제 5-2〉에 대한 카노프 맵

예제 5-3

아래의 진리표에 대한 카노프 맵을 그리고, 간략화된 부울 함수를 유도하라.

x	y	z	F
0	0	0	1
0	0	1	0
0	1	0	1
0	1	1	0
1	0	0	1
1	0	1	1
1	1	0	1
1	1	1	0

풀이

예제에서 주어진 진리표에 대한 카노프 맵을 작성하면 아래와 같다.

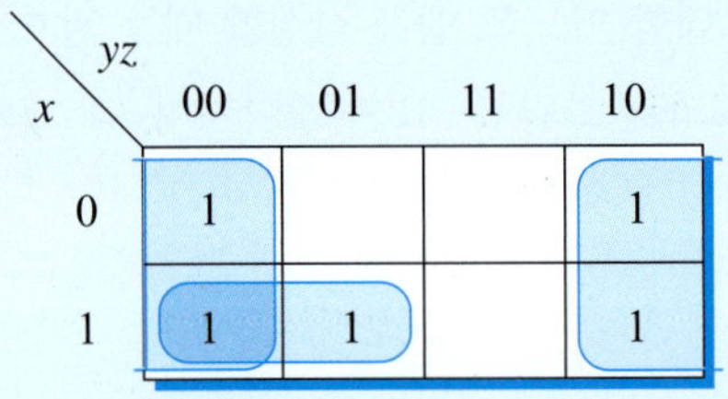

그림 5-13 〈예제 5-3〉에 대한 카노프 맵

카노프 맵에서 아래쪽 두 개의 1들을 묶은 그룹으로부터 xy'이 남고, 좌우 끝에 위치한 네 개의 1들을 묶은 그룹으로부터 z'이 남으므로, 간략화된 부울 함수는 $F(x,y,z) = xy' + z'$이 된다.

5.3.2 4-변수 카노프 맵을 이용한 간략화

4-변수 카노프 맵에서도 수평 혹은 수직 방향으로 인접해 있는 셀들을 2^n(2, 4, 8, 16)개 단위로만 묶을 수 있다. 그리고 여기서도 마찬가지로 맨좌측 열과 맨우측 열의 셀들을 돌려감기로 묶을 수도 있으며, 3-변수와는 달리 최상위 행과 최하위 행의 셀들도 돌려감기로 묶

을 수 있다. 그러나 대각선 방향으로 위치한 셀들은 서로 인접한 것으로 보지 않는다. 그림 5-14(a)는 4-변수 카노프 맵에서 서로 인접한 셀들을 표시한 모습을 보여주고 있다.

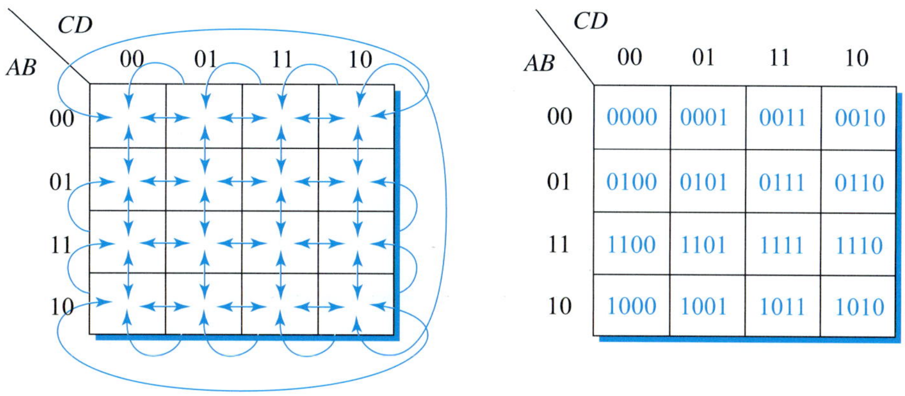

(a) 셀들 간의 인접 관계 (b) 셀들에 대한 2진수 표현

그림 5-14 4-변수 카노프 맵에서의 인접 관계

4-변수 카노프 맵에서도 각 셀에 대응되는 입력 조합을 나타내는 2진수 표현들을 비교해 보면 인접 관계를 더 쉽게 이해할 수 있다. 그림 5-14(b)에서 보는 바와 같이 첫 번째 행에서 좌우로 인접한 셀들인 0000과 0001, 0001과 0011, 0011과 0010, 0010과 0000은 서로 한 비트씩만 다르다. 그리고 맨좌측 열에서 상하로 인접한 셀들인 0000과 0100, 0100과 1100, 1100과 1000, 1000과 0000도 한 비트씩만 다르다. 또한 인접한 셀들에 대한 최소항들을 비교해보면, 네 변수들 중의 어느 하나만 서로 다르다는 것을 알 수 있다. 즉, 인접한 두 셀들에 대응되는 최소항들을 구성하고 있는 네 변수들 중에서 세 개는 정상형 혹은 보수형으로 같지만, 나머지 한 변수는 한쪽 셀에서 정상형이면 다른 쪽 셀에서는 보수형이다(예: $A'B'C'D'$과 $A'B'C'D$).

이제 4-변수 카노프 맵을 이용한 간략화 과정을 설명하기 위한 예로서, 부울 함수 $F(A,B,C,D) = \Sigma(0,1,6,7,14,15)$에 대한 카노프 맵을 5.2절에서 설명한 방법으로 작성해보면 그림 5-15와 같아진다. 간략화 과정은 먼저 상단에 위치한 두 개의 1들을 하나의 그룹으로 묶고, 그에 대한 간략화된 항으로서 $A'B'C'$을 구한다. 여기서도 그 그룹에 속한 두 셀을 나타내는 2진수 표현들(0000, 0001)에서 비트값이 서로 다른 변수인 D를 제거하였다. 그리고 중간 우편에 위치한 네 개의 1들을 별도의 그룹으로 모두 묶으면, 변수 A와 D를 제거할 수 있어서 BC만 남는다. 결과적으로, 이 부울 함수에 대한 간략화된 표현은

$F(A,B,C,D) = A'B'C' + BC$가 된다.

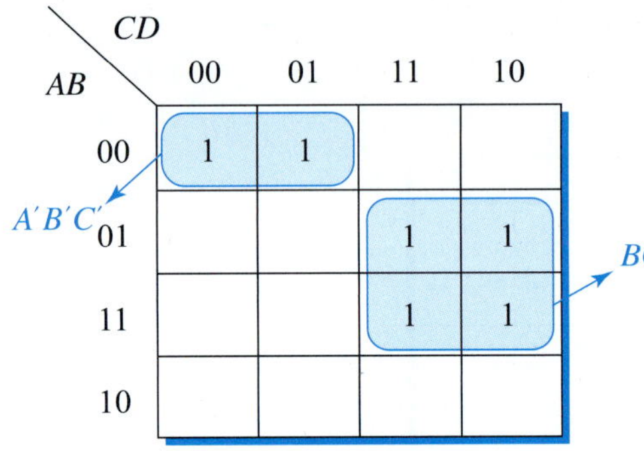

그림 5-15 $F(A,B,C,D) = \Sigma(0,1,6,7,14,15)$에 대한 카노프 맵과 간략화

다른 형태로서, 그림 5-16과 같은 4-변수 카노프 맵들에 대한 간략화를 고려해보자. 두 맵에서는 모두 돌려감기를 이용하여 1들을 묶을 수 있다. 먼저 그림 5-16(a)에서는 아래편과 위편에 각각 두 개씩 있는 1들을 모두 묶어 하나의 그룹으로 만듦으로써, A와 C를 제거하고 $B'D$ 항으로 간략화할 수 있다. 결과적으로, 네 변수들로 이루어진 네 개의 최소항들이 두 변수들로 이루어진 하나의 항으로 간략화되었다. 그림 5-16(b)에서는 네 개의 구석(corner)에 위치한 셀들이 수평 및 수직 방향으로 서로 인접 관계에 있기 때문에, 돌려감기를 이용하여 네 개의 1들을 모두 하나의 그룹으로 묶을 수 있다. 그리고 그 셀들에 대응되는 2진수 표현에서 비트 값이 서로 다른 변수인 A와 C를 제거할 수 있게 되어, $B'D'$ 항만 남게 된다.

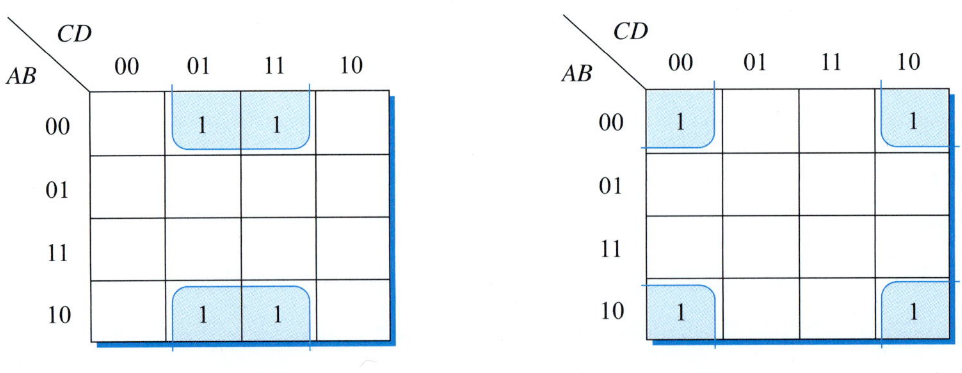

(a) $B'D$ (b) $B'D'$

그림 5-16 4-변수 카노프 맵에서 돌려감기에 의한 간략화

좀 더 많은 수의 셀들을 묶을 수 있는 예로서, '1'로 채워진 8개의 셀들이 그림 5-17과 같이 위치한 두 가지 카노프 맵에서의 간략화 방법을 살펴보기로 하자. 먼저, 그림 5-17(a)의 경우에는 8개의 셀들을 하나의 그룹으로 쉽게 묶을 수 있다. 그리고 그 그룹에 포함된 셀들이 수직 방향으로는 변수 A와 B의 모든 비트 조합들에 걸쳐 있기 때문에 A와 B가 모두 제거될 수 있다. 수평 방향에서는 그룹과 관련된 CD의 비트 값들이 01과 11이고, 그 값이 서로 다른 변수인 C를 제거하면 D만 남게 된다. 결과적으로 간략화된 부울 함수는 $F = D$가 되어, 8개의 최소항들로 이루어진 부울 함수가 하나의 변수로 간략화되었다. 그림 5-17(b)에서는 돌려감기를 적용하여 맨좌측 열과 맨우측 열에 위치한 8개의 셀들을 모두 한 그룹으로 묶었다. 따라서 수직 방향의 변수 A와 B를 모두 제거할 수 있게 되었으며, 수평 방향으로는 비트 값이 서로 다른 C가 제거되어 $F = D'$ 으로 간략화시킬 수 있다.

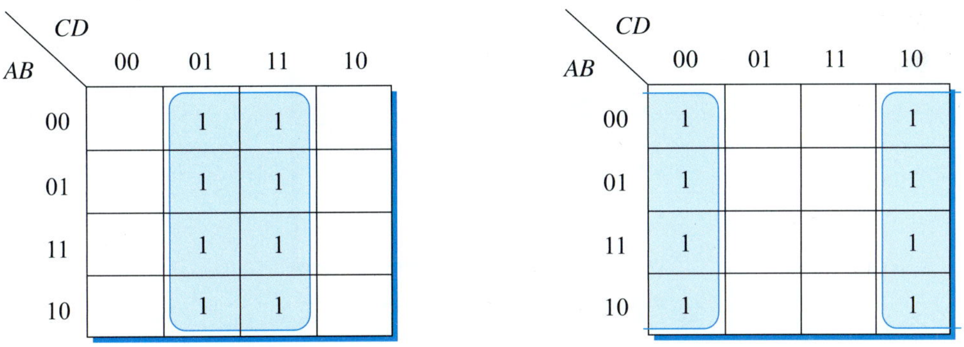

(a) $F = D$ (b) $F = D'$

그림 5-17 4-변수 카노프 맵에서 8개의 셀들을 묶은 간략화의 결과

예제 5-4

아래와 같은 부울 표현에 대한 카노프 맵을 작성하고, 간략화하라.

$$F(w,x,y,z) = \Sigma(0,1,2,4,5,6,8,9,12,13,14)$$

풀이

위와 같은 형태의 부울 표현에 대한 카노프 맵을 작성할 때는 괄호 속의 숫자들에 대응되는 셀들을 1로 채우면 되며, 그 결과는 그림 5-18과 같다. 그리고 8개의 셀들을 묶은 한 개의 그룹과 4개의 셀들을 묶은 두 개의 그룹들로부터 구한 간략화된 함수는 $F(w,x,y,z)=y'+w'z'+xz'$이 된다.

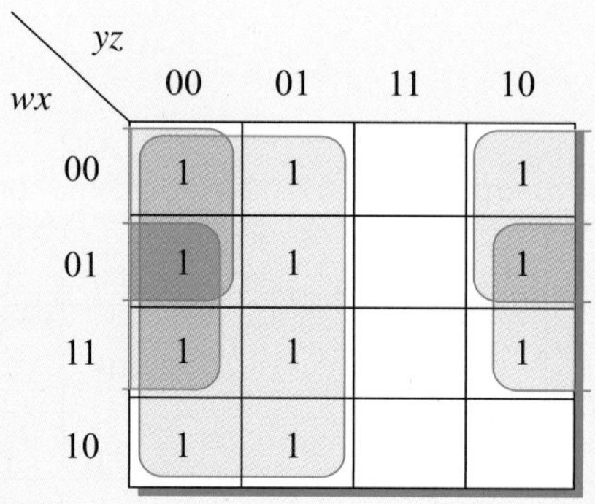

그림 5-18 〈예제 5-4〉에 대한 카노프 맵

예제 5-5

아래와 같은 부울 함수에 대한 카노프 맵을 작성하고, 간략화하라.

$$F(w,x,y,z) = w'x'y' + wx'y' + x'yz' + w'xyz'$$

풀이

부울 함수의 각 항에 없는 변수에 대한 비트 값들을 고려한 2진수 표현들을 구하면 아래와 같아지며, 그들에 대하여 카노프 맵을 작성하면 그림 5-19와 같다.

$$F = w'x'y' + wx'y' + x'yz' + w'xyz'$$

$w'x'y'$	$wx'y'$	$x'yz'$	$w'xyz'$
0000	1000	0010	0110
0001	1001	1010	

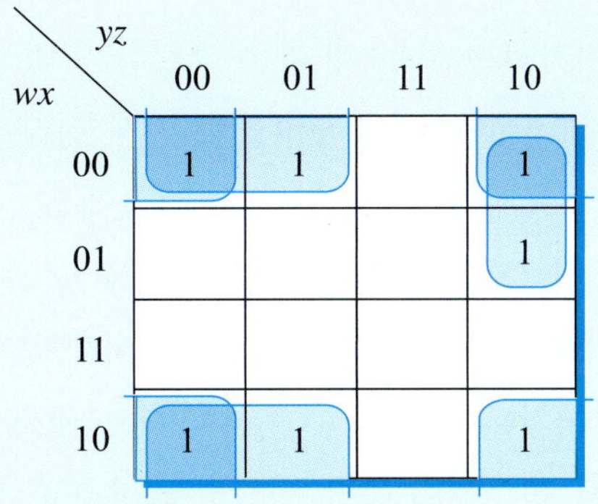

그림 5-19 〈예제 5-5〉에 대한 카노프 맵

그리고 그림 5-19에서와 같이 묶여진 세 그룹들로부터 간략화된 부울 함수를 구하면, $F=x'z'+x'y'+w'yz'$를 얻을 수 있다.

5.3.3 Prime implicants

부울 함수를 최대한 간략화시키기 위해서는 모든 최소항들('1'로 표시된 셀들)을 가능한 한 어떤 묶음 그룹에든 포함시켜야 하며, 그룹은 가급적 크게 만들어야 한다. 그리고 항의 수를 줄이기 위해서는 그룹의 수도 최소화시켜야 한다. 그런데 카노프 맵을 이용한 간략화 과정에서 유의해야 할 다른 사항으로는 부울 함수를 간략화한 결과가 한 가지가 아니라 여러 가지가 될 수도 있다는 것이다. 이것은 '1'로 표시된 셀이 여러 그룹들에 중복적으로 포함되는 경우에 발생한다.

그와 같은 모든 사항들을 고려하여 간략화를 체계적으로 수행하기 위해서는 prime implicant와 essential prime implicant의 개념을 이해해야 한다. 먼저, *prime implicants*란 카노프 맵에서 가능한 한 많은 수의 셀들이 포함되도록 묶은 그룹들로부터 얻어진 모든 항들을 의미한다. 그리고 그들 중에서 어느 한 그룹에만 포함된 셀을 가진 그룹으로부터 얻어진 항은 *essential prime implicant* 라고 부른다. 이들을 구분하는 방법을 이해하기 위하여, 아래의 부울 표현에 대한 카노프 맵을 살펴보기로 하자.

$$F(A,B,C,D) = \Sigma(0,1,2,4,5,6,10,11,14,15)$$

그림 5-20(a)는 위의 부울 표현에 대한 카노프 맵에서 묶을 수 있는 모든 그룹들을 표시한 결과를 보여주고 있다. 여기서는 모두 네 개의 그룹들이 만들어졌다. 따라서 각 그룹으로부터 한 개씩, 모두 네 개의 prime implicant들을 얻게 된다. 그런데 1로 채워진 셀들을 하나씩 검사해보면, 청색으로 표시된 1들만 한 개의 그룹에 포함되어 있고, 그 외의 셀들은 모두 두 개의 그룹들에 중복적으로 포함되어 있다는 것을 알 수 있다. 이 카노프 맵에서 1이 청색으로 표시된 셀들을 포함하고 있는 그룹들만 표시해보면 그림 5-20(b)와 같아지는데, 이 두 그룹들에 의해 얻어지는 항인 $A'C'$과 AC가 essential prime implicant이다. 다시 표현하면, 이 두 그룹들은 필수적인 묶음으로서, 청색으로 표시된 1들을 간략화시키기 위하여 반드시 필요한 묶음이라는 것이며, 그들에 의해 얻어지는 항들을 essential prime implicant라고 부른다.

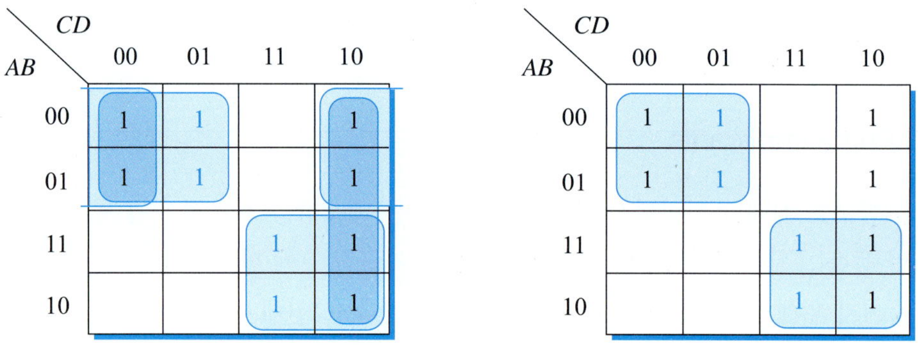

(a) 모든 prime implicant들이 표시된 맵 (b) Essential prime implicant

그림 5-20 Prime implicant들과 essential prime implicant들의 구분

그림 5-20(b)에서 essential prime implicant를 구하기 위한 두 그룹에 포함되지 않은 '1'은 우측 상단에 두 개가 남아있다. 그 '1'들을 묶어주는 그룹이 그림 5-20(a)에 두 개가 포함되어 있는데, 좌측 상단의 두 셀들과 우측 상단의 두 셀들을 돌려감기로 묶은 그룹과 우측 수직 방향의 네 셀들을 한꺼번에 묶은 그룹이다. 그 두 그룹들에 의해 얻을 수 있는 항은 각각 $A'D'$과 CD' 인데, 이들을 구하기 위해 만든 그룹들은 둘 중의 어느 하나만 있어도 되며 필수적인 것이 아니므로 ('essential'은 제외하고) prime implicant라고 부르는 것이다. 그런데 그 두 항들은 남아있던 두 개의 1에 대한 묶음이 중복적으로 이루어진 결과로 얻어진 것들이기 때문에, 간략화된 부울 함수에는 그 항들 중의 어느 하나만 포함시키면 된다.

즉, 그림 5-20에 의해 얻어지는 간략화된 부울 함수에 essential prime implicant들은 모두 포함되지만, 두 개의 prime implicant들 중에서는 어느 하나만 포함되어야 한다. 결과적으로, 간략화된 부울 함수로는 아래와 같은 두 가지가 존재한다.

$$F = A'C' + AC + A'D' \quad \text{혹은}$$
$$F = A'C' + AC + CD'$$

예제 5-6

아래의 부울 표현에 대한 카노프 맵을 작성하여 essential prime implicant들과 prime implicant들을 구하고, 간략화된 부울 함수들을 열거하라.

$$F(w,x,y,z) = \Sigma(0,1,2,3,5,7,8,9,10,13,15)$$

풀이

주어진 부울 함수에 대한 카노프 맵에서 한 개의 그룹 만에 의해 묶여진 '1'들을 청색으로 표시하고, 그들을 포함하고 있는 그룹들만 나타내면 그림 5-21(a)와 같아진다. 그리고 이 두 그룹들로부터 간략화된 항을 각각 구하면 $x'z'$과 xz을 얻게 되는데, 이들이 essential prime implicant이다.

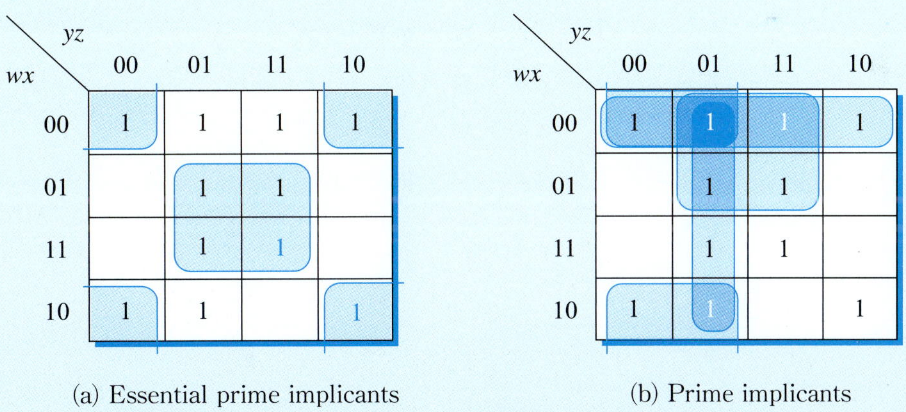

그림 5-21 〈예제 5-6〉에 대한 카노프 맵과 prime implicant의 구분

그리고 카노프 맵에서 essential prime implicant를 제외한 나머지 prime implicant들만 나타내면 그림 5-21(b)와 같다. 여기에는 그림 (a)에 포함되지 않았던 '1'들이 흰색으로 표시되어 있다. 상단의 두 흰색 '1'들을 묶을 수 있는 그룹이 두 개가 표시되어 있는데, 맨위쪽에 네 개의 '1'들을 수평 방향으로 모두 묶은 것이 있고, 중간 상단에 네 개의 '1'들을 묶은 것이 있다. 이들에 의해 구해진 항들은 각각 $w'x'$과 $w'z$이다. 그런데 이들은 중복되었으므로, 간략화된 부울 함수에는 그들 중의 하나만 포함되어야 한다. 그림 (b)의 최하단에 있는 흰색 '1'을 묶을 수 있는 그룹도 두 개가 표시되어 있는데, 수직 방향으로 네 개의 '1'들을 모두 묶은 그룹과 좌측 하단 및 좌측 상단에 있는 두 개씩의 '1'들을 돌려감기로 묶은 그룹이 있다. 그들에 의해 구해진 항들은 각각 $x'y'$과 $y'z$이다. 이들도 중복되었으므로, 간략화된 부울 함수에는 그들 중의 하나만 포함되어야 한다. 지금까지의 결과를 정리하면 아래와 같다.

Essential prime implicants: $x'z'$, xz

Prime implicants: $w'x'$, $w'z$, $x'y'$, $y'z$

간략화된 부울 함수에 essential prime implicant 항들은 반드시 포함되지만, prime implicant 항들 중에서는 $w'x'$ 혹은 $w'z$, 그리고 $x'y'$ 혹은 $y'z$가 들어가게 된다. 결과적으로, 간략화된 부울 함수는 아래와 같은 네 가지로 표현될 수 있다.

$$\begin{aligned} F &= x'z' + xz + w'x' + x'y' \\ &= x'z' + xz + w'x' + y'z \\ &= x'z' + xz + w'z + x'y' \\ &= x'z' + xz + w'z + y'z \end{aligned}$$

5.4 POS 표현의 간략화

지금까지는 카노프 맵을 이용하여 SOP형으로 표현된 부울 함수를 간략화시키는 방법에 대하여 설명하였다. 이 절에서는 POS형으로 표현된 부울 함수를 간략화시키는 방법에 대하여 설명하고자 한다. 이 방법은 SOP형의 경우와 거의 같지만, 카노프 맵에서 '1'이 아니라 '0'으로 표시된 셀들을 묶어서 간략화한다는 것만 다르다. 이것을 위한 과정을 보면 아래와 같다.

① 카노프 맵을 작성한다. 여기에는 아래의 두 가지 방법들 중의 하나가 사용될 수 있다.
- POS형 부울 함수를 표준형 표현으로 변환하고, 각 항의 값이 0이 되게 하는 2진수 표현에 대응되는 셀에 0을 써넣거나, 혹은
- 진리표에서 출력값이 0이 되는 입력 조합에 대응되는 셀에 0을 써넣는다.

② 0으로 표시된 셀들을 2^n개 단위로 최대한 많이 포함하도록 묶는다.

③ 각 묶음 그룹에서 비트 값이 달라지는 변수는 제거하고, 변하지 않는 변수의 값이 0이면 정규형, 1이면 보수형으로 표현하여 최대항을 구한다.

④ ③번에서 구해진 최대항들을 곱하여, 간략화된 POS형 부울 함수를 얻는다.

이 과정을 이해하기 위한 한 예로서, 3-변수 표준형 POS 표현인 $F = (A+B+C')(A+B'+C')(A'+B'+C')$에 대한 카노프 맵을 작성해보기로 하자. 먼저 그 표현에 포함된 세 개의 최대항에 대응되는 셀들을 찾기 위하여, 변수가 정상형이면 0으로, 보수형이면 1로 나타낸 2진수 표현을 각각 구한다. 즉, $(A+B+C')$ 항에 대한 2진수 표현은 001, $(A+B'+C')$ 항은 011, 그리고 $(A'+B'+C')$ 항은 111이 된다. 그런 다음에, 각 2진수 표현에 대응되는 셀에 '0'을 써넣으면 그림 5-22와 같이 된다. 그리고 나머지 셀에는 '1'을 써넣거나, 그림에서와 같이 비워두면 된다.

$$F = (A+B+C')(A+B'+C')(A'+B'+C')$$

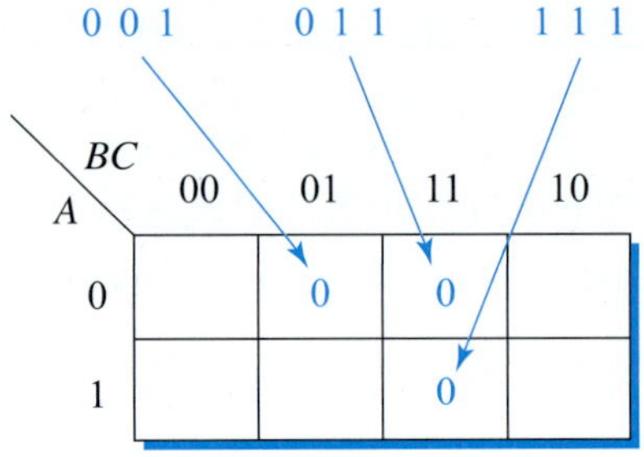

그림 5-22 3-변수 POS 표현에 대한 카노프 맵 작성의 예

이제 위에서 설명한 간략화 절차의 두 번째 단계로서, 그림 5-22의 카노프 맵에서 '0'으로 표시된 셀들을 묶으면 그림 5-23과 같아진다. 여기서는 두 개의 묶음 그룹들이 만들어졌다. 먼저 위쪽의 그룹에서는 비트 값이 서로 다른 변수 B를 제거할 수 있다. 그리고 남은 변수인 A의 2진값이 0이므로 정상형인 A로, 변수 C의 2진값은 1이므로 보수형인 C'으로 각각 표현하고, 합의 항을 구하면 $(A+C')$이 된다. 수직 방향의 묶음에서는 변수 A가 제거되고, B와 C가 모두 1이므로 $(B'+C')$ 항이 남는다. 결과적으로 부울 함수는 그 두 항들의 곱으로 이루어진 $F=(A+C')(B'+C')$으로 간략화되었다.

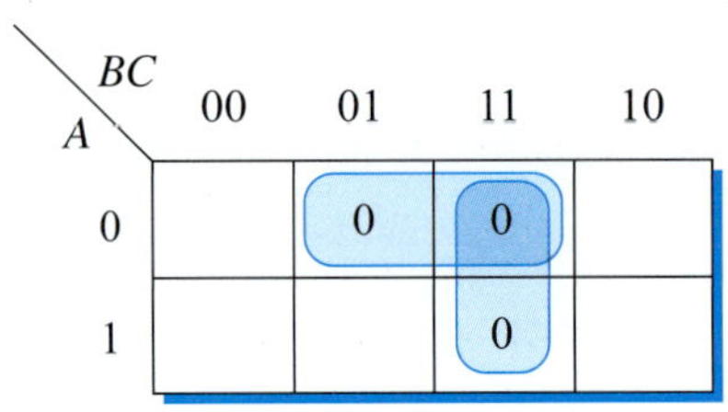

그림 5-23 POS 표현에 대한 카노프 맵에서의 묶음 그룹들

입력 변수들과 출력값의 관계가 부울 함수가 아니라 진리표로 주어진 경우에는 카노프 맵을 작성하는 방법이 더 간단하다. 각 입력 조합에 대한 출력값을 카노프 맵에 옮기기만 하면 되기 때문이다. 한 예로서, 〈표 5-1〉과 같은 진리표에 대한 카노프 맵을 작성하는 방법은 그림 5-24와 같이 진리표에서 '0'으로 표시된 각 출력값을 해당 입력 조합에 대응되는 셀에 써넣으면 된다. 그리고 우측의 카노프 맵에서와 같이 두 개의 그룹으로 묶은 다음에, 간략화된 POS 표현을 구하면 $F=A'(B+C)$가 된다.

A	B	C	F
0	0	0	0
0	0	1	1
0	1	0	1
0	1	1	1
1	0	0	0
1	0	1	0
1	1	0	0
1	1	1	0

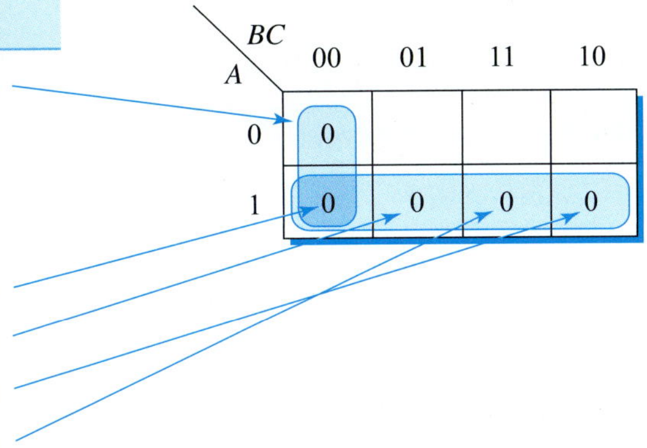

그림 5-24 3-변수 진리표의 예와 카노프 맵을 이용한 POS 간략화

예제 5-7

아래의 POS 표현을 간략화하라.

$$F = (x+y)(x'+y+z)(x'+y+z')(x'+y'+z')$$

풀이

예제의 부울 표현에서 출력 $F=0$이 되게 해주는 모든 입력 조합들을 나열하고, 각각에 대응되는 카노프 맵 상의 셀에 '0'을 채우면 그림 5-25와 같아진다. 여기서 변수 z를 포함하지 않은 항인 $(x+y)$는 $(x+y+z)(x+y+z')$로 먼저 전개하거나, 아래와 같이 $(x+y)$ 항에 대한 2진수 표현을 $z=0$과 $z=1$에 대하여 모두 나열하면 된다.

$$F = (x+y)(x'+y+z)(x'+y+z')(x'+y'+z')$$

000　　100　　101　　111

001

그런 다음에 000, 001, 100, 101 및 111에 대응되는 셀들을 '0'으로 채우면 다음과 같다.

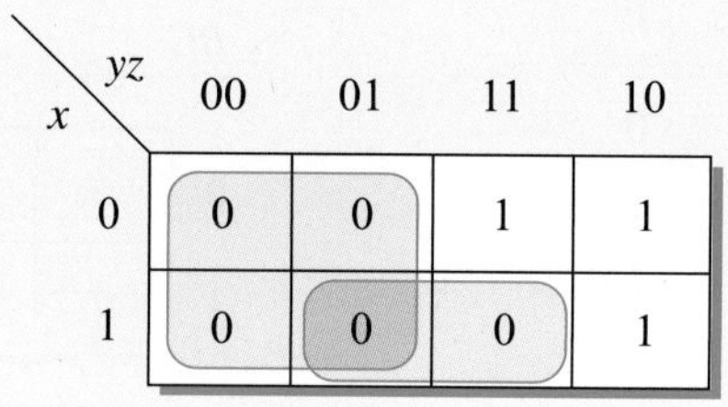

그림 5-25 〈예제 5-7〉에 대한 카노프 맵

마지막으로, 카노프 맵의 두 묶음 그룹으로부터 아래와 같은 간략화된 POS형 부울 함수를 구할 수 있다.

$$F = y(x'+z')$$

예제 5-8

아래의 부울 표현을 간략화하라.

$$F(x,y,z) = \Pi(0,2,3,4,6)$$

풀이

예제의 부울 표현에서 괄호 속의 숫자들에 대응되는 셀들에 '0'을 써넣으면, 카노프 맵은 그림 5-26과 같아진다. 그리고 그림과 같이 인접한 0들을 두 개의 그룹으로 묶은 다음에 간략화하면, 결과는 아래와 같아진다.

$$F(x,y,z) = z(x+y')$$

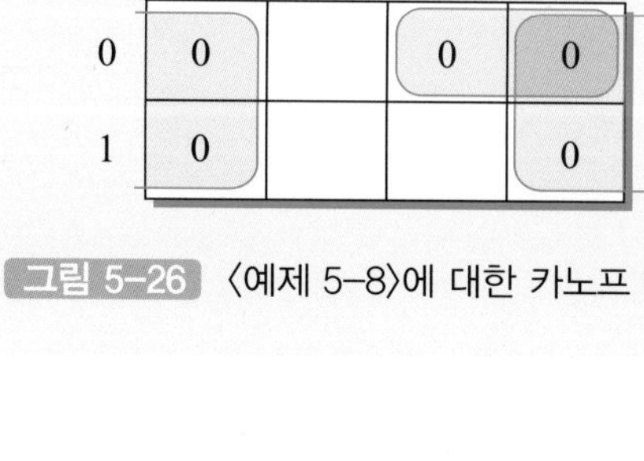

그림 5-26 〈예제 5-8〉에 대한 카노프 맵

이제 4-변수 POS형 부울 함수에 대한 간략화 방법에 대하여 살펴보기로 하자. 이 경우에도 3-변수에서와 마찬가지로 각 최대항이 '0'이 되게 하는 2진수 표현에 대응되는 셀에 '0'을 채운 다음에 간략화하면 된다. 한 예로서, 다음과 같은 부울 함수에 대한 카노프 맵을 작성하면 그림 5-27(a)와 같아진다.

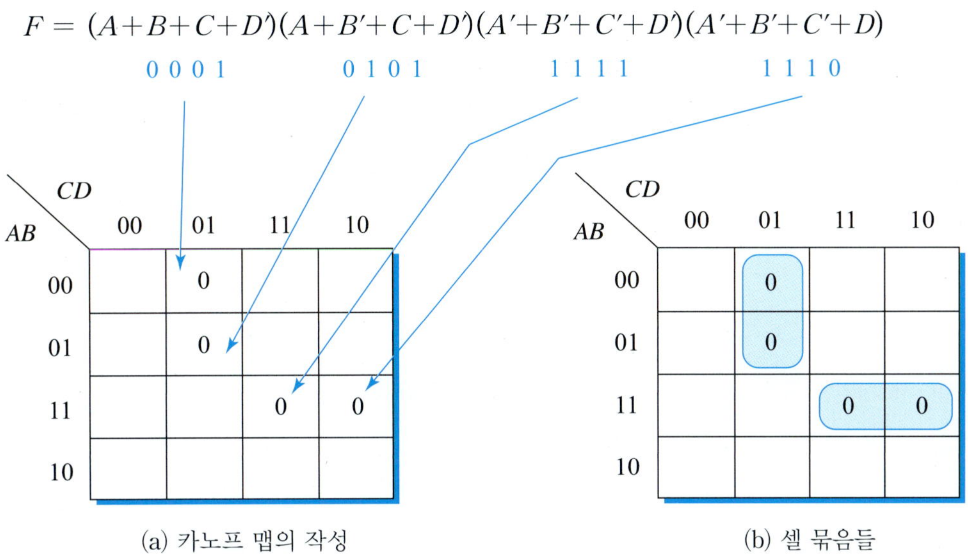

(a) 카노프 맵의 작성

(b) 셀 묶음들

그림 5-27 4-변수 POS형 표현에 대한 카노프 맵의 작성과 묶음

그림 5-27(b)는 간략화를 위하여 셀들을 묶은 결과를 보여주고 있다. 위쪽 묶음에서 두 셀 간에 비트 값이 서로 다른 변수는 B이다. 따라서 B를 제거한 후, 남은 변수들의 값이 '0'이면 정상형, '1'이면 보수형으로 표현하여 합의 항을 구하면 $(A+C+D')$을 얻을 수 있다. 아래쪽의 묶음에서는 변수 D의 비트 값이 서로 다르기 때문에 제거하고, $(A'+B'+C')$ 항을 얻을 수 있다. 결과적으로, 간략화된 POS 표현은 아래와 같아진다.

$$F = (A+C+D')(A'+B'+C')$$

예제 5-9

아래의 POS형 부울 함수를 간략화하라.

$$F(w,x,y,z) = (w'+y+z)(w+x'+y+z)(w+x+y+z)(w+x+y'+z)(w'+x+y+z')$$

풀이

부울 함수의 첫 번째 항에는 x가 없으므로, 그 항에 xx'을 더하고 $(w'+y+z+xx') = (w'+x'+y+z)(w'+x+y+z)$로 전개한다. 그런 다음에, 그 두 항들과 나머지 네 개 항들의 값이 각각 0이 되게 하는 2진수 표현들을 구하면 아래와 같다.

1100 1000 0100 0000 0010 1001

그런 다음에, 이들에 대응되는 셀들을 '0'으로 채워 카노프 맵을 작성하면 그림 5-28과 같아지며, 세 개의 그룹으로 묶어서 간략화하면 아래와 같은 함수를 얻을 수 있다.

$$F = (y + z)(w + x + z)(w' + x + y)$$

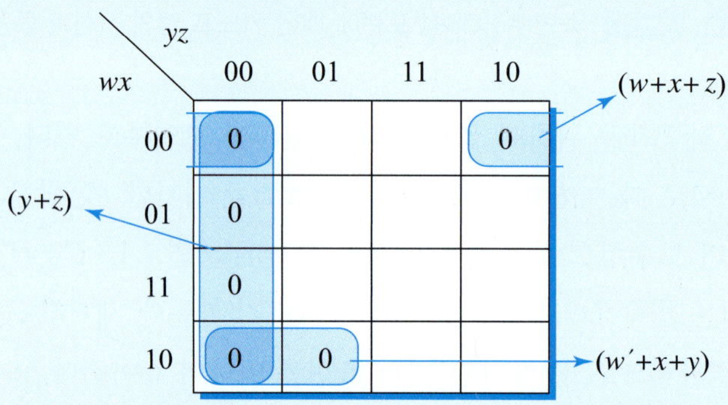

그림 5-28 〈예제 5-9〉에 대한 4-변수 카노프 맵과 간략화

5.5 POS 표현과 SOP 표현 간의 변환

4.5절에서 정규형 POS 표현과 SOP 표현 간에 상호 변환하는 방법에 대하여 살펴보았다. 그런데 카노프 맵을 이용하면 단순히 두 표현 간의 변환뿐 아니라, 하나의 카노프 맵으로부터 간략화된 POS 표현과 간략화된 SOP 표현을 모두 구할 수 있다. 먼저, 정규형 POS 표현을 SOP 표현으로 변환하는 방법은 다음과 같다. 정규형 POS 표현의 각 항에 대응되는 셀을 '0'로 채워 카노프 맵을 작성한 다음에, 나머지 셀들은 '1'로 채운다. 그런 다음에, 1을 가진 각 셀에 대응되는 최소항들을 구하여 합으로 표현하면, 정규형 SOP 표현이 된다. 그 반대의 경우로서, SOP 표현에 대응되는 카노프 맵을 작성한 다음에, 0을 가진 셀들에 대응되는 최대항들을 구하면 정규형 POS 표현을 구할 수 있다.

위의 과정에서 카노프 맵의 '0'들 혹은 '1'들을 묶어서 단순화시킨다면, 간략화된 POS 표현 혹은 간략화된 SOP 표현을 원하는대로 구할 수 있다. 그리고 그 두 결과들을 비교함으로써, 어느 표현을 이용하면 더 적은 수의 게이트들을 사용하여 회로를 구현할 수 있는지도 확인할 수 있다. 예를 들어, 카노프 맵을 이용하여 아래의 POS 표현에 대응되는 SOP 표현을 구하고, 각 표현에 대한 간략화된 함수도 구해보기로 하자.

$$F(w,x,y,z) = \Pi(0,2,4,6,8,9)$$

먼저, 위의 POS 표현에 대한 카노프 맵을 작성하면 그림 5-29와 같다. 여기서 POS 표현의 각 항에 대응되는 셀은 0으로, 나머지 셀들은 1로 채운다.

wx \ yz	00	01	11	10
00	0	1	1	0
01	0	1	1	0
11	1	1	1	1
10	0	0	1	1

그림 5-29 $F(w,x,y,z) = \Pi(0,2,4,6,8,9)$에 대한 카노프 맵

그런 다음에, 그림 5-29의 카노프 맵에서 1로 채워진 셀들의 위치를 나타내는 숫자들을 합의 함수 내에 열거하면, 아래와 같은 SOP 표현을 구할 수 있다.

$$F = \Sigma(1,3,5,7,10,11,12,13,14,15)$$

그리고 그림 5-29의 카노프 맵에서 0으로 표시된 셀들을 그림 5-30(a)와 같이 묶으면 간략화된 POS 표현을 구할 수 있으며, 간략화된 SOP 표현은 그림 5-30(b)와 같이 1로 표시된 셀들을 묶어서 구할 수 있다. 결과적으로, 그림 5-30으로부터 아래와 같은 두 가지 간략화된 표현들을 모두 구할 수 있게 된다.

간략화된 POS 표현: $F = (w + z)(w' + x + y)$

간략화된 SOP 표현: $F = wx + wy + w'z$

그런데 위의 두 표현을 구현하기 위한 논리회로를 각각 구성해보면, POS 표현은 2-입력 OR 게이트와 3-입력 OR 게이트 및 2-입력 AND 게이트가 각각 한 개씩 필요하여, 모두 세 개의 게이트들로 구현할 수 있다. 반면에 SOP 표현은 세 개의 2-입력 AND 게이트와 한 개의 3-입력 OR 게이트가 필요하므로, 모두 네 개의 게이트들로 회로가 구성된다. 결과적으로, POS 표현을 이용하여 회로를 구현하면 필요한 게이트 수를 한 개 줄일 수 있으므로 약간 더 효율적이라고 할 수 있다. 이 경우에는 회로 복잡도의 차이가 근소하지만, 두 표현들 중의 어느 것을 이용하는지에 따라, 회로 구현에 필요한 게이트의 수와 복잡도에 큰 차이를 보이는 경우들도 있다.

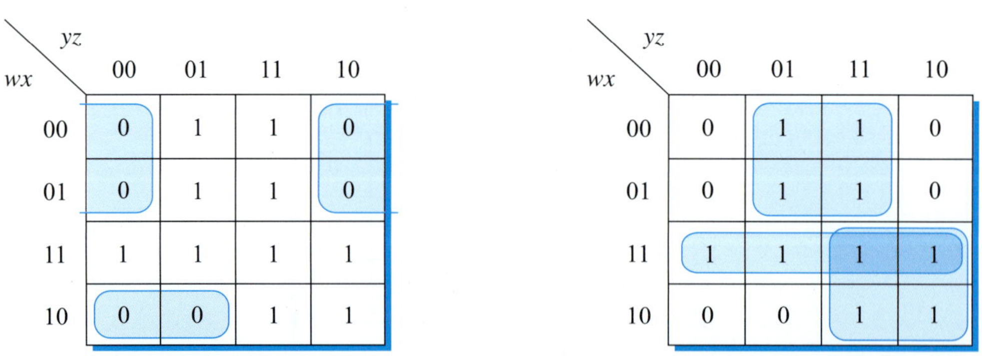

(a) POS 표현의 간략화 (b) SOP 표현의 간략화

그림 5-30 카노프 맵을 이용한 POS 표현 및 SOP 표현의 간략화

여기서 카노프 맵을 이용하는 다른 한 가지 기법을 더 살펴보기로 하자. 그림 5-30(a)의 카노프 맵에서 두 개의 그룹에 포함된 '0'들을 '1'로 간주하고 그들로부터 최소항을 구하여 합한다면, F의 보수인 F'에 대한 SOP 표현을 구할 수 있다. 그런 다음에 그 함수에 보수를 취하면, 아래와 같이 간략화된 POS 표현을 구할 수 있다.

$$
\begin{aligned}
F' &= w'z' + wx'y' \\
F &= (F')' = (w'z' + wx'y')' \\
&= (w'z')'(wx'y')' \\
&= (w + z)(w' + x + y)
\end{aligned}
$$

5.6 *Don't care* 조건을 가진 경우의 간략화

논리회로를 이용하여 구현되는 디지털 시스템에서 입력 조합들의 일부분은 사용되지 않는 경우가 있다. 4-변수 시스템의 경우라면 모두 16가지의 입력 조합들이 존재하는데, 그들 중에서 몇 가지 조합들은 입력으로 들어오지 않으며, 만약 입력되는 경우에는 예측할 수 없는 출력을 발생하는 경우가 있다.

예를 들어, 2.6절에서 공부하였던 BCD 코드는 0부터 9까지에 대한 4-비트 표현들만 존재한다. 따라서 0000부터 1001까지의 2진수 표현만 유효하다. 그러나 4비트로 표현할 수 있는 비트 조합은 모두 16가지이기 때문에, 9보다 더 큰 수에 대한 표현인 1010, 1011, 1100, 1101, 1110 및 1111은 이 코드를 표현하는 데는 사용되지 않는다. BCD 코드를 입력으로 받아서 다른 코드(예: 그레이 코드)로 변환하는 회로를 구성하였을 때, 만약 그 회로로 위의 여섯 가지 표현들 중의 어느 하나가 입력된다면, 입력 오류로 처리해야 한다. 다시 말하면, BCD 코드 변환기로는 그러한 입력 조합들이 들어오지 않을 것이기 때문에, 그 조합들에 대해서는 회로가 출력값으로 0과 1 중에서 어떤 값을 발생하든지 상관없이 회로를 설계할 수 있다는 것이다.

그와 같이, 금지된 입력 조합들이 존재하는 시스템을 위한 회로를 설계하는 경우에는 그들에 대한 출력값들을 간략화 과정에 유리하도록 표시함으로써, 회로를 더욱 단순화 시킬 수 있다. 그러한 입력 조합들에 대한 출력값은 어떤 값이든 상관없다는 의미로서 '*don't care* 조건(condition)'이라고 부르며, 카노프 맵에서는 'X'로 표시한다. 그리고 카노프 맵을 이용한 간략화 과정에서 X는 묶음 그룹을 조금이라도 더 크게 만드는 데 도움이 되도록 사용하면 된다. 예를 들어, SOP 표현을 간략화시키는 경우에, 묶음 그룹을 크게 만드는 데 도움이 된다면 X를 '1'로 취급하고, 묶음에 포함되지 않는 경우에는 '0'으로 취급하면 된다.

한 예로서, 그림 5-31(a)의 진리표에서 보는 바와 같이 BCD 코드를 입력으로 받아서 출력 F를 발생하는 회로를 설계해보기로 하자. 진리표는 0부터 9까지에 대한 BCD 코드와 각각에 대한 출력값들을 보여주고 있다. 이 표에 BCD 코드에는 존재하지 않는, 9보다 더 큰 수를 나타내는 2진수 표현들은 입력 조합으로 표시하지 않았다. 이 진리표에 대한 카노프 맵을 작성하면 그림 5-31(b)와 같아진다. 즉, 진리표에 따라 9($ABCD$ = 1001)까지에 대한 출력값들로 해당 셀들을 채운 다음에, 진리표에 표시되지 않은 여섯 개의 2진수들(1010, 1011, 1100, 1101, 1110, 1111)에 대응되는 셀에는 모두 *don't care* 조건을 나타내는 X를 써넣는다.

그림 5-31(b)의 카노프 맵을 이용하여 간략화할 때, 만약 1들만 묶는다면 검은 색 선으로 표시된 두 개의 그룹으로 묶을 수 있으며, 간략화된 함수로서 $F=A'BC'+A'CD'$을 얻게 된다. 그런데 카노프 맵에서 검은 색 묶음들을 더 크게 만드는 데 도움이 되는 X들을 '1'로 간주한다면, 그림에서와 같이 네 개의 셀들로 이루어진 더 큰 (청색 선) 그룹들로 묶을 수 있기 때문에 더욱 간략화된 부울 함수인 $F=BC'+CD'$을 구할 수 있다. 이 때, 두 그룹에 포함되지 않은 X들은 '0'으로 간주하고 무시하면 된다.

BCD 코드				출력
A	B	C	D	
0	0	0	0	0
0	0	0	1	0
0	0	1	0	1
0	0	1	1	0
0	1	0	0	1
0	1	0	1	1
0	1	1	0	1
0	1	1	1	0
1	0	0	0	0
1	0	0	1	0

(a) 진리표

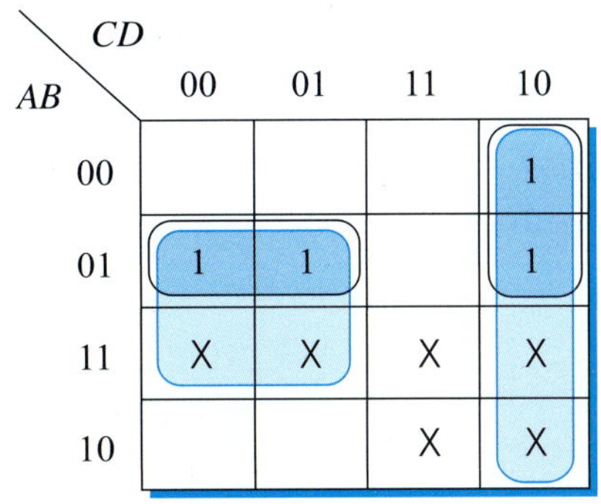

(b) 카노프 맵

그림 5-31 *Don't care* 조건이 존재하는 경우의 진리표와 카노프 맵

예제 5-10

아래와 같은 SOP 표현에 대하여 간략화된 부울 함수를 구하라. 단, $d(\ )$는 *don't care* 조건에 해당하는 입력 조합들을 가리킨다.

$$F(w,x,y,z) = \Sigma(6,8,9)$$
$$d(w,x,y,z) = \Sigma(10,11,12,13,14,15)$$

풀이

예제의 SOP 표현에 대한 카노프 맵을 그리면 그림 5-32와 같아진다. 그리고 이 경우에는 그림에서와 같이 모든 X들을 '1'로 간주하여 가능한 한 크게 묶게 되면, 아래와 같은 간략화된 SOP형 부울 함수를 구할 수 있다.

$$F(w,x,y,z) = w + xyz'$$

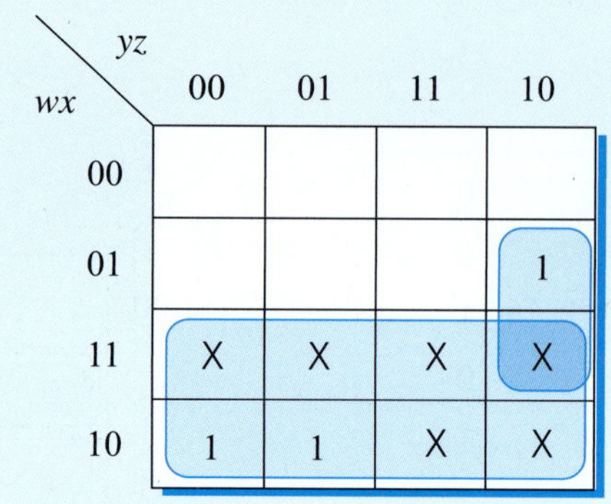

그림 5-32 〈예제 5-10〉에 대한 카노프 맵

POS 표현에 대한 간략화 과정에서도 *don't care* 조건을 SOP 표현의 경우와 유사한 방법으로 활용할 수 있다. 그런데 POS 표현에서는 0으로 채워진 셀들을 묶어서 간략화시키기 때문에, X가 묶음을 크게 만드는데 도움이 되는 경우에는 '0'으로 간주하고, 묶음에 포함되지 않는 경우에는 '1'로 간주하여 무시하면 된다. 〈예제 5-11〉은 그와 같은 방법을 활용한 사례를 보여주고 있다.

예제 5-11

아래와 같은 POS 표현에 대하여 간략화된 부울 함수를 구하라. 단, $d(\ )$는 *don't care* 조건에 해당하는 입력 조합들을 가리킨다.

$$F(w,x,y,z) = \Pi(3,4,5,6,7,12,13)$$
$$d(w,x,y,z) = \Pi(8,10,11,14,15)$$

풀이

예제의 POS 표현에 대한 카노프 맵을 그리면 그림 5-33과 같아진다. 이 경우에는 간략화를 위하여 '0'을 가진 셀들을 묶기 때문에, 그림에서와 같이 일부 X들을 '0'으로 간주하면 원래의 0들과 함께 더 큰 그룹으로 묶을 수 있다. 그리고 맨 아래의 양쪽 끝에 위치한 X들은 '1'로 간주하여 무시하였다. 그 결과로서, 아래와 같이 간략화된 POS형 부울 함수를 얻을 수 있다.

$$F(w,x,y,z) = x'(y' + z')$$

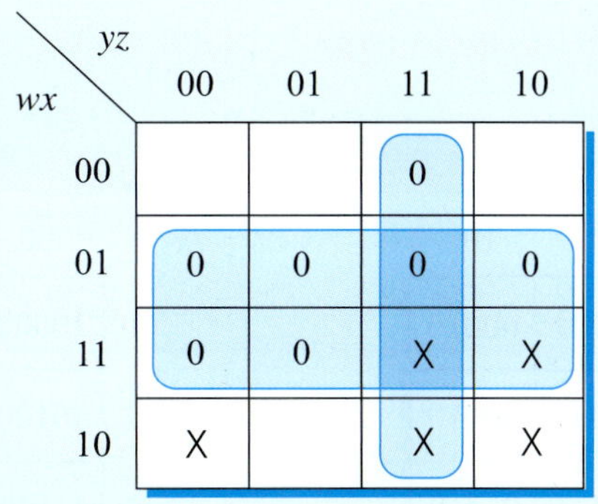

그림 5-33 〈예제 5-11〉에 대한 카노프 맵

5.7 5-변수 카노프 맵

부울 함수로 표현되는 대부분의 디지털 시스템들은 네 개 혹은 그 이하의 변수들을 가지지만, 특수한 경우에는 다섯 개 이상의 변수들로 표현되기도 한다. 카노프 맵은 일반적으로 지금까지 공부한 바와 같이 3-변수 및 4-변수 부울 함수들의 간략화에 주로 이용되지만, 5-변수의 경우에도 사용될 수 있다. 그런데 변수의 수가 다섯 개이면 2진수 조합의 수가 2^5개, 즉 32개가 되기 때문에 2차원 맵으로는 모두 표현할 수가 없다. 따라서 5-변수 카노프 맵은 16개의 셀을 가진 2차원 구조의 4-변수 맵 두 개를 상하로 포개어 3차원 형태로 구성한다. 그 경우에 상하의 두 맵에서 수직 방향으로 같은 위치에 있는 셀들은 서로 인접한 것으로 볼 수 있기 때문에, 다섯 번째 변수를 간략화할 수 있게 된다.

3차원 구조의 5-변수 맵을 작성하는 방법은 다음과 같다. 먼저, 다섯 개의 변수들 중에서 하위의 네 변수들을 이용하여 2차원 맵을 두 개 구성한다. 그리고 최상위 변수의 값을 두 맵들 중에서 하나에는 0으로, 다른 맵에서는 1을 가지는 것으로 정하면 된다. 예를 들어, 5-변수 부울 함수 $F(A,B,C,D,E)$에 대한 카노프 맵을 작성하기 위해서는 먼저 그림 5-34와 같이 변수 B, C, D, E에 대하여 두 개의 2차원 맵을 그린다. 그리고 좌측의 맵은 $A=0$인 경우에 대한 맵으로 사용하고, 우측의 맵은 $A=1$인 경우에 대하여 사용한다. 결과적으로, 두 맵의 각 셀에 대응되는 2진수 표현들은 그림 5-34에 표시한 것과 같아진다.

BC \ DE	00	01	11	10
00	00000	00001	00011	00010
01	00100	00101	00111	00110
11	01100	01101	01111	01110
10	01000	01001	01011	01010

$A = 0$

BC \ DE	00	01	11	10
00	10000	10001	10011	10010
01	10100	10101	10111	10110
11	11100	11101	11111	11110
10	11000	11001	11011	11010

$A = 1$

그림 5-34 5-변수 카노프 맵

그림 5-34에서 두 맵의 같은 위치에 있는 셀들에 대한 2진수 표현을 비교해보면 최상위 비트의 값만 서로 다르다는 것을 알 수 있다. 예를 들어, 그림에서 청색으로 표시된 00101과 10101은 최상위 비트만 다른 값이고, 다른 비트들은 모두 같다. 그림 5-34의 좌측 맵($A=0$)을 우측 맵($A=1$)의 위에 포개어 놓는다고 가상한다면, 그 두 셀은 아래와 위로 같은 위치에 있고 한 비트값만 서로 다르므로 서로 인접해 있다고 말할 수 있다. 따라서 그 두 셀들이 모두 1로 채워져 있다면, 그들을 묶어서 해당 변수를 간략화시킬 수 있게 된다.

한 예로서, 어떤 5-변수 부울 함수에 대한 카노프 맵이 그림 5-35와 같은 두 개의 2차원 맵들로 표현된 경우에 간략화시키는 과정을 살펴보기로 하자. 그림에서 왼쪽 맵의 좌측 상단에는 두 개의 1이 있지만 오른쪽 맵에는 그 위치에 1이 없기 때문에 두 셀들만 묶어서 간략화 해야 하므로, $A'B'C'D'$ 항을 얻게 된다. 그리고 중앙 하단에 1로 표시된 두 개의 셀들은 양쪽 맵들의 같은 위치에 모두 있기 때문에, 그 네 개의 셀들을 하나의 그룹으로 묶을 수 있다. 따라서 양쪽 맵에서 서로 다른 비트 값을 가지는 변수인 A가 제거될 수 있으므로, 이 묶음에 의해 간략화된 항으로는 $BD'E$가 남게 된다. 마지막으로, 각 맵의 맨우측에 네 개씩 위치한 1들을 모두 하나의 그룹으로 묶으면 8개의 셀들로 이루어진 큰 그룹을 만들 수 있다. 그 그룹에서는 변수 A, B, C를 모두 제거할 수 있기 때문에, DE' 항을 얻게 된다. 결과적으로, 간략화된 부울 함수로는 $F=A'B'C'D'+BD'E+DE'$을 얻을 수 있다.

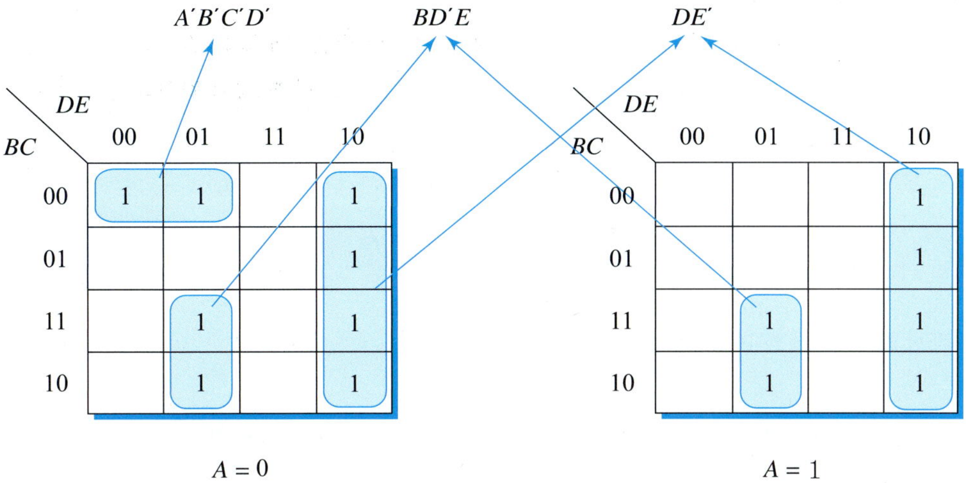

그림 5-35 5-변수 카노프 맵에서 인접 셀들의 묶기와 간략화

예제 5-12

아래와 같이 표현되는 5-변수 부울 함수를 카노프 맵을 이용하여 간략화하라.

$$F(A,B,C,D,E) = \Sigma(0,1,4,5,7,10,11,16,17,20,21,23,26,27,30)$$

풀이

예제에서 주어진 부울 표현에 대한 카노프 맵은 그림 5−36과 같이 두 개의 맵을 이용하여 작성될 수 있다. 그리고 인접한 '1'들을 묶으면, 그림과 같이 네 개의 그룹들을 구성할 수 있다.

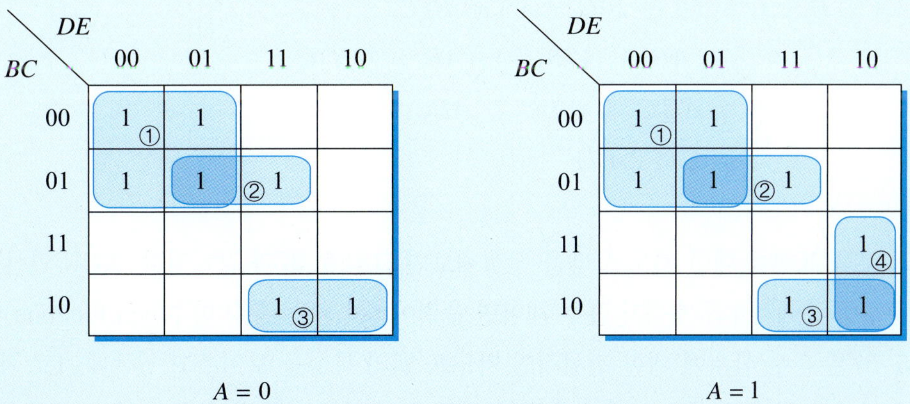

그림 5-36 〈예제 5-12〉에 대한 카노프 맵 및 간략화

그림 5−36에서 ①,②,③번 그룹은 두 카노프 맵에 걸쳐서 만들어지므로 변수 A도 제거될 수 있으며, ④번 그룹은 우측 맵에서만 만들어진다. 따라서 각 그룹에 의해 간략화된 항들은 아래와 같다.

①번: $B'D'$, ②번: $B'CE$, ③번: $BC'D$, ④번: $ABDE'$

결과적으로, 부울 함수는 아래와 같이 간략화된다.

$$F(A,B,C,D,E) = B'D' + B'CE + BC'D + ABDE'$$

5.8 XOR 함수에 대한 카노프 맵

XOR 함수와 XNOR 함수의 대수적 특성들에 대하여 4.7절에서 살펴보았지만, 여기서 각 함수에 대한 카노프 맵을 작성하여 그 특성들을 다시 확인해보기로 한다. 세 개의 변수들로 이루어진 XOR 함수는 아래와 같은 부울 표현으로 변환될 수 있다.

$$\begin{aligned} A \oplus B \oplus C &= (A \oplus B)C' + (A \oplus B)'C \\ &= (AB' + A'B)C' + (AB + A'B')C \\ &= AB'C' + A'BC' + ABC + A'B'C \\ &= \Sigma(1,2,4,7) \end{aligned}$$

위의 부울 표현에 대한 카노프 맵을 작성해보면 그림 5−37과 같아진다. XOR 연산은 입력 변수값들 중에서 1의 개수가 홀수 개이면 출력이 1이 되는 홀수 함수(odd function)이다. 그림 5−37은 홀수 함수에 대한 전형적인 카노프 맵의 특성을 보여주고 있는데, 1로 채워진 셀들이 어떠한 셀과도 서로 인접하지 않기 때문에 더 이상 간략화될 수 없다는 특징을 가지고 있다.

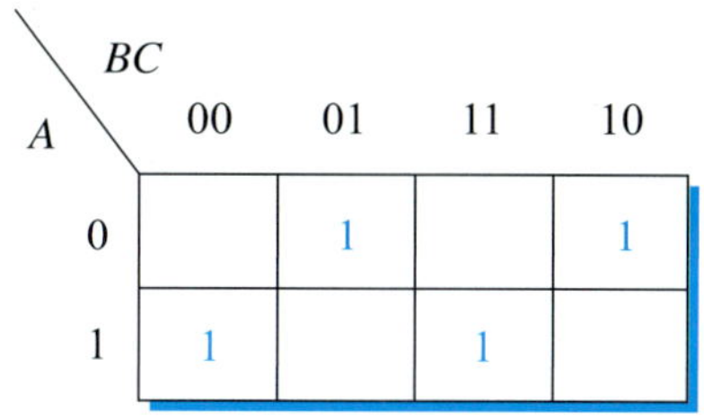

그림 5-37 3-변수 XOR 함수에 대한 카노프 맵

XOR 함수에 대한 보수인 XNOR 함수는 입력 변수값들 중에서 1의 개수가 짝수일 때 출력이 1이 되는 짝수 함수(even function)이다. 이 함수에 대한 부울 표현은 아래와 같으며, 그에 대한 카노프 맵은 그림 5-38과 같다. 이 경우에도 서로 인접한 셀이 존재하지 않는 것이 특징이다.

$$(A \oplus B \oplus C)' = \Sigma(0,3,5,6)$$

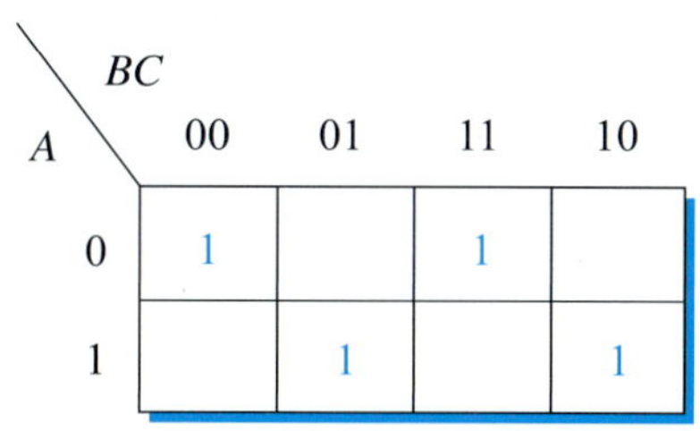

그림 5-38 3-변수 XNOR 함수에 대한 카노프 맵

이와 같은 XOR 함수 및 XNOR 함수의 특징은 4-변수의 경우에도 마찬가지로 나타난다. 먼저 4-변수 XOR 함수를 SOP 표현으로 나타내면 아래와 같다.

$$\begin{aligned} A \oplus B \oplus C \oplus D &= (AB'+A'B) \oplus (CD'+C'D) \\ &= (AB'+A'B)(CD'+C'D)'+(AB'+A'B)'(CD'+C'D) \\ &= (AB'+A'B)(CD+C'D')+(AB+A'B')(CD'+C'D) \\ &= \Sigma(1,2,4,7,8,11,13,14) \end{aligned}$$

위의 부울 표현에 대한 카노프 맵을 작성하면 그림 5-39(a)와 같아진다. 이 맵에서도 1로 표시된 셀들이 서로 인접하지 않는 특징을 보이고 있으며, 각 셀에 대응되는 모든 2진수 표현에서 1의 개수가 홀수 개라는 것을 알 수 있다. 반면에, 4-변수 XNOR 함수에 대한 카노프 맵은 그림 5-39(b)와 같이 2진수 표현에서 1의 개수가 짝수 개인 셀들만이 1로 표시되는 짝수 함수의 특징이 그대로 유지된다는 것을 확인할 수 있다.

AB \ *CD*	00	01	11	10
00		1		1
01	1		1	
11		1		1
10	1		1	

(a) 4-변수 홀수 함수의 카노프 맵

AB \ *CD*	00	01	11	10
00	1		1	
01		1		1
11	1		1	
10		1		1

(b) 4-변수 짝수 함수의 카노프 맵

그림 5-39 4-변수 XOR 함수와 XNOR 함수의 카노프 맵

기 본 문 제

5.1 3-변수 카노프 맵은 몇 개의 셀들로 구성되는가?

가. 3개　　나. 6개

다. 8개　　라. 16개

5.2 3-변수 카노프 맵에 있는 아래의 셀들 간에 서로 인접하지 않은 짝(pair)은 어느 것인가?

가. 000 − 010　　나. 010 − 110

다. 111 − 011　　라. 100 − 011

5.3 3-변수 부울 함수 $F(A,B,C)$를 위한 카노프 맵을 작성했을 때, $A=1$, $BC=01$에 대응되는 셀과 $A=1$, $BC=11$에 대응되는 셀이 각각 1로 채워져 있고 다른 셀들은 모두 0이라면, 함수 F의 간략화된 표현은 아래의 어느 것이 되는가?

가. AC'　　나. AC

다. AB　　라. BC'

5.4 카노프 맵을 이용하여 $F(x,y,z)=x'y'z'+x'yz'+xy'z'+xyz'$을 간략화한 결과로서 옳은 것은?

가. z'　　나. $y'z' + yz'$

다. $x' + xy$　　라. $y'z' + yz$

5.5 카노프 맵을 이용하여 $F(A,B,C) = \Sigma(0,1,3,4,5,7)$을 간략화한 결과로서 옳은 것은?

가. $B' + C$　　나. $A' + C$

다. $B' + BC$　　라. $B'C' + BC$

5.6 4-변수 카노프 맵은 몇 개의 셀들로 구성되는가?

가. 4개　　나. 8개

다. 16개　　라. 32개

5.7 4-변수 카노프 맵에 있는 아래의 셀들 간에 서로 인접하지 않은 짝은 어느 것인가?

가. $m_0 - m_5$ 나. $m_5 - m_7$
다. $m_9 - m_{13}$ 라. $m_2 - m_{10}$

5.8 아래의 SOP 표현들에 대한 4-변수 카노프 맵을 각각 작성하였을 때, 셀들을 묶은 그룹의 수가 한 개가 아닌 것은?

가. $\Sigma(5,7,13,15)$ 나. $\Sigma(0,2,8,10)$
다. $\Sigma(0,1,4,6)$ 라. $\Sigma(4,6,12,14)$

5.9 $F(A,B,C,D)$를 위한 4-변수 카노프 맵에서 최소항 m_1과 m_3에 대응되는 셀들이 1로 채워져 있을 때 그들을 묶어서 하나의 변수를 제거했다면, 그것은 아래의 어떤 규칙을 적용하는 것에 해당하는가?

가. $C' + C = 0$ 나. $C' + C = 1$
다. $C'C = 0$ 라. $D' + D = 1$

5.10 카노프 맵을 이용하여 POS 표현 $F(x,y,z) = \Pi(0,2,3,4)$를 간략화한 결과로서 옳은 것은?

가. $(x' + y)(y' + z')$ 나. $(x + y')(y' + z')$
다. $(x' + y)(y + z)$ 라. $(x + y')(y + z)$

5.11 POS 표현 $F(x,y,z) = \Pi(0,2,3,4)$을 SOP 표현으로 바르게 변환한 것은?

가. $\Sigma(0,5,6,7)$ 나. $\Sigma(0,2,3,4)$
다. $\Sigma(1,5,6,7)$ 라. $\Sigma(0,1,2,3,4)$

5.12 카노프 맵에서 X로 표시되는 *don't care* 조건에 대한 아래의 설명 중에서 잘못된 것은?

가. 간략화 과정에서 0 혹은 1로 간주될 수 있다.
나. 해당 값이 어떤 값을 가지든 상관없다는 것을 의미한다.
다. 간략화 과정에서 어떤 묶음 그룹에든 반드시 포함되어야 한다.
라. 그 출력을 발생하는 입력 조합이 발생하지 않는다는 것을 의미한다.

5.13 카노프 맵을 이용하여 부울 함수 $F(A,B,C,D) = \Sigma(1,3,4,5,9,11,12,13)$을 간략화한 결과는?

가. $F = AC' + B'D$　　나. $F = BC' + B'D$

다. $F = B'C + B'D$　　라. $F = BC' + A'B'D$

5.14 카노프 맵을 이용하여 아래의 부울 함수를 간략화한 결과는?

$$F(w,x,y,z) = \Sigma(1,3,4,5,9,11,12,13)$$
$$d(w,x,y,z) = \Sigma(0,8)$$

가. $F = y + x'z$　　나. $F = xy' + z$

다. $F = xy' + x'z$　　라. $\mathrm{F} = y' + x'z$

5.15 부울 표현 $F(A,B,C,D) = \Pi(0,1,2,4,5,6,9,13)$을 간소화한 결과로서 옳은 것은?

가. $F = AD' + CD$　　나. $F = (A + D)(C + D)$

다. $F = A'D' + C'D$　　라. $F = (A' + D')(C' + D')$

5.16 카노프 맵을 이용하여 아래의 부울 함수를 간략화한 결과는?

$$F(w,x,y,z) = \Pi(0,2,6,7,10,14,15)$$
$$d(w,x,y,z) = \Pi(1,3,11)$$

가. $F = y'(w + x)$　　나. $F = y'(w + x + z)$

다. $F = y + w'x'$　　라. $F = (x' + y')(w + x + z)$

정답

5.1 다	5.2 나	5.3 나	5.4 가	5.5 가	5.6 다	5.7 가	5.8 다	5.9 나
5.10 라	5.11 다	5.12 다	5.13 나	5.14 라	5.15 나	5.16 가		

연습문제

5.1 아래의 진리표에 대한 카노프 맵을 작성하라.

A	B	C	F
0	0	0	0
0	0	1	1
0	1	0	1
0	1	1	0
1	0	0	0
1	0	1	1
1	1	0	0
1	1	1	1

5.2 아래의 부울 함수들에 대한 카노프 맵을 작성하라. 단, 맵에는 '1'로 채워지는 셀들만 표시하라.

(1) $F(A,B,C) = A'B'C + A'BC' + AB'C'$

(2) $F(A,B,C,D) = A'B'CD + A'BCD' + AB'C'D + AB'CD + ABCD'$

5.3 아래의 부울 함수들을 정규형으로 변환한 다음에, 카노프 맵을 작성하라. 단, 맵에는 '1'로 채워지는 셀들만 표시하라.

(1) $F(x,y,z) = x'y' + xy + x'yz'$

(2) $F(w,x,y,z) = xy' + z'$

5.4 아래의 POS형 부울 함수들에 대한 카노프 맵을 작성하라. 단, 맵에는 '0'으로 채워지는 셀들만 표시하라.

(1) $F(A,B,C) = (A' + B + C')(A' + B' + C)(A + B + C)$

(2) $F(A,B,C,D) = (A + B)(A + C' + D)(B' + C + D')(A' + B + C + D')$

5.5 아래의 POS형 부울 함수들을 정규형으로 변환한 다음에, 카노프 맵을 작성하라. 단, 맵에는 '0'으로 채워지는 셀들만 표시하라.

(1) $F(x,y,z) = x'(y + z)(x' + y + z')$

(2) $F(w,x,y,z) = x(y' + z')$

5.6 아래의 부울 표현들에 대한 카노프 맵을 작성하고, 간략화된 부울 함수를 구하라.

(1) $F(x,y,z) = \Sigma(0,2,3,4,6)$ (2) $F(A,B,C) = \Sigma(0,1,2,5,6,7)$

5.7 카노프 맵을 이용하여, 아래의 부울 함수들을 간략화하라.

(1) $F(x,y,z) = x'y'z' + x'yz' + x'yz + xy'z'$

(2) $F(x,y,z) = x'y + y'z' + xy'z + xyz$

(3) $F(A,B,C) = AB + A'B'C' + A'BC'$

(4) $F(A,B,C) = A'B'C' + A'B'C + A'BC' + A'BC + AB'C + ABC$

5.8 아래의 부울 표현들에 대한 카노프 맵을 작성하고, 간략화된 POS형 부울 함수를 구하라.

(1) $F(x,y,z) = \Pi(1,3,5)$ (2) $F(A,B,C) = \Pi(0,1,2,4,6)$

5.9 아래의 진리표에 대한 카노프 맵을 작성하고, 물음에 답하라.

(1) 간략화된 SOP형 부울 함수를 구하라.

(2) 간략화된 POS형 부울 함수를 구하라.

x	y	z	F
0	0	0	1
0	0	1	0
0	1	0	0
0	1	1	1
1	0	0	0
1	0	1	0
1	1	0	1
1	1	1	1

5.10 앞면과 뒷면을 가진 동전이 세 개(A,B,C)가 있다. 동전을 던졌을 때 앞면이 나오면 '1', 뒷면이 나오면 '0'으로 표시하기로 한다. 세 개의 동전들을 모두 한 번에 던져서 그들 중에 두 개 이상이 앞면이 나오면 출력(F)이 '1'이 되어 램프가 켜지게 하는 회로를 설계하고자 한다.

(1) 진리표를 작성하라.

(2) 카노프 맵을 작성하라.

(3) AND-OR 회로로 구현하기 위한 간략화된 부울 함수를 구하라.

(4) OR-AND 회로로 구현하기 위한 간략화된 부울 함수를 구하라.

5.11 4-변수 카노프 맵을 이용하여, 아래의 부울 함수들을 간략화하라.

(1) $F(A,B,C,D) = B'D + A'BC' + AB'C + ABC'$

(2) $F(w,x,y,z) = w'x'y'z' + xy'z' + x'yz' + xy'z$

5.12 아래의 부울 표현들에 대한 카노프 맵을 작성하고, 간략화된 SOP형 부울 함수를 구하라.

(1) $F(A,B,C,D) = \Sigma(1,4,5,6,7,9,12,14,15)$

(2) $F(A,B,C,D) = \Sigma(2,3,8,9,10,11,14,15)$

5.13 아래의 부울 표현들에 대한 카노프 맵을 작성하고, 간략화된 POS형 부울 함수를 구하라.

(1) $F(A,B,C,D) = \Pi(0,2,4,5,6,10,14)$

(2) $F(A,B,C,D) = \Pi(3,6,7,9,11,13,15)$

5.14 카노프 맵을 이용하여, 아래의 부울 함수들을 간략화하라.

(1) $F(A,B,C,D) = (A+C+D)(A'+B')(A'+C+D)(A'+B+C'+D)$

(2) $F(w,x,y,z) = (w+x+z)(w'+y+z')(w+x'+z)(w'+y'+z')$

5.15 아래의 부울 표현에 대한 카노프 맵을 작성하고, 간략화된 POS형 부울 함수를 구하라. 단, 카노프 맵으로부터 보수 함수(F')에 대한 SOP 표현을 구한 다음에, F에 대한 POS형 부울 함수로 변환하는 방법을 사용하라.

(1) $F(x,y,z) = \Sigma(0,2,4,6,7)$

(2) $F(A,B,C) = \Sigma(0,4,6)$

(3) $F(w,x,y,z) = \Sigma(0,2,5,6,7,8,10)$

(4) $F(A,B,C,D) = \Sigma(0,2,4,6,12,14)$

5.16 카노프 맵을 이용하여 아래의 부울 표현에 대한 간략화된 SOP형 부울 함수와 간략화된 POS형 부울 함수를 각각 구하고, 회로 구현은 어느 편이 더 유리한 지 비교하라.

$$F(A,B,C,D) = \Sigma(0,2,4,6,7,8,12,14,15)$$

5.17 카노프 맵을 이용하여 아래의 부울 표현에 대한 간략화된 보수 함수(F')를 구하고, 그 함수를 구현하는 회로를 NAND 게이트들만 이용하여 구성하라.

$$F(A,B,C,D) = \Sigma(0,1,2,3,4,8,10,12)$$

5.18 아래의 부울 표현들에 대한 카노프 맵으로부터 *essential prime implicant*에 해당하는 항들과 *prime implicant*에 해당하는 항들을 각각 구하고, 그들을 이용하여 얻을 수 있는 간략화된 부울 함수들을 모두 열거하라.

(1) $F(w,x,y,z) = \Sigma(0,2,4,5,6,7,8,10,13,15)$

(2) $F(A,B,C,D) = \Sigma(0,2,3,5,7,8,10,11,14,15)$

5.19 *Don't care* 조건이 포함된 아래의 SOP 표현들에 대하여 간략화된 부울 함수를 구하라.

(1) $F(A,B,C) = \Sigma(2,6,7)$, $d(A,B,C) = \Sigma(0,1,3,4,5)$

(2) $F(x,y,z) = \Sigma(0,3,5,6)$, $d(x,y,z) = \Sigma(2,7)$

(3) $F(A,B,C,D) = \Sigma(0,6,8,13,14)$, $d(A,B,C,D) = \Sigma(2,4,9,10)$

(4) $F(w,x,y,z) = \Sigma(1,3,5,7,9,15)$, $d(w,x,y,z) = \Sigma(4,6,12,13)$

5.20 *Don't care* 조건이 포함된 아래의 POS 표현들에 대하여 간략화된 부울 함수를 구하라.

(1) $F(x,y,z) = \Pi(0,3,5,6)$, $d(x,y,z) = \Pi(2,7)$

(2) $F(A,B,C,D) = \Pi(0,6,8,13,14)$, $d(A,B,C,D) = \Pi(2,4,9,10)$

5.21 인근에 위치하고 있는 네 개의 집들이 어떤 보안회사에 가입되어 있으며, 각 집과 보안회사 간에는 보안요청 신호들(A,B,C,D)이 연결되어 있다고 하자. 각 변수의 값은 해당 집이 비어있을 때는 '0'이 되고, 그렇지 않을 때는 '1'이 된다.

(1) 두 집 혹은 그 이상이 비어있을 때는 보안요청 신호(F)가 '1'로 세트되도록 하는 경우에 대한 진리표를 작성하고, 카노프 맵을 이용하여 F에 대한 간략화 된 부울 함수를 구하라.

(2) (1)번의 조건이 완화되어, 두 집이 비어있는 경우에는 보안요청 신호(F)가 '0'이 되든 '1'이 되든 상관없는 경우에 대하여 (1)번을 다시 풀어라.

5.22 5-변수 카노프 맵을 이용하여 아래의 부울 표현에 대한 간략화된 SOP형 부울 함수를 구하라.

$$F(A,B,C,D,E) = \Sigma(0,1,4,8,12,13,15,16,17,23,29,31)$$

5.23 5-변수 카노프 맵을 이용하여 아래의 부울 표현에 대한 간략화된 POS형 부울 함수를 구하라.

$$F(A,B,C,D,E) = \Pi(2,3,5,6,7,10,14,18,19,22,23,26,30)$$

Digital Logic Circuits

CHAPTER 06

조합회로의 분석과 설계

CONTENTS

CHAPTER

06 조합회로의 분석과 설계

앞에서 설명한 각종 논리 게이트들을 이용하면 원하는 기능을 수행할 수 있는 다양한 종류의 디지털 회로들을 구성할 수 있는데, 그들을 동작 특성에 따라 분류하면 아래와 같은 두 가지로 나눌 수 있다.

- 조합회로(combinational circuit): 현재의 입력값들만 이용하여 출력값을 결정하는 논리회로를 말한다. 즉, 회로를 구성하는 게이트들이 입력 신호들을 받는 즉시 그들을 조합(combine)하여 최종 출력을 발생한다.
- 순차회로(sequential circuit): 현재의 입력들뿐 아니라 과거의 입력 혹은 출력도 함께 고려하여 출력값을 결정하는 논리회로를 말한다. 이 회로는 조합회로와 기억소자(memory element)를 결합하여 구성되는데, 제7장에서 자세히 설명하기로 한다.

이 장에서는 조합회로를 분석하는 절차와 설계하는 방법에 대하여 설명하며, 각종 디지털 시스템과 디지털 컴퓨터에서 널리 사용되고 있는 주요 조합회로들을 살펴보기로 한다.

6.1 조합회로의 기본 구조

조합회로를 개괄적으로 표현하면 그림 6-1과 같이 다수의 입력 신호들을 받아서, 회로의 동작 특성에 따라 한 개 혹은 그 이상의 출력 신호들을 발생하는 논리 게이트들의 집합체이다.

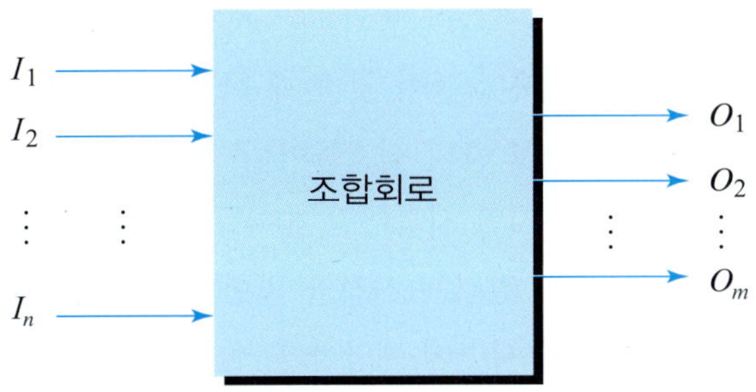

그림 6-1 조합회로의 블록도

조합회로는 어떤 동작 특성을 나타내는 부울 함수를 하드웨어로 구현한 결과라고 볼 수 있다. 그림 6-1에서 블록으로 표시된 조합회로의 내부 구성에 대한 예로서, 부울 함수 $F = AB + CD$를 구현한 그림 6-2(a)를 살펴보자. 이 조합회로는 네 개의 입력 신호들을 받아서 한 개의 출력 신호를 발생하는 장치가 된다. 그리고 그림 6-2(b)는 세 개의 입력 신호들을 받아서 두 개의 출력 신호들을 발생하는 조합회로로서, 두 개의 부울 함수 $S = x \oplus y \oplus z$와 $C = xy+(x \oplus y)z$를 하나의 회로로 구현한 결과를 보여주고 있다.

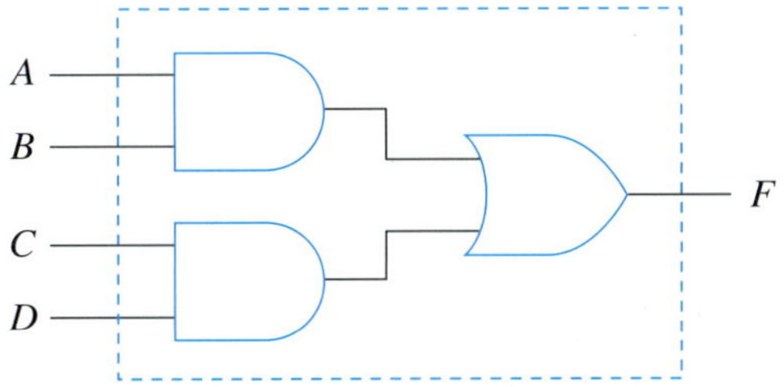

(a) 4-입력 1-출력 조합회로

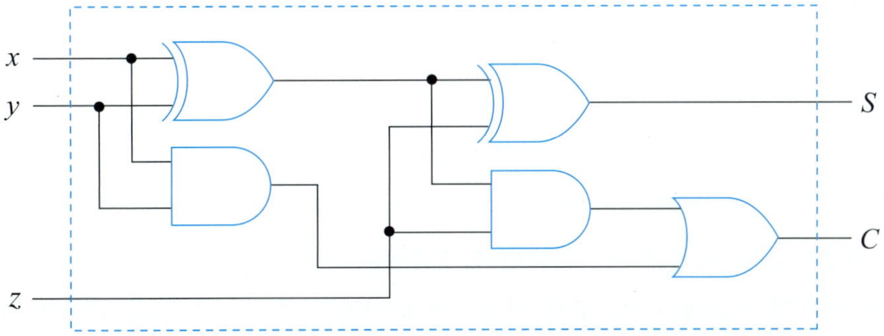

(b) 3-입력 2-출력 조합회로

그림 6-2 조합회로의 예

조합회로에서는 입력 신호가 게이트들을 통과하는 시간만큼 지연(delay)된 후에 출력이 발생된다. 그림 6-2(a)에서는 입력 신호들이 첫 번째 단계인 AND 게이트를 각각 통과하는 동안에 지연이 한 번 발생하며, 그 출력 신호들이 두 번째 단계인 OR 게이트를 통과하면서 다시 한 번 지연된다. 여기서 지연 시간이란 게이트의 내부 회로가 입력 신호들에 반응하여 적절한 출력을 생성하는 데 걸리는 시간을 말한다. 따라서 두 게이트에서의 지연을 더한 시간이 이 조합회로의 동작 시간에 해당한다. 만약 각 게이트에서 5ns씩 지연된다면, (a) 회로의 동작 시간은 10ns가 된다. (b) 회로에서는 출력 S가 입력 신호들이 두 개의 XOR 게이트들을 통과하면 발생하지만, 출력 C는 세 개의 게이트들을 통과해야 생성될 수 있기 때문에, 이 조합회로의 동작 시간은 15ns가 된다. 이와 같이 입력 신호들이 여러 단계의 게이트들을 통과한 다음에 출력 신호를 발생하도록 구성된 조합회로는 그만큼 동작 시간이 더 길어진다.

6.2 조합회로의 분석

이미 설계 혹은 구현되어 있는 조합회로가 어떤 기능을 수행하는지 파악하는 것을 회로 분석(circuit analysis)이라고 말한다. 조합회로를 분석하는 방법으로는 아래와 같은 세 가지가 있다.

- 부울 함수를 이용한 분석
- 진리표를 이용한 분석
- 입출력 신호 파형을 이용한 분석

첫 번째 분석 방법은 간단한 회로인 경우에만 가능하다. 즉, 회로도로부터 유도된 부울 함수가 적은 수의 변수들과 연산자들로 이루어져 있다면, 부울 함수만으로도 입력 신호들에 대한 회로의 응답 특성을 파악하거나 출력을 예측하는 것이 가능할 것이다. 그러나 좀 더 복잡한 회로의 경우에는 진리표를 이용하여 분석하는 것이 편리하다. 그런데 이 경우에도 부울 함수를 먼저 구하는 것이 더 효과적이다. 회로도로부터 부울 함수를 구하는 일반적인 절차는 아래와 같다.

① 회로의 각 게이트 출력에 임시 변수를 할당한다(단, 임시 변수들은 분석을 위하여 임시로 배정하는 것이므로, 조합회로의 입력 및 최종 출력의 변수들과는 다른 유형의 기호를 이용하는 것이 혼동을 방지할 수 있다).
② 입력 변수들을 이용하여 각 게이트 출력에 대한 부울 함수를 구한다.
③ ②번 과정을 최종 출력에 도달할 때까지 반복한다.
④ 임시로 할당한 변수들에 대한 표현을 단계적으로 입력 변수들로 대체시킴으로써, 최종 출력 변수에 대한 완전한 부울 함수를 구한다.

위의 절차에 따라 회로도로부터 부울 함수를 유도하는 과정을 경험해보기 위하여 그림 6-3과 같은 회로를 고려해보자. 이 회로는 세 개의 입력 신호들(A,B,C)을 받아서 출력 F를 발생하는 조합회로이다.

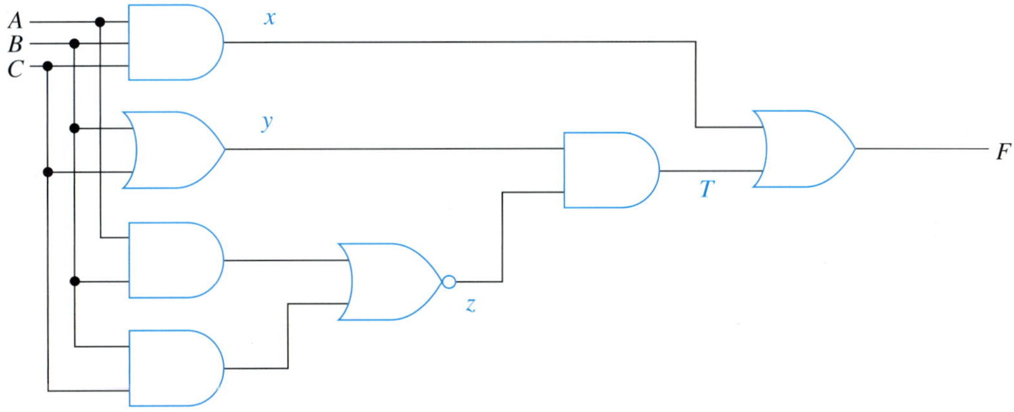

그림 6-3 조합회로의 예

출력 F에 대한 부울 함수를 구하기 위한 첫 번째 단계로서, 그림에서와 같이 게이트 출력들에 임시 변수들 x, y, z 및 T를 각각 할당하였다. 그 다음 단계로서, 입력 변수들을 이용하여 임시 변수 x, y, z에 대한 부울 표현을 구하면 다음과 같다.

$$
\begin{aligned}
x &= ABC \\
y &= (B + C) \\
z &= (AB + BC)' = (A' + B')(B' + C') \\
&= A'B' + A'C' + B' + B'C' \\
&= (A' + 1)B' + A'C' + B'C' \\
&= B'(1 + C') + A'C' \\
&= B' + A'C'
\end{aligned}
$$

NOR 게이트의 출력인 z에 대한 함수를 구하는 과정에서 앞단의 두 AND 게이트들의 출력에도 각각 별도의 변수들을 지정하고 진행한다면 다소 더 편리할 것이다. 각 게이트 출력 변수에 대한 부울 함수를 유도한 다음에는 위에서 보는 바와 같이 대수적 방법으로 간략화 시킨다. 위의 과정을 완료한 다음에는 y와 z를 입력으로 받는 AND 게이트의 출력 T에 대한 함수를 아래와 같이 유도한다. 이 과정에서는 일단 임시 변수들을 이용하여 유도한 다음에, 앞에서 구하였던 y와 z에 대한 표현식을 대입하면 아래와 같이 원래의 입력 변수들로 표현된 부울 함수를 구할 수 있다.

$$
T = yz = (B + C)(B' + A'C') = A'BC' + B'C
$$

마지막으로, 최종 출력 F에 대한 부울 함수는 아래와 같이 임시 변수 x와 T에 대한 표현을 대입하여 구하면 된다.

$$
\begin{aligned}
F &= x + T \\
&= ABC + A'BC' + B'C
\end{aligned}
$$

위의 함수로부터 파악할 수 있는 회로의 기능은 세 개의 입력 변수들의 값들이 ABC=111, 010, 001 혹은 101일 때 F=1이 되며, 다른 입력값들에 대해서는 F=0이 된다는 정도이다. 그에 비하여, 진리표를 이용한다면 회로의 기능을 좀 더 자세하게 분석할 수 있다. 진리표를 작성할 때는 입력 값들의 모든 조합에 대한 출력 값들을 파악할 수 있도록 하기 위하여, 먼저 〈표 6-1〉과 같이 2^3=8개의 입력 조합들을 좌측에 나열한다. 그리고 그림 6-3의 회로와 같이 여러 단계의 게이트들을 통과하여 출력이 결정되는 경우에는 표에서와 같이 각 게이트의 출력부터 최종 출력 F까지를 단계적으로 구해 나간다면, 분석의 오류를 줄일 수 있을 뿐 아니라 회로 전체의 동작 특성도 더욱 쉽게 파악할 수 있다.

〈표 6-1〉 그림 6-3의 회로에 대한 진리표

A	B	C	x	y	AB	BC	z	T	F
0	0	0	0	0	0	0	1	0	0
0	0	1	0	1	0	0	1	1	1
0	1	0	0	1	0	0	1	1	1
0	1	1	0	1	0	1	0	0	0
1	0	0	0	0	0	0	1	0	0
1	0	1	0	1	0	0	1	1	1
1	1	0	0	1	1	0	0	0	0
1	1	1	1	1	1	1	0	0	1

이제 조합회로 분석의 마지막 방법으로서, 임의의 입력 신호들이 회로로 연속적으로 들어올 때 출력 파형들이 어떻게 생성되는지를 확인함으로써 회로의 기능과 동작 특성을 파악하는 방법에 대하여 살펴보기로 한다. 먼저, 그림 6-4(a)와 같이 세 개의 입력 신호들 중에서 A와 B가 OR 게이트를 통과한 다음에, 그 출력 신호가 C 입력과 NAND 게이트를 통과하여 최종 출력 F를 생성하는 회로가 있다고 하자. 이 회로의 출력 F에 대한 부울 함수를 구하면 아래와 같아진다.

$$F = [(A + B)C]' = (A + B)' + C' = A'B' + C'$$

실제 입력 신호 파형들에 대하여 회로가 어떤 형태의 출력 파형을 발생하는지 확인해보는 것은 부울 함수나 진리표를 이용하는 방법에 비하여 회로의 동작 특성을 시각적으로 파악하는데 더 큰 도움이 될 수 있다. 그림 6-4(b)는 (a)의 회로에 세 개의 서로 다른 입력 파형들(A,B,C)이 연속적으로 들어올 때, 각 게이트의 출력에서 생성되는 파형들을 단계적으로 분석해가면서 최종 출력 파형(F)을 구하는 과정을 보여주고 있다.

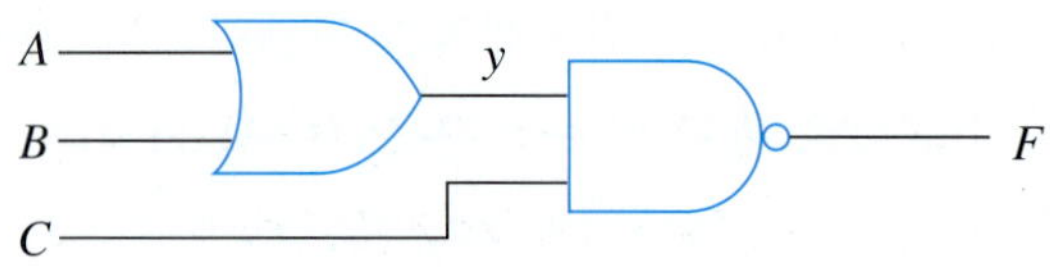

(a) 회로도

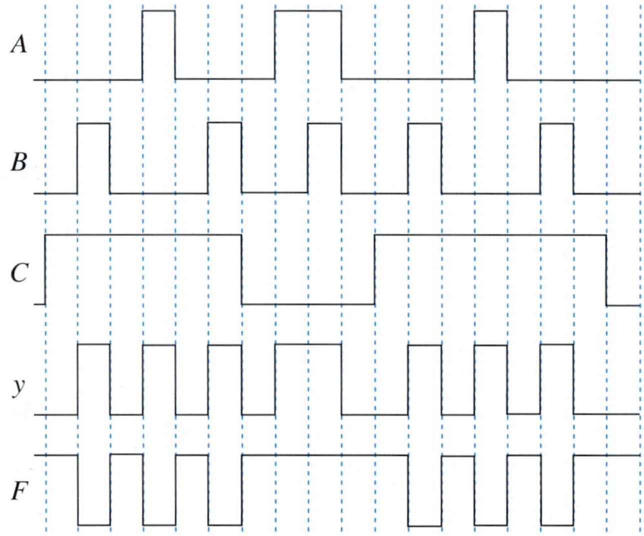

(b) 입력 및 출력 파형

그림 6-4 입출력 파형을 이용한 회로 분석의 예

이러한 분석 과정에서 '단계적'이란 그림 6-4에서 보는 바와 같이 중간 단계에 해당하는 OR 게이트의 출력에 임시변수 y를 지정하고, 입력 신호 A와 B에 대한 y의 파형을 구한 다음에, 그 파형과 입력 C의 파형에 대한 NAND 연산의 결과인 최종 출력 F를 구하는 것과 같은 절차를 말한다. 위의 분석은 매우 간단한 회로에 대한 사례이지만, 〈예제 6-1〉과 같이 좀 더 복잡한 회로를 분석을 하는 경우에 단계적인 방법을 적용해보면 분석 과정이 더 쉬워지고 오류도 줄일 수 있다는 것을 알 수 있다.

예제 6-1

그림 6-5의 논리회로에 대한 부울 함수를 구하라. 그리고 그림 6-6의 A, B, C, D와 같은 파형을 가진 신호들이 회로의 각 입력 단자로 들어오는 경우에 대한 출력 파형(F)을 구하라.

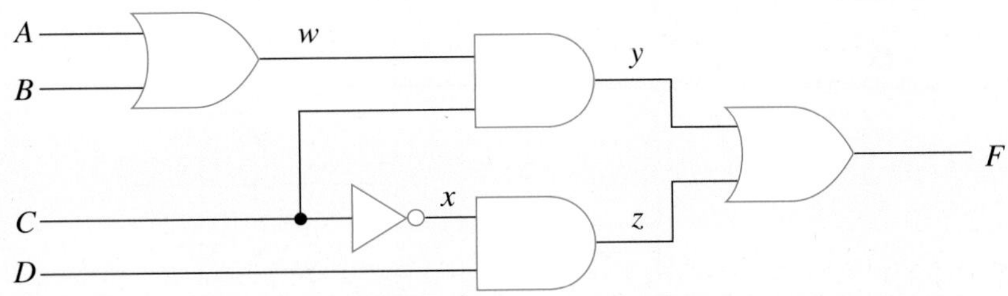

그림 6-5 〈예제 6-1〉을 위한 회로도

풀이

회로에 대한 부울 함수를 구하면 아래와 같아진다.

$$w = A + B$$
$$x = C'$$
$$y = wC = (A + B)C$$
$$z = xD = C'D$$
$$F = (y + z) = (A + B)C + C'D$$

그림 6-6은 입력 신호 파형들에 대한 각 게이트의 출력 파형들을 단계적으로 구한 결과들과 최종 출력 파형을 보여주고 있다.

그림 6-6 그림 6-5의 회로에 대한 입출력 파형들

6.3 조합회로의 설계 방법

조합회로는 최저 비용으로, 최소 공간을 차지하며, 최고의 속도로 동작하도록 설계할 필요가 있다. 따라서 조합회로는 가능한 한 적은 수의 게이트들을 이용하고, 간단한 구조를 가지며, 적은 단계를 거치도록 설계되어야 한다. 그와 같은 설계는 지금까지 설명한 여러 가지 기법들을 이용하여 아래와 같은 절차에 따라 수행하면 된다.

① 구현할 기능을 명확히 표현한다.
② 입력 및 출력 변수들을 결정한다.
③ 입출력 관계를 분석하여 진리표를 작성한다.
④ 카노프 맵을 이용하여 간략화된 부울 함수를 구한다.
⑤ 회로를 구성한다.

한 가지 설계 사례를 통하여, 앞의 절차에 따른 조합회로 설계를 실제 진행해 보기로 한다: 세 사람이 의사 결정을 하는 방법으로서 다수결 원칙을 이용하기로 했다고 하자. 즉, 어떤 사안에 대하여 세 사람 중의 두 명 이상이 찬성하면 통과된 것으로 결정하고, 그렇지 않으면 부결된 것으로 결정한다. 그와 같은 기능을 지원하는 디지털 시스템을 다수결 회로(majority circuit)라고 부르는데, 아래의 과정을 통하여 설계할 수 있다.

(1) 회로 기능의 정의: 세 명의 위원들이 표결용 스위치를 한 개씩 할당받아서, 의사결정에 찬성한다면 스위치를 누르고(출력=1), 반대한다면 누르지 않는다(출력=0). 이때 만약 두 개 이상의 스위치가 눌러진다면, '가결'을 나타내는 램프가 켜진다.

(2) 변수 결정: 세 명의 위원들에게 2진 변수 A, B, C를 각각 배정한다. 따라서 위원들이 사용하는 스위치를 통하여 회로로 들어오는 입력 신호들도 해당 위원과 같은 변수명들을 가지게 된다. 그리고 램프의 *on*/*off* 를 구동하는 출력 변수로는 F를 배정하기로 한다.

(3) 진리표 작성: 3-변수 진리표를 〈표 6-2〉와 같이 작성한다. 즉, A 위원이 반대하더라도 B 위원과 C 위원이 찬성하거나, A 위원이 찬성하고 B 혹은 C 위원 중의 한 명이 찬성하거나, 모든 위원들이 찬성한다면, 출력 F=1이 되어 램프가 켜진다.

〈표 6-2〉 다수결 함수의 진리표

A	B	C	F
0	0	0	0
0	0	1	0
0	1	0	0
0	1	1	1
1	0	0	0
1	0	1	1
1	1	0	1
1	1	1	1

진리표로부터 직접 부울 함수를 구하면, $F = A'BC + AB'C + ABC' + ABC$가 된다. 이 부울 함수를 하드웨어로 구현하려면 네 개의 3-입력 AND 게이트들과 한 개의 4-입력 OR 게이트가 필요하다.

(4) 간략화된 부울 함수의 유도: 〈표 6-2〉의 진리표로부터 그림 6-7과 같은 3-변수 카노프 맵을 작성하고 간략화하면, 아래와 같은 간략화된 SOP형 부울 함수를 얻을 수 있다.

$$F = AB + AC + BC$$

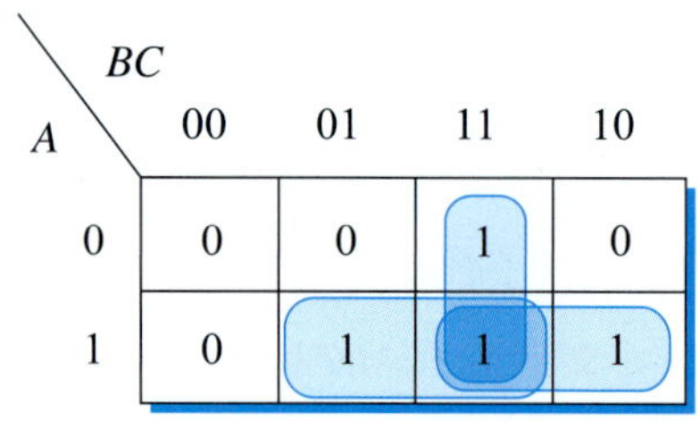

그림 6-7 다수결 함수에 대한 카노프 맵

(5) 회로의 구성: 위에서 구한 부울 함수는 세 개의 2-입력 AND 게이트들과 한 개의 3-입력 OR 게이트를 이용하면 구현할 수 있으며, 그림 6-8과 같은 조합회로로 구성된다. 그림에서 출력 $F=0$, 즉 OR 게이트의 출력이 0V가 되면 접지(ground)와 같은 상태가 되므로, 전원(5V)에 의해 공급되는 전류가 모두 OR 게이트의 출력단으로 흘러들어가게 되어 램프가 켜지지 않는다. 반면에 $F=1$이 되면 OR 게이트의 출력과 전원의 전압이 거의 같은 레벨이기 때문에 전류가 게이트 방향으로는 흐르지 못하고 모두 램프로 흘러가게 되므로, 램프가 켜지게 된다. 이 회로에서 저항 R은 램프로 흐르는 전류의 크기를 조절하기 위하여 삽입된다.

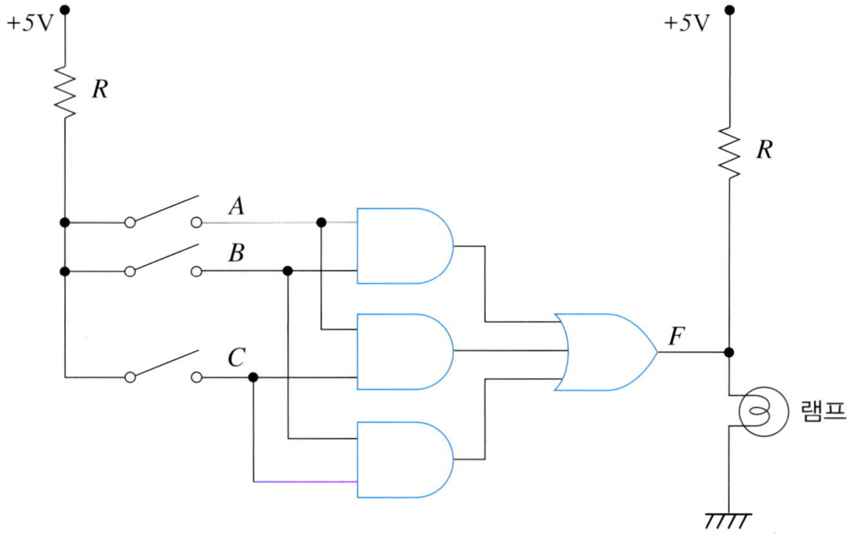

그림 6-8 다수결 회로의 구성도

6.4 가산기

이제부터는 앞 절에서 설명하였던 설계 절차를 이용하여 주요 조합회로들을 설계하고, 그들의 동작 특성을 살펴보고자 한다. 먼저 이 절에서는 디지털 컴퓨터나 각종 디지털 시스템에서 수치적 데이터들 간의 덧셈을 수행하기 위하여 사용되는 가산기(adder)의 내부 회로를 설계해보기로 하자. 가산기는 가장 기본적인 조합회로로서, 입력 비트의 수에 따라 아래와 같이 두 가지로 분류된다.

- 반가산기(Half adder: HA): 두 개의 비트들을 더하고, 합(sum)과 올림수(carry)를 발생하는 회로이다.
- 전가산기(Full adder: FA): 세 개의 비트들을 더하고, 합과 올림수를 발생하는 회로이다. 세 개의 입력 비트들 중의 두 개는 같은 자리수의 비트들이며, 나머지 한 비트는 아랫 자리수로부터 올라오는 올림수 비트이다.

6.4.1 반가산기

제2장에서 두 비트들 간의 덧셈에 대한 규칙은 아래와 같이 정의되었다.

$$0 + 0 = 0$$
$$0 + 1 = 1$$
$$1 + 0 = 1$$
$$1 + 1 = 0,\ \text{올림수} = 1$$

이와 같은 덧셈을 수행하는 반가산기(HA)는 두 개의 비트들을 입력으로 받아서 합을 나타내는 비트(S)와 올림수를 나타내는 비트(C)를 출력으로 발생한다. 반가산기의 논리적 기호로는 일반적으로 그림 6-9와 같이 두 개의 입력들과 두 개의 출력들을 가진 블록으로 나타낸다.

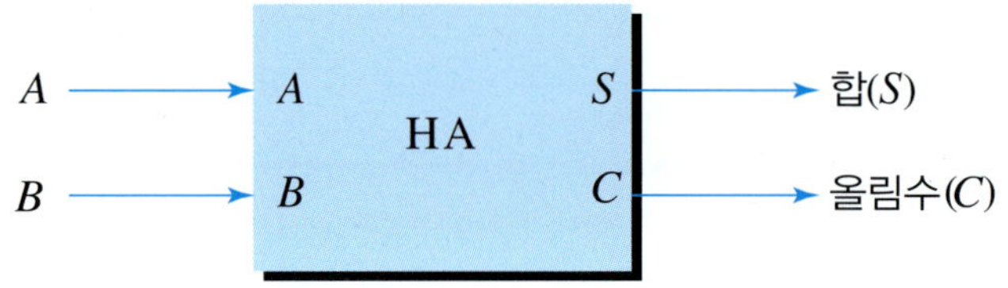

그림 6-9 반가산기의 논리적 기호

반가산기의 내부 회로를 설계하기 위한 첫 단계는 〈표 6-3〉과 같은 진리표를 작성하는 것이다. 여기서 입력 비트들의 변수명으로는 A와 B를 각각 지정하였다.

〈표 6-3〉 반가산기의 진리표

A	B	S	C
0	0	0	0
0	1	1	0
1	0	1	0
1	1	0	1

반가산기의 출력 S와 C에 대한 부울 함수는 〈표 6-3〉에서 각 출력이 1이 되게 하는 입력 조합들로부터 구할 수 있으며, 그 결과는 다음과 같다.

$$S = A'B + AB' = A \oplus B$$

$$C = AB$$

위의 부울 함수들은 더 이상 간략화시킬 수 없는 형태이다. 결과적으로, 합(S)은 두 입력 비트들 간의 XOR 연산, 올림수(C)는 두 입력 비트들 간의 AND 연산을 각각 수행하면 생성할 수 있다. 따라서 반가산기의 내부 회로는 그 두 연산을 수행하는 게이트들을 이용하여 그림 6-10과 같이 구성할 수 있으며, 이것이 반가산기 설계 과정의 최종 결과이다.

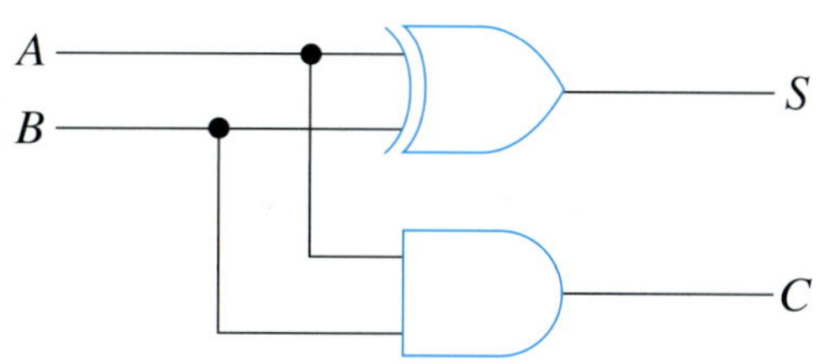

그림 6-10 반가산기의 내부 회로

참고 반감산기(half-subtracter)

2.3절에서 설명한 두 비트 간의 뺄셈 규칙을 다시 쓰면, 아래와 같다.

x	y	차이(D)	빌림수(B)
0	0	0	0
0	1	1	1
1	0	1	0
1	1	0	0

이 회로를 설계하기 위하여 차이(difference: D)와 빌림수(borrow: B)에 대한 부울 함수를 구하고, 회로를 구성하면 다음과 같아진다.

$$D = x'y + xy' = x \oplus y$$
$$B = x'y$$

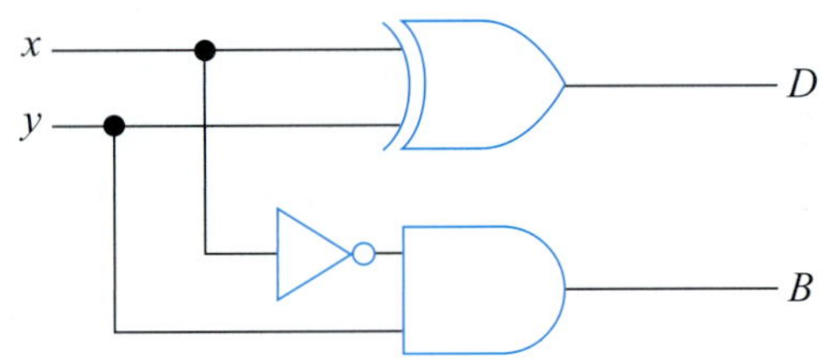

6.4.2 전가산기

전가산기(FA)는 여러 비트들로 표현되는 2진수들 간의 덧셈에서 같은 위치의 비트들을 더하는 회로로 사용된다. 그러한 기능을 수행하기 위해서는 전가산기가 해당 자리수의 비트들뿐 아니라 하위 비트들 간의 덧셈 과정에서 발생한 올림수 비트도 전달받아서 함께 더할 수 있어야 한다. 따라서 전가산기는 앞에서 설명한 바와 같이 세 개의 비트들을 입력으로 받아서 합(S)과 올림수(C)를 발생한다. 전가산기의 입출력 관계를 보여주는 논리적 기호는 그림 6-11과 같으며, 진리표를 작성하면 〈표 6-4〉와 같아진다. 여기서 C_i는 하위 비트 덧셈 결과로서 올라오는 올림수 입력을 나타내며, C_o는 현재 위치의 덧셈 결과로서 발생하는 올림수 출력을 나타낸다.

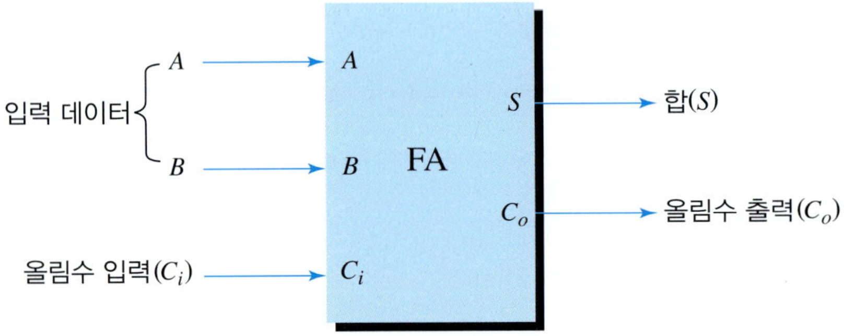

그림 6-11 전가산기(FA)의 논리적 기호

〈표 6-4〉 전가산기의 진리표

A	B	C_i	S	C_o
0	0	0	0	0
0	0	1	1	0
0	1	0	1	0
0	1	1	0	1
1	0	0	1	0
1	0	1	0	1
1	1	0	0	1
1	1	1	1	1

〈표 6-4〉의 진리표에서 보는 바와 같이, 전가산기는 두 개의 입력 비트들(A,B)과 올림수 입력(C_i) 중에서 두 개가 1이면, 합(S)은 0이고 올림수 출력(C_o)은 1이 된다. 그리고 만약 세 비트 모두가 1이면, 합과 올림수가 모두 1이 된다. 앞에서 설계한 반가산기와 마찬가지로, 이 회로의 설계도 진리표로부터 각 출력에 대한 부울 함수를 구한 다음에, 각각에 대하여 회로를 구성하면 된다. 그런데 두 회로에서 중복되는 부분이 있다면, 그것을 공통적으로 사용할 수도 있다. 전가산기 회로가 그에 대한 좋은 예가 된다.

전가산기를 설계하기 위한 다음 단계로서, 간략화된 부울 함수들을 구하기 위하여 〈표 6-4〉로부터 출력 S와 C_o에 대한 3-변수 카노프 맵을 각각 작성하면 그림 6-12와 같아진다.

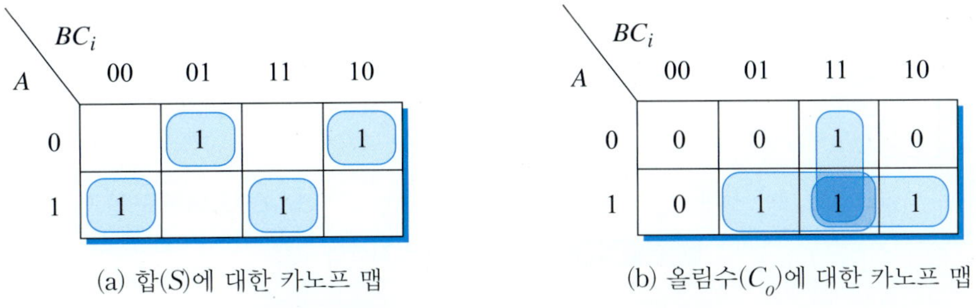

그림 6-12 전가산기를 위한 카노프 맵들

S에 대한 카노프 맵인 그림 6-12(a)에서는 '1'들이 서로 인접하여 있지 않기 때문에 더 이상 간략화시킬 수가 없다. 따라서 S에 대한 부울 함수는 식 (6-1)과 같이 진리표로부터 직접 얻을 수 있는 것과 동일하다.

$$S = AB'C_i' + A'B'C_i + ABC_i + A'BC_i' \tag{6-1}$$

그리고 올림수 출력(C_o)에 대한 부울 함수는 그림 6-12(b)의 카노프 맵으로부터 아래의 식 (6-2)와 같은 간략화된 표현을 구할 수 있다.

$$C_o = AB + AC_i + BC_i \tag{6-2}$$

식 (6-1)과 (6-2)를 각각 회로로 구성한 결과는 그림 6-13의 (a) 및 (b)와 같다. 그런데 전가산기는 덧셈이라는 기능을 수행하는 하나의 하드웨어 모듈이기 때문에, 그림 6-13의 두 회로는 하나로 합하여 구현하는 것이 바람직하다. 특히 두 회로에서 공통되는 부분을 찾아서 회로를 단순화 시킬 수 있다면, 부품 수와 동작 시간 및 비용을 줄일 수 있을 것이다.

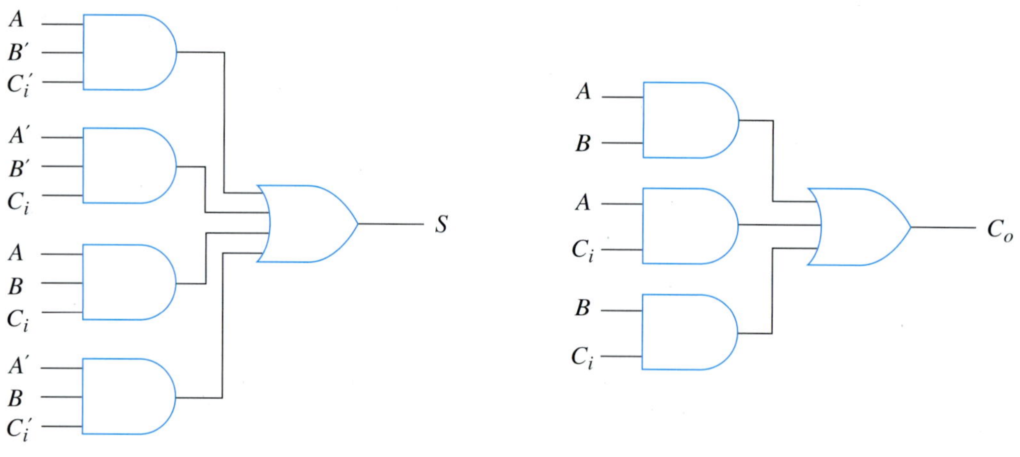

(a) S에 대한 구현　　　　(b) C_o에 대한 구현

그림 6-13 전가산기 내부 회로의 구현

그를 위하여 먼저 식 (6-1)을 다음과 같이 팩터링 한 다음에, $(xy + x'y') = (x'y + xy')'$ 관계식을 이용하면 다음과 같이 세 변수들 간의 XOR 함수로 변형시킬 수 있다.

$$
\begin{aligned}
S &= AB'C_i' + A'B'C_i + ABC_i + A'BC_i' \\
&= (AB'+A'B)C_i' + (A'B'+AB)C_i \\
&= (AB'+A'B)C_i' + (AB'+A'B)'C_i \\
&= (A \oplus B)C_i' + (A \oplus B)'C_i \\
&= (A \oplus B) \oplus C_i \qquad (6-3)
\end{aligned}
$$

그런데 S에 대한 카노프 맵(그림 6-12(a))은 3-변수 XOR 함수에 대한 카노프 맵인 그림 5-37과 동일하기 때문에, 사실상 위의 유도 과정을 거치지 않더라도 직접 식 (6-3)을 구할 수도 있다.

여기서 올림수 출력 C_o에 대한 식 (6-2)를 적절히 변형하여 위의 부울 함수와 공통되는 부분을 찾는다면, 회로를 더욱 단순화시킬 수 있다. 그를 위한 첫 단계로서, 그림 6-12(b)와는 달리, C_o에 대한 카노프 맵을 그림 6-14와 같이 '1'로 채워진 두 개의 셀들(011과 101)은 인접한 '1'과 묶지 않은 상태에서 간략화를 진행하였다.

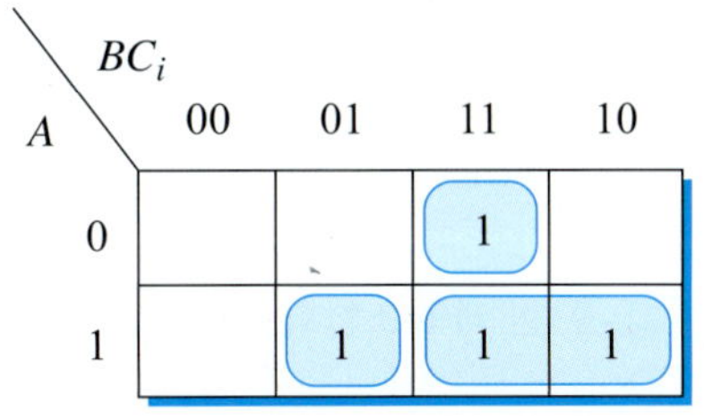

그림 6-14 C_o에 대한 다른 간략화

결과적으로, C_o에 대한 간략화된 부울 함수는 $C_o=AB+A'BC_i+AB'C_i$가 되어서 세 개의 변수들을 모두 포함한 최소항들이 두 개가 존재하게 되었다. 그와 같이 C_o에 대한 부울 함수를 완전히 간략화시키지 않은 형태로 다시 변형한 이유는, 아래와 같이 S에 대한 부울 함수인 식 (6-3)에도 존재하는 항인 $(A \oplus B)$를 가지도록 유도할 수 있기 때문이다.

$$
\begin{aligned}
C_o &= AB + A'BC_i + AB'C_i \\
&= AB + (A'B + AB')C_i \\
&= AB + (A \oplus B)C_i
\end{aligned}
$$

즉, 앞의 함수와 식 (6-3)을 비교해보면 두 함수에 모두 ($A \oplus B$) 항이 포함되어 있다는 것을 알 수 있다. 따라서 A와 B를 XOR 게이트로 통과시키는 회로 부분은 공통적으로 사용할 수 있게 되었다. 결과적으로, S와 C_o를 하나의 조합회로로 통합하여 구현한 전가산기 회로는 그림 6-15와 같이 구성될 수 있다. 이 회로를 보면, 두 함수에 공통적으로 존재하는 항인 ($A \oplus B$)를 구현하는 첫 번째 XOR 게이트의 출력은 S를 발생하기 위한 두 번째 XOR 게이트의 입력과 C_o를 생성하기 위한 AND 게이트의 입력으로 동시에 들어가고 있다.

그런데 그림 6-15의 전가산기 회로를 자세히 살펴보면 반가산기(HA)를 구현하는 그림 6-10의 회로를 두 개 포함하고 있다는 것을 확인할 수 있다. 즉, 그림 6-15에서 점선으로 표시한 두 개의 블록들은 각각 반가산기에 해당하는 회로이다. 따라서 전가산기는 두 개의 반가산기들과 한 개의 OR 게이트로 구성된다고 말할 수 있다.

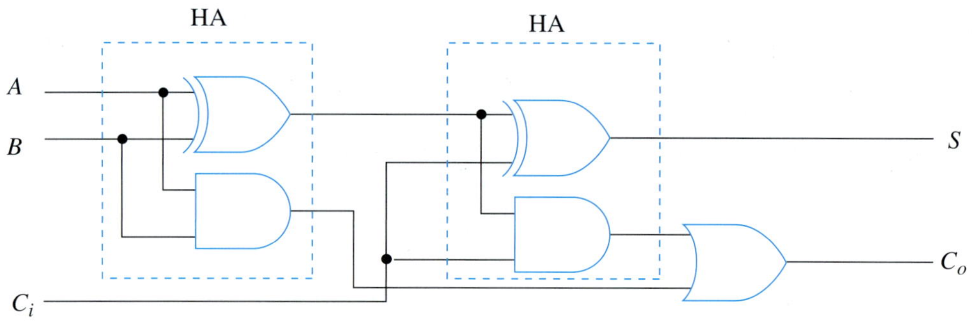

그림 6-15 한 개의 조합회로로 통합된 전가산기

6.4.3 병렬 가산기

디지털 컴퓨터에서 사용되는 실제 가산기는 여러 개의 비트들로 표현된 2진수들을 입력으로 받고, 그들을 더하여 결과값을 출력한다. 그러한 가산기를 병렬 가산기(parallel adder)라고 부르며, 전가산기(FA)를 비트 수만큼 사용하여 구성할 수 있다. 예를 들어, 아래와 같이 각각 4비트로 표현된 두 개의 2진수(A,B)들을 더하는 4-비트 병렬 가산기(4-bit parallel adder)는 그림 6-16과 같이 네 개의 전가산기(FA)들로 구성된다.

$$\begin{array}{rcccc} & A_4 & A_3 & A_2 & A_1 \\ + & B_4 & B_3 & B_2 & B_1 \\ \hline & S_4 & S_3 & S_2 & S_1 \end{array} \quad (\text{합})$$

병렬 가산기의 각 FA로는 세 개의 비트들이 입력되는데, 해당 자리수의 두 비트들과 하위 FA로부터 올라오는 올림수 비트이다. 그림 6-16에서 최하위 비트들을 더하는 맨우측의 FA1으로 들어오는 올림수 비트(C_i)는 항상 0이다. 따라서 FA1은 반가산기(HA)로 대체할 수도 있다.

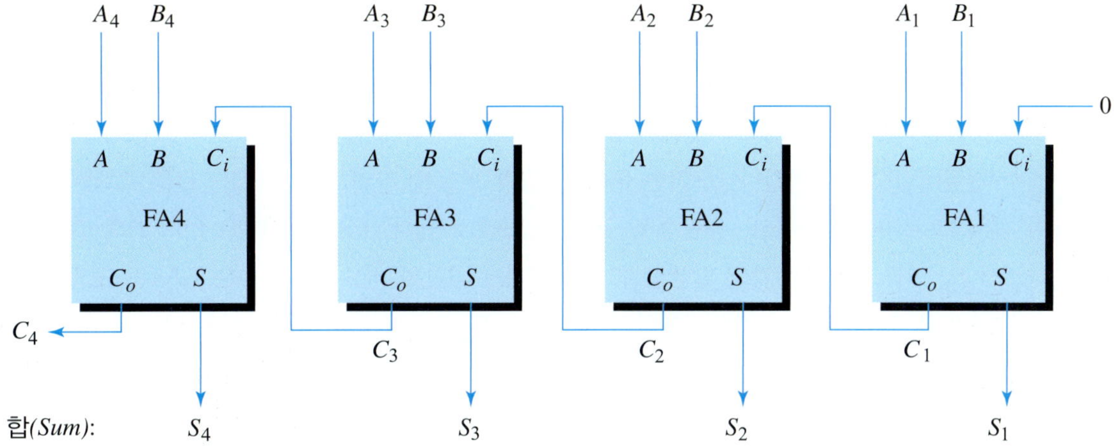

그림 6-16 4-비트 병렬 가산기

첫 번째 전가산기인 FA1이 두 수의 최하위 비트들(A_1과 B_1)에 대한 덧셈을 수행하면, 그 S 출력은 전체 덧셈 결과값인 합(Sum)의 최하위 비트인 S_1으로 나가게 되고, 올림수 출력 C_1은 두 번째 전가산기인 FA2의 올림수 입력으로 들어간다. 그러면 FA2는 세 입력 비트들 간의 덧셈을 수행하여 S_2를 출력하고, 올림수 C_2를 FA3로 올려 보낸다. FA3는 세 입력 비트들의 덧셈 결과로서 S_3와 C_3를 각각 발생한다. 가산기에서 최상위 비트들을 더하는 맨좌측의 FA4는 세 입력 비트들 간의 덧셈을 수행하여 합의 최상위 비트인 S_4와 최종 올림수 출력인 C_4를 발생한다. 4-비트 병렬 가산기를 구현한 실제 IC 칩(7483)의 입력 및 출력 핀 배치는 **부록: 실험 5-3절**의 그림 L-11을 참조하면 된다.

예제 6-2

아래와 같이 부호 없는 2진수로 표현된 두 개의 수들 간의 덧셈 [3 + 6 = 9] 과정이 그림 6-16의 병렬 가산기에서 실제 이루어지는 과정을 보여라.

$$\begin{array}{rl} 1\ 1\ 0\ \ & \leftarrow \text{ 올림수}(C_i) \\ 0\ 0\ 1\ 1 & (3_{10}) \\ +\ 0\ 1\ 1\ 0 & (6_{10}) \\ \hline 1\ 0\ 0\ 1 & (9_{10}) \end{array}$$

풀이

위의 계산과 같이, 4비트로 표현된 두 개의 2진수들(A=0011과 B=0110)에 대한 덧셈이 그림 6-16의 병렬 가산기에서 수행되는 과정을 표시하면 그림 6-17과 같다. 즉, FA1이 두 수의 최하위 비트들에 대한 덧셈(1+0)을 수행하면, 전체 합(Sum)의 최하위 비트값(S_1)으로서 1이 출력된다. 그리고 그 덧셈에서는 올림수가 발생하지 않았으므로, 0이 FA2의 올림수 입력(C_1)으로 들어간다. 그러면 FA2는 입력 비트들 간의 덧셈(0+1+1)을 수행하여 합(S_2)으로 0을 출력하고, 올림수 C_2=1을 FA3로 보낸다. FA3는 덧셈(1+0+1)의 결과로서 S_3=0과 C_3=1을 각각 발생한다. 가산기에서 최상위 비트들을 더하는 FA4는 덧셈(1+0+0)을 수행하여 S_4=1을 발생하며, C_4=0이 된다(C_4는 부호 없는 2진수 덧셈에서는 합의 최상위 비트(S_5)가 되지만, 2의 보수로 표현된 수들 간의 덧셈인 경우에는 버리게 된다). 결과적으로, 이 덧셈의 최종 결과인 합(Sum)으로는 '1001'이 출력되며, 이 과정은 위의 계산 과정과 동일하다.

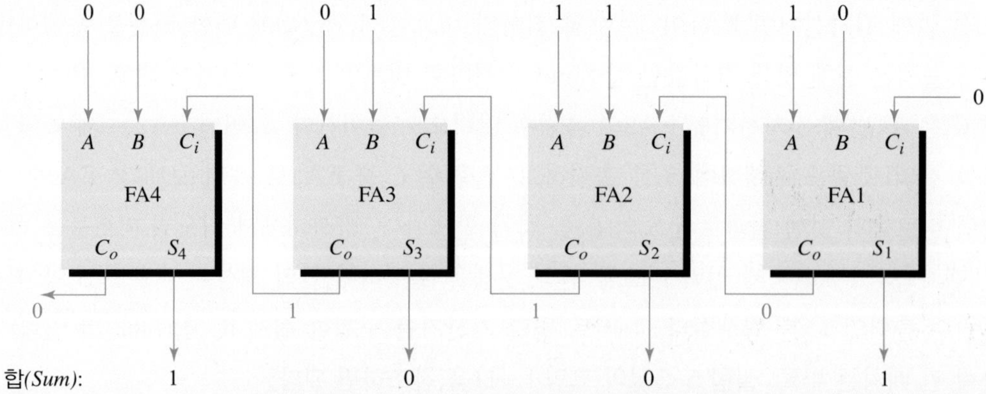

그림 6-17 4-비트 병렬 가산기에서의 덧셈 과정

8-비트, 16-비트, 혹은 32-비트 병렬 가산기는 비트 수만큼의 FA들을 그림 6-16과 같은 방법으로 연결하여 구성하면 된다. 그런데 이와 같은 병렬 가산기에서는 하위 FA에서 덧셈이 완료된 다음에, 올림수가 상위 FA로 올라가야 다음 비트들에 대한 덧셈이 수행될 수 있기 때문에, 덧셈에 걸리는 전체 시간이 비트 수에 비례하여 증가하게 된다. 만약 그림 6-15의 FA 내부 회로에서 각 게이트의 동작 시간이 2ns라면, FA가 합과 올림수를 모두 출력하는 데는 6ns가 걸린다. 그러면 4-비트 덧셈을 완료하는 데는 6ns×4=24ns가 걸리게 된다. 그리고 8-비트, 16-비트, 32-비트 병렬 가산기의 경우에는 각각 48ns, 96ns 및 192ns가 걸리게 된다. 실제 처리 속도가 중요한 이슈가 되는 컴퓨터와 같은 디지털 시스템에서는 이와 같은 문제점을 해결하기 위하여 보완 회로를 추가한 가산기를 사용하는데, 그에 대해서는 6.11절에서 자세히 설명할 것이다.

6.5 디코더

디코더(decoder: 해독기라고도 함)는 N-비트 길이의 2진수를 입력으로 받아서, 그에 대응되는 값으로서 2^N개의 출력들 중의 하나를 지정해주는 조합회로이다. 여기서 '해독(decode)'이란 입력되는 2진수에 대응되는 10진수(혹은 그 위치)를 가리켜주는 동작을 의미한다. 가장 기본적인 디코더로서, 2-비트 입력을 받아서 네 개의 출력단들 중의 하나를 선택해주는 2×4 디코더(2-to-4 line decoder)를 살펴보기로 하자. 디코더의 그래픽 기호는 그림 6-18과 같으며, 그 동작에 대한 진리표를 작성하면 〈표 6-5〉와 같다.

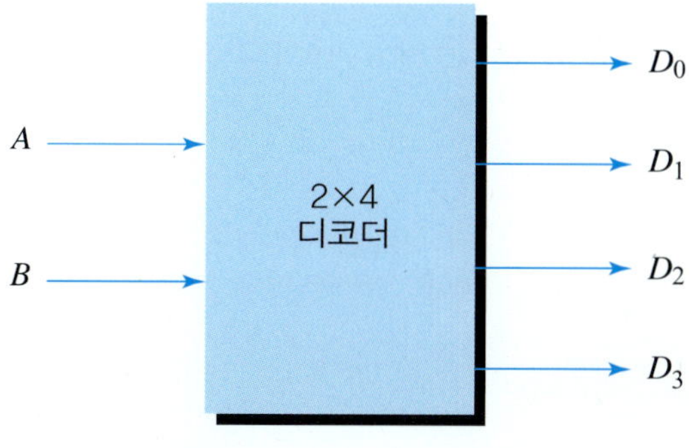

그림 6-18 2×4 디코더의 그래픽 기호

〈표 6-5〉 2×4 디코더의 진리표

A	B	D_0	D_1	D_2	D_3
0	0	1	0	0	0
0	1	0	1	0	0
1	0	0	0	1	0
1	1	0	0	0	1

2×4 디코더는 그림 6-18에서 보는 바와 같이 두 개의 입력 신호 선과 네 개의 출력 신호 선으로 이루어진다. 입력 신호 선을 통하여 2-비트 길이의 2진수가 들어오면, 디코더는 네 개의 출력들 중에서 그 2진수에 대응되는 10진수(0, 1, 2 혹은 3)를 가리키는 어느 한 개만 1로, 나머지 출력들은 모두 0으로 세트함으로써 해독 기능을 수행하는 것이다. 결과적으로, 각 출력은 〈표 6-5〉에서 보는 바와 같이 입력 값이 00이면 D_0, 01이면 D_1, 10이면 D_2, 그리고 11이면 D_3가 각각 '1'로 세트된다.

디코더의 내부 회로를 설계하기 위해서는 먼저 〈표 6-5〉의 진리표로부터 각 출력에 대한 SOP 표현을 구해야 한다. 그런데 각 출력은 하나의 입력 조합에 대해서만 1로 세트되기 때문에, 출력에 대한 부울 함수들은 아래와 같이 한 개씩의 최소항으로 표현된다.

$$D_0 = A'B'$$
$$D_1 = A'B$$
$$D_2 = AB'$$
$$D_3 = AB$$

따라서 2×4 디코더의 내부 회로는 그림 6-19와 같은 조합회로로 구성할 수 있다.

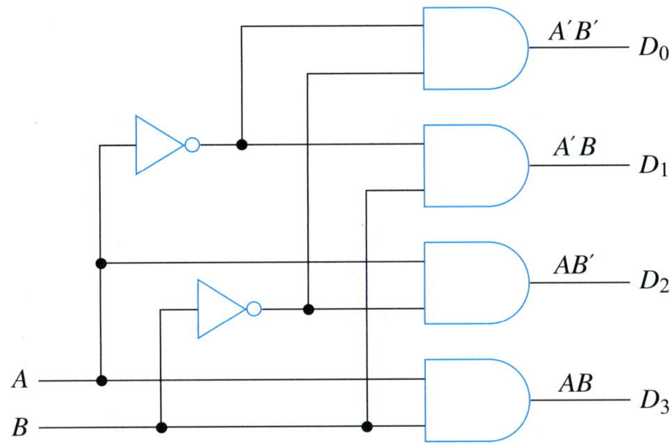

그림 6-19 2×4 디코더의 내부 회로

예제 6-3

지하 1층과 지상 3층으로 이루어진 4층 건물에 설치된 엘리베이터에서 현재의 층을 가리키는 램프를 켜주는 회로를 구성하라. 단, 회로의 입력으로는 각 층을 가리키는 2-비트 2진수('00': 지하층, '01': 1층, '10': 2층, '11': 3층)가 들어온다고 가정한다.

풀이

엘리베이터가 위치한 층을 표시하는 디스플레이(display)에는 B, 1, 2, 3으로 표시된 글자판들이 배열되어 있으며, 각 글자 뒤에 위치한 램프가 켜지면 해당 글자판이 밝게 비추어져 층을 표시하게 된다. 회로의 구성은 먼저 그림 6-20과 같이 현재의 위치를 나타내는 2진수를 2×4 디코더로 입력시킨다. 그리고 디코더의 D_0 출력을 디스플레이의 글자 B 뒤에 위치한 램프로 연결하고, D_1은 1, D_2는 2, 그리고 D_3는 3 뒤편의 램프로 각각 연결한다. 그렇게 구성하면, 회로의 입력 값으로 '00'이 들어왔을 때는 지하층을 나타내는 B가 켜질 것이고, '01'이 들어오면 1, '10'이 들어오면 2, 그리고 '11'이 들어오면 3이 각각 켜지게 된다.

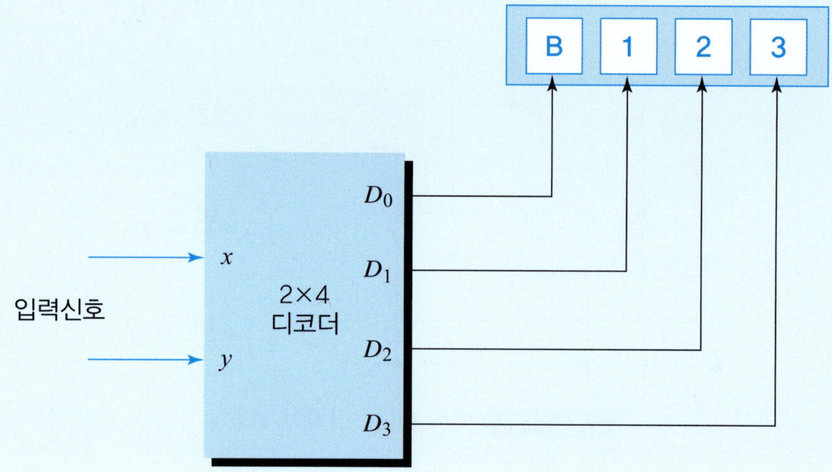

그림 6-20 〈예제 6-3〉에 대한 회로도

이제 세 개의 입력 비트들을 해독하여 그에 대응되는 출력을 선택해주는 3×8 디코더를 설계해보기로 하자. 이 경우에는 입력 비트 조합들이 여덟 가지이며, 각 조합에 대응되는 출력만 1로 세트 된다. 〈표 6-6〉은 그와 같은 입출력 관계를 보여주는 진리표이다.

〈표 6-6〉 3×8 디코더의 진리표

A	B	C	D_0	D_1	D_2	D_3	D_4	D_5	D_6	D_7
0	0	0	1	0	0	0	0	0	0	0
0	0	1	0	1	0	0	0	0	0	0
0	1	0	0	0	1	0	0	0	0	0
0	1	1	0	0	0	1	0	0	0	0
1	0	0	0	0	0	0	1	0	0	0
1	0	1	0	0	0	0	0	1	0	0
1	1	0	0	0	0	0	0	0	1	0
1	1	1	0	0	0	0	0	0	0	1

이와 같은 디코더의 각 출력에 대한 부울 함수는 세 개의 입력 변수들에 대한 최소항으로 나타낼 수 있다. 그런데 각 출력은 단 한 개의 입력 조합에 대해서만 1이 되므로, 출력

함수들은 아래와 같이 각각 한 개씩의 항으로 표현된다.

$$D_0 = A'B'C' \qquad D_1 = A'B'C$$
$$D_2 = A'BC' \qquad D_3 = A'BC$$
$$D_4 = AB'C' \qquad D_5 = AB'C$$
$$D_6 = ABC' \qquad D_7 = ABC$$

위의 함수들을 구현하는 방법은 그림 6-21에서 보는 바와 같이 여덟 개의 3-입력 AND 게이트들을 이용하고, 입력 신호들이 직접 혹은 반전되어 해당 게이트의 입력으로 들어가도록 접속하면 된다. 이와 같이 구성된 회로에서는 입력으로 들어오는 2진값에 따라 AND 게이트들 중의 한 개씩만 출력으로 1을 발생하고, 나머지 출력들은 모두 0을 발생하게 된다.

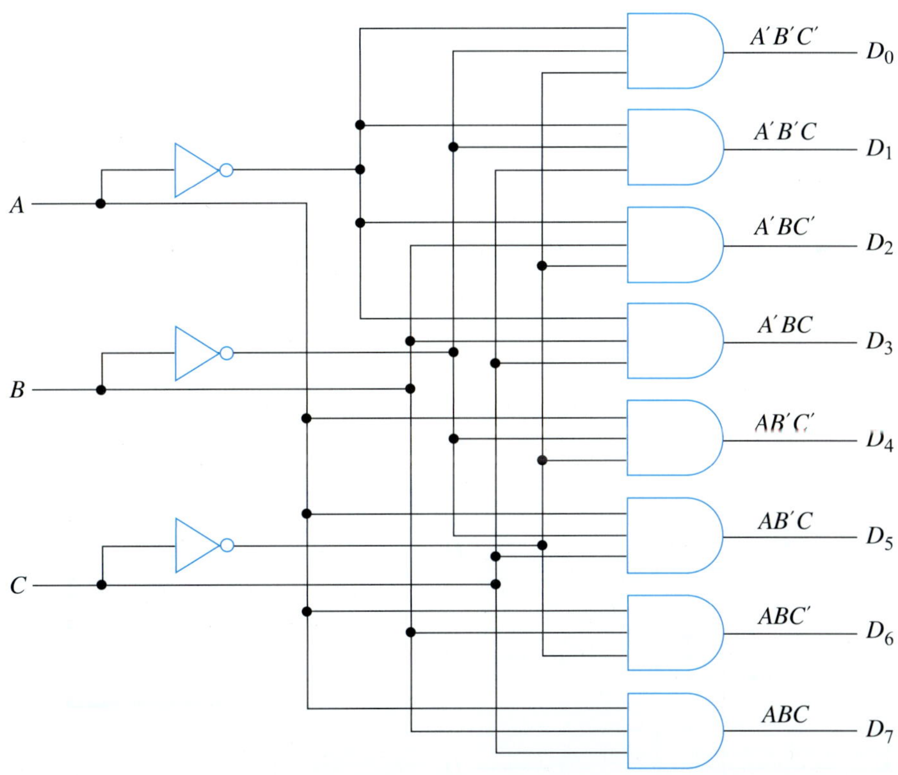

그림 6-21 3×8 디코더 회로

이와 같은 디코더는 컴퓨터 시스템에서 기억장치의 주소를 해독하는 과정에서 필수적으로 사용되고 있다. 즉, 프로세서가 생성한 주소 비트들을 디코더가 해독하여 해당 기억장치 칩을 위한 선택 신호(select signal)를 발생함으로써, 그 칩에 대한 데이터의 읽기 혹은 쓰기가 가능하게 해준다. 그런데 앞에서 설명한 디코더에서는 입력 비트들이 항상 0 혹은 1의 값을 가지고 있기 때문에 디코더의 출력들 중의 어느 하나는 반드시 1로 세트된다. 그러나 컴퓨터에서 주소가 기억장치가 아닌 입출력장치를 가리키는 경우에는 기억장치 칩은 어느 것도 선택되지 않아야 한다. 다시 말하면, '어떤 출력도 선택되지 않은 상태'를 만들 수 있어야 한다는 것이다.

그와 같이 동작되도록 하기 위해서는 디코더에 인에이블(Enable: *En*) 신호를 추가하면 된다. *En* 신호는 입력 및 출력 신호들 외에 별도로 디코더에 인가되는 신호인데, 그 신호가 활성화된 상태(activated state)를 가리키도록 세트되어 있을 때는 디코더가 앞에서와 같이 동작한다. 그러나 만약 *En* 신호가 비활성화 상태(de-activated state)를 가리킨다면, 디코더는 입력으로 어떤 값이 들어오든 모든 출력들이 선택되지 않은 상태가 되도록 한다. 그런데 이와 같은 회로에서는 신호의 안정성 때문에 활성화 상태로서 1보다는 0을 주로 사용한다. 즉, $En=0$이 되면 디코더는 활성화 상태가 되고, $En=1$이 되면 비활성화 상태가 되도록 한다. 이것을 '*active-low*' 신호라고 부르며, 신호도 $\overline{En}$ 로 표시한다. 그리고 출력 신호도 선택되었을 때는 0으로, 선택되지 않은 상태일 때는 1로 세트된다. 그와 같은 신호 조건들을 만족하도록 2×4 디코더를 다시 구성해보면 그림 6-22(a)와 같아지며, 그 회로에 대한 그래픽 기호는 그림 6-22(b)와 같이 표시한다.

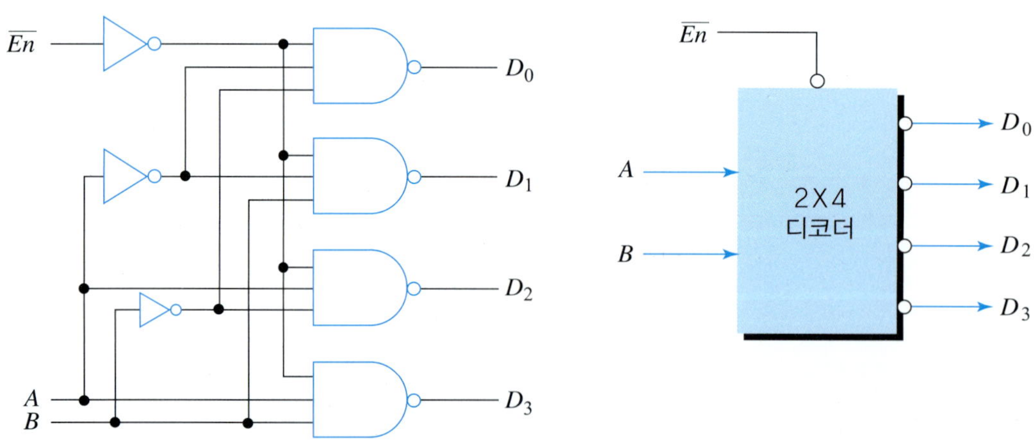

(a) 내부 회로　　　(b) 그래픽 기호

그림 6-22 $\overline{En}$ 신호를 가진 2×4 디코더의 내부 회로와 그래픽 기호

그림 6-22의 회로에서 $\overline{En}$ 신호는 인버터에 의해 반전된 후에 모든 3-입력 NAND 게이트들의 한 입력으로 접속된다. 따라서 만약 $\overline{En}$ =1이라면 0으로 반전되어 NAND 게이트들로 입력되므로, 다른 입력으로 어떤 값이 들어오든 상관없이 모든 NAND 게이트 출력들은 1로 세트된다. 즉, $\overline{En}$ 신호가 비활성화 상태로 세트된다면, 출력들은 모두 선택되지 않은 상태로 세트되는 것이다. 그러나 만약 $\overline{En}$ =0이라면 NAND 게이트들이 모두 활성화되어, 다른 입력 값들에 따라 출력을 발생하는 일반적인 디코더로서 동작하게 된다. 〈표 6-7〉의 진리표는 그에 따른 입출력 관계를 보여주고 있다. 이 진리표에서 유의할 점은 $\overline{En}$ =0인 활성화 상태에서, 선택되는 출력단의 신호가 1이 아니라 0으로 세트된다는 것이다.

〈표 6-7〉 인에이블($\overline{En}$) 신호를 가진 디코더의 진리표

$\overline{En}$	A	B	D_0	D_1	D_2	D_3
0	0	0	0	1	1	1
0	0	1	1	0	1	1
0	1	0	1	1	0	1
0	1	1	1	1	1	0
1	X	X	1	1	1	1

예제 6-4

그림 6-22와 같이 구성된 2×4 디코더에 그림 6-23과 같은 $\overline{En}$ 신호와 A 및 B 파형들이 입력되는 경우에 발생하게 될 출력 파형들을 표시하라.

풀이

디코더는 $\overline{En}$ 신호가 0이 되어 활성화 된 동안에만 입력 신호에 응답하므로, 그림 6-23의 하단에서 보는 바와 같이 각 입력 파형들에 의해 선택되는 출력 신호를 0으로 세트 해준다. 반면에, $\overline{En}$ =1인 동안에는 입력 신호에 상관없이 모든 출력 신호들이 비활성화 상태(1)를 유지하게 된다.

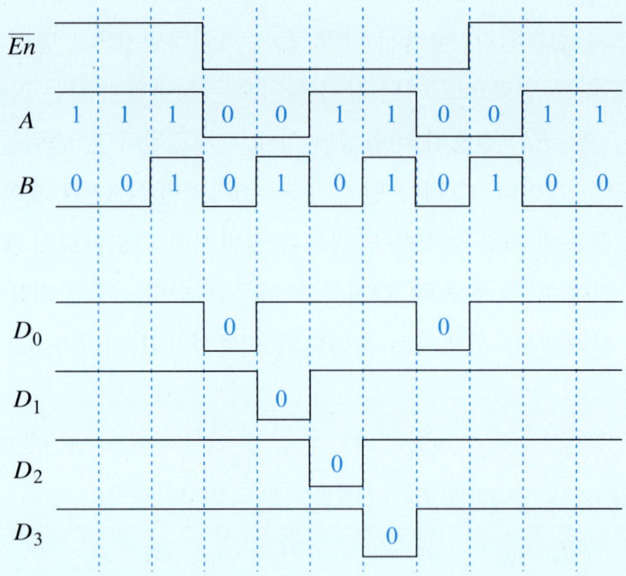

그림 6-23 $\overline{En}$ 신호를 가진 2×4 디코더의 입출력 파형들

그러면 더 많은 수의 입력 비트들을 해독해주는 디코더는 어떻게 구성할 수 있을까? 앞에서와 같이 모든 입력 조합들에 대응되는 출력에 대한 최소항들을 각각 구하여 회로를 구성하는 것도 가능하지만, 더 간단한 방법은 작은 크기의 디코더 여러 개를 결합하여 구성하는 것이다. 예를 들어, 4개의 입력 비트들을 받아서 16개의 출력들로 해독하는 4×16 디코더는 그림 6-24와 같이 두 개의 3×8 디코더들을 이용하여 구성할 수 있다.

이 회로에서는 입력 신호들 중에서 최상위 비트를 $\overline{En}$ 신호로 이용하여 3×8 디코더들 중의 하나를 선택한다. 여기서 선택이란 해당 디코더를 인에이블(enable) 시키는 것을 의미한다. 예를 들어, 그림 6-24의 입력 변수들 중에서 A가 최상위 비트이고, 3×8 디코더들은 $\overline{En}=0$일 때 선택된다고 하자. 그러면 $A=0$일 때는 상단의 디코더가 선택되고, $A=1$일 때는 하단의 디코더가 선택된다. 상단의 디코더가 선택된 경우에는 다른 입력들 B, C 및 D의 값에 따라 그 디코더의 8개 출력들(D_0~D_7) 중의 하나가 활성화 된다. 이것은 입력 비트 조합들 중에서 0000부터 0111까지에 대하여 D_0~D_7 중의 하나가 선택되는 경우에 해당한다. 그리고 만약 $A=1$이 된다면 하단의 디코더가 인에이블 됨으로써, 입력 비트 조합들 1000부터 1111까지에 대하여 D_8~D_{15} 출력들 중의 하나가 활성화 된다. 결과적으로 이 회로는 4개의 입력 비트들을 해독하여, 16개의 출력들 중의 하나를 선택해주는 4×16 디코더 기능을 수행하게 되는 것이다.

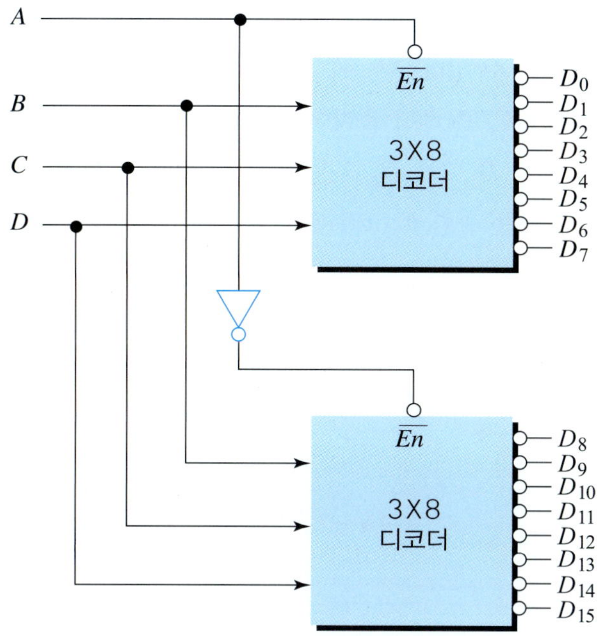

그림 6-24 두 개의 3×8 디코더들을 이용한 4×16 디코더의 구성

디코더는 SOP 형태의 부울 함수를 구현하는 데도 유용하게 사용될 수 있다. 앞에서 살펴본 바와 같이 디코더의 출력들은 각각 입력 변수들로 이루어진 최소항으로 표현될 수 있다. 예를 들어, 그림 6-21에서와 같이 3×8 디코더 회로의 출력들은 각각 다음과 같은 최소항으로 표현될 수 있다.

$$D_0 = A'B'C'$$
$$D_1 = A'B'C$$
$$D_2 = A'BC'$$
$$D_3 = A'BC$$
$$D_4 = AB'C'$$
$$D_5 = AB'C$$
$$D_6 = ABC'$$
$$D_7 = ABC$$

앞과 같은 출력 함수들을 이용한다면, 부울 함수 혹은 진리표에 대한 조합회로를 구현할 때 디코더만으로도 회로를 구현할 수 있다. 한 예로서, 부울 표현 $F(A,B,C) = A'B'C+A'BC+AB'C' +ABC' = \Sigma(1,3,4,6)$에 대한 회로를 디코더를 이용하여 구현해보자. 그 표현에 대한 회로는 그림 6-25와 같이 디코더의 출력 D_1, D_3, D_4, D_6을 4-입력 OR 게이트로 접속하여 구현할 수 있다. 단, 이 경우에 디코더의 출력들에는 버블(o)이 붙어있지 않기 때문에 '*active-high*', 즉 해당 출력이 선택되었을 때 1로 세트된다. 결과적으로, 입력 변수들이 디코더의 출력 D_1, D_3, D_4 혹은 D_6가 1로 세트되게 해주는 값(001, 011, 100, 혹은 110)을 가지는 경우에는 출력 $F=1$이 된다.

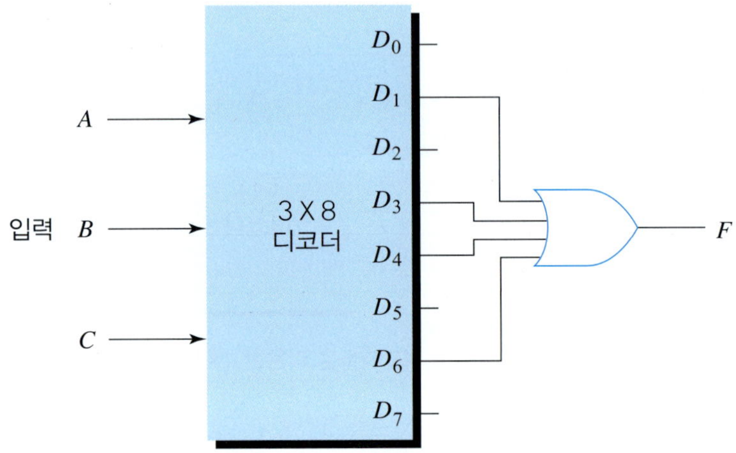

그림 6-25 디코더를 이용한 조합회로 구현의 예

6.6 엔코더

엔코더(encoder)는 앞 절에서 설명한 디코더와 반대되는 기능을 수행하는 조합회로이다. 즉, 어떤 크기(quantity)를 나타내는 입력 신호를 받아서, 그에 대응되는 코드화 된 출력(coded output)을 발생하는 회로이다. 이때 출력으로는 BCD 코드나 3증수 코드와 같은 지정된 코드를 나타내는 비트 패턴을 발생한다. 그리고 입력 신호로는 수의 크기 외에도 임의의 기호나 알파벳 문자가 들어올 수도 있다. 이 절에서는 10진수를 받아서 BCD 코드를 발생해주는 10진-BCD 엔코더와 우선순위 엔코더의 설계에 대하여 살펴보기로 한다.

6.6.1 10진-BCD 엔코더

10진-BCD 엔코더(Decimal-to-BCD encoder)는 10진수 중의 어느 한 숫자를 가리키는 정보를 입력으로 받아서 그에 대응되는 BCD 코드를 출력으로 발생하는 조합회로이다. 따라서 이 회로의 논리적 기호는 그림 6-26에서 보는 바와 같이 10진수를 나타내는 10개의 숫자들(0~9)에 대응되는 10개의 입력 단자들(D_0~D_9)과 BCD 코드를 발생하기 위한 네 개의 출력 단자들로 이루어진다. 입력 단자는 어느 한 순간에 한 개만 1로 세트되고, 나머지는 모두 0이 되어야 한다. 그러면 1로 세트된 입력 단자에 대응되는 4-비트 BCD 코드 값이 출력으로 발생하게 된다.

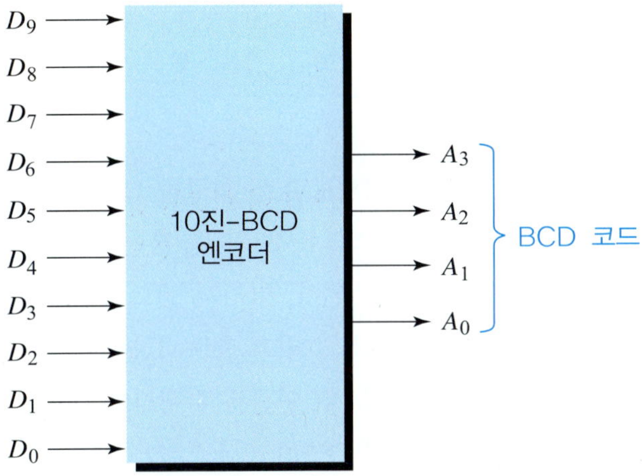

그림 6-26 10진-BCD 엔코더의 기호

이 회로가 사용되는 예로는 10층 건물의 엘리베이터에서 각 층의 버튼(button)을 그림 6-26의 해당 입력 단자로 접속하는 경우를 고려할 수 있다. 이 경우에 어떤 층에서 버튼을 누른다면 엔코더의 출력으로서 그 층을 나타내는 4-비트 BCD 코드 값이 발생되며, 그 신호는 제어장치로 전송되어 엘리베이터의 운행에 사용될 수 있게 된다. 〈표 6-8〉은 10진 숫자들과 그 숫자들에 대응되는 버튼들 중의 어느 하나가 눌러졌을 때의 엔코더 입력 값들, 그리고 각각의 경우에 출력될 BCD 코드들을 보여주고 있다.

〈표 6-8〉 10진수에 대한 입력 및 BCD 코드 출력

10진수	입력										출력			
	D_0	D_1	D_2	D_3	D_4	D_5	D_6	D_7	D_8	D_9	A_3	A_2	A_1	A_0
0	1	0	0	0	0	0	0	0	0	0	0	0	0	0
1	0	1	0	0	0	0	0	0	0	0	0	0	0	1
2	0	0	1	0	0	0	0	0	0	0	0	0	1	0
3	0	0	0	1	0	0	0	0	0	0	0	0	1	1
4	0	0	0	0	1	0	0	0	0	0	0	1	0	0
5	0	0	0	0	0	1	0	0	0	0	0	1	0	1
6	0	0	0	0	0	0	1	0	0	0	0	1	1	0
7	0	0	0	0	0	0	0	1	0	0	0	1	1	1
8	0	0	0	0	0	0	0	0	1	0	1	0	0	0
9	0	0	0	0	0	0	0	0	0	1	1	0	0	1

그런데 〈표 6-8〉의 출력 비트들을 분석해보면 이 회로를 설계할 수 있는 방법을 찾을 수 있다. 먼저, 출력의 최상위 비트인 A_3는 그림 6-26의 D_8 혹은 D_9 입력이 선택된 경우에만 1로 세트되고, 그렇지 않을 때는 항상 0이 된다. 따라서 엔코더 회로에서는 D_8과 D_9 입력을 OR 연산 한 결과를 A_3로 출력하면 된다. 그리고 출력 A_2는 D_4, D_5, D_6 혹은 D_7 입력이 선택되었을 때 1로 세트되므로, 그들 간에 OR 연산을 수행하여 출력하면 된다. 또한 A_1은 D_2, D_3, D_6 혹은 D_7 입력이 선택되었을 때, 그리고 A_0는 D_1, D_3, D_5, D_7 혹은 D_9 입력이 선택되었을 때, 각각 1이 출력된다. 그와 같은 입출력 관계들은 아래와 같은 OR(+) 연산식들로 표현될 수 있는데, 이 결과들은 〈표 6-8〉로부터 각 출력에 대한 부울 함수를 직접 구하여 얻을 수도 있다.

$$A_3 = D_8 + D_9$$
$$A_2 = D_4 + D_5 + D_6 + D_7$$
$$A_1 = D_2 + D_3 + D_6 + D_7$$
$$A_0 = D_1 + D_3 + D_5 + D_7 + D_9$$

위의 연산 식들을 OR 게이트를 이용하여 구현하면 10진-BCD 엔코더의 내부 회로를 구성할 수 있는데, 그 결과는 그림 6-27과 같다. 이 회로의 동작을 확인하기 위한 예로서 10진수 '6'을 BCD 코드로 변환하는 경우를 살펴보기로 하자. 이 경우에는 회로의 D_6 입력으

로 1이 들어가게 되는데, 그 입력 선은 A_2와 A_1 출력을 발생하는 OR 게이트들의 입력으로만 연결되어 있다. 따라서 출력 A_2와 A_1은 1로 세트되고 다른 출력들로는 0이 나가게 되므로, BCD 코드 출력은 '0110'이 된다. 10진수 '0'을 BCD 코드로 변환하는 경우에는 D_0 입력이 1로 세트되는데, 그림 6-27에서 그 입력 선은 어느 게이트로도 접속되지 않으므로 회로의 출력들이 모두 0이 된다.

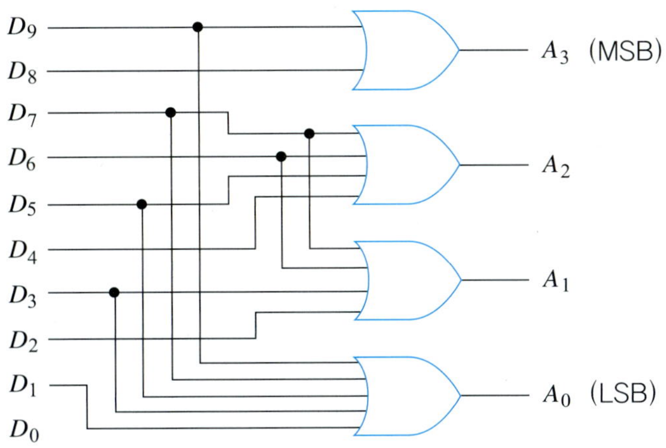

그림 6-27 10진-BCD 엔코더의 회로

예제 6-5

계산기에서 입력을 위하여 각 숫자를 나타내는 키패드(key pad)를 눌렀을 때 그에 대응하는 BCD 코드가 계산 회로로 보내지는 회로를 구성하라.

풀이

10개의 숫자 키패드들을 각각 그림 6-28과 같이 10진-BCD 엔코더의 해당 입력 단자로 연결한 다음에, 그 출력을 계산 회로로 보내면 된다. 또한, 입력된 숫자를 7-세그먼트 디스플레이(seven-segment display)에 표시하기 위해서는 그 출력을 그림 6-28과 같이 BCD-7SEG 디코더로 입력시키면 된다.[1)]

1) 7-세그먼트 디스플레이 장치와 BCD-7SEG 디코더의 설계에 대해서는 제9장에서 자세히 설명한다.

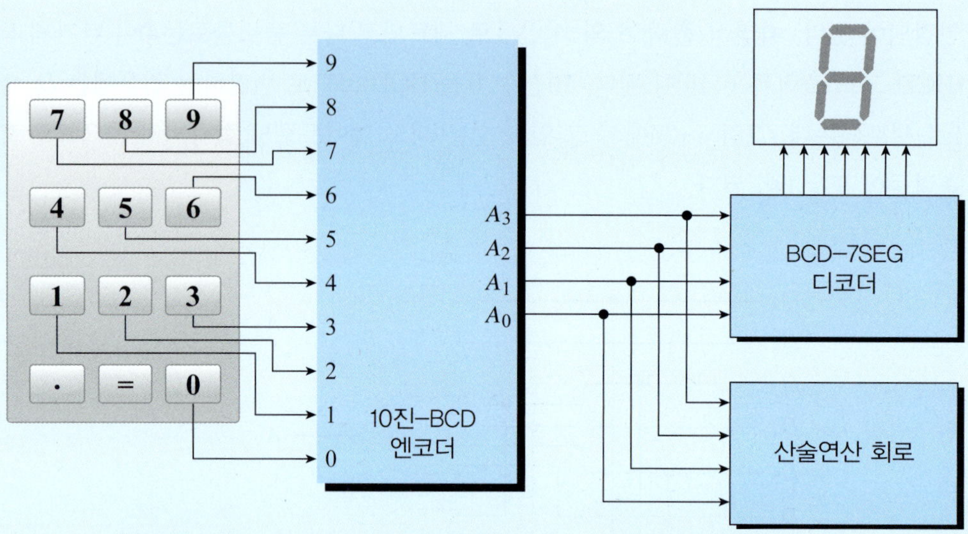

그림 6-28 계산기의 숫자 패드들에 대한 BCD 코드 변환회로의 구성도

6.6.2 우선순위 엔코더

우선순위 엔코더(priority encoder)는 앞 절에서 설명한 기본적인 엔코더에 우선순위를 판단하는 기능이 추가된 조합회로이다. 이 엔코더의 기능은 두 개 혹은 그 이상의 입력들이 동시에 세트된 경우에는 그들 중에서 우신순위가 가장 높은 입력에 대응되는 2진 코드를 발생하는 것이다. 한 예로서, 앞에서 본 그림 6-26과 같은 10진-BCD 엔코더에 우선순위를 판단하는 기능이 추가되어 있으며, 입력들 중에서 D9의 우선순위가 가장 높고 D_0가 가장 낮다고 하자. 그 경우에 만약 입력 D_7과 D_4가 동시에 1로 세트된다면, 10진수 7에 대한 BCD 코드인 '0111'이 출력으로 발생된다.

이와 같은 우선순위 엔코더의 응용 사례로서, 지하 1층/지상 3층 건물에 설치된 엘리베이터를 제어하는 경우를 고려해볼 수 있다. 현재 엘리베이터가 지하 1층에 위치하고 있을 때, 만약 2층과 3층에 있던 고객들이 1층으로 내려오기 위하여 동시에 하강(↓) 버튼을 눌렀다고 가정하자. 그러면 엘리베이터는 즉시 그 중의 한 층으로 이동을 해야 하는데, 이 경우에는 3층으로 먼저 이동해야 한다. 그 이유는 하강하기 위하여 올라오는 경우에는 3층이 2층보다 우선순위가 더 높기 때문이다. 반대로, 엘리베이터가 3층에 있을 때 1층과 2층에서 동시에 상승(↑) 버튼을 눌렀다면, 일단 1층으로 이동하였다가 올라오면서 2층에 정지하게 된다. 기계장치를 효과적으로 제어하기 위해서는 이 사례에서와 같이 상황에 따른 우선순위를 고려하여 출력을 발생시킬 필요가 있는 것이다.

위와 같은 응용을 위한 우선순위 엔코더는 〈표 6-9〉와 같이 각 층을 가리키는 네 개의 입력 신호(P_3, P_2, P_1, P_0)를 받아서 각각에 대응되는 2-비트 코드를 발생하도록 설계하면 된다. 한 가지 예로서 하강(↓) 버튼을 누른 경우를 고려해보면, 우선순위는 P_3가 가장 높고 P_0가 가장 낮아진다. 만약 어떤 한 입력 신호만 1로 세트된다면, 그 신호의 하첨자(3~0)에 대응되는 2-비트 코드가 발생된다. 그러나 만약 두 개 이상의 입력 신호들이 동시에 1로 세트된다면, 그들 중에서 우선순위가 가장 높은 입력에 대응되는 출력을 발생한다.

출력으로는 2-비트 코드 외에도 유효 출력(valid output)이라는 것을 나타내는 V 비트가 있는데, 입력들 중의 하나 혹은 그 이상이 1로 세트되어서 유효한 출력이 발생하는 경우에만 $V=1$로 세트된다. 만약 어느 입력도 선택되지 않은 상태(모든 입력값들이 0)라면, V 비트는 0으로 세트된다. 이 출력이 필요한 이유는 모든 입력들이 0인 경우에도 출력으로 '00'이 발생한다면, 입력 $P_0=1$인 경우에 대한 출력 결과인 '00'과 구분할 수 없기 때문이다. 결과적으로, $V=0$은 출력 A와 B의 값들이 유효하지 않다는 것을 나타내며, 표에서는 *don't care*를 나타내는 X로 표시하였다.

〈표 6-9〉 우선순위 엔코더의 입출력 관계

입력				출력		
P_3	P_2	P_1	P_0	V	A	B
1	X	X	X	1	1	1
0	1	X	X	1	1	0
0	0	1	X	1	0	1
0	0	0	1	1	0	0
0	0	0	0	0	X	X

〈표 6-9〉의 진리표에서 입출력 신호들 간의 관계를 보면, 우선순위가 가장 높은 P_3 입력이 1로 세트되는 경우에는 우선순위가 더 낮은 다른 세 입력들로 어떤 값이 들어오든 상

관없이 출력 A와 B로는 '11'이 발생된다. 표에서는 그것을 가리키기 위하여 다른 입력들은 모두 X로 표시하였다. 그리고 입력 $P_3=0$일 때 $P_2=1$이 된다면, 나머지 입력들의 값에는 상관없이 $AB=$'10'을 출력한다. 또한, 입력 $P_3=P_2=0$일 때 $P_1=1$이라면, $AB=$'01'을 출력한다. 마지막으로, 가장 낮은 우선순위를 가진 P_0만 1로 세트되고 다른 입력들이 모두 0인 경우에는 $AB=$'00'이 출력된다. 그러나 만약 모든 입력들이 0, 즉 어느 입력도 세트되지 않은 경우에는 $V=0$이 되어, 출력 A와 B는 모두 무효 상태가 된다.

〈표 6-9〉에서 출력 V는 네 개의 입력들 중의 어느 하나만 1이 되더라도 1로 세트되므로, V에 대한 부울 표현은 $V=P_0+P_1+P_2+P_3$가 된다. 이와 같은 엔코더를 설계하기 위하여, 출력 A와 B에 대한 카노프 맵을 그려서 간략화하면 그림 6-29와 같아진다. 이 맵들을 작성할 때 유의해야 할 점은 〈표 6-9〉에서 X로 표시되어 있는 입력 변수들은 0과 1에 대하여 모두 고려해야 한다는 것이다. 따라서 출력 $A=1$이 되게 하는 입력 조합들은 1000, 1001, 1010, 1011, 1100, 1101, 1110, 1111, 0100, 0101, 0110 및 0111이다. 그리고 출력 $B=1$이 되게 하는 입력 조합들은 1000, 1001, 1010, 1011, 1100, 1101, 1110, 1111, 0010 및 0011이다.

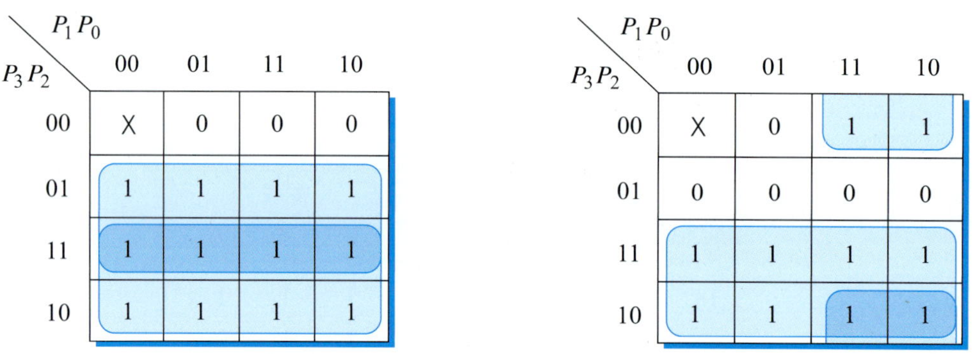

(a) $A = P_2 + P_3$ (b) $B = P_1P_2' + P_3$

그림 6-29 우선순위를 가진 엔코더에 대한 카노프 맵

결과적으로, 우선순위 엔코더를 설계하기 위한 출력 함수들을 구하면 다음과 같다. 그리고 유효 출력 여부를 가리키는 V는 입력 $P_0 \sim P_3$ 중에서 어느 하나라도 1이 되면 세트되므로, 그들 간의 OR 연산으로 나타내면 된다.

$$A = P_2 + P_3$$
$$B = P_1 P_2' + P_3$$
$$V = P_0 + P_1 + P_2 + P_3$$

이와 같이 얻어진 출력 함수들을 이용하여 우선순위 엔코더의 내부 회로를 구성하면 그림 6-30과 같아진다. 이 회로는 네 개의 입력 신호들을 받아서 2-비트 출력을 발생하기 때문에, 4×2 우선순위 엔코더라고 부른다.

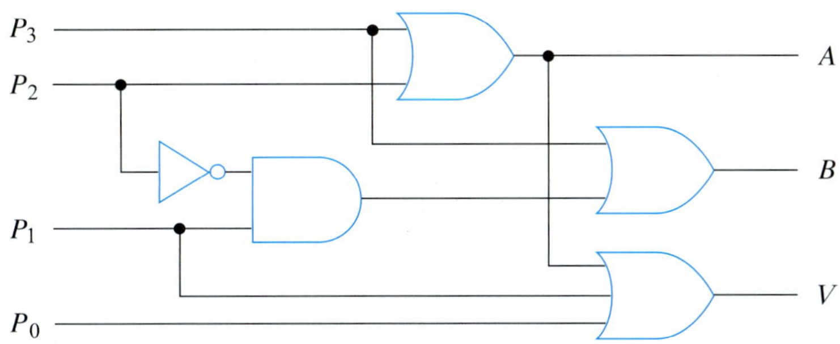

그림 6-30 우선순위를 가진 엔코더의 회로도

여기서 우선순위 엔코더의 주요 응용 사례를 한 가지 살펴보고자 한다. 제1장에서 디지털 시스템이 외부로부터 아날로그 신호를 입력받아서 처리하는 경우에는 먼저 A/D 변환기를 이용하여 디지털 신호로 변환해야 한다고 설명한 바 있다. A/D 변환기를 구성하는 방법은 여러 가지가 있는데, 그들 중에서 속도가 가장 빠른 것은 플래시 A/D 변환기(flash A/D converter)이다. 이 변환기는 우선순위 엔코더를 이용하여 구성할 수 있는데, 그림 6-31은 아날로그 신호를 3-비트 2진 코드로 변환해주는 플래시 A/D 변환기의 구성도를 보여주고 있다.

그림 6-31의 회로에서 8×3 우선순위 엔코더[2]는 8개의 입력 단자들을 가지고 있으며, '1'이 들어오는 입력 단자들 중에서 가장 우선순위가 높은 것에 대응되는 3-비트 값을 출력한다. 입력 단자들의 우선순위는 7번 입력이 가장 높고 0번 입력이 가장 낮다. 변환될 아날로그 신호는 각 입력 단자마다 한 개씩 접속되어 있는 OP 앰프(operational amplifier)의 플러스(+) 입력 단자로 연결되어, 마이너스(−) 입력 단자로 들어오는 아날로그 값과 비교된

2) 이 엔코더를 실제 구현한 IC 칩(74148)의 핀 배치도는 **부록: 실험 7-2절**의 그림 L-16을 참고하라.

다. (OP 앰프는 아날로그 신호를 증폭하거나 비교하는데 유용하게 이용되는 회로인데, 여기서는 비교기로서 사용된다.) 즉, +단자로 들어오는 신호의 전압이 −단자의 전압보다 더 높으면 +5V('1')가 출력되며, 더 낮으면 0V('0')가 출력된다. OP 앰프는 활성화(En) 신호가 1일 때는 정상 동작을 하지만, $En=0$일 때는 비활성화 되어서 출력이 0V가 된다.

OP 앰프는 엔코더의 7번부터 1번 입력까지 각각 한 개씩 연결되며, 0번 입력은 En 신호와 직접 연결된다. 따라서 만약 $En=0$이라면, 모든 OP 앰프들의 출력들과 0번 입력값이 모두 '0'이 되기 때문에, 우선순위 엔코더의 V 출력이 '0'이 되어 어떤 출력도 유효하지 않다는 것을 가리키게 된다.

각 OP 앰프의 −입력 단자에는 기준 전압(V_{ref})이 들어오는 단자와 직렬로 연결된 저항들에 의해 서로 다른 전압이 걸리게 된다. 각 단자의 전압은 그 지점과 접지까지의 저항값에 비례하므로, 모든 저항값(R)들이 동일하고 V_{ref}=8V라고 가정한다면, 그림 6-31에서 청색으로 표시한 바와 같이 7V부터 1V까지가 된다. 따라서 $En=1$일 때 아날로그 신호 단자로 7V보다 더 높은 전압이 들어온다면 우선순위 엔코더의 모든 입력들로 '1'이 인가될 것이고, 6V~7V 사이라면 7번 입력으로는 '0'이 인가된다. 그리고 만약 1V~2V 사이의 아날로그 신호가 들어온다면, 2번~7번 입력은 모두 '0'이 되고, 1번 입력만 '1'이 된다. 또한 아날로그 신호가 1V 미만이라면, 0번 입력만 '1'로 세트된다.

이제 아날로그 신호가 디지털 신호로 변환되는 과정을 예를 들어 살펴보기로 하자. 만약 이 회로의 아날로그 신호 선으로 5.4V가 입력된다면, 우선순위 엔코더의 7번과 6번 입력은 '0'이 되고 그 아래의 모든 입력들로는 '1'이 인가될 것이다. 그러면 '1'로 세트된 입력들 중에서 우선순위가 가장 높은 5번 입력에 대응되는 2진수인 '101'이 변환된 디지털 코드($D_2D_1D_0$) 값으로서 출력된다. 또 다른 예로서, 3.5V와 1.2V가 입력되는 경우에는 각각 '011' 및 '001'이 출력되며, 이 결과들은 약간의 오차를 가지고 있다는 것을 알 수 있다. 그 오차를 줄이기 위해서는 비트 수를 늘려야 하는데, 그만큼 회로가 더 복잡해진다.

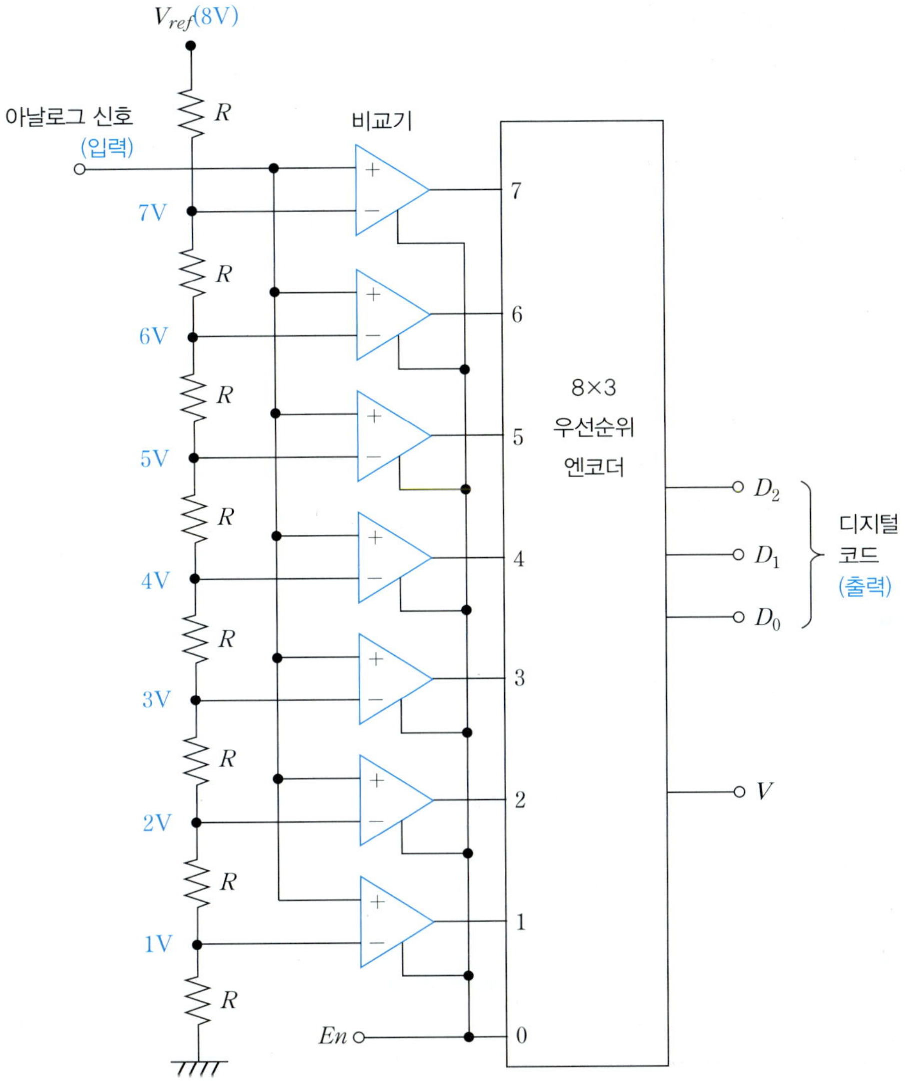

그림 6-31 우선순위 엔코더를 이용한 플래시 A/D 변환기의 구성도

그림 6-31과 같은 플래시 A/D 변환기는 입력되는 아날로그 신호가 모든 OP 앰프들에 의해 동시에 비교되기 때문에, 그에 걸리는 시간과 우선순위 엔코더 동작 시간만큼의 지연만 발생한다. 따라서 다른 유형의 A/D 변환기에 비해 변환 속도가 매우 높으며, 그 장점을 부각시키기 위하여 명칭에 '플래시(flash)'가 붙여졌다. 그러나 정확도를 높이기 위해 비트 수를 증가시키는 경우에는 필요한 비교기 및 저항의 개수가 늘어나기 때문에 전력 소모량과 칩의 크기가 증가한다는 결점도 가지고 있다.

6.7 그레이 코드 변환기

제2장에서 아날로그 값을 2진수 데이터로 표현하는 여러 가지 코드들에 대하여 살펴보았다. 디지털 시스템들은 용도에 따라 그 코드들 중의 하나를 선택하여 사용하게 된다. 그런데 만약 어떤 시스템에서 처리한 데이터를 다른 코드 체계를 사용하는 시스템으로 전송했다면, 그 시스템은 전송 받은 데이터를 사용하기 전에 코드 변환을 수행해야 한다. 예를 들어, 일반적인 2진수를 사용하는 시스템이 그레이 코드(Gray code)를 사용하는 시스템으로 데이터를 보냈다면, 전송 받은 시스템은 그 데이터를 그레이 코드로 변환한 다음에 사용해야 한다. 이 절에서는 코드 변환기의 한 예로서 2진-그레이 코드 변환기(Binary-to-Gray code converter)를 설계해 보기로 한다. 4-비트 길이인 2진수를 그레이 코드로 변환하면 같은 길이가 되므로, 이 변환기를 블록도로 표시하면 그림 6-32와 같아진다.

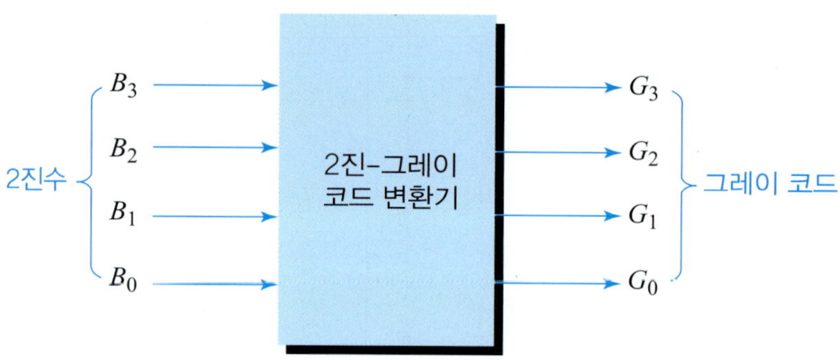

그림 6-32 2진-그레이 코드 변환기

제2장에서 이미 설명한 바와 같이 2진수를 그레이 코드로 변환하는 방법은 아래와 같다. 여기서 B_i는 2진수의 각 비트를 나타내며, G_i는 그레이 코드의 비트들을 가리킨다.

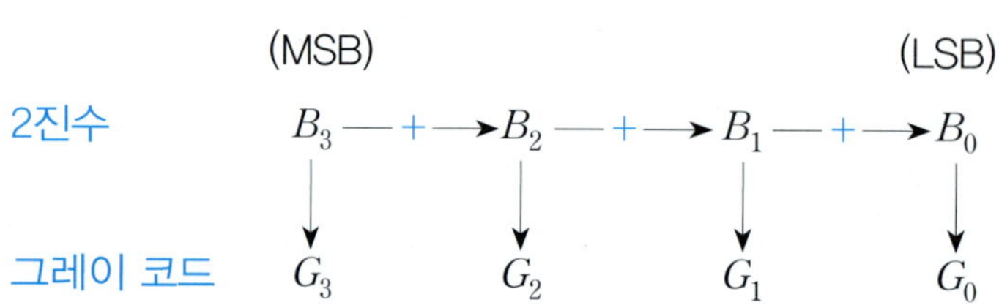

앞의 변환 과정에서 보듯이 2진수의 MSB는 그대로 그레이 코드의 MSB가 되고, 다음 비트부터는 2진수의 인접한 비트들을 서로 더하여 그레이 코드 비트를 구하면 된다. 즉, $B_3+B_2 \rightarrow G_2$, $B_2+B_1 \rightarrow G_1$, 그리고 $B_1+B_0 \rightarrow G_0$가 된다. 그런데 인접한 두 비트를 더한 다음에는 올림수를 버리기 때문에, 두 비트가 같으면(0+0 혹은 1+1) 그레이 코드 비트가 '0'이 되고, 서로 다르면(0+1 혹은 1+0) '1'이 된다. 이것은 XOR 연산에 해당한다. 따라서 코드 변환기의 회로는 그림 6-33과 같이 XOR 게이트를 이용하여 간단히 구현할 수 있다.

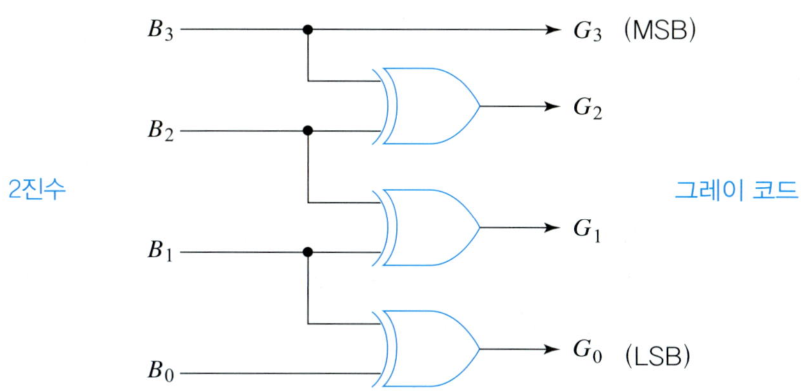

그림 6-33 2진-그레이 코드 변환기의 회로 구성도

또한, 반대로 그레이 코드를 2진수로 변환하는 것도 제2장에서 설명한 바와 같이 아래와 같은 방법으로 수행할 수 있다. 즉, 그레이 코드의 MSB(G_3)는 그대로 2진수의 MSB(B_3)가 되고, B_3를 대각선 방향에 위치한 G_2와 더하여 B_2를 구하며, 그 아래 비트들도 같은 방법으로 변환하면 된다.

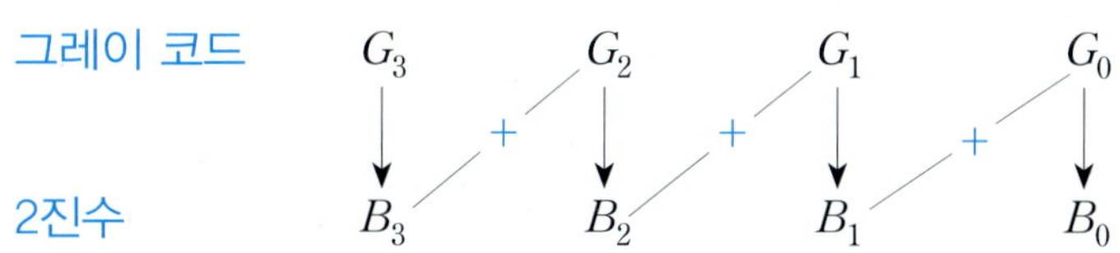

이 변환 과정에서는 대각선 방향으로 위치한 두 비트들 간에 덧셈을 수행하지만, 앞의 경우와 마찬가지로 올림수는 버리기 때문에 XOR 게이트를 이용하여 구현할 수 있다. 결과적으로, 그레이-2진 코드 변환기는 그림 6-34와 같이 구성할 수 있다.

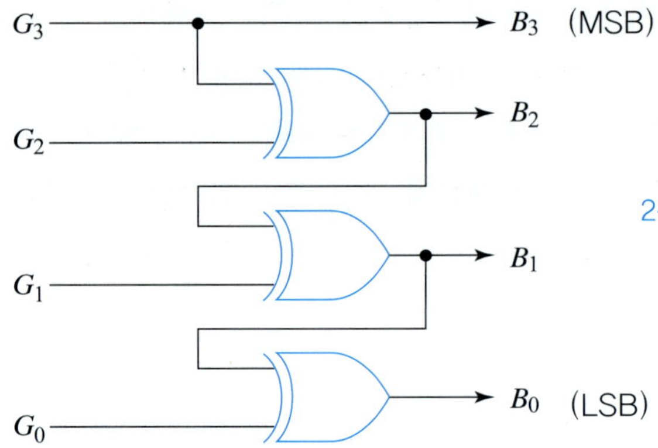

그림 6-34 그레이-2진 코드 변환기의 회로 구성도

예제 6-6

2진-그레이 코드 변환기를 이용하여 2진수 1011에 대한 그레이 코드가 생성되는 과정을 그림 6-33의 회로를 이용하여 표시하라. 그리고 그 결과인 그레이 코드를 다시 2진수로 변환하는 과정을 그림 6-34의 변환기 회로를 이용하여 표시하라.

풀이

각 회로에서의 데이터 변환 결과를 표시하면 아래와 같다.

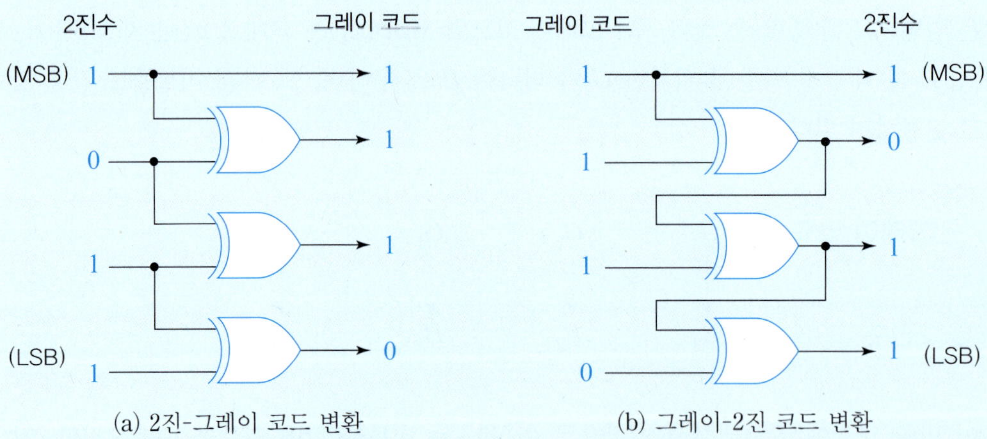

그림 6-35 2진-그레이 코드 간 변환 과정의 예

6.8 비교기

디지털 시스템에서는 두 개의 2진수들을 비교하는 기능이 필요할 때가 있다. 그러한 기능을 수행하는 조합회로를 비교기(comparator)라고 부르는데, 아래와 같은 두 가지 종류를 고려할 수 있다.

- 단순 비교기(simple comparator): 두 개의 입력 값들이 서로 같은 지를 검사하는 비교기
- 크기 비교기(magnitude comparator): 한 값이 다른 값보다 더 크거나(greater than), 더 작거나(less than), 같은(equal to) 지를 검사하는 비교기

이 절에서는 위의 두 가지 비교기들을 순서대로 설계해보기로 한다. 먼저, 단순 비교기는 입력 값들이 수(number)가 아닌 경우에도 사용될 수 있는 것으로서, 가장 기본적인 형태이다. 두 입력의 값이 같은 지를 비교하는 데 사용할 수 있는 논리 소자로는 XNOR(exclusive-NOR) 게이트가 있다. 이 게이트는 두 입력의 값이 같으면 1, 서로 다르면 0을 출력한다. 한 예로서, 두 비트씩으로 이루어진 2진수들을 비교하는 회로를 XNOR 게이트들을 이용하여 구성하면 그림 6-36과 같아진다. 즉, 두 2진수의 같은 위치에 있는 비트들을 각 XNOR 게이트로 입력시키고, 그 출력들을 AND 게이트로 통과시키면 된다. 만약 비교할 두 2진수를 각각 $A=A_2A_1$ 및 $B=B_2B_1$으로 표현한다면, 그림 6-36의 비교기에서는 두 수의 상위 비트들인 A_2와 B_2를 상단의 XNOR 게이트로 입력시키고, 하위 비트인 A_1과 B_1을 하단의 XNOR 게이트로 입력시켰다.

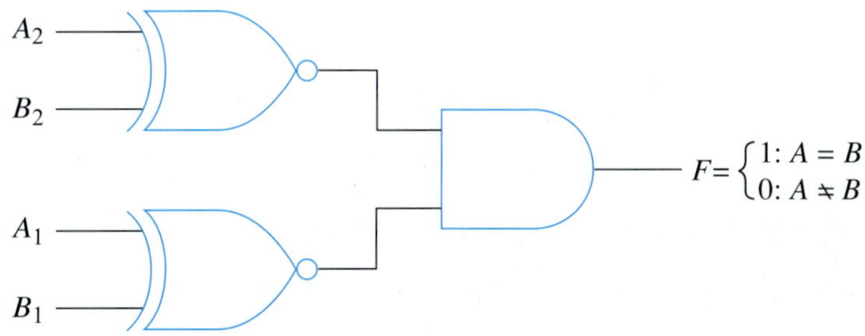

그림 6-36 2-비트 단순 비교기

만약 두 2진수의 모든 비트들이 같은 값을 가진다면, 두 XNOR 게이트들의 출력이 모두 1이 된다. 따라서 단순 비교기의 최종 출력은 1($F=1$)이 되어 '동일(equal)하다'는 것을 가리키게 된다. 그러나 만약 어느 한 비트라도 서로 같지 않다면($A_2 \neq B_2$ 혹은 $A_1 \neq B_1$), 해당 XNOR 게이트의 출력이 0이 된다. 그 경우에는 최종 출력이 0($F=0$)이 됨으로써, 두 값들이 '같지 않다(not equal)'는 것을 가리키게 된다.

예제 6-7

각각 두 비트씩으로 이루어진 아래와 같은 2진수들이 그림 6-35와 같은 단순 비교기로 입력되었을 때, 각 게이트의 출력과 최종 출력을 표시하라.

(a) $A=01$, $B=11$ (b) $A=10$, $B=10$

풀이

회로의 각 게이트 출력과 최종 출력은 그림 6-37의 (a) 및 (b)와 같이 발생한다. 즉, (a)의 경우에는 회로의 출력이 0이 되어 두 수가 같지 않다는 것을 가리키며, (b)의 경우에는 1을 출력함으로써 두 수가 같다는 것을 가리킨다.

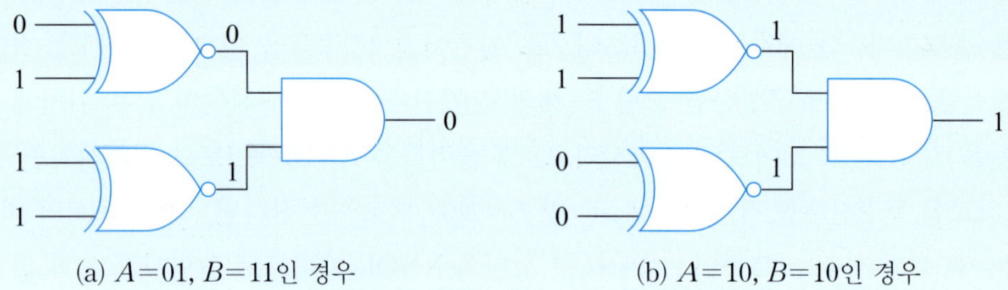

그림 6-37 2-비트 비교기의 입출력 신호들

더 많은 수의 비트들로 이루어진 2진수들을 위한 비교기를 구성하려면, 그 수만큼의 XNOR 게이트들을 이용하면 된다. 예를 들어, 4-비트 단순 비교기의 경우에는 네 개의 XNOR 게이트들을 배열한 다음에, 비교할 2진수들에서 같은 위치의 비트들을 각 XNOR 게이트의 두 입력으로 인가하고, 그 출력들을 4-입력 AND 게이트를 통하여 최종 출력을 발생하도록 회로를 구성하면 된다. 〈예제 6-8〉은 그와 같이 구성되는 4-비트 단순 비교기의 응용 사례를 보여주고 있다.

예제 6-8

출입문의 도어락(door lock) 장치는 일련의 번호 키들을 누르면 미리 저장된 비밀번호와 비교하여 일치한 경우에만 문이 열리게 해준다. 키패드의 숫자 키를 누를 때마다 그 숫자에 대한 BCD 코드를 생성하고, 비밀번호의 해당 숫자와 비교하는 회로를 설계하라.

풀이

그림 6－38과 같이 0~9까지의 키패드에서 어떤 번호 키를 눌렀을 때, 그 숫자에 대응되는 BCD 코드는 앞 절에서 설명한 10진-BCD 엔코더에 의해 생성된다. 그 출력은 미리 저장된 비밀번호의 해당 숫자에 대한 BCD 값과 함께 단순 비교기로 입력된다. 여기서 비교기는 그림 6－36의 회로를 확장하여 네 개의 XNOR 게이트들로 구성하면 된다. 두 개의 4-비트 값들이 모두 동일한 경우에는 회로의 출력으로 '1'을 발생하여 일치되었음을 나타내며, 만약 한 비트라도 다르다면 불일치를 가리키는 '0'을 출력한다.

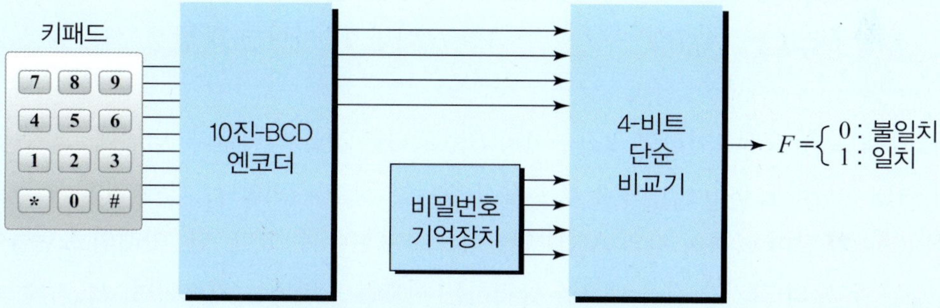

그림 6-38 단순 비교기의 응용 사례

이제 두 번째 형태의 비교기로서, 두 개의 2진수 입력들(A,B) 중에서 어느 한 수가 다른 수보다 더 크거나($A>B$), 더 작거나($A<B$), 같은($A=B$) 지를 가리키는 크기 비교기를 설계해보기로 하자. 먼저 간단한 예로서, 아래와 같은 2-비트 길이의 2진수들 간에 크기를 비교하는 2-비트 크기 비교기(2-bit magnitude comparator)를 고려해보자.

$$A = A_2A_1$$
$$B = B_2B_1$$

이 두 2진수를 비교하는 알고리즘은 다음과 같다. 먼저 두 수의 MSB인 A_2와 B_2를 검사한다. 만약 그 두 비트들이 같다면, 다음 비트인 A_1과 B_1을 같은 방법으로 검사하며, 그 결과에 따라 최종 결과를 생성한다.

① A_2 = 1일 때 B_2 = 0이라면, A가 B보다 더 크다 ($A>B$)

② A_2 = 0일 때 B_2 = 1이라면, A가 B보다 더 작다 ($A<B$)

③ $A_2 = B_2 = 0$ 혹은 $A_2 = B_2 = 1$일 때,

③−1: A_1 = 1이고 B_1 = 0이라면, A가 B보다 더 크다 ($A>B$)

③−2: A_1 = 0이고 B_1 = 1이라면, A가 B보다 더 작다 ($A<B$)

③−3: $A_1 = B_1 = 0$ 혹은 $A_1 = B_1 = 1$이라면, A와 B가 같다 ($A=B$)

이 알고리즘을 논리회로로 구현하기 위하여 부울 함수로 표현해보기로 하자. 먼저 A와 B의 같은 위치에 있는 비트들이 동일하다면 '1'을 출력하고, 서로 다르면 '0'을 발생하는 부울 함수 g_i에 대한 표현식은 아래와 같아진다.

$g_2 = (A_2B_2' + A_2'B_2)'$; $A_2=B_2$이면 '1', 아니면 '0' 발생

$g_1 = (A_1B_1' + A_1'B_1)'$; $A_1=B_1$이면 '1', 아니면 '0' 발생

만약 g_2와 g_1이 모두 1이라면, 2진수 A와 B는 같다는 것을 의미한다. 반면에, 그 두 값들 중의 어느 하나라도 0이라면, A와 B는 같지 않다는 것을 의미한다. 그에 대한 부울 함수는 식 (6−4)와 같이 g_2와 g_1 간의 AND 연산식으로 표현할 수 있다. 단, 아래의 표현들에서 $F_{(A=B)}$는 두 수의 크기가 같을 때 1을 출력하는 신호를 나타내는 기호이며, $F_{(A<B)}$는 A가 B보다 더 작을 때 1을 출력하는 신호를 나타내는 기호이고, $F_{(A>B)}$는 A가 B보다 더 클 때 1을 출력하는 신호를 나타내는 기호로 사용하기로 한다.

$$F_{(A=B)} = g_2g_1 \tag{6−4}$$

($A<B$) 조건이 만족되려면 A_2=0이고 B_2=1이거나, $A_2=B_2$일 때 A_1=0이고 B_1=1이어야 한다. 반면에, ($A>B$) 조건이 만족되려면 A_2=1이고 B_2=0이거나, $A_2=B_2$일 때 A_1=1이고 B_1=0이어야 한다. 따라서 그 두 조건들을 나타내는 부울 함수는 각각 식 (6−5) 및 (6−6)과 같이 표현할 수 있다.

$$F_{(A<B)} = A_2'B_2 + g_2A_1'B_1 \tag{6−5}$$

$$F_{(A>B)} = A_2B_2' + g_2A_1B_1' \tag{6−6}$$

지금까지 유도한 부울 함수들인 식 (6−4), (6−5) 및 (6−6)에는 동일한 논리 연산들이 몇 가지 포함되어 있기 때문에, 그들을 구현하는 회로를 공통으로 사용한다면 전체 회로가 좀 더 간단해진다. 결과적으로, 2-비트 크기 비교기는 그림 6−39와 같이 구성할 수 있다.

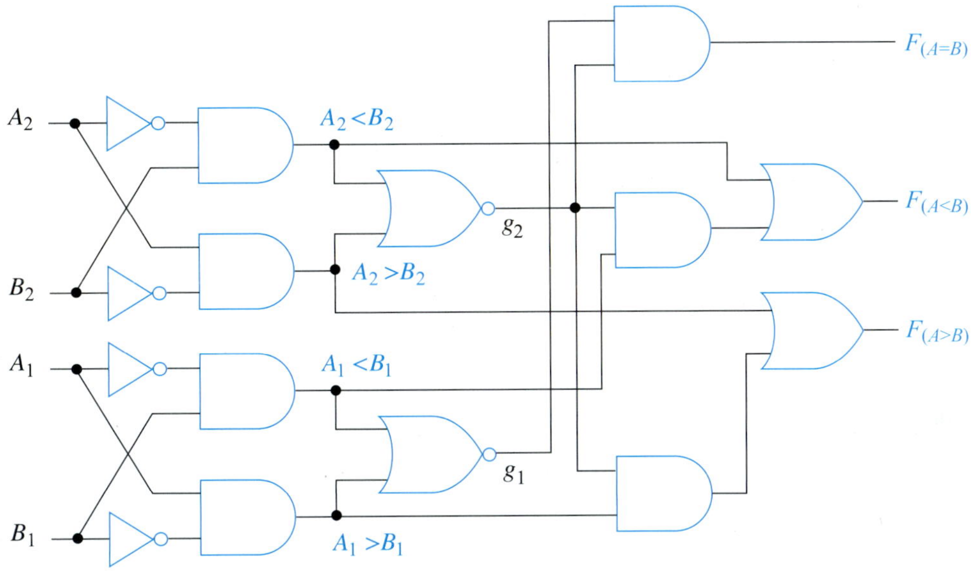

그림 6−39 2-비트 크기 비교기의 회로 구성도

그림 6−39에서 좌측의 상단 및 하단에 두 개의 AND 게이트들과 한 개의 NOR 게이트로 구성된 동일한 회로들은 각각 g_2와 g_1을 발생하는데, 그들을 AND 게이트로 묶어주면 식 (6−4)를 구현한 결과로서 $(A=B)$를 나타내는 출력을 얻을 수 있다. 좌측 네 개의 AND 게이트들 중의 첫 번째 게이트의 출력 $A_2'B_2$는 식 (6−5)의 우측 첫 번째 항에 대한 구현으로서, 그 값이 1이라면 $A_2<B_2$라는 것을 의미한다. 또한, $(A_1<B_1)$를 가리키는 세 번째 AND 게이트의 출력$(A_1'B_1)$과 g_2를 AND 게이트로 입력시키면, 식 (6−5)의 우측 두 번째 항을 구현하게 된다. 따라서 그 두 출력들이 OR 게이트를 통과하면 $(A<B)$를 나타내는 출력 신호가 된다. 같은 방법으로, $(A_2>B_2)$를 가리키는 두 번째 AND 게이트의 출력(A_2B_2')과, $(A_1>B_1)$을 의미하는 네 번째 AND 게이트의 출력(A_1B_1') 및 g_2를 입력으로 받은 AND 게이트의 출력을 OR 게이트로 입력시키면, $(A>B)$를 나타내는 출력 신호를 얻을 수 있다.

두 개의 2-비트 2진수들 간에 크기를 비교하는 알고리즘은 더 많은 비트들로 표현되는 2진수들을 비교하는 데도 동일하게 적용될 수 있다. 그와 같은 경우에는 MSB부터 시작하여 차례대로 하위 비트들을 비교하면 된다. 비교하는 과정에서 두 비트가 서로 다른 값을 가진 경우에는 비트 값이 1인 수가 더 큰 것으로 판단하고, 비교 동작을 종료하면 된다. 그러나 만약 두 비트가 같다면, 그 하위 비트를 비교한다. 그리고 같은 방법으로 최하위 비트까지 차례대로 반복한다. 만약 두 2진수의 모든 비트들이 동일한 값을 가진다면, 두 수의 크기가 같다는 최종 결론을 내리면 된다.

그러한 원리에 근거하여, 비교 알고리즘을 아래와 같이 4비트로 표현되는 2진수 A와 B를 비교하는 경우로 확장해보기로 하자.

$$A = A_4A_3A_2A_1$$
$$B = B_4B_3B_2B_1$$

위의 두 수에서 서로 대응되는 위치의 비트들이 모두 같다면($A_4=B_4$, $A_3=B_3$, $A_2=B_2$, $A_1=B_1$), 두 수의 크기가 같다는 것으로 판단한다. 그와 같은 비교 동작은 아래와 같은 XNOR 함수로 표현할 수 있다.

$$g_i = (A_iB_i' + A_i'B_i)' = A_iB_i + A_i'B_i' \quad (\text{단, } i = 0, 1, 2, 3)$$

만약 동일한 하첨자 값을 가진 두 비트들이 모두 1이거나 모두 0이라면, $g_i=1$이 되어, 두 수의 크기가 같다는 것을 가리킨다($A=B$). 그러나 만약 네 비트들 중에서 어느 한 비트라도 같지 않은 경우에는 그 비트에 대응되는 g_i의 값이 0이 된다. 이러한 비교 동작 및 출력값의 생성 관계를 이용하여 두 수의 크기가 같은 지를 가리키는 것은 식 (6-7)과 같은 부울 함수로 표현될 수 있다. 결과적으로, 네 비트들이 모두 같은 값을 가진 경우에만 모든 g_i의 값들이 1이 되어, 이 함수의 결과도 1이 되는 것이다.

$$F_{(A=B)} = g_4g_3g_2g_1 \tag{6-7}$$

두 수가 같지 않은 경우에는 둘 중의 어느 것이 더 큰 지를 비교하기 위하여 MSB부터 차례대로 비교한다. 하위 비트들에 대한 비교는 그 상위 비트들이 같은 경우에만 수행되므로, 위에서 유도한 해당 g_i의 값을 검사해야 한다. 이와 같은 순차적인 비교 동작들을 부울 함수로 표현하면 식 (6-8) 및 (6-9)와 같다.

$$F_{(A<B)} = A_4'B_4 + g_4A_3'B_3 + g_4g_3A_2'B_2 + g_4g_3g_2A_1'B_1 \tag{6-8}$$

$$F_{(A>B)} = A_4B_4' + g_4A_3B_3' + g_4g_3A_2B_2' + g_4g_3g_2A_1B_1' \tag{6-9}$$

지금까지 유도한 식 (6-7), (6-8) 및 (6-9)의 부울 함수들을 게이트들을 이용하여 구성하면, 그림 6-39의 회로를 확장한 형태가 되는 4-비트 크기 비교기의 내부 회로가 된다. 이 비교기를 8개의 입력들과 세 개의 출력들을 가진 블록도(block diagram)로 표시하면 그림 6-40과 같다.

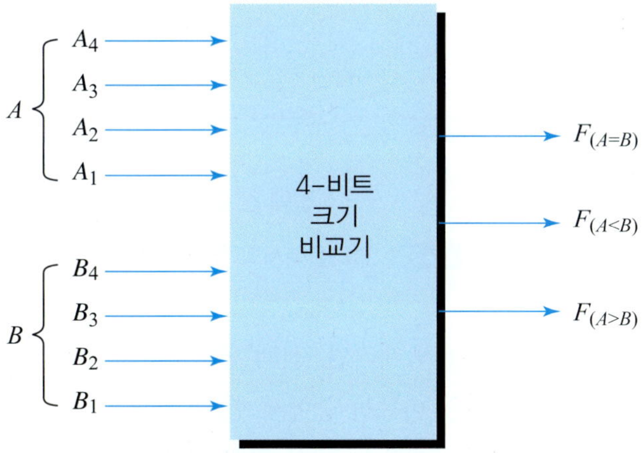

그림 6-40 4-비트 크기 비교기의 블록도

6.9 멀티플렉서

멀티플렉서(Multiplexer: MUX)는 여러 개의 입력 신호들을 받아서, 그들 중의 어느 하나만 선택하여 출력 신호로 내보내는 조합회로이다. 이 회로는 그러한 선택 기능 때문에 데이터 선택기(data selector)라고도 불리는데, 입력 선들과 출력 선 외에도 입력 신호들 중의 하나를 선택하기 위한 선택 신호(select signal)가 필요하다. 간단한 예로서, 그림 6-41은 네 개의 입력 신호들 중의 하나를 선택하여 출력 선으로 내보내는 멀티플렉서의 동작을 개념적으로 보여주는 스위치 회로이다. 이 회로에서 네 개의 입력 신호들이 들어오지만, 각 입력 신호는 해당 *on/off* 스위치가 닫히는 경우에만 출력 선으로 나갈 수 있다. 이 때 어떤 스위치를 닫을 지를 결정해주는 것이 선택 신호이다.

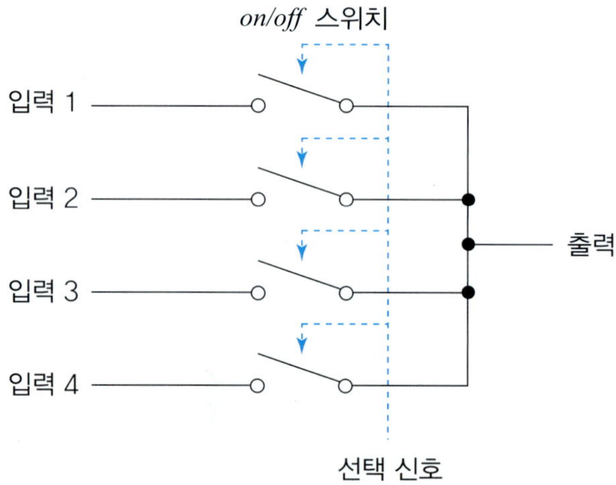

그림 6-41 멀티플렉서의 개념도

멀티플렉서에서 입력 신호의 수가 N 개라면, 선택 신호로는 $\log_2 N$ 비트가 필요하다. 멀티플렉서의 한 형태로서, 4개의 입력 비트들 중에서 한 비트만 선택하여 출력으로 나가게 하는 1-of-4 멀티플렉서의 블록도는 그림 6-42와 같다. 이 경우에 입력 선의 수는 네 개($N=4$)이므로, 선택 신호는 $\log_2 4=2$개가 필요하다. 그리고 선택 신호 $S_1S_0=00$일 때는 첫 번째 입력 신호가 출력 F로 나가게 되며, $S_1S_0=01$, 10 혹은 11일 때는 두 번째, 세 번째 및 네 번째 입력 신호가 각각 출력 F로 나가게 된다. 이와 같은 선택 신호와 입출력 신호의 관계는 〈표 6-10〉과 같다.

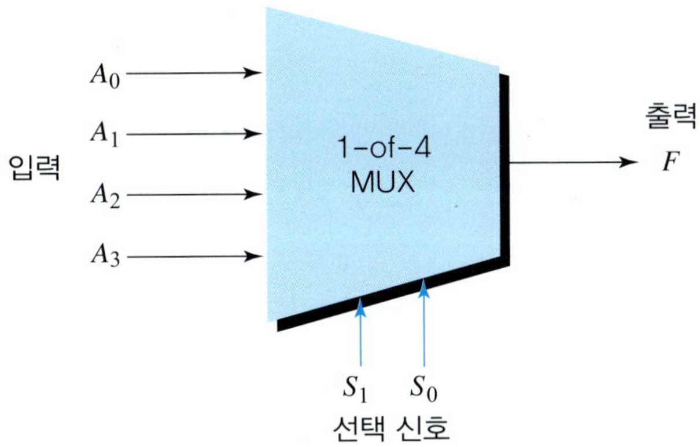

그림 6-42 1-of-4 MUX의 블록도

〈표 6-10〉 멀티플렉서의 신호 선택 관계

선택 신호 S_1	S_0	출력(F)으로 나가는 입력 신호
0	0	A_0
0	1	A_1
1	0	A_2
1	1	A_3

〈표 6-10〉으로부터 각 선택 신호 조합에 따른 입출력 선택 관계를 구하면 다음과 같이 표현될 수 있다.

$S_1S_0=00$이라면, 출력으로 선택되는 입력 신호는 A_0이므로, $F=S_1'S_0'A_0$
$S_1S_0=01$이라면, 출력으로 선택되는 입력 신호는 A_1이므로, $F=S_1'S_0A_1$
$S_1S_0=10$이라면, 출력으로 선택되는 입력 신호는 A_2이므로, $F=S_1S_0'A_2$
$S_1S_0=11$이라면, 출력으로 선택되는 입력 신호는 A_3이므로, $F=S_1S_0A_3$

이와 같은 입출력 선택 기능을 수행하는 멀티플렉서의 출력 F에 대한 부울 표현은 위의 F에 대한 표현들을 모두 OR 연산으로 결합한 식 (6-10)과 같아진다.

$$F = S_1'S_0'A_0 + S_1'S_0A_1 + S_1S_0'A_2 + S_1S_0A_3 \qquad (6-10)$$

식 (6−10)에 대한 회로는 그림 6−43에서 보는 바와 같이 인버터들과 AND 게이트들, 그리고 4-입력 OR 게이트를 이용하여 구현할 수 있다.

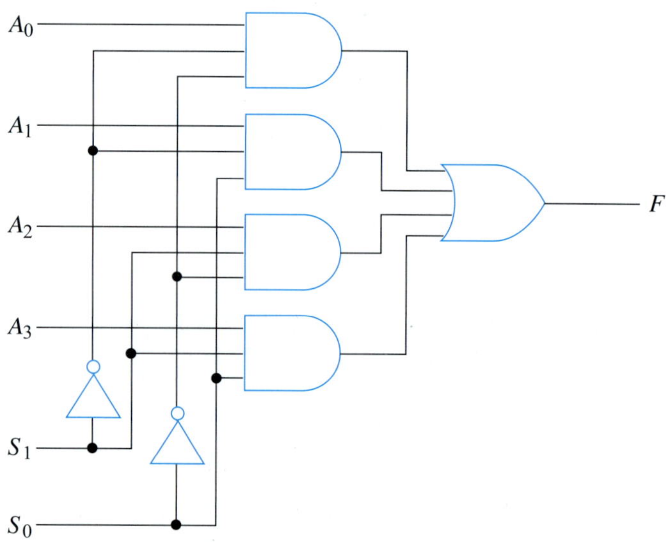

그림 6−43 1-of-4 MUX의 내부 회로

그런데 그림 6−43과 같은 회로로 구성되는 멀티플렉서에서는 선택 신호가 어떤 값이든 네 입력들 중의 하나는 반드시 출력으로 나가게 되어 있다. 그러나 디지털 시스템에서는 경우에 따라 그 입력들 중의 어느 것도 출력으로 나가지 못하도록 해야 하는 경우도 있다. 즉, 입력선들과 출력선이 물리적으로는 접속되어 있으나, 전기적으로는 단절된 상태가 될 필요가 있다는 것이다.

그와 같은 기능을 지원해주는 논리 소자로서 3-상태 버퍼(tri-state buffer)라는 것이 있다. 이 버퍼는 그림 6−44(a)와 같은 기호로 표시되며, 입력(A)과 출력(F) 및 활성화 신호(E)로 구성된다. 3-상태 버퍼는 활성화 신호에 따라 다음과 같은 두 가지 중의 한 상태로 동작한다. $E=1$로 세트된 활성화 상태라면, 그림 6−44(b)에서 보는 바와 같이 입력 선과 출력 선이 직접 접속된 것과 같은 상태가 된다. 따라서 입력 신호는 들어오는 즉시 출력으로 나가게 된다. 그러나 만약 비활성화 상태($E=0$)라면, 그림 6−44(c)와 같이 입력과 출력 사이는 단절(cut; 스위치가 open)된 것과 같은 상태가 된다. 이러한 상태를 전기적으로는 임피던스(impedance: 전류가 흐르지 못하게 하는 저항 성분)가 매우 높은 상태라는 의미로서 '높은 임피던스 상태(high-impedance state: *High-Z*)'라고 말하는데, 전선을 절단하여 전류가 흐르지 못하도록 한 것과 같은 상태로 볼 수 있다.

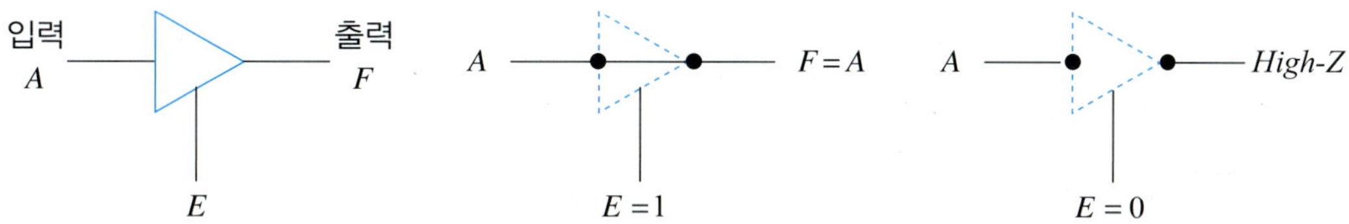

(a) 기호　　(b) 활성화 상태($F=A$)　　(c) 비활성화(*High-Z*) 상태

그림 6-44 3-상태 버퍼의 기호 및 동작 특성

그런데 상용화 되어 IC 칩으로 제조되고 있는 3-상태 버퍼들 중에는 약간 다른 형태로 구성된 것들도 있다. 먼저, 그림 6-45(a)는 그림 6-44(a)의 기호에서 활성화 신호에 버블을 추가하여, $E=0$일 때 활성화되는 3-상태 버퍼를 나타내는 기호이다. 또한 그림 6-45의 (b) 및 (c)와 같이 버퍼 자체가 인버터로 구성되어서, 활성화 되었을 때는 입력 신호가 반전되면서 출력으로 나가는 3-상태 인버터(tri-state inverter)들도 제공되고 있다. 그림 6-45의 아래에는 각 회로에 대한 입출력 특성을 나타내는 진리표들이 표시되어 있다.

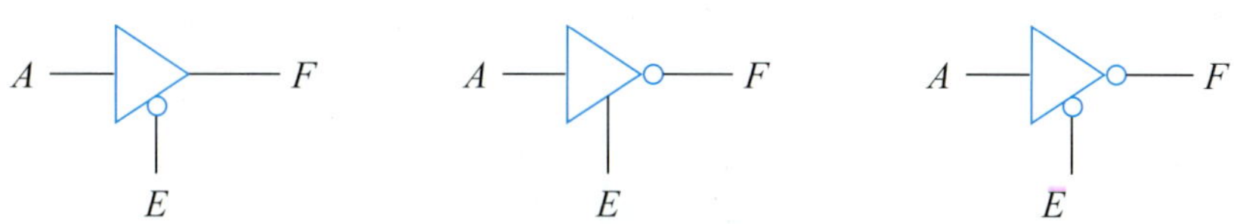

A	*E*	*F*
0	0	0
0	1	*H-Z*
1	0	1
1	1	*H-Z*

(a)

A	*E*	*F*
0	0	*H-Z*
0	1	1
1	0	*H-Z*
1	1	0

(b)

A	*E*	*F*
0	0	1
0	1	*H-Z*
1	0	0
1	1	*H-Z*

(c)

그림 6-45 3-상태 버퍼 및 인버터의 여러 유형들

3-상태 버퍼를 이용하여 1-of-4 MUX(멀티플렉서)를 구성하는 방법은 그림 6−46과 같다. 먼저 네 개의 입력들은 각각 3-상태 버퍼를 통과한 후에 하나의 출력 선으로 연결된다. 그리고 각 버퍼의 활성화(E) 신호로는 2×4 디코더 출력들 중의 하나가 접속된다.

디코더는 두 개의 선택(S_1, S_0) 신호와 인에이블(En) 신호를 가지고 있다. 6.5절에서 설명한 바와 같이, 디코더는 $En=1$인 경우에는 선택 신호에 따라 네 개의 출력들 중의 어느 하나가 1이 되고, 나머지 출력들은 0이 된다. 그러나 $En=0$인 경우에는 디코더의 모든 출력들이 0이 된다. 그림 6−46에서 디코더의 En 신호가 1일 때, 만약 디코더의 선택 신호 $S_1S_0=00$이라면, 출력 D_0가 1로 세트된다. 그러면 그 값을 E 신호로 사용하는 첫 번째 3-상태 버퍼가 활성화되어 첫 번째 입력인 A_0가 출력 F로 나간다. 그때 다른 3-상태 버퍼들의 E 신호는 0이기 때문에, 모두 전기적으로 단절된 상태가 된다.

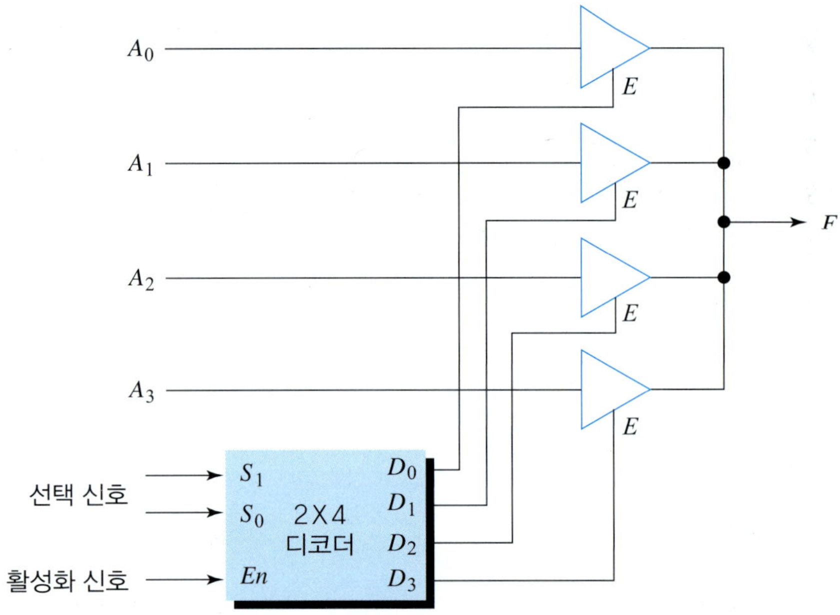

그림 6−46 3-상태 버퍼를 이용한 1-of-4 MUX의 구성도

같은 원리에 의하여, 디코더의 선택 신호 $S_1S_0=01$, 10 혹은 11일 때는 디코더의 출력 D_1, D_2 혹은 D_3가 각각 1로 세트되어, MUX의 출력 F로는 A_1, A_2, 혹은 A_3가 나가게 된다. 그러나 만약 디코더의 En 신호가 0이라면, 선택 신호와 상관없이 디코더의 모든 출력들이 0이 되어 네 개의 3-상태 버퍼들이 모두 '*High-Z*' 상태가 되기 때문에, 어떤 입력도 출력으

로 나가지 못하게 된다. 〈표 6-11〉은 그와 같은 입출력 및 제어 신호들 간의 관계를 보여주고 있다.

〈표 6-11〉 3-상태 버퍼를 이용한 MUX의 입출력 관계

디코더 입력			디코더 출력				MUX 출력
En	S_1	S_0	D_0	D_1	D_2	D_3	F
0	X	X	0	0	0	0	−
1	0	0	1	0	0	0	A_0
1	0	1	0	1	0	0	A_1
1	1	0	0	0	1	0	A_2
1	1	1	0	0	0	1	A_3

지금까지 살펴본 멀티플렉서들은 각 입력이 한 비트씩이고, 따라서 출력도 한 비트인 경우였다. 이제 여러 개의 비트들로 이루어진 입력 데이터들 중의 하나를 선택하여 출력으로 내보내는 멀티플렉서를 설계해보기로 하자. 한 예로서, 그림 6-47은 각각 4비트로 이루어진 두 개의 데이터들(X, Y)이 들어오고, 그 둘 중에서 선택된 4-비트 데이터가 한꺼번에 출력으로 나가는 4중 1-of-2 멀티플렉서(quadruple 1-of-2 multiplexer)를 보여주고 있다. 이 회로에서는 두 입력 데이터들 중에서 하나를 선택하기 때문에, 선택 신호(S)는 한 비트만 있으면 된다.

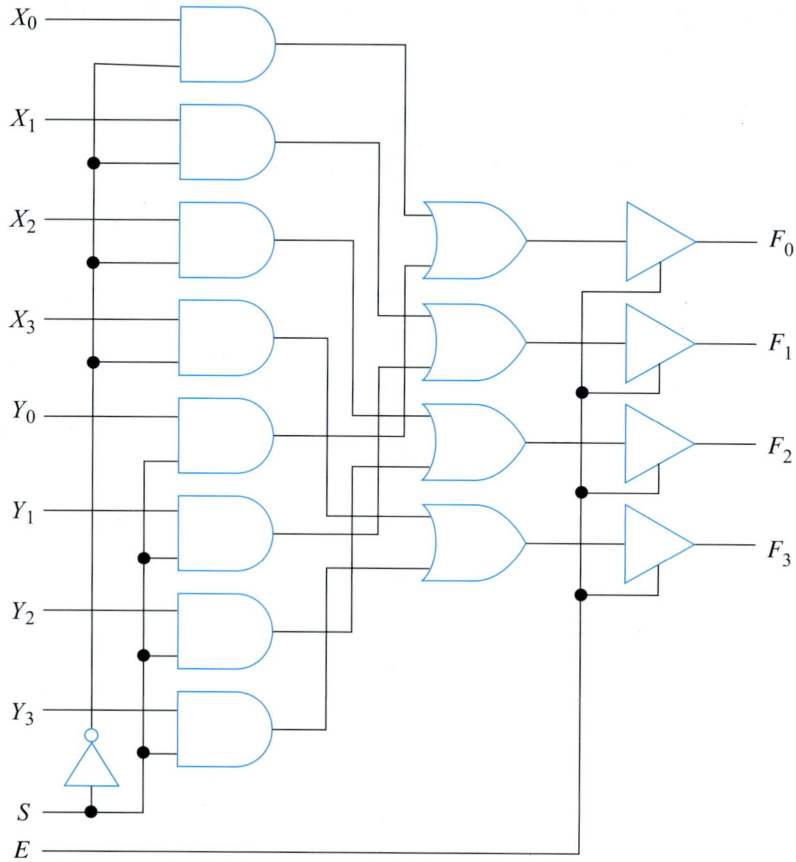

그림 6-47 4중 1-of-2 MUX의 내부 회로

그림 6-47의 회로에서 만약 $S=0$이라면, 상단에 위치한 네 개의 AND 게이트들의 한 입력은 1이 되며, 아래쪽에 있는 네 개의 AND 게이트들의 한 입력은 모두 0이 된다. 이 경우에는 데이터 X의 네 비트들($X_0X_1X_2X_3$)이 상단 AND 게이트들을 통과한 다음에, OR 게이트들을 거쳐서 네 개의 출력 선으로 나가게 된다. 그러나 만약 $S=1$이라면, 데이터 X의 비트들은 상단 AND 게이트들을 통과하지 못하고, 데이터 Y의 네 비트들($Y_0Y_1Y_2Y_3$)이 아래쪽 AND 게이트들과 OR 게이트들을 통과하여 출력 선으로 나가게 된다. 그런데 이 멀티플렉서에서도 각 출력 신호가 3-상태 버퍼를 통과하게 되어 있어서, 그 버퍼들의 활성화 신호 $E=0$일 때는 네 개의 출력 선들이 모두 전기적으로 단절되므로 어떤 신호도 출력되지 못한다. 이와 같은 회로 구성은 실제 디지털 컴퓨터에서 서로 다른 기억장치 칩들(memory chips)로부터 읽혀지는 데이터들 중의 어느 하나만 데이터 버스(data bus)를 통하여 CPU로 보내지도록 해주는 회로로 널리 사용되고 있다.

6.10 디멀티플렉서

디멀티플렉서(Demultiplexer: DEMUX)란 멀티플렉서와 반대되는 기능을 수행하는 조합회로로서, 한 개의 입력 선(input line)을 통하여 입력되는 디지털 신호를 여러 개의 출력 선들 중의 하나로 내보낸다. 이러한 동작 특성을 반영하기 위하여 디멀티플렉서를 데이터 분배기(data distributor)라고도 부른다. 이 회로는 그림 6-48(a)와 같은 스위치 회로를 이용하여 개념적으로 설명할 수 있는데, 한 개의 입력 선을 통하여 들어온 신호가 네 개의 출력 선들 중에서 선택된(스위치가 닫쳐진) 출력 선으로 나가게 된다. 여기서 스위치 동작은 선택 신호에 의해 이루어진다. 그림 6-48(b)는 DEMUX의 블록도를 보여주고 있다.

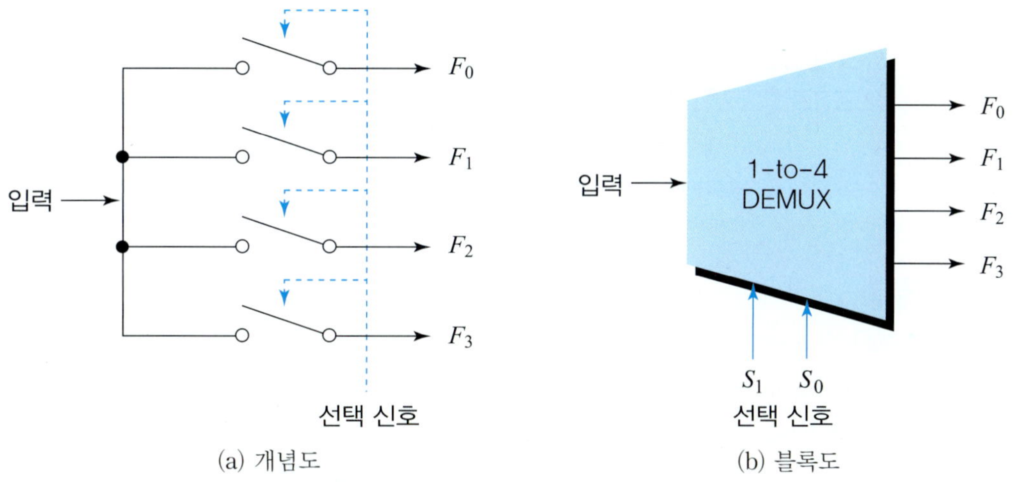

그림 6-48 1-to-4 DEMUX의 개념도 및 블록도

그림 6-48과 같은 1-to-4 DEMUX는 그림 6-49(a)에서 보는 바와 같이 AND 게이트들과 인버터를 이용하여 구현할 수 있다. 이 회로에서 입력 신호는 모든 AND 게이트들의 한 입력으로 동시에 인가된다. 그리고 AND 게이트의 다른 두 입력들로는 선택 신호들이 들어간다. 출력 선의 수가 네 개이므로 선택 신호로는 두 비트가 필요하다. 그런데 맨 위의 AND 게이트로는 선택 신호들(S_1S_0)이 모두 반전된 다음에 들어가기 때문에, $S_1S_0=00$일 때만 입력 신호가 그 AND 게이트를 통과하여 출력 F_0로 나갈 수 있다. 다른 AND 게이트들로는 선택 신호들이 그림 6-49(a)와 같이 접속되기 때문에, 두 번째와 세 번째 및 네 번

째 AND 게이트로는 각각 S_1S_0=01, 10, 혹은 11일 때 입력 신호가 통과하여 해당 출력으로 나갈 수 있다.

그림 6-49(b)는 선택 신호에 따라 입력 신호가 어떤 출력 선으로 나가게 되는 지를 보여주고 있다. 즉, S_1S_0의 값에 따라 입력 신호는 F_0, F_1, F_2 혹은 F_3로 출력된다.

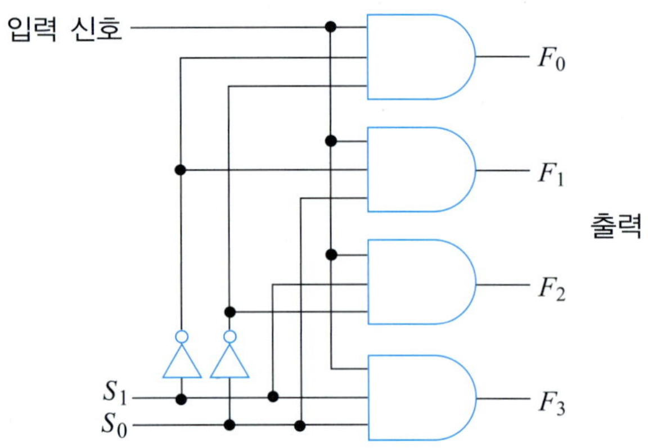

(a) 내부 회로

선택 신호 S_1 S_0	선택되는 출력 선
0 0	F_0
0 1	F_1
1 0	F_2
1 1	F_3

(b) 진리표

그림 6-49 1-to-4 DEMUX의 회로 및 진리표

예제 6-9

1-to-4 DEMUX의 입력으로 그림 6-50(a)와 같은 데이터 신호가 연속적으로 들어오고, 2비트의 선택 신호가 매 클록 주기마다 변경되어 인가될 때, 네 개의 출력 선으로 발생되는 출력 파형들을 그림의 하단에 추가하라.

풀이

DEMUX는 각 클록 주기 동안에 두 비트의 선택 신호에 대응되는 출력단(F_0, F_1, F_2, F_3)으로 그 순간의 입력 신호를 각각 통과시킨다. 즉, 그림 6-50(b)에서 보는 바와 같이, 출력 F_0로는 선택 신호 S_1S_0=00이 되는 첫 번째, 네 번째 및 다섯 번째 클록 주기에서 각각 1, 1, 0이 출력된다. 그리고 F_1으로는 S_1S_0=01이 되는 두 번째와 여덟 번째 주기에서 각각 0과 1이 나가며, F_2로는 S_1S_0=10이 되는 일곱 번째와 아홉 번째 주기에서 각각 1과 0이 출력된다. 마지막으로, F_3로는 S_1S_0=11이 되는 세 번째와 여섯 번째 주기에서 모두 1이 출력된다.

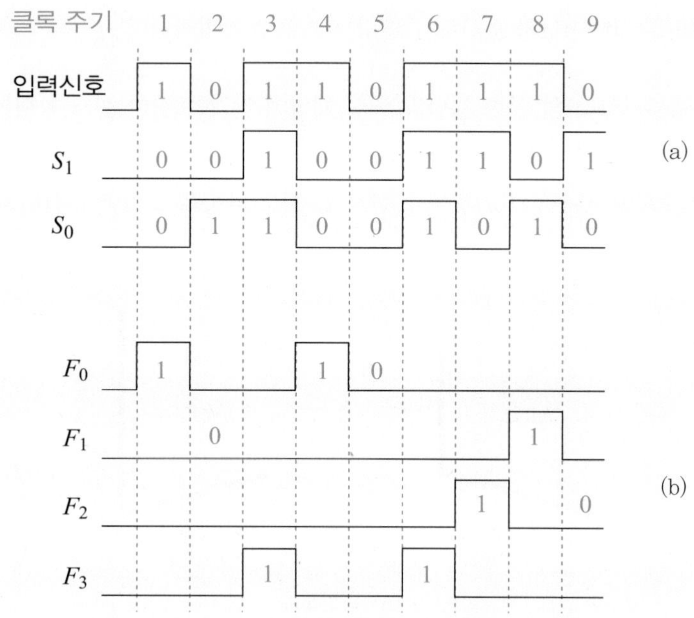

그림 6-50 1-to-4 디멀티플렉서의 입력 및 출력 파형들

예제 6-10

멀티플렉서와 디멀티플렉서가 함께 사용되는 사례로서, 다중채널 통신시스템을 고려해볼 수 있다. 즉, 시분할(time multiplexing) 방식을 이용하면 여러 개의 입력 신호들을 하나의 전송선을 통하여 주기별로 보내는 것이 가능해진다. 네 개의 채널을 가지는 멀티플렉서와 디멀티플렉서로 구성되는 통신시스템을 구성하고, 클록 주기별로 서로 다른 채널 사이에 신호가 전송되는 예를 파형을 이용하여 보이라. 그리고 전송되는 동안에 전송선을 통과하는 신호 파형도 그려보라.

풀이

이러한 통신시스템은 그림 6-51(a)와 같이 구성할 수 있다. 즉, 송신장치 측에는 4×1 멀티플렉서로 네 개의 서로 다른 입력 신호들이 들어오게 하고, 그들 중에서 한 개씩을 클록 주기 단위로 선택하여 전송선으로 내보낸다. 입력 신호의 선택은 멀티플렉서로 인가되는 두 개의 선택 신호(s_1, s_0)들을 이용하여 이루어진다. 수신장치 측에는 1×4 디멀티플렉서를 이용하여 각 주기별로 들어오는 신호를 두 개의 선택 신호(d_1, d_0)들을 이용하여 원하는 채널로 출력시키면 된다. 이 예에서는 네 번의 주기($t_1 \sim t_4$) 동안에 송신측의 선택 신호가 그림 6-51(b)와 같이 0, 1, 2, 3(즉, $s_1 s_0$ = 00, 01, 10, 11)의 순서로 인가되고, 수신측의 선택 신호는 2, 3, 0,

1(즉, d_1d_0 = 10, 11, 00, 01)의 순서로 인가되는 것으로 가정하였다.

결과적으로, 그림 6-51(a)의 입력 채널과 출력 채널에 각각 표시한 신호 파형에서 볼 수 있듯이, 신호 전송은 0→2, 1→3, 2→0, 3→1번 채널 사이에 이루어졌다. 또한, 그러한 전송이 이루어지는 4주기 동안 전송선(W_L)을 통과한 직렬 신호 파형은 그림 6-51(b)와 같다.

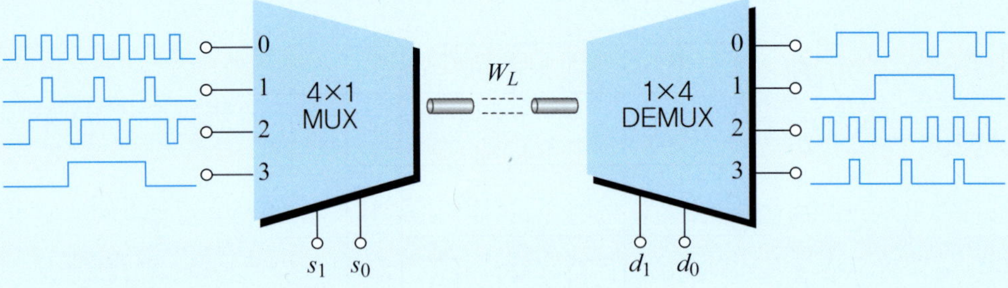

(a) 구성도

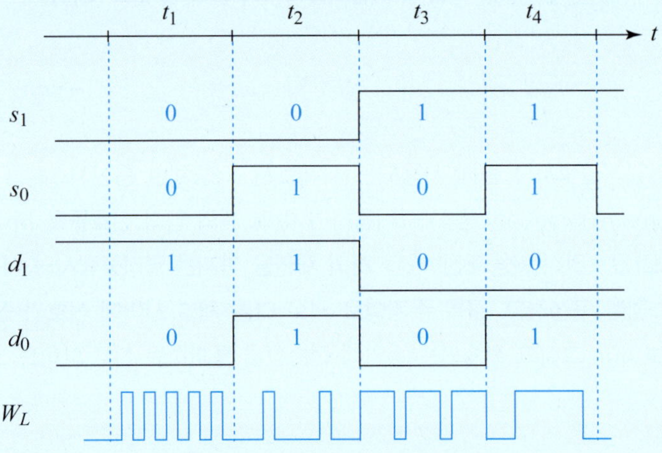

(b) 선택 신호 및 신호 파형

그림 6-51 다중채널 통신시스템의 구성도 및 입출력 파형들

6.11 산술연산 회로

이 절에서는 계산기 혹은 디지털 컴퓨터에서 필수적으로 사용되는 각종 산술적 연산(arithmetic operation)을 수행하는 회로들의 설계에 대하여 살펴보고자 한다. 가장 기본적인 산술연산 회로인 병렬 가산기의 설계에 대해서는 이미 6.4절에서 설명하였지만, 여기서는 그 가산기의 단점을 보완하여 실제 컴퓨터에서 사용되고 있는 가산기의 회로를 먼저 구성해 보기로 한다. 그런 다음에, 그 외의 산술 연산 회로들의 구성 방법에 대하여 설명한다.

6.11.1 올림수-미리보기 가산기

6.4절에서 설명한 병렬 가산기는 계산 과정에서 발생하는 올림수들을 윗자리 FA로 순차적으로 전달하는 방식을 이용하는데, 올림수가 단계적으로 이동하는 동작이 물결(ripple)의 모습과 같다고 하여 리플-올림수 가산기(ripple-carry adder)라고도 부른다. 그런데 그와 같은 가산기는 올림수의 전달 동작으로 인한 지연 때문에 전체 연산 시간이 길어지는 단점이 있다. 예를 들어, 4-비트 병렬 가산기를 이용한 덧셈 과정을 보여주는 그림 6-16에 연산 시간을 추가하여 다시 표시하면 그림 6-52와 같아진다. 이 그림에서는 각 전가산기(FA)가 덧셈을 수행하는 데 걸리는 시간을 6ns로 가정하였다. 이 시간은 FA의 내부 회로(그림 6-15)에서 데이터들이 연산을 위하여 각 게이트를 통과하는 데 2ns씩 걸린다고 가정하여, 2ns×3=6ns로 추정한 것이다.

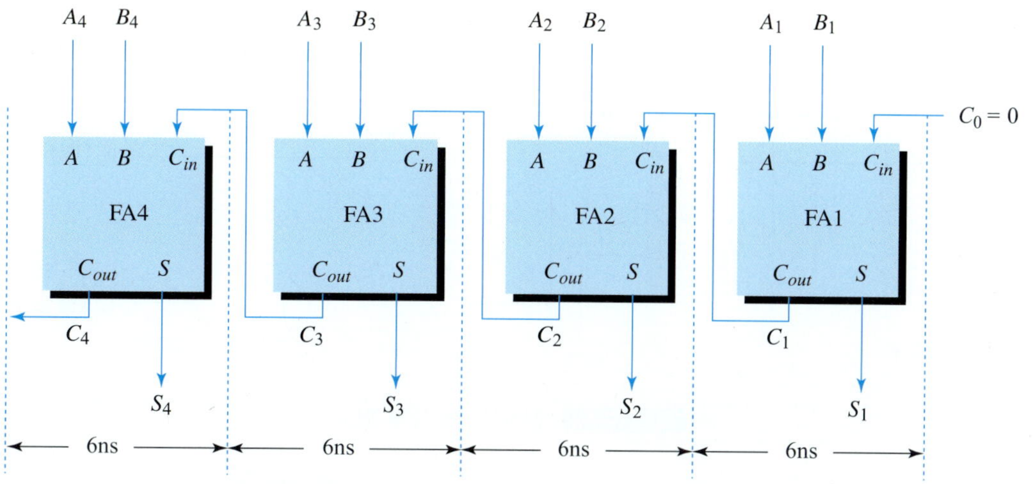

그림 6-52 4-비트 리플-올림수 가산기에서의 연산 시간

그림 6-52의 회로 동작을 좀 더 자세히 살펴보기로 하자. 먼저 FA1에서 최하위 비트(LSB)들을 더하는 데 걸리는 6ns 후에 올림수 C_1이 생성되며, 그것이 상위의 FA2로 전달되어야 두 번째 덧셈($A_2+B_2+C_1$)이 수행될 수 있다. 이와 같이 어떤 FA에 입력 비트들이 인가된 시간부터 올림수가 생성될 때까지 걸리는 시간을 올림수 전달 지연시간(carry propagation delay time)이라고 부른다. 그와 같은 올림수 전달은 네 개의 FA들에서 모두 필요하기 때문에, 리플-올림수 가산기에서는 전체 덧셈 시간이 그 지연 시간과 데이터 길이에 의해 결정된다. 즉, 그림 6-52와 같은 4-비트 덧셈에서는 올림수 전달 동작이 네 개의 FA들을 거치면서 순차적으로 모두 이루어져야 덧셈이 완료될 수 있기 때문에, 전체 덧셈에 걸리는 시간은 6ns×4=24ns가 된다. 그런데 만약 데이터들의 길이가 각각 32비트라면, 그들의 덧셈에는 6ns×32=192ns라는 긴 시간이 걸리게 될 것이다.

그와 같이 긴 연산 시간을 단축시키는 방법은 올림수 전달 지연시간을 최소화시키는 것이다. 그 방법은 병렬 가산기에 별도의 회로를 추가하여 올림수들을 미리 예측하는 것인데, 그와 같이 구성되는 가산기를 올림수-미리보기 가산기(carry look-ahead adder)라고 부른다. 이 가산기에서는 입력 비트들을 이용하여 올림수를 예측함으로써, 각 FA가 하위 비트 덧셈들이 끝날 때까지 기다리지 않고 그 이전에 덧셈을 수행할 수 있다. 그것은 별도의 회로를 이용하여 올림수를 미리 계산할 수 있기 때문에 가능하다.

올림수를 예측하는 회로를 설계하기 위하여, 각 FA의 내부 회로(그림 6-15)를 다시 살펴보면 그림 6-53과 같다.

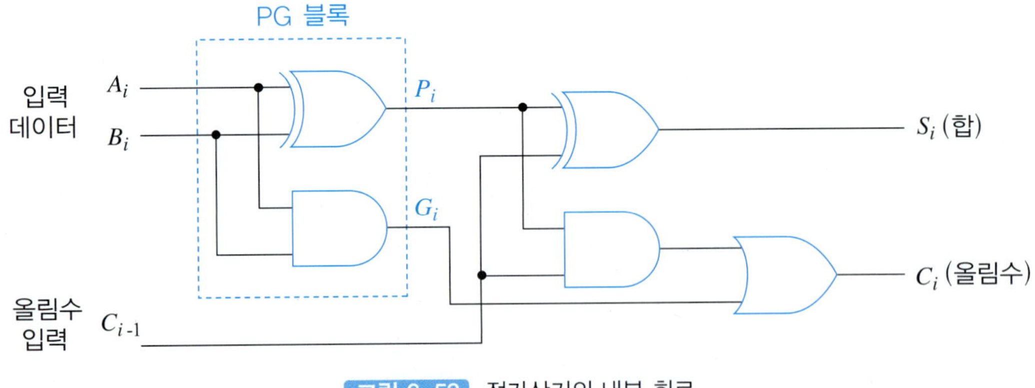

그림 6-53 전가산기의 내부 회로

그림 6-53에서 두 입력값들(A_i, B_i)이 XOR 게이트와 AND 게이트를 각각 통과하여 두 개의 출력들(P_i, G_i)을 발생하는 회로 부분을 작은 블록으로 표시하고, PG 블록이라고 부르기로 한다. 그런데 PG 블록의 출력들은 아래와 같은 두 가지 기본적인 동작의 결과로서 발생하는 변수들에 해당한다.

- 올림수 전달(carry propagation): 그림 6-53에서 올림수 입력(C_{i-1})으로 들어오는 값을 올림수 출력단(C_i)으로 전달(통과)시키기 위해서는 두 번째 AND 게이트의 한 입력인 $P_i=1$이 되어야 한다. 즉, P_i는 하위 FA로부터 올라오는 올림수가 해당 FA의 올림수 출력으로 전달되게 해주는 올림수-전달 변수(carry-propagate variable)라고 할 수 있다. 이 변수의 값은 두 입력 값들이 XOR 게이트를 통과하여 얻어지므로 $\boldsymbol{P_i=A_i \oplus B_i}$로 표현된다.
- 올림수 발생(carry generation): 만약 두 입력값 A_i와 B_i가 모두 1이라면, 올림수가 발생한다. 이것은 그림 6-53에서 두 입력 신호들이 접속된 AND 게이트의 출력으로 표시한 변수인 G_i가 1인 경우에 해당한다. 이 경우에는 올림수(C_i)를 출력하는 OR 게이트의 한 입력값이 1이 되므로, 다른 입력값에 상관없이 $C_i=1$이 되는 것이다. 즉, 변수 G_i는 그 값이 1이라면 무조건 올림수가 발생하게 되므로 올림수-발생 변수(carry-generate variable)라고 부르며, $\boldsymbol{G_i=A_iB_i}$로 표현된다.

위의 두 가지 기본 동작들의 결과로서 얻어지는 올림수-전달 변수 P_i와 올림수-발생 변수 G_i를 그림 6-52의 전가산기(FA)들에 대하여 각각 표현하면 아래와 같아진다.

$$
\begin{aligned}
\text{FA1:}\ & P_1 = A_1 \oplus B_1,\ G_1 = A_1B_1 \\
\text{FA2:}\ & P_2 = A_2 \oplus B_2,\ G_2 = A_2B_2 \\
\text{FA3:}\ & P_3 = A_3 \oplus B_3,\ G_3 = A_3B_3 \\
\text{FA4:}\ & P_4 = A_4 \oplus B_4,\ G_4 = A_4B_4
\end{aligned}
$$

이제 그림 6-53으로부터 합 S_i와 올림수 출력 C_i에 대한 부울 함수를 구하면 식 (6-11) 및 (6-12)와 같아진다.

$$S_i = P_i \oplus C_{i-1} \qquad (6-11)$$

$$C_i = G_i + P_iC_{i-1} \tag{6-12}$$

그런데 식 (6−12)를 자세히 살펴보면, 해당 FA의 올림수 출력인 C_i=1이 되기 위해서는 올림수-발생 변수 G_i=1이거나, 혹은 올림수 입력과 올림수-전달 변수가 모두 1(P_i=C_{i-1}=1)이 되어야 한다는 것을 알 수 있다. 그것을 다시 표현하면 다음과 같다. 두 입력 비트들이 모두 1이라면, 올림수가 발생한다. 그리고 하위 FA로부터 올라오는 올림수가 1이라면, 두 입력 비트들 중의 어느 한 비트만 1이라도 올림수가 발생한다.

식 (6−12)를 i = 1, 2, 3에 대하여 각각 전개한 다음에 C_i의 표현을 대입하여, 각 올림수 출력에 대한 부울 함수들을 유도하면 아래와 같아진다.

$$\begin{aligned}
C_1 &= G_1 + P_1C_0 \\
C_2 &= G_2 + P_2C_1 = G_2 + P_2(G_1 + P_1C_0) = G_2 + P_2G_1 + P_2P_1C_0 \\
C_3 &= G_3 + P_3C_2 = G_3 + P_3(G_2 + P_2G_1 + P_2P_1C_0) \\
&= G_3 + P_3G_2 + P_3P_2G_1 + P_3P_2P_1C_0
\end{aligned}$$

C_1은 원래 FA1에 의해 생성되는 것이지만, 위의 함수에 따르면 G_1과 P_1 및 C_0 사이에 AND 연산과 OR 연산을 수행하면 FA1의 동작과는 상관없이 C_1의 값을 구할 수 있는 것이다. 또한 C_2 및 C_3도 조금 더 복잡한 부울 연산을 수행하면, FA2와 FA3의 동작과는 상관없이 구할 수 있다. 위의 세 함수들을 모두 구현하는 전체 회로를 구성해보면 그림 6−54와 같아지는데, 이 회로를 올림수 미리보기 발생기(carry look-ahead generator)라고 부른다.

그런데 그림 6−54의 회로를 살펴보면, 모든 올림수 출력들(C_1, C_2 및 C_3)은 P_i와 G_i 및 C_0 신호들이 두 개의 게이트들만 통과하면 생성될 수 있다는 것을 알 수 있다. 그리고 P_i와 G_i 신호들은 그림 6−53에서 점선으로 표시된 PG 블록의 회로에서 보는 바와 같이 입력 신호들이 XOR 게이트 혹은 AND 게이트만 통과하면 결정된다. 결과적으로, 올림수 출력들은 세 개의 게이트를 통과하는데 걸리는 시간 후에는 모두 생성될 수 있는 것이다. 여기서 유의할 사항은 상위 올림수로 갈수록 하위의 모든 P, G 신호들을 사용해야 하기 때문에 게이트들의 입력 수가 그만큼 증가하게 된다는 점이다.

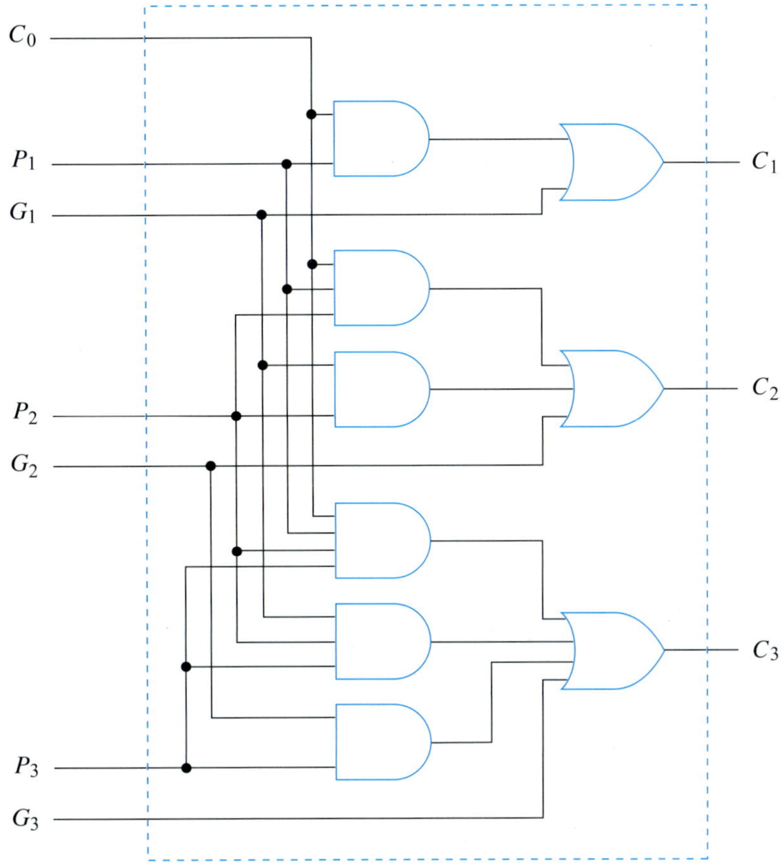

그림 6-54 올림수 미리보기 발생기의 내부 회로

이제 원래의 FA 회로(그림 6-53)에서 올림수 발생에 관련된 부분을 제외한 나머지 회로를 정리해보면 그림 6-55와 같아진다. 이 그림은 P_i 신호와 C_{i-1}이 XOR 게이트를 통과하여 합(S_i)을 발생하는 회로와 그림 6-53의 PG 블록을 포함하고 있는데, 이 책에서는 이것을 PGS 모듈(PG & Sum module)이라고 부르기로 한다.

이제 마지막 절차로서, 지금까지 설계한 올림수 미리보기 발생기와 PGS 모듈들을 이용하여 올림수 미리보기 가산기의 전체 회로를 구성하면 그림 6-56과 같아진다. 즉, 입력 비트들은 각각 해당 PGS 모듈로 입력되고, 그 모듈들에 의해 발생되는 P_i와 G_i 신호들이 올림수 미리보기 발생기로 들어가서 올림수들을 생성한다. 그렇게 생성되어 출력된 올림수들은 해당 PGS 모듈의 올림수 입력(C_{i-1})으로 들어가서 각 자리수의 합(S_i)을 발생하게 된다.

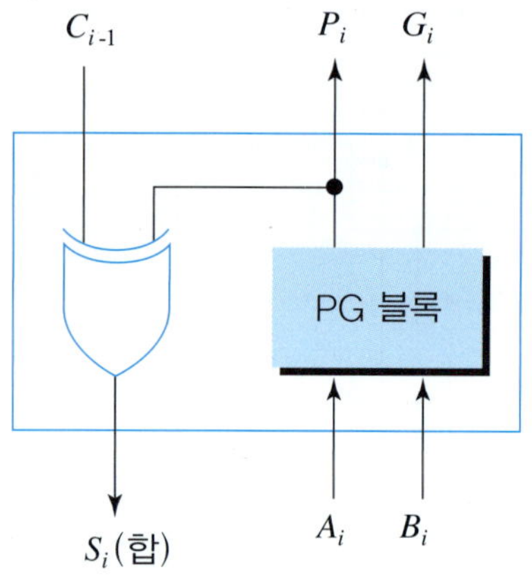

그림 6-55 PGS 모듈의 내부 구성

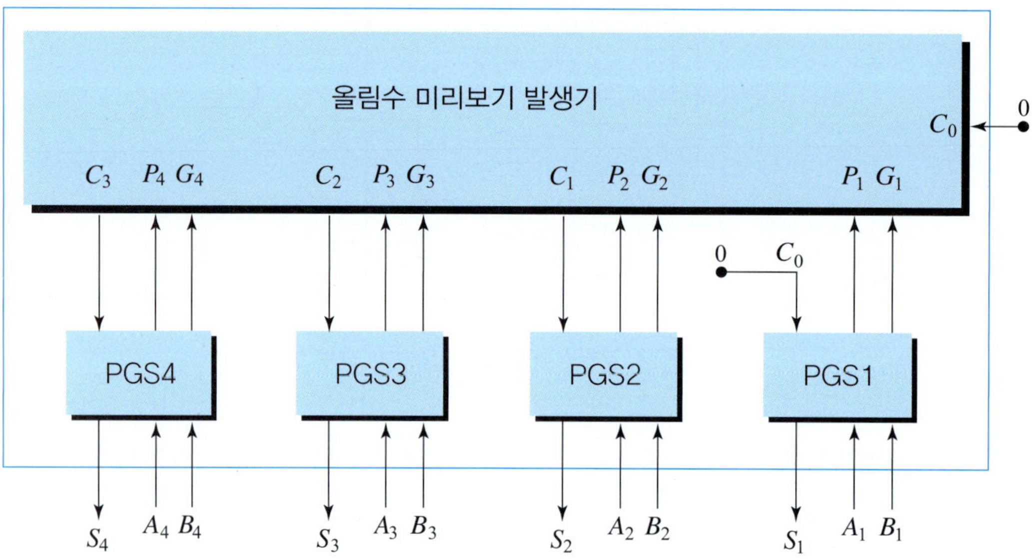

그림 6-56 올림수 미리보기 가산기의 전체 구성도

덧셈의 합을 나타내는 S_i는 그림 6-55의 PGS 모듈에서 보는 바와 같이 올림수 입력(C_{i-1})과 올림수 전달 변수(P_i)를 XOR 게이트를 통과시켜 얻을 수 있다. 결과적으로, 만약 각 게이트의 동작 시간이 2ns라면, 두 수의 덧셈 결과인 합 비트들(S_4, S_3, S_2, S_1)은 모두 2ns×4=8ns만에 출력될 수 있다. 여기서 게이트 지연을 네 번으로 산정한 근거는 PG 회로에서 한 번, 올림수 미리보기 발생기에서 두 번(단, 그림 6-54의 올림수 미리보기 발생기에서 상위 올림수로 갈수록 게이트들의 입력 수가 많아지지만, 모든 게이트에서 동일한 지연이 발생하는 것으로 가정), 그리고 PGS 모듈의 XOR 게이트에서 한 번의 지연을 모두 합한 결과이다. 그와 같은 덧셈 시간은 6.4.3절에서 설명한 4-비트 리플 올림수 가산기의 계산 시간인 24ns에 비하여 크게 단축되었다는 것을 알 수 있다. 8-비트, 16-비트, 및 32-비트 길이의 올림수 미리보기 가산기들의 회로도 같은 방법으로 구성할 수 있기 때문에, 거의 동일한 시간(8ns)이 소요된다. 즉, 데이터의 비트 수가 증가하더라도 덧셈 시간은 별로 늘어나지 않기 때문에, 시간이 단축되는 비율은 더욱 커지게 된다.

6.11.2 가감산기

일반적으로 디지털 컴퓨터나 계산기는 2진수 뺄셈을 위하여 별도의 회로를 가지고 있지 않으며, 덧셈과 뺄셈을 모두 수행할 수 있는 공통 회로인 가감산기(adder-subtracter)를 포함하고 있다. 그 이유는 뺄셈도 아래와 같이 덧셈을 이용하여 수행할 수 있기 때문이다.

$$A - B = A + (-B)$$

즉, A와 B의 덧셈은 제2장에서 공부하였던 2의 보수를 이용하여 B를 음수로 바꾼 다음에, 두 수를 더하면 된다. 그 원리에 근거하여, 덧셈과 뺄셈을 모두 수행할 수 있는 4-비트 병렬 가감산기(4-bit parallel adder-subtracter)를 구성하면 그림 6-57과 같아진다. 이 회로는 그림 6-16의 병렬 가산기에 B를 음수화(negation)하기 위한 회로를 추가하여 구성한 것이다.

이 회로의 중심에는 4-비트 병렬 가산기가 있고, 각 FA로는 입력 데이터 A_i와 B_i가 들어간다. 그런데 그 중에서 B_i는 FA의 입력으로 직접 접속되지 않고, 2-입력 XOR 게이트를 통과하게 되어 있다. XOR 게이트의 다른 입력으로는 연산의 종류를 선택하는 신호인 M이 공통적으로 접속된다. M은 덧셈일 때는 0, 뺄셈일 때는 1로 세트된다.

만약 덧셈(M=0)이라면, $x \oplus 0 = x$의 관계에 의해 입력 B의 비트들이 그대로 FA로 들어간다. 즉, 그림 6-57의 회로는 가산기로서 동작한다.

그러나 만약 뺄셈(M=1)이라면, $x \oplus 1 = x'$이 되어 입력 B의 모든 비트들은 반전(invert)된 다음에 각 FA로 들어간다. 그런데 B의 비트들이 반전만 된다면 1의 보수가 되므로, 2의 보수로 음수화 하기 위해서는 그 결과값에 1을 더해주어야 한다. 그를 위하여 그림 6-57에서는 M 비트를 첫 번째 FA의 올림수 입력으로 접속시킴으로써, 뺄셈인 경우에는 최하위 비트들을 더하는 과정에서 $C_{in}=1$이 되어 추가적으로 1이 더해지도록 하였다. 이와 같이 뺄셈이 수행될 때는 A와 더해지는 B의 값을 음수로 바꾼 다음에 더해지도록 함으로써, 그림 6-57의 회로가 뺄셈기로서 동작하게 된다. 결과적으로, 이 회로는 2의 보수로 표현되는 2진수들 간의 덧셈과 뺄셈을 모두 수행할 수 있는 가감산기로 사용될 수 있는 것이다.

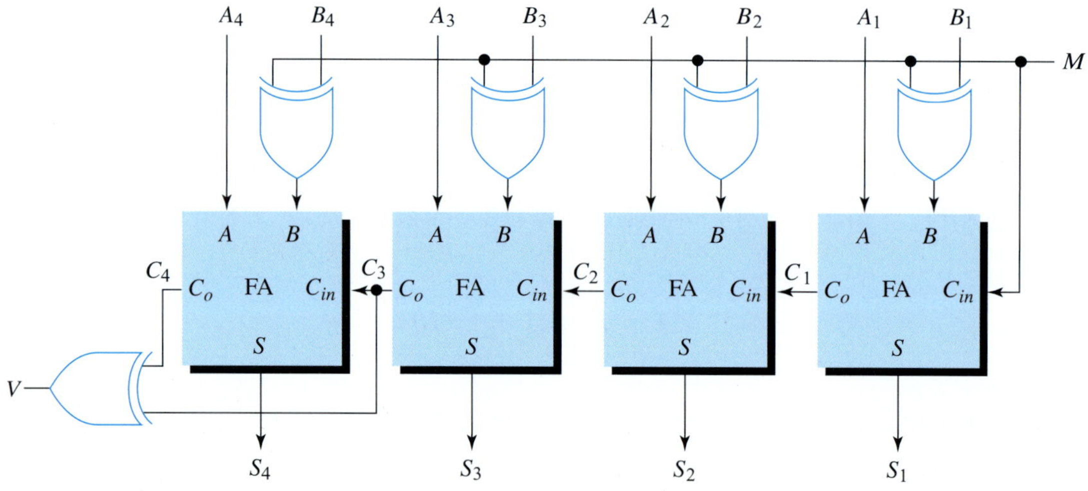

그림 6-57 4-비트 병렬 가감산기

2의 보수들에 대한 덧셈 혹은 뺄셈이 수행되었을 때는 최상위 비트들 간의 덧셈 ($A_4+B_4+C_3$) 결과로 발생하는 올림수는 버리기 때문에 C_4는 표시될 필요가 없다. 그런데 그림 6-57에는 그 비트를 사용한 특별한 회로가 추가되어 있다. 그 회로는 2.5절에서 설명한 오버플로우를 검출하기 위한 것이다. 2의 보수로 표현된 두 개의 4-비트 데이터를 더하는 과정에서 오버플로우 발생 여부는 아래와 같은 조건에 의해 검사할 수 있다.

■ 최상위 올림수(C_4)와 그 아래의 올림수(C_3)가 서로 다른 값을 가진다면, 오버플로우가 발생하였다.

위의 검사 조건에 근거하여, 오버플로우를 나타내는 플래그(flag: V)는 $V = C_4 \oplus C_3$의 관계식으로 표현할 수 있다. 그림 6-57의 회로는 그와 같은 관계를 이용하여 연산 과정에서 오퍼플로우가 발생했는지를 가리키는 V 비트를 생성하기 위하여, 두 개의 올림수 비트들을 XOR 게이트를 통과시키는 부분을 포함하고 있다.

예제 6-11

그림 6-57과 같은 가감산기로 아래의 두 2진수들에 대한 뺄셈($A-B$)을 수행하는 경우에, 각 게이트 및 FA의 출력값들을 표시하고 오버플로우 발생 여부도 검사하라.

$$A = 0110$$

$$B = 0011$$

풀이

4-비트 가감산기에서 뺄셈 ($A-B$)은 M=1로 세트된 상태에서 A + ($-B$)의 계산이 그림 6−58과 같이 이루어진다. 즉, B의 값이 1100으로 반전되어 FA로 들어가며, 첫 번째 FA의 올림수 입력(C_{in})으로 1이 들어간다. 결과적으로, 합(S)=0011을 얻었으며, $V=1\oplus1=0$이므로 오버플로우는 발생하지 않았다. 이 계산은 (6−3=3)에 대한 것으로서, 정확하게 처리되었다는 것을 확인할 수 있다.

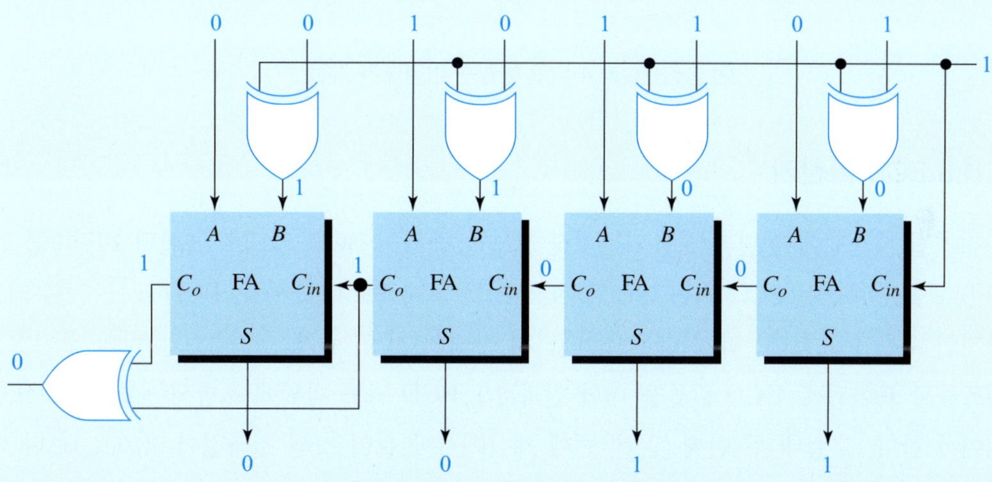

그림 6-58 〈예제 6-11〉의 계산 과정

이와 같은 가감산기도 처리 속도를 높이기 위하여 앞에서 설계한 올림수 미리보기 가산기를 이용하여 구성하는 것이 가능하다. 그림 6−56의 가산기 모듈은 각각 4-비트 길이의 입력 A와 B를 받아들여서, 4-비트 길이의 출력 S를 발생한다. 따라서 입력 데이터 B의 각 비트를 제어 신호 M과 함께 XOR 게이트를 통과시킨 다음에 가산기 모듈로 들어가게 한다면, 그림 6-59와 같은 4-비트 올림수 미리보기 가감산기를 구성할 수 있다. 여기서도 M 신호는 첫 번째 올림수 입력(C_o)으로 들어간다.

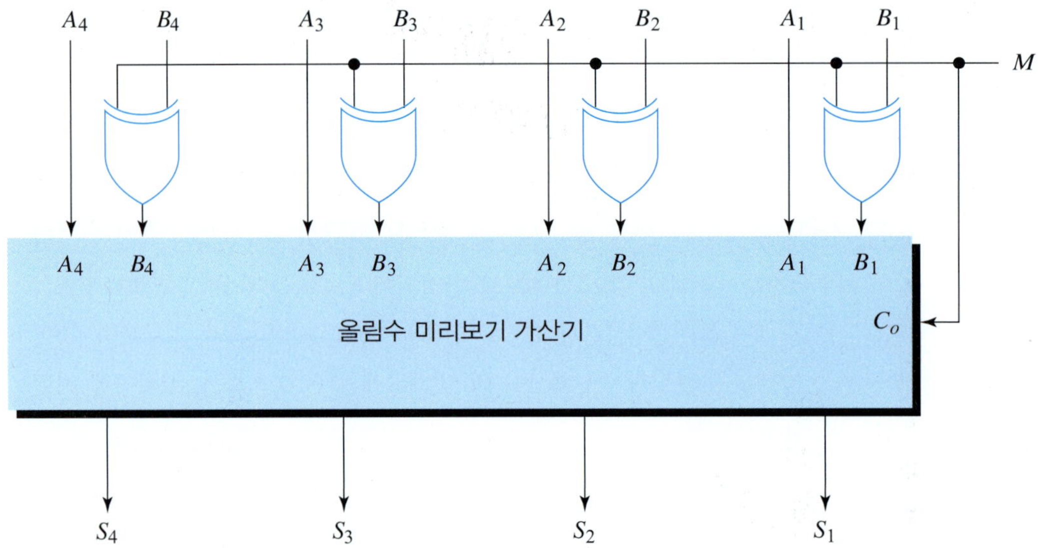

그림 6-59 4-비트 올림수 미리보기 가감산기

6.11.3 BCD 가산기

디지털 시스템에서 널리 사용되는 2진 코드들 중에서 BCD 코드로 표현된 10진수들 간의 덧셈을 수행하는 BCD 가산기(BCD adder)를 설계해보기로 하자. BCD 코드는 0부터 9까지의 수들을 표현하는데 사용된다. 따라서 아래의 첫 번째 계산에서 보는 바와 같이 2진 비트들로 표현된 두 BCD 값들을 더한 결과값도 BCD 코드 범위에 포함되는 2진수로 표현되어야 한다. 그런데 두 번째 및 세 번째 계산에서와 같이 덧셈 결과값이 9(1001_2)보다 더 큰 수가 되면, BCD 코드로 표현할 수 있는 10진수의 범위를 벗어나게 되어 틀린 결과값을 얻게 되는 문제가 발생한다.

```
   0010 (2)        1000 (8)        1001 (9)
 + 0011 (3)      + 0101 (5)      + 1000 (8)
 ----------      ----------      ----------
   0101 (5)        1101 (?)      1 0001 (?)
```

앞의 계산에서 그러한 문제가 발생한 이유는 BCD 값들 간의 덧셈을 일반적인 2진수들 간의 덧셈과 같은 방법으로 수행하였기 때문이다. 결과적으로, 두 번째와 세 번째 계산에서 덧셈 결과가 BCD 코드의 범위를 벗어나게 되어, 각각 10진수 13 및 17에 해당하는 2진수들을 결과값으로 얻게 된 것이다.

10진수 덧셈에서는 9보다 더 큰 수를 얻으면 그 수에 10을 초과한 수만 남기고, 윗자리로 올림수를 보내준다. 그러나 4비트로 표현되는 2진수로 표현할 수 있는 가장 큰 수는 15이기 때문에, 2진수들 간의 덧셈에서는 9보다 더 크더라도 15를 초과할 때까지는 올림수를 발생하지 않는 것이다. 위의 두 번째 덧셈이 그 경우에 해당하기 때문에 잘못된 결과값을 얻게 되었다.

BCD 덧셈에서 결과값이 BCD 표현 범위 내의 수가 되도록 해주는 방법은 덧셈 결과값이 9보다 더 큰 경우에는 15와 9의 차이인 6을 더해줌으로써, 올림수가 발생되도록 해주는 것이다. 즉, 아래의 예와 같이 덧셈 결과에 6의 2진수 표현인 0110을 더해주고, 상위 자리수로 올림수가 발생되도록 해주면 된다. 결과적으로, 1자리 수를 가리키는 BCD 값으로는 3이 남고, 올림수는 10자리 BCD 값이 되어, 덧셈 결과는 13을 나타내는 '0001 0011'이 되는 것이다.

```
    1000 (8)
  + 0101 (5)
  ----------
    1101
  + 0110
  ----------
  1 0011 (13)
```

다른 경우로서, 위의 세 번째 계산(9 + 8)과 같이 덧셈 과정에서 BCD 값을 초과하여 올림수가 발생하게 되면, 결과값이 틀리게 된다. 그 올림수는 덧셈 결과가 (9보다 크기 때문이 아니라) 15보다 더 크기 때문에 발생한 것이므로, 올바른 BCD 표현을 얻기 위해서는 결과값에 6을 더해주어야 한다. 즉, 아래의 덧셈 예에서 보는 바와 같이 두 BCD 값들 간에 덧셈을 수행한 다음에, 만약 올림수가 발생한다면 결과값에 0110을 더해주면 된다. 결과적으로 1자리 수의 BCD 값이 0001에서 0111로 바뀌게 되어, 올바른 덧셈 결과인 17을 나타내는 '0001 0111'을 얻게 되었다.

$$
\begin{array}{r}
1001\ (9) \\
+\ 1000\ (8) \\
\hline
1\ 0001 \\
+\ \ 0110 \\
\hline
1\ 0111\ (17)
\end{array}
$$

지금까지의 설명을 근거로 하여, 각각 세 자리 수의 BCD로 표현된 10진수 928과 835 간의 덧셈을 수행하면 아래와 같아진다. 이 과정에서 1자리수의 덧셈 결과가 9보다 커서 0110을 더해주었을 때 올림수가 발생하였는데, 그 올림수는 10자리수에 더해주어야 한다.

$$
\begin{array}{r}
928 \\
+\ 835 \\
\hline
1763
\end{array}
\qquad\qquad
\begin{array}{r}
1001\ \ 0010\ \ 1000 \\
+\ 1000\ \ 0011\ \ 0101 \\
\hline
1\ 0001\ \ 0101\ \ 1101 \\
+\ \ 0110\ \ \ \ \ \ \ 1\ \ 0110 \\
\hline
1\ 0111\ \ 0110\ \ 0011
\end{array}
\ \ (1763)
$$

이와 같은 덧셈을 수행하는 BCD 가산기는 아래의 규칙들을 처리할 수 있도록 설계되어야 한다.

- 덧셈 결과가 9보다 더 큰 경우에는 6을 더한다.
- 덧셈 과정에서 올림수가 발생한 경우에는 결과값에 6을 더한다.

위의 두 가지 규칙들을 처리할 수 있는 가산기 회로를 설계하는 방법은 다음과 같다. 먼저, 두 개의 2진수(A, B)를 병렬 가산기를 이용하여 덧셈한 결과 비트들을 S_4, S_3, S_2, S_1이라고 하고, 올림수를 C_{out}라고 하자. 위의 규칙들 중에서 첫 번째 경우에 해당되는지를 확인하는 방법은 다음과 같다.

▣ 9보다 더 큰 수들의 2진수 표현들(1010, 1011, 1100, 1101, 1110 및 1111)들은 $S_4=S_3=1$ 혹은 $S_4=S_2=1$이라는 공통점을 가지고 있다.

따라서 올림수 C=1이거나, S_4S_3=1 혹은 S_4S_2=1이라면, 결과값에 '0110'을 더해주면 된다. 결과적으로, BCD 가산기는 그림 6-60과 같이 위의 규칙들을 구현하기 위한 게이트 회로들과 두 개의 4-비트 병렬 가산기들을 이용하여 구성할 수 있다. 회로를 보면, 올림수 C_{out}를 발생하기 위한 OR 게이트의 입력으로 첫 번째 병렬 가산기의 올림수 출력인 C 외에도, S_4와 S_3를 AND 연산한 결과 및 S_4와 S_2를 AND 연산한 결과가 들어가도록 하고 있다. 즉, $C_{out}=C+S_4S_3+S_4S_2$가 구현된 것이다. 또한 C_{out}를 이용하여 두 번째 병렬 가산기의 한 쪽 입력 데이터로서 '0110' 혹은 '0000'이 들어가도록 하였다. 그렇게 함으로써, C_{out}의 값이 1일 경우에만 첫 번째 병렬 가산기의 출력값에 0110이 더해지게 된다. 그림 6-60에서 $Y_4Y_3Y_2Y_1$이 그와 같은 규칙을 적용한 후에 얻게 되는 BCD 덧셈의 최종 결과 비트들이다. 그리고 올림수 C_{out}는 윗자리 BCD 가산기로 올라가게 된다.

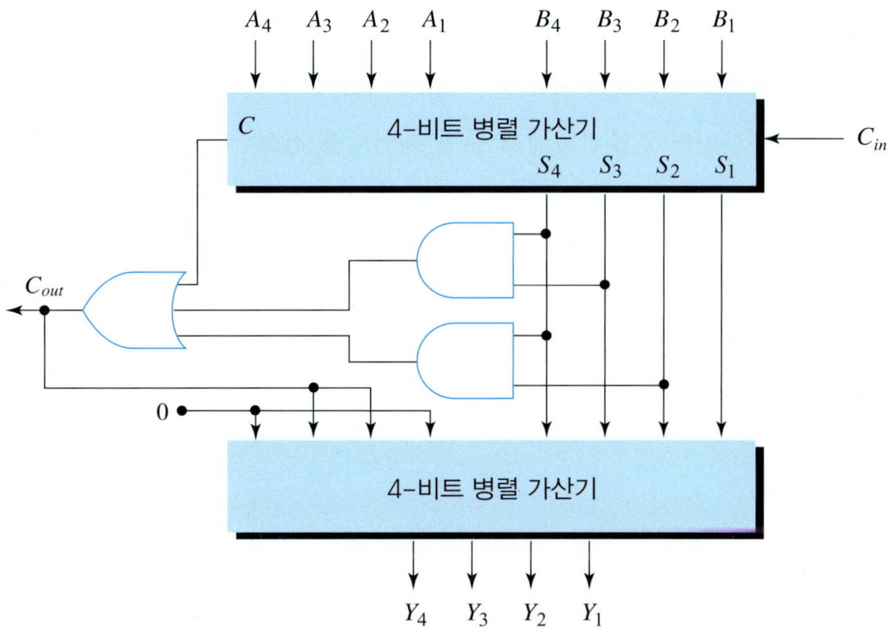

그림 6-60 BCD 가산기의 구성도

6.12 패리티 발생기

디지털 시스템들 간에 정보가 전송되는 과정에서 여러 가지 이유로 인하여 오류(error)가 발생하는 경우가 있다. 2진 비트들로 구성된 디지털 데이터에 오류가 발생한다는 것은 0이 1로, 혹은 1이 0으로 잘못 바뀌는 것을 의미한다. 디지털 시스템에서 그러한 오류가 발생할 가능성은 매우 낮지만, 만약 발생한 경우에 검출하지 못한다면 큰 문제가 야기될 수 있다. 따라서 대부분의 디지털 시스템에서는 오류를 검출하기 위하여 2.6절에서 소개하였던 패리티 비트와 같은 오류-검출 코드(error-detection code)를 사용하고 있다.

그림 6-61은 패리티 비트를 이용한 디지털 전송시스템의 한 사례를 보여주고 있다. 만약 전송할 데이터가 7비트라면, 데이터 전송장치(data transmitter)는 전송을 시작하기 전에 먼저 그 데이터를 이용하여 짝수(혹은 홀수) 패리티 비트를 생성한다. 그런 다음에, 그 비트를 원래의 데이터에 추가하여 8-비트 데이터를 전송한다. 데이터 수신장치(data receiver)는 전송되어 온 데이터에 대하여 패리티 검사를 수행함으로써, 수신 데이터의 오류 발생 여부를 검사한다. 만약 수신된 데이터에 오류가 발생한 것으로 확인된다면, 그 사실을 알린 다음에, 적절한 조치(데이터 폐기 혹은 재전송 요구)를 취하게 된다. 그림 6-61에서 P는 패리티 비트, E는 오류검사결과 신호를 각각 나타낸다.

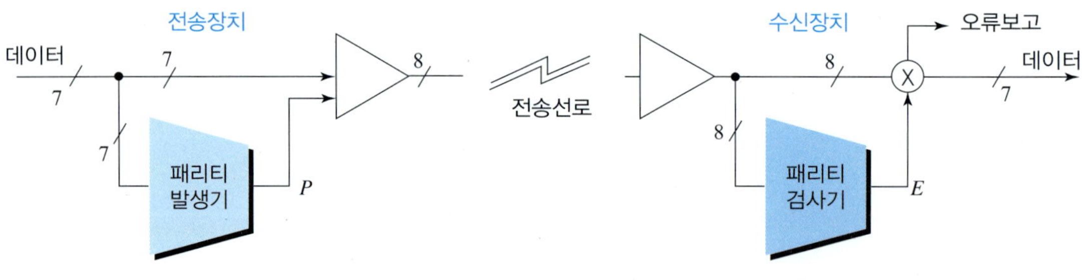

그림 6-61 패리티 비트를 이용한 디지털 전송시스템

이 절에서는 그와 같은 시스템에서 사용되는 패리티 발생 회로와 패리티 검사 회로를 설계하는 방법에 대하여 살펴보기로 한다. 예를 들어, 디지털 전송시스템이 짝수 패리티를 사용한다고 가정했을 때, 패리티 발생기와 패리티 검사기의 기능에 대하여 정리하면 아래와 같다.

- 패리티 발생기(parity generator): 전송할 데이터에서 값이 1인 비트의 수를 확인하여, 만약 그 수가 짝수(even) 개라면 패리티 비트로서 0을 발생하고, 홀수(odd) 개라면 1을 발생한다.
- 패리티 검사기(parity checker): 전송 받은 데이터에서 값이 1인 비트의 수를 확인하여, 만약 그 수가 홀수 개라면, 오류 발생을 알리기 위하여 1을 출력한다.

패리티 발생기의 회로를 구성하기 위해서는 패리티 비트를 생성하는 부울 함수를 구하면 된다. 7-비트 데이터에 대한 짝수-패리티 비트(P_{even})와 홀수-패리티 비트(P_{odd})는 각각 아래와 같은 XOR 함수 혹은 XNOR 함수를 이용하여 구할 수 있다.

$$P_{even} = B_1 \oplus B_2 \oplus B_3 \oplus B_4 \oplus B_5 \oplus B_6 \oplus B_7$$
$$P_{odd} = (B_1 \oplus B_2 \oplus B_3 \oplus B_4 \oplus B_5 \oplus B_6 \oplus B_7)'$$

즉, 짝수-패리티 비트는 모든 데이터 비트들 간에 XOR 연산을 수행하여 구하며, 홀수 패리티 비트는 보수 관계이므로 그 결과값을 반전시켜 구하면 된다. 위의 부울 함수에 근거하여, 짝수-패리티 발생기는 그림 6-62와 같이 XOR 게이트들을 이용하여 구성할 수 있다. 그런데 회로를 그림의 (a)와 같이 구성하는 경우에는 출력이 발생할 때까지 게이트 지연이 여섯 번 발생한다. 반면에 회로를 (b)와 같이 구성한다면, XOR 연산들이 병렬로 처리되기 때문에 게이트 지연이 세 번만 발생하므로 시간이 단축된다. 홀수-패리티 발생기는 그림 6-62의 마지막 XOR 게이트 출력에 인버터를 접속하거나, 그 게이트를 XNOR 게이트로 대체하면 된다.

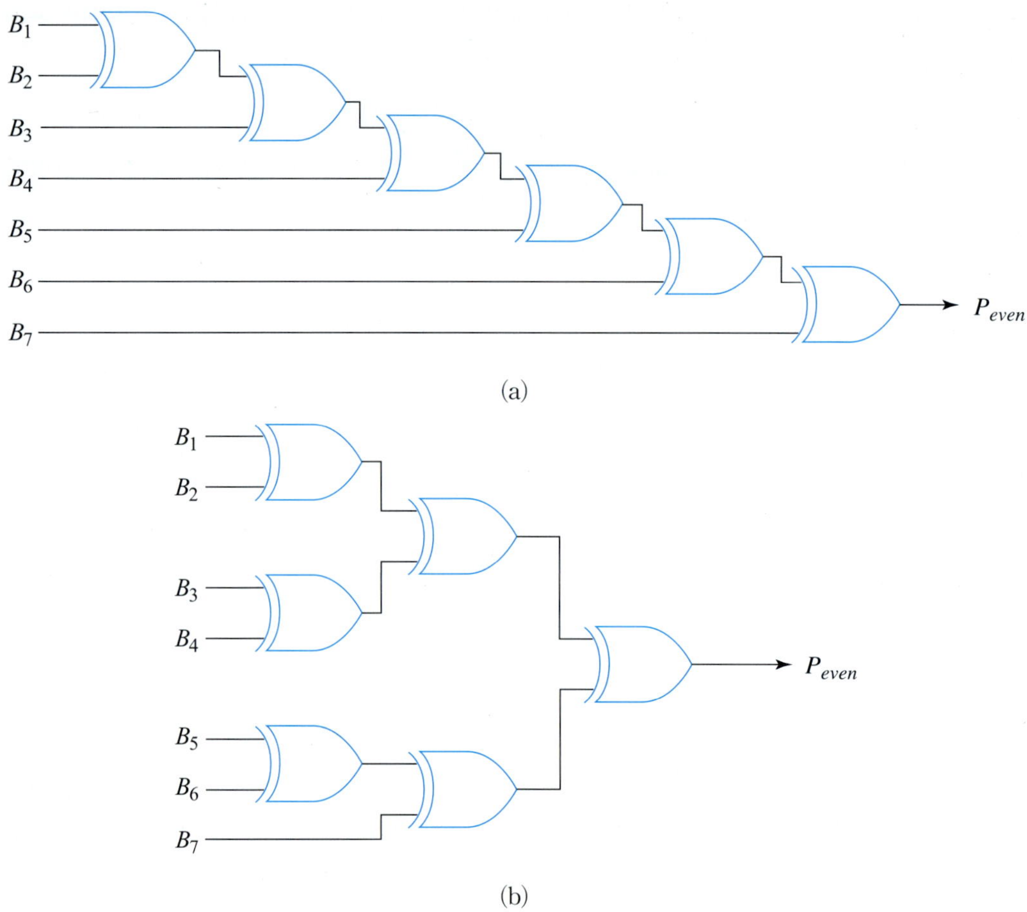

그림 6-62 짝수-패리티 발생기를 구현하기 위한 두 가지 방법

예제 6-12

키보드에서 알파벳 'A'의 키를 눌렀을 때 생성되는 ASCII 코드는 '1000001'이다. 이 코드에는 컴퓨터 본체로 전송되는 과정에서 발생할 수 있는 오류를 검출하기 위하여 패리티 비트가 추가된다. 짝수 패리티를 사용하는 경우에, 그림 6-62(b) 회로를 이용하여 패리티 비트의 값을 생성하라.

풀이

짝수-패리티 비트의 값은 $P_{even}=1\oplus0\oplus0\oplus0\oplus0\oplus0\oplus1=0$이 되는데, 그림 6-63의 회로에서 각 게이트의 출력단에 표시된 XOR 연산 결과들을 통하여 최종적으로 '0'이 생성된다는 것을 확인할 수 있다.

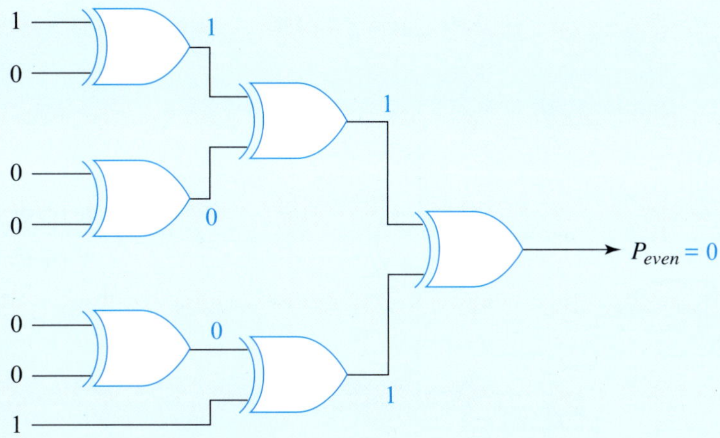

그림 6-63 짝수-패리티 발생기의 동작 사례

수신기에 도착한 데이터에 대하여 수행되는 패리티 검사는 입력되는 비트들에 포함된 1의 수가 짝수 개(혹은 홀수 개)인 지를 검사하고, 그렇지 않은 경우에는 오류 신호(E)를 1로 발생하면 된다. 이와 같은 동작은 모든 입력 비트들(데이터 비트들 및 패리티 비트)에 대하여 XOR 연산을 수행함으로써 구현될 수 있다. 예를 들어, 짝수-패리티 시스템인 경우에 오류 신호 E는 아래의 부울 함수에 의해 1의 수가 짝수가 아닌 경우에 '1'로 세트된다.

$$E = B_1 \oplus B_2 \oplus B_3 \oplus B_4 \oplus B_5 \oplus B_6 \oplus B_7 \oplus P_{even}$$

검사 동작의 경우에는 처리할 입력 데이터가 8비트이므로, 짝수-패리티 검사기의 내부 회로는 그림 6-64와 같이 7개의 XOR 게이트들을 병렬로 접속하여 구성할 수 있다. 그리고 홀수-패리티 검사기는 그림 6-64의 회로에서 마지막 출력단의 XOR 게이트를 XNOR 게이트로 바꾸어주면 된다.

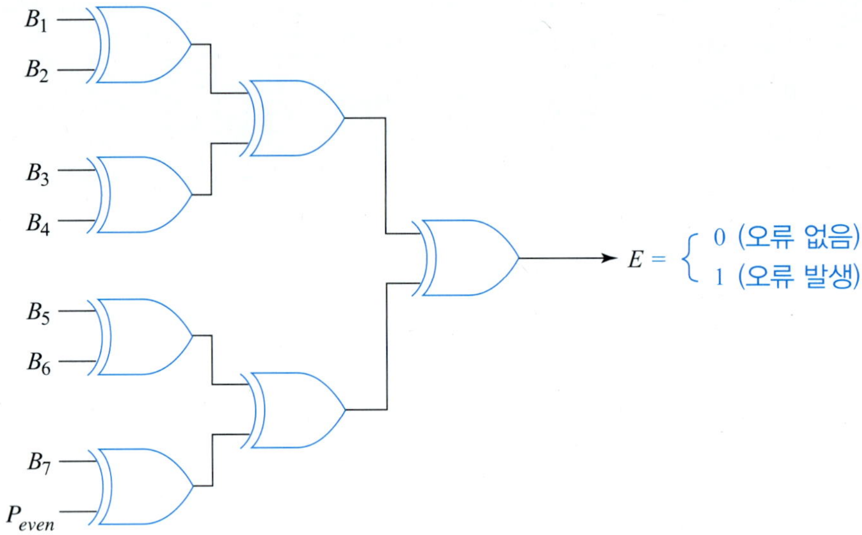

그림 6-64 짝수-패리티 검사기의 회로 구성도

기본문제

6.1 다음 중에서 조합회로의 특성으로 볼 수 없는 것은?

가. 입력 신호와 출력 신호의 수는 제한되지 않는다.
나. 두 개 이상의 출력 신호를 발생시킬 수도 있다.
다. 필요한 경우에 대비하여 과거의 출력 신호값을 기억시킬 수 있다.
라. 입력 신호들이 논리 게이트들로 구성된 회로를 통과하면 즉시 출력 신호가 발생된다.

6.2 조합회로의 분석 절차에 포함되지 않는 것은?

가. 게이트들의 출력에 임시 변수를 배정하고 부울 함수를 유도한다.
나. 카노프 맵을 이용하여 간략화한다.
다. 입력 및 출력 파형을 그려서 분석한다.
라. 진리표를 작성하여 입출력 관계를 확인한다.

6.3 아래의 부울 함수들 중에서 반가산기(half adder)와 관계없는 것은?

가. AB　　나. $A \oplus B$
다. $AB+A'B'$　　라. $A'B+AB'$

6.4 아래의 게이트들 중에서 반감산기(half subtracter)를 구성하는 데 사용되지 않는 것은?

가. NAND 게이트　　나. NOT 게이트
다. AND 게이트　　라. XOR 게이트

6.5 전가산기(full adder)에 대한 아래의 설명들 중에서 잘못된 것은?

가. 세 개의 입력 비트들 중에서 홀수 개가 1의 값을 가지면, 합이 1이 된다.
나. 세 입력들 중에서 두 개의 값이 1이라면, 올림수가 발생한다.
다. 두 입력들이 동일한 값을 가지며 다른 한 입력의 값은 1이라면, 올림수가 발생한다.
라. 세 입력들의 값이 모두 1이라면, 올림수가 발생한다.

6.6 한 개의 전가산기를 구성하기 위해서는 최소 몇 개의 반가산기가 필요한가?

가. 1개 나. 2개
다. 3개 라. 4개

6.7 전가산기들을 이용하여 구성되는 병렬가산기의 주요 단점은 아래의 어느 것인가?

가. 전가산기들을 병렬로 연결하여 구성해야 한다.
나. 덧셈에 걸리는 전체 시간이 데이터 비트 수에 비례하여 증가한다.
다. 합과 올림수 출력이 직렬로 생성된다.
라. 오버플로우 발생 여부를 검사할 수 없다.

6.8 8개의 전가산기들로 구성된 병렬가산기에서 각 전가산기가 덧셈을 수행하는데 걸리는 시간이 5ns라면, 8-비트 덧셈을 완료하는데 걸리는 시간은?

가. 40ns 나. 8ns
다. 5ns 라. 80ns

6.9 3×8 디코더에서 다섯 번째 출력이 활성화되도록 하려면, 어떤 값이 입력되어야 하는가?

가. 001 나. 100
다. 101 라. 110

6.10 아래와 같이 2×4 디코더를 이용하여 회로를 구성하였을 때, 출력 F에 대한 부울 함수는?

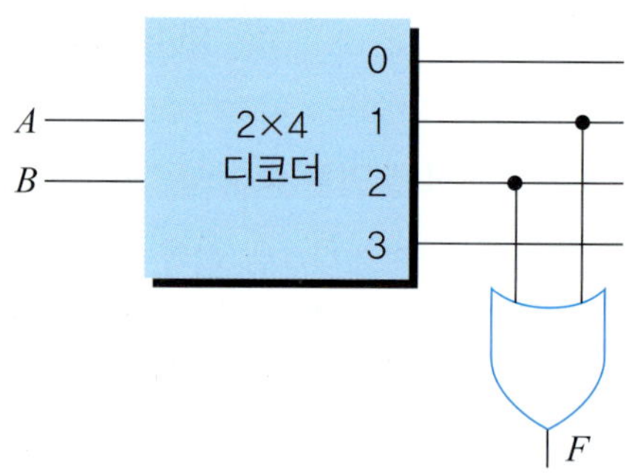

가. $F = A'B + AB$ 나. $F = A' + B'$
다. $F = A'B + AB'$ 라. $F = AB + A'B'$

6.11 24층 빌딩의 엘리베이터에서 층수를 나타내는 디스플레이 회로를 구성하는데 필요한 디코더는 아래의 어느 것인가?

가. 2×4 디코더　　나. 3×8 디코더
다. 4×16 디코더　　라. 5×32 디코더

6.12 2×4 디코더들을 이용하여 4×16 디코더를 구성하려면, 몇 개의 2×4 디코더들이 필요한가?

가. 4개　　나. 5개
다. 6개　　라. 8개

6.13 〈표 6-2〉와 같은 다수결 함수를 디코더를 이용하여 구현하려면 아래의 어떤 소자들이 필요한가?

가. 2×4 디코더 1개, 4-입력 OR 게이트 1개
나. 2×4 디코더 1개, 2-입력 OR 게이트 2개
다. 3×8 디코더 1개, 4-입력 OR 게이트 1개
라. 3×8 디코더 1개, 2-입력 OR 게이트 2개

6.14 어떤 멀티플렉서가 16개의 입력 단자들을 가지고 있다면, 선택 신호는 몇 비트가 되어야 하는가?

가. 3비트　　나. 4비트
다. 5비트　　라. 16비트

6.15 우선순위 엔코더에서 P_0의 우선순위가 가장 높고 P_3의 우선순위가 가장 낮다고 가정한다. 만약 모든 입력 값들이 '1'이라면, 2-비트 출력으로는 어떤 값이 발생하게 되는가?

가. 00　　나. 01
다. 10　　라. 11

6.16 N개의 입력 선들 중에서 하나를 선택하여 단일 채널로 송신하는 것은?

가. 디멀티플렉서　　다. 디코더
다. 전가산기　　라. 멀티플렉서

6.17 입력 신호를 여러 개의 출력 선들 중의 하나를 선택하여 내보내는 장치는?

가. 디코더 　　 나. 디멀티플렉서

다. 멀티플렉서 　　 라. 엔코더

6.18 2진 코드를 그레이 코드로 변환하는 회로의 입력으로 '1101'이 들어온다면, 출력으로는 어떤 값이 발생되는가?

가. 0010 　　 나. 1001

다. 1011 　　 라. 1110

6.19 그레이 코드를 2진 코드로 변환하는 회로의 입력으로 '1001'이 들어온다면, 출력으로는 어떤 값이 발생되는가?

가. 0110 　　 나. 1110

다. 1011 　　 라. 1101

6.20 두 개의 2-비트 데이터들을 비교하는 크기 비교기(그림 6-39)로 A='01', B='11'이 입력된 경우에, g_1과 g_2는 각각 아래의 어떤 값을 가지게 되는가?

가. $g_1=0$, $g_2=0$ 　　 나. $g_1=0$, $g_2=1$

다. $g_1=1$, $g_2=0$ 　　 라. $g_1=1$, $g_2=1$

6.21 그림 6-46과 같은 1-of-4 멀티플렉서에서 세 번째 입력인 A_2가 출력 F로 나가도록 하기 위해서는 선택 신호(S_1S_0)와 활성화 신호(En)가 각각 어떤 값을 가져야 하는가?

가. $S_1S_0=10$, $En=0$ 　　 나. $S_1S_0=10$, $En=1$

다. $S_1S_0=01$, $En=1$ 　　 라. $S_1S_0=11$, $En=0$

6.22 그림 6-57의 병렬가감산기에 A='0101', B='0110', M='0'을 각각 입력시켰을 때 발생되는 출력값들로 옳은 것은?

가. $V=1$, $S=1011$ 　　 나. $V=0$, $S=1011$

다. $V=1$, $S=0011$ 　　 라. $V=0$, $S=0011$

6.23 그림 6-57의 병렬가감산기에 A='0101', B='0110', M='1'을 각각 입력시켰을 때 발생되는 출력값들로 옳은 것은?

가. $V=1$, $S=1111$ 　　 나. $V=0$, $S=1111$

다. $V=1$, $S=0111$ 　　 라. $V=0$, $S=0111$

6.24 아래의 BCD 덧셈들 중에서 결과값에 6을 더해주는 과정이 필요하지 않은 경우는 어느 것인가?

가. 0111 + 0011　　나. 1000 + 0101

다. 0110 + 0011　　라. 1000 + 1001

6.25 다음 중에서 짝수 패리티 비트를 발생하려면 어떤 게이트를 사용하는 것이 가장 좋은가?

가. AND 게이트　　나. NAND 게이트

다. NOR 게이트　　라. XOR 게이트

6.26 다음 중에서 홀수 패리티 비트를 발생하는 방법으로 옳은 것은?

가. 모든 데이터 비트들에 대하여 XOR 연산을 수행하면 된다.

나. 모든 데이터 비트들에 대하여 OR 연산을 수행하면 된다.

다. 모든 데이터 비트들에 대하여 XOR 연산을 수행한 후에, NOT 연산하면 된다.

라. 모든 데이터 비트들에 대하여 AND 연산을 수행하면 된다.

6.27 다음 중에서 패리티 비트를 검사하려면 어떤 게이트를 사용하는 것이 효과적인가?

가. AND 게이트　　나. XOR 게이트

다. NAND 게이트　　라. NOR 게이트

정답

6.1 다	6.2 나	6.3 다	6.4 가	6.5 다	6.6 나	6.7 나	6.8 가	6.9 나
6.10 다	6.11 라	6.12 나	6.13 다	6.14 다	6.15 가	6.16 라	6.17 나	6.18 다
6.19 나	6.20 다	6.21 나	6.22 가	6.23 나	6.24 다	6.25 라	6.26 다	6.27 나

연습문제

6.1 아래의 그림 6-65와 같은 회로의 동작 특성을 분석하기 위한 진리표를 작성하라. 진리표에는 모든 입력 조합들에 대한 각 게이트의 출력 x, y, z 및 최종 출력 F의 값을 단계적으로 구하여 포함시키라.

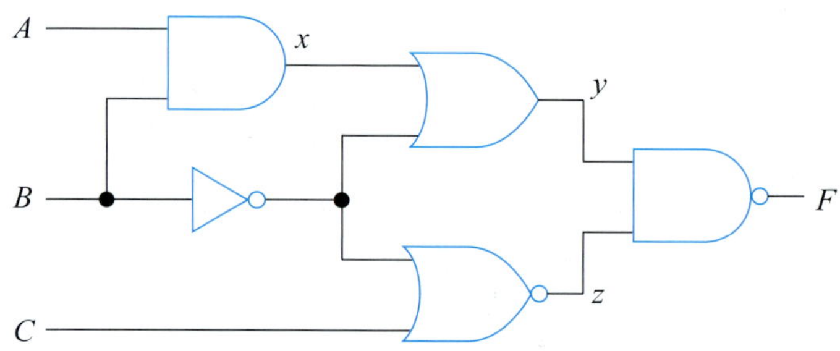

그림 6-65 문제 6.1을 위한 회로

6.2 아래의 그림 6-66(a)와 같은 AND-OR 회로로 그림 6-66(b)와 같은 파형들이 입력되는 경우에 발생되는 출력 파형 x와 F를 각각 구하라. 단, 각 게이트의 동작 시간(입력 신호가 인가된 후, 출력 신호가 발생될 때까지의 지연시간)은 5ns이다.

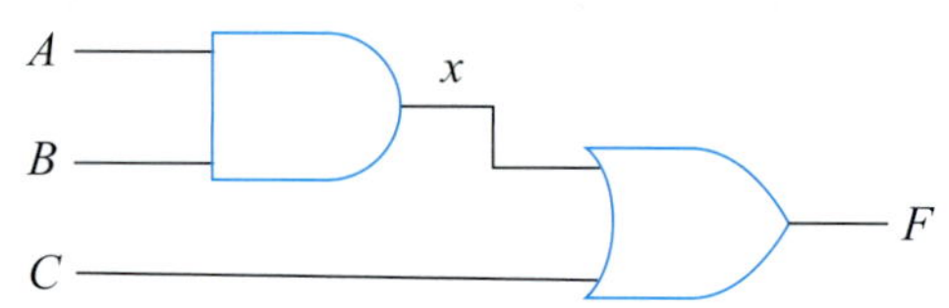

(a) AND-OR 회로

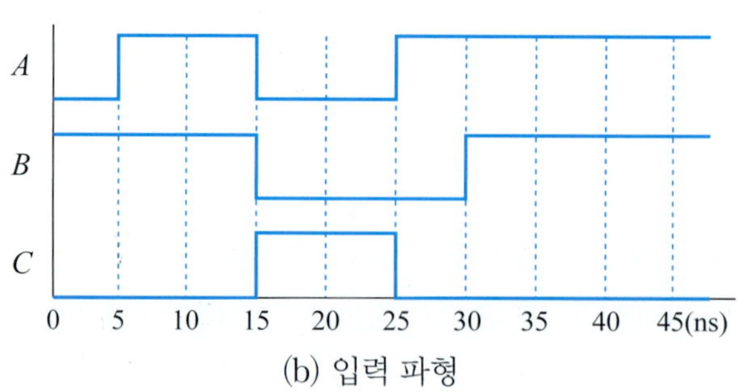

(b) 입력 파형

그림 6-66 문제 6.2를 위한 그림

6.3 세 개의 입력들(x, y, z)이 나타내는 10진수가 3 미만일 때는 출력 F로 '0'을 발생하고, 3 이상일 때는 '1'을 발생하는 회로를 설계하라.

6.4 그림 6-16의 4-비트 병렬 가산기를 이용하여 아래와 같은 2진수들 간의 덧셈을 수행하고, 그 과정에서 발생하는 출력 값들을 표시하라.

(1) $A_4A_3A_2A_1 = 0110$, $B_4B_3B_2B_1 = 1011$

(2) $A_4A_3A_2A_1 = 1010$, $B_4B_3B_2B_1 = 1011$

6.5 BCD 코드를 3증수 코드로 변환하는 회로를 설계하라(〈표 2-4〉 참조).

6.6 3-비트 데이터를 입력으로 받아서 1을 더한 결과를 발생하는 증가기(incrementer)를 설계하라. 단, 최대값인 '111'이 입력되면 출력으로 '000'을 발생하고, 동시에 별도의 신호 V로 '1'이 출력되도록 하라.

6.7 디코더(decoder)에 관한 아래 물음에 답하라.

(1) $\overline{En}$ 신호를 가진 다섯 개의 2×4 디코더들을 이용하여 4×16 디코더를 구성하라.

(2) $\overline{En}$ 신호를 가진 네 개의 3×8 디코더와 한 개의 2×4 디코더를 이용하여 5×32 디코더를 구성하라.

6.8 그림 6-25와 같은 방법으로, 3×8 디코더를 이용하여 아래의 SOP 표현들을 구현하라.

(1) $F(A,B,C) = A'B'C + A'BC' + AB'C$

(2) $F(A,B,C) = \Sigma(0,1,3,4,7)$

6.9 그림 6-25와 같은 방법으로, 3×8 디코더를 이용하여 〈표 6-4〉의 전가산기를 구현하라.

6.10 그림 6-25와 같은 방법으로, 3×8 디코더를 이용하여 아래의 POS 표현을 구현하라. 그리고 만약 디코더의 출력단에 그림 6-22(a)와 같이 버블(o)이 추가된다면 회로를 어떻게 변경하면 되는지 설명하라.

$$F(A,B,C) = \Pi(1,2,4,6)$$

6.11 엘리베이터가 설치되어 있는 지하 1층 지상 9층 건물에서 엘리베이터가 어떤 층에 멈춰서면 층-표시 디스플레이(level-indicating display)에서 해당 숫자의 램프가 켜지도록 해주는 회로를 설계하라. 단, 지하 1층에 대한 표시는 '0'으로 한다. [힌트: 그림 6–20 및 그림 6–26의 회로를 변형하고 통합]

6.12 지하 1층 지상 3층 건물에 설치된 엘리베이터의 제어 회로 설계를 완성하기 위하여, 본문에서 설명한 예와는 반대되는 상승(↑) 운행의 경우를 고려해보자. 즉, 〈표 6–9〉를 P_0의 우선순위가 가장 높고 P_3가 가장 낮게 되도록 변경하여 다시 작성하고, 그와 같이 동작하는 우선순위 엔코더를 설계하라.

6.13 그림 6–36과 같이 구성된 2-비트 단순 비교기의 입력 신호로서 아래의 그림 6–67과 같은 파형들이 인가된다면, 출력 F로는 어떤 파형이 발생되는지 그려보라.

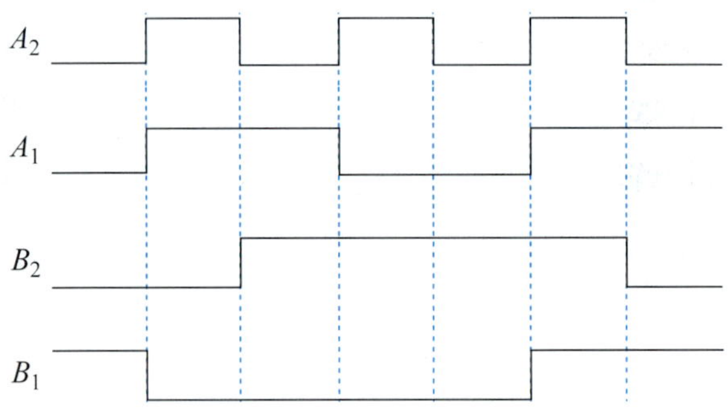

그림 6–67 문제 6.13을 위한 입력 파형들

6.14 두 개의 데이터($A_2A_1=10$, $B_2B_1=01$)를 그림 6–39와 같은 2-비트 크기 비교기로 입력시켜 크기를 비교하는 경우에, 회로 내 각 게이트의 출력 및 최종 출력 값들을 표시하라.

6.15 그림 6–42와 같은 멀티플렉서로 아래의 그림 6–68과 같은 파형들이 각 입력 및 선택 신호로 들어가는 경우에 대한 출력 파형 F를 그려라.

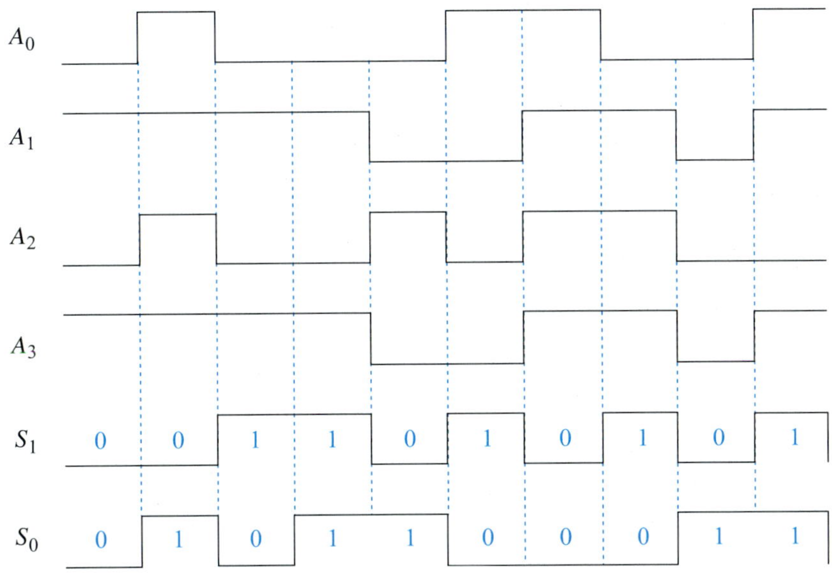

그림 6–68 문제 6.15를 위한 신호 파형들

6.16 그림 6–46과 같이 3-상태 버퍼를 이용한 1-of-4 MUX 회로에서 2×4 디코더를 active-low 출력을 가지는 디코더(그림 6–22 참조)로 대체하는 경우에는 회로가 어떻게 변경되어야 하는가?

6.17 그림 6–56의 4-비트 올림수 미리보기 가산기를 이용하여 아래의 두 2진수들 간의 덧셈을 수행하고, 그 과정에서 발생되는 PGS 모듈들의 입력 및 출력 값들을 표시하라.

$$A_4A_3A_2A_1 = 0010, \quad B_4B_3B_2B_1 = 0111$$

6.18 그림 6–56의 4-비트 올림수 미리보기 가산기에는 최상위 올림수(C_4)를 발생하는 회로가 포함되어 있지 않다. 그림 6–54의 회로를 참조하여, C_4를 발생시키기 위한 회로를 추가하는 방법을 제시하라.

6.19 그림 6-57의 병렬 가감산기에서 아래의 덧셈과 뺄셈이 수행되는 경우에 합(S_i)과 올림수 비트들(C_i)을 그림 6-58과 같은 방법으로 표시하고, 오버플로우가 발생했는지 확인하라.

(1) 1011 + 0011 (2) 1011 − 0011

6.20 아래의 10진수들을 BCD 코드로 변환한 다음에, 덧셈을 수행하라.

1867 + 5982

6.21 그림 6-60의 BCD 가산기로 A='0100', B='1001'이 입력되는 경우에 각 모듈 및 게이트의 출력값들을 표시하라.

6.22 키보드에서 알파벳 'A'를 누르면 ASCII 코드 '1000001'이 생성되며, 홀수 패리티 비트가 추가되어 컴퓨터 본체로 전송된다고 하자.

(1) 키보드의 데이터 송신부에 설치되는 홀수 패리티 발생기를 설계하라.

(2) (1)번에서 설계된 회로에 의해 'A'의 ASCII 코드에 대한 패리티 비트가 발생되는 과정을 비트값들로 표시하라.

(3) 컴퓨터 본체의 데이터 수신부에 설치되는 홀수 패리티 검사기를 설계하라.

(4) 수신된 데이터가 (3)에서 설계된 회로에 의해 검사가 이루어지는 과정을 비트값들로 표시하라.

Digital Logic Circuits

CHAPTER 07 순차회로의 분석과 설계

CONTENTS

CHAPTER

07 순차회로의 분석과 설계

순차회로(sequential circuit)는 현재의 입력뿐 아니라 과거의 입력 혹은 출력 값들도 함께 고려하여 현재의 출력 값을 결정하는 논리회로이다. 디지털 시스템이 그러한 특성을 가지기 위해서는 회로 내부에 과거의 값들을 저장하는 기억 소자(memory element)들이 포함되어야 한다. 즉, 순차회로란 조합회로와 기억소자로 구성되는 디지털 논리회로를 말한다.

그림 7-1의 블록도에서 볼 수 있는 바와 같이 순차회로는 기본적으로 조합회로를 포함하고 있으며, 조합회로에서 발생되는 신호들 중의 일부분을 저장하는 기억 소자가 추가되는 형태로 구성된다. 기억 소자에 저장된 값은 다음 단계의 순차회로 동작을 위하여 피드백(feedback) 경로를 통해 다시 조합회로의 입력으로 들어가게 된다.

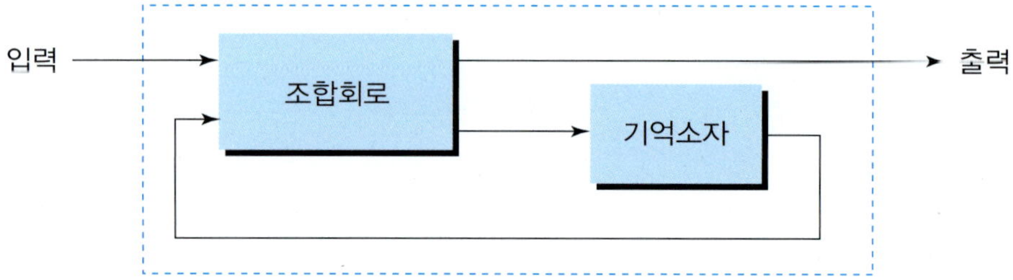

그림 7-1 순차회로의 블록도

순차회로가 동작하고 있는 어떤 한 시점에서 기억 소자에 저장되어 있는 2진 정보를 그 회로의 상태(state)라고 말한다. 순차회로의 상태는 기억 소자의 수에 따라 한 비트 혹은 여러 비트들로 표현될 수 있다. 그림 7-1을 다시 보면, 순차회로는 외부로부터 입력 신호들을 받으며, 그 입력들이 기억 소자의 현재 상태 값과 함께 조합회로를 통과하여 출력 값을 결정한다. 그리고 그 과정에서 기억 소자에는 새로운 상태 값이 저장된다.

순차회로에 포함되는 기억 소자는 2진 정보를 저장하는 장치로서, 래치(latch)와 플립-플롭(flip-flop)이라고 불리는 두 가지 장치로 분류될 수 있다. 이들은 정보를 저장하는 원리는 거의 같지만, 저장된 값(즉, 상태 값)을 변경하는 방법에서 차이가 있다. 래치는 기본적인 게이트 회로로 구성되며, 그 회로에 별도의 회로를 추가하면 플립-플롭으로 변환된다. 이 장에서는 먼저 래치와 플립-플롭의 내부 회로와 동작 원리에 대하여 살펴보고, 그들을 이용하여 구성되는 순차회로들을 분석하는 방법과 설계하는 절차에 대하여 공부하기로 한다.

7.1 래치

7.1.1 *SR* 래치

래치는 한 비트의 2진 정보(binary information)를 저장하는 장치로서, 두 개의 안정된 상태 값들(0과 1) 중의 하나를 가진다. 이 회로를 구현하는 방법으로는 여러 가지가 있는데, 가장 기본적인 형태로서 그림 7-2(a)와 같이 NOR 게이트들을 이용한 *SR* 래치를 먼저 살펴보기로 하자. 그림에서 보는 바와 같이, *SR* 래치 회로의 특징은 두 개의 NOR 게이트들의 입력과 출력이 서로 교차(cross)되어 연결된다. 즉, 한 게이트의 출력이 다른 게이트의 입력으로 접속된다. 그리고 각 게이트의 남은 입력 단자로는 외부로부터 입력 신호가 인가되는데, 그들을 각각 ***S*** 입력과 ***R*** 입력이라고 부른다. 여기서 *S*는 세트(set)의 약어로서, 이 입력으로 1이 들어오면 출력 *Q*가 1로 세트 된다는 것을 의미한다. 다른 입력 단자의 명칭인 *R*은 리셋(reset)의 약어인데, 이 입력으로 1이 들어오면 출력 *Q*가 0으로 리셋 된다는 것을 의미한다.

래치는 두 개의 출력 단자들을 가지고 있는데, *R* 입력이 인가되는 상위 NOR 게이트의 출력을 통하여 정상 출력(normal output)을 의미하는 *Q*를 발생하며, *S* 입력이 인가되는 하위 게이트의 출력을 통해서는 반전된 출력(inverted output)인 *Q'*을 발생한다. 여기서 *Q*와 *Q'*은 서로 보수(complement) 관계에 있으므로, 한 출력이 0이라면 다른 출력은 반드시 1이 되어야 한다.

SR 래치가 가질 수 있는 상태는 다음과 같은 두 가지로 정의된다. 입력들 $S=1$, $R=0$이

들어와서 출력 $Q=1$, $Q'=0$이 되는 것을 세트 상태(set state)라고 말한다. 그리고 $S=0$, $R=1$이 들어와서 출력 $Q=0$, $Q'=1$이 되는 것을 리셋 상태(reset state)라고 말한다. 이와 같이 구성되는 래치는 입력 단자들의 명칭에 따라 SR 래치라고 부른다.

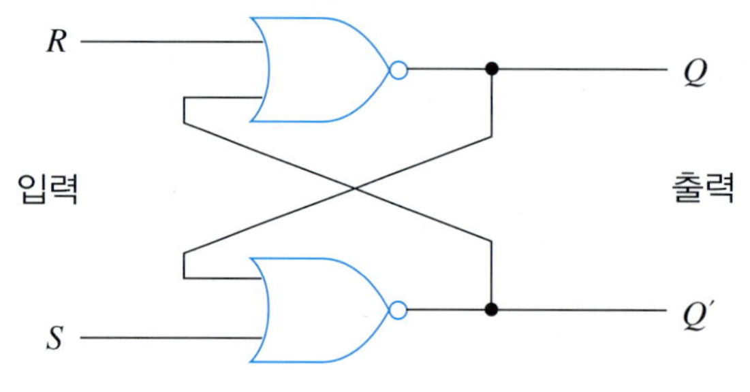

(a) 회로 구성도

S	R	Q	Q'	
0	0	0	1	(초기값)
1	0	1	0	(세트 상태)
0	0	1	0	(불변)
0	1	0	1	(리셋 상태)
0	0	0	1	(불변)
1	1	0	0	(비정상)

(b) 진리표

그림 7-2 NOR 게이트를 이용한 SR 래치

그림 7-2에서 (a)와 같은 SR 래치 회로가 입력 신호들을 받아서 상태값을 결정하고, 그 값을 유지(hold)하게 되는 동작 원리를 (b)의 진리표를 참고하여 분석해보기로 한다. 먼저 두 출력의 초기값이 $Q=0$, $Q'=1$인, 리셋 상태에 있다고 가정하자. 이 때 두 입력으로 모두 0($S=0$, $R=0$)이 들어온다면, 상위 NOR 게이트의 입력은 각각 0과 1이 되므로 $Q=0$이 되고, 하위 NOR 게이트의 입력들은 모두 0이므로 $Q'=1$이 되어, 출력 값들이 변하지 않고 그대로 유지된다. 즉, 두 입력(S, R)이 모두 0이라면, 초기값이 그대로 유지되어 있는 것이다. 이와 같이 입력 값이 바뀌더라도 이전에 결정된 출력 값들이 변하지 않고 그대로 유지된다는 것은 회로가 '기억'하는 기능을 가지고 있다는 것을 의미한다.

초기(리셋) 상태에서 만약 래치의 입력들이 $S=1$, $R=0$으로 변경된다면, 하위 게이트의 두 입력들이 0과 1이 되어 $Q'=0$으로 리셋 되며, 그에 따라 상위 게이트의 입력들이 모두 0이 되므로 정상 출력 $Q=1$로 세트된다. 즉, 세트 입력 S로 1을 인가함으로써, 래치가 세트 상태가 되었다. 이 상태에서 다시 입력 S가 0으로 변경(즉, $S=0$, $R=0$)되어도, 상위 NOR 게이트의 입력들은 모두 0이므로 $Q=1$이 된다. 그리고 하위 NOR 게이트의 입력들은 각각 1과 0이 되어 $Q'=0$이 되므로, 래치는 세트 상태를 그대로 유지한다.

그와 같은 세트 상태에서 만약 래치의 입력들이 $S=0$, $R=1$로 변경된다면, 상위 NOR

게이트의 두 입력들이 1과 0이 되므로, 정상 출력 Q는 0으로 리셋 된다. 그러면 하위 NOR 게이트의 입력들이 모두 0이 되므로, $Q'=1$로 세트된다. 즉, 리셋 입력 R로 1을 인가함으로써, 래치가 리셋 상태로 변경되었다. 이 상태에서 다시 입력 R을 0으로 변경(즉, $S=0$, $R=0$)한다면, 하위 NOR 게이트의 입력들은 모두 0이므로 $Q'=1$이 되고, 그에 따라 상위 NOR 게이트의 입력은 0과 1이 되므로 $Q=0$이 되어, 원래의 리셋 상태가 그대로 유지된다.

그런데 만약 입력 S와 R로 모두 1이 들어오면 어떻게 되는가? 두 NOR 게이트 모두 입력들 중의 하나가 1이 되므로, 게이트들의 출력이 동시에 0이 된다. 즉, 이 경우에는 보수 관계에 있어야 할 두 출력들 Q와 Q'이 같은 값을 가지는 비정상적인 상황이 발생한다. 따라서 SR 래치에서는 두 입력으로 모두 1을 인가하는 것은 금지된다. 다시 표현하면, $S=R=1$은 '금지된 입력(inhibited input)'이다. 만약 그와 같은 상황($Q=Q'=0$)이 일시적으로 발생하더라도 다시 세트 ($S=1$, $R=0$) 혹은 리셋($S=0$, $R=1$) 입력이 가해진다면, 세트 상태($Q=1$, $Q'=0$) 혹은 리셋 상태($Q=0$, $Q'=1$)로 돌아갈 수는 있다.

지금까지의 동작들을 정리하면, 입력 값들에 대한 SR 래치의 상태 변화는 그림 7-2(b)의 진리표와 같아진다. 즉, 세트 입력 $S=1$이 되면 $Q=1$로 세트되고, 리셋 입력 $R=1$이 되면 $Q=0$으로 리셋 된다. 그리고 두 입력이 모두 0이라면, 출력들은 각각 현재의 값을 그대로 유지함으로써 기억(저장) 동작이 수행된다. 따라서 SR 래치의 동작 특성은 세트(S) 입력과 리셋(R) 입력 중에서 어느 입력으로 1이 들어오는 지에 따라 1 혹은 0을 저장하며, 그 두 입력으로 모두 0이 들어오면 현재 저장되어 있는 값을 그대로 유지하는 것으로 요약될 수 있다. 그와 같은 동작 특성은 실제 신호 파형을 이용하여 분석한 아래의 예제를 통하여 좀 더 명확하게 이해될 수 있을 것이다.

예제 7-1

SR 래치의 입력으로 그림 7-3과 같은 입력(S, R) 파형들이 들어오는 경우에 출력 Q와 Q'의 파형을 표시하라.

풀이

SR 래치는 그림 7-3에서 보는 바와 같이, 입력 S의 파형이 1로 올라가는 즉시 Q 출력의 파형은 1로 세트되며, Q' 출력은 그 반대가 되어 0으로 떨어진다. 반면에, R의 파형이 1로 올라가면, 그 즉시 Q 출력은 0으로 떨어지고, Q' 출력은 1로 올라간다. 그리고 S 및 R 입력 파형

이 모두 0인 경우에는 Q와 Q'의 파형은 원래의 레벨을 그대로 유지한다. 즉, 이전 상태의 값을 기억(저장)하고 있는 것이다. 이 예제에서는 입력 값들이 동시에 1로 세트되는 '금지된 입력' 상태는 발생하지 않았다.

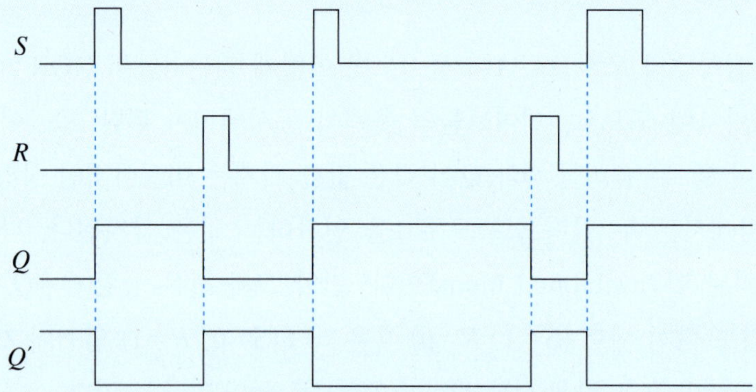

그림 7-3 〈예제 7-1〉에 대한 그림

래치는 그림 7-4(a)와 같이 NAND 게이트를 이용하여 구현하는 것도 가능하다. 그러나 이 경우에는 두 입력이 각각 반전된 형태인 S'과 R'으로 표현된다. 그 이유는 래치의 각 입력이 NOR 게이트 구현의 경우와 반대되는 값에 대하여 해당 출력이 발생되기 때문이다. 즉, 입출력 특성은 그림 7-4(b)의 진리표와 같이 입력 $S'=0$, $R'=1$이면 출력 $Q=1$로 세트되고, $S'=1$, $R'=0$이 되면 $Q=0$으로 리셋 된다. 그리고 $S'=1$, $R'=1$이면 출력들이 이전 상태를 그대로 유지하게 된다. 또한, S'과 R'으로 모두 0이 인가되는 경우에는 두 출력들이 모두 1로 세트($Q=Q'=1$) 되는 비정상적 상황이 발생하므로, '금지된 입력' 조합이다. 이와 같은 래치의 동작 특성은 SR 래치에서와 같은 방법으로 분석할 수 있으며, 입력 단자들의 명칭에 따라 $S'R'$ 래치라고 부른다.

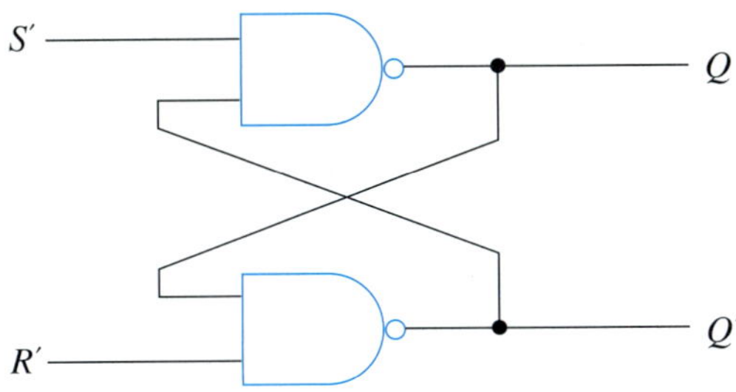

(a) 내부 회로

S'	R'	Q	Q'	
1	1	0	1	(초기값)
0	1	1	0	(세트 상태)
1	1	1	0	(불변)
1	0	0	1	(리셋 상태)
1	1	0	1	(불변)
0	0	1	1	(비정상)

(b) 진리표

그림 7-4 NAND 게이트를 이용한 $S'R'$ 래치

지금까지 설명한 SR 래치와 $S'R'$ 래치에 대한 그래픽 기호들은 그림 7-5와 같다. 즉, 하나의 직사각형 모듈에 두 개의 입력 단자들이 표시되는데, $S'R'$ 래치에서는 입력 단자들에 버블(o)이 표시되어 원래 입력의 의미와는 반대되는 입력 신호가 들어와야 한다는 것을 가리키고 있다. 각 모듈은 출력 단자들을 두 개씩(Q 및 Q') 가지는데, 반전된 출력인 Q'에도 버블(o)이 표시된다. 그것은 Q'으로는 Q의 보수 값이 출력된다는 것을 가리킨다.

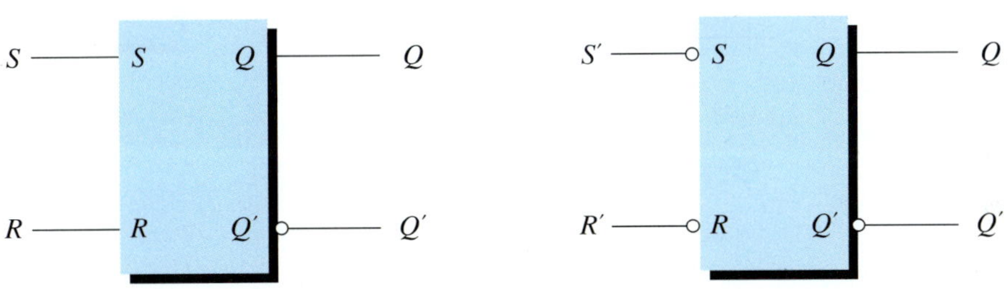

(a) SR 래치 (b) $S'R'$ 래치

그림 7-5 래치의 그래픽 기호들

$S'R'$ 래치는 다소 이해하기 불편한 점이 있으나, 그것은 그림 7-6(a)와 같이 인에이블 신호(enable signal)를 가진 SR 래치를 구성하는 기본적인 회로가 된다. 이 회로에서는 $S'R'$ 래치 회로에 두 개의 NAND 게이트들이 추가되고, 인에이블(En) 신호가 두 NAND 게이트들의 한 입력으로 동시에 접속된다. 그리고 상위 NAND 게이트의 다른 입력을 세트(S) 입력 단자, 하위 NAND 게이트의 다른 입력을 리셋(R) 입력 단자로 각각 사용한다.

이 회로에서 $En=0$일 때는 NAND 게이트들이 차단되기 때문에, S와 R 입력으로 어떤 신호가 들어오든 우측의 $S'R'$ 래치 회로로는 전달될 수 없다. 즉, 래치의 상태는 외부 입력 신호에 대하여 아무런 영향을 받지 않는다. 그러나 만약 $En=1$이 된다면, S 및 R 입력 값이 NAND 게이트에 의해 반전된 다음에 $S'R'$ 래치 회로로 들어간다. 결과적으로 $S=0$, $R=0$이면 상태는 불변, $S=1$, $R=0$이면 세트 상태($Q=1$), 그리고 $S=0$, $R=1$이면 리셋 상태($Q=0$)가 된다. 다시 표현하면, $En=1$이 되어 회로가 인에이블 된 상태에서는 이 회로가 앞에서 설명한 SR 래치와 동일하게 동작한다. 다만, En 신호를 이용함으로써 회로가 외부 입력 값들에 대하여 응답하는 시점을 조정할 수 있게 되었다는 점만 다르다. 유의할 점은 이 래치에서도 두 입력 값들이 모두 1이 된다면, 출력 Q와 Q'이 동일한 값(1)을 가지는 비정상적인 결과를 가져온다는 것이다. 그림 7-6(b)는 이와 같은 래치에 대한 그래픽 기호를 보여주고 있다.

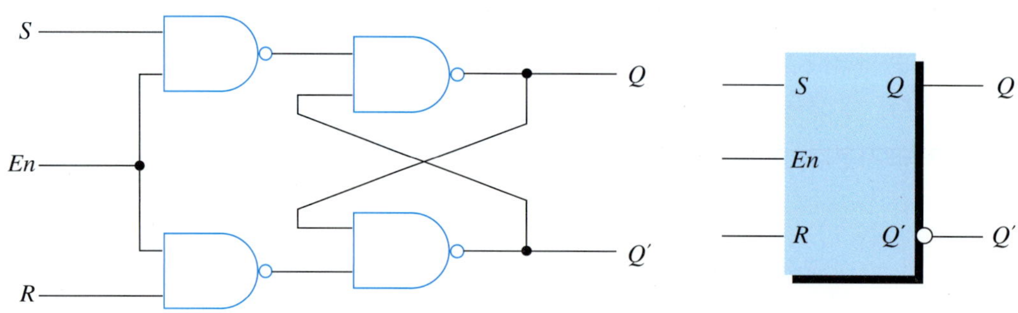

(a) 내부 회로 (b) 그래픽 기호

그림 7-6 인에이블 신호를 가진 SR 래치

인에이블 신호를 가진 SR 래치는 다른 유용한 래치들이나 앞으로 공부할 플립-플롭을 구성하는 데 기본이 되는 회로이기 때문에 매우 중요하다. 이 래치에서 En 신호를 제어 신호(control signal)이라고도 부르기도 하는데, 그 이유는 래치가 입력 신호들에 대하여 응답하는 시점을 조정할 수 있기 때문이다.

예를 들어, 어떤 신호들이 S와 R 입력으로 들어올 때, 그림 7-7과 같은 파형을 가진 En 신호가 가해지는 경우의 출력 파형을 구해보기로 하자. 단, 출력 Q의 초기값은 0이라고 가정한다. 먼저, S로 들어가는 입력 파형이 1이 되더라도 $En=0$이기 때문에 Q는 변하지 않는다. 그러다가 En 파형이 1로 세트되는 순간에 비로소 회로가 응답하여 출력 $Q=1$로 세트된다. 즉, En 신호에 의해 래치의 상태가 변경되는 시점이 결정되었다. 그런 다음에는

En 신호가 '*high*' 상태를 계속 유지하고 있기 때문에, *R* 입력이 1로 올라가는 즉시 *Q*=0으로 리셋 되었다. 그 이후 *S*=1이 되었을 때 다시 *Q*=1로 세트되었다. 그 다음의 파형 변화로서, *R*=1로 세트 되어 있을 때 *En* 신호가 순간적으로만 1로 세트되더라도 회로는 즉시 응답하여 출력 *Q*를 0으로 리셋 시킨다는 것을 알 수 있다. 그리고 *S* 입력이 연속적으로 1로 세트되었지만 *En*=0인 동안에는 회로가 응답하지 않다가, *En*=1이 되었을 때에 비로소 출력을 세트시켰다. 그림에서 *En*=1인 경우에도 *S*=*R*=0이라면, 출력에는 아무런 변화가 일어나지 않는다는 것도 확인할 수 있다.

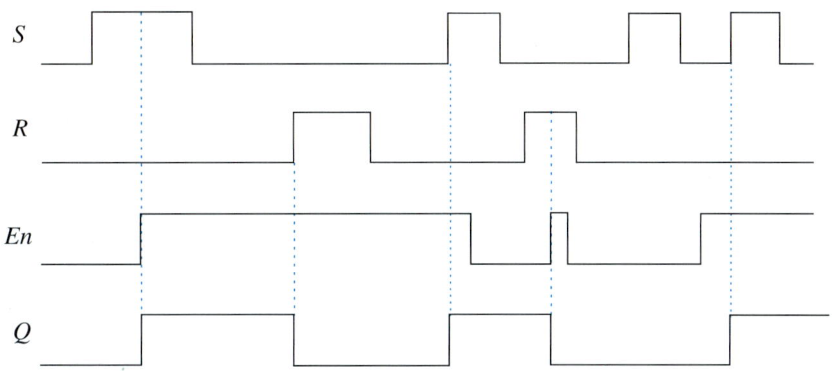

그림 7-7 *En* 신호를 가진 *SR* 래치의 입출력 응답 특성

7.1.2 *D* 래치

앞에서 설명한 *SR* 래치의 가장 큰 문제점은 두 입력으로 모두 1이 들어오는 경우에는 보수 관계를 유지해야 할 출력 *Q*와 *Q'*이 같은 값을 가지게 되는 비정상적인 상태가 된다는 것이었다. 따라서 그 래치는 실제 시스템에서는 거의 사용되지 않는다. 그러나 두 입력이 동일한 값을 가지는 경우만 발생하지 않게 한다면, *SR* 래치도 안정된 기억 소자로서 사용될 수 있다.

그림 7-8(a)는 인에이블(*En*) 신호를 가진 *SR* 래치의 두 입력 단자를 인버터를 통하여 접속함으로써, 실제적으로 외부 입력 단자는 단 한 개만 되도록 구성한 회로를 보여주고 있다. 이와 같이 구성한다면 회로의 두 입력으로는 항상 서로 반대되는 값이 들어가게 되어, 비정상적인 출력을 발생시키는 입력 상태는 발생하지 않게 된다.

이제 그림 7-8(a)의 회로의 동작 원리를 분석해보기로 하자. 먼저, *En*=1인 상태에서 입력 값이 1이라면, 상위 NAND 게이트로 1이 들어가고 하위 NAND 게이트로는 0이 들어가게 된다. 따라서 회로는 세트 상태가 된다. 그리고 반대로 입력 값이 0이라면, 상위 NAND 게이트로 0이 들어가고 하위 NAND 게이트로는 1이 들어가서, 회로는 리셋 상태가 된다. 다시 표현하면, 이 래치는 *En*=1인 상태에서 D 입력으로 0이 들어오면 그 순간부터 출력도 0 상태를 유지하게 되고, 1이 들어오면 출력도 1 상태를 유지하게 된다. 즉, 회로의 상태는 항상 입력과 같은 값으로 세트된다. 그러나 *En*=0일 때는 어떤 입력이 들어오더라도 회로는 상태 변화를 하지 않는다. 이와 같은 회로를 *D* 래치(*D* latch)라고 부르는데, 입력으로 들어오는 데이터(data)를 그대로 저장할 수 있는 기억 소자라는 의미로 그와 같은 명칭이 주어졌다. *D* 래치의 내부 회로와 그래픽 기호는 그림 7-8과 같다.

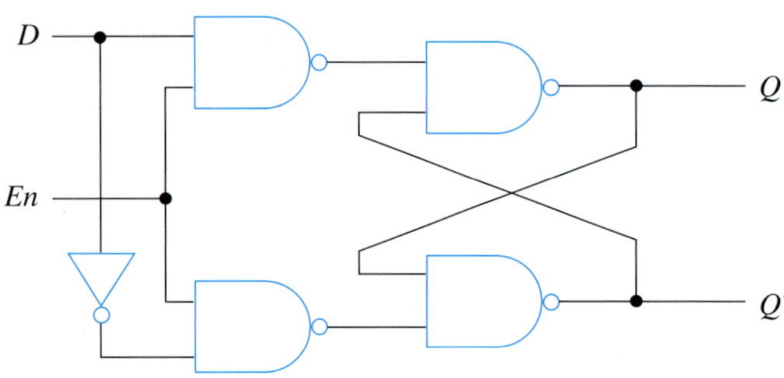

(a) 내부 회로

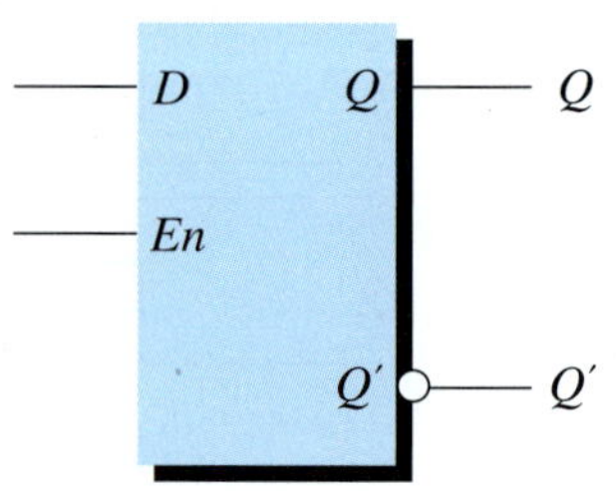

(b) 그래픽 기호

그림 7-8 *D* 래치의 내부 회로와 그래픽 기호

예제 7-2

D 래치의 *D* 입력 단자와 *En* 단자로 그림 7-9와 같은 파형이 들어올 때 발생하게 될 출력 파형을 구하라. 단, *D* 래치의 출력(*Q*)이 초기에는 리셋 상태에 있다고 가정한다.

풀이

그림 7-9에서 보는 바와 같이 *En* 신호가 '*high*' 상태를 계속 유지하는 동안에는 *D* 입력으로 들어오는 파형이 변하는 즉시, 래치의 출력 *Q*도 그 값으로 세트 된다. 그러나 *En* 신호가 0과 1이 반복되어 변하는 신호인 경우에는 *En* 신호가 1로 세트되는 순간의 *D* 입력 값이 그대로 출력 *Q*로 나타난다는 것을 확인할 수 있다. 그러나 *En*=0인 경우에는 *D* 입력으로 어떤 값이 들어오든, 출력 *Q*는 변경되지 않는다.

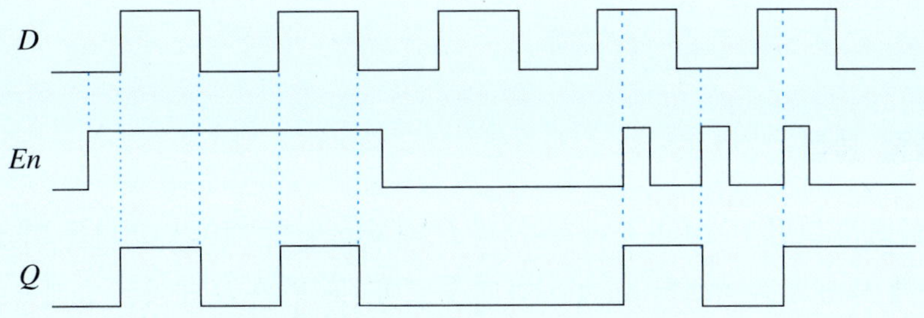

그림 7-9 〈예제 7-2〉에 대한 그림

7.2 플립-플롭

플립-플롭(flip-flop)은 2진 정보를 저장하는 장치라는 점에서는 래치와 같지만, 입력 신호에 대하여 회로가 반응하는(출력이 변경되는) 시점이 다르다. 앞 절에서 설명한 *D* 래치에서는 *En* 신호가 *high*(1) 상태이면 입력 신호가 입력 단의 NAND 게이트를 통과할 수 있었다. 그런데 *D* 래치는 그림 7-9에서 보는 바와 같이 *En* 신호가 *high* 상태를 유지하고 있는 동안에는 입력 값이 바뀌면 출력도 그에 따라 계속 변경된다. 그림 7-1의 순차회로 블록도에서 보는 바와 같이, 순차회로에서는 기억 소자의 출력이 입력 신호와 함께 조합회로를 통과하면서 다음 출력을 결정하게 된다. 그런데 그와 같이 출력이 결정되는 동안에 기억 소자의 출력이 계속 바뀐다면, 순차회로의 출력도 계속 변경되는 불안정한 상태가 될 것이다.

그와 같은 문제점을 방지하는 방법은 래치의 *En* 신호가 어떤 레벨(level: 1 혹은 0)을 유지하고 있는 동안에는 래치의 상태 값이 바뀌지 않고 원래 값을 유지하고 있도록 하며, *En* 신호의 값이 $0 \rightarrow 1$ 혹은 $1 \rightarrow 0$으로 전이(transition) 되는 순간에만 회로가 반응하여 새로운 상태 값으로 변경되도록 해주는 것이다. 이와 같이 *En* 신호가 전이되는 순간의 입력 값에 따라 상태 값이 결정될 수 있도록 보완 설계된 기억 소자가 플립-플롭이다. 즉, 플립-플롭은 래치의 문제점을 보완하여 안정된 저장 기능을 가지도록 구성된 기억 소자로서 입력 단자의 수와 동작 특성이 서로 다른 몇 가지 종류가 있는데, 이 절에서는 그들에 대하여 자세히 설명하고자 한다.

7.2.1 D 플립-플롭

D 플립-플롭은 그림 7-10과 같이 두 개의 D 래치들과 한 개의 인버터를 이용하여 구성된다. 첫 번째 D 래치는 마스터(master)라고 부르며, 두 번째 D 래치는 슬레이브(slave)라고 부른다. 마스터는 외부 입력 신호를 직접 받아서 두 번째 래치로 출력을 내보내며, 슬레이브는 마스터의 출력을 입력으로 받아서 응답한다. 마스터의 En 입력으로는 공통의 제어 신호인 클록(clock: 이하 CLK라 함)이 들어가며, 슬레이브의 En 입력으로는 CLK 신호가 인버터에 의해 반전된 $\overline{\text{CLK}}$ 신호가 들어간다.

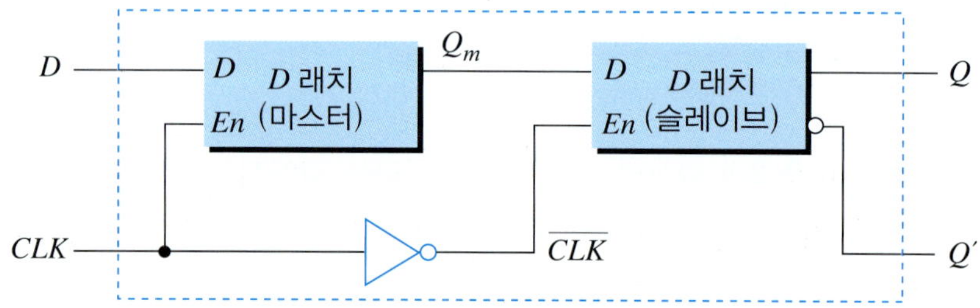

그림 7-10 D 래치를 이용한 D 플립-플롭의 구성도

앞 절의 D 래치에서 설명한 바와 같이, 마스터는 CLK 신호가 '*high*' 상태일 때 외부로부터 받은 입력(D) 신호에 따라 출력(Q_m)을 발생한다(그림 7-11 참조). CLK 입력으로는 그림에서와 같이 매우 짧은 시간 동안 *high* 상태를 유지하는 파형들이 일정 간격으로 반복되어 들어온다고 가정한다. 마스터는 CLK 신호가 *high*인 순간에 D 입력이 1이면 세트 상태가 되어 출력 Q_m으로 1을 발생하며, 그 순간에 D 입력이 0이라면 리셋 상태가 된다. 그와 같이 생성된 Q_m 신호는 슬레이브의 입력으로 들어간다. 그러면, 반전된 CLK 신호($\overline{\text{CLK}}$)를 클록으로 받은 슬레이브는 그 신호가 1일 때의 입력(Q_m) 값에 따라 세트 혹은 리셋 상태가 되어, 그림 7-11에서와 같은 출력 Q를 발생하게 된다.

그림 7-11에서 입력 신호와 클록 신호 및 출력 신호의 관계를 살펴보면, 반전된 클록($\overline{\text{CLK}}$) 신호를 받아서 생성되는 최종 출력 Q는 원래 CLK 신호를 기준으로 볼 때 1에서 0으로 떨어지는 순간의 입력 신호값에 따라 결정된다는 것을 알 수 있다. 이러한 것을 '플립-

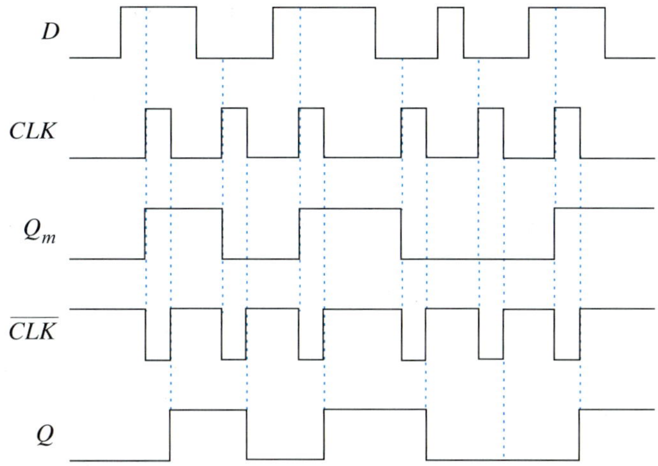

그림 7-11 그림 7-10 회로의 입출력 동작 특성

플롭이 CLK 신호의 하강 에지(falling edge; 혹은 네거티브 에지(negative edge))에서 트리거(trigger)된다'라고 말한다. 그와는 반대로 CLK 신호가 0에서 1로 올라가는 순간에 출력이 결정되는 것을 '플립-플롭이 상승 에지(rising edge; 혹은 파저티브 에지(positive edge))에서 트리거 된다'라고 말한다. 이와 같이 플립-플롭의 경우에는 CLK 신호가 1→0 혹은 0→1로 전이되는 순간의 입력 값에 따라 출력이 결정되기 때문에, 앞에서 언급한 래치의 문제점(*En* 신호가 *high* 상태인 동안에는 입력 신호가 변하면 출력 신호도 따라서 변하는 현상)이 해결된다.

그림 7-12(a)는 그림 7-11과 같은 하강-에지 트리거 *D* 플립-플롭의 그래픽 기호를 보여주고 있는데, 래치 기호와 다른 점은 CLK 입력 단자에 부등호와 같은 > 표시가 들어간다는 것이다. 그리고 CLK 입력 단자에 버블(o)을 표시함으로써 플립-플롭이 클록의 하강 에지에서 트리거 된다는 것을 나타내는데, 만약 상승-에지 트리거 플립-플롭이라면 버블은 없이 > 기호만 추가된다.

그림 7-12(b)는 *D* 플립-플롭이 입력 및 CLK 신호에 대하여 어떤 출력을 발생하는 지를 보여주는 특성표(characteristic table)이다. 여기서 아래 방향의 화살표(↓)는 플립-플롭이 하강 에지에서 트리거 된다는 것을 의미한다. 동작 특성을 살펴보면, CLK의 하강 에지에서 *D* 입력이 0이면 *D* 플립-플롭의 다음 상태인 $Q(t+1)$는 0이 되고, $D=1$이라면 $Q(t+1)=1$이 된다. 따라서 이와 같은 *D* 플립-플롭의 입출력 관계를 나타내는 특성 함수

(characteristic equation)는 식 (7-1)과 같이 표현할 수 있다.

$$Q(t+1) = D \tag{7-1}$$

앞의 함수는 D 플립-플롭의 다음 상태 $Q(t+1)$은 CLK 신호의 하강 에지 순간에 D 입력으로 들어오는 현재 값인 $D(t)$와 같아진다는 것을 의미한다(단, 함수를 표현할 때 현재 값을 나타내는 (t)는 생략하고 식 (7-1)과 같이 D만 쓸 수도 있다). 그리고 CLK 신호가 변하지 않고 0 혹은 1에 해당하는 전압 레벨(voltage level)을 유지하고 있는 상태에서는 입력 신호가 어떤 값으로 바뀌든지, 회로는 아무런 반응을 하지 않기 때문에 출력이 변하지 않는다. 결과적으로, CLK 신호의 값이 전이되지 않는 시간 동안에는 데이터가 안정된 상태로 저장되어 있는 것이다.

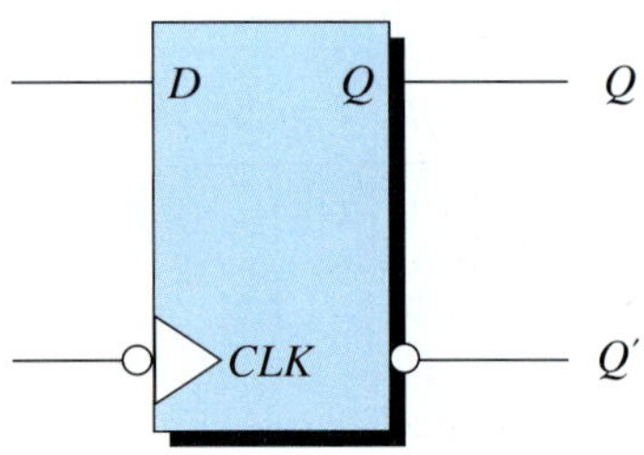

(a) 그래픽 기호

D	CLK	$Q(t+1)$	
0	↓	0	(리셋 상태)
1	↓	1	(세트 상태)
X	0/1	$Q(t)$	(불변)

(b) 특성표

그림 7-12 하강-에지 트리거 D 플립-플롭의 그래픽 기호와 진리표

예제 7-3

아래의 그림 7-13(a)와 같이 네 개의 D 플립-플롭들로 하나의 공통 CLK 신호가 인가되고, 각 플립-플롭은 서로 다른 입력 신호를 받아서 클록의 하강 에지에서 저장한다고 하자. 맨좌측 D 플립-플롭의 입력부터 시작하여 각 입력으로 1011이 들어온다고 할 때, 네 출력들(Q_4, Q_3, Q_2, Q_1)의 파형을 그려라. 단, D 플립-플롭의 출력들의 초기값은 0으로 가정한다.

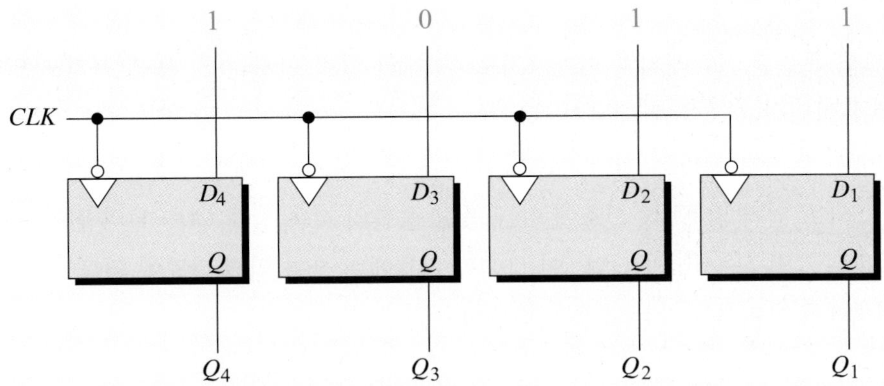

(a) 네 개의 D 플립-플롭들로 이루어진 레지스터 회로

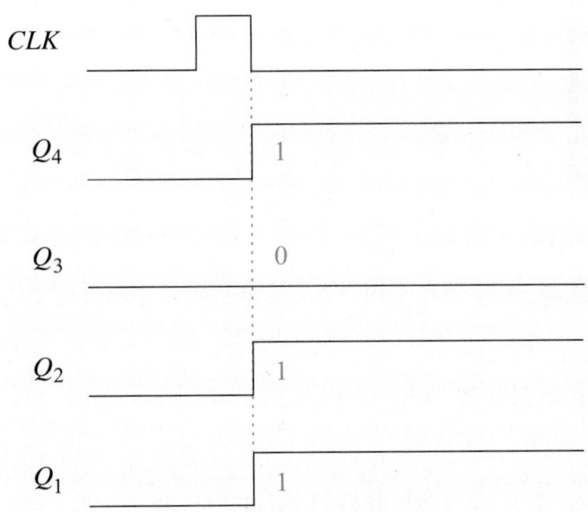

(b) 클록 신호와 출력 파형들

그림 7-13 4-비트 레지스터의 데이터 저장 동작

풀이

D 플립-플롭들이 CLK 신호의 하강 에지에서 동시에 트리거 되고, 출력 값들은 그림 7-13(b)와 같이 초기값 0으로부터 각각 해당 입력값으로 변경된다. 이 값들은 다음 클록의 하강 에지가 들어올 때까지 그대로 저장되어 있게 된다. 이와 같이 여러 개의 입력 비트들을 동시에 저장하는 기능을 수행하는 회로를 레지스터(register)라고 부르는데, D 플립-플롭의 주요 응용들 중의 하나인 레지스터에 대해서는 8.4절에 자세히 설명된다.

7.2.2 *SR* 플립-플롭

SR 플립-플롭은 *SR* 래치와 마찬가지로 두 개의 입력 단자들(S, R)을 가지고 있다. 이 플립-플롭은 입력 신호들에 대하여 응답하는 특성이 *SR* 래치와 같지만, 클록(CLK) 신호의 에지에서 트리거 된다는 점이 다르다. *SR* 플립-플롭의 그래픽 기호는 그림 7-14(a)와 같으며, S와 R 입력 및 CLK 신호에 따른 플립-플롭의 다음 상태 $Q(t+1)$의 변화를 보여주는 특성표는 그림 7-14(b)와 같다. 이 그래픽 기호에는 클록 입력 단자에 버블이 없으므로, 상승-에지에서 트리거 된다는 것을 나타낸다.

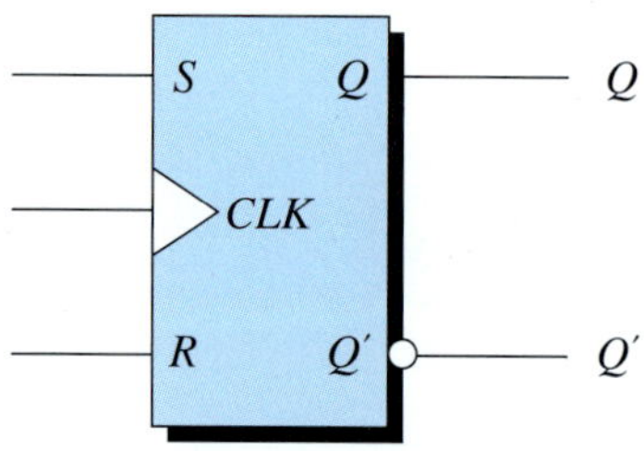

(a) 그래픽 기호

S	R	CLK	$Q(t+1)$
0	0	↑	$Q(t)$ (불변)
0	1	↑	0 (리셋)
1	0	↑	1 (세트)
1	1	↑	? (비정상)
X	X	0/1	$Q(t)$ (불변)

(b) 특성표

그림 7-14 상승-에지 트리거 *SR* 플립-플롭의 그래픽 기호와 특성표

그림 7-14(b)의 동작 특성표에서 윗 방향의 화살표(↑)는 플립-플롭이 상승-에지에서 트리거 된다는 것을 가리킨다. *SR* 플립-플롭의 동작 특성을 자세히 분석해보면 다음과 같다. CLK 신호의 상승-에지 순간에 입력 값들이 $S=1$, $R=0$이라면, *SR* 플립-플롭은 세트 조건이 만족되어서 다음 상태 $Q(t+1)=1$로 세트 된다. 반면에, 그 순간의 입력 값들이 $S=0$, $R=1$이라면, $Q(t+1)=0$로 리셋 된다. 그리고 CLK 신호가 변하지 않고 0 혹은 1을 유지하고 있는 동안에는 입력 신호로 어떤 값이 들어오든, 상태는 바뀌지 않고 이전 상태 값인 $Q(t)$를 그대로 유지한다. 유의할 사항으로는 SR 래치와 마찬가지로 입력 신호가 모두 1($S=1$, $R=1$)인 경우에는 플립-플롭의 출력이 비정상적인 상태가 되므로, 그러한 입력 상태가 되지 않도록 주의해야 한다.

예제 7-4

SR 플립-플롭의 S와 R 입력으로 아래와 같은 파형들이 입력되는 경우에 발생되는 출력 Q의 파형을 구하라. 단, 플립-플롭은 상승-에지에서 트리거 된다고 가정한다.

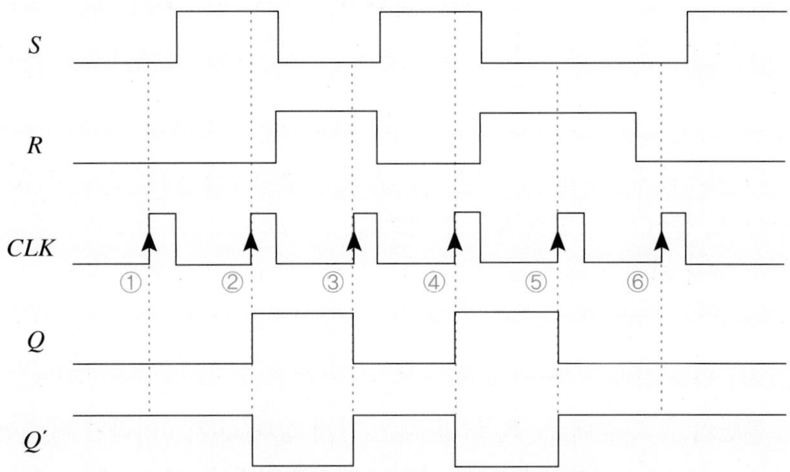

그림 7-15 〈예제 7-4〉에 대한 그림

풀이

그림 7-15에서 보는 바와 같이, CLK 신호의 각 상승-에지에서 아래와 같이 출력이 변화한다.

① 첫 번째 상승-에지에서는 $S=0$, $R=0$이므로, Q는 초기값 0을 그대로 유지한다.
② 두 번째 상승-에지에서는 $S=1$, $R=0$이므로, Q는 세트 상태가 된다.
③ 세 번째 상승-에지에서는 $S=0$, $R=1$이므로, Q는 리셋 상태가 된다.
④ 네 번째 상승-에지에서는 $S=1$, $R=0$이므로, Q는 세트 상태가 된다.
⑤ 다섯 번째 상승-에지에서는 $S=0$, $R=1$이므로, Q는 리셋 상태가 된다.
⑥ 여섯 번째 상승-에지에서는 $S=0$, $R=0$이므로, Q는 리셋 상태를 그대로 유지한다.

그리고 보수 출력 Q'의 파형은 정상 출력 Q의 반전된 값을 가지게 된다.

7.2.3 *JK* 플립-플롭

앞에서 설명한 *SR* 플립-플롭은 두 입력들(*S*, *R*)이 모두 1일 때는 비정상적인 출력이 발생한다는 문제점을 가지고 있기 때문에, 실제 회로 구현에는 거의 사용되지 않는다. 따라서 그러한 문제점을 해결할 수 있는 새로운 유형의 플립-플롭이 개발되었는데, 그것이 *JK* 플립-플롭이다. 이 플립-플롭을 구성하는 방법으로는 몇 가지가 있는데, 그림 7-16은 *SR* 플립-플롭을 이용하여 구성한 *JK* 플립-플롭의 회로를 보여주고 있다.

그림 7-16의 회로를 분석해보면, 입력 *J*는 먼저 현재의 반전 출력인 Q'과 AND 연산된 다음에 *S* 입력으로 들어가고, 입력 *K*는 현재의 출력인 *Q*와 AND 연산된 다음에 *R* 입력으로 인가된다. 따라서 현재 상태가 0($Q'=1$)인 경우에 $J=1$이라면 *S* 입력이 1이 되어서, 다음 상태 $Q(t+1)$는 1로 세트 된다. 또한 현재 상태가 1($Q=1$)인 경우에 $K=1$이라면 *R* 입력이 1이 되므로, 다음 상태는 0으로 리셋 된다. 그리고 $J=K=0$일 때는 *S*와 *R*도 0이 되어, 다음 상태는 불변이다. 그런데 $J=K=1$일 때는 현재 상태(*Q*)가 0이라면 다음 상태는 1로 세트되고, *Q*가 1이라면 0으로 리셋되는 토글 동작이 수행된다. 즉, CLK의 상승 에지에서 다음 상태 $Q(t+1)=Q'(t)$이 되는 것이다.

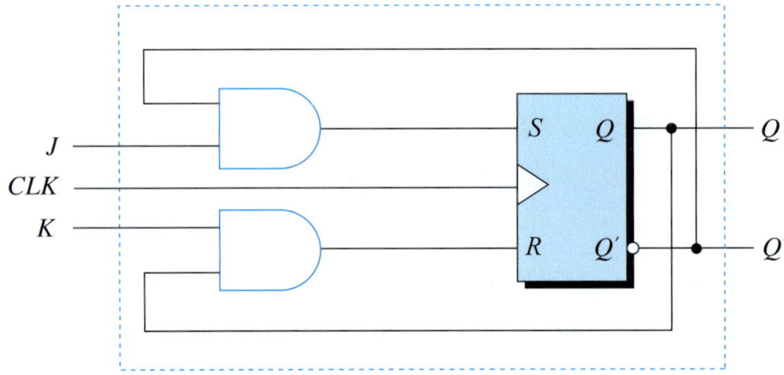

그림 7-16 *SR* 플립-플롭을 이용한 *JK* 플립-플롭의 구성도

JK 플립-플롭의 그래픽 기호는 그림 7-17(a)와 같으며, 동작 특성을 정리하면 그림 7-17(b)와 같다. 단, 여기서 플립-플롭은 상승-에지에서 트리거 하는 것으로 가정하였으나, 특성표에는 표시하지 않았다.

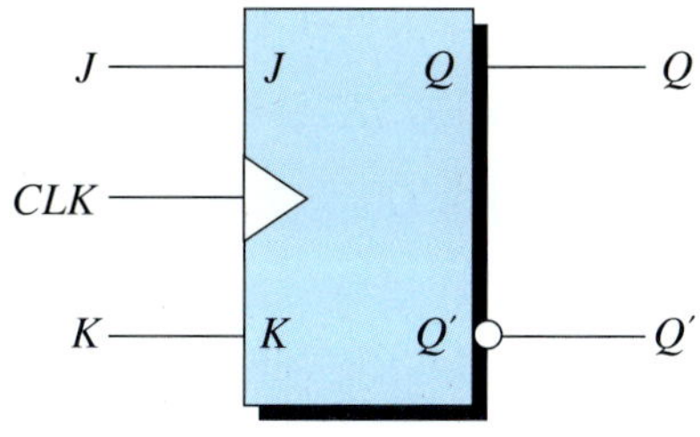

(a) 그래픽 기호

J	K	$Q(t+1)$	
0	0	$Q(t)$	(불변)
0	1	0	(리셋)
1	0	1	(세트)
1	1	$Q'(t)$	(토글)

(b) 특성표

그림 7-17 JK 플립-플롭의 그래픽 기호와 특성표

JK 플립-플롭의 동작 특성을 명확하게 이해하기 위하여 입력 파형에 따른 출력 파형의 변화를 살펴보기로 하자. 이 설명의 한 예로서 그림 7-18은 JK 플립-플롭의 J 입력과 K 입력 단자로 그림과 같은 입력 파형들이 각각 들어오는 경우에 대한 출력 Q의 파형을 보여주고 있다. 먼저 첫 번째 클록 펄스의 상승 에지에서 입력 값들을 보면 $J=1$, $K=0$이다. 따라서 출력 Q는 1로 세트된다. 그리고 두 번째 클록 펄스의 상승 에지에서는 $J=0$, $K=1$이므로, Q는 0으로 리셋 된다. 세 번째 클록 펄스의 상승 에지에서는 입력들이 모두 1($J=1$, $K=1$)이기 때문에 토글하게 되어, 현재 0이던 Q가 1로 세트되었다. 만약 $Q=1$이었다면 0으로 리셋 되었을 것이다. 네 번째 상승-에지에서는 두 입력이 모두 0이므로, Q의 값은 변하지 않았다. 마지막으로, 다섯 번째 상승-에지에서는 입력들이 다시 $J=K=1$이기 때문에, 플립-플롭이 토글하여 $Q=0$으로 바뀌었다.

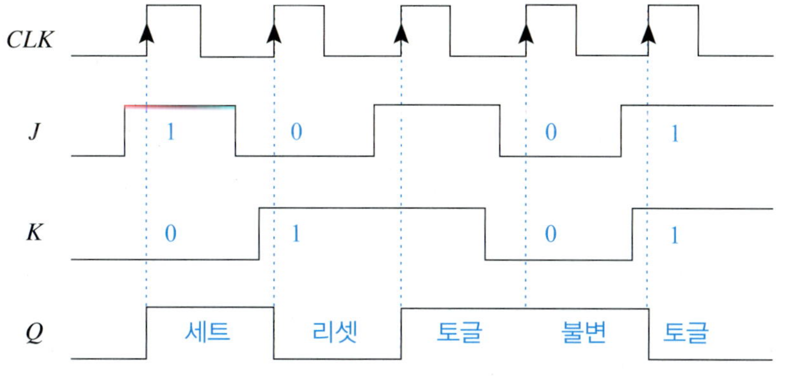

그림 7-18 JK 플립-플롭의 동작 특성

JK 플립-플롭에서 입력 신호와 현재 상태 및 다음 상태 간의 상관관계를 나타내는 특성 함수는 다음과 같은 방법으로 구할 수 있다. 먼저, 앞에서 살펴본 *JK* 플립-플롭의 동작 특성에 따라 세 가지 변수들(J, K, $Q(t)$)의 조합에 대한 다음 상태 $Q(t+1)$의 값을 정리한 상태 전이표(state transition table)를 작성해보면 그림 7-19(a)와 같다. 그리고 다음 상태인 $Q(t+1)$에 대한 간략화된 부울 표현을 구하기 위하여 상태 전이표에 대한 카노프 맵을 작성하면 그림 7-19(b)와 같아진다.

J	K	$Q(t)$	$Q(t+1)$
0	0	0	0
0	0	1	1
0	1	0	0
0	1	1	0
1	0	0	1
1	0	1	1
1	1	0	1
1	1	1	0

(a) 상태 전이표

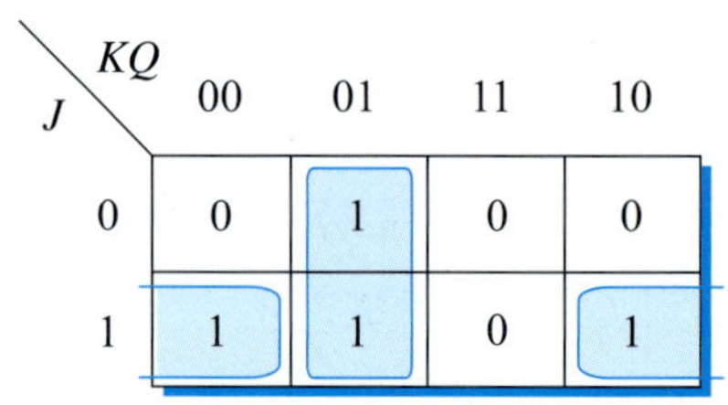

(b) 카노프 맵

그림 7-19 상태 전이표와 그에 대한 카노프 맵

그림 7-19(b)의 카노프 맵에서 인접한 셀들을 묶어서 간략화하고 플립-플롭의 다음 상태에 대한 부울 표현을 구하면 식 (7-2)와 같아지는데, 이 식을 *JK* 플립-플롭의 특성 함수라고 부른다.

$$Q(t+1) = JQ' + K'Q \qquad (7-2)$$

7.2.4 T 플립-플롭

T 플립-플롭은 D 플립-플롭이나 JK 플립-플롭과 함께 디지털 시스템에서 널리 사용되고 있다. 이 플립-플롭은 한 개의 입력(T) 신호와 CLK 신호를 받아서 출력 Q와 Q'을 발생한다. 따라서 그래픽 기호는 D 플립-플롭과 동일하며, 입력 단자의 명칭만 D가 아닌 T로 표시된다. 토글(toggle)의 첫 글자를 인용한 T라는 명칭이 의미하듯이, T 플립-플롭의 다음 상태 $Q(t+1)$는 현재 상태 $Q(t)$의 보수 값으로 반전된다. 그와 같은 토글 동작을 발생시킬 입력 조건은 CLK 신호가 들어오는 순간에 플립-플롭의 T 입력이 $high$(1)가 되어 있어야 한다는 것이다. 즉, CLK의 트리거 에지가 들어오는 순간에 $T=1$이라면, 출력 Q는 이전의 값이 0이었으면 1로, 1이었으면 0으로 반전된다. 그리고 만약 $T=0$이라면, CLK 신호가 들어오더라도 Q는 변하지 않는다.

T 플립-플롭은 그림 7-20(a)와 같이 JK 플립-플롭의 두 입력을 접속하여 구성할 수 있다. 이 경우에는 T 입력 신호가 항상 JK 플립-플롭의 J 입력과 K 입력으로 동시에 들어가게 된다. 따라서 $T=0$이라면, $J=K=0$이 되어 출력은 현재 상태를 그대로 유지하게 된다. 그러나 만약 입력 T로 1이 들어온다면, $J=K=1$이 되어서 출력은 토글하게 된다. 결과적으로, 그와 같은 입출력 관계를 나타내는 특성표는 그림 7-20(b)와 같이 정리될 수 있다.

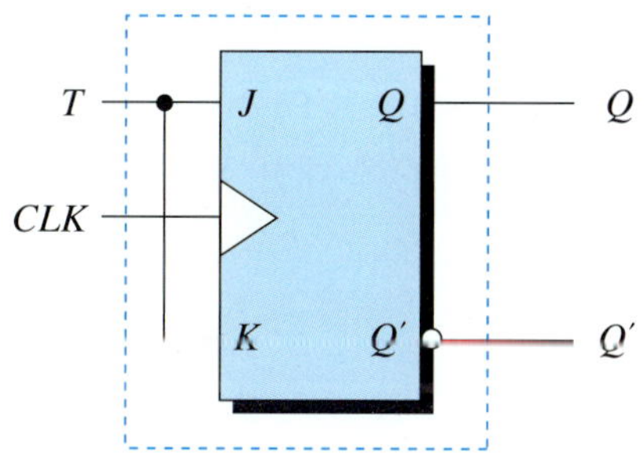

(a) JK 플립-플롭을 이용한 구성

T	$Q(t+1)$
0	$Q(t)$ (불변)
1	$Q'(t)$ (토글)

(b) 특성표

그림 7-20 T 플립-플롭의 그래픽 기호와 특성표

예제 7-5

클록의 상승 에지에서 트리거 되는 T 플립-플롭에서 그림 7-21과 같은 파형을 가지는 CLK 신호와 T 입력 신호가 들어오는 경우에 출력 파형을 구하라.

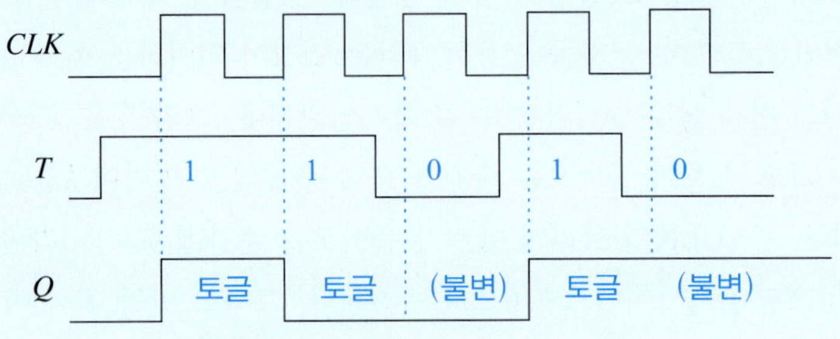

그림 7-21 〈예제 7-5〉에 대한 타이밍도

풀이

출력 파형 Q는 그림 7-21에서와 같이 CLK 신호의 상승 에지 순간에 T 입력이 '1'이라면 토글하고, '0'일 때는 변하지 않는다.

T 플립-플롭의 동작 특성을 이용하여 입력 T와 현재 상태 및 다음 상태 간의 전이 관계를 보여주는 표를 작성하면 그림 7-22(a)와 같아진다. 즉, $T=0$이라면, 현재 상태가 그대로 유지된다. 반면에 $T=1$이라면, 현재 상태가 0인 경우에는 1로 세트되고, 1인 경우에는 0으로 리셋 된다. 이 상태 전이표로부터 다음 상태인 $Q(t+1)$에 대한 부울 표현, 즉 T 플립-플롭의 특성 함수를 구하면 식 (7-3)과 같아진다.

$$Q(t+1) = T'Q + TQ' = T \oplus Q \qquad (7-3)$$

식 (7-3)의 함수를 분석해보면, T 플립-플롭은 T 입력과 현재 상태값인 $Q(t)$ 간의 exclusive-OR 연산 결과에 따라 다음 상태가 결정된다는 것을 알 수 있다. 이와 같은 특성을 이용하면, 그림 7-22(b)와 같이 D 플립-플롭의 입력단에 XOR 게이트의 두 입력으로 T 입력과 Q 출력을 접속하여 T 플립-플롭을 구성할 수도 있다. 이 회로는 T로 들어오는 입력 값과 현재 상태의 값이 서로 다르다면 다음 상태가 반대 값으로 토글하고, 같다면 그대로 유지되어 T 플립-플롭으로서 동작하게 된다.

T	$Q(t)$	$Q(t+1)$	
0	0	0	(불변)
0	1	1	(불변)
1	0	1	(토글)
1	1	0	(토글)

(a) 상태 전이표

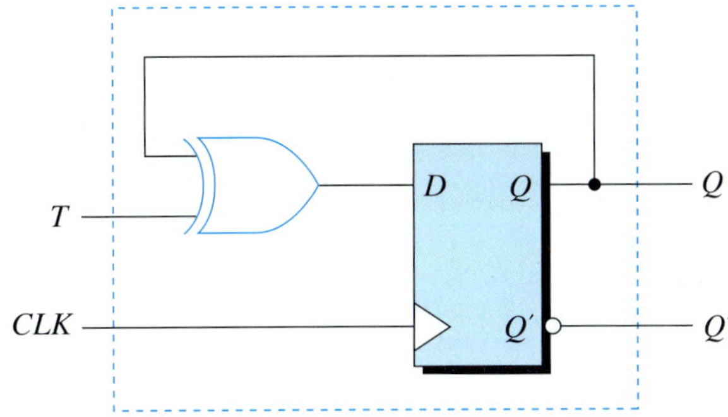

(b) T 플립-플롭의 다른 구성

그림 7-22 T 플립-플롭의 상태 전이표와 D 플립-플롭을 이용한 구성도

7.2.5 비동기적 입력 신호들

지금까지 설명한 플립-플롭들에서 D, T, S, R, J 및 K 입력은 모두 동기식 입력(synchronous input)이라고 부른다. 그 이유는 입력 단자로 신호가 들어오더라도 CLK 신호의 트리거 에지에 맞추어(시간적으로 동기화 되어) 플립-플롭의 출력이 결정되기 때문이다. 그런데 대부분의 플립-플롭들은 CLK 신호와 상관없이 플립-플롭의 상태를 변경할 수 있는 비동기적 입력 신호(asynchronous input signal)들도 가지고 있다. 이 입력 신호들은 CLK 신호와는 상관없이 특정 전압 레벨에서 플립-플롭의 상태 변화를 유발한다. 예를 들어 '*high*' 레벨에서 활성화되는 비동기적 입력 신호가 있다면, 그 입력으로 1이 들어올 때 플립-플롭이 그에 따른 응답을 하게 된다. 대표적인 비동기적 입력 신호로는 아래와 같은 두 가지를 들 수 있다.

- 클리어(clear: CLR): 이 입력이 활성화 되면, 플립-플롭은 즉시(CLK 신호와 상관없이) 리셋($Q=0$) 상태가 된다. 따라서 이것을 직접 리셋(direct reset) 신호라고도 부른다.
- 프리셋(preset: PRE): 이 입력이 활성화 되면, 플립-플롭은 즉시 세트($Q=1$) 상태가 된다. 따라서 이것을 직접 세트(direct set) 신호라고도 부른다.

디지털 시스템이나 디지털 컴퓨터에서 처음 전원을 켰을 때, 플립-플롭들은 예측할 수 없는 임의의 상태를 가지게 된다. 따라서 시스템에 클록 신호가 인가되어 동작을 시작하기 전에 플립-플롭들을 원하는 상태로 세트 시킬 필요가 있는데, 이 경우에 위와 같은 비동기적 입력 신호들이 유용하게 사용될 수 있다.

CLR 신호는 디지털 시스템에서 전원이 처음 켜졌을 때 시스템 내 모든 플립-플롭들의 상태를 '0'으로 초기화 시키는 데 사용된다. 또한 시스템 동작 중에 오류가 발생하거나 처음부터 다시 동작이 시작되도록 할 때도 리셋 버튼(reset button)을 이용하여 CLR 신호를 발생시키면 된다. 반면에, PRE 신호는 디지털 시스템에서 선택된 플립-플롭들의 초기 상태를 '1'로 세트하고자 할 때 사용된다.

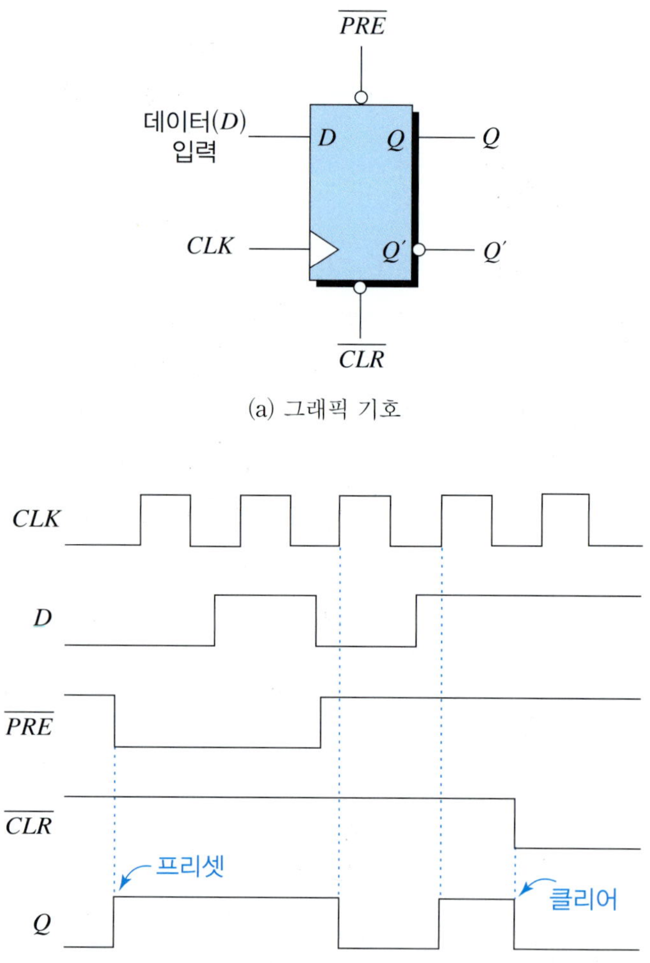

(a) 그래픽 기호

(b) 비동기식 입력 신호에 의한 D 플립-플롭의 동작

그림 7-23 비동기식 입력들을 가진 D 플립-플롭

위의 두 입력 신호들은 비동기적이기 때문에 클록 신호와는 상관없이 언제든 인가되는 즉시 플립-플롭의 상태를 0 혹은 1로 세트시킨다. 예를 들어, 그림 7-23(a)과 같이 비

동기적 입력들을 가지는 D 플립-플롭에 그림 7-23(b)와 같은 입력 파형들이 인가될 때의 출력을 구해보기로 한다. 그런데 디지털 시스템에서는 일반적으로 신호가 '*high*' 레벨보다는 '*low*' 레벨이 더 안정된 상태이기 때문에, 비동기식 입력 신호들은 그림에서와 같이 '*active-low*'로 사용된다. 즉, 해당 입력 신호로 0이 들어올 때 그 동작이 활성화되며, 그 신호의 명칭 위에 바(−)를 붙여서 $\overline{\mathrm{CLR}}$ 혹은 $\overline{\mathrm{PRE}}$로 표시하여 *active-low* 입력이라는 것을 표시해준다. [부록: 실험 8]의 그림 L-18은 두 개의 D 플립-플롭들을 포함하고 있는 실제 IC칩(7474)의 내부 구성도 및 입출력 핀 배치도를 보여주고 있다. 이 칩에서는 $\overline{\mathrm{CLR}}$ 신호를 $\overline{\mathrm{RESET}}$ 신호로, $\overline{\mathrm{PRE}}$ 신호는 $\overline{\mathrm{SET}}$ 신호로 각각 표시하고 있다.

그림 7-23(b)의 타이밍 도를 자세히 분석해보면, $\overline{\mathrm{PRE}}$ 신호가 0으로 활성화되는 순간에 출력 Q는 1로 세트되었다. 그 때 데이터(D) 입력으로는 0이 들어오지만, $\overline{\mathrm{PRE}}$ 신호 때문에 Q가 1로 세트된 것이다. $\overline{\mathrm{PRE}}$ 신호가 1로 비활성화 된 다음부터는 CLK의 상승 에지 순간의 D 입력 값에 따라 Q가 1 혹은 0으로 세트 되었다. 그런데 다섯 번째 CLK의 상승 에지가 들어오기 직전에 $\overline{\mathrm{CLR}}$ 신호가 0으로 활성화 되었으며, 그 순간에 출력 Q는 즉시 리셋 되었다. 그리고 $\overline{\mathrm{CLR}}=0$인 동안에는 CLK의 상승 에지와 입력 값은 출력 Q에 영향을 주지 못한다.

7.2.6 플립-플롭의 타이밍 특성

동기식 플립-플롭은 동작 시간의 일치(동기화)를 위하여 클록(CLK) 펄스의 레벨 전이가 발생하는 상승(혹은 하강) 에지에서 상태 변화가 발생하도록 설계되어 있다. 그와 같이 매우 짧은 시간 동안에 전기 신호들이 회로를 통과하면서 출력이 결정되기 때문에, 회로의 안정된 동작을 위한 조건이 요구되기도 하고, 시간 지연도 발생한다. 그와 같은 시간 및 동작 특성들은 각 IC 칩의 데이터 시트(data sheet)에 명시되어 시스템 설계 단계에서 주요 파라미터로 사용된다. 여기서는 그러한 플립-플롭의 타이밍 파라미터(timing parameter)들 및 동작상의 요구 조건들에 대하여 분석해보기로 한다.

플립-플롭에서 입력 신호가 인가된 순간부터 출력 신호가 발생할 때까지의 시간 간격을 전파지연 시간(propagation delay time)이라고 부른다. 이 지연 시간은 플립-플롭의 내부 회로가 클록 및 입력 신호에 대하여 응답하는데 걸리는 시간에 해당하며, 출력 신호의 전이 방향에 따라 아래와 같이 두 가지로 분류된다(단, 여기서 플립-플롭은 클록 펄스의 상승 에지에서 트리거 된다고 가정한다).

- *Low-to-High* 전파지연(t_{PLH}): 플립-플롭이 클록 펄스의 상승(혹은 하강) 에지에서 트리거 되어 출력 신호가 0에서 1로 상태 변화하는 경우에, 그림 7-24(a)에서와 같이 클록 펄스의 에지 전이가 50% 진행된 시점부터 출력 신호의 *low-to-high*(0→1) 상태 변화가 50% 진행된 시점까지의 시간을 말한다.
- *High-to-Low* 전파지연(t_{PHL}): 플립-플롭이 클록 펄스의 상승(혹은 하강) 에지에서 트리거 되어 출력 신호가 1에서 0으로 상태 변화 하는 경우에, 그림 7-24(b)에서와 같이 클록 펄스의 에지 전이가 50% 진행된 시점부터 출력 신호의 *high-to-low*(1→0) 상태 변화가 50% 진행된 시점까지의 시간을 말한다.

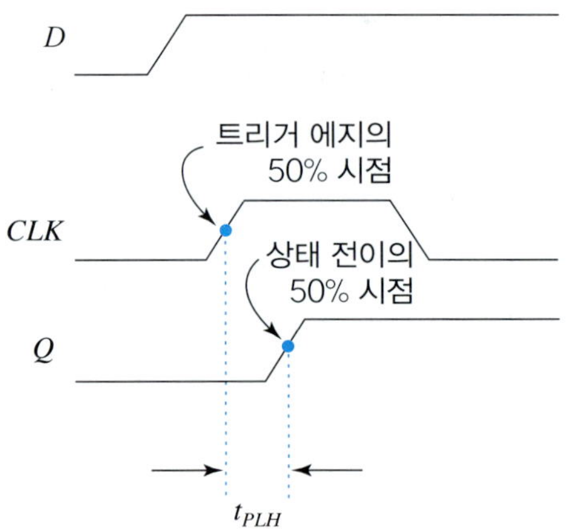

(a) *Low-to-High* 전파 지연(t_{PLH})

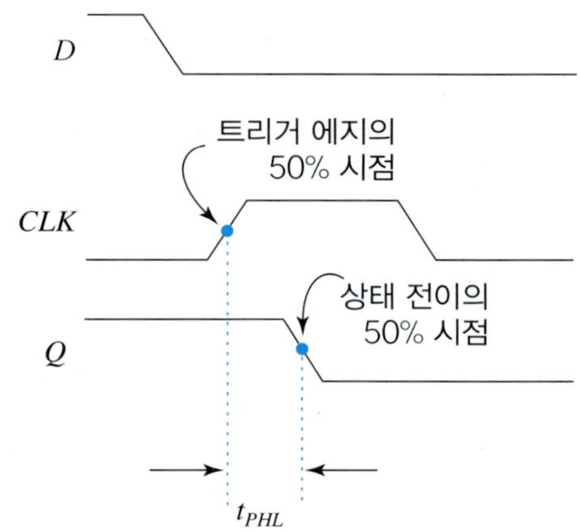

(b) *High-to-Low* 전파 지연(t_{PHL})

그림 7-24 플립-플롭에서의 전파 지연 시간

클록 펄스의 트리거 에지에서 플립-플롭은 입력 신호를 인식하고, 그에 따른 출력을 결정하게 된다. 그 과정에서 입력 신호는 클록 펄스의 전이가 발생하기 일정 시간 이전에 미리 어떤 상태 레벨을 유지하고 있어야 출력의 안정된 상태 변화를 보장할 수 있다. 예를 들어, D 플립-플롭에서 CLK 신호의 상승 에지에서 트리거 동작이 일어난다고 할 때, D 입력 신호는 그림 7-25와 같이 적어도 어떤 일정 시간 이전에 원하는 값(이 그림의 경우에는 1)으로 세트되어 있어야 한다. 이와 같이 트리거 에지 이전에 플립-플롭의 입력 신호가 미리 세트되어 있어야 하는 최소 시간을 셋업 시간(setup time: t_S)이라고 한다. 이 경우에도 시간 기준은 D 입력 신호 및 클록 펄스의 상태 전이가 50% 진행된 시점이 된다. 만약 입력 신호가 t_S만큼 혹은 그 이전에 원하는 값으로 세트되어 있지 않다면, 출력은 예측할 수 없는 값으로 결정될 수도 있기 때문에, 회로 설계 단계에서 매우 유의해야 할 타이밍 파라미터이다. 이러한 입력 신호 타이밍에 대한 요구 조건은 D 입력뿐 아니라, 다른 플립-플롭들의 R, S, J, K 및 T 입력에 대해서도 동일하게 적용된다.

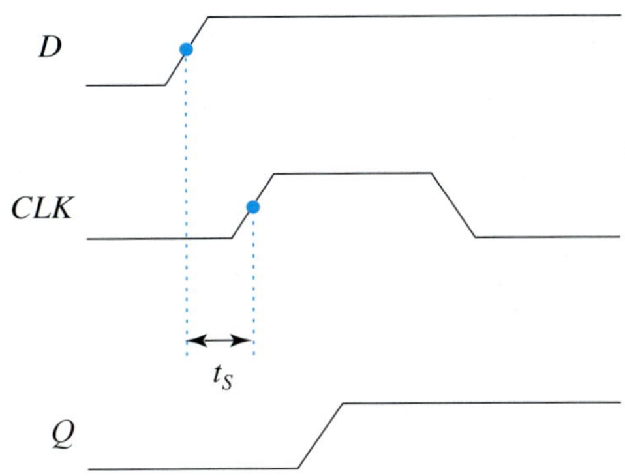

그림 7-25 D 플립-플롭에서의 셋업 시간

플립-플롭의 클록 에지에서 출력이 결정되었다 하더라도, 그 출력이 안정된 상태로 유지될 수 있도록 보장하기 위해서는 입력 신호가 일정 시간 동안 원래의 상태를 유지하고 있어야 한다. 즉, 그림 7-26에서 보는 바와 같이 CLK 펄스의 트리거 에지 이후에도 D 입력 값이 일정 시간 이상 동안 변하지 않고 '*high*' 상태로 유지되어 있어야 하는데, 그 최소 시간을 홀드 시간(hold time: t_H)이라고 부른다. 즉, 홀드 시간이란 클록 펄스의 트리거 에지 이후에 플립-플롭의 입력 값이 그 상태를 유지하고 있어야 하는 최소 시간을 말한다. 이 시간도 셋업 시간과 마찬가지로 모든 플립-플롭의 입력들에 대해 동일하게 요구되는 중요한 타이밍 파라미터이다.

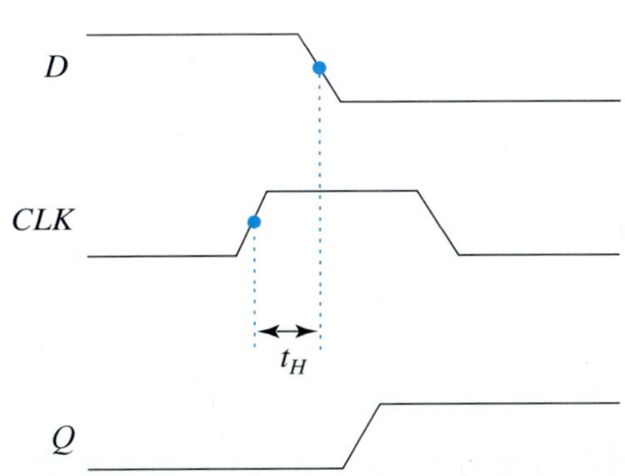

그림 7-26 D 플립-플롭에서의 홀드 시간

플립-플롭은 클록 신호에 기준을 두고 입력 신호에 대하여 상태 변화, 즉 출력을 결정하는 동기식 논리장치이다. 만약 어떤 순차회로에서 여러 개의 플립-플롭들이 서로 다른 입력 신호들에 대하여 동시에 트리거 되어야 한다면, 그 플립-플롭들로 공통의 클록 신호를 인가해주면 된다. 이와 같이 클록 신호는 동기식 순차회로의 동작 기준 시간을 정해주는 주요 신호이다. 클록 신호는 앞에서 설명한 바와 같이 상승 에지와 하강 에지를 가지며, 플립-플롭은 그 중의 어느 한 에지에서 트리거 되도록 설계된다. 따라서 동기식 순차회로에서 사용되는 클록 신호는 그림 7-27에서와 같이 매우 짧은 시간 내에 0→1 혹은 1→0으로 전이되는 펄스(pulse)들이 동일한 시간 간격으로 반복되는 형태의 파형을 가지도록 생성된다.

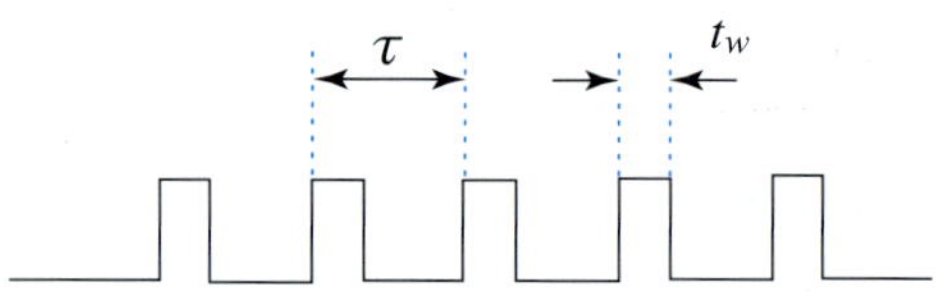

그림 7-27 클록 신호의 파형

클록 신호에서 어떤 한 펄스의 상승 에지부터 다음 펄스의 상승 에지까지의 시간을 주기(duration)라고 부르며, 기호 τ로 표시한다. 전체 파형에서 보면, 주기란 펄스들 간의 시간 간격을 의미한다. 따라서 초당 발생되는 펄스의 수는 1/τ로 계산할 수 있는데, 이것을 클록 주파수(clock frequency: f)라고 부르며, 단위로는 헤르츠(hertz: Hz)를 사용한다. 예를 들어, 주기가 0.01sec인 클록 신호의 주파수는 $f = 1/0.01 = 100$Hz가 되며, 1초 동안 100개의 펄스들이 발생된다는 것을 의미한다. 그리고 클록 주파수가 20MHz라면, 주기는 $\tau = 1/(20\times10^6) = 50\times10^{-9}$sec $=$ 50ns가 된다.

그림 7-27과 같은 클록 신호가 어떤 플립-플롭의 CLK 입력으로 인가되고 그 플립-플롭은 상승 에지에서 트리거 된다고 가정하자. 그러면 그 플립-플롭은 매 펄스의 상승 에지 때마다 새로운 입력 신호를 받아들이고, 그에 대한 응답(출력 결정)을 하게 된다. 플립-플롭이 입력에 대한 응답을 한 번 완료하는 데는 최소한 내부 회로의 동작 시간만큼이 걸리게 된다. 만약 플립-플롭의 CLK 입력으로 인가되는 클록 신호의 주기가 그 시간보다 더 짧다면, 그 플립-플롭이 어떤 입력에 대한 출력을 완전히 결정하기 이전에 다음 클록이 들어오게 되므로, 회로가 정상적인 동작을 할 수 없게 된다. 따라서 플립-플롭에 인가될 수 있는 클록 신호의 주파수에는 한계가 있다. 어떤 플립-플롭으로 인가될 수 있는 가장 높은 주파

수를 최대 클록 주파수(maximum clock frequency)라고 부른다. 결과적으로, 플립-플롭에 인가되는 클록의 주파수가 최대 클록 주파수보다 더 높은 경우에는 안정된 출력을 발생하지 못하게 된다.

클록 신호를 구성하는 펄스들은 모두 같은 형태를 가져야 한다. 즉, 한 주기 동안 1(*high*) 및 0(*low*) 레벨을 유지하는 시간이 모든 펄스들에서 동일해야 한다. 그 중에서 특히 펄스가 *high* 레벨을 유지하고 있는 시간을 펄스 폭(pulse width: t_w)이라고 부른다. 다시 표현하면, 펄스 폭이란 클록 신호가 0에서 1로 전이한 후에 다시 0으로 전이될 때까지 *high*(1) 상태에서 머무는 시간을 의미한다. 이 시간은 플립-플롭의 안정된 상태 변화를 보장하기 위하여 일정 시간 이상이 되어야 하는데, IC 칩의 제조회사에서 제품을 출시할 때 데이터 시트에 명시해준다. 그리고 클록 신호의 한 주기 동안 *high*(1) 상태에 있는 시간의 전체 주기에 대한 비율을 의무 사이클(duty cycle: D_t)이라고 하며, 아래와 같은 식으로 표현된다.

$$D_t = (t_w / \tau) \times 100\ [\%]$$

지금까지 설명한 타이밍 파라미터들의 실제 수치들을 확인해 볼 수 있는 예로서, Motorola사의 74LS74A 칩에 대한 데이터 시트를 살펴보기로 하자. 이것은 두 개의 *D* 플립-플롭들을 포함하고 있는 TTL 집적회로(IC) 칩으로서, 디지털 시스템의 설계에 널리 사용되고 있다. 사용 환경이 섭씨 25도이고, 전원 V_{cc}=5V가 인가될 때 적용되는 이 칩의 타이밍 파라미터들을 보면 〈표 7-1〉과 같다.

〈표 7-1〉 *D* 플립-플롭(74LS74A) 칩의 타이밍 파라미터들

기호	파라미터	*min*	*typ*	*max*	단위
t_{PHL}	*H-L* 전파지연		25	40	ns
t_{PLH}	*L-H* 전파지연		13	25	ns
t_S	셋업 시간	20			ns
t_H	홀드 시간	5			ns
f_{MAX}	최대 클록 주파수	25	33		MHz
t_W	펄스 폭	25			ns

(*Fast and LS TTL IC Data Book, Motorola Inc.* 참조)

〈표 7-1〉에서 각 파라미터에 대한 *min*, *typ* 및 *max*는 각각 최소값, 일반값, 및 최대값을 의미한다. 전파지연 시간에서 최대값들은 최악의 경우에 발생할 수 있는 지연을 가리키는데, 설계 시에는 그 값들을 고려하는 것이 안전하다. 셋업 시간과 홀드 시간은 각각 20ns 및 5ns 이상이 되어야 한다. 이 플립-플롭에 인가될 수 있는 최대 클록 주파수는 33MHz인데, 그 경우에 주기는 약 30ns이다. 그런데 펄스 폭은 25ns 이상이 되어야 하기 때문에, 그 주파수에서의 의무 사이클(D_t)은 $(25/30) \times 100 = 83.3\%$가 된다.

예제 7-6

T 플립-플롭을 이용하면 클록 신호의 주파수를 절반으로 줄일 수 있다. 세 개의 *T* 플립-플롭들을 직렬로 연결하고 40MHz의 클록 신호를 인가할 때, 세 가지(20MHz, 10MHz 및 5MHz) 클록 신호들을 출력할 수 있는 주파수 감소기(frequency divider)를 구성하고, 각 신호의 주기를 표시하라.

풀이

세 개의 *T* 플립-플롭들을 그림 7-28(a)와 같이 직렬로 연결하고, 모든 *T* 입력들은 '*high*' (V_{cc})로 접속한다. 그리고 첫 번째 *T* 플립-플롭의 CLK 입력으로 40MHz의 클록 신호를 인가한다. 또한 첫 번째 *T* 플립-플롭의 출력 F_1을 두 번째 *T* 플립-플롭의 입력으로 접속하고, 두 번째 *T* 플립-플롭의 출력 F_2를 세 번째 *T* 플립-플롭의 입력으로 접속한다.

T 플립-플롭은 *T* 입력이 1이면 CLK 신호의 상승 에지에서 토글하게 된다. 그렇게 되면, *T* 플립-플롭은 각 클록 펄스마다 한 번씩 상태 변화를 하게 되므로, 출력으로 발생되는 신호의 주파수는 절반으로 줄어든다. 즉, 첫 번째 플립-플롭의 CLK 입력으로 인가되는 클록 신호의 주파수가 40MHz(주기=25ns)라면, 그림 7-28(b)와 같이 F_1으로 20MHz의 주파수를 가지는 신호가 출력된다. 그리고 그 신호가 두 번째 플립-플롭의 CLK로 인가되므로, 출력 F_2로는 10MHz의 신호가 출력된다. 또한 마지막 플립-플롭의 출력인 F_3로는 5MHz의 클록 신호가 출력되어, 원래의 주파수가 계속적으로 1/2씩 감소된 세 개의 클록 신호들을 출력하는 주파수 감소기를 구성할 수 있다. 이 출력 파형들의 주파수는 계속 감소하기 때문에, 각 신호의 주기는 F_1에서 원래 클록 신호의 주기(25ns)보다 두 배가 길어진 50ns가 되며, F_2의 주기는 100ns, 그리고 F_3의 주기는 200ns로 길어져, 두 배씩 계속 증가한다는 것을 알 수 있다.

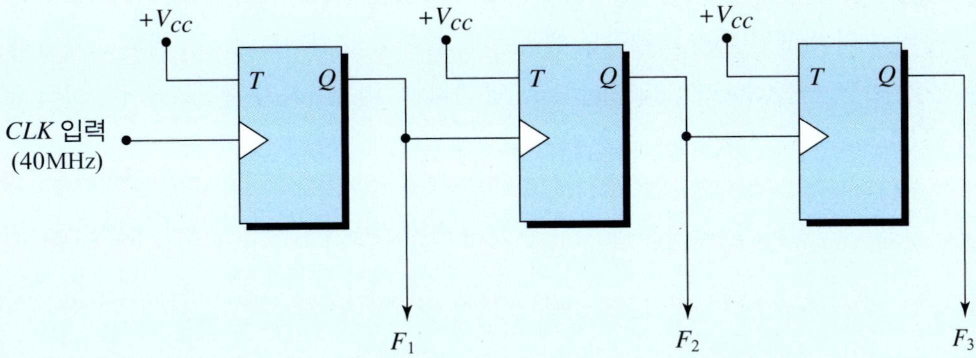

(a) T 플립-플롭들을 이용하여 구성한 주파수 감소기

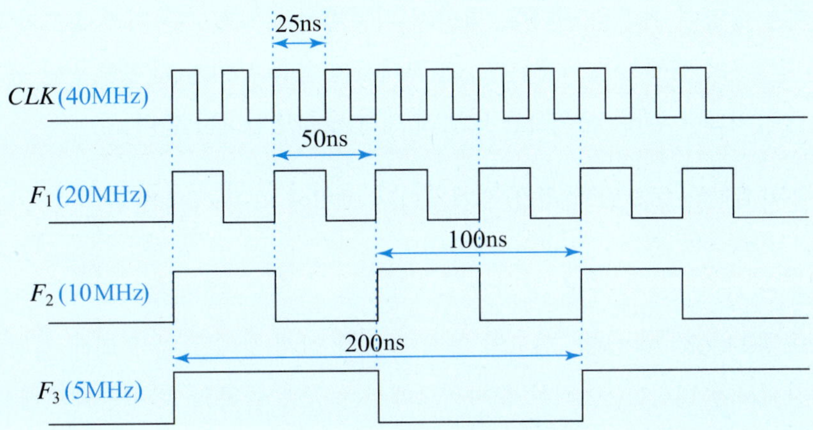

(b) CLK 신호 및 출력 파형들

그림 7-28 〈예제 7-6〉에 대한 그림

7.3 순차회로의 분석

순차회로는 동작의 특성에 따라 동기식 순차회로(synchronous sequential circuit)와 비동기식 순차회로(asynchronous sequential circuit)로 분류된다. 동기식 순차회로의 경우에는 앞에서 설명한 바와 같이 내부에 저장되는 상태들의 변화가 공통의 클록 신호에 의

해 동기화되어 발생한다. 반면에, 비동기식 순차회로는 클록 신호를 사용하지 않으며, 입력 변수의 값이 바뀌면 즉시 상태값도 변경된다. 동기식 순차회로에서는 기억 소자로서 클록을 가진 플립-플롭(clocked flip-flop)을 사용하지만, 비동기식 순차회로에서는 클록 없는 플립-플롭(unclocked flip-flop) 혹은 래치가 이용된다.

동기식 순차회로는 모든 회로 동작이 클록 신호에 기준을 두고 발생하기 때문에, 입력 신호가 바뀌더라도 그에 대한 처리 동작이 다음 클록 에지 때까지 기다려야 하므로 회로의 속도가 느려지는 단점이 있다. 그러나 회로의 설계가 용이하다는 장점을 가지고 있다. 반면에, 비동기식 순차회로에서는 입력 신호가 바뀌는 즉시 출력과 상태를 변화시킬 수 있기 때문에 동작 속도가 빠르다. 그러나 동작 시간을 정밀하게 조정해야 하는 어려움이 있어서 회로의 설계가 상당히 어려운 편이다. 따라서 비동기식 순차회로는 처리 속도가 매우 중요시 되는 디지털 시스템에서만 사용된다. 이 절에서는 응용 분야가 더 광범위한 동기식 순차회로(이하 순차회로라 함)를 분석하는 방법에 대하여 설명하고자 한다.

동기식 순차회로는 회로의 출력값이 결정되는 방법에 따라 아래와 같은 두 가지 모델로 분류된다.

- 무어 모델(Moore model): 회로의 출력 신호가 현재 상태들 만에 의해 결정되는 형태의 순차회로를 말한다. 이러한 순차회로에서는 공통 클록의 트리거 에지에서 상태 값들이 바뀌며, 출력 신호는 그 값들에 따라 갱신된다.
- 밀리 모델(Mealy model): 회로의 출력 신호가 현재 상태들 뿐 아니라 입력 신호에 의해서도 영향을 받는 형태의 순차회로를 말한다. 즉, 외부로부터 들어오는 입력 신호도 현재의 출력 신호에 직접 영향을 준다.

그런데 입력 신호는 클록 신호와 상관없이 언제든 들어올 수 있기 때문에, 밀리 모델은 입력 신호의 값이 바뀌는 즉시 출력 신호도 바뀌게 되는 불안정한 회로가 된다. 그리고 만약 입력 신호와 플립-플롭의 출력이 동시에 변경되는 일이 발생한다면, 잘못된 출력 신호가 순간적으로 생성되어 오류가 발생할 위험도 있다. 따라서 밀리 모델의 회로에서 오류를 방지하기 위해서는 입력 신호도 클록 신호에 의해 동기화 되어 들어오도록 할 필요가 있다.

위의 모델로 구현된 순차회로를 각각 무어 기계(Moore machine) 및 밀리 기계(Mealy machine)라고도 부른다. 이 절의 설명을 진행하는 중에 그와 같은 각 모델에 해당되는 회로의 예를 살펴보기로 한다.

7.3.1 D 플립-플롭이 포함된 순차회로의 분석

동기식 순차회로의 동작 특성을 분석하기 위해서는 먼저 회로로부터 상태 함수(state equation)를 구해야 한다. 상태 함수란 회로에 포함된 플립-플롭들의 상태 변화에 대한 조건을 가리키는 대수적 표현인데, 다음 상태(next state)를 현재 상태(present state)와 입력(input)에 대한 함수로 나타낸 것을 말한다.

회로 분석을 위한 예로서, 그림 7-29와 같이 D 플립-플롭과 AND 게이트 및 OR 게이트로 구성된 순차회로를 고려해 보기로 하자. 이 회로에서는 D 플립-플롭이 이전 상태를 저장하는 기억 소자로 사용된다. 그리고 상태 값인 A는 피드백(feedback)되어 두 입력들(x, y)과 AND 및 OR 연산 된 후에 D 입력으로 들어간다. D 플립-플롭에서는 D 입력 값이 그대로 출력으로 세트되므로, 그림 7-29의 순차회로에서는 현재 상태가 다음 상태를 결정하는데 직접 사용된다고 할 수 있다.

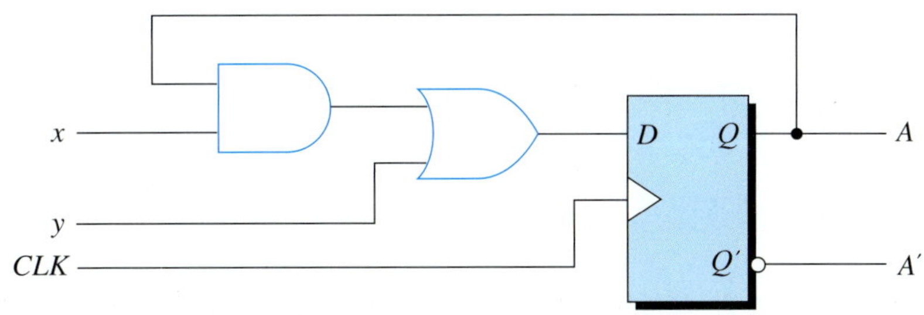

그림 7-29 D 플립-플롭이 포함된 순차회로의 예

이 회로에는 출력 신호가 별도로 없으며, 상태 A가 출력 신호에 해당한다. 그리고 출력 A는 클록 신호에 동기화 되어 결정되므로, 이 회로는 무어 모델로 분류된다.

플립-플롭은 CLK 신호의 트리거 에지에서의 입력 값에 따라 출력을 세트하기 때문에, 상태 함수를 구하기 위해서는 먼저 입력 함수를 구할 필요가 있다. 입력 함수란 플립-플롭의 입력에 대하여 유도된 부울 표현을 말한다. 그림 7-29의 회로에서 입력 함수는 플립-플롭의 D 입력을 생성하는 조합회로 부분으로부터 식 (7-4)와 같이 유도될 수 있다.

$$D = Ax + y \tag{7-4}$$

상태 함수는 시간에 따른 상태 변화를 보여주는 표현이기 때문에, 상태 및 입력 값에 시간적 요소를 포함시켜야 한다. 따라서 그림 7–29의 회로에 대한 상태 함수는 식 (7–4)의 입력 함수에 시간 개념을 추가하고, 다음 상태인 $A(t+1)$에 대하여 표현한 식 (7–5)와 같아진다.

$$A(t+1) = A(t)x(t) + y(t) \tag{7-5}$$

식 (7–5)에서 좌측의 $A(t+1)$은 플립-플롭이 클록 신호의 상승 에지에서 트리거 된 후에 결정되는 다음 상태(next state)를 가리킨다. 그런데 이러한 상태 함수에서 우측 편은 항상 현재 상태 및 현재의 입력 값들로 이루어지기 때문에, 현재를 가리키는 (t)는 생략하고 아래의 식 (7–6)과 같이 간략화된 형태로 표현할 수도 있다.

$$A(t+1) = Ax + y \tag{7-6}$$

상태 함수를 이용하여 실제 입력 및 상태 값들에 대한 다음 상태 값들을 수치적으로 표현함으로써 회로의 동작 특성을 더욱 쉽게 파악할 수 있게 해주는 표를 상태표(state table) 혹은 전이표(transition table)라고 부른다. 상태표는 현재 상태, 입력 및 다음 상태에 대한 2진 값들을 나열히는 행과 열들로 이루어진다. 식 (7–6)의 상태 함수를 이용하여 그림 7–29의 회로에 대한 상태표를 작성해보면, 〈표 7–2〉와 같아진다.

〈표 7–2〉에서 보는 바와 같이, 상태표를 작성하기 위해서는 먼저 현재 상태(A)와 두 입력들(x, y)로 이루어지는 3비트에 대한 모든 2진수 조합들을 나열한다. 이 예에서는 '000'부터 '111'까지의 여덟 개 조합들이 나열되었다. 그리고 각 조합의 값들을 식 (7–6)의 상태 함수에 대입하여 다음 상태 값들을 구한 다음에, 그들을 각각 해당 조합에 대한 다음 상태 칸에 써넣으면 된다. 결과를 살펴보면, 현재 상태 A와 입력 x가 모두 1이거나 입력 y가 1이라면, 다음 상태 $A(t+1)=1$이 된다는 것을 확인할 수 있다.

상태표로부터 얻어진 정보들을 이용하여 상태들 간의 전이 과정을 그림으로 표시하면, 회로의 동작 특성을 좀 더 쉽게 파악할 수 있다. 그와 같은 그림을 상태 다이어그램(state diagram)이라고 부른다. 이 다이어그램에서는 상태를 원으로 표시하고, 상태 전이는 해당

〈표 7-2〉 그림 7-29의 회로에 대한 상태표

현재 상태	입력		다음 상태
A	x	y	$A(t+1)$
0	0	0	0
0	0	1	1
0	1	0	0
0	1	1	1
1	0	0	0
1	0	1	1
1	1	0	1
1	1	1	1

상태들 간을 연결하는 화살표가 붙은 선으로 표시한다. 그리고 선 위에는 그 전이를 유발하는 입력 값들을 써주면 된다. 〈표 7-2〉를 이용하여 그림 7-29의 회로에 대한 상태 다이어그램을 그려보면 그림 7-30과 같다.

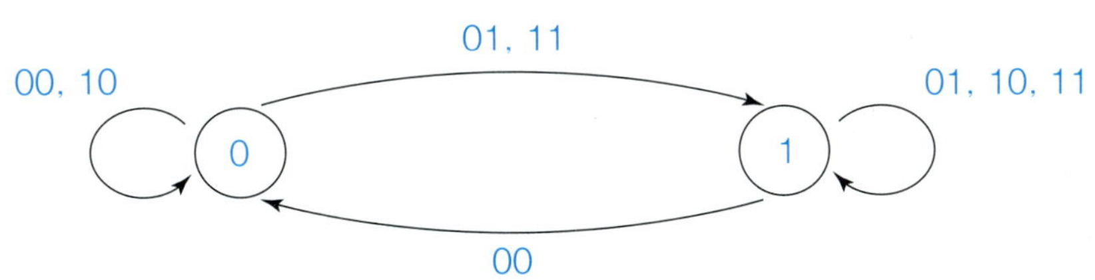

그림 7-30 그림 7-29의 회로에 대한 상태 다이어그램

이 예의 회로에는 플립-플롭이 한 개만 있으므로, 시스템의 상태가 두 개(0,1)만 존재한다. 따라서 상태 다이어그램에는 두 개의 원이 있으며, 각 원에는 상태 값인 0 혹은 1이 표시된다. 그리고 화살표를 가진 선을 이용하여 어느 상태로부터의 전이인지를 가리키고, 상태들 간의 전이를 유발하는 입력 조합들을 상태 전이 선 위에 표시하였다. 그림 7-30의 다이어그램으로부터 아래와 같은 사항들을 확인할 수 있다.

- 상태 전이 0→1: 상태가 0일 때 입력 조합 xy=01(x=0, y=1) 혹은 11(x=1, y=1)이라면, 상태는 1로 전이된다.

- 상태 전이 1→0: 상태가 1일 때 $xy=00$이라면, 상태는 0으로 전이된다.
- 상태 불변: 상태가 0일 때 $xy=00$ 혹은 10이라면, 상태는 변하지 않고 그대로 유지된다(그림에서 0으로 되돌아가는 것으로 표시). 또한 상태가 1일 때 $xy=01$, 10 혹은 11이라면, 상태는 변하지 않고 1을 유지한다(그림에서 1로 되돌아가는 것으로 표시).

상태표에는 회로 내의 플립-플롭의 수가 m개이고 입력의 수가 n개라면 2^{m+n}개의 조합들이 존재하며, 그에 따라 다음 상태도 같은 수만큼 나열된다. 만약 플립-플롭의 수가 두 개이고 입력이 한 개라면, 조합의 수는 앞의 예와 마찬가지로 8개가 존재한다. 그러나 다음 상태는 두 개의 플립-플롭들에 대하여 한 개씩 필요하므로, 그에 따른 상태 값들을 나열하기 위하여 두 개의 열이 준비되어야 한다. 그와 같은 경우에 해당하는 순차회로를 예로서 분석해보기 위하여, 그림 7-31과 같은 회로를 살펴보기로 하자. 이 회로에는 두 개의 D 플립-플롭들이 포함되어 있으며, 출력 신호가 별도로 발생된다.

그림 7-31의 회로에서 두 플립-플롭들의 D 입력에 대한 입력 함수들을 각각 구하면 아래와 같아진다.

$$D_A = B \oplus x$$
$$D_B = A' + x$$

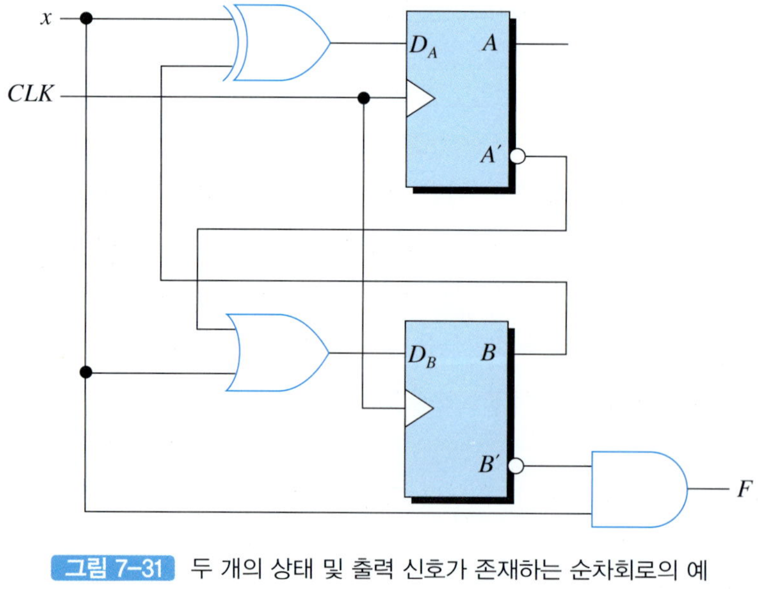

그림 7-31 두 개의 상태 및 출력 신호가 존재하는 순차회로의 예

이 회로에서도 D 플립-플롭이 사용되었으므로, 상태 A와 B는 CLK 신호의 트리거 에지에서 D 입력의 값이 그대로 세트된다. 따라서 이 순차회로에 대한 상태 함수는 아래와 같이 표현할 수 있다.

$$A(t+1) = D_A = B \oplus x = B'x + Bx'$$
$$B(t+1) = D_B = A' + x$$

회로의 출력 신호 F에 대한 부울 표현을 출력 함수(output equation)라고 부르는데, 그림 7-31의 회로에 대한 출력 함수는 아래와 같이 표현된다.

$$F(t) = B'(t)x(t)$$

그러나 출력 신호는 현재 입력과 현재 상태에 의해서 발생되는 현재 출력이므로, 위의 함수에서 시간을 나타내는 (t)를 생략하고 아래와 같이 간략화된 함수로 표현할 수 있다.

$$F = B'x$$

이와 같이 출력 신호가 상태 A와 B뿐 아니라 입력 신호 x에 의해서도 영향을 받기 때문에, 그림 7-31의 회로는 밀리 모델로 분류된다. 여기서 상태 A와 B의 값은 클록 신호의 트리거 에지에서 변화하지만, 입력 x는 변경되는 즉시, CLK 신호와 상관없이 출력 값에 영향을 준다는 것을 알 수 있다.

위에서 구한 상태 함수들과 출력 함수를 이용하여 그림 7-31의 회로에 대한 상태표를 작성하면 〈표 7-3〉과 같아진다. 즉, 두 개의 상태 A와 B 및 입력 x에 대한 모든 2진 값들의 조합을 나열하고, 그들에 의해 결정되는 다음 상태 값들과 현재 출력 값들을 구하여 해당 난을 채우면 된다. 표에서 현재 상태들과 입력 및 출력은 A, B, x 및 F로 표시되었고, 다음 상태의 A와 B는 각각 $A(t+1)$와 $B(t+1)$를 의미한다.

〈표 7-3〉 그림 7-31의 회로에 대한 상태표

현재 상태		입력	다음 상태		현재 출력
A	B	x	A	B	F
0	0	0	0	1	0
0	0	1	1	1	1
0	1	0	1	1	0
0	1	1	0	1	0
1	0	0	0	0	0
1	0	1	1	1	1
1	1	0	1	0	0
1	1	1	0	1	0

그런데 상태표는 〈표 7-3〉과 약간 다른 형태로 작성하는 것이 더 편리한 경우가 있다. 즉, 〈표 7-4〉와 같이 입력 값이 0과 1인 경우에 대한 상태들과 출력의 변화를 중심으로 표현하는 것이다. 이 상태표에서는 x의 값에 따른 상태 및 출력의 변화가 분리되어 있다. 이와 같은 형태의 상태표를 이용하면 동작 특성을 더 쉽게 파악할 수 있는 경우가 있다. 그리고 이 형태는 상태 다이어그램을 그리는 데에도 도움이 되기 때문에, 응용에 따라 두 가지 형태들 중의 하나를 적절히 선택하여 사용하면 된다.

〈표 7-4〉 그림 7-31의 회로에 대한 다른 형태의 상태표

현재 상태		다음 상태				현재 출력	
		$x=0$		$x=1$		$x=0$	$x=1$
A	B	A	B	A	B	F	F
0	0	0	1	1	1	0	1
0	1	1	1	0	1	0	0
1	0	0	0	1	1	0	1
1	1	1	0	0	1	0	0

이제 〈표 7-4〉를 통하여 입력 값의 변화가 상태의 변화에 미치는 영향을 살펴보기로 하자. 〈표 7-4〉에서 상태 조합 AB='00'일 때 입력으로 0이 들어오면, 다음 상태 조합은 '01'로 전이된다. 그리고 출력 F는 전이가 되기 전인 현재 상태 값(B')과 입력 x에 의해 결정되므로, $F=B'x=0$이 발생된다. 동일한 상태인 AB='00'에서 입력으로 1이 들어오는 경우에는 상태가 AB='11'로 전이되고, 출력으로는 1이 발생한다. 다른 상태 조합들(01, 10, 11)에 대해서도 같은 방법을 이용하여 입력값에 따른 상태 및 출력값의 변화를 분석할 수 있다. 그리고 입력으로 0이 들어온다면($x=0$), 현재의 A와 B가 어떤 값이든, 출력(F)은 항상 0이 된다는 것도 표로부터 쉽게 확인할 수 있다.

앞에서와 같이 상태표를 이용하여 회로의 전체적인 상태 전이 및 출력 발생의 패턴을 파악할 수도 있지만, 더 편리한 방법은 상태 다이어그램을 이용하는 것이다. 이제 지금까지의 결과를 근거로 하여 그림 7-31의 회로에 대한 상태 다이어그램을 그려보기로 하자. 그 회로에서는 상태를 저장하는 플립-플롭의 수가 두 개이기 때문에, 순차회로 전체가 가질 수 있는 상태의 조합은 네 가지(AB=00, 01, 10, 11)가 존재한다. 따라서 그림 7-32의 상태 다이어그램에는 네 개의 원이 존재한다. 그리고 네 개의 원 내부에 표시된 두 비트는 각 상태 조합을 나타내며, 그들을 서로 연결해주는 것은 상태전이 선(state transition line)이다. 그 선에는 원래의 상태와 전이될 상태를 가리키기 위하여 화살표가 함께 표시되며, 각 선의 위에는 그 전이를 유발하는 입력 값과 그 때 발생하는 출력 값이 입력/출력(x/F)의 형태로 표시된다. 예를 들어, 상태 전이 '00'→'11'을 가리키는 상태전이 선에는 입력/출력 = 1/1로 표시되어 있는데, 그것은 입력 $x=1$일 때 그 상태 전이가 일어나며, 그 때 출력으로는 1이 발생한다는 것을 나타낸다. 이와 같이 입력과 출력을 함께 표시함으로써, 이 회로는 출력이 입력에 의해 직접 영향을 받는 밀리 모델이라는 것을 알 수 있다. 상태 전이들 중에서 '01'→'01'의 경우에는 화살표가 되돌아오는 것으로 표시되었는데, 그것은 AB='01'일 때 입력으로 1이 들어온다면 상태가 변화 없이 그대로 유지된다는 것을 가리킨다.

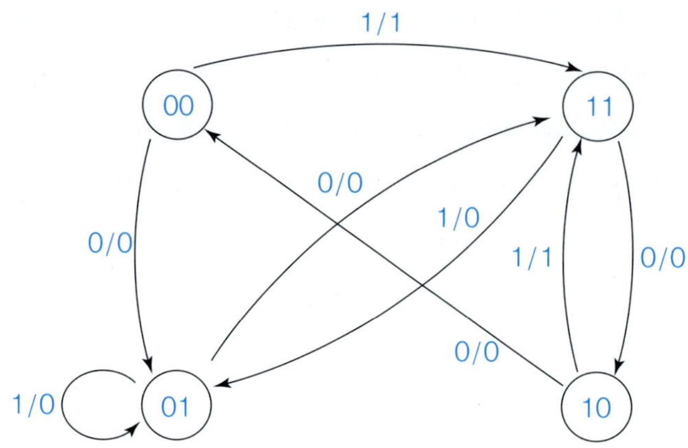

그림 7-32 그림 7-31의 회로에 대한 상태 다이어그램

예제 7-7

그림 7-32의 상태 다이어그램과 같은 동작 특성을 가지는 순차회로에서 초기의 상태 조합이 '00'이라고 가정하자. 입력(x) 값들이 아래와 같은 순서로 회로에 인가되는 경우에, 상태 전이와 출력 값들을 구하라.

$$x = 0\,1\,0\,0\,1\,0\,0\,1\,1\,0\,1\,0\,0\,1\,1$$

풀이

상태 다이어그램에 위의 입력 값들을 차례대로 대입시키면서 상태 전이 과정과 출력 값을 추적하면, 그 결과는 아래와 같아진다.

클록 주기	1	2	3	4	5	6	7	8	9	10	11	12	13	14	15
현재 상태	00	01	01	11	10	11	10	00	11	01	11	01	11	10	11
입력(x)	0	1	0	0	1	0	0	1	1	0	1	0	0	1	1
다음 상태	01	01	11	10	11	10	00	11	01	11	01	11	10	11	01
출력(F)	0	0	0	0	1	0	0	1	0	0	0	0	0	1	0

7.3.2 JK 플립-플롭이 포함된 순차회로의 분석

앞 절에서 설명한 바와 같이 JK 플립-플롭은 J(세트) 입력과 K(리셋) 입력을 가지고 있으며, 두 입력이 모두 1일 때는 토글하는 동작 특성을 가지고 있다. 이들을 기억 소자로 이용하여 구성되는 순차회로는 그 두 입력으로 들어오는 값들에 의해 다음 상태가 결정된다. 이러한 순차회로를 분석하는 절차를 살펴보기 위하여, 그림 7-33과 같은 회로를 고려해보기로 하자. 이 회로는 두 개의 JK 플립-플롭들과 AND 및 NOT 게이트들로 이루어져 있다. 분석 과정의 편이를 위하여 상단에 위치한 플립-플롭을 A 플립-플롭, 하단의 플립-플롭을 B 플립-플롭이라 부르기로 한다. 그에 따라 A 플립-플롭의 두 입력을 각각 J_A와 K_A로 표기하고, B 플립-플롭의 두 입력은 각각 J_B와 K_B로 표기하였다.

이 회로에서는 외부 신호 x와 현재 상태인 $A(t)$ 및 $B(t)$가 조합회로를 통과하여 플립-플롭의 입력들이 결정된다. 동기식 순차회로의 분석은 그러한 값들에 의해 현재 상태가 CLK의 트리거 에지에서 어떻게 바뀌는지를 파악하는 것인데, 그 절차는 아래와 같다.

① 플립-플롭의 입력 함수들을 구한다.
② 입력 함수들을 이용하여, 현재 상태들과 입력 신호 값에 따른 다음 상태 값들을 구하여 상태표를 작성한다.
③ 상태 다이어그램을 그려서 상태 전이를 파악함으로써, 회로의 동작 특성을 분석한다.

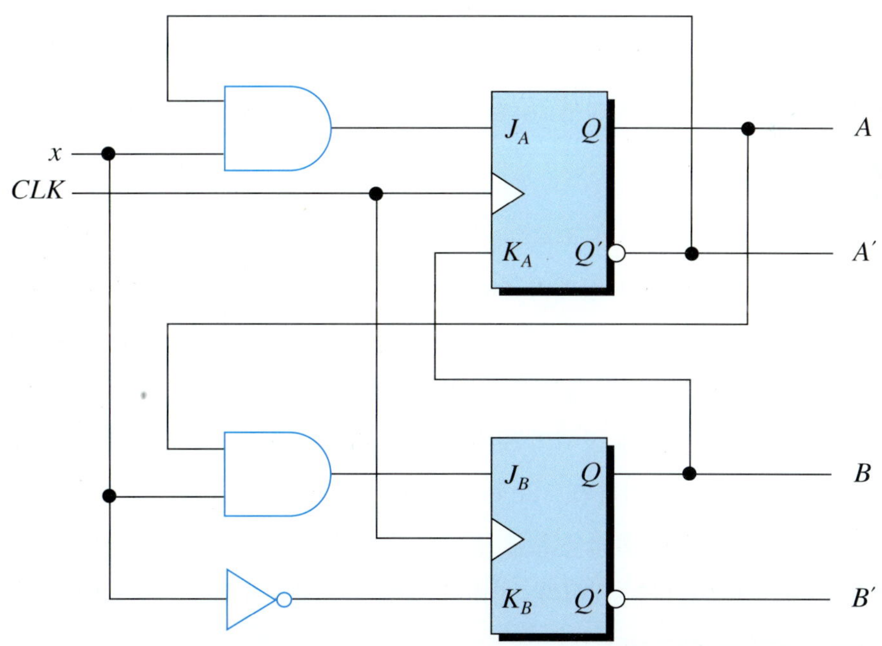

그림 7-33 JK 플립-플롭을 포함한 순차회로의 예

그림 7−33으로부터 플립-플롭의 입력 함수들을 구하면 다음과 같다.

$$J_A = A'x \qquad K_A = B \qquad (7-7)$$
$$J_B = Ax \qquad K_B = x'$$

상태표를 작성하기 위해서는 현재 상태와 입력 값에 따른 다음 상태 값들을 구해야 하는데, 그것은 아래와 같은 두 가지 방법들 중의 하나를 사용하면 된다.

- 입력 함수들을 이용하여 플립-플롭의 입력 값들을 구하고, JK 플립-플롭의 특성표(그림 7−17(b))를 이용하여 다음 상태 값들을 구한다.
- JK 플립-플롭의 특성 함수인 식 (7−2)를 이용하여 위의 입력 함수들에 대한 각 JK 플립-플롭의 다음 상태 값을 구한다.

첫 번째 방법을 이용하여 상태표를 작성하기 위해서는 〈표 7−5〉에서와 같이 플립-플롭의 입력에 영향을 주는 현재 상태들(A,B)과 입력 x에 대한 8개의 2진수 조합들을 나열한다. 그리고 위의 입력 함수들을 이용하여 각 조합에 대한 입력 값들을 파악한다. 마지막 단계로서, 플립-플롭의 입력 값들에 따라 현재 상태들이 어떤 값들로 변경될 지를 확인하여 다음 상태 값들을 열거한다. 이 과정에서 JK 플립-플롭의 상태 변화는 그림 7−17(b)의 특성표를 참조하면 된다.

상태 변화에는 네 가지 경우가 존재하는데, 입력 신호 값들이 J=0, K=0이라면, 현재 상태는 변하지 않고 그대로 다음 상태가 된다. 만약 J=0, K=1이라면, 현재 상태가 어떤 값이든 상관없이 다음 상태는 0으로 리셋 된다. 만약 J=1, K=0이라면, 현재 상태가 어떤 값이든 상관없이 다음 상태는 1로 세트 된다. 마지막으로, 두 입력으로 모두 1(J=1, K=1)이 들어온다면, 다음 상태는 현재 상태의 보수 값으로 바뀐다. 이와 같은 상태전이 조건을 적용하여 다음 상태 값들을 열거하면, 〈표 7−5〉와 같은 상태표가 완성된다. 여기서 유의할 점으로는 그림 7−33의 회로가 출력 신호를 별도로 발생하지 않기 때문에, 상태표에도 출력을 위한 열은 존재하지 않는다는 것이다. 이러한 경우에는 일반적으로 플립-플롭의 출력들이 회로의 최종 출력으로 간주된다.

〈표 7-5〉 그림 7-33의 순차회로에 대한 상태표

현재 상태		입력	플립-플롭 입력				다음 상태	
A	B	x	J_A	K_A	J_B	K_B	A	B
0	0	0	0	0	0	1	0	0
0	0	1	1	0	0	0	1	0
0	1	0	0	1	0	1	0	0
0	1	1	1	1	0	0	1	1
1	0	0	0	0	0	1	1	0
1	0	1	0	0	1	0	1	1
1	1	0	0	1	0	1	0	0
1	1	1	0	1	1	0	0	1

이제 두 번째 방법을 이용하여 상태표를 작성하는 방법을 살펴보기로 하자. 먼저 JK 플립-플롭의 특성 함수인 식 (7-2)를 다시 쓰면, 아래와 같다.

$$Q(t+1) = K'Q + JQ'$$

위의 식을 $A(t+1)$ 및 $B(t+1)$에 대한 표현식들로 바꾸어 쓰면, 다음과 같아진다.

$$A(t+1) = K_A'A + J_AA'$$
$$B(t+1) = K_B'B + J_BB'$$

그런 다음에 식 (7-7)의 입력 함수들을 위의 식들에 대입하여, 두 JK 플립-플롭들의 다음 상태에 대한 표현식들을 구하면, 식 (7-8) 및 (7-9)와 같아진다.

$$A(t+1) = B'A + (A'x)A' = AB' + A'x \qquad (7-8)$$
$$B(t+1) = (x')'B + (Ax)B' = Bx + AB'x \qquad (7-9)$$

이 경우에 식 (7-8)을 A 플립-플롭에 대한 상태 함수라고 부르고, 식 (7-9)를 B 플립-플롭에 대한 상태 함수라 한다. 이 상태 함수들을 이용하여 상태표를 작성한다면, 〈표 7-5〉

의 중간에 위치한 플립-플롭 입력들(J_A, K_A, J_B, K_B)에 대한 값들을 구할 필요 없이, 직접 다음 상태 값들을 구할 수 있다. 따라서 〈표 7-5〉보다 더 간단한 형태의 상태표를 작성하는 것도 가능해진다.

이제 그림 7-33의 순차회로에 대한 분석의 마지막 단계로서, 상태 다이어그램을 그려보기로 하자. 먼저, 네 개의 상태 조합들(00, 01, 10, 11) 간의 전이 관계를 〈표 7-5〉의 상태표로부터 찾아서 그린 다음에, 각 전이를 유발하는 입력 값들을 전이 선(transition line) 상에 표시하면 그림 7-34와 같은 상태 다이어그램을 얻을 수 있다.

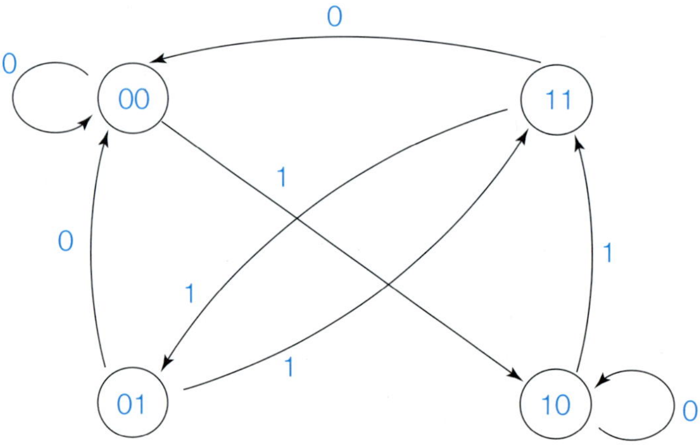

그림 7-34 그림 7-33의 회로에 대한 상태 다이어그램

그림 7-34에서 상태 A와 B가 모두 0인 AB='00' 상태에서 CLK의 상승 에지 순간의 입력이 0($x=0$)이라면, 상태 조합은 '00'을 그대로 유지한다. 즉, 두 플립-플롭들이 모두 원래의 상태를 그대로 유지하고 있게 되는 것이다. 그러나 만약 그 순간에 $x=1$이라면, AB='10'으로 바뀌게 된다. 즉, 플립-플롭 A의 상태는 1로 세트되고, 플립-플롭 B의 상태는 0으로 그대로 유지된다. 이와 같이 상태 다이어그램을 그려보면, 회로의 모든 상태 전이들을 쉽게 파악할 수 있다.

앞에서 언급한 바와 같이, 이 회로에는 출력이 별도로 존재하지 않기 때문에 그림 7-34에서 상태들 간을 연결하는 전이 선 위에 입력 값만 표시하고, 슬래시(/) 기호와 출력 값은 표시할 필요가 없다. 이 회로는 출력 신호로 간주될 수 있는 플립-플롭의 출력들이 입력 신호에 영향을 받지 않으며, 그 값들은 클록 신호에 동기되어 변하기 때문에, 무어 모델로 분류된다.

7.3.3 T 플립-플롭이 포함된 순차회로의 분석

T 플립-플롭을 포함하고 있는 순차회로에 대한 분석도 앞에서 설명한 다른 플립-플롭들의 경우와 유사한 방법으로 이루어질 수 있다. 한 예로서, 그림 7-35와 같이 두 개의 T 플립-플롭들을 포함하고 있는 순차회로의 동작을 분석해보기로 하자. 이 회로는 상단 플립-플롭의 출력을 상태 A로 표시하고, 하단 플립-플롭의 출력을 상태 B로 표시하고 있다. 입력 T_A로는 외부 입력 x와 B가 AND 연산된 후에 들어오며, 입력 T_B로는 입력 x가 직접 인가된다. 회로의 출력 F는 현재 상태인 A와 B가 OR 연산되어 결정되고, 입력 x에 의해서는 영향을 받지 않는다. 따라서 이 순차회로는 무어 모델로 분류될 수 있다.

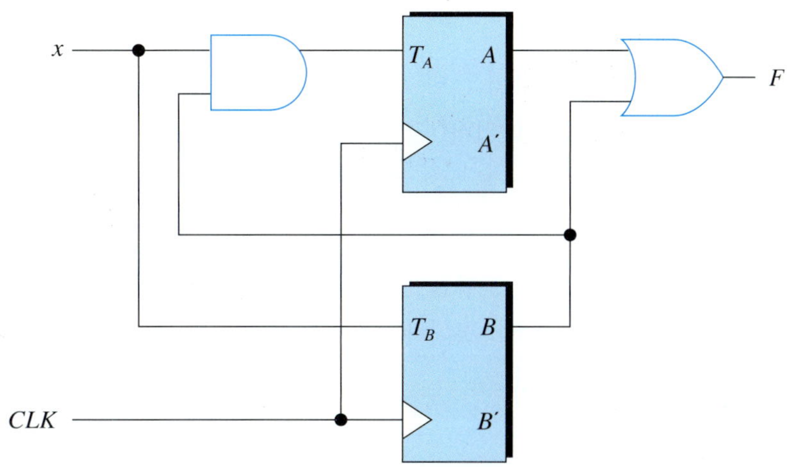

그림 7-35 T 플립-플롭들로 구성된 순차회로의 예

그림 7-35의 순차회로에서 각 플립-플롭의 입력 함수들을 구하면 아래와 같아진다.

$$T_A = Bx \qquad (7-10)$$
$$T_B = x$$
$$F = A + B$$

그런데 T 플립-플롭의 특성 함수인 식 (7-3)을 다시 보면 아래와 같다.

$$Q(t+1) = T \oplus Q(t)$$

앞의 식에 식 (7−10)의 입력 함수들을 대입하여 정리하면, 다음 상태에 대한 함수들은 각각 다음과 같아진다.

$$\begin{aligned} A(t+1) &= Bx \oplus A \\ &= (Bx)'A + (Bx)A' \\ &= (B'+x')A + A'Bx \\ &= AB' + Ax' + A'Bx \end{aligned}$$

$$\begin{aligned} B(t+1) &= x \oplus B \\ &= Bx' + B'x \end{aligned}$$

이와 같은 상태 함수들을 이용하여 그림 7−35의 회로에 대한 상태표를 작성하려면, 현재 상태 A, B와 입력 x의 값들을 대입하여 다음 상태 값들을 구하면 된다. 그러나 위에서 보는 바와 같이 상태 함수들이 다소 복잡한 편이기 때문에, 그 과정에서 오류가 발생될 우려가 있다. 따라서 이 경우에는 〈표 7−6〉의 상태표에서와 같이 식 (7−10)의 입력 함수들을 이용하여 T_A와 T_B에 대한 값을 구한 다음에, T 플립-플롭의 동작 특성에 따라 다음 상태 값들과 출력 값을 구하는 것이 더 효과적이다.

〈표 7−6〉 그림 7−35에 대한 상태표

현재 상태		입력	F/F 입력		다음 상태		출력
A	B	x	T_A	T_B	A	B	F
0	0	0	0	0	0	0	0
0	0	1	0	1	0	1	0
0	1	0	0	0	0	1	1
0	1	1	1	1	1	0	1
1	0	0	0	0	1	0	1
1	0	1	0	1	1	1	1
1	1	0	0	0	1	1	1
1	1	1	1	1	0	0	1

〈표 7-6〉의 작성 과정에서 다음 상태인 $A(t+1)$의 값을 구할 때, $T_A=0$이라면 플립-플롭이 상태 변화를 하지 않으므로 현재 값을 그대로 쓰면 된다. 그러나 만약 $T_A=1$이라면 플립-플롭이 토글 하므로, 다음 상태의 값은 현재 상태의 반대가 된다. 표에서 T_A의 처음 세 개는 모두 0이기 때문에, 그들에 대응되는 다음 상태 값들은 모두 현재 상태 A와 같은 0을 그대로 쓴다. 그리고 네 번째 T_A 값은 1이므로, 그에 대응되는 다음 상태 A는 현재 상태값(0)을 반전시킨 1이 된다. 그런데 그 다음 세 개의 T_A 값들도 0이므로, A의 다음 상태 값들은 현재 상태와 같은 1로 유지된다. 마지막 T_A 값은 1이므로, A가 토글 되어 0이 된다. 상태 B에 대한 다음 상태 값들도 같은 방법으로 구하면 된다. 이와 같이, 실제 값들에 T 플립-플롭의 동작 특성을 적용하여 다음 상태 값들을 구하는 방법이 특성 함수에 실제 값들을 대입하는 방법보다 더 효과적이고, 오류도 줄일 수 있다.

여기서 유의할 사항으로는 출력 F의 값들은 현재 상태 값들을 이용하여 구해야 한다는 것이다. 즉, $F(t)=A(t)+B(t)$이므로, 현재 상태 값들을 적용하면 〈표 7-6〉의 마지막 행에서와 같은 출력 값들을 얻을 수 있다.

〈표 7-6〉의 결과를 이용하여 그림 7-35의 순차회로에 대한 상태 다이어그램을 그리면 그림 7-36과 같아진다. 이 상태 다이어그램에 따르면, 입력 x로 0이 인가되는 경우에 상태 조합 AB는 항상 그 이전의 값을 그대로 유지한다. 반면에 입력 x로 1이 인가된다면, AB는 $00 \rightarrow 01$, $01 \rightarrow 10$, $10 \rightarrow 11$, 그리고 $11 \rightarrow 00$으로 전이된 다음에, 그 과정이 반복된다는 것을 알 수 있다. 즉, 이 순차회로는 입력으로 펄스가 들어올 때마다 상태 조합(AB)이 1씩 증가하며, 0부터 3까지 전이된 다음에 다시 반복하는 2진 카운터(binary counter)이다.

그림 7-35의 회로는 현재 상태 값들 중에서 어느 한 개만 1이면, 출력(F)으로 1을 발생한다. 그런데 이 회로에서 F는 상태 A와 B에 의해서만 결정되며, 입력 x에는 영향을 받지 않는 무어 모델로 분류된다. 그러한 관계를 나타내기 위하여, 그림 7-36의 상태 다이어그램에서는 원 내부에 상태 조합을 나타내는 값 다음에 슬래시(/)를 넣어, 상태/출력(AB/F)의 형태로 표시하였다. 그것은 각 상태 조합에 의해 출력이 결정된다는 것을 가리키기 위한 것이다. 이와 같이, 상태 다이어그램은 순차회로의 전체적인 동작 특성을 시각적으로 파악하는 데 많은 도움이 된다.

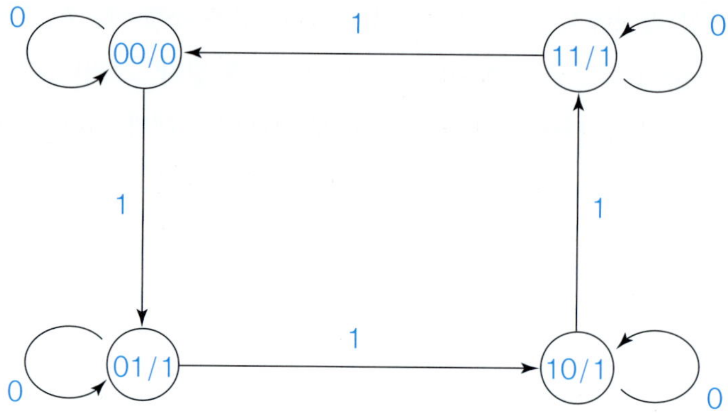

그림 7-36 그림 7-35의 회로에 대한 상태 다이어그램

순차회로의 분석 결과를 보여주기 위하여 사용되는 상태표와 상태 다이어그램에서 상태 조합을 2진 비트 배열로 표시하는 대신에, 더 간략한 기호를 이용하는 방법이 있다. 예를 들어 상태 조합이라는 표시로서 기호 S를 이용하고, 해당 조합의 순서를 가리키는 하첨자를 붙이는 것이다. 네 개의 상태 조합이 존재하는 다이어그램의 경우에는 상태 '00'을 기호 S_0으로 대체하고, '01'을 S_1, '10'을 S_2, 그리고 '11'을 S_3으로 대체하는 것이다. 그와 같은 기호들을 이용하여 상태표를 다시 작성하면 〈표 7-7〉과 같아진다. 그리고 그에 따른 상태 다이어그램을 그리면, 그림 7-37과 같다.

〈표 7-7〉 기호 S를 이용하여 작성한 상태표

현재 상태	다음 상태		현재 출력(F)	
	$x=0$	$x=1$	$x=0$	$x=1$
S_0	S_0	S_1	0	0
S_1	S_1	S_2	1	1
S_2	S_2	S_3	1	1
S_3	S_3	S_0	1	1

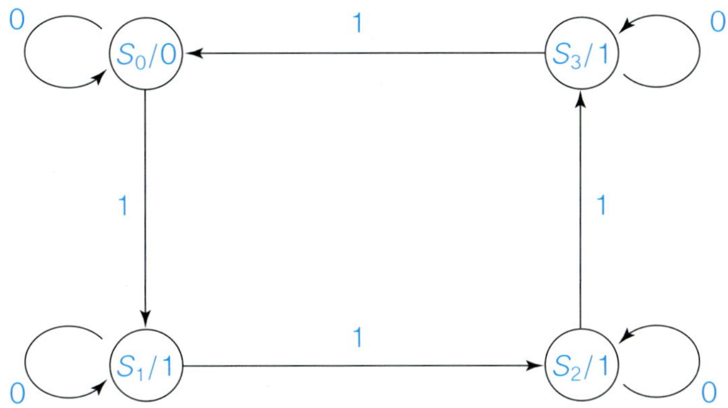

그림 7-37 상태 기호 S를 이용하여 표시한 상태 다이어그램

7.4 순차회로의 설계

이 절에서는 순차회로를 설계하는 절차와 방법에 대하여 설명하고자 한다. 순차회로는 플립-플롭들과 주변의 조합회로로 이루어지는데, 어떤 종류의 플립-플롭을 이용하는지에 따라 조합회로의 구성과 복잡도가 달라진다. 따라서 순차회로의 설계 과정에서 플립-플롭의 선택은 매우 신중하게 이루어져야 한다. 순차회로에 포함될 플립-플롭의 수는 상태의 수를 나타내는데, 그것은 설계할 회로의 기능과 필요한 동작에 따라 결정된다. 그리고 순차회로의 상태 전이는 플립-플롭들의 입력 값들에 의해 결정되기 때문에, 회로 설계의 핵심은 각 플립-플롭의 입력 함수를 구하는 것이 된다. 순차회로를 일반적인 설계하는 절차는 아래와 같다.

① 회로의 기능에 대하여 상세하게 기술하고, 상태 다이어그램을 그린다.
② 상태표를 작성한다.
③ 플립-플롭의 종류를 선택한다.
④ 플립-플롭들의 입력 함수 및 회로의 출력 함수들을 구하고, 간략화한다.
⑤ 회로를 구성한다.

앞에서 설명한 바와 같이 순차회로는 조합회로와 기억 소자로 구성되는데, 기억 소자로는 지금까지 설명하였던 플립-플롭들 중의 어떤 것이든 사용될 수 있다. 그러나 설계하고자 하는 회로의 동작 특성에 따라 그에 적합한 유형의 플립-플롭을 사용한다면, 조합회로 부분이 상대적으로 더 간략해지고 순차회로의 동작 속도도 높일 수 있다. 이제 위에서 설명한 순차회로 설계 절차에 근거하여 실제로 회로를 설계하면서 그러한 특징을 살펴보기로 한다.

7.4.1 D 플립-플롭을 이용한 순차회로의 설계

D 플립-플롭을 이용하여 구성되는 순차회로를 설계하는 방법을 설명하기 위하여, 앞의 절차에 따라 설계하는 예를 한 가지 살펴보기로 한다.

1. **문제 기술(problem description)**: 2-비트 다운 카운터(2-bit down counter)를 설계하고자 한다. 이 순차회로의 초기값은 3(2진수: 11)에서 시작하며, 입력 펄스가 들어올 때마다 1씩 감소하여 0까지 된 다음에, 다시 3으로 반복되는 2-비트 상태 조합들을 발생한다. 즉, 입력으로 0이 들어올 때는 이전의 상태 값들을 그대로 유지하지만, 1이 들어올 때마다 회로의 상태 조합은 11→10→01→00의 순서로 전이되고, 그 다음에는 다시 11로 돌아가서 전체 순서를 반복한다. 이와 같은 순차회로의 동작 특성을 상태 다이어그램으로 나타내면 그림 7-38과 같다.

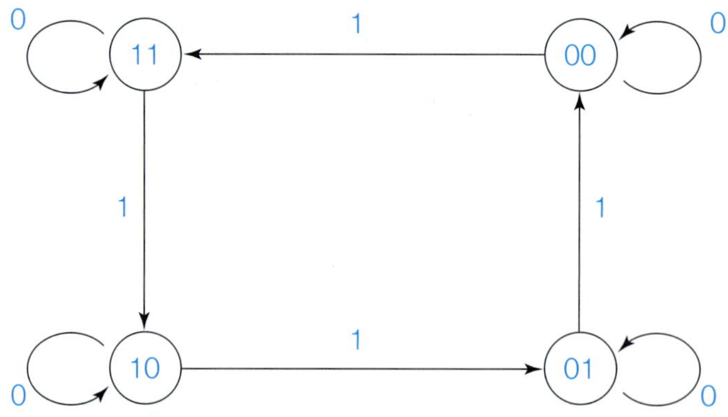

그림 7-38 2-비트 다운-카운터에 대한 상태 다이어그램

2. **상태표 작성**: 이 순차회로는 두 개의 상태값을 가지므로, 먼저 그들에게 변수명으로 A와 B를 배정하고, 입력 변수명으로는 x를 사용하기로 한다. 그 변수명들을 이용하여 위의 1번 기술에 대한 상태표를 작성하면 〈표 7-8〉과 같아진다. 이 상태표는 상태 A 및 B의 현재 값들이 입력 $x(t)$에 따라 어떤 값으로 전이되는지를 보여준다.

〈표 7-8〉 다운 카운터에 대한 상태표

현재 상태		입력	다음 상태	
$A(t)$	$B(t)$	$x(t)$	$A(t+1)$	$B(t+1)$
0	0	0	0	0
0	0	1	1	1
0	1	0	0	1
0	1	1	0	0
1	0	0	1	0
1	0	1	0	1
1	1	0	1	1
1	1	1	1	0

3. **플립-플롭의 결정**: 이러한 동작 특성을 구현하는 데는 D 플립-플롭, JK 플립-플롭 및 T 플립-플롭 중에서 어느 것이든 사용될 수 있으나, 여기서는 먼저 그들 중에서 설계 과정이 가장 단순한 D 플립-플롭을 사용해보기로 한다.

4. **입력 함수의 유도**: D 플립-플롭에서는 다음 상태가 클록의 트리거 에지 순간의 D 입력 값으로 세트된다. 즉, 입력 $D=0$이라면 다음 상태 $Q(t+1)=0$이 되고, $D=1$이라면 $Q(t+1)=1$이 된다. 따라서 다음 상태 $A(t+1)$과 $B(t+1)$에 대한 부울 표현은 해당 플립-플롭의 입력들(D_A, D_B)에 대한 부울 표현과 동일하다. 〈표 7-8〉로부터 입력 함수들을 유도하기 위해서는 다음 상태값이 1인 경우의 최소항들로 이루어진 SOP 표현을 구하면 된다. 결과적으로, 상태 변수 A와 B 및 입력 변수 x로 이루어진 다음 상태들에 대한 SOP 표현은 아래와 같다.

$$A(t+1) = D_A = A'B'x + AB'x' + ABx' + ABx$$
$$B(t+1) = D_B = A'B'x + A'Bx' + AB'x + ABx'$$

다음 단계로서, 위의 입력 함수들을 간략화시키기 위하여 각각에 대한 카노프 맵을 작성하면 그림 7-39와 같아진다.

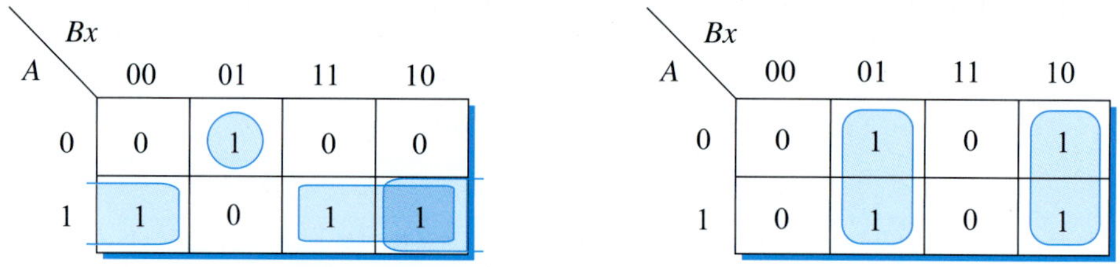

(a) D_A에 대한 카노프 맵

(b) D_B에 대한 카노프 맵

그림 7-39 입력 함수를 간략화하기 위한 카노프 맵

그리고 그림 7-39에서 보는 바와 같이 각 카노프 맵에서 인접한 1들을 묶어 간략화하면, 아래와 같은 입력 함수 D_A 및 D_B를 구할 수 있다.

$$D_A = A'B'x + Ax' + AB$$
$$D_B = B'x + Bx' = B \oplus x$$

5. **회로 구성**: 설계하고자 하는 다운-카운터의 회로는 상태 값들을 저장하기 위한 두 개의 D 플립-플롭들과 입력 함수들에 근거한 조합회로를 합하여 그림 7-40과 같이 구성할 수 있다.

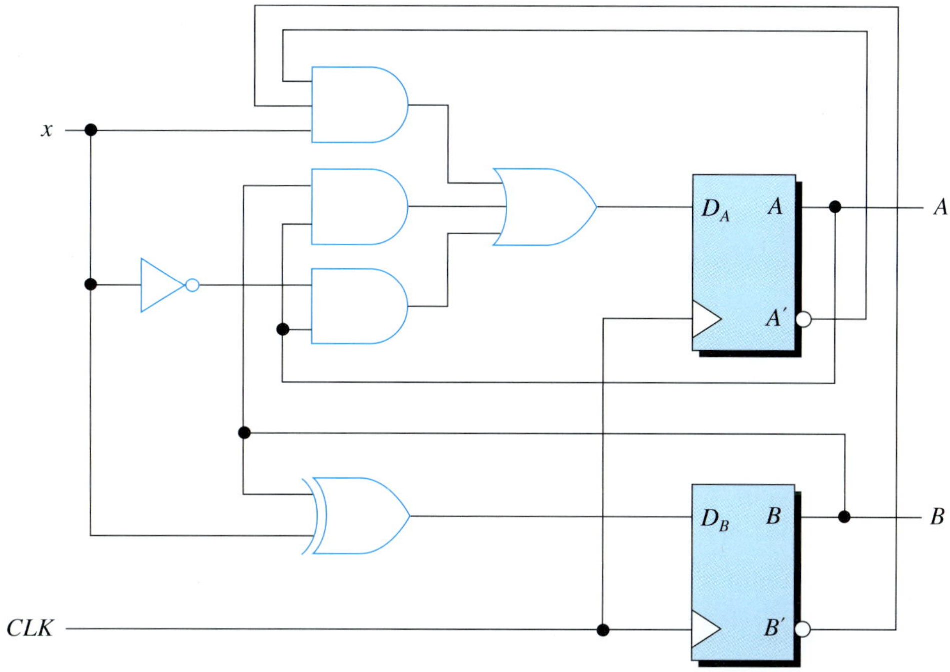

그림 7-40 D 플립-플롭을 이용하여 구성한 다운 카운터

각 플립-플롭의 입력으로는 위에서 구한 입력 함수를 이용하여 구성되는 조합회로의 출력이 접속된다. 그런데 그림 7-40의 회로에서 보는 바와 같이, 두 번째 D 플립-플롭의 입력 신호를 발생하는 데는 한 개의 XOR 게이트만 필요하지만, 첫 번째 플립-플롭의 입력 신호를 발생하기 위해서는 모두 네 개의 게이트들(세 개의 AND 게이트와 한 개씩의 OR 게이트 및 인버터)로 구성되는 다소 복잡한 조합회로가 필요하다는 것을 알 수 있다.

7.4.2 *JK* 플립-플롭을 이용한 순차회로의 설계

JK 플립-플롭은 두 개의 입력 단자들(J, K)을 가지고 있으며, 클록의 트리거 에지가 들어오는 순간의 입력 값들에 의해 플립-플롭의 상태 변화가 결정된다. 그런데 *JK* 플립-플롭의 상태 변화를 야기하는 데 필요한 입력 조건들은 D 플립-플롭보다 더 복잡하다. 따라서 그러한 플립-플롭을 이용하여 순차회로를 설계하는 경우에는 상태 전이 조건들을 일목요연하게 보여주는 여기표(excitation table)를 이용하는 것이 편리하다. *JK* 플립-플롭의 여기표는 〈표 7-9〉와 같은데, 이 플립-플롭이 현재 상태인 $Q(t)$로부터 다음 상태인 $Q(t+1)$로 상태를 변화하기 위하여 J 입력과 K 입력이 각각 어떤 값을 가져야 하는지를 보여주고 있다.

〈표 7-9〉 JK 플립-플롭의 여기표

$Q(t)$	$Q(t+1)$	J	K
0	0	0	X
0	1	1	X
1	0	X	1
1	1	X	0

〈표 7-9〉의 여기표를 작성하는 방법은 다음과 같다. 먼저 첫 번째 행에서 $Q(t)=0$인 현재 상태가 클록의 트리거 에지가 들어왔을 때 다른 값으로 변하지 않고 그대로 유지되어 있도록 하기 위해서는 입력 값들이 $J=0$ 및 $K=0$, 혹은 $J=0$ 및 $K=1$이어야 한다. 즉, J 입력으로는 반드시 0이 인가되어야 하며, K 입력으로는 0이 들어오든 1이 들어오든 상관없다. 결과적으로 그 행의 우측 편에 표시되는 입력 조건으로서, J에는 0을 표시하고, K에는 *don't care*를 나타내는 X를 표시하였다.

〈표 7-9〉의 두 번째 행에서, 0→1의 상태 전이를 야기하기 위해서는 입력들이 JK 플립-플롭의 세트(set) 조건인 $J=1$ 및 $K=0$, 혹은 토글 조건인 $J=1$ 및 $K=1$을 만족해야 한다. 따라서 그 행의 입력 조건으로 J에는 1이 표시되고, K는 X로 표시되었다. 그 다음 행에서, 1→0의 상태 전이를 야기하기 위해서는 JK 플립-플롭의 입력으로 리셋(reset) 조건인 $J=0$ 및 $K=1$, 혹은 토글 조건인 $J-1$ 및 $K=1$이 각각 들어와야 하므로, 우측편의 입력 조건 난에서는 J가 X로 표시되고, K는 1로 표시되었다. 마지막으로, $Q(t)=1$인 상태에서 다음 상태가 변하지 않고 1이 그대로 유지되도록 하기 위해서는 입력 값으로 $J=0$ 및 $K=0$, 혹은 $J=1$ 및 $K=0$이 인가되어야 한다. 따라서 우측의 입력 조건에는 J가 X로 표시되고, K는 0으로 표시되었다.

JK 플립-플롭을 이용한 순차회로를 설계하는 과정을 살펴보기 위하여, 앞에서 예로 사용하였던 2-비트 다운 카운터를 다시 설계해보기로 한다. 그림 7-38의 상태 다이어그램으로 표현되는 특성을 가진 2-비트 다운 카운터를 JK 플립-플롭을 이용하여 설계하기 위해서는, 〈표 7-8〉에 각 상태 전이를 야기하는 데 필요한 플립-플롭 입력값들을 추가하여 〈표 7-10〉과 같은 상태표를 작성해야 한다. 이와 같은 상태표를 작성하는 과정에서 〈표 7-9〉의 여기표가 유용하게 사용될 수 있다.

상태표를 작성하기 위해서는 먼저 플립-플롭 A가 현재 상태에서 다음 상태로 전이되는 데 필요한 JK 플립-플롭의 두 입력인 J_A와 K_A의 값을 〈표 7-9〉의 여기표로부터 찾아서 〈표 7-10〉의 맨우측 두 개의 열에 채워야 한다. 첫 번째 행에서 A의 현재 상태(0)가 다음 상태에서도 0으로 유지되도록 하기 위한 입력 조건으로서 J_A에는 0, K_A에는 X를 각각 써넣는다. 그리고 두 번째 행에서는 A의 상태가 0→1로 전이 되도록 하기 위한 입력 조건으로서 J_A에는 1, K_A에는 X를 해당 난에 각각 써넣는다. 같은 방법으로 A의 모든 상태 전이를 위한 입력 조건들을 여기표에서 찾아서 차례대로 채워 나가면 된다. 그런 다음에 B의 상태 전이를 위한 입력 조건들도 여기표를 참고하여 J_B 및 K_B의 값들을 채워 넣으면, 〈표 7-10〉과 같은 상태표가 완성될 수 있다.

〈표 7-10〉 JK 플립-플롭을 이용한 다운-카운터의 상태표

현재 상태		입력	다음 상태		플립-플롭 입력들			
A	B	x	A	B	J_A	K_A	J_B	K_B
0	0	0	0	0	0	X	0	X
0	0	1	1	1	1	X	1	X
0	1	0	0	1	0	X	X	0
0	1	1	0	0	0	X	X	1
1	0	0	1	0	X	0	0	X
1	0	1	0	1	X	1	1	X
1	1	0	1	1	X	0	X	0
1	1	1	1	0	X	0	X	1

이제 〈표 7-10〉의 상태표로부터 JK 플립-플롭들의 각 입력에 대한 간략화된 부울 함수를 구하기 위하여 카노프 맵을 그리면, 그림 7-41과 같은 네 개의 3-변수 맵들을 얻을 수 있다. JK 플립-플롭의 입력 함수들은 해당 카노프 맵을 간략화하여 구하면 된다. 그런데 JK 플립-플롭의 경우에는 상태표에서 보는 바와 같이 *don't care*(X) 조건들이 많이 존재하기 때문에, 카노프 맵을 이용하여 많은 변수들을 제거시킬 수 있다. 각 그림의 하단에는 카노프 맵이 어떤 플립-플롭 입력에 대한 것인지가 표시되어 있다.

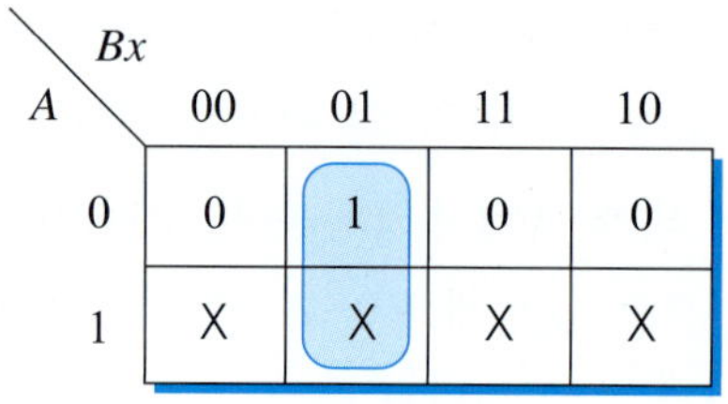

(a) J_A

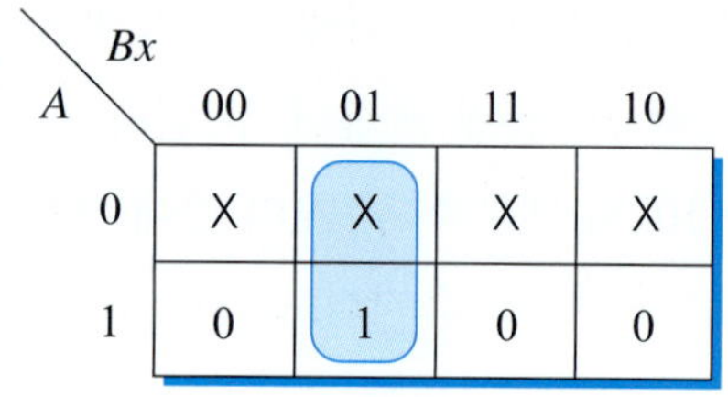

(b) K_A

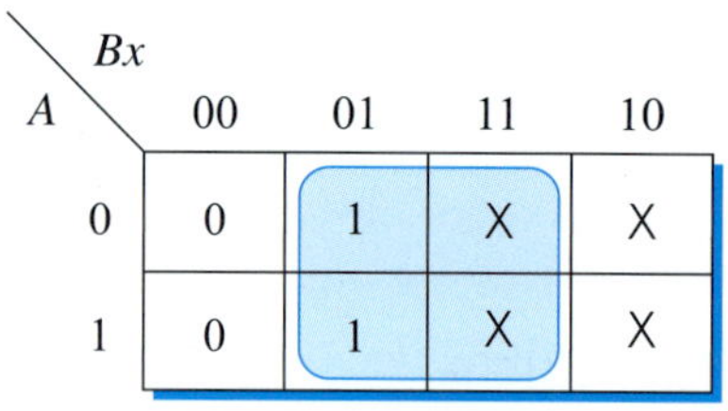

(c) J_B

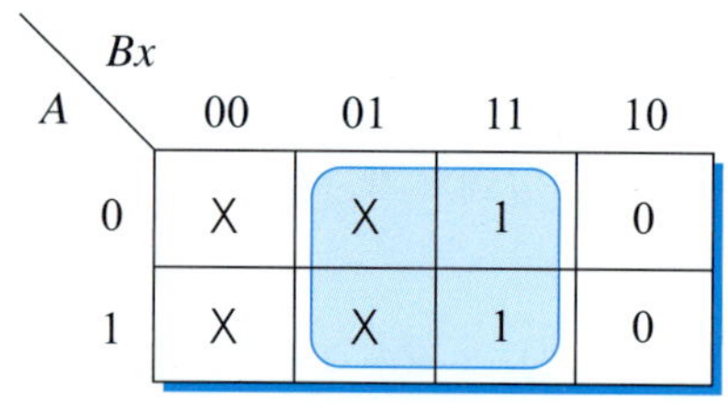

(d) K_B

그림 7-41 각 플립-플롭 입력에 대한 카노프 맵들

결과적으로, 그림 7-41의 맵들을 이용하여 아래와 같은 입력 함수들을 구할 수 있다.

$$J_A = B'x \qquad K_A = B'x$$
$$J_B = x \qquad K_B = x$$

이와 같은 입력 함수들에 근거하여, 두 개의 *JK* 플립-플롭들을 이용한 다운-카운터 회로를 구성하면 그림 7-42와 같아진다. 이 회로는 그림에서 보는 바와 같이 두 개의 *JK* 플립-플롭들 외에는 단 한 개의 AND 게이트만 사용되었다. 이 결과는 *D* 플립-플롭을 이용하여 동일한 기능을 수행하는 다운 카운터를 구성한 그림 7-40의 회로와 비교해볼 때, 훨씬 더 간단해졌다는 것을 알 수 있다. 즉, 2-비트 다운 카운터를 설계하는 경우에 *JK* 플립-플롭을 이용한다면, *D* 플립-플롭을 이용하는 경우보다 더 적은 수의 게이트로 조합회로 부분을 구성할 수 있다는 것을 알 수 있다. 이 설계 결과로부터, 상태 전이가 빈번히 발생하는 카운터 회로는 토글 동작 특성을 가진 *JK* 플립-플롭을 이용하는 것이 더 효과적이라는 사실이 확인되었다.

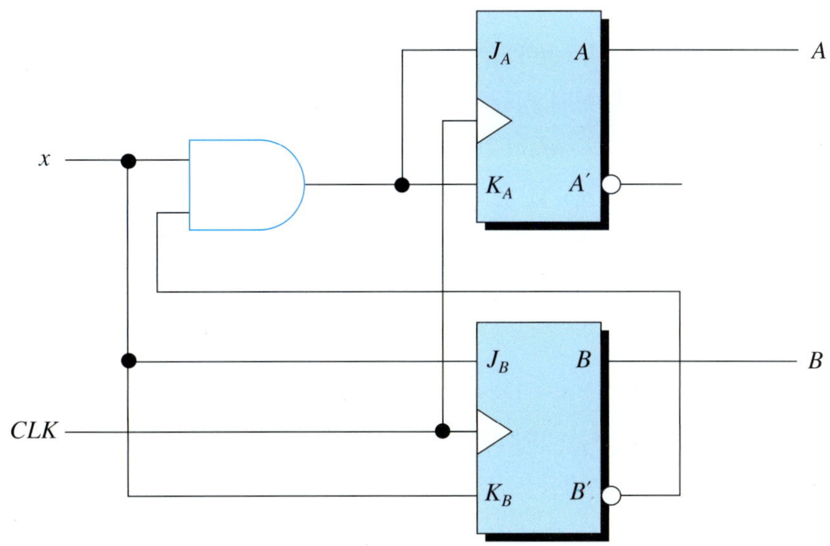

그림 7-42 *JK* 플립-플롭을 이용한 다운-카운터의 구성도

예제 7-8

그림 7-42와 같이 구성된 2-비트 다운-카운터에 아래와 같은 펄스 열(pulse stream)이 입력 단자 x로 연속적으로 들어오는 경우에, 다운-카운터의 출력인 A와 B로 발생되는 파형을 그리라. 단, A와 B의 초기값은 각각 '1'이라고 가정한다.

0 1 0 1 1 0 1 1

풀이

CLK 신호의 상승 에지에서 입력 펄스 열이 문제에서 주어진 순서대로 x로 인가되는 모습을 파형으로 나타내면 그림 7-43과 같다. 그리고 CLK 신호의 상승 에지에서 발생하는 *JK* 플립-플롭들의 상태 변화를 분석해 보면 다음과 같다.

- 첫 번째 CLK 에지(입력 신호=0): 회로의 플립-플롭 입력들이 모두 0이 된다. 따라서 플립-플롭들은 모두 현재 상태를 유지하게 되어, 다운 카운터의 출력들은 초기값인 $A=1$, $B=1$(상태 조합 $AB=$'11')을 그대로 유지한다.
- 두 번째 CLK 에지(입력 신호=1): $B'=0$이므로, $J_A=K_A=0$이 되어 상태 A는 그대로 유지된다. 반면에 $J_B=K_B=1$이 입력되기 때문에, 아래의 플립-플롭이 토글하여 $B=0$이 된다. 결과적으로, 다운-카운터의 출력들은 $A=1$, $B=0$(상태 조합 $AB=$'10')으로 바뀐다.

- 세 번째 CLK 에지(입력 신호=0): $x=0$이므로, 플립-플롭 입력들이 모두 0이 된다. 따라서 플립-플롭들은 모두 현재 상태를 그대로 유지하게 되어, 다운-카운터의 출력들은 $A=1$, $B=0$(상태 조합 AB='10')이 그대로 유지된다.
- 네 번째 CLK 에지(입력 신호=1): $B'=1$이므로, $J_A=K_A=1$이 되어 위의 플립-플롭이 토글하여 상태 $A=0$이 된다. 그리고 $J_B=K_B=1$이므로, 아래의 플롭-플롭도 토글하여 $B=1$이 된다. 결과적으로, 다운-카운터의 출력들은 $A=0$, $B=1$(상태 조합 AB='01')로 바뀐다.
- 다섯 번째 CLK 에지(입력 신호=1): $B'=0$이므로, $J_A=K_A=0$이 되어 상태 $A=0$이 그대로 유지된다. 그러나 $J_B=K_B=1$이므로, 아래의 플립－플롭은 토글하여 $B=0$이 된다. 결과적으로, 다운-카운터의 출력들은 $A=0$, $B=0$(상태 조합 AB='00')으로 바뀐다.
- 여섯 번째 CLK 에지(입력 신호=0): 회로의 플립-플롭 입력들이 모두 0이 된다. 따라서 플립-플롭들은 모두 현재 상태를 그대로 유지하게 되어, 다운-카운터의 출력들은 $A=0$, $B=0$(상태 조합 AB = '00')이 그대로 유지된다.
- 일곱 번째 CLK 에지(입력 신호=1): $B'=1$이므로 $J_A=K_A=1$이 되어, 위의 플립-플롭이 토글하여 $A=1$이 된다. 그리고 $J_B=K_B=1$이므로, 아래의 플롭-플롭도 토글하여 $B=1$이 된다. 결과적으로, 다운-카운터의 출력들은 $A=1$, $B=1$(상태 조합 AB='11')로 바뀐다.
- 여덟 번째 CLK 에지(입력 신호=1): $B'=0$이므로, $J_A=K_A=0$이 되어 상태 $A=1$이 그대로 유지된다. 그러나 $J_B=K_B=1$이므로, 아래의 플롭-플롭은 토글하여 $B=0$이 된다. 결과적으로, 다운-카운터의 출력들은 $A=1$, $B=0$(상태 조합 AB='10')으로 바뀐다.

두 출력 A와 B의 파형이 변화되는 과정은 그림 7－43과 같으며, 입력 펄스 열이 들어오는 동안에 상태 전이가 11→10→01→00→11→10의 순서로 발생되어 다운-카운터의 특성을 보여준다는 것을 확인할 수 있다.

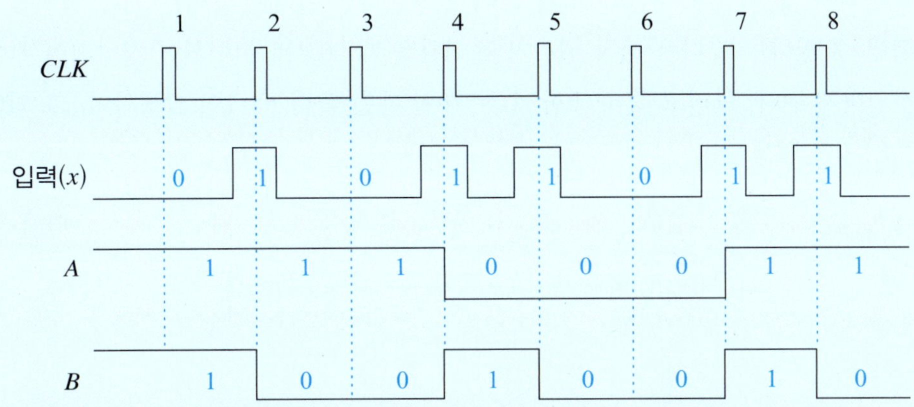

그림 7-43 2-비트 다운 카운터의 입력 및 출력 파형들

7.4.3 T 플립-플롭을 이용한 순차회로의 설계

한 개의 입력(T)만 가지고 있는 T 플립-플롭은 입력 값이 '0'이면 현재 상태를 그대로 유지하고, '1'이면 토글하여 현재 상태 값을 반전시킨다. 이러한 특성을 반영하는 여기표를 작성하면 〈표 7-11〉과 같다. 즉, 상태 변화가 필요하지 않은 경우에는 T 입력으로 '0'을 인가하고, 상태 전이(0→1 혹은 1→0)가 발생되도록 하기 위해서는 T 입력으로 '1'을 인가하면 된다.

〈표 7-11〉 T 플립-플롭의 여기표

$Q(t)$	$Q(t+1)$	T
0	0	0
0	1	1
1	0	1
1	1	0

T 플립-플롭을 이용하여 순차회로를 설계하는 예로서, 그림 7-44의 다이어그램과 같은 상태 전이 특성을 가지는 경우를 고려해보기로 하자. 이 순차회로의 경우에는 외부 입력이 없으며, 상태 전이는 클록 펄스가 들어올 때마다 발생한다. 상태 조합(AB)의 전이는 00→01→10의 순서로 발생하고, 그런 다음에는 다시 '00'으로 돌아간다. 만약 상태 전이 루

프에 포함되지 않은 상태 조합인 $AB=11$이 발생한다면(이러한 상태는 처음 전원을 켰을 때 발생할 수 있다), 그 다음 클록 펄스가 들어왔을 때 00으로 전이되어 정상적인 전이 루프로 진입하게 된다. 그리고 상태 조합 $AB=10$일 때는 출력 $F=1$이 발생하며, 그 외의 경우에는 $F=0$이 발생한다.

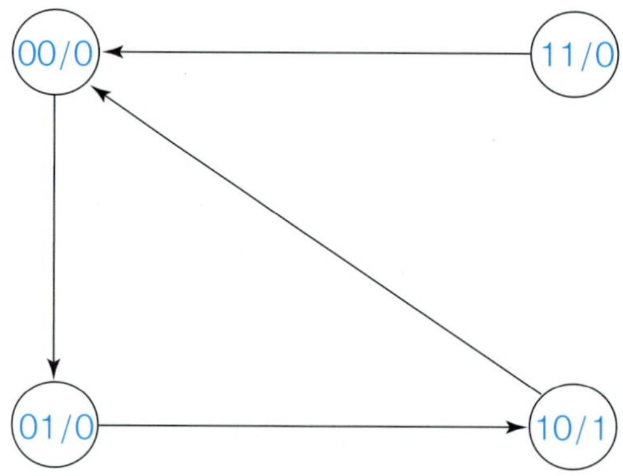

그림 7-44 상태 다이어그램의 예

그림 7-44의 상태 다이어그램과 같은 동작 특성을 가지는 순차회로를 T 플립-플롭을 이용하여 설계하기 위한 첫 번째 단계로서, T 플립-플롭의 여기표(〈표 7-11〉)를 참고하여 그림 7-44의 상태 다이어그램에 대한 상태표를 작성하면 〈표 7-12〉와 같아진다.

〈표 7-12〉 그림 7-44의 다이어그램에 대한 상태표

현재 상태		다음 상태		F/F 입력		출력
A	B	A	B	T_A	T_B	F
0	0	0	1	0	1	0
0	1	1	0	1	1	0
1	0	0	0	1	0	1
1	1	0	0	1	1	0

〈표 7-12〉로부터 각 T 플립-플롭의 입력에 대한 SOP 표현들을 구한 다음에, 부울 대수를 이용하여 간략화하면 다음과 같은 입력 함수들을 얻을 수 있다.

$$\begin{aligned} T_A &= A'B + AB' + AB = A'B + A(B'+B) \\ &= A + A'B = (A+A')(A+B) \\ &= A + B \end{aligned}$$

$$\begin{aligned} T_B &= A'B' + A'B + AB = A'(B'+B) + AB \\ &= A' + AB = (A'+A)(A'+B) \\ &= A' + B \end{aligned}$$

그림 7-45와 같이 2-변수 카노프 맵을 이용하는 경우에도 위의 간략화 과정과 동일한 결과를 얻을 수 있다.

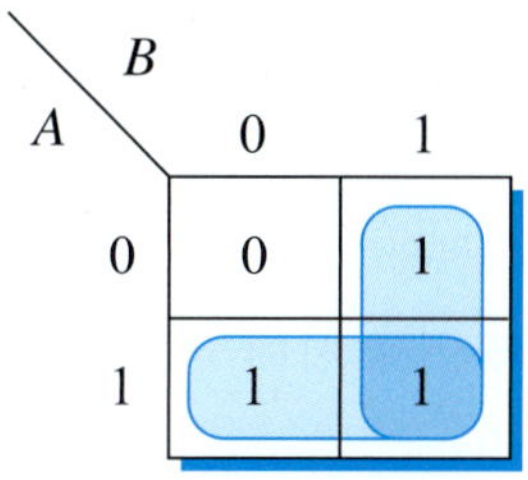

(a) $T_A = A + B$

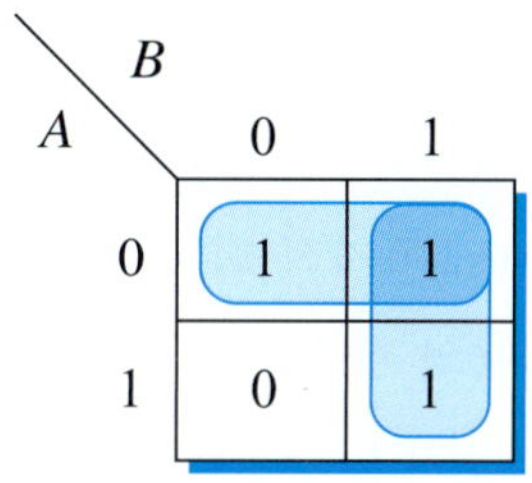

(b) $T_B = A' + B$

그림 7-45 입력 함수들의 간략화를 위한 카노프 맵들

출력 함수를 〈표 7-12〉로부터 구하면 $F=AB'$가 된다. 따라서 그림 7-44의 상태 다이어그램과 같은 동작 특성을 가지는 순차회로를 T 플립-플롭을 이용하여 구성한 결과는 그림 7-46과 같다. 즉, 상단에 위치한 T 플립-플롭의 T 입력 단자로는 T 플립-플롭의 출력인 A와 하단에 위치한 T 플립-플롭의 출력인 B가 OR 게이트를 통과한 다음에 접속된다. 그리고 하단에 위치한 T 플립-플롭의 T 입력 단자로는 상단 T 플립-플롭의 반전된 출력인 A'과 하단 T 플립-플롭의 출력인 B가 OR 게이트를 통과한 다음에 접속된다. 이 순차회로의 출력인 F는 상태 조합 AB'인 경우에만 1을 발생하므로, 상단 T 플립-플롭의 출력인 A와 하단 T 플립-플롭의 반전된 출력인 B'을 AND 게이트를 통과시켜 구현한다.

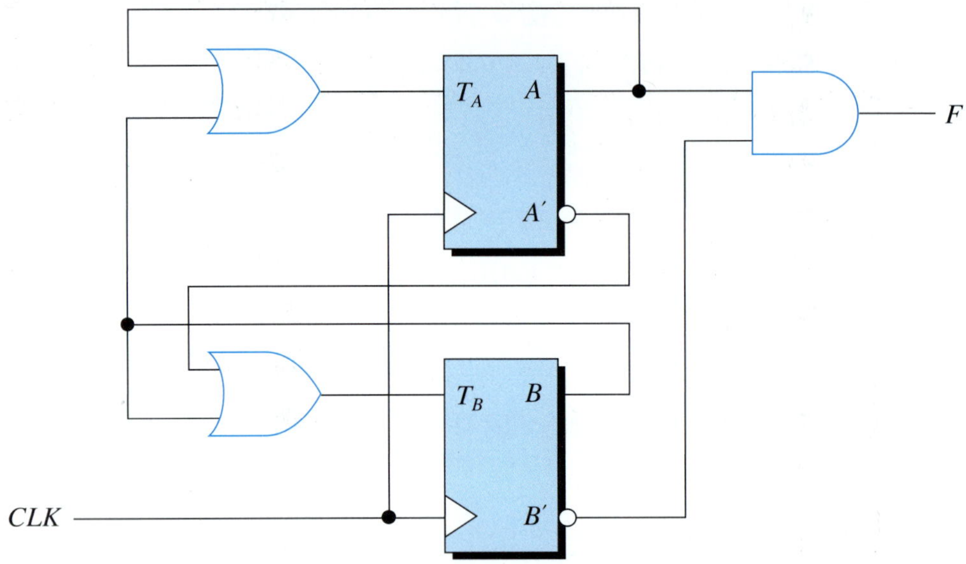

그림 7-46 T 플립-플롭을 이용한 순차회로의 예

그림 7-46도 동기식 회로이므로, T 플립-플롭들로는 공통의 클록(CLK) 신호가 인가된다. CLK 신호의 상승 에지에서 플립-플롭들이 T 입력에 의해 상태 변화를 하며, 그 결과에 따라 출력 F가 발생된다. 회로의 출력 신호가 비동기적으로 들어오는 입력 신호의 영향을 받지 않고 클록 신호에 동기되어 변화하는 상태들 만에 의해 결정되므로, 이 회로는 무어 모델로 분류된다.

기 본 문 제

7.1 래치(latch)의 가장 큰 문제점은 무엇인가?

가. 속도가 느리다.
나. 잡음에 민감하다.
다. 금지된 입력 상태가 존재한다.
라. 입력 값이 바뀌면 출력도 즉시 변경된다.

7.2 SR 래치의 현재 상태(Q)가 1일 때 입력 단자로 각각 $S=0$, $R=1$이 인가된다면, 상태는 어떤 값으로 결정되는가?

가. 0　　나. 1
다. $High-Z$　　라. 예측 불허

7.3 $S'R'$ 래치의 현재 상태(Q)가 1일 때, 입력 단자로 각각 $S'=0$, $R'=1$이 인가된다면 상태는 어떤 값으로 결정되는가?

가. 0　　나. 1
다. $High$-Z　　라. 예측 불허

7.4 SR 래치에서 비정상적인 상태를 야기하는 '금지된 입력'이란 아래의 어떤 입력 상태를 말하는가?

가. $S=0$, $R=0$　　나. $S=0$, $R=1$
다. $S=1$, $R=0$　　라. $S=1$, $R=1$

7.5 플립-플롭의 주요 기능은 무엇인가?

가. 전송 기능　　나. 증폭 기능
다. 기억 기능　　라. 전원공급 기능

7.6 어떤 플립-플롭의 클록(CLK) 단자에 버블(o)이 표시되어 있다면, 이 플립-플롭의 트리거 유형은 아래의 어떤 것인가?

가. 양방향 트리거
나. 상승-에지 트리거
다. 하강-에지 트리거
라. 트리거와는 무관

7.7 SR 플립-플롭의 입력과 출력에 대한 아래의 설명 중에서 잘못된 것은?

가. 입력 S가 1일 때 Q, Q'은 모두 0이 된다.
나. 입력 R과 S가 모두 0일 때, Q, Q'은 이전의 상태를 유지한다.
다. 입력 R과 S가 모두 1이 되어서는 안 된다.
라. 출력 Q'은 항상 Q의 반대 값이 된다.

7.8 아래의 플립-플롭들 중에서 입력값을 그대로 저장하기 때문에 데이터 레지스터의 기본 소자로 널리 사용되고 있는 것은?

가. SR 플립-플롭
나. T 플립-플롭
다. D 플립-플롭
라. JK 플립-플롭

7.9 SR 플립-플롭의 상태(Q)가 1일 때 CLK의 에지에서 입력이 $S=1$, $R=0$이라면, 상태는 어떤 값으로 결정되는가?

가. $Q = 0$, $Q' = 0$
나. $Q = 0$, $Q' = 1$
다. $Q = 1$, $Q' = 1$
라. $Q = 1$, $Q' = 0$

7.10 T 플립-플롭의 상태(Q)가 1일 때 CLK의 에지에서 입력 $T=1$이라면, 상태는 어떤 값으로 결정되는가?

가. $Q = 0$, $Q' = 0$
나. $Q = 0$, $Q' = 1$
다. $Q = 1$, $Q' = 0$
라. $Q = 1$, $Q' = 1$

7.11 JK 플립-플롭의 상태(Q)가 1에서 0으로 변경시키기 위한 조건으로 옳지 않은 것은? (단, X는 *don't care* 조건을 나타낸다.)

가. $J = 0$, $K = 0$
나. $J = 0$, $K = 1$
다. $J = \text{X}$, $K = 1$
라. $J = 1$, $K = 1$

7.12 JK 플립-플롭에서 $J=1$, $K=1$일 때 $Q(t+1)$의 출력은?

가. 0　　나. 1
다. $Q(t)$　　라. $Q'(t)$

7.13 JK 플립-플롭의 두 입력(J, K) 단자들을 연결하면 어떤 플립-플롭이 되는가?

가. SR 플립-플롭　　나. T 플립-플롭
다. D 플립-플롭　　라. UV 플립-플롭

7.14 D 플립-플롭에서 출력 Q를 입력 신호와 함께 exclusive-OR 게이트를 통과시킨 다음에 D 입력으로 인가하는 경우에는 어떤 플립-플롭과 같은 동작을 수행하게 되는가?

가. SR 플립-플롭　　나. D 플립-플롭
다. T 플립-플롭　　라. UV 플립-플롭

7.15 D 플립-플롭에 입력 D가 들어오고 클록 펄스가 들어올 때, 출력 $Q(t+1)$을 나타내는 부울 함수는?

가. $DQ' + D'Q$　　나. DQ'
다. D　　라. D'

7.16 플립-플롭에 인가되는 비동기적 신호들(CLR, PRE)은 활성화 상태로서 low-level(0)을 이용하는 '*active-low*' 방식을 주로 사용한다. 그 주요 이유는 무엇인가?

가. low-level(0) 신호를 발생시키는 것이 더 쉽기 때문이다.
나. low-level(0) 신호가 더 안정된 상태이기 때문이다.
다. 자주 사용되지 않는 신호이기 때문이다.
라. 내부 회로의 특성 때문이다.

7.17 플립-플롭의 입력 신호가 CLK의 트리거-에지 이전에 미리 세트되어 있어야 하는 최소 여유 시간을 무엇이라고 부르는가?

가. 홀드(hold) 시간　　나. 전파지연(propagation delay)
다. 주기(duration)　　라. 셋업(setup) 시간

7.18 플립-플롭의 입력 신호가 CLK의 트리거-에지 이후에도 그 값을 유지하고 있어야 하는 최소 여유 시간을 무엇이라고 부르는가?

가. 홀드(hold) 시간 나. 전파지연(propagation delay)
다. 주기(duration) 라. 셋업(setup) 시간

7.19 플립-플롭의 클록 주파수가 10MHz라면, 입력 신호에 허용되는 최대 주기는 얼마인가?

가. 10ns 나. 100ns
다. 10μs 라. 100μs

7.20 플립-플롭의 클록 주파수가 10MHz이고 클록 펄스의 폭이 20ns라면, 의무 사이클(duty cycle)은?

가. 10% 나. 20%
다. 40% 라. 50%

7.21 네 개의 T 플립-플롭들이 직렬로 접속된 주파수 감소기에서 클록 입력 신호의 주파수가 400MHz라면, 마지막 T 플립-플롭으로 출력되는 신호의 주파수는 얼마가 되는가?

가. 20MHz 나. 50MHz
다. 25MHz 라. 100MHz

7.22 순차회로의 출력이 현재 상태들뿐 아니라 현재 입력 신호에 의해서도 계속 변경되는 회로 유형은?

가. 밀리 모델 나. 조합형 모델
다. 무어 모델 라. 개방형 모델

7.23 아래의 절차 중에서 순차회로의 설계와 관련 없는 것은?

가. 상태표를 작성한다.
나. 플립-플롭의 종류를 선택한다.
다. 플립-플롭의 특성 함수를 구한다.
라. 입력 함수와 출력 함수를 구하고 간략화한다.

7.24 다양한 상태 변화가 발생하는 순차회로를 설계하기 위해서는 아래의 어떤 플립-플롭을 사용하는 것이 가장 적절한가?

가. SR 플립-플롭 나. T 플립-플롭
다. JK 플립-플롭 라. D 플립-플롭

정답

7.1 라	7.2 가	7.3 나	7.4 라	7.5 다	7.6 다	7.7 가	7.8 다	7.9 라
7.10 나	7.11 가	7.12 라	7.13 나	7.14 다	7.15 다	7.16 나	7.17 라	7.18 가
7.19 나	7.20 나	7.21 다	7.22 가	7.23 다	7.24 다			

연습문제

7.1 그림 7-2와 같은 SR 래치의 입력으로 아래의 그림 7-47과 같은 신호들이 인가되는 경우에 발생되는 출력 신호(Q)를 구하라. 또한 출력 신호 발생에 문제점이 있다면, 지적하라.

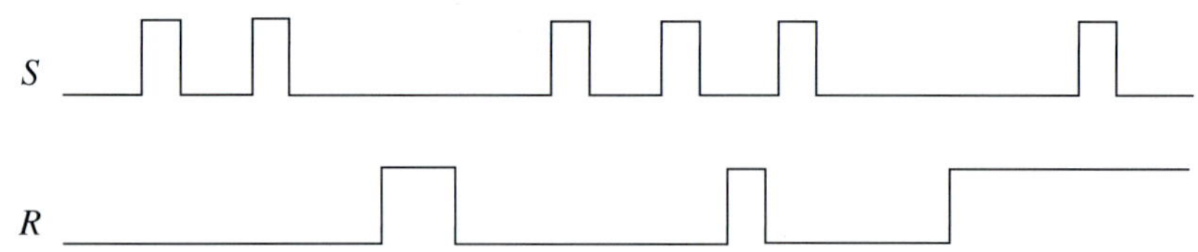

그림 7-47 문제 7.1을 위한 신호 파형들

7.2 En 신호를 가진 SR 래치의 입력 단자들로 아래의 그림 7-48과 같은 입력 신호들이 인가되는 경우에 발생되는 출력(Q) 신호를 구하라.

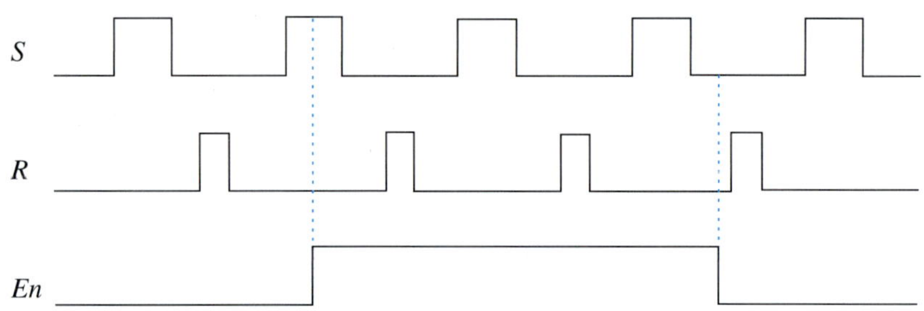

그림 7-48 문제 7.2를 위한 신호 파형들

7.3 그림 7-8의 D 래치에 아래의 그림 7-49와 같은 입력 신호들이 인가되는 경우에 출력(Q) 신호를 구하라.

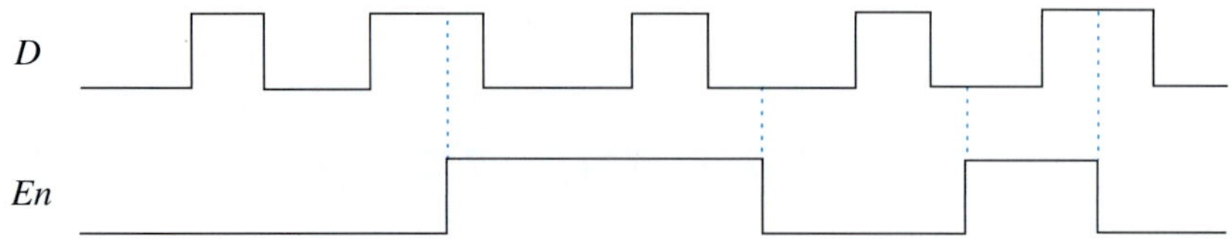

그림 7-49 문제 7.3을 위한 신호 파형들

7.4 그림 7–10의 D 플립-플롭 회로에 아래의 그림 7–50과 같은 입력 신호와 CLK 신호가 인가되는 경우에 중간 출력(Q_m)과 최종 출력(Q)의 파형을 그림 7–11과 같은 절차를 통하여 각각 구하라. 그리고 출력 파형들을 통하여, 이 플립-플롭이 하강-에지에서 트리거 된다는 것을 확인하라.

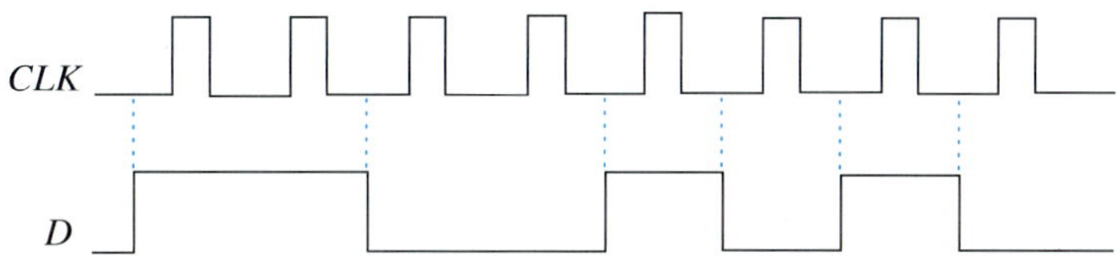

그림 7–50 문제 7.4를 위한 신호 파형들

7.5 그림 7–10과 같이 구성된 D 플립-플롭이 CLK의 상승 에지에서 트리거 되도록 하기 위해서는 회로를 어떻게 수정해야 하는가? 그와 같이 회로를 변경한 다음에, 문제 7.4의 그림 7–50과 같은 신호들이 인가되는 경우에 대한 중간 출력(Q_m)과 최종 출력(Q)의 파형을 각각 구하라.

7.6 그림 7–13과 같이 하강 에지에서 트리거 되는 D 플립-플롭들로 이루어진 4-비트 레지스터의 각 입력으로 아래의 그림 7–51과 같은 신호 파형들이 인가되는 경우에 발생되는 출력 파형들(Q_4, Q_3, Q_2, Q_1)을 구하라.

그림 7–51 문제 7.6을 위한 신호 파형들

7.7 D 플립-플롭의 반전 출력(Q')이 아래의 그림 7-52와 같이 입력 단자 D로 접속되어 있는 회로에 50MHz의 주파수를 가진 클록 신호가 인가되고 있다. D 플립-플롭의 동작 시간이 5ns라고 가정하였을 때, 출력 신호(Q)의 파형을 구하라. 단, Q의 초기값은 0이다.

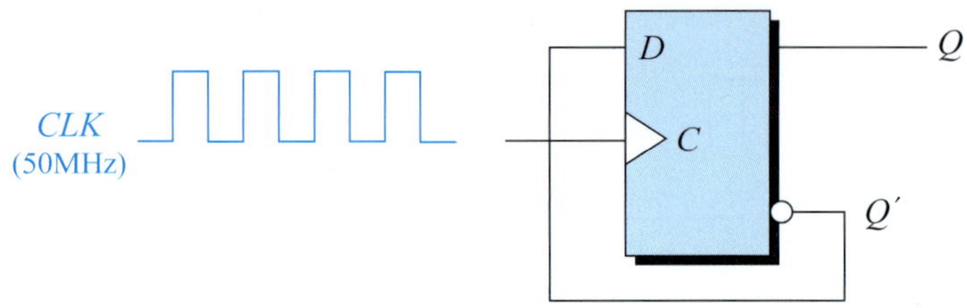

그림 7-52 문제 7.7을 위한 회로 및 클록 신호

7.8 아래의 그림 7-53과 같은 신호들이 상승 에지에서 트리거 하는 SR 플립-플롭으로 인가되는 경우에, 출력 Q 및 Q'의 파형을 구하라. 그리고 만약 입력 신호에 문제점이 있다면, 지적하라.

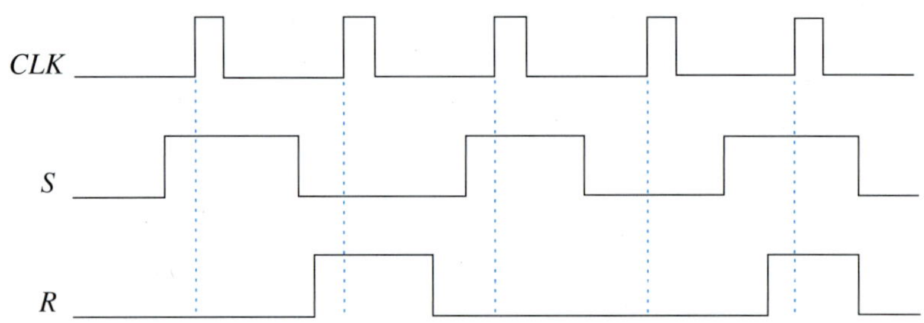

그림 7-53 문제 7.8을 위한 신호 파형들

7.9 아래의 그림 7-54와 같은 신호들이 JK 플립-플롭으로 인가되는 경우에 발생하는 출력 Q 및 Q'의 파형을 각각 구하라. 단, 플립-플롭은 하강 에지에서 트리거 된다.

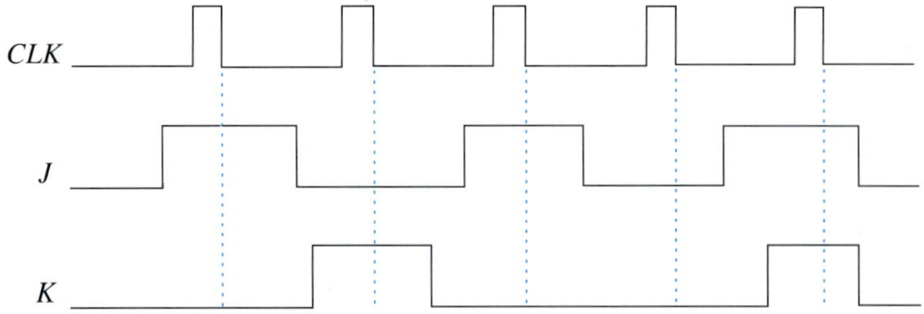

그림 7-54 문제 7.9를 위한 신호 파형들

7.10 아래의 그림 7–55와 같은 신호들이 T 플립-플롭으로 각각 인가되는 경우에 발생하는 출력(Q) 신호의 파형을 구하라. 단, 플립-플롭은 상승 에지에서 트리거 된다.

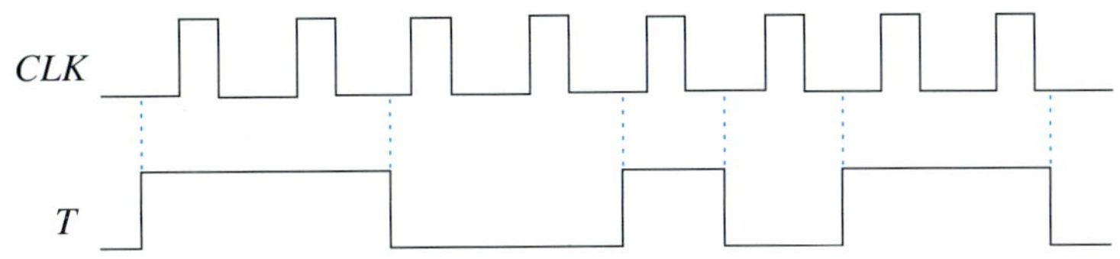

그림 7–55 문제 7.10을 위한 신호 파형들

7.11 비동기적 입력 신호인 PRE와 CLR를 가진 D 플립-플롭에서 아래의 그림 7–56과 같은 신호들이 인가되는 경우에 출력 파형 Q와 Q'을 각각 구하라. 단, 플립–플롭은 하강 에지에서 트리거 하며, PRE 및 CLR 입력은 모두 '*active-low*' 신호라고 가정한다.

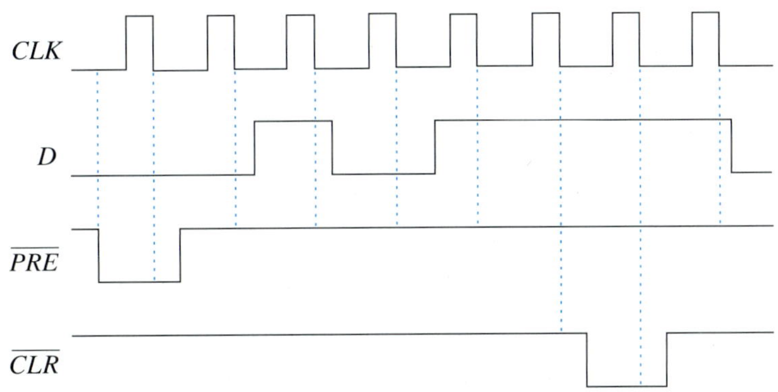

그림 7–56 문제 7.11을 위한 신호 파형들

7.12 D 플립-플롭의 입력 및 출력 파형을 보여주는 다음의 그림 7–57에 표시된 시간 간격 ①, ② 및 ③은 각각 아래의 어느 타이밍 파라미터에 해당하는가?

(가) H-L 전파지연 시간(t_{PHL})

(나) L-H 전파지연 시간(t_{PLH})

(다) 셋업 시간(setup time: t_S)

(라) 홀드 시간(hold time: t_H)

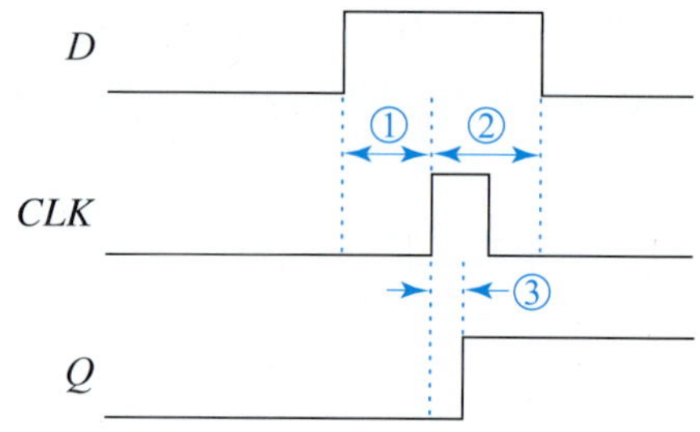

그림 7-57 문제 7.12를 위한 파형들

7.13 〈표 7-1〉에 따르면, D 플립-플롭(74LS71A) 칩에 인가될 수 있는 최대 클록 주파수는 33MHz이다. 만약 20MHz 클록 신호를 인가하였다면, 각 주기 당 얼마만큼의 시간 여유(time margin)가 있는가? 그리고 만약 최악 경우(worst case)를 고려한다면, 시간 여유는 몇 ns인가? (힌트: 〈표 7-1〉에서 최대 클록 주파수의 min값은 25MHz이다.)

7.14 그림 7-28(a)의 주파수 감소기에 대하여 아래 물음에 답하라.

(1) 회로로 입력되는 CLK 신호의 주파수가 800MHz라면, 그림 7-28(b)의 출력 신호 F_1, F_2 및 F_3에 대한 주파수와 주기가 어떤 값들로 변경되는지 표시하라.

(2) (1)번과 같은 상태에서, 주기가 20ns인 클록 신호를 발생시킬 수 있도록 그림 7-28(a)의 회로를 수정하라.

7.15 두 개의 D 플립-플롭들(A, B)로 이루어진 순차회로에 입력 신호 x와 y가 들어오고, 출력 신호 z가 발생된다고 하자. 이 순차회로에 대한 상태 함수와 출력 함수가 다음과 같이 정의되었을 때, 아래의 물음에 답하라.

$$A(t+1)=x'A+xy'$$
$$B(t+1)=yA+x'B$$
$$z=AB$$

(1) 회로의 구성도를 그려라.

(2) 회로에 대한 상태표를 작성하라.

(3) 상태 다이어그램을 그려라.

7.16 다음과 같이 동작하는 가상의 UV 플립-플롭에 대하여 아래 물음에 답하라. 단, U 입력과 V 입력의 조합인 UV='00'이면 리셋(reset), UV='01'이면 불변(no change), 그리고 UV='10'이면 토글(toggle), '11'이면 세트(set) 된다.

(1) 특성표를 작성하라.

(2) 상태 전이표를 작성하고, 특성 함수를 유도하라.

(3) 여기표를 작성하라.

(4) UV 플립-플롭을 D 플립-플롭으로 변환하는 방법을 제시하라.

7.17 그림 7-32와 같은 상태 전이 특성을 보이는 순차회로의 입력(x)으로 아래와 같은 값들이 순차적으로 인가되는 경우에, 〈예제 7-7〉에서와 같은 상태 전이 및 출력 값들을 보여주는 표를 작성하라. 단, 회로의 초기 상태는 '00'이라고 가정한다.

$$x = 1\ 0\ 1\ 1\ 0\ 0\ 1\ 0\ 1\ 0\ 1\ 1\ 0\ 0\ 1$$

7.18 두 개의 T 플립-플롭들(A,B)과 입력 x 및 출력 y로 이루어진 순차회로의 입력 함수들과 출력 함수가 아래와 같다.

$$T_A = x$$
$$T_B = Ax$$
$$y = AB$$

(1) 상태 함수 $A(t+1)$ 및 $B(t+1)$을 구하라.

(2) 상태표를 작성하라.

(3) 상태 다이어그램을 그려라.

7.19 두 개의 JK 플립-플롭들로 구성된 다음의 그림 7-58과 같은 순차회로에 대하여 물음에 답하라. 단, 초기 상태는 A=B='0'이라고 가정한다.

(1) 입력 함수들을 구하고 상태표를 작성하라.

(2) 상태 함수들을 구하라.

(3) 상태 다이어그램을 그려라.

(4) 입력 신호 시퀀스 x = '010110011101' 로 인가되는 경우에, 상태 전이를 나타내는 표를 작성하라(예제 7-7 참조).

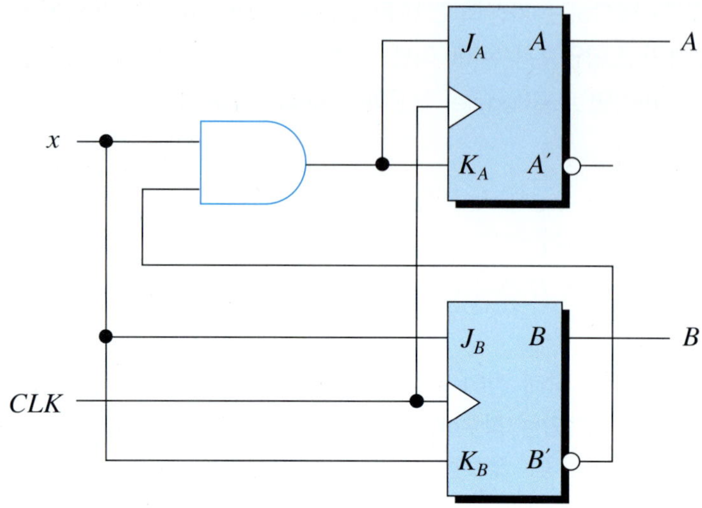

그림 7-58 문제 7.19를 위한 회로도

7.20 아래의 그림 7-59와 같은 상태 전이 특성을 가진 순차회로를 D 플립-플롭을 이용하여 설계하라.

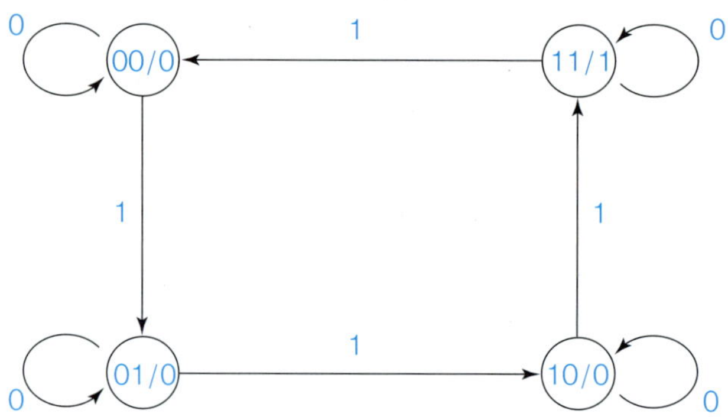

그림 7-59 문제 7.20을 위한 상태 다이어그램

7.21 입력 $x=0$일 때는 상태 변화가 없고, $x=1$이 되면 상태 전이가 $00 \rightarrow 01 \rightarrow 10 \rightarrow 11$의 순서로 발생한 다음에 다시 '00'으로 돌아가서 반복되는 순차회로를 T 플립-플롭을 이용하여 설계하라.

7.22 아래의 그림 7-60과 같은 상태 전이 특성을 가진 순차회로를 JK 플립-플롭을 이용하여 설계하라.

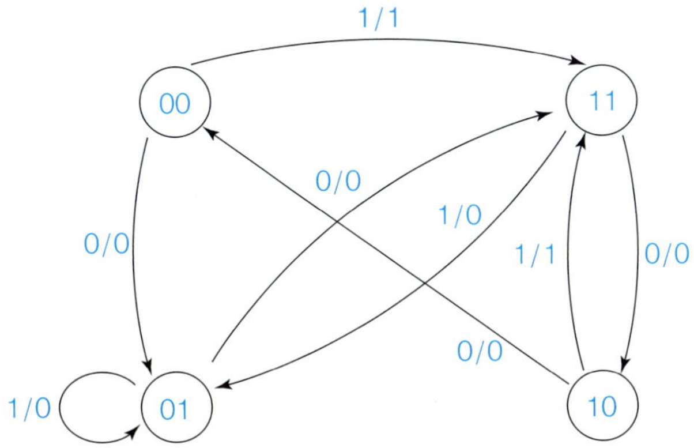

그림 7-60 문제 7.22를 위한 상태 다이어그램

7.23 T 플립-플롭을 이용하여 〈표 7-8〉과 같은 상태 전이 특성을 가지는 2-비트 다운 카운터를 설계하고, 그림 7-40 및 그림 7-42의 회로들과 복잡도를 비교하라(어느 플립-플롭이 카운터 회로의 구현에 가장 적합한지 제안하라).

Digital Logic Circuits

CHAPTER

08 카운터 및 레지스터

CONTENTS

CHAPTER

08 카운터 및 레지스터

이 장에서는 플립-플롭의 주요 응용인 카운터 및 레지스터의 동작 원리와 설계 방법에 대하여 살펴보기로 한다. 카운터(counter)란 어떤 이벤트(event)의 발생을 나타내는 입력 펄스들을 카운트(count: 계수)하고 그 값을 출력하는 순차회로 모듈(sequential circuit module)로서, 다수의 플립-플롭들과 게이트들로 구성된다. 카운터는 플립-플롭들의 수와 그들을 연결하는 방식에 따라, 카운트 할 수 있는 최대값이 결정된다. 즉, 더 많은 수의 플립-플롭들로 카운터를 구성할수록 카운트 값을 나타내는 상태 비트들의 수가 늘어나며, 결과적으로 더 많은 개수까지 셀 수 있다. 카운터는 플립-플롭들의 동작 특성에 따라 아래와 같이 크게 두 가지로 분류할 수 있다.

- 비동기식 카운터(asynchronous counter): 구성 요소인 플립-플롭들의 동작 시간이 서로 일치하지 않는 방식의 카운터이다. 이 유형의 카운터에서는 한 플립-플롭의 출력이 결정되면, 다음 플립-플롭이 그 값을 받아서 동작을 수행하도록 직렬로 접속되기 때문에 리플 카운터(ripple counter)라고도 부른다.
- 동기식 카운터(synchronous counter): 하나의 공통 클록을 모든 플립-플롭들로 동시에 인가함으로써 플립-플롭들의 동작 시간을 일치시키는 방식을 이용하는 카운터이다.

이 장에서 설명할 다른 요소인 레지스터(register)는 기본적으로 여러 개의 데이터 비트들을 저장하기 위한 장치로서, 저장될 비트 수만큼의 플립-플롭들로 구성된다. 레지스터들 중에는 저장 기능뿐 아니라, 저장된 비트들의 위치를 좌측 혹은 우측으로 이동시키는 기능도 가지고 있는 시프트 레지스터(shift register)들도 널리 사용되고 있다.

이 장에서는 먼저 각종 카운터들의 특성과 설계 방법에 대하여 살펴본 다음에, 레지스터 및 시프트 레지스터의 유형과 동작 원리에 대하여 설명하고자 한다.

8.1 비동기식 카운터

비동기식이란 어떤 동작들이 시간적으로 동시에 발생하지 않고, 순차적으로 혹은 서로 상관없이 발생한다는 것을 의미한다. 비동기식 카운터는 카운트 할 최대값에 따라 필요한 수만큼의 플립-플롭들을 직렬로 연결하여 구성하는데, 그들에게 공통의 클록은 인가되지 않는다. 따라서 각 플립-플롭이 입력 신호에 대하여 반응하는 시간은 일치하지 않는다.

이 유형의 카운터에서는 카운트 될 입력 펄스(input pulse)가 첫 번째 플립-플롭의 클록(CLK) 입력으로 들어가며, 그 플립-플롭의 출력은 다음 플립-플롭의 클록 입력으로 접속되고, 그 다음 플립-플롭들도 같은 방식으로 접속된다. 이와 같이 직렬로 구성하면, 각 플립-플롭은 자신의 앞에 위치한 플립-플롭의 출력 파형에 의해 순차적으로 트리거 된다. 그와 같은 동작 과정이 마치 물결이 번져가는 모습과 같다고 하여, 비동기식 카운터를 리플 카운터(ripple counter)라고도 부른다. 이 절에서는 몇 가지 리플 카운터들의 구성 방법과 동작 특성을 분석해보기로 한다.

8.1.1 2-비트 리플 카운터

가장 간단한 구조를 가지는 2-비트 리플 카운터는 그림 8-1과 같이 두 개의 T 플립-플롭들로 구성된다. 먼저 이 카운터의 전체적인 구성을 살펴보면, 플립-플롭들의 T 입력은 모두 '논리적 1'을 나타내는 *high* 상태(V_{cc} : +5V)로 고정시키며, 카운트 될 입력 펄스들은 첫 번째 플립-플롭의 CLK 입력으로 인가한다. 그리고 첫 번째 T 플립-플롭(FF0)의 출력인 Q_0는 두 번째 T 플립-플롭(FF1)의 CLK 입력으로 들어간다. 이 회로에서 플립-플롭들은 T 입력의 값이 항상 1이고 CLK 입력단에 버블(o)이 붙어있으므로, 두 플립-플롭들은 모두 입력 펄스가 들어올 때마다 하강 에지에서 트리거 될 것이다. 결과적으로, 그림 8-1의 회로에서 FF0는 입력 펄스의 하강 에지에서 출력 Q_0를 발생하며, FF1은 Q_0의 하강 에지에 의해 트리거 되어 Q_1을 발생하게 된다.

이 카운터 회로에서 발생되는 T 플립-플롭들의 두 개의 출력 비트들(Q_1, Q_0)을 카운터의 상태(state)라고 부르는데, 입력 펄스들을 카운트한 결과값을 나타낸다. 이 상태 비트들 중에서 입력 펄스를 직접 받아들이는 FF0의 출력값은 자리수가 1(2^0)인 하위 비트(LSB)가

되며, Q_1은 자리수가 $2(2^1)$인 상위 비트(MSB)가 된다. 이 카운터에 처음 전원이 공급되면 플립-플롭의 출력은 모두 0으로 리셋 되기 때문에, 카운터의 초기 상태는 '00'이 된다. 첫 번째 입력 펄스가 인가되면 Q_0는 1이 되지만 Q_1은 0으로 그대로 있기 때문에, 카운터의 상태는 '01'이 된다. 그 후에 입력 펄스가 연속적으로 들어오면, 상태는 '10' 및 '11'로 계속 바뀌게 된다. 즉, 입력 펄스가 들어올 때마다 카운터의 상태는 00 → 01 → 10 → 11의 순서로 2-비트 2진수(2-bit binary number)를 출력하게 된다. 그리고 입력 펄스가 하나 더 들어오면 상태값은 다시 '00'이 되는 상태 시퀀스(state sequence)를 반복하게 된다.

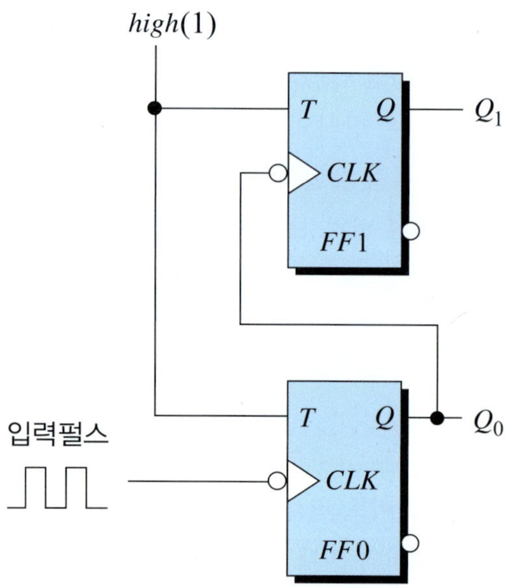

그림 8-1 2-비트 리플 카운터의 구성도

그림 8-2는 그러한 동작 특성을 보여주는 출력 파형들을 보여주고 있다. 첫 번째 플립-플롭인 FF0는 입력 펄스들의 하강 에지 때마다 토글 하므로, 그 출력인 Q_0는 그림에서와 같이 계속 상태가 변한다. 그리고 두 번째 플립-플롭인 FF1의 출력인 Q_1은 Q_0의 하강 에지에서 상태가 변한다. 결과적으로, 그림 8-2의 출력 파형에서 첫 번째 입력 펄스가 들어온 후에는 카운터 상태 Q_1Q_0='01'이 되고, 두 번째 입력 펄스가 들어온 후에는 Q_1Q_0='10', 세 번째 입력 펄스가 들어온 후에는 Q_1Q_0='11', 그리고 네 번째 입력 펄스가 들어온 후에는 다시 초기 상태와 같은 Q_1Q_0='00'이 된다는 것을 확인할 수 있다. 즉, 두 개의 플립-플롭들을 사용함으로써 카운터가 네 가지 상태들을 가질 수 있게 되었으며, 각 상태는 카운트된 입력 펄스의 수가 0, 1, 2, 3개라는 것을 나타내는 것이다.

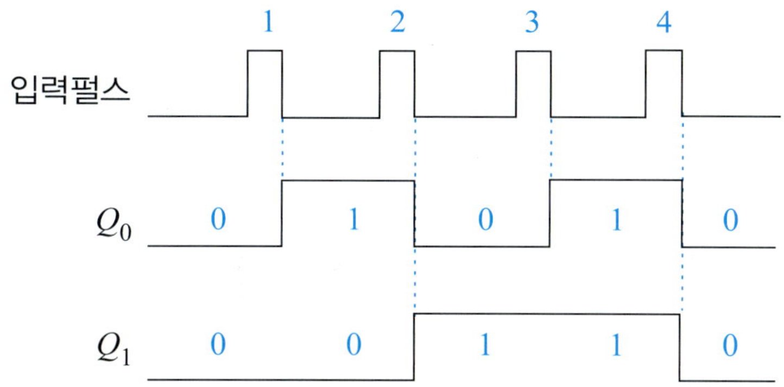

그림 8-2 2-비트 리플 카운터의 입력 펄스와 출력 파형들

이 카운터에서 네 번째 펄스가 들어온 다음에 발생되는 상태 값 00은 사실상 4개를 나타내는 '100'의 하위 두 비트에 해당한다. 만약 플립-플롭을 하나 더 추가하고 Q_1을 CLK 입력으로 받게 한다면, 그 순간에 발생되는 Q_1의 하강 에지에 의해 그 플립-플롭의 출력이 세트되어 자리수 4(2^2)인 출력 비트로서 '1'을 발생하게 될 것이다. 이와 같이 세 개의 플립-플롭들을 이용하여 카운터를 구성하면 3-비트 카운터가 되며, 그 상태 값의 범위는 '000'부터 '111'까지가 된다.

8.1.2 4-비트 리플 카운터

카운터는 플립-플롭의 수가 늘어날수록 카운트 할 수 있는 최대값이 증가한다. 만약 플립-플롭의 수를 N이라고 하면, 카운터가 가질 수 있는 상태의 수는 최대 2^N개가 된다. 즉, 상태 값이 0부터 (2^N-1)까지가 된다. 이제 앞에서 살펴본 2-비트 리플 카운터와 같은 원리를 이용하여, 네 개의 플립-플롭들을 이용한 4-비트 리플 카운터를 구성해보기로 하자. 그와 같이 구성되는 카운터가 가질 수 있는 상태 값들은 '0000'부터 '1111'까지 모두 16개가 될 것이다.

이 카운터는 앞에서와 마찬가지로 CLK 신호의 하강 에지에서 트리거되는 T 플립-플롭들을 이용하여 그림 8-3과 같이 구성할 수 있다. 먼저, T 플립-플롭들이 입력 펄스가 들어올 때마다 토글되도록 하기 위하여, T 입력을 모두 *high* 상태로 연결한다. 그리고 카운트될 입력 펄스는 첫 번째 T 플립-플롭(FF0)의 CLK 입력으로만 들어가도록 접속한다. 그런 다음에, FF0의 출력인 Q_0를 두 번째 플립-플롭(FF1)의 CLK 입력으로 접속하고, 같은 방법으로 세 번째 및 네 번째 플립-플롭들을 순차적으로 접속한다.

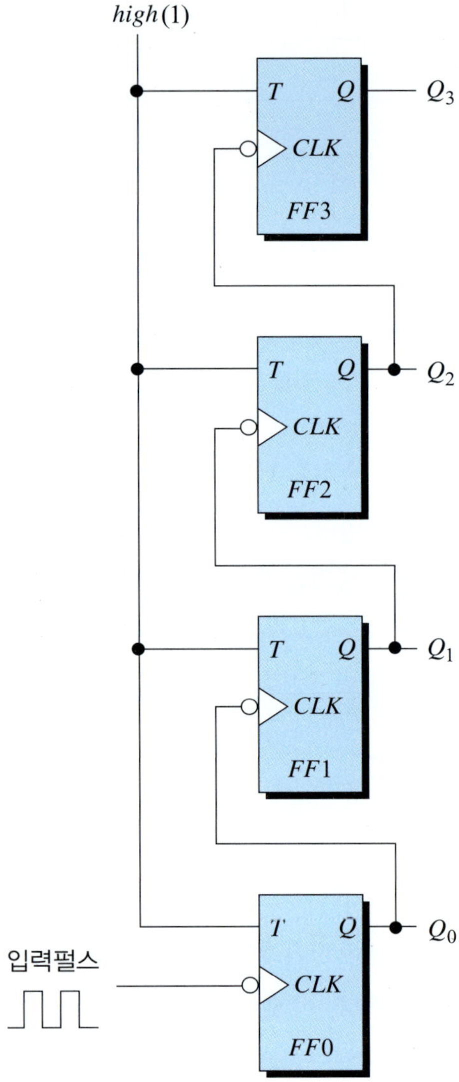

그림 8-3 4-비트 리플 카운터의 구성도

이 카운터의 초기 상태로서 모든 플립-플롭들의 출력이 '0'이라면, 첫 번째 입력 펄스가 들어왔을 때 FF0의 출력인 Q_0가 '1'로 세트된다. 다른 플립-플롭들의 출력은 모두 '0'을 그대로 유지하고 있으므로, 그때 카운터의 상태는 $Q_3Q_2Q_1Q_0$='0001'이 된다. 즉, 현재까지 입력된 펄스의 수를 가리키는 카운트 값으로서 '1'을 출력하는 것이다. 그 다음에 두 번째 입력 펄스가 들어오면 Q_0가 '0'으로 떨어지기 때문에, FF1의 출력인 Q_1이 그 하강 에지에서 '1'로 세트되어서 $Q_3Q_2Q_1Q_0$='0010'이 된다(카운트 값으로 2를 출력). 그 이후에 연속적으로 들어오는 입력 펄스들에 대해서는 세 번째 및 네 번째 플립-플롭들이 같은 원리로 상태 변화를 하게 되며, 전체적인 출력 파형들을 보면 그림 8-4와 같아진다.

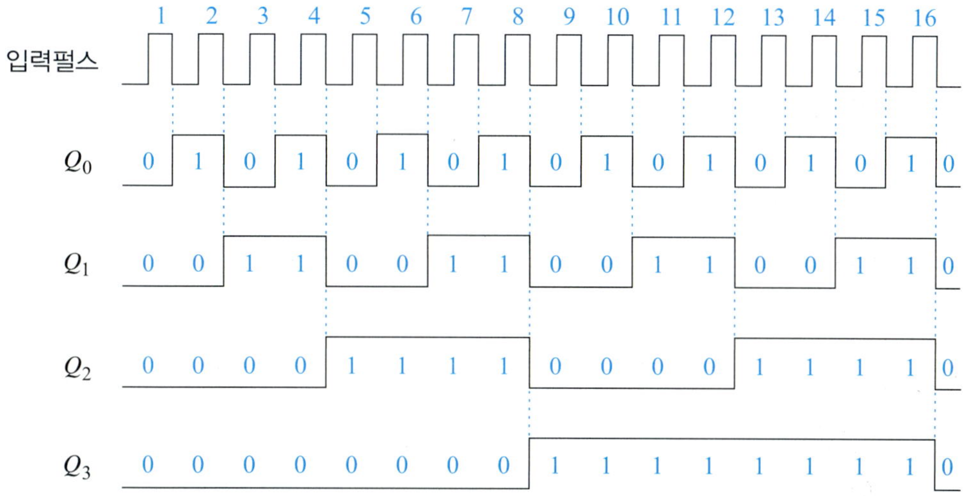

그림 8-4 4-비트 리플 카운터의 출력 파형 및 상태값들

그림 8-4에서 보는 바와 같이 플립-플롭들의 출력들에 의해 표현되는 카운터의 상태값($Q_3Q_2Q_1Q_0$)은 입력 펄스들의 하강 에지 때마다 '0000'부터 '1111'까지 1씩 증가하였다. 그리고 16번째 입력 펄스가 들어온 후에 다시 '0000'으로 바뀌었다. 즉, 이 카운터가 카운트할 수 있는 최대 개수는 16개이며, 각 상태값은 4-비트 2진수(4-bit binary number)로 표현된다.

앞에서도 언급한 바와 같이, 비동기식 카운터의 다른 명칭인 리플 카운터(ripple counter)에서 리플이란 '물결(혹은 파문)'을 의미한다. 즉, 그림 8-4에서 볼 수 있듯이, 한 플립-플롭의 출력이 다음 플립-플롭의 입력으로 들어가서 상태 변화를 야기 시키는 연속적인 과정이 물에 던진 돌에 의해 물결이 발생되어 전파되는 모습과 유사하다고 붙여진 명칭이다. 이와 같은 리플 카운터는 구성이 매우 간단하다는 장점이 있는 반면에, 동작 시간이 길다는 단점도 가지고 있다.

동작 시간이 길어지는 이유를 분석해보면 다음과 같다. 입력 펄스가 첫 번째 플립-플롭으로 들어와서 출력이 발생될 때까지는 7.2.6절에서 설명한 바와 같이 플립-플롭의 전파지연 시간(t_{PLH} 혹은 t_{PHL})에 해당하는 만큼의 시간이 걸린다(단, 여기서는 $t_{PLH}=t_{PHL}$이라고 가정하고, t_P로 부르기로 한다). 두 번째 플립-플롭은 그 출력을 받은 다음에 동작을 시작하고, 다시 그만큼의 지연 후에 출력을 발생한다. 그러한 동작은 카운터를 구성하고 있는 모든 플립-플롭들 간에 연속적으로 이루어진다. 결과적으로, 카운터는 각 입력 펄스를 받을 때마다 그러한 과정이 모두 종료된 다음에야 상태 값을 완전히 결정할 수 있게 되는 것이다. 결과적으로, 카운터가 하나의 입력 펄스에 대하여 카운트 동작을 완전히 종료하는 데는 (플립-플롭의 수$\times t_P$)만큼의 시간이 걸리게 된다. 예를 들어, 그림 8-1과 같은 2-비트 리플 카운터의 경우에 t_P=20ns라고 가정한다면, 각 입력 펄스에 대한 카운트 동작은 2×20ns=40ns가 걸리게 된다. 또한 그림 8-3과 같은 4-비트 리플 카운터의 경우에는 4×20ns=80ns가 소요된다.

그런데 만약 그 지연 시간이 입력 펄스의 주기(펄스들 간의 시간 간격)보다 더 길어진다면, 이전의 입력 펄스에 대한 상태 값이 완전히 결정되기 전에 첫 번째 플립-플롭의 출력이 새로운 입력에 의해 바뀌게 되는 문제가 발생한다. 그런 경우에는 각 입력 펄스에 대한 안정된 4-비트 카운트 값을 얻을 수 없게 된다. 이와 같은 문제 때문에 리플 카운터로 들어오는 입력 펄스의 주기는 제한될 수밖에 없다. 그것은 카운터의 동작 속도가 제한된다는 것을 의미한다. 그러한 문제점을 완화시키기 위해서는 카운터를 구성하는 플립-플롭의 수를 줄일 수밖에 없으므로, 리플 카운터는 주로 적은 개수를 카운트하는 응용에 사용된다.

예제 8-1

그림 8-3과 같은 4-비트 리플 카운터에서 각 플립-플롭의 전파지연시간 $t_P=t_{PHL}=t_{PLH}$=20ns라고 가정한다면, 카운트 될 입력 신호가 가질 수 있는 최대 주파수는 얼마가 되는가? 단, 카운터 상태는 새로운 값으로 바뀌기 전에, 그때까지 카운트된 값을 확인하는 동작을 위하여 최소한 40ns 동안 현재 값을 유지하도록 여유 시간을 주라.

풀이

그림 8-5는 카운터의 세부적인 타이밍 분석을 위하여 그림 8-4의 파형들 중에서 8번째 및 9번째 입력 펄스가 들어온 후의 입출력 파형들에 대한 동작 타이밍을 자세히 표시하여 그린 것이다. 특히 이 부분을 세부적으로 분석한 이유는 카운터의 상태가 '0111'에서 '1000'으로 전이되어 모든 플립-플롭들의 출력값이 바뀌는 시점이기 때문이다. 그림 8-5에서 보면, 플

립-플롭들의 출력 값들이 모두 확정될 때까지 입력 펄스 및 각 출력 값의 하강 에지 때마다 20ns씩 네 번 지연되었다. 그리고 카운트 값을 확인할 여유 시간을 주기 위하여 추가적으로 20ns를 지연시켰기 때문에, 입력 펄스의 하강 에지들 간에 허용되는 최단 주기는 100ns가 되었다. 그런데 9번째 펄스의 하강 에지에서도 20ns가 지난 후에 Q_0의 상태가 1로 바뀌기 때문에, 앞에서 추가된 지연(20ns)과 합하여 모두 40ns의 여유 시간을 가질 수 있게 된다.

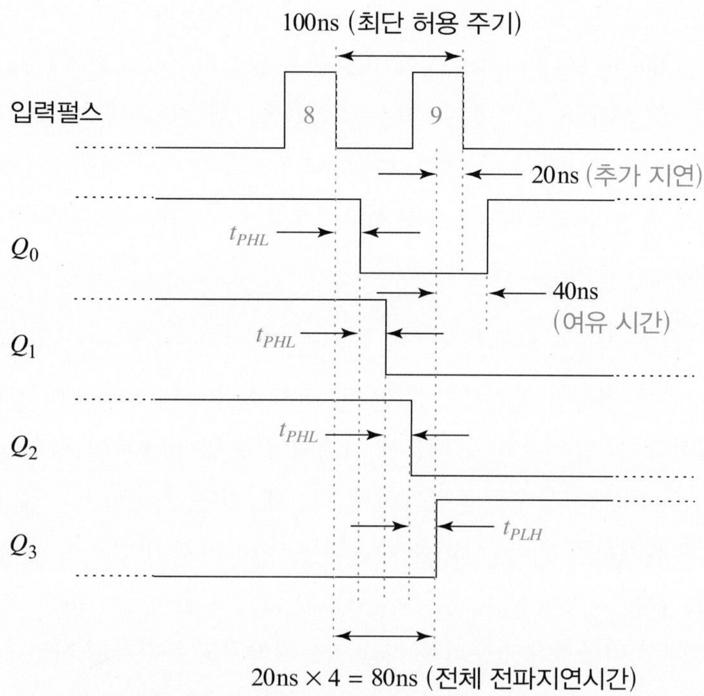

그림 8-5 〈예제 8-1〉을 위한 입출력 파형들의 타이밍

분석 결과를 정리하면, 하나의 입력 펄스에 대하여 카운트 동작이 완료되기 위해서는 네 개의 플립-플롭들이 순차적으로 모두 응답해야 하므로, 20ns×4=80ns가 걸린다. 그 후 최소 20ns가 지난 다음에 새로운 입력 펄스가 들어오도록 허용한다면, 그 때까지 확정된 카운터 상태가 다음 입력 펄스에 의해 바뀌기 전에 40ns 동안 그대로 유지된다. 결과적으로, 입력 펄스들 간에 허용될 수 있는 최단 주기는 100ns가 된다. 즉, 입력 신호가 가질 수 있는 최대 주파수 $f_{MAX}=1/(100\times10^{-9})=10\text{MHz}$가 되는데, 이것이 카운터의 동작 속도를 가리키는 척도가 된다.

만약 Q_3가 결정된 후에 20ns의 여유 시간을 두지 않는다면, 최대 주파수를 12.5MHz로 올릴 수 있다. 그러나 이 경우에는 카운터의 상태 비트들이 20ns 동안만 안정된 값을 유지하고 있기 때문에, 그 시간 동안에 카운트 값을 확인(혹은 저장)해야 한다는 부담이 따르게 된다.

8.1.3 BCD 리플 카운터

앞에서 살펴본 카운터들은 T 플립-플롭의 수가 두 개이면 00~11, 세 개이면 000~111, 그리고 네 개라면 0000~1111 사이의 상태 비트들을 발생하는 2진 카운터(binary counter)들이었다. 카운터의 상태를 나타내는 2진수 조합들은 1씩 증가되면서 순서대로 발생하기 때문에, 그들은 각각 4개, 8개 및 16개까지의 입력 펄스들에 대한 카운트가 가능하다. 그런데 카운터는 필요에 따라 그보다 더 적은 개수까지만 카운트하도록 설계되어야 하는 경우도 있다.

이 절에서는 10개까지만 카운트 할 수 있는 비동기식 10진 카운터(asynchronous decade counter)에 대하여 살펴보기로 한다. 10진 카운터는 10가지의 상태를 나타내는 비트 조합을 생성할 수 있어야 하기 때문에, 4개의 T 플립-플롭들이 필요하다. 플립-플롭이 네 개이면 모두 16개의 상태들이 존재하게 되는데, 10진 카운터는 그들 중에서 10개의 상태만 가지도록 설계하면 된다. 그러한 카운터는 여러 가지 방법으로 설계할 수 있는데, 여기서는 카운트 값을 사람이 인식하기 쉬운 BCD 코드로 출력하는 10진 카운터를 설계해 보기로 한다. 앞에서 비동기식 카운터를 리플 카운터라고도 부른다고 하였다. 따라서 BCD 코드를 출력하는 비동기식 10진 카운터는 BCD 리플 카운터(BCD ripple counter)라고도 부른다.

그림 8-6은 BCD 코드인 '0000'부터 '1001'까지의 비트 패턴을 1씩 증가하면서 순차적으로 출력하고, 그 다음에는 다시 '0000'으로 되돌아와 반복하는 BCD 리플 카운터의 상태 다이어그램을 보여주고 있다.

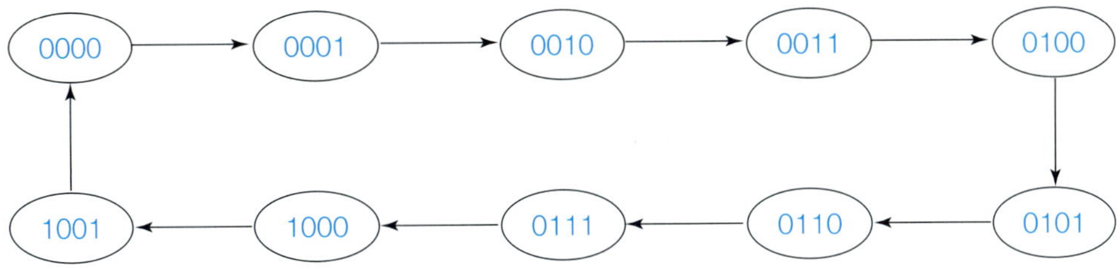

그림 8-6 BCD 리플 카운터의 상태 다이어그램

상태 시퀀스에서 어떤 상태값 다음에 순차적이 아닌, 특정 상태값으로 전이(예: 그림 8-6과 같이 '1001' 다음에 '1010'이 아닌, '0000'으로 전이)되도록 하기 위해서는 그러한 전이를 유발하기 위한 별도의 회로가 추가되어야 한다. 그런데 비동기식 회로의 설계에는 체계적으로 정해진 방법이 있는 것이 아니라, 동작의 특성을 분석하여 그에 따라 적절히 구성해야 한다.

카운터가 0000~1001 사이의 상태 전이를 발생하도록 하기 위해서는 일반적인 4-비트 리플 카운터 회로를 그대로 사용하면 된다. 그런데 상태값 1001에서 입력 펄스가 한 개 더 들어왔을 때 (1010이 아닌) '0000'으로 바뀌도록 하려면, 카운터의 상태가 '1010'이 되는 즉시 모든 T 플립-플롭들의 상태를 '0'으로 리셋 시키면 된다. 그렇게 하기 위한 한 가지 방법은 10번째 입력 펄스가 들어와서 상태가 '1010'으로 바뀌는 즉시 $\overline{\text{CLR}}$ 신호를 발생하여 모든 플립-플롭들의 비동기식 입력(7.2.5절 참조)으로 인가함으로써, 카운터 상태를 '0000'으로 강제적으로 리셋 시키는 것이다. 그림 8-7은 그림 8-3과 같은 2진 카운터에 그와 같은 리셋 동작을 수행하기 위한 회로를 추가하여 BCD 리플 카운터를 구성한 결과를 보여주고 있다.

그림 8-7의 회로에서 비동기시 입력인 $\overline{\text{CLR}}$ 신호를 발생시키기 위해서는 카운터 상태 비트들 중에서 MSB인 Q_3와 세 번째 비트인 Q_1을 NAND 게이트를 통과시키면 된다. 그렇게 하면, $Q_3Q_2Q_1Q_0=0000$부터 시작되는 상태 시퀀스에서 원하지 않는 상태인 1010(즉, $Q_3=Q_1=1$)이 되는 순간에 NAND 게이트의 출력이 '0'이 된다. 즉, 10번째 입력 펄스가 들어와서 카운트 값이 1010이 되는 순간에 $\overline{\text{CLR}}$ 신호가 활성화되는 것이다(CLR 입력은 버블이 붙어 있으므로, 0에서 활성화되는 '*active-low input*'이다). 그 출력은 모든 T 플립-플롭들의 $\overline{\text{CLR}}$ 입력으로 연결되어 있기 때문에, 그 값이 활성화되는 순간에 모든 플립-플롭들의 출력은 0으로 리셋 된다. 이와 같이 4-비트 리플 카운터에 NAND 게이트를 추가함으로써, 상태값이 1001 다음에 0000으로 바뀌는 BCD 리플 카운터가 구성되었다.

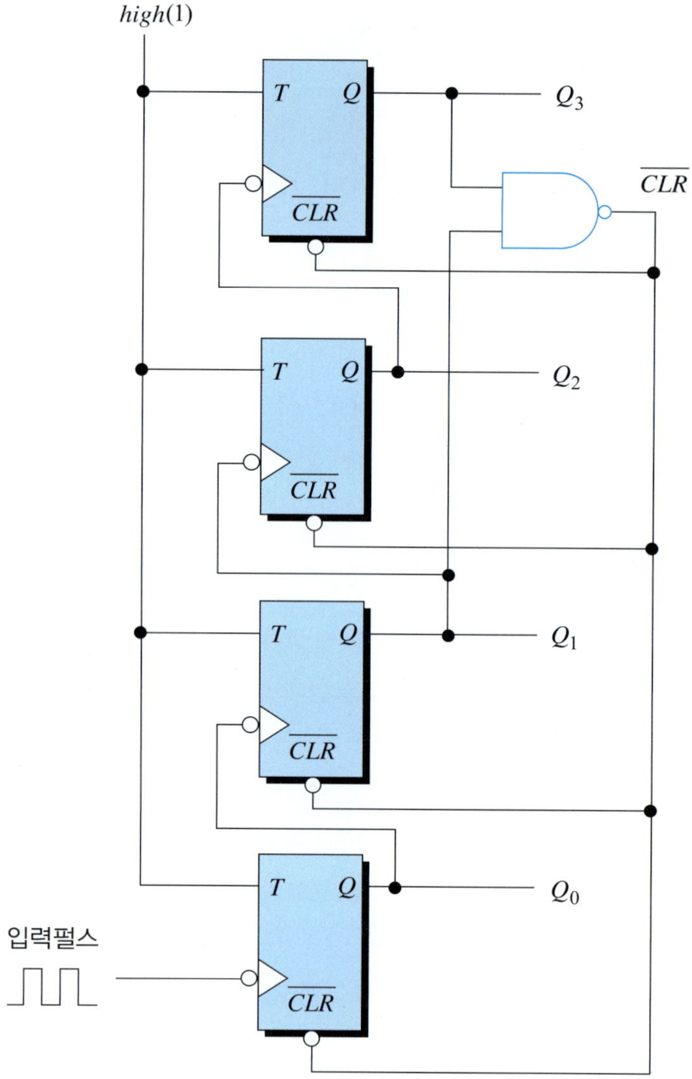

그림 8-7 BCD 리플 카운터의 구성도

그와 같은 BCD 리플 카운터의 동작 특성은 그림 8-8의 입출력 파형들을 통하여 확인할 수 있다. 9번째 펄스가 카운트 된 결과로서 플립-플롭의 출력들이 $Q_3=1$, $Q_2=0$, $Q_1=0$, $Q_0=1$일 때, 10번째 입력 펄스가 들어오면 그 하강 에지에서 출력들은 일단 $Q_3=1$, $Q_2=0$, $Q_1=1$, $Q_0=0$으로 바뀌게 된다. 그런데 그 순간에 $\overline{\text{CLR}}$ 신호가 발생하기 때문에 Q_3와 Q_1이 즉시 '0'으로 리셋 되어, 카운터 상태는 '0000'이 된다. 그리고 그 순간에 NAND 게이트의 입력값들은 0이 되므로 $\overline{\text{CLR}}$ 신호도 다시 1로 바뀌어 비활성화 상태가 된다.

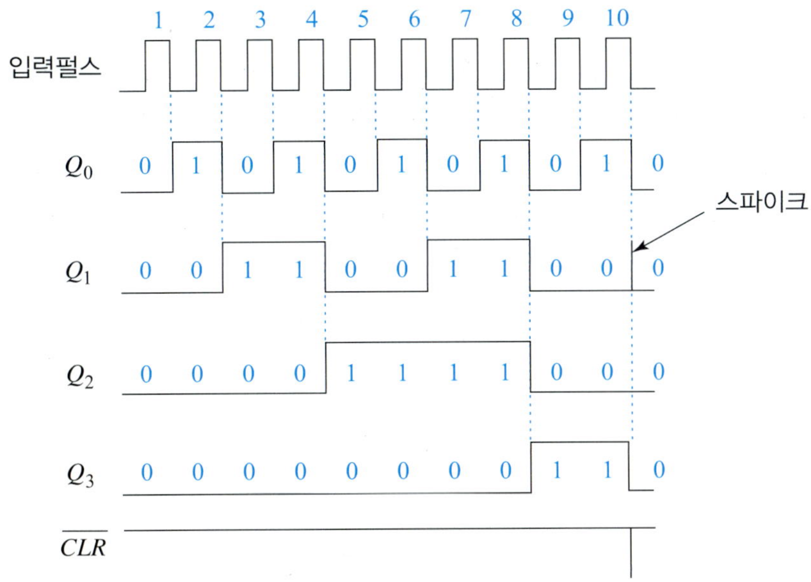

그림 8-8 BCD 리플 카운터의 입출력 파형들

위의 BCD 리플 카운터의 동작이 발생하는 과정에서 Q_1은 0에서 1로 세트되었다가 짧은 시간(NAND 게이트 지연 + 리셋 동작 지연) 후에 다시 0으로 리셋 되기 때문에, 그림 8-8에서 보는 바와 같이 매우 좁은 폭의 펄스가 남아있게 된다. 이와 같은 펄스는 '뾰족한 파형'라는 의미로 스파이크(spike)라고 불린다. 그런데 여기서 유의할 점은 카운터에서 상태 전이가 원하는 대로 이루어진다고 하더라도, 스파이크와 같은 불필요한 신호가 발생하는 것은 바람직하지 않다는 것이다.

이제 그와 같은 문제점을 가지지 않는 BCD 리플 카운터를 설계해보기로 하자. 그림 8-9의 회로는 T 플립-플롭 대신에 JK 플립-플롭을 사용하여, 두 입력들(J,K)의 값에 따른 동작 특성을 적절히 이용하도록 구성된 BCD 카운터 회로를 보여주고 있다. 먼저, 회로의 구성을 분석해보면 아래와 같다.

- 첫 번째 및 세 번째 플립-플롭인 FF0와 FF2는 J 입력과 K 입력이 모두 1로 고정되어 있기 때문에, 클록 입력의 하강 에지에서 항상 토글 한다.
- 두 번째 플립-플롭인 FF1의 J 입력으로는 FF3의 반전된 출력인 Q_3'이 접속되고, K 입력은 1로 고정되어 있다. 따라서 FF1은 카운터 상태의 최상위 비트인 Q_3가 0일 때

만 토글 한다.

- FF1 및 FF2의 출력인 Q_1과 Q_2가 AND 게이트로 들어가고, 그 출력이 FF3의 J 입력으로 들어간다. FF3의 K 입력은 1로 고정되어 있기 때문에, $Q_1=Q_2=1$이 되면 J 입력과 K 입력은 모두 1이 된다. 그리고 FF3의 클록 입력으로는 Q_0가 접속되어 있다. 따라서 FF3는 $Q_1=Q_2=1$일 때 Q_0의 하강 에지에서 토글 한다.

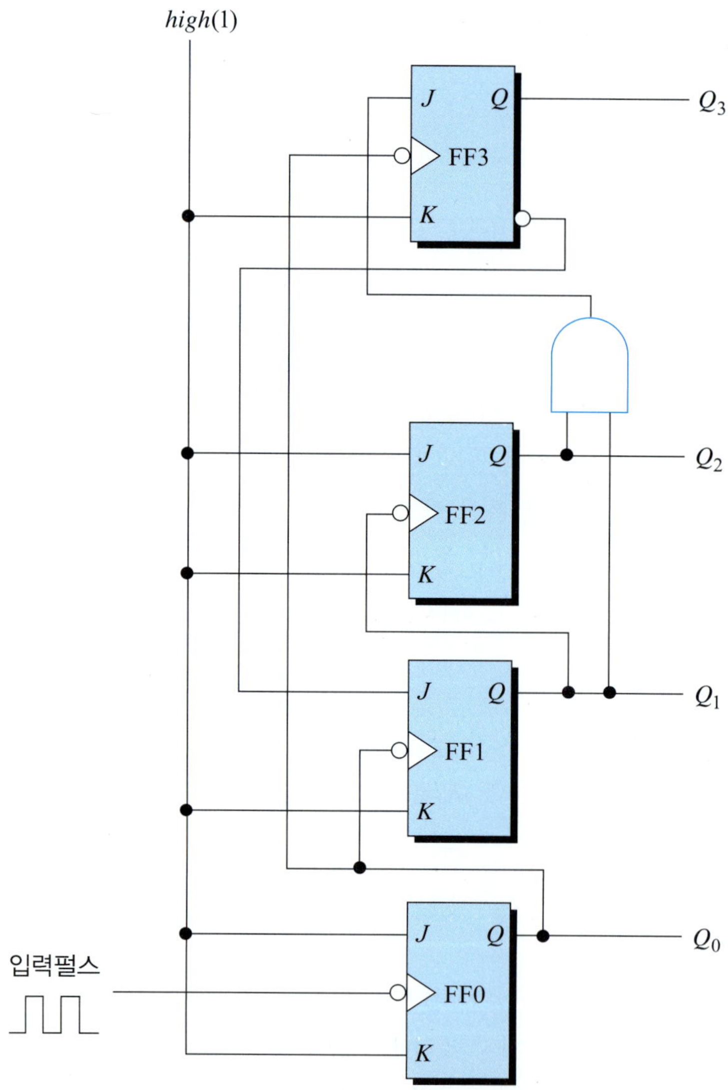

그림 8-9 *JK* 플립-플롭을 이용한 BCD 리플 카운터

그림 8-9의 회로가 0부터 9까지를 카운트 하는 동안에는 〈표 8-1〉과 같이, 앞 절에서 설명한 4-비트 리플 카운터와 동일한 상태들을 출력한다. 그런 후에, 카운터의 상태가 '1001' 다음으로 '1010'이 아니라 '0000'으로 리셋 되는 과정의 동작을 분석해보면 아래와 같다.

- 상태가 9를 나타내는 1001일 때는 $Q_3'=0$이므로 FF1의 입력은 $J=0$, $K=1$이 된다. 따라서 10번째 입력 펄스가 들어와서 Q_0가 1→0으로 바뀌더라도, Q_1은 1로 세트되지 않고 0을 그대로 유지하게 된다.
- Q_1의 상태가 변하지 않기 때문에, Q_2도 0을 유지하고 있다. 따라서 AND 게이트의 출력이 0이 되므로, FF3의 입력은 $J=0$, $K=1$이 된다. 이 때 열 번째 입력 펄스가 들어와서 Q_0가 1→0으로 바뀌면, 그 신호를 CLK 입력으로 받는 FF3가 리셋 되므로 $Q_3=0$이 된다.

결과적으로, 10번째 입력 펄스가 들어왔을 때 카운터의 상태는 '0000'으로 리셋 되는 것이다.

〈표 8-1〉 BCD 카운터의 상태 시퀀스

시퀀스	Q_3	Q_2	Q_1	Q_0
0	0	0	0	0
1	0	0	0	1
2	0	0	1	0
3	0	0	1	1
4	0	1	0	0
5	0	1	0	1
6	0	1	1	0
7	0	1	1	1
8	1	0	0	0
9	1	0	0	1

이와 같이 설계된 BCD 리플 카운터는 0부터 9까지만 카운트 할 수 있다. 그런데 이 카운터를 직렬로 두 개 접속하고 하위 카운터의 MSB(Q_3)를 상위 카운터의 입력으로 접속하면, 0부터 99까지를 카운트 하는 회로를 구성할 수 있다. 그리고 같은 방법으로 그림 8-10과 같이 세 개를 직렬로 접속한다면, 0~999까지도 카운트 할 수 있게 된다. 이 구성에서 가장 우측의 BCD 카운터는 1자릿수, 두 번째 카운터는 10자릿수, 그리고 가장 왼쪽의 카운터는 100자릿수를 각각 가리킨다. 카운트 할 입력 펄스는 최하위 BCD 카운터의 입력으로 들어가고, 그 카운터의 MSB(Q_3)는 상위 BCD 카운터의 입력으로 들어간다. 또한 두 번째 BCD 카운터의 MSB(Q_3)는 최상위 BCD 카운터의 입력으로 들어간다. 결과적으로, 각 BCD 카운터가 9까지를 카운트 한 다음에 0으로 리셋 되는 Q_3의 하강 에지에서 상위 BCD 카운터가 트리거 되는 것이다. 이와 같이 구성되는 카운터는 최대값인 '999' 다음에 '000'으로 리셋 된다.

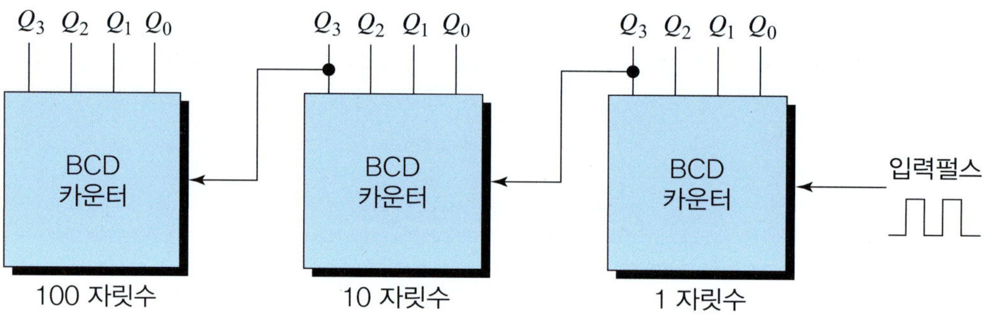

그림 8-10 세 개의 BCD 카운터들을 직렬 연결한 구성

8.2 동기식 카운터

동기식 카운터에서는 카운트 될 입력 펄스가 모든 플립-플롭들의 CLK 입력으로 직접 인가되기 때문에, 플립-플롭들은 트리거 조건이 만족되면 입력 펄스가 들어오면 동시에 응답한다. 따라서 앞에서 설명하였던 비동기식 카운터의 결점인 동작 시간 지연이 대폭 감소될 수 있다. 이 절에서는 그와 같은 동작 특성을 가지는 동기식 카운터들의 종류와 설계 방법에 대하여 살펴보기로 한다.

8.2.1 2-비트 동기식 카운터

동기식 카운터의 구성 방법과 동작 특성을 분석하기 위하여, 먼저 가장 간단한 구조를 가진 그림 8-11과 같은 2-비트 동기식 카운터(2-bit synchronous counter)를 살펴보기로 한다.

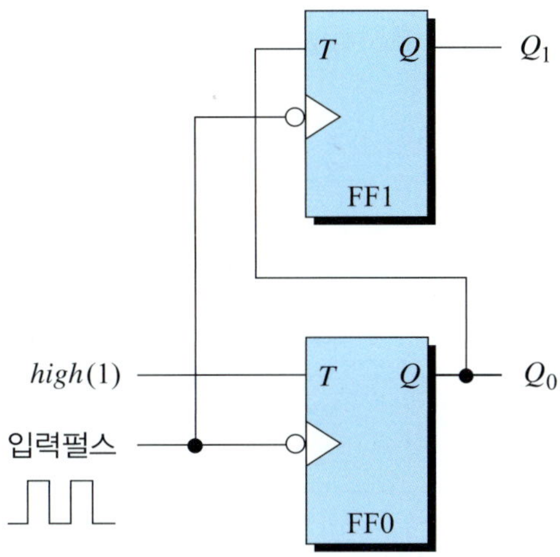

그림 8-11 2-비트 동기식 카운터의 구성도

이 카운터에서는 그림 8-11의 회로에서 보는 바와 같이 카운트 될 입력 펄스가 두 개의 T 플립-플롭들의 CLK 입력으로 동시에 인가된다. 그리고 첫 번째 플립-플롭(FF0)은 T 입력이 1로 세트되어 있기 때문에, 입력 펄스의 하강 에지마다 항상 트리거되어 토글한다. 반면에, 두 번째 플립-플롭(FF1)의 T 입력으로는 첫 번째 플립-플롭의 출력인 Q_0가 접속되어 있기 때문에, $Q_0=1$일 때만 입력 펄스의 하강 에지에서 토글 한다. 그런데 여기서 FF1의 토글 여부는 하강 에지 순간의 Q_0 값에 따라 결정된다. 즉, Q_0가 새로운 값으로 바뀌기 이전의 값에 의해 결정된다는 것이다. 그 이유는 클록 신호로 사용되는 입력 펄스가 두 플립-플롭들에 동시에 도착하였고, Q_0는 FF0의 전파지연시간(t_P)만큼 지난 후에 새로운 값으로 세트되기 때문이다. 그림 8-12의 입출력 파형들을 통하여 그 동작에 대한 타이밍(timing) 관계를 자세히 살펴보기로 하자.

그림 8-12를 보면, 첫 번째 입력 펄스의 하강 에지에서 FF0이 토글하게 되므로 t_P 만큼의 지연 후에 출력 $Q_0=1$로 세트 된다. 그러나 그 입력 펄스의 하강 에지 순간에는 $Q_0=0$

이기 때문에, FF1은 토글하지 않고 현재 상태를 그대로 유지한다. 두 번째 입력 펄스의 하강 에지에서 FF0는 다시 토글 하여, t_P 후에 $Q_0=0$으로 바뀐다. 그런데 그 하강 에지 순간에 Q_0의 값은 아직 1이기 때문에, FF1의 T 입력도 1이다. 따라서 FF1도 토글하게 되어, 두 번째 입력 펄스의 하강 에지로부터 t_P만큼의 지연 후에 $Q_1=1$로 세트 된다. 그와 같은 상태 변화는 세 번째 및 네 번째 입력 펄스들에 대해서도 같은 원리로 발생한다. 플립-플롭의 응답 시간에 해당하는 t_P는 플립-플롭마다 약간씩 다른 값을 가지기도 하지만, 그림 8-12에서는 모두 같다고 가정하고 표시하였다.

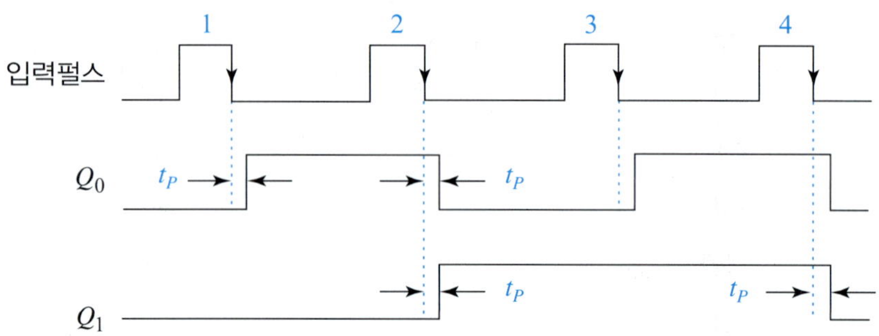

그림 8-12 2-비트 동기식 카운터의 입력 및 출력 파형들

결과적으로, 두 플립-플롭들의 출력들로 이루어지는 카운터의 상태값인 Q_1Q_0는 그림 8-12에서 볼 수 있는 바와 같이 00, 01, 10, 11의 순서로 전이된 다음에, 다시 00으로 되돌아가서 반복된다. 여기서 주목할 사항은 그림에서도 표시되어 있듯이 두 플립-플롭들이 모두 입력 펄스의 하강 에지에서 동시에 응답을 시작하며, 한 번의 전파지연시간(t_P)만큼의 지연 후에는 모든 카운트 동작이 완료된다는 것이다. 이것이 동기식 카운터의 동작 특성이며, 그로 인하여 2-비트 리플 카운터에 비해 동작 시간이 절반으로 줄어들게 되었다. 이와 같은 동작 원리는 더 많은 수의 플립-플롭들로 이루어지는 모든 동기식 카운터들에 동일하게 적용되기 때문에, 비동기식 카운터에 비해 동작 시간이 더욱 단축된다.

8.2.2 3-비트 동기식 카운터

동기식 카운터에서도 최대 카운트 값을 증가시키기 위해서는 플립-플롭의 수를 추가하면 된다. 먼저, 앞에서 살펴본 2-비트 카운터에 플립-플롭을 한 개 더 추가한다면, $2^3=8$개까지의 카운트가 가능해진다. 그런데 플립-플롭을 추가하는 것 외에도, 상태 시퀀스를 따르도록 플립-플롭들의 트리거 조건을 만족시키기 위한 회로도 적절히 추가해주어야 한다. 그를 위하여 먼저 〈표 8-2〉와 같은 3-비트 동기식 카운터의 상태 시퀀스를 분석해보기로 하자.

〈표 8-2〉 3-비트 동기식 카운터의 상태 시퀀스

입력 펄스	Q_2	Q_1	Q_0
초기 상태	0	0	0
1	0	0	1
2	0	1	0
3	0	1	1
4	1	0	0
5	1	0	1
6	1	1	0
7	1	1	1

표에서 보는 바와 같이 카운터의 초기 상태는 000이며, 입력 펄스가 한 개씩 들어올 때마다 1씩 증가한다. 그리고 7개가 들어온 후에 111로 세트된 상태에서 8번째 펄스가 들어오면, 초기 상태인 000으로 다시 돌아간다. 이와 같이 8개의 상태들이 반복되기 때문에, 이 카운터를 8진 카운터(octal counter)라고도 부른다.

〈표 8-2〉의 상태 시퀀스에서 Q_1과 Q_0의 변화는 앞에서 설명한 2-비트 동기식 카운터의 경우와 동일하다. 추가되는 세 번째 플립-플롭은 최상위 비트인 Q_2를 출력하게 되는데, 그 값은 하위 비트들인 $Q_1Q_0=11$인 상태에서 입력 펄스가 들어올 때만 토글한다. 즉, 초기 상태에서부터 $Q_1Q_0=11$이 될 때까지는 0을 유지하고 있다가, 그 다음 입력 펄스가 들어오면 $Q_1Q_0=00$으로 리셋 되고 Q_2는 1로 세트된다. 또한 마지막 카운터 상태인 $Q_2Q_1Q_0=111$일 때 입력 펄스가 하나 더 들어오면, 모든 플립-플롭들이 토글하여 $Q_2Q_1Q_0=000$으로 바뀌게 된다. 그와 같은 상태 전이 특성을 이용하여 3-비트 동기식 카운터의 회로를 구성하면 그림 8-13과 같아진다.

그림 8-13의 회로를 보면, FF1 및 FF0 부분의 회로 구성은 2-비트 동기식 카운터와 동일하다. 그리고 그 두 플립-플롭의 출력인 Q_1과 Q_0를 AND 게이트로 입력시킨 다음에, 그

출력을 FF2의 T 입력으로 접속하였다. 그렇게 함으로써 Q_2를 발생하는 FF2는 $Q_1=Q_0=1$일 때만 토글 할 수 있게 되었다. 〈표 8-2〉의 상태 시퀀스에서 카운터 상태 $Q_2Q_1Q_0=011$ 및 111인 경우가 그 조건에 해당한다. 따라서 $Q_2Q_1Q_0=011$인 상태에서 입력 펄스(네 번째 펄스)가 들어오면 FF2를 포함한 모든 플립-플롭들이 토글 하여, $Q_2Q_1Q_0=100$이 된다. 또한 $Q_2Q_1Q_0=111$인 상태에서 8번째 펄스가 들어오면, FF2가 다시 토글하게 되어 Q_2가 1에서 0으로 바뀜으로써 $Q_2Q_1Q_0=000$이 된다. 이 카운터의 출력 파형들은 다음에 설명할 4-비트 동기식 카운터의 출력을 보여주는 그림 8-14의 Q_2, Q_1 및 Q_0에 해당한다.

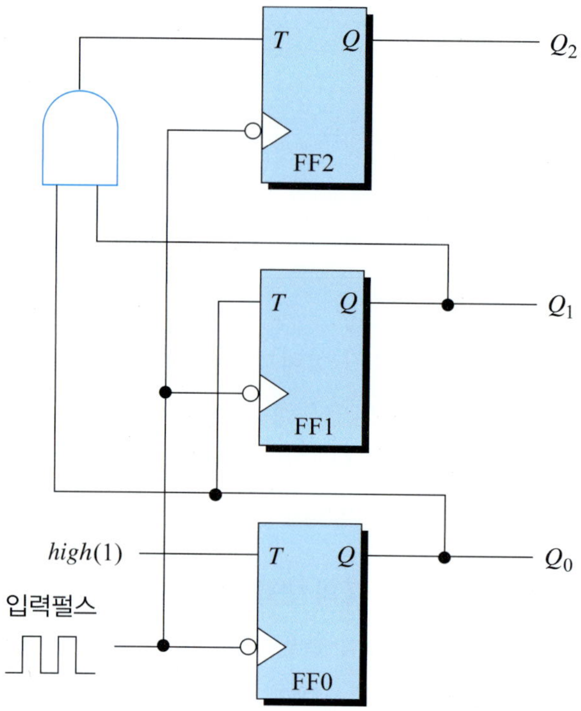

그림 8-13 3-비트 동기식 카운터의 구성도

이 카운터의 경우에도 각 입력 펄스에 대한 카운트 동작이 모두 완료되는 데는 t_P의 시간만 걸린다. 그 이유는 입력 펄스를 클록 신호로 받은 세 플립-플롭들이 동시에 트리거 되며, 각 플립-플롭이 출력을 발생시키는데 걸리는 시간은 t_P이기 때문이다. 회로에 AND 게이트가 포함되어 있지만, 그 게이트의 출력값은 이전의 Q_1 및 Q_0의 값에 의해 이미 결정되어 있기 때문에, 새로운 입력 펄스에 대한 회로 응답 시간에는 영향을 주지 않는다. 결과적으로, 3-비트 동기식 카운터의 동작 시간은 비동기식 카운터에 비하여 1/3로 줄어들게 되었다.

8.2.3 4-비트 동기식 카운터

4-비트 동기식 카운터는 '0000'부터 '1111'까지 16개의 상태들을 가지는데, 입력 파형에 대한 플립-플롭들의 출력 파형을 미리 그려보면 그림 8-14와 같다. 이와 같은 파형들 및 상태 전이 관계는 4-비트 비동기식 카운터의 경우(그림 8-4)와 동일하며, 그림에는 나타나 있지 않지만 동작 시간에서만 차이가 있다.

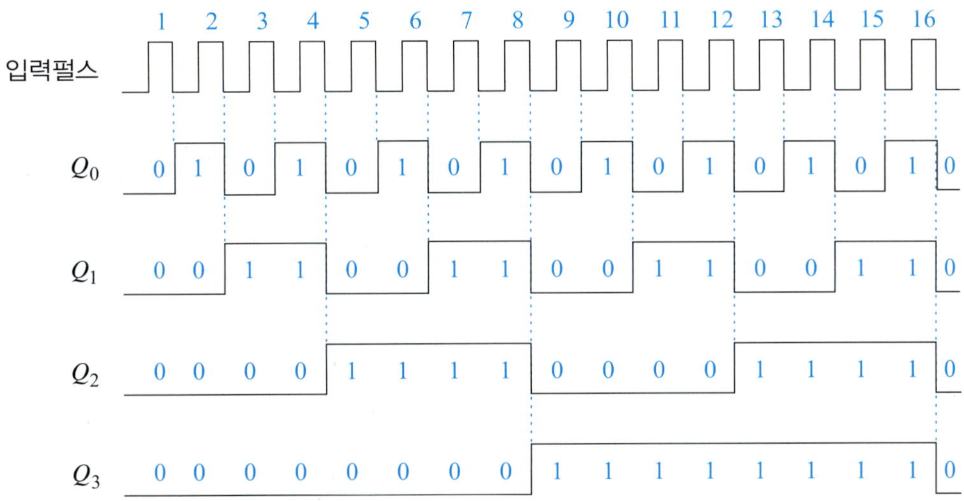

그림 8-14 4-비트 동기식 카운터의 입출력 파형들

이 카운터도 앞에서 설명한 3-비트 카운터의 경우와 동일한 원리를 적용하여 설계할 수 있다. 즉, 상태 0011 다음에 FF2가 토글하고, 0111 다음에는 FF3가 토글 할 수 있도록 조건을 만들어주면 된다. 그를 위하여 그림 8-13의 회로에 T 플립-플롭(FF3)을 하나 더 추가하고, 그 플립-플롭의 T 입력으로 Q_0, Q_1 및 Q_2를 모두 AND 연산한 결과를 접속하여 회로를 구성하면 그림 8-15와 같아진다.

그런데 그림 8-15의 회로에는 제어 신호인 카운트 인에이블 신호(count enable signal; 이하 카운트 신호라 함)가 추가되어 있다. 카운트 신호의 값이 0일 때는 모든 AND 게이트들의 출력이 0이 되기 때문에, 플립-플롭의 T 입력들이 모두 0이 된다. 결과적으로 T 플립-플롭들이 토글 할 수 있는 상태가 되지 않기 때문에, 카운터는 입력 펄스가 들어오더라도 카운트 동작을 수행하지 못하게 된다. 그러나 만약 카운트 신호의 값이 1이 된다면, 첫 번째 플립-플롭인 FF0의 T 입력이 1로 세트되고, Q_0도 첫 번째 AND 게이트를 통과할 수 있게 되어서 정상적인 카운트 동작을 수행할 수 있는 상태가 된다. [비교: 그림 8-11 및 8-13의 회로에서는 FF0의 T 입력이 *high*(1)로 고정되어 있기 때문에, FF0는 항상 토글 할 수 있도록 준비된 상태였다.]

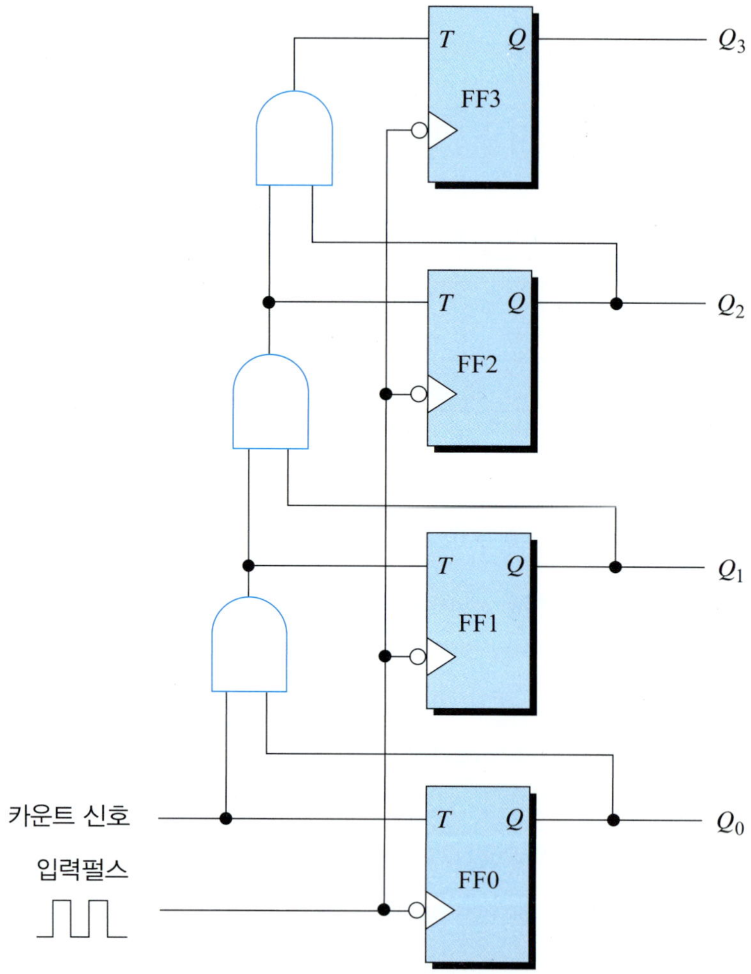

그림 8-15 4-비트 동기식 카운터의 구성도

그림 8-15의 회로를 전체적으로 다시 살펴보면, 최하위 플립-플롭의 출력인 Q_0가 1일 때는 그 상위 출력 비트(Q_1)를 발생하는 FF1이 토글 할 수 있게 되며, Q_0와 Q_1이 모두 1일 때만 그 상위 플립-플롭인 FF2가 토글할 수 있게 된다. 그리고 Q_0, Q_1 및 Q_2가 모두 1이 되어야 FF3의 T 입력값이 1이 되어 토글 할 수 있는 상태가 되도록 구성되어 있다. 그런데 각 플립-플롭의 T 입력 값은 하위 플립-플롭들의 출력값이 결정되어 AND 게이트를 통과하는 즉시 세트되기 때문에, 다음 입력 펄스가 들어오기 이전에 동작 준비가 완료된다. 따라서 입력 펄스가 들어왔을 때, 그에 대한 응답 시간은 이 카운터의 경우에도 t_p만 걸리게 된다.

그런데 여기서 유의해야 할 점은 카운트 될 입력 펄스의 주기가 $t_p+\{3\times(\text{AND 게이트 지연})\}$ 이상이 되어야 한다는 것이다. 그 이유는 한 입력 펄스에 대한 카운트 동작이 완료되었더라도, 각 플립-플롭의 출력이 세 개의 AND 게이트들을 차례대로 모두 통과하여 T 입력 조건들을 결정한 후에 그 다음 입력 펄스가 인가되어야 하기 때문이다. 그리고 이 카운터가 카운트 할 수 있는 입력 신호의 최대 주파수는 입력 펄스에 허용되는 최소 주기에 의해 결정된다. 만약 $t_p=20\text{ns}$이고 AND 게이트의 동작 시간이 5ns라면, 입력 펄스의 최소 주기는 $20\text{ns}+(5\text{ns}\times 3)=35\text{ns}$가 되며, 그 값을 이용하여 최대 허용 주파수(f_{MAX})를 구하면 하면 약 28MHz가 된다. 이 값들은 8.1.2절에서 살펴본 4-비트 리플 카운터의 경우인 80ns 및 10MHz에 비하여 크게 향상된다는 것을 확인할 수 있다. 그리고 〈예제 8-1〉에서와 같이 20ns의 추가 지연을 고려하더라도 입력 신호의 최단 허용 주기는 55ns가 되기 때문에, 4-비트 리플 카운터의 경우인 100ns($f_{MAX}=10\text{MHz}$)에 비하여 절반 정도로 단축된다.

8.2.4 병렬 적재 기능을 가진 카운터

디지털 시스템에서 초기값(initial value)을 외부로부터 미리 적재(load) 받은 다음에, 그 값에서부터 카운트를 시작하는 기능을 가진 카운터가 필요한 경우도 있다. 그러한 카운터에서 초기값을 나타내는 2진 비트들을 한 클록만에 적재하는 동작을 병렬 적재(parallel load)라고 한다. 그림 8-16은 그와 같은 병렬 적재 기능을 가진 4-비트 동기식 카운터의 블록도를 보여주고 있다. 이 카운터는 각 플립-플롭의 초기값을 세트해주기 위한 네 개의 입력 단자들(I_3, I_2, I_1, I_0)을 가지고 있으며, 4비트(Q_3, Q_2, Q_1, Q_0)로 이루어진 카운터 상태를 출력한다.

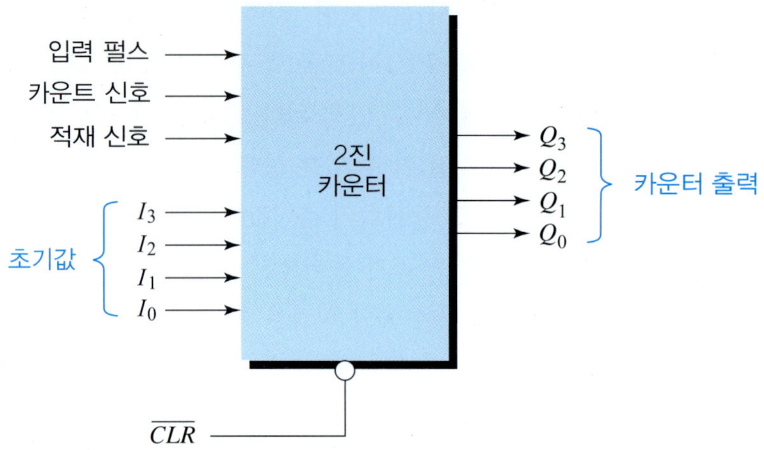

그림 8-16 병렬 적재 기능을 가진 4-비트 동기식 카운터의 블록도

그림 8-16의 블록도를 보면, 카운터로 들어오는 비동기적 제어 신호들로서 카운트 신호, 적재 신호, 그리고 $\overline{\text{CLR}}$ 신호가 있으며, 이들에 의해 발생되는 카운터의 동작은 〈표 8-3〉과 같다. 즉, 어느 시점에서든 $\overline{\text{CLR}}$ 신호가 활성화(0) 되면, 플립-플롭의 모든 출력값들은 0으로 리셋된다. $\overline{\text{CLR}}$ 신호가 1일 때는 카운트 신호와 적재 신호 중의 어느 하나만 1로 세트될 수 있다. 만약 적재 신호가 1이라면, 외부로부터 들어오는 초기값을 나타내는 비트들이 각 플립-플롭에 세트된다. 반면에 카운트 신호가 1이 된다면, 적재되어 있는 초기값에서부터 시작하여 입력 펄스에 대한 카운트 동작을 수행한다. 만약 적재 및 카운트 신호가 모두 0이라면, 카운터는 어떤 동작도 수행하지 않는 정지 상태가 된다.

〈표 8-3〉 제어 신호들에 의한 카운터의 동작 모드

$\overline{\text{CLR}}$	적재	카운트	카운터의 동작
0	X	X	모든 출력들을 0으로 리셋
1	1	0	초기값을 카운터에 적재
1	0	1	카운트 동작 수행
1	0	0	정지 상태

그림 8-17은 그러한 기능들을 수행하는 카운터의 내부 회로를 보여주고 있다. 이 카운터에서는 플립-플롭들이 단순히 토글만 하지 않고 다양한 동작을 수행해야 하기 때문에 JK

플립-플롭이 사용된다. 플립-플롭의 J 및 K 입력은 카운트 혹은 적재 동작에 따라 적절히 세트되도록 구성되어 있다. 카운트 동작은 앞에서 설명한 4-비트 동기식 카운터와 동일하게 수행되기 때문에, 그를 위한 회로는 같은 방법으로 구성되어 있다. 그리고 회로의 좌측에는 초기값을 적재하는 동작을 위한 회로가 추가되어 있다.

이제 그림 8-17의 동작을 좀 더 자세히 분석해보기로 하자. 먼저, 초기값을 적재하기 위하여 적재 신호가 1로 세트된다면, 카운트 신호는 0으로 리셋 되어야 한다. 그 경우에는 최하단에 위치한 AND 게이트의 출력이 0이 되어서, 플립-플롭의 입력단으로 접속되는 모든 OR 게이트들의 한 입력은 0이 된다. 그 상태에서, 적재될 입력 비트들이 좌측에 두 개

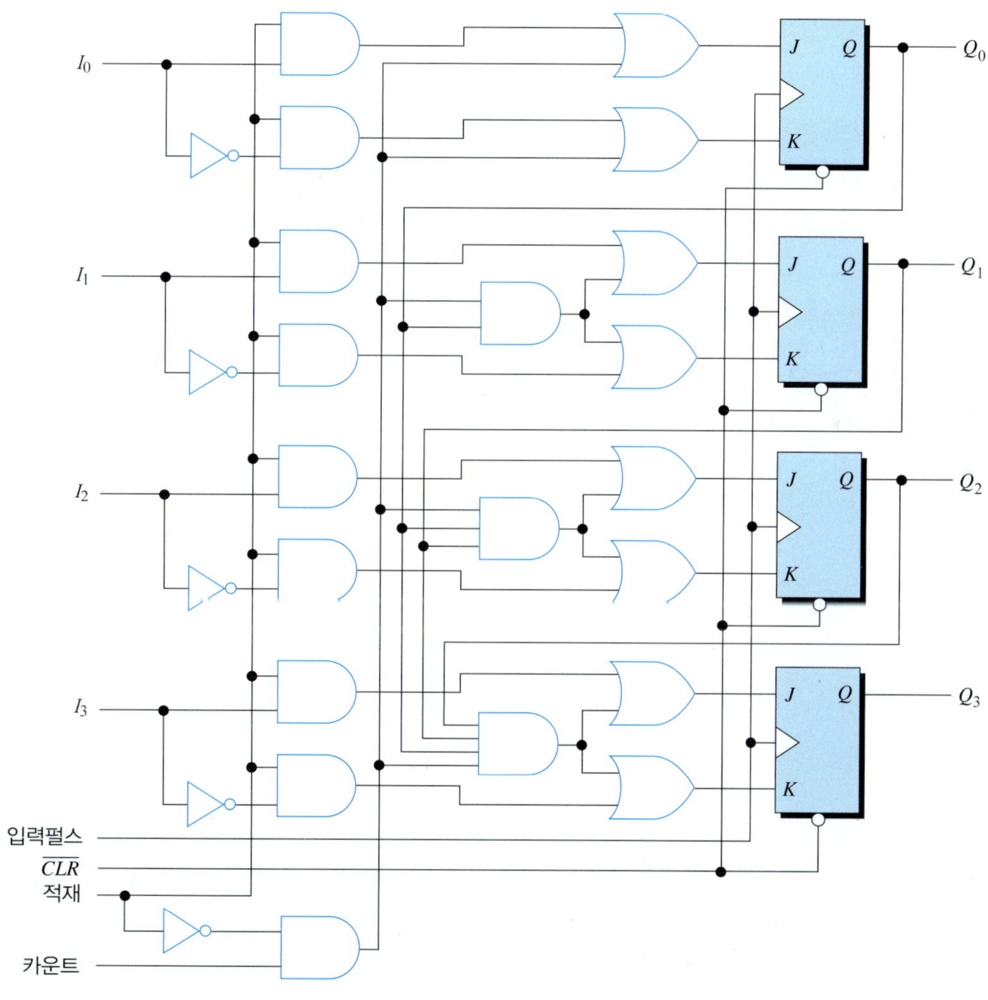

그림 8-17 병렬 적재 기능을 가진 카운터의 내부 구성도

씩 짝을 이루고 있는 AND 게이트들을 통하여 각 플립-플롭의 J 및 K 입력으로 들어간다. 그런데 각 입력 비트는 짝을 이루고 있는 두 AND 게이트들로 들어가기 전에 그 중의 하나가 인버터를 통과하게 되어 있다. 따라서 만약 입력 비트가 1이라면($I_i=1$), 해당 플립-플롭의 J 입력은 1로 세트되고 K 입력은 0이 된다. 반면에 입력 비트가 0이라면($I_i=0$), $J=0$, $K=1$이 된다. 그 상태에서 클록 신호가 들어오면 플립-플롭의 상태는 해당 입력값으로 세트된다. 결과적으로, 초기값을 나타내는 모든 비트들은 한 개의 클록 신호(입력 펄스)에 의해 동시에 플립-플롭들에 적재될 수 있다.

초기값 적재가 종료되어 적재 신호가 0이 되면, 좌측에 위치한 AND 게이트들의 한 쪽 입력이 모두 0이 되기 때문에 입력 비트들이 통과하지 못하게 된다. 그 회로 부분을 제외하면 다른 회로들은 사실상 그림 8-15의 회로와 동일하다. 즉, 카운트 신호가 1로 세트되면, 맨 위의 첫 번째 JK 플립-플롭의 J 및 K 입력이 모두 1로 세트되어 T 플립-플롭과 같이 동작하게 된다. 그리고 아래 쪽 플립-플롭의 J, K 입력으로는 그 위 플립-플롭의 출력이 카운트 신호와 AND 게이트를 통과한 다음에 들어가는 형태로 구성되어, 앞에서 설명한 4-비트 동기식 카운터와 동일한 동작을 수행하게 된다. 결과적으로, 초기값 적재가 종료된 다음에는 일반적인 카운터로서 동작하게 되는 것이다.

8.2.5 업-다운 카운터

지금까지 살펴본 카운터들은 모두 입력 펄스가 들어올 때마다 상태 시퀀스가 0부터 (2^N-1)까지 증가하는 업-카운팅(up-counting)을 수행하였다. 그런데 초기값이 (2^N-1) 혹은 특정 카운트 값으로 세트되어 있고, 입력 펄스가 들어올 때마다 상태값이 1씩 감소하는 다운-카운팅(down-counting) 동작이 필요한 응용도 있다. 그런데 일반적으로 다운-카운팅 기능만 가진 카운터보다는 업-카운팅 기능도 함께 가진 업-다운 카운터(up-down counter)로 구성된다. 이 카운터는 업-카운팅과 다운-카운팅을 위한 회로를 모두 포함하고 있으며, 제어 신호를 이용하여 카운트의 방향(업 혹은 다운)을 결정할 수 있도록 구성된다.

3-비트 길이의 업-다운 카운터를 설계하기 위하여, 먼저 〈표 8-4〉의 카운트 시퀀스를 살펴보자. 표에서 보는 바와 같이 업-카운팅의 상태 시퀀스는 000부터 111까지 1씩 증가한 다음에, 다시 000으로 돌아가서 반복한다. 반면에 다운-카운팅의 상태 시퀀스는 111부터 000까지 1씩 감소한 다음에, 다시 111로 돌아가게 된다.

〈표 8-4〉 업-다운 카운터의 상태 시퀀스

입력 펄스	Q_2	Q_1	Q_0
초기 상태	0	0	0
1	0	0	1
2	0	1	0
3	0	1	1
4	1	0	0
5	1	0	1
6	1	1	0
7	1	1	1

(업-카운팅: 위에서 아래로 ↓, 다운-카운팅: 아래에서 위로 ↑)

이 카운터에서 업-카운팅을 위한 회로 부분은 3-비트 동기식 카운터(8.2.2절) 회로가 그대로 사용될 수 있다. 따라서 그 카운터에 다운-카운팅을 위한 회로를 추가하고, 카운트 방향을 제어하는 *UP/DOWN* 신호를 이용하여 두 회로 중에서 하나를 선택하도록 구성하면 된다. 이 예에서는 그 신호가 1이면 업-카운팅, 0이면 다운-카운팅을 수행하는 것으로 가정하였다. 즉, *UP/DOWN* 신호가 1일 때는 회로가 업-카운팅을 수행하고, 0일 때는 다운-카운팅을 수행하도록 구성하였다.

이제 다운-카운팅 회로 부분을 설계하기 위하여 〈표 8-4〉의 다운-카운팅 시퀀스의 특징을 분석해보면, 아래와 같은 사항들을 확인할 수 있다.

- Q_0는 1부터 시작하여 입력 펄스가 들어올 때마다 보수 값으로 반전된다.
- Q_1은 그 하위 상태 비트인 $Q_0=0(Q_0'=1)$일 때 입력 펄스가 들어오면 반전된다.
- Q_2는 그 하위 상태 비트들인 $Q_1Q_0=00(Q_1'Q_0'=11)$일 때 입력 펄스가 들어오면 반전된다.

따라서 회로가 다운-카운팅 동작을 수행하도록 하려면 Q_0를 출력하는 첫 번째 플립-플롭의 T 입력을 항상 *high*(1) 상태로 세트하고, 다른 두 플립-플롭들의 T 입력으로는 그 하위 플립-플롭들의 반전된 출력(Q')을 접속하면 된다. 그리고 제어 신호인 *UP/DOWN* 신호가 0일 때 다운-카운팅을 위한 회로 부분이 선택되도록 구성하면 된다.

두 회로 부분을 통합하여 구성한 전체 회로는 그림 8–18과 같다. 이 회로에서 업-카운팅과 다운-카운팅의 선택은 우측 하단에 위치한 두 개의 AND 게이트들을 이용하여 이루어진다. 그들 중에서 좌측 AND 게이트의 한 입력으로는 *UP/DOWN* 신호를 직접 접속함으로써, 그 신호가 1일 때는 플립-플롭의 정상 출력(Q)이 상위 플립-플롭의 T 입력으로 들어가게 되어 업-카운팅이 수행된다. 반면에 우측 AND 게이트로는 *UP/DOWN* 신호를 반전시켜 접속함으로써, 그 신호가 0일 때 플립-플롭의 반전된 출력(Q')이 상위 플립-플롭의 T 입력으로 들어가게 되어 다운-카운팅이 수행되는 것이다.

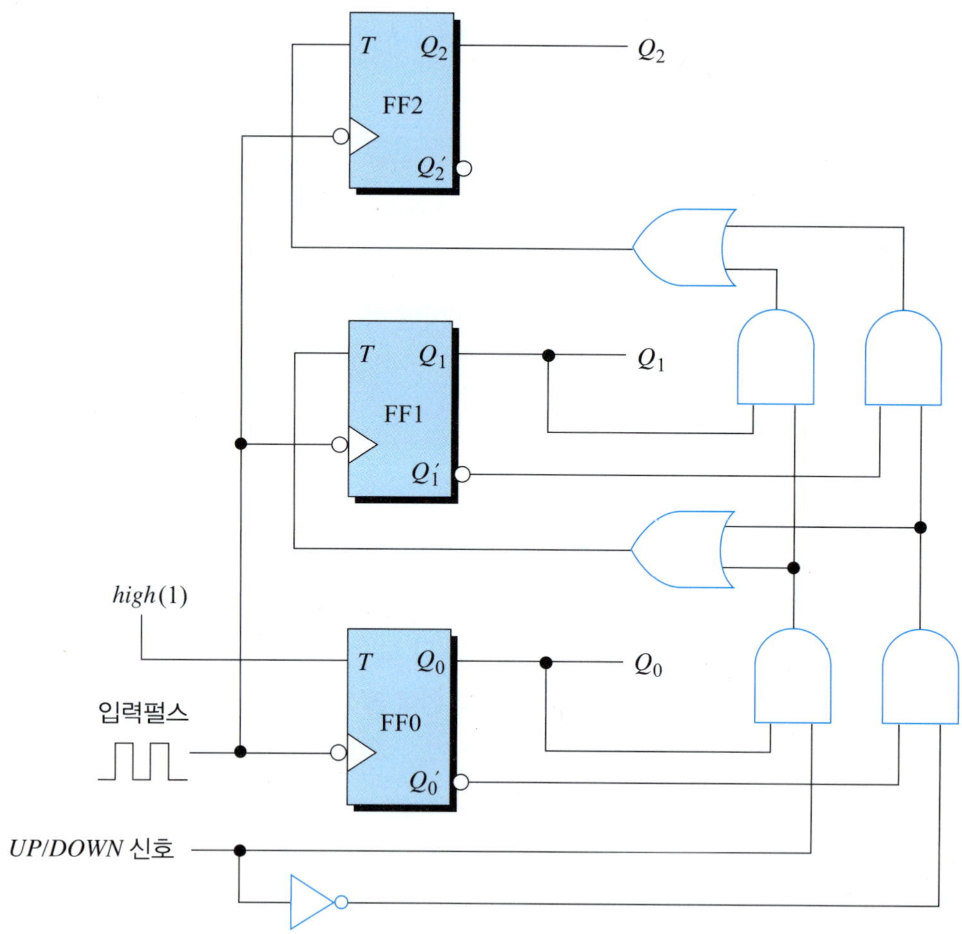

그림 8–18 업-다운 카운터의 회로 구성도

예제 8-2

4-비트 업-다운 카운터로 16개의 입력 펄스들이 인가되는 동안에 *UP/DOWN* 제어 신호가 처음 네 주기는 1, 다음 일곱 주기는 0, 그리고 마지막 다섯 주기 동안에는 1로 각각 세트된다면, 카운터의 출력 파형들이 어떠한 형태로 발생할 것인가? 단, 카운터의 초기값은 '0000'이다.

풀이

카운터는 *UP/DOWN* 신호의 값에 따라 그림 8－19와 같이 업-카운팅, 다운-카운팅, 그리고 다시 업-카운팅 동작을 번갈아가며 수행한다. 그림의 최하단에는 각 주기에서 발생되는 카운터 출력값에 대한 10진수를 표시하였다.

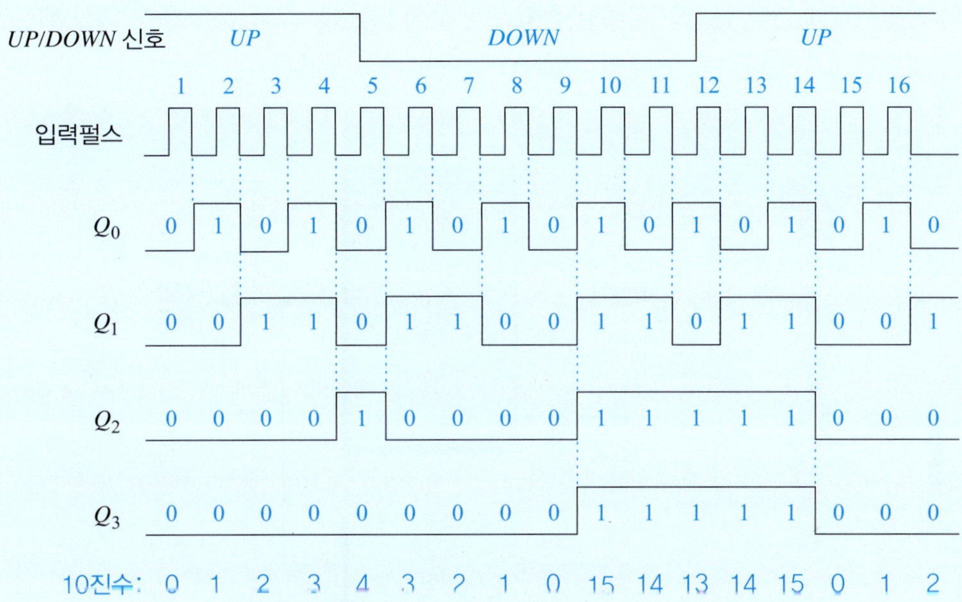

그림 8-19 〈예제 8-2〉에 대한 입력 및 출력 파형들

여기서 업-다운 카운터의 응용 사례를 한 가지 살펴보기로 한다. 그림 8－20은 업-다운 카운터를 이용한 A/D 변환기의 구성도를 보여주고 있다. 이 회로에서는 아날로그 신호가 입력되면 먼저 비교기에 의해 현재의 카운터 출력인 디지털 값과 비교된다. 만약 아날로그 신호의 값이 더 큰 경우에는 카운터가 업-카운팅을 수행하며, 더 적은 경우에는 다운-카운팅을 수행한다. 여기서 비교기의 －단자로 입력되는 신호는 그 순간의 카운터 출력값이 D/

A 변환기에 의해 변환된 아날로그 값이다.

이 A/D 변환기는 입력 신호와 그 순간의 출력 신호를 연속적으로 비교하여 입력 신호에 근접하는 디지털 출력값을 찾아가는, 즉 트래킹(tracking)하는 방식을 이용하고 있다. 디지털 출력의 초기값은 0이기 때문에 처음에는 아날로그 입력값이 더 크다. 따라서 카운터는 클록 신호들에 대하여 업-카운팅을 수행한다. 그 때마다 출력되는 디지털 코드 출력은 D/A 변환기에 의해 다시 아날로그 값으로 변환되어 입력값과 비교된다. 그러한 업-카운팅 동작은 아날로그 입력값이 D/A 변환기의 출력값보다 더 큰 동안 계속되며, 같은 값이 되면 멈춘다. 그런데 이 과정에서 출력값이 입력보다 더 커지는 일이 발생된다면, 그 다음 순간부터는 다운-카운팅이 시작된다. 이 변환기는 그러한 업-다운 카운팅 동작을 반복하면서 아날로그 입력값에 가장 근접한 디지털 출력값을 찾게 되는데, 그와 같은 동작 특성 때문에 명칭을 트래킹 A/D 변환기(tracking A/D converter)라고 부른다.

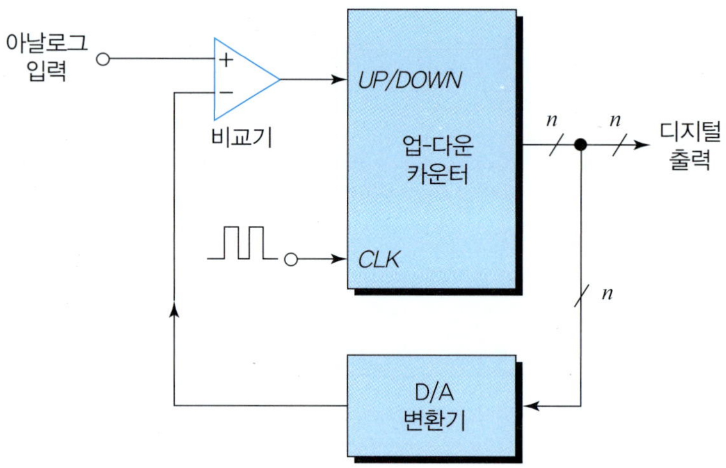

그림 8-20 업-다운 카운터를 이용한 트래킹 A/D 변환기의 구성도

트래킹 A/D 변환기는 정확도를 높이기 위하여 디지털 출력의 비트 수를 늘리더라도 회로 복잡도가 많이 증가하지 않는 장점이 있지만, 입력되는 아날로그 신호가 급격하게 변하는 경우에는 변환 시간이 길어지는 단점도 가지고 있다.

참고 D/A 변환기(D/A converter)

앞에서 설명한 트랙킹 A/D 변환기에도 포함되어 있는 D/A 변환기는 디지털 데이터를 그에 대응되는 아날로그 값으로 변환해주는 장치이다. 그림 8-21은 4-비트 데이터를 아날로그 신호로 바꾸어주는 D/A 변환기의 내부 회로의 한 예를 보여주고 있다.

이 회로에서는 OP 앰프의 증폭 기능을 이용하고 있는데, +입력 단자를 통하여 흐르는 전류를 I_f라고 하면 출력 전압 $V_o = I_f \cdot R_f$가 된다. 그런데 4-비트 디지털 코드의 각 비트가 들어오는 입력단의 저항값은 비트의 자리수가 낮을수록 2^n배씩 커지기 때문에, 전류의 크기는 그 배수만큼 적게 흐른다. 즉, 그림 8-21의 회로에서 $I_3 = V_{ref}/R$, $I_2 = V_{ref}/2R$, $I_1 = V_{ref}/4R$ 그리고 $I_0 = V_{ref}/8R$ 이 된다. 또한 $I_f = I_3 + I_2 + I_1 + I_0$이므로, 입력되는 디지털 데이터에 따라 출력 전압의 크기가 결정되는 것이다.

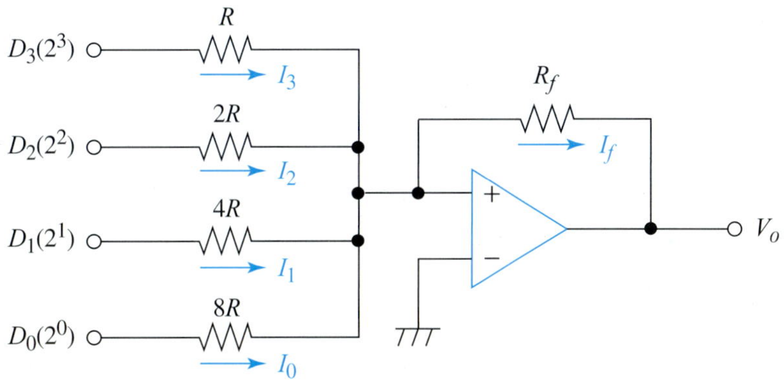

그림 8-21 D/A 변환기의 구성도

예를 들어, 그림 8-21에서 입력단의 V_{ref}=15V, R=18.75kΩ, R_f=10kΩ이라고 하면, I_3=0.8mA, I_2=0.4mA, I_1=0.2mA, I_0=0.1mA가 된다. 따라서 입력 데이터가 '1010'이라면 출력 전압 V_o=(0.8mA+0.2mA)×10kΩ=10V가 되며, 몇 가지 다른 입력 데이터들에 대한 출력 전압들을 계산해보면 다음과 같아진다.

입력 데이터				출력 전압(V_o)
D_3	D_2	D_1	D_0	
1	1	1	1	15V
1	1	0	0	12V
1	0	0	0	8V
0	1	0	1	5V
0	0	1	1	3V
0	0	0	1	1V
0	0	0	0	0V

8.3 동기식 카운터의 설계

리플 카운터라고도 불리는 비동기식 카운터는 8.1절에서 본 바와 같이 상태 시퀀스의 특징을 분석하여 적절히 회로를 구성할 수밖에 없지만, 동기식 카운터는 제7장에서 공부한 순차회로 설계 기법들을 이용하여 체계적으로 설계하는 것이 가능하다. 앞의 8.2절에서 설명한 동기식 카운터들은 입력 펄스를 카운트 한 결과를 나타내는 상태 값으로서 0부터 최대 카운트 값까지에 대한 2진수들이 순차적으로 발생한다. 그와는 달리 카운터를 사용자가 지정하는 상태 시퀀스를 발생하거나 특정 코드들을 발생하도록 설계할 수도 있다. 이 절에서는 그와 같은 다양한 종류의 동기식 카운터들을 설계하는 방법에 대하여 공부하기로 한다.

8.3.1 동기식 mod-N 카운터

모든 카운터는 모듈러(modulus) 값을 가진다. 모듈러란 그 카운터가 카운트할 수 있는 최대 수(상태의 개수)를 의미하는데, 그 값을 N이라고 한다면, $N \leq 2^n$이다. 여기서, n은 카운터를 구현하는데 필요한 플립-플롭의 수를 나타낸다. 결과적으로, mod-N 카운터(modulus-N counter)란 카운터가 가질 수 있는 상태의 수가 N개인 카운터를 말한다. 즉,

입력 펄스를 카운트하여 0부터 $(N-1)$까지를 나타내는 상태들을 순차적으로 발생하고, 다시 그 상태 시퀀스를 반복하는 카운터이다. 앞에서 공부한 8진 카운터는 mod-8 카운터에 해당한다.

그와 같은 카운터의 예로서, 디지털시계(digital clock)에서 분(minute)을 가리키는 두 자리 수(00~59) 중에서 앞의 숫자들(0~5)을 결정하는 데 사용될 수 있는 동기식 mod-6 카운터(synchronous modulo-6 counter)를 T 플립-플롭을 이용하여 설계해보기로 하자. 이 카운터는 입력 펄스가 들어올 때마다 상태값이 000부터 101까지 순서대로 전이되고, 그 다음에는 다시 000으로 되돌아가서 반복되는 상태 시퀀스를 가진다. 이와 같은 상태 전이 과정을 다이어그램으로 표시하면 그림 8-22와 같다.

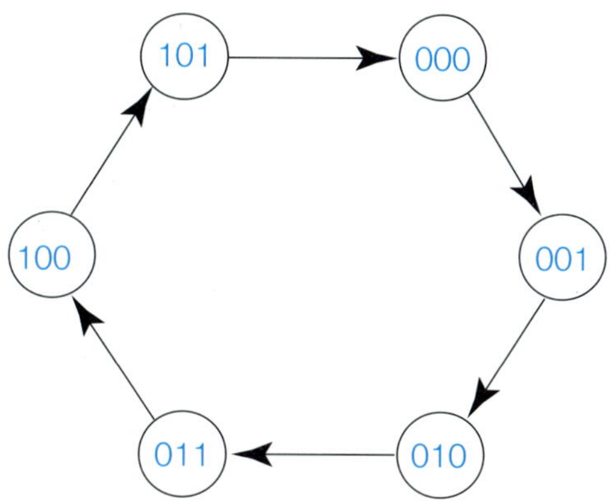

그림 8-22 mod-6 카운터의 상태 다이어그램

mod 6 카운터는 모두 여섯 가지의 상태들을 가지므로, 세 개의 T 플립-플롭들을 이용하여 설계해야 한다. 〈표 8-5〉의 상태표는 카운터가 가지게 될 현재 상태와 다음 상태 간의 전이 관계를 보여주고 있다(단, 여기서는 기호 표기상의 편의를 위하여 MSB인 Q_2를 A, Q_1을 B, 그리고 LSB인 Q_0를 C로 각각 표기하기로 한다). 그와 같은 상태 전이들을 유발하는 카운터를 설계하기 위해서는 먼저, 입력 펄스가 클록(CLK) 입력으로 들어오는 순간에 각 플립-플롭의 T 입력이 어떤 값을 가져야 하는지 알아야 한다. 그 값들은 T 플립-플롭의 여기표(표 7-11)를 이용하여 구할 수 있는데, 그 결과들은 〈표 8-5〉의 우측에 나열되어 있다.

〈표 8-5〉 T 플립-플롭을 이용한 mod-6 카운터의 상태표

현재 상태			다음 상태			플립-플롭 입력들		
A	B	C	A	B	C	T_A	T_B	T_C
0	0	0	0	0	1	0	0	1
0	0	1	0	1	0	0	1	1
0	1	0	0	1	1	0	0	1
0	1	1	1	0	0	1	1	1
1	0	0	1	0	1	0	0	1
1	0	1	0	0	0	1	0	1

이제 〈표 8-5〉의 상태표로부터 각 플립-플롭의 입력 함수들을 구해보기로 하자. 그 함수들은 카노프 맵을 이용하면 간략화된 표현으로 구할 수 있다. 그런데 카노프 맵을 작성할 때 유의해야 할 사항은 이 카운터에서 사용되지 않는 상태인 110과 111에 대해서는 *don't care*(X)로 표시해야 한다는 것이다.

카운터 상태의 MSB인 A를 발생하는 첫 번째 플립-플롭의 입력 함수 T_A에 대한 카노프 맵은 그림 8-23(a)와 같이 작성되며, 그 맵으로부터 간략화된 함수 $AC+BC$를 얻을 수 있다. 두 번째 플롭-플롭의 입력인 T_B에 대한 카노프 맵은 그림 8-23(b)와 같으며, 간략화된 결과는 $A'C$가 된다. 그리고 〈표 8-5〉에서 보면, LSB인 C를 발생하는 플립-플롭의 입력인 T_C는 1로 고정시켜야 한다는 것을 알 수 있다. 그렇게 하면 입력 펄스가 들어올 때마다 그 플립-플롭은 토글하게 되어, 〈표 8-5〉에서 보는 바와 같이 C의 값이 매번 다른 값으로 바뀌게 된다.

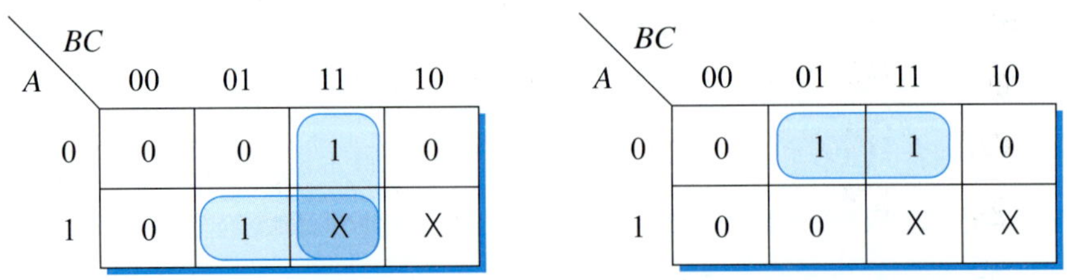

(a) T_A에 대한 카노프 맵 (b) T_B에 대한 카노프 맵

그림 8-23 T 플립-플롭의 입력들에 대한 카노프 맵

결과적으로, 세 개의 T 플립-플롭들에 대하여 얻어진 입력 함수들은 아래와 같다.

$$T_A = AC + BC = (A + B)C$$
$$T_B = A'C$$
$$T_C = 1$$

위의 입력 함수들을 이용하여 mod-6 카운터의 회로를 구성하면 그림 8-24와 같아진다. 그리고 마지막으로, 카운트 될 입력 펄스는 모든 T 플립-플롭들의 CLK 입력으로 동시에 인가되도록 함으로써 동기식 카운터의 설계가 완료되었다.

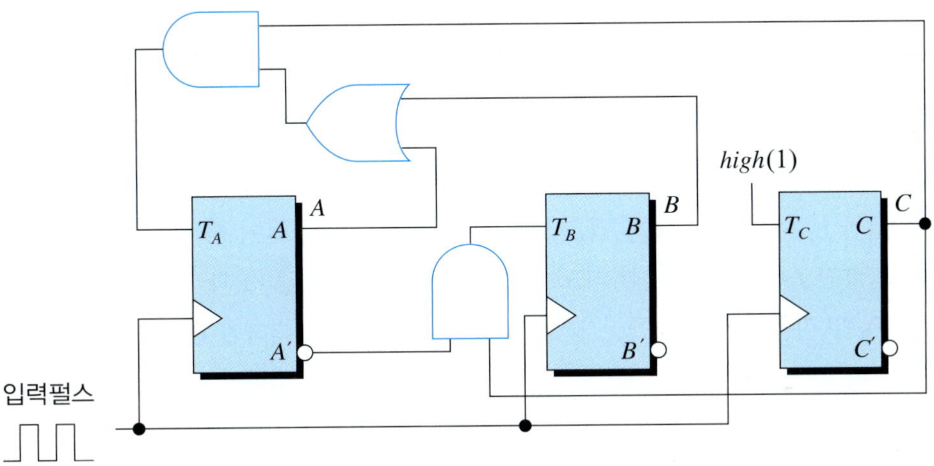

그림 8-24 T 플립-플롭을 이용한 mod-6 카운터의 구성도

카운터를 설계하는데 있어서 플립-플롭의 선택에 따라 회로 구성에 어떤 차이가 발생하는지를 비교하기 위하여, JK 플립-플롭을 이용하여 mod-6 카운터를 다시 설계해보기로 하자. 이 설계를 위하여 상태표를 작성해보면 〈표 8-6〉과 같아진다. 표에서 우측의 플립-플롭 입력들은 각 상태 변수의 현재 값이 다음 상태의 값으로 변경되기 위하여 해당 플립-플롭의 J 및 K 입력이 어떤 값을 가져야 하는지를 JK 플립-플롭의 여기표(표 7-9)를 이용하여 구한 결과 값들을 보여주고 있다.

〈표 8-6〉 JK 플립-플롭을 이용한 mod-6 카운터의 상태표

현재 상태			다음 상태			플립-플롭 입력들					
A	B	C	A	B	C	J_A	K_A	J_B	K_B	J_C	K_C
0	0	0	0	0	1	0	X	0	X	1	X
0	0	1	0	1	0	0	X	1	X	X	1
0	1	0	0	1	1	0	X	X	0	1	X
0	1	1	1	0	0	1	X	X	1	X	1
1	0	0	1	0	1	X	0	0	X	1	X
1	0	1	0	0	0	X	1	0	X	X	1

그 다음 단계로서, 플립-플롭의 입력 함수들을 구하기 위하여 〈표 8-6〉의 상태표로부터 각 플립-플롭의 입력들에 대한 카노프 맵들을 작성하면 그림 8-25와 같아진다. 카노프 맵은 각 플립-플롭의 J 입력과 K 입력에 대하여 별도로 작성되어야 한다. 여기서 유의할 사항은 현재 상태 조합들 중에서 110과 111은 카운팅 시퀀스에는 포함되지 않으므로, 그들에 대응되는 셀들은 *don't care*를 나타내는 X로 채워야 한다는 것이다. 첫 번째 플롭-플롭의 입력인 J_A와 K_A에 대한 카노프 맵은 그림 8-25(a) 및 (b)와 같이 작성되며, 두 번째 플롭-플롭의 입력인 J_B 및 K_B에 대한 카노프 맵은 그림 8-25(c) 및 (d)와 같아진다. 상태표에서 세 번째 플립-플롭의 두 입력들은 모든 현재 상태 조합들에 대하여 1 혹은 X이므로, $J_C=1$ 및 $K_C=1$이 되어야 하기 때문에 카노프 맵을 작성할 필요가 없다.

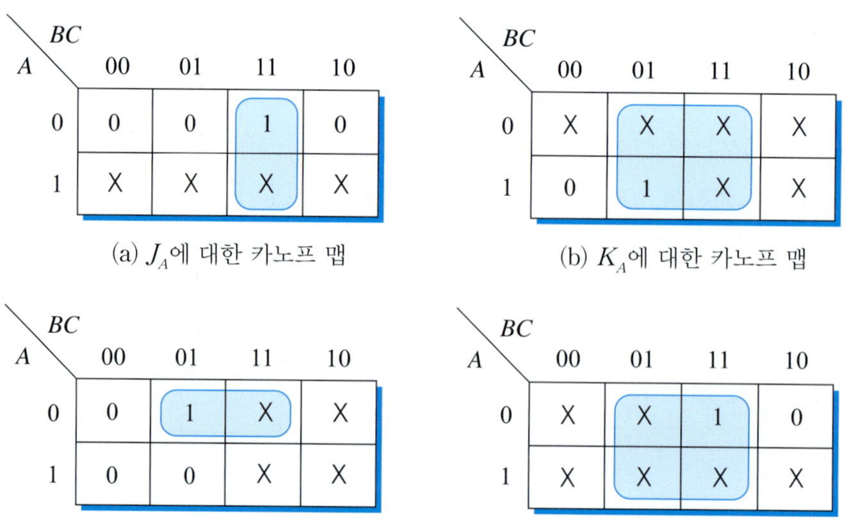

(a) J_A에 대한 카노프 맵

(b) K_A에 대한 카노프 맵

(c) J_B에 대한 카노프 맵

(d) K_B에 대한 카노프 맵

그림 8-25 JK 플립-플롭의 입력들에 대한 카노프 맵

그림 8-25의 카노프 맵들로부터 세 개의 *JK* 플립-플롭들에 대한 입력 함수들을 구한 결과는 아래와 같다.

$$J_A = BC \qquad K_A = C$$
$$J_B = A'C \qquad K_B = C$$
$$J_C = 1 \qquad K_C = 1$$

위의 입력 함수들을 이용하여 mod-6 카운터의 회로를 구성하면 그림 8-26과 같아진다. 즉, 세 개의 플립-플롭들에 두 개의 AND 게이트만 추가하여 전체 회로가 구성되었다. 그 결과를 *T* 플립-플롭을 이용한 그림 8-24의 회로와 비교해보면, 게이트의 수가 한 개 줄어들고 전체적으로 회로가 단순해졌다는 것을 확인할 수 있다. 이와 같이 카운터를 비롯한 순차회로들은 사용하는 플립-플롭의 종류에 따라 회로의 복잡도가 달라진다. 따라서 좀 더 단순하고 효과적인 회로를 구현하기 위해서는 설계 과정에서 각각의 결과들을 비교한 다음에, 사용할 플립-플롭의 종류를 결정할 필요가 있다.

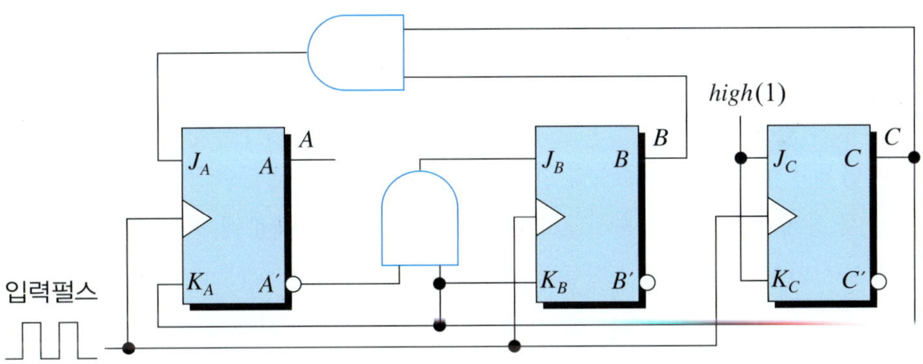

그림 8-26 *JK* 플립-플롭을 이용한 mod-6 카운터의 구성도

8.3.2 불규칙한 시퀀스를 가지는 mod-N 카운터

다른 형태의 카운터로서, 순차적이 아닌 불규칙한 상태 시퀀스(irregular state sequence)를 발생하는 mod-N 카운터를 설계할 수도 있다. 이러한 유형의 카운터의 한 예로서, 입력 펄스를 카운트할 때마다 카운터의 상태가 000→010→100→101→111의 순서로 바뀌며, 그 다음에는 다시 000으로 돌아가서 반복되는 카운팅 시퀀스(counting sequence)를 가지는 mod-5 카운터를 설계해보기로 하자. 그런데 이와 같이 상태 변화가 다양할수록 *JK* 플립-플롭을 이용하는 것이 효과적이라는 사실을 앞 절에서 확인한 바 있다. 따라서 세 개의 *JK* 플립-플롭들을 사용하여 설계하기로 한다. 먼저, 그러한 상태 시퀀스를 상태표로 정리해보면 〈표 8-7〉과 같아진다. 그리고 상태표의 우측에는 *JK* 플립-플롭을 이용하는 경우에 그와 같은 상태 전이들을 발생시키는데 필요한 각 플립-플롭의 입력값들을 여기표에 근거하여 구한 결과들이 나열되어 있다.

〈표 8-7〉 불규칙적 상태를 가지는 mod-5 카운터의 상태표

현재 상태			다음 상태			플립-플롭 입력들					
A	B	C	A	B	C	J_A	K_A	J_B	K_B	J_C	K_C
0	0	0	0	1	0	0	X	1	X	0	X
0	1	0	1	0	0	1	X	X	1	0	X
1	0	0	1	0	1	X	0	0	X	1	X
1	0	1	1	1	1	X	0	1	X	X	0
1	1	1	0	0	0	X	1	X	1	X	1

다음 단계로서, 〈표 8-7〉의 상태표로부터 각 플립-플롭의 입력 함수들을 구하기 위하여 카노프 맵을 그려야 하는데, 그 때 주의해야 할 사항이 있다. 카노프 맵은 현재 상태의 각 조합에 대응되는 *J* 혹은 *K*의 값들을 해당 셀에 채움으로써 만들어진다. 그런데 〈표 8-7〉에서는 현재 상태가 '000'부터 순서대로 나열된 것이 아니기 때문에, 카노프 맵을 작성할 때 상태표에 표시되어 있는 상태 조합들에 대응되는 셀들만 해당 값으로 채우고, 나머지(사용되지 않는) 상태 조합에 대응되는 셀들은 *don't care*(X)로 표시해야 한다는 점을 유의해야 한다. 즉, 카노프 맵에서 ABC=001, 011 및 110에 해당하는 셀들은 모두 X로 채워야 한다. 그와 같은 방법으로 각 플립-플롭의 입력에 대한 카노프 맵들을 작성한 결과는 그림 8-27과 같다.

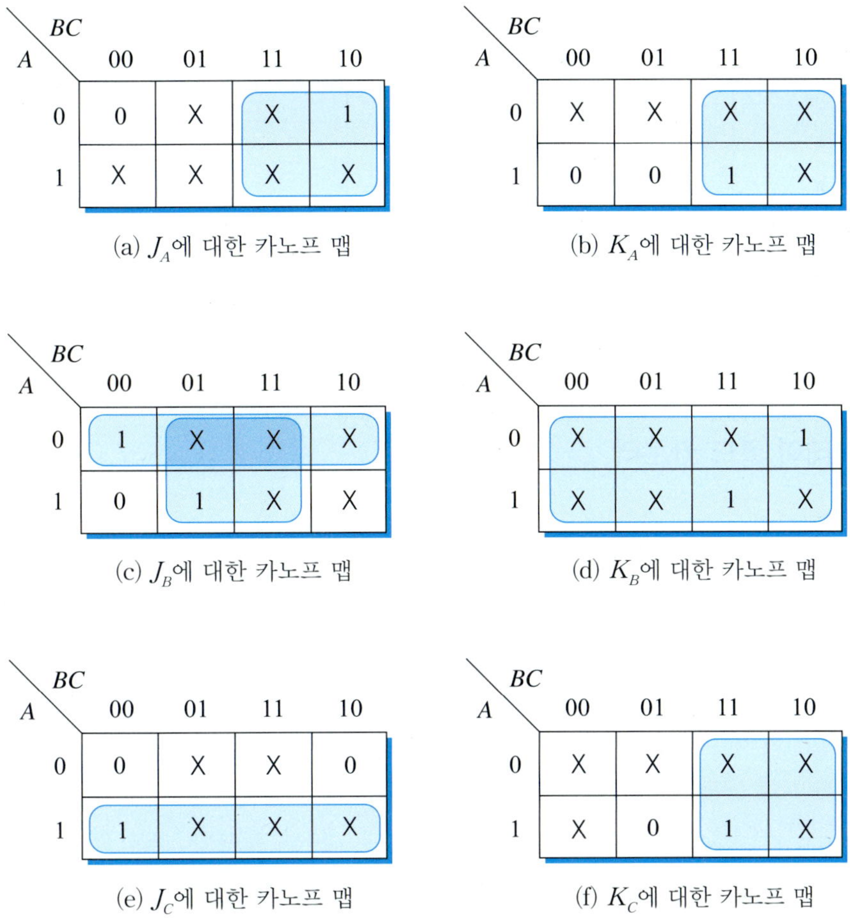

그림 8-27 mod-5 카운터 설계를 위한 카노프 맵들

그림 8-27의 카노프 맵들을 간략화하여 구한 입력 함수들을 정리하면 아래와 같아진다. 그리고 이 함수들을 이용하여 mod-5 카운터를 구성하면 그림 8-28과 같은 회로가 된다.

$$J_A = B \qquad K_A = B$$
$$J_B = A' + C \qquad K_B = 1$$
$$J_C = A \qquad K_C = B$$

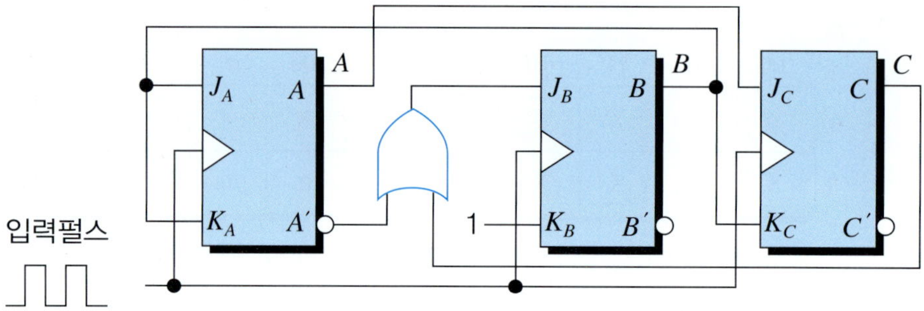

그림 8-28 불규칙한 시퀀스를 가지는 mod-5 카운터의 구성도

8.3.3 그레이 코드 카운터

불규칙한 시퀀스를 가지는 카운터의 다른 예로서, 입력 펄스들이 들어올 때 카운터의 상태가 그림 8-29와 같이 그레이 코드의 순서대로 전이되는 3-비트 그레이 코드 카운터를 설계해보기로 한다.

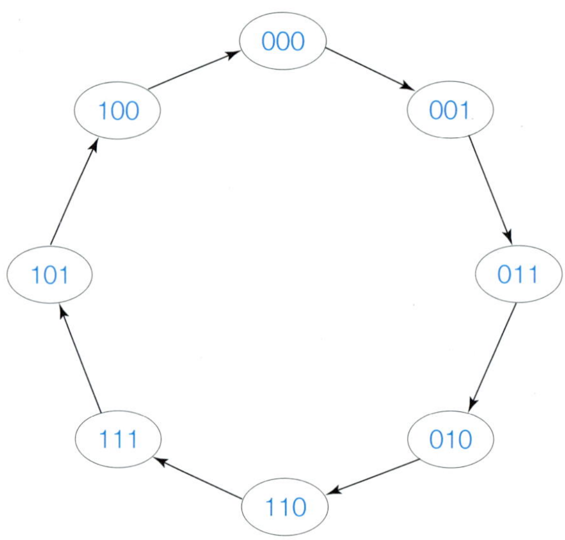

그림 8-29 3-비트 그레이 코드 카운터의 상태 다이어그램

이 카운터의 상태 전이 관계를 정리하여 상태표를 작성하면 〈표 8-8〉과 같다. 그리고 *JK* 플립-플롭을 이용하여 설계하는 경우에 각 상태 전이를 야기 시키는데 필요한 플립-플롭의 입력값들을 구하여 상태표의 우측에 나열하였다.

〈표 8-8〉 그레이 코드 카운터의 상태표

현재 상태			다음 상태			플립-플롭 입력들					
A	B	C	A	B	C	J_A	K_A	J_B	K_B	J_C	K_C
0	0	0	0	0	1	0	X	0	X	1	X
0	0	1	0	1	1	0	X	1	X	X	0
0	1	1	0	1	0	0	X	X	0	X	1
0	1	0	1	1	0	1	X	X	0	0	X
1	1	0	1	1	1	X	0	X	0	1	X
1	1	1	1	0	1	X	0	X	1	X	0
1	0	1	1	0	0	X	0	0	X	X	1
1	0	0	0	0	0	X	1	0	X	0	X

상태표의 입력 조건들을 근거로 하여 플립-플롭의 입력들에 대한 카노프 맵을 그리면 그림 8-30과 같다. 맵을 작성하는 과정에서 유의해야 할 사항으로는 〈표 8-8〉의 입력 조합들도 일반적인 2진수 순서와는 다르게 나열되어 있다는 점이다. 따라서 카노프 맵에서 각 상태 조합에 대응되는 셀을 찾아서 해당 값을 채운 다음에 간략화시켜야 한다.

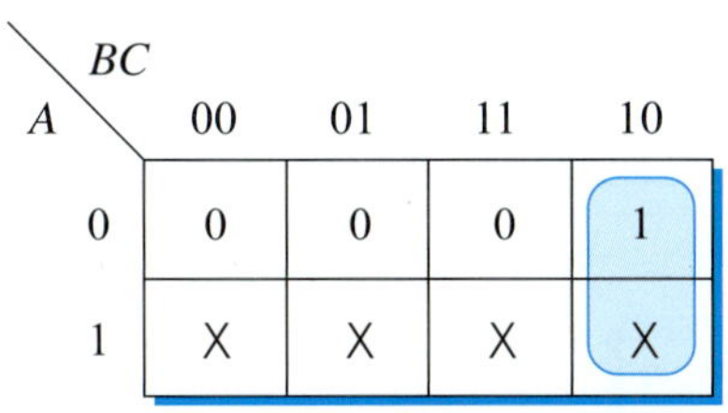

(a) J_A

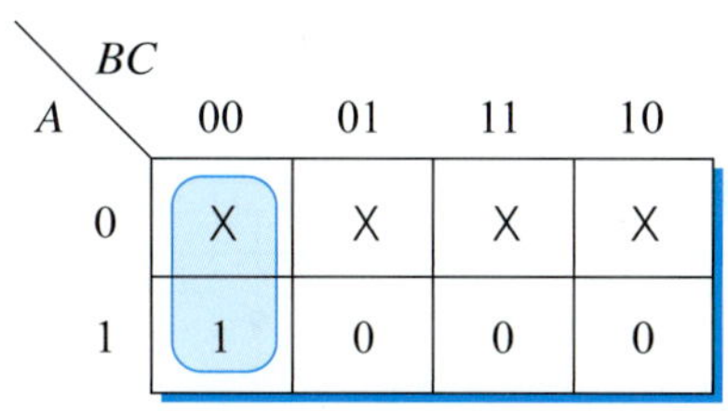

(b) K_A

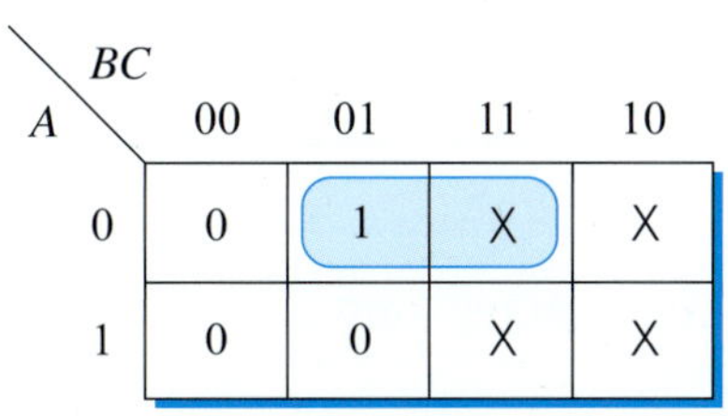

(c) J_B

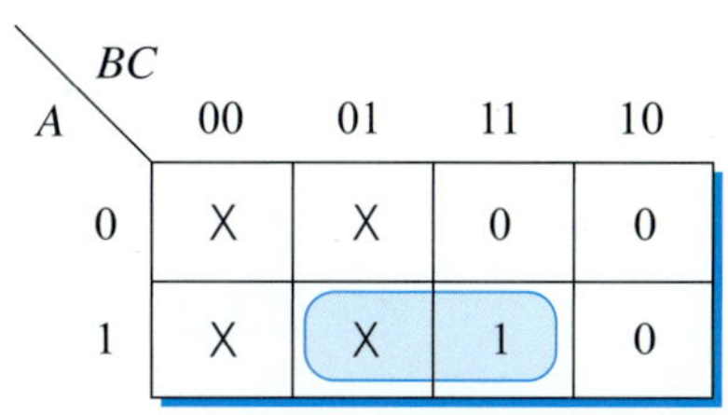

(d) K_B

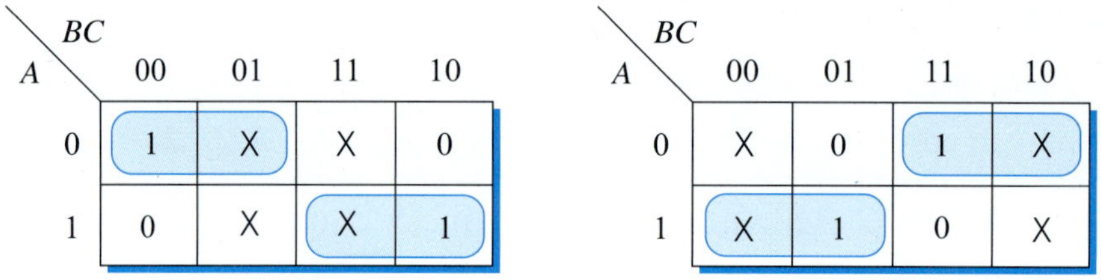

(e) J_C　　　　(f) K_C

그림 8-30 그레이 코드 카운터를 위한 카노프 맵들

그림 8-30의 카노프 맵들을 이용하여 간략화된 입력 함수들을 구한 결과는 다음과 같다.

$$J_A = BC' \qquad K_A = B'C'$$
$$J_B = A'C \qquad K_B = AC$$
$$J_C = AB + A'B' \qquad K_C = AB' + A'B$$

위의 입력 함수들 중에서 $J_C = AB + A'B' = (A \oplus B)'$이므로, exclusive-NOR 게이트로 구현할 수 있다. 또한 $K_C = AB' + A'B = A \oplus B$이므로, exclusive-OR 게이트로 구현할 수 있다. 결과적으로, 3-비트 그레이 코드 카운터의 회로는 그림 8-31과 같이 구성되었다.

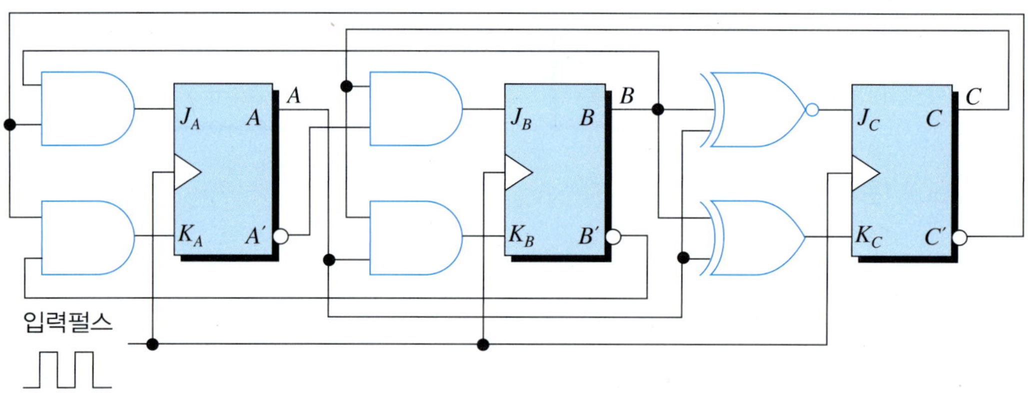

그림 8-31 3-비트 그레이 코드 카운터의 구성도

8.3.4 동기식 BCD 카운터

카운터가 포함되는 각종 디지털 시스템에서 가장 널리 사용되고 있는 것은 카운트 한 결과값으로서 10진수를 출력하는 BCD 카운터라고 할 수 있다. 앞에서 설명한 비동기식 BCD 리플 카운터는 응답 속도가 느리기 때문에, 여기서 *JK* 플립-플롭을 이용하여 동기식 BCD 카운터를 설계해보고자 한다. 이 카운터는 모듈로-10 카운터(modulo-10 counter)에 해당한다.

동기식 BCD 카운터의 상태 전이는 8.1.2절의 BCD 리플 카운터 설계 과정에서도 설명한 바와 같이, 0부터 9까지의 10진수에 대한 BCD 코드가 반복된다. 즉, 0000 → 0001 → 0010 → 0011 → 0100 → 0101 → 0110 → 0111 → 1000 → 1001의 순서로 상태 전이가 발생한 다음에, 다시 '0000'으로 되돌아가서 그 시퀀스를 반복한다. 이 카운터를 *JK* 플립-플롭을 이용하여 설계하기 위한 첫 단계로서, 각 상태 전이를 유발하는데 필요한 플립-플롭들의 입력 조건을 분석하여 상태표를 작성하면 〈표 8-9〉와 같아진다. 이 상태표에도 BCD 코드에서는 사용하지 않는 6가지의 2진수 조합들이 포함되지 않았다는 것을 유의해야 한다.

〈표 8-9〉 동기식 BCD 카운터의 상태표

현재 상태				다음 상태				플립-플롭 입력들							
A	B	C	D	A	B	C	D	J_A	K_A	J_B	K_B	J_C	K_C	J_D	K_D
0	0	0	0	0	0	0	1	0	X	0	X	0	X	1	X
0	0	0	1	0	0	1	0	0	X	0	X	1	X	X	1
0	0	1	0	0	0	1	1	0	X	0	X	X	0	1	X
0	0	1	1	0	1	0	0	0	X	1	X	X	1	X	1
0	1	0	0	0	1	0	1	0	X	X	0	0	X	1	X
0	1	0	1	0	1	1	0	0	X	X	0	1	X	X	1
0	1	1	0	0	1	1	1	0	X	X	0	X	0	1	X
0	1	1	1	1	0	0	0	1	X	X	1	X	1	X	1
1	0	0	0	1	0	0	1	X	0	0	X	0	X	1	X
1	0	0	1	0	0	0	0	X	1	0	X	0	X	X	1

두 번째 단계는 〈표 8-9〉의 우측에 열거된 8개의 플립-플롭 입력들에 대한 카노프 맵을 각각 작성하는 것이다. 이 과정에서 BCD에 포함되지 않은 2진수 조합들(1010~1111)에 대

응되는 셀은 *don't care*(X) 표시로 채워야 한다. 카노프 맵을 이용하여 간략화시키면 아래와 같은 입력 함수들을 구할 수 있다.

$$J_A = BCD \qquad K_A = D$$
$$J_B = CD \qquad K_B = CD$$
$$J_C = A'D \qquad K_C = D$$
$$J_D = 1 \qquad K_D = 1$$

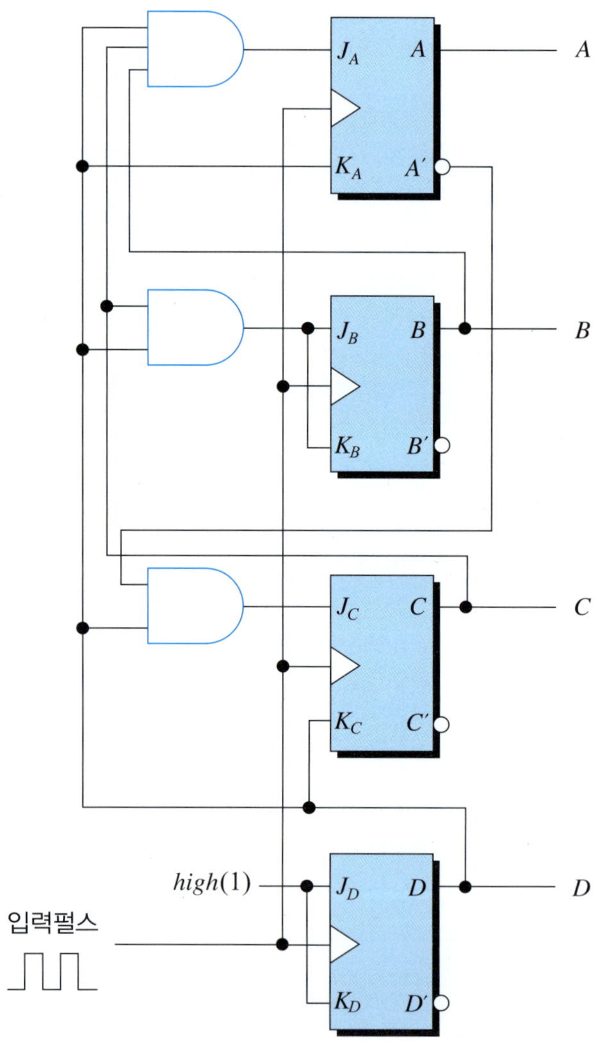

그림 8-32 동기식 BCD 카운터의 구성도

설계의 마지막 단계로서, 앞의 입력 함수들을 이용하여 네 개의 *JK* 플립-플롭들로 이루어진 동기식 BCD 카운터의 회로를 구성하면 그림 8-32와 같아진다.

여기서 플립-플롭의 유형에 따른 회로 복잡도를 비교해보기 위하여, *JK* 플립-플롭 대신에 *T* 플립-플롭을 위의 설계 단계에 적용한다면 아래와 같은 네 개의 입력 함수들을 구할 수 있다.

$$T_A = BCD + AD$$
$$T_B = CD$$
$$T_C = A'D$$
$$T_D = 1$$

위의 입력 함수들을 이용하여 네 개의 *T* 플립-플롭들을 이용한 동기식 BCD 카운터를 구성한다면, 그림 8-32의 회로보다 게이트가 두 개 더 필요하게 된다. 결과적으로, 이 카운터의 경우에도 *JK* 플립-플롭을 이용하면 전체 회로가 좀 더 간단해진다는 것을 알 수 있다.

8.3.5 동기식 카운터의 직렬연결

지금까지 설명한 동기식 카운터들을 직렬로 연결하면, 필요한 수만큼의 자릿수를 가지는 10진수까지 카운트할 수 있는 카운터 회로를 구성할 수 있다. 이 절에서는 실제 응용 예를 통하여 그러한 구성 방법을 살펴보기로 한다.

스톱-워치(stop-watch)는 0부터 59초까지의 시간을 측정하는 데 사용되는 디지털 장치이다. 이러한 장치의 회로를 구성하는 방법은 그림 8-33에서 보는 바와 같이, 측정할 시간의 10 자릿수를 위한 모듈로-6 카운터와 1 자릿수를 위한 모듈로-10 카운터를 직렬로 연결하는 것이다. 여기서 직렬 연결(serial connection)이란 그림의 우측에 위치한 모듈로-10 카운터의 최상위 상태 비트인 *A*를 좌측의 모듈로-6 카운터의 CLK 입력으로 접속하는 것을 말한다. 그런 다음에 모듈로-10 카운터의 CLK 입력으로 1Hz의 신호를 인가하게 되면, 매초마다 카운터의 출력값이 1씩 증가하면서 초 단위의 시간을 나타내게 된다.

모듈로-10 카운터의 최상위 비트인 A는 〈표 8-9〉에서 보는 바와 같이 9(1001)를 카운트한 다음에 0(0000)으로 되돌아가는 순간에만 1→0으로 바뀌는 하강 에지를 발생시킨다. 따라서 A 비트를 모듈로-6 카운터의 클록 입력으로 접속하게 되면, 시간의 10 자릿수를 발생할 모듈로-6 카운터는 A 비트의 하강 에지 때마다 1씩 증가하면서, 0부터 5까지를 카운트하게 된다.

각 카운터가 발생하는 상태 비트들은 해당 BCD-7SEG 디코더(BCD-to-seven-segment decoder)로 입력된다. 이 디코더는 7-세그먼트 디스플레이 장치의 일곱 개의 LED(light emitting diode)들 중에서 0부터 9까지의 숫자를 표시하는데 필요한 것들만 켜지도록, 해당 비트들을 1로 세트한 7-비트 코드값을 출력한다. 이 디코더의 세부 회로 설계에 대해서는 9.4절에서 설명한다.

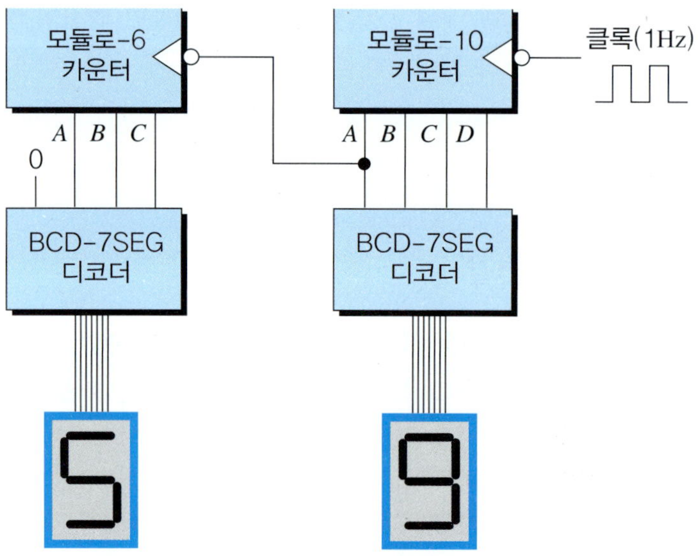

그림 8-33 모듈러 카운터들의 직렬접속을 이용한 스톱-워치 회로

그림 8-33의 스톱-워치 회로의 전체적인 동작을 정리하면 다음과 같다. 먼저, 회로의 우측에 위치한 모듈로-10 카운터는 주파수가 1Hz인 클록 신호를 받아서 0부터 9까지에 대응되는 상태 비트들을 출력한 다음에, 다시 0으로 돌아간다. 그리고 모듈로-10 카운터의 값이 9에서 0으로 바뀌는 순간마다, 좌측에 위치한 모듈로-6 카운터는 (0부터 5까지) 1씩 증가되는 상태 비트들을 발생한다. 그 상태 비트들은 각 카운터의 출력과 접속된 BCD-7SEG 디

코더를 통과하여 해당 7-세그먼트에 디스플레이 됨으로써, 00~59초까지를 디스플레이 해주는 스톱-워치 기능이 수행된다.

8.4 레지스터

레지스터(register)란 기본적으로 데이터 비트들을 저장하기 위한 장치로서, 그 비트 수만큼의 플립-플롭들로 구성된다. 대부분의 레지스터에서는 기억 소자로서 *D* 플립-플롭이 사용되며, 각 *D* 플립-플롭에 한 비트씩 저장된다. 디지털 컴퓨터와 같이 기억장치를 포함하는 디지털 시스템에서 하나의 데이터 단어(data word)를 구성하는 비트들은 단어 단위로 저장되거나 읽혀지는데, 각 단어의 길이는 일반적으로 4비트, 8비트, 16비트, 32비트 혹은 64비트이다. 따라서 레지스터는 한 번에 저장할 비트 수만큼의 *D* 플립-플롭들로 구성되어야 한다. 레지스터의 가장 중요한 용도는 디지털 컴퓨터의 핵심 요소인 중앙처리장치(central processing unit: CPU)의 내부 기억장치(internal memory)이다.

레지스터들 중에는 저장 기능뿐 아니라 저장된 비트들의 위치를 좌측 혹은 우측으로 이동시키는 기능도 가지고 있는 레지스터들이 있는데, 그들을 시프트 레지스터(shift register)라고 부른다. 시프트 레지스터에서 비트 이동, 즉 시프트(shift) 동작은 우측이나 좌측 방향으로 한 번에 한 칸씩 발생시킬 수 있다. 이 절에서는 저장 기능만 가진 레지스터의 구성과 동작 특성에 대하여 살펴본 다음에, 시프트 레지스터에 대하여 설명하기로 한다.

8.4.1 병렬 레지스터

레지스터의 구성 방법을 설명하기 전에, 데이터의 각 비트가 레지스터의 기본 구성 요소인 *D* 플립-플롭에 저장되는 원리를 다시 한 번 살펴보기로 한다. 그림 8-34(a)에서 *D* 플립-플롭의 출력 *Q*가 현재 '0'으로 세트된 상태인데, 이것은 "*D* 플립-플롭에 '0'이 저장되어 있다"는 것을 의미한다. 그때 입력 단자로 새로운 입력 값인 '1'이 인가되더라도, 클록(CLK) 신호의 하강 에지가 발생하지 않는다면 그 입력은 플롭-플롭에 저장되지 못한다.

그 후에 만약 그림 8-34(b)와 같이 클록 신호가 들어오면서 하강 에지가 발생한다면, 그 즉시 입력 값(1)이 D 플립-플롭에 래치되어, 출력 Q의 값은 '1'로 바뀌게 된다. 즉, D 플립-플롭에 저장되어 있던 이전의 값은 없어지고, 새로운 값인 '1'이 저장된 것이다.

그림 8-34 클록 신호에 의한 D 플립-플롭의 데이터 저장

이러한 저장 동작은 여러 개의 D 플립-플롭들에 그 수만큼의 입력 값들을 저장하는 경우에도 동일하게 적용된다. 예를 들어, 그림 8-35는 네 개의 D 플립-플롭들로 구성된 레지스터의 내부 구성도를 보여주고 있다. 이 구성을 보면, 입력 신호 선들은 각 플립-플롭의 D 입력단으로 직접 연결되고, 클록 신호는 모든 D 플립-플롭들의 CLK 입력 단자로 접속되어 있다. 그림 8-35는 입력 신호로 인가된 4-비트 데이터 '1011'이 레지스터에 저장된 결과를 보여주고 있다. 즉, 입력 데이터의 MSB인 1은 맨좌측 D 플립-플롭에 저장되고, 그 하위 비트들은 그 우측 D 플립-플롭들에 순서대로 저장되었다. 이 저장 동작에서 모든 입력 값들은 CLK 신호의 하강 에지 순간에 D 플립-플롭들에 동시에 저장되어, 출력 $Q_3Q_2Q_1Q_0$='1011'을 발생하게 되었다.

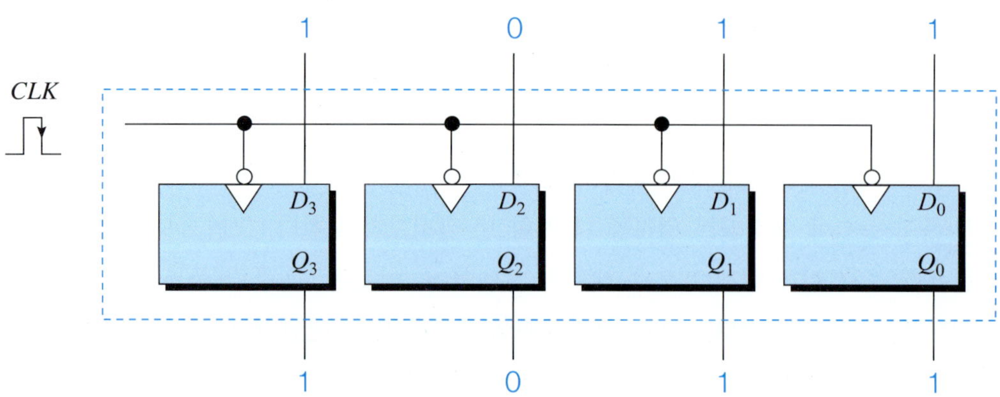

그림 8-35 4-비트 병렬 레지스터 및 병렬 적재의 예

데이터 비트들을 레지스터에 저장하는 동작을 "적재(load)한다"라고 말하며, 여러 개의 입력 비트들을 동시에 플립-플롭들에 적재하는 동작을 병렬 적재(parallel load)라고 한다. 그리고 그림 8-35와 같이 한 클록 펄스에 의해 네 개의 비트들을 동시에 저장할 수 있는 회로를 4-비트 병렬 레지스터(4-bit parallel register), 혹은 간략히 4-비트 레지스터라고 부른다. 그런데 대부분의 레지스터들은 이와 같은 병렬 조직을 가지기 때문에, 이 책에서는 병렬 레지스터를 간략하게 레지스터라고 부르기로 한다.

만약 8개 혹은 16개의 *D* 플립-플롭들을 그림 8-35와 같은 방법으로 접속한다면, 각각 8개 혹은 16개의 비트들을 동시에 저장할 수 있는 8-비트 레지스터 혹은 16-비트 레지스터를 구성할 수 있다. 그림 8-36(a)는 8-비트 레지스터의 블록도를 보여주고 있다. 그림에서는 보이지 않지만 8개의 *D* 플립-플롭들의 *D* 입력으로 8개의 입력 선들이 각각 접속되며, 그 *D* 플립-플롭들의 출력(*Q*)들로부터 8개의 출력 신호들이 발생한다. 복잡한 디지털 시스템 혹은 디지털 컴퓨터의 회로도에서는 레지스터의 입력 및 출력 선들을 모두 표시하지 않고, 그림 8-36(b)에서와 같이 하나의 선에 슬래시(/)와 함께 선의 수를 표시하여 간략하게 나타내기도 한다.

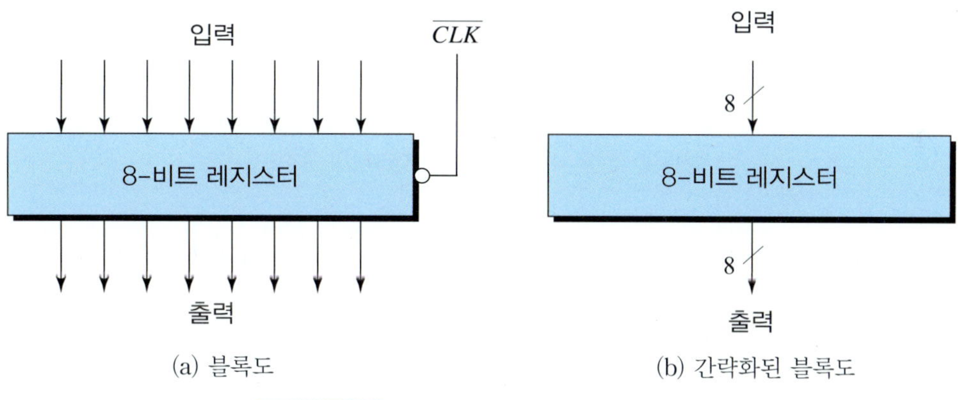

그림 8-36 8-비트 병렬 레지스터의 블록도

8.4.2 직렬 레지스터

레지스터를 구성하는 다른 방법으로서, *D* 플립-플롭들을 직렬로 연결하고, 저장할 데이터를 한 비트씩 입력시키도록 하는 것도 가능하다. 그림 8-37은 네 개의 *D* 플립-플롭들을 직렬로 연결하여 구성한 4-비트 직렬 레지스터(4-bit serial register)를 보여주고 있다. 이 회로에서는 D 플립-플롭의 출력이 각각의 우측에 위치한 플립-플롭의 D 입력으로 접속되어 있다. 그리고 입력 신호는 맨좌측 플립-플롭의 D 입력으로만 들어가며, 클록 신호는 모든 플립-플롭들에 공통으로 인가된다.

이와 같이 구성된 직렬 레지스터의 전체적인 동작을 살펴보면 다음과 같다. 맨처음 입력되는 데이터 비트는 첫 번째 클록 에지에서 FF3에 저장되며, 매 클록 신호가 들어올 때마다 그 값은 우측의 플립-플롭으로 이동 저장된다. 입력 비트들이 매 클록 주기마다 한 개씩 연속적으로 들어온다면, 네 개의 클록 주기가 지난 다음에는 네 비트가 레지스터에 저장될 것이다. 저장할 4-비트 데이터를 $A_3A_2A_1A_0$로 표기한다면, 결과적으로 레지스터에는 8–37과 같이 맨좌측 플립-플롭에 MSB인 A_3가 저장되고, 맨우측 플립-플롭에 LSB인 A_0가 저장된다.

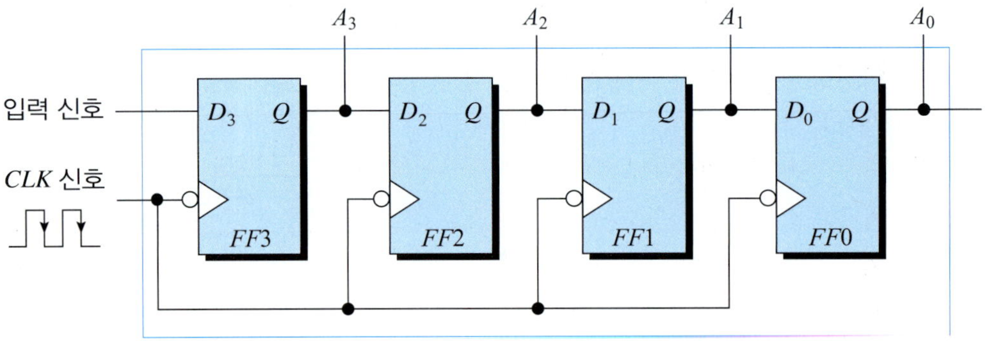

그림 8–37 4-비트 직렬 레지스터의 구성도

직렬 레지스터의 동작 특성을 좀 더 자세히 설명하기 위하여, 4-비트 데이터인 '1011'을 그림 8–37의 레지스터에 저장하는 과정을 살펴보기로 한다. 입력 데이터가 레지스터로 인가되는 순서는 LSB부터 시작하여 한 비트씩 들어간다. 따라서 그림 8–38에서 보는 바와 같이, 첫 번째 클록 주기에서 먼저 1이 입력되고, 두 번째, 세 번째 및 네 번째 주기에서 각각 1, 0, 1의 순서로 들어간다. 그렇게 인가된 입력 비트들은 클록 신호의 하강 에지 때마다 우측에 위치한 플립-플롭으로 한 칸씩 이동된다. 따라서 네 클록 주기가 지난 다음에는 그림 8–38의 맨우측에 청색으로 표시된 것과 같이 네 개의 플립-플롭들에 입력 데이터가 순서대로 적재되어, $A_3A_2A_1A_0$='1011'이 저장되었다는 것을 알 수 있다.

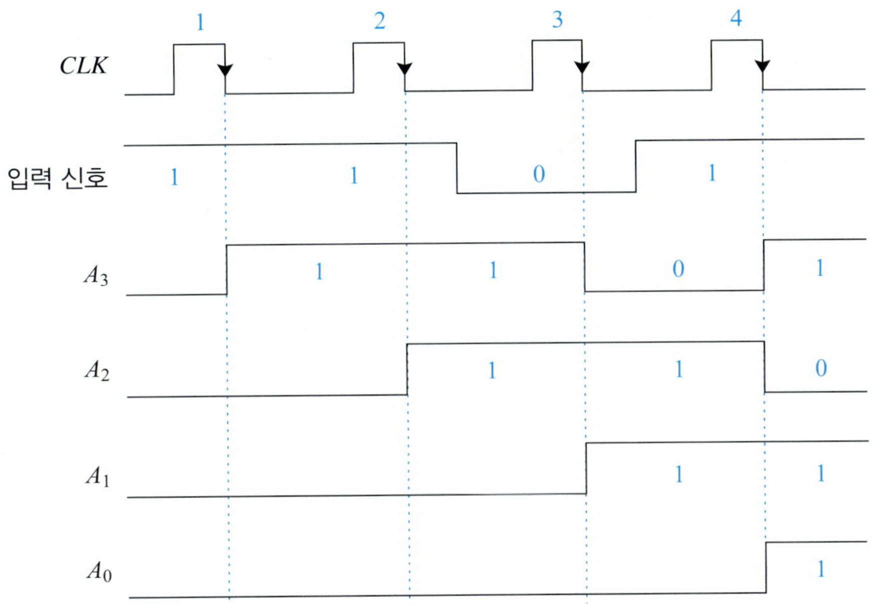

그림 8-38 4-비트 직렬 레지스터에서 데이터가 저장되는 과정

결과적으로, 이 직렬 레지스터에서는 입력 데이터의 MSB가 FF3에 저장되며, LSB는 FF0에 저장되었다. 여기서 유의할 사항은 그림 8-37과 같은 4-비트 직렬 레지스터의 경우에 네 개의 클록 펄스들이 들어온 다음에야 4-비트 데이터의 저장이 완료되었다는 점이다. 즉, 직렬 레지스터는 병렬 레지스터에 비하여 데이터 저장에 걸리는 시간이 비트 수에 비례하여 길어지는 단점이 있다. 반면에, 입력 비트 수만큼의 입력 선들이 필요한 병렬 레지스터와는 달리, 직렬 레지스터에서는 입력 신호 선이 한 개만 필요하기 때문에 하드웨어가 더 간단해진다는 장점을 가지고 있다.

8.4.3 시프트 레지스터

데이터를 저장하는 과정에서 혹은 데이터가 이미 저장되어 있는 상태에서, 비트들을 좌측이나 우측으로 이동시킬 수 있는 기능을 가진 레지스터를 시프트 레지스터(shift register)라고 부른다. 시프트 레지스터는 앞 절에서 설명한 직렬 레지스터를 기반으로 구성된다. 그림 8-37의 직렬 레지스터는 그림 8-39(a)와 같이 4-비트 데이터에 대하여 우측 시프트(right shift) 동작을 수행하는 시프트 레지스터에 해당한다. 이 경우에 입력 데이터들과 클록 신호가 계속 들어오면, FF0의 출력인 A_0를 통하여 데이터 비트들이 순차적으로 외부로 나가게 되는데, 이들을 직렬 출력(serial output)이라고 부른다.

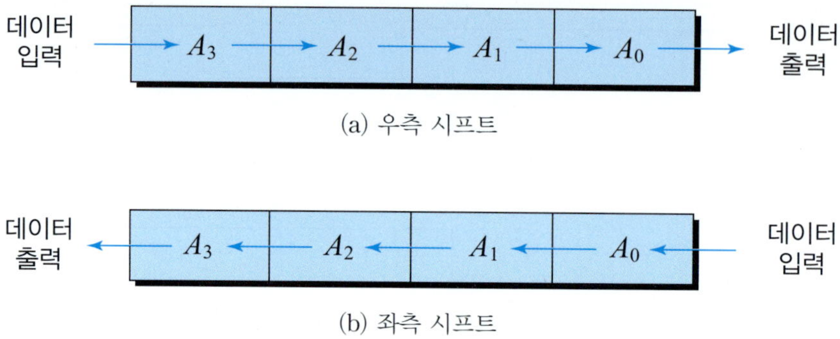

그림 8-39 우측 및 좌측 시프트 동작

그림 8-39(b)는 비트들을 좌측으로 한 칸씩 이동시키는 좌측 시프트(left shift) 동작을 보여주고 있다. 이 방향의 시프트 동작을 수행하는 레지스터를 구성하기 위해서는 그림 8-37의 회로에서 입력 데이터를 FF0의 D 입력으로 인가하고, 그 출력인 A_0를 그 좌측에 위치한 FF1의 D 입력으로 접속한다. 그리고 같은 방법으로 나머지 D 플립-플롭들의 출력들도 각각의 좌측 플립-플롭의 입력으로 각각 접속하면 된다. 이 경우에는 맨좌측 플립-플롭인 FF3의 출력(A_3)이 직렬 출력 값이 된다.

그림 8-39의 시프트 동작들이 수행되는 과정을 구체적으로 이해하기 위하여 한 가지 예를 살펴보기로 하자. 그림 8-37의 직렬 레지스터에 4-비트 데이터 '1010'이 저장되어 있는 상태에서, 입력 신호가 좌측으로부터 (1, 1, 0, 1)의 순서로 들어온다면, CLK 신호의 각 주기에서 레지스터에 저장되어 있는 값들은 〈표 8-10(a)〉와 같은 시퀀스에 따라 우측 시프트 동작이 발생한다. 그리고 만약 입력 데이터가 좌측 시프트 레지스터의 우측 입력으로부터 같은 순서(1, 1, 0, 1)로 인가되는 경우에 시프트 동작이 수행되는 과정과 그 결과는 〈표 8-10(b)〉와 같아진다.

〈표 8-10〉 시프트 동작이 수행되는 과정

(a) 우측 시프트

CLK 주기 \ 데이터	A_3	A_2	A_1	A_0
초기 상태	1	0	1	0
t_1	1	1	0	1
t_2	1	1	1	0
t_3	0	1	1	1
t_4	1	0	1	1

(b) 좌측 시프트

CLK 주기 \ 데이터	A_3	A_2	A_1	A_0
초기 상태	1	0	1	0
t_1	0	1	0	1
t_2	1	0	1	1
t_3	0	1	1	0
t_4	1	1	0	1

〈표 8-10〉에서 보는 바와 같이, 모든 시프트 동작은 클록 펄스에 따라 주기마다 한 칸씩 좌측 혹은 우측으로 이동한다. 따라서 입력 데이터의 저장은 네 주기 후에 모두 완료된다. 그런데 위의 예에서 살펴본 바와 같이, 입력 데이터가 인가되는 순서는 같더라도 최종적으로 저장된 데이터는 시프트 방향에 따라 서로 달라진다는 것을 확인할 수 있었다. 이러한 시프트 레지스터는 제어 신호를 사용함으로써, 필요에 따라 두 방향 중의 어느 쪽이든 선택하여 동작할 수 있도록 회로를 구성할 수 있다.

그림 8-40은 그와 같이 양방향 시프트 기능을 가진 레지스터의 내부 회로를 보여주고 있다. 회로의 상단에는 네 개의 D 플립-플롭들이 있으며, 그 하단에는 각 플립-플롭의 D 입력으로 인가될 신호를 시프트 방향에 따라 선택해주기 위한 조합회로가 구성되어 있다. 각 D 플립-플롭의 D 입력으로 들어올 신호는 OR 게이트로 접속된 두 개의 AND 게이트들 중의 하나를 통하여 들어온다. 그리고 맨우측 및 맨좌측의 AND 게이트로는 외부로부터 들어오는 입력 신호가 인가된다.

이 회로에서 만약 좌측 시프트 동작을 수행하려면, 우측 하단의 제어신호 $L=1$로 세트함으로써 외부 입력 신호 및 각 플립-플롭 출력들이 우측 AND 게이트를 통과할 수 있게 해준다. 그러면 각 플립-플롭의 D 입력으로는 우측에 위치한 D 플립-플롭의 출력이 들어오게 되어, 모든 값들이 좌측으로 한 칸씩 이동하게 되는 것이다. 반면에 우측 시프트 동작을 수행한다면, 좌측 하단의 제어신호 $R=1$로 세트함으로써 입력 데이터 및 각 플립-플롭 출력들이 좌측 AND 게이트를 통과할 수 있게 해준다. 그러면 각 플립-플롭의 D 입력으로는 좌측에 위치한 D 플립-플롭의 출력이 들어가게 되어, 모든 값들이 우측으로 한 칸씩 이동하게 되는 것이다. 그와 같이, 제어 신호들(L 및 R)을 사용하여 각 D 플립-플롭으로 입력될 데이터를 결정할 수 있도록 구성함으로써, 그림 8-40의 회로는 양방향 시프트 레지스터(bidirectional shift register)로서 동작할 수 있다.

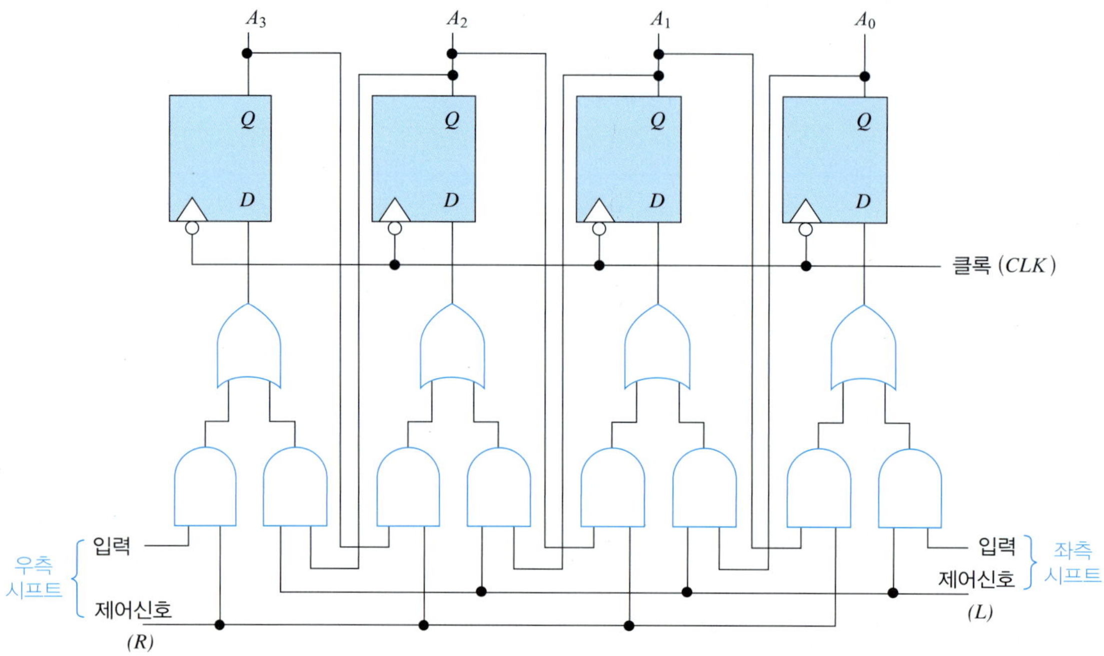

그림 8-40 양방향 시프트 레지스터의 내부 구성도

그런데 그림 8-40의 회로에서 양쪽 끝에 위치한 D 플립-플롭의 출력을 반대편으로 들어오는 입력 선과 연결해보기로 하자. 즉, 출력 A_3를 우측 하단의 외부 입력이 들어오던 AND 게이트 입력으로 접속하고, A_0를 좌측 하단의 외부 입력이 들어오던 AND 게이트 입력으로 접속하는 것이다. 그렇게 구성하는 경우에는 외부로부터 새로운 입력 신호가 들어올 수는 없게 되고, 시프트 동작 때마다 레지스터에 저장되어 있던 데이터 비트들이 우측 혹은 좌측으로 회전을 하게 된다. 즉, 우측 회전(right rotate) 동작을 수행하게 되면, 그림 8-41(a)와 같이 데이터 비트들이 모두 우측으로 한 칸씩 이동하고, 맨우측의 A_0는 맨좌측 플립-플롭에 저장된다. 즉, 저장된 데이터의 순서가 A_0-A_3-A_2-A_1으로 변경된다. 그리고 만약 좌측 회전(left rotate) 동작을 수행한다면, 그림의 (b)와 같이 데이터 비트들이 모두 좌측으로 한 칸씩 이동하고, 맨좌측의 A_3는 맨우측 플립-플롭으로 이동하여 A_2−A_1−A_0−A_3로 변경된다. 이와 같은 회전 동작을 순환 시프트(circular shift)라고 부르기도 한다.

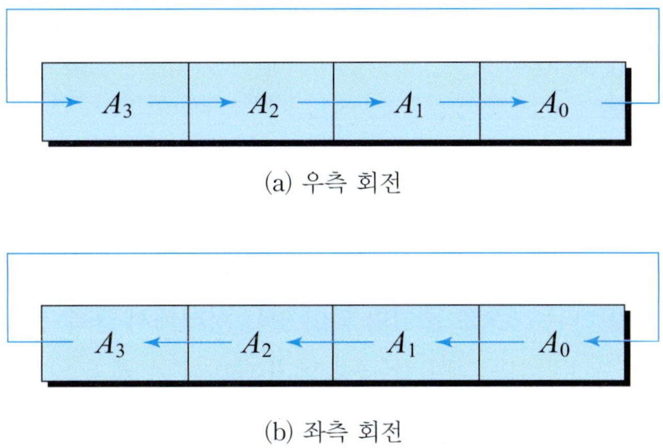

그림 8-41 회전(순환 시프트) 동작

지금까지 설명한 시프트 동작과 회전 동작을 이용하면, 레지스터들 간의 직렬 데이터 전송(serial data transfer)을 수행시킬 수 있다. 이 동작을 위해서는 그림 8-42와 같이 두 개의 직렬 레지스터들을 직렬로 연결하고, 공통의 클록 신호를 두 레지스터에 동시에 인가하도록 구성한다. 그리고 A 레지스터에는 전송할 데이터를 저장한다. 그와 같은 상태에서 A 레지스터는 우측 회전 동작을, 그리고 B 레지스터는 우측 시프트 동작을 비트 수만큼 연속적으로 수행한다. 그렇게 하면, 우측시프트 제어 신호 역할을 수행하는 클록 신호가 인가될 때마다 A 레지스터에 저장되어 있던 데이터가 한 비트씩 B 레지스터로 보내진다. 그리고 그 비트들은 회전 동작에 의해 A 레지스터로 다시 적재된다. 결과적으로, 데이터 비트 수 만큼의 클록 주기 후에는 A 레지스터의 모든 비트들이 B 레지스터로 이동하고, A 레지스터에는 원래의 데이터 비트들이 다시 적재된다.

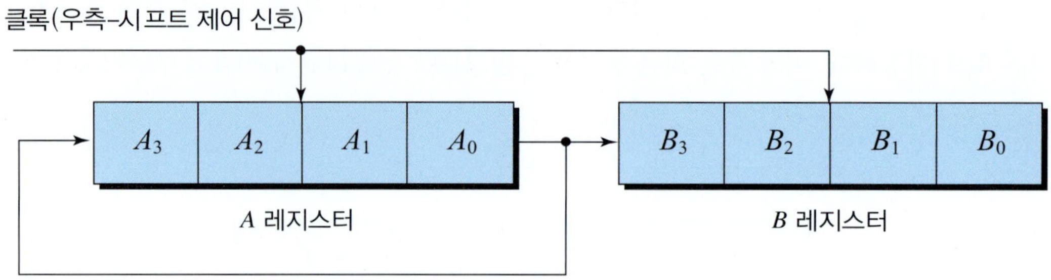

그림 8-42 두 레지스터들 간의 직렬 데이터 전송

그림 8-43은 직렬 데이터 전송의 한 예를 보여주고 있다. A 레지스터에 데이터 '1011'이 적재되어 있고 B 레지스터는 0으로 초기화 되어 있는 상태에서 클록 신호가 들어온다고 하자. 그러면, 그림에서 보는 바와 같이 각 클록 에지 때마다 A 레지스터들에 적재되어 있는 데이터들은 우측으로 시프트 되어, 한 비트씩 B 레지스터로 이동하게 된다. 그리고 그때마다 해당 비트는 회전 동작에 의해 다시 A 레지스터에 적재된다. 결과적으로, 네 주기 후에는 A 레지스터의 모든 비트들이 B 레지스터로 이동하였으며, 그 비트들은 다시 A 레지스터에도 적재되었다는 것을 확인할 수 있다.

	A_3	A_2	A_1	A_0	B_3	B_2	B_1	B_0
초기상태	1	0	1	1	0	0	0	0
t_1	1	1	0	1	1	0	0	0
t_2	1	1	1	0	1	1	0	0
t_3	0	1	1	1	0	1	1	0
t_4	1	0	1	1	1	0	1	1

그림 8-43 시프트 레지스터들을 이용한 직렬 데이터 전송

기 본 문 제

8.1 동기식 카운터와 비동기식 카운터의 차이점은 아래의 어느 것인가?

가. 상태의 수
나. 트리거 방식
다. 공통 클록 신호의 유무
라. 사용되는 플립-플롭의 종류

8.2 아래에서 비동기식 카운터의 다른 명칭으로 사용되는 것은?

가. 모듈러 카운터
나. 리플 카운터
다. BCD 카운터
라. 다중 클록 카운터

8.3 아래의 설명 중에서 비동기식 카운터의 특징이 아닌 것은?

가. 플립-플롭들을 직렬로 연결하여 구성된다.
나. 동작 시간이 플립-플롭의 수에 비례하여 증가한다.
다. 입력 신호가 모든 플립-플롭들에 직접 인가된다.
라. 동기식 카운터에 비하여 회로가 더 단순하다.

8.4 Mod-12 카운터를 구현하기 위해서는 몇 개의 플립-플롭들이 필요한가?

가. 3개
나. 4개
다. 5개
라. 6개

8.5 4-비트 리플 카운터가 카운트 동작을 진행하는 과정에서 가장 많은 상태 전이가 발생하는 순간은 아래 중에서 어느 경우인가?

가. 다섯 번째 입력 펄스를 카운트 할 때
나. 여덟 번째 입력 펄스를 카운트 할 때
다. 열두 번째 입력 펄스를 카운트 할 때
나. 열네 번째 입력 펄스를 카운트 할 때

8.6 8-비트 리플 카운터를 이용하여 카운트 할 수 있는 최대값은?

가. 256 나. 128

다. 64 다. 8

8.7 8-비트 리플 카운터에서 각 플립-플롭의 전파지연시간(t_p)이 20ns인 경우에 하나의 입력 펄스에 대한 카운트 동작에 걸리는 최대 시간은?

가. 20ns 나. 8ns

다. 60ns 라. 160ns

8.8 아래의 상태 전이들 중에서 BCD 카운터의 상태 시퀀스에 포함되지 않는 것은?

가. 0011 → 0100 나. 0110 → 0111

다. 1000 → 1001 라. 1001 → 1010

8.9 그림 8-15와 같은 4-비트 동기식 카운터에서 T 플립-플롭과 AND 게이트의 전파지연시간이 각각 20ns과 5ns라고 가정한다면, 입력 펄스에 허용되는 최소 주기는 얼마인가?

가. 20ns 나. 25ns

다. 35ns 라. 100ns

8.10 불규칙한 상태 시퀀스를 가지는 mod-N 카운터를 설계하는 과정에서 카운팅 시퀀스에 포함되지 않는 상태값에 대응되는 카노프 맵의 셀은 어떤 값으로 채워야 하는가?

가. 0 나. 1

다. X 라. 비워둔다.

8.11 네 개의 BCD 카운터들을 직렬 연결한다면 최대 몇 개까지 카운트할 수 있는가?

가. 40 나. 100

다. 1000 라. 10,000

8.12 4-비트 업-다운 카운터의 현재 출력이 0일 때 DOWN 동작이 수행되었다면, 다음 출력은 무엇이 되는가?

가. 0001 나. 1111

다. 1000 라. 1110

8.13 직렬 레지스터는 병렬 레지스터와 비교했을 때 어떤 상대적 장점을 가지는가?

가. 하드웨어가 간단하다.

나. 데이터 저장에 걸리는 시간이 짧다.

다. 데이터를 더 오랫동안 저장하고 있을 수 있다.

라. 입력 데이터 비트들을 동시에 받아들일 수 있다.

8.14 저장될 입력 데이터가 좌측으로부터 인가되는 4-비트 직렬 레지스터(그림 8-37)에 데이터 '1010'이 저장되어 있다고 가정하자. 새로운 입력 데이터로서 '1111'이 들어온다면, 두 개의 CLK 펄스들이 인가된 후에 레지스터에는 어떤 값이 저장되어 있는가?

가. 1010 나. 1101

다. 1110 라. 1111

8.15 '01101101'이 저장되어 있는 8-비트 시프트 레지스터에 좌측 시프트(shift-left) 신호가 세 번 연속적으로 들어왔다면, 그 레지스터의 내용은 어떤 값이 되는가?

가. 01101000 나. 01101000

다. 11011011 라. 10110100

8.16 시프트 레지스터를 좌측으로 한 번 시프트 시킬 때마다 저장된 값은 두 배(×2)씩 커지며, 우측으로 시프트 시킬 때마다 절반(÷2) 값으로 줄어든다. 현재 8-비트 시프트 레지스터에 00010011이 저장되어 있을 때 좌측으로 두 번 시프트 된다면, 결과값은 아래의 어떤 (10진수)값이 되는가?

가. 76 나. 38

다. 96 라. 19

8.17 8-비트 시프트 레지스터에 10진수 '-64'가 2의 보수값으로 변환되어 저장되어 있을 때, 이 레지스터를 오른쪽으로 두 번 산술적 시프트 한다면, 그 값은 얼마가 되는가?

가. 00110000 나. 11100000

다. 11110000 라. 11000000

8.18 순환 시프트(회전) 기능을 가진 시프트 레지스터에 '01101101'이 저장되어 있을 때 좌측 시프트 제어신호가 세 번 연속적으로 들어왔다면, 시프트 레지스터에는 어떤 값으로 바뀌는가?

가. 01101011　　나. 01101000
다. 10110101　　라. 01101001

정답

8.1 다	8.2 나	8.3 다	8.4 나	8.5 나	8.6 가	8.7 라	8.8 라	8.9 다
8.10 다	8.11 라	8.12 나	8.13 가	8.14 다	8.15 나	8.16 가	8.17 다	8.18 가

연 습 문 제

8.1 그림 8-1의 2-비트 리플 카운터에서 각 플립-플롭의 CLK 입력단의 버블(o)을 제거하여 상승-에지 트리거로 바꾼다면, 출력 파형들이 어떻게 변경되는가? 단, 카운터의 초기값은 0이다.

8.2 그림 8-1의 2-비트 리플 카운터에서는 첫 번째 플립-플롭인 FF0의 출력 Q_0가 FF1의 CLK 입력으로 접속되어 있다. FF0의 반전된 출력인 Q_0'을 FF1의 CLK 입력으로 접속하여 회로를 변경한 경우에, 6개의 입력 펄스에 대한 출력 파형들을 그림 8-2와 같은 형태로 그려라. 단, 카운터의 초기값은 0이다.

8.3 아래의 그림 8-44와 같이 D 플립-플롭을 이용하여 구성된 2-비트 리플 카운터에 6개의 입력 펄스들이 인가될 때의 출력 파형을 그림 8-2와 같은 형태로 그려라. 단, 카운터의 초기값은 0이다.

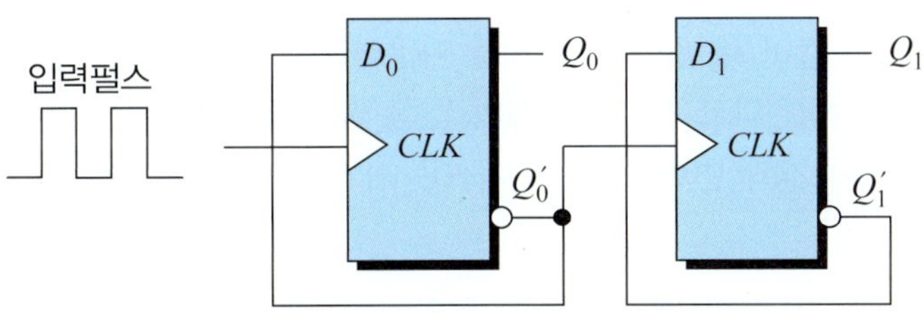

그림 8-44 문제 8.3을 위한 회로도

8.4 그림 8-44의 2-비트 리플 카운터에 인가되는 입력 펄스의 주파수가 20MHz(주기: 50ns)이고, 의무 사이클(duty cycle)은 50%이다. 각 D 플립-플롭의 동작 시간(전파지연 시간)이 10ns라고 가정할 때, 문제 8.3을 다시 풀어라.

8.5 그림 8-3의 4-비트 리플 카운터에서도 문제 8.2와 같은 방법을 적용하여, 모든 플립-플롭들의 CLK 입력으로 각각의 하단 플립-플롭의 반전된 출력(Q'_{i-1})을 접속하는 것으로 변경한 경우에, 그림 8-4의 출력 파형들을 다시 그리고 상태값들을 표시하라.

8.6 5-비트 리플 카운터에서 각 플립-플롭의 전파지연시간 $t_{PLH}=t_{PHL}=10\text{ns}$이고, 상태값 읽기를 위한 여유 시간을 추가적으로 20ns를 허용한다고 하자. 입력 신호에 허용되는 최단 주기는 몇 ns가 되는가?

8.7 아래의 카운터들을 구성하는데 동일한 플립-플롭들이 사용되며, 그들의 전파지연시간이 $t_{PLH}=t_{PHL}=15\text{ns}$라고 가정한다. 각 카운터가 하나의 입력 펄스를 받아서 카운트 상태값을 완전히 결정할 때까지 걸리는 시간을 구하라.

(1) 8-비트 리플 카운터

(2) 8-비트 동기식 카운터

8.8 그림 8-9와 같이 구성된 BCD 리플 카운터는 4비트로 발생할 수 있는 16개의 상태들 중에서 0000~1001 사이의 값들만 출력한다. 그런데 처음 전원을 켰을 때 혹은 외부로부터 전기적인 잡음(noise)이 들어온 경우에는 카운터가 사용하지 않는 6개의 상태값들 중의 어느 하나로 세트될 수도 있다. 만약 카운터가 사용되지 않는 상태값으로 세트되어 카운트 동작이 시작되는 경우에, 그 다음 입력 펄스가 들어왔을 때 어떤 상태값으로 전이되는지를 6개의 각 상태에 대하여 분석하라. 그리고 각각의 경우에 몇 번만에 정상적인 상태 시퀀스로 진입하게 되는지 밝히라.

8.9 그림 8-10과 같이 세 개의 BCD 리플 카운터들이 직렬로 연결되어 구성된 카운터가 현재 '199'를 가리킨다고 하자. 한 개의 입력 펄스가 더 들어온다면, 전체적으로 몇 개의 플립-플롭들이 상태 변화를 일으키게 되는가?

8.10 그림 8-13과 같은 3-비트 동기식 카운터에 9개의 입력 펄스들이 연속적으로 인가되는 경우에 대한 출력 파형들을 그려라. 단, 카운터의 초기값은 '0'이며, 카운트 신호는 '1'로 세트되어 있다.

8.11 그림 8-15의 카운터 회로에서 세 개의 AND 게이트들의 우측 입력으로 각 플립-플롭의 (정상 출력인 Q 대신에) 반전된 출력인 Q'을 접속한다면, 이 회로는 4-비트 다운 카운터로서 동작하게 된다는 것을 그림 8-14와 같은 입출력 파형을 그려서 입증하라. 단, 카운터의 초기값은 '0'이며, 카운트 신호는 '1'이라고 가정한다.

8.12 〈예제 8-2〉에서 $UP/DOWN$ 신호가 반대로 인가되는 경우, 즉 처음 4주기 동안에는 0(다운-카운팅), 다음 7주기는 '1'(업-카운팅), 그리고 마지막 5주기 동안에는 '0'(다운-카운팅)으로 세트되는 경우에 출력 파형들이 어떻게 발생할 것인지 그림 8-19와 같은 형태로 표현하라.

8.13 상태 시퀀스 $000 \rightarrow 001 \rightarrow 010 \rightarrow 011 \rightarrow 100$을 가지는 mod-5 카운터를 T 플립-플롭을 이용하여 설계하라.

8.14 문제 8.13과 동일한 상태 시퀀스를 발생하는 mod-5 카운터를 JK 플립-플롭을 이용하여 설계하고, 문제 8.13의 결과 회로와 복잡도를 비교하라.

8.15 불규칙한 상태 시퀀스인 $000 \rightarrow 010 \rightarrow 100 \rightarrow 101 \rightarrow 111$을 발생하는 mod-5 카운터를 T 플립-플롭을 이용하여 설계하고, JK 플립-플롭을 이용한 회로(그림 8-28)와 복잡도를 비교하라.

8.16 3-비트 그레이 코드 카운터를 T 플립-플롭을 이용하여 설계하고, JK 플립-플롭을 이용한 회로(그림 8-31)와 복잡도를 비교하라.

8.17 3-비트 3증수 코드 카운터는 입력 펄스가 들어올 때마다 0부터 4까지의 수에 대한 3증수들(011, 100, 101, 110, 111)을 순서대로 발생한다. JK 플립-플롭을 이용하여 3증수 카운터를 설계하라.

8.18 동기식 BCD 카운터를 T 플립-플롭을 이용하여 설계하는 경우에 대한 입력 함수들을 구하고, 그 결과가 8.3.4절에서 보여준 입력 함수들과 일치하는지 확인하라.

8.19 동기식 BCD 카운터를 D 플립-플롭을 이용하여 설계하는 경우에 대한 상태표를 작성하고, 입력 함수들을 구하라. 그리고 그 결과를 8.3.4절에서 보여준 JK 플립-플롭 및 T 플립-플롭에 대한 입력 함수들과 비교하여, 어느 플립-플롭을 사용하는 것이 가장 효율적인지 확인하라.

8.20 16-비트, 32-비트 및 64-비트 병렬 레지스터에 대한 간략화된 블록도를 그림 8-36(b)와 같은 형태로 각각 표시하라.

8.21 4-비트 직렬 레지스터에 데이터 '1010'이 순차적으로 인가되어 저장되는 과정을 그림 8-38과 같은 방법으로 표현하라.

8.22 데이터 '0000'이 저장되어 있는 4-비트 직렬 레지스터에 새로운 데이터 '1010'을 적재하고자 한다. 아래와 같은 시프트 동작을 사용하는 경우에 데이터 입력 순서를 각각 설명하고, 적재되는 과정을 〈표 8-10〉과 같은 형태로 표현하라.

(1) 우측 시프트 (2) 좌측 시프트

8.23 8-비트 시프트 레지스터에서 시프트 동작이 수행될 때 외부로부터 들어오는 입력 값은 '0'이라고 가정하자. 초기에 레지스터에 저장되어 있는 값이 '10110101'이라고 할 때, 아래의 동작이 수행된 후에 레지스터의 내용은 어떤 값으로 변경되는가? 단, 각 시프트 동작은 원래의 값에 대하여 수행되는 것으로 한다.

(1) 우측 시프트 (2) 좌측 시프트

8.24 문제 8.23을 시프트 동작이 연속적으로 두 번씩 수행되는 경우에 대하여 다시 풀어라.

8.25 그림 8-42와 같은 직렬 데이터 전송 시스템에서 A 레지스터에는 '0101'이 저장되어 있고, B 레지스터에는 '1111'이 저장되어 있다고 하자. 네 번의 클록 주기가 진행되는 동안에 레지스터들 간의 비트 이동 및 적재 과정을 그림 8-43과 같은 방법으로 표시하라.

8.26 그림 8-42의 구성을 B 레지스터에서 A 레지스터로 데이터가 전송되는 시스템으로 변경하라. 그리고 A 레지스터와 B 레지스터에는 각각 '0000'과 '1010'이 저장되어 있다고 할 때, 데이터 전송을 위하여 필요한 동작을 설명하고, 그 과정을 그림 8-43과 같은 방법으로 표시하라.

Digital Logic Circuits

CHAPTER

09 PLD와 FPGA

CONTENTS

CHAPTER

09 PLD와 FPGA

논리회로를 구현하기 위해서는 앞에서 본 바와 같이 각종 게이트들과 플립-플롭들이 사용된다. 그러한 부품들은 반도체 IC 칩들로 제조되며, 그들을 필요한 수만큼 사용하여 회로를 구성하면 된다. 그런데 복잡한 기능을 수행하는 논리회로의 경우에는 구현에 사용되는 칩의 수가 많아지고, 그에 따라 공간도 크게 차지할 뿐 아니라 결함이 발생할 가능성도 높아지게 된다. 그러한 문제점들을 완화시키기 위하여, 다수의 게이트들로 이루어진 게이트 배열(gate array)을 하나의 IC 칩에 포함시키고, 필요에 따라 서로 연결하여 회로를 구성할 수 있도록 해주는 부품들이 개발되었다. 그러한 부품의 내부에 포함된 게이트들은 입력 및 출력 선들이 서로 접속되지 않은 상태로 있으며, 필요에 따라 적절한 회로를 구성하는데 사용된다. 즉, 사용자가 회로를 구현하는 시점에 게이트들의 입력 및 출력 선들을 서로 접속하여 회로를 완전히 구성하게 되는데, 그러한 행위를 '프로그래밍(programming) 한다'라고 말한다. 그리고 그와 같은 프로그래밍이 가능한 상태로 제조된 IC 칩을 PLD(Programmable Logic Device)라고 부른다.

PLD와 유사하지만 다른 형태의 내부 조직을 가진 FPGA(Field Programmable Gate Array)는 훨씬 더 많은 수의 게이트들을 포함하고 있는 칩이다. FPGA는 게이트 배열로 이루어진 블록들뿐 아니라 내부 상호연결망과 다수의 입출력(I/O) 블록들도 포함하고 있어서, 마이크로프로세서와 같은 복잡한 디지털 시스템도 구현할 수 있다. 이 장에서는 먼저 각종 PLD 유형들과 회로 구현 방법에 대하여 설명한 다음에, FPGA의 내부 구조에 대해서도 간략히 소개하고자 한다.

9.1 PLD의 개요

먼저 PLD의 기본적인 개념을 이해하기 위하여 다음과 같은 간단한 예를 살펴보기로 하자. 그림 9-1은 네 개의 AND 게이트들과 두 개의 OR 게이트들로 이루어진 게이트 배열을 보여주고 있다. 일반적으로 입력 신호선들과 AND 게이트들 및 그 입력선들이 접속되는 부분을 AND 배열(AND array)이라고 부르고, AND 게이트 출력선들과 OR 게이트들 및 그 입력선들이 서로 접속되는 부분은 OR 배열(OR array)이라고 부른다. 그림 9-1에서는 AND 배열로 입력 신호 A와 B가 들어오는데, 그들을 내부에서 각각 인버터를 통과시킴으로써 각 신호의 보수값들을 포함하여 네 개의 입력 신호들(A, A', B, B')이 사용될 수 있다. 그림의 회로에서 입력 신호선들은 각 AND 게이트의 입력들과 만나게 되는데, 그 교차점(intersection)에서 서로 연결될 수도 있고 그렇지 않을 수도 있다. 즉, 구현될 회로에 따라 필요한 입력 신호선들만 AND 게이트의 입력과 접속된다.

그림 9-1은 몇몇 교차점들을 접속한 프로그래밍 결과를 보여주고 있는데, 수직 방향의 입력 신호선과 청색으로 표시된 AND 게이트 입력선의 교차점을 청색 점(•)으로 표시한 부분은 프로그래밍에 의해 서로 접속되었다는 것을 가리킨다. 반면에, 점이 표시되지 않은 교차점은 접속되지 않는다는 것을 의미한다. 결과적으로, 각 AND 게이트의 출력은 선택된 입력 변수들에 대한 곱의 항(product term)을 구현해주고 있다. 즉, 그림 9-1과 같이 프로그래밍 된 경우에는 첫 번째 AND 게이트의 출력으로는 AB, 두 번째 AND 게이트는 $A'B$, 세 번째 AND 게이트는 AB', 그리고 네 번째 AND 게이트의 출력으로는 $A'B'$의 결과가 각각 발생된다.

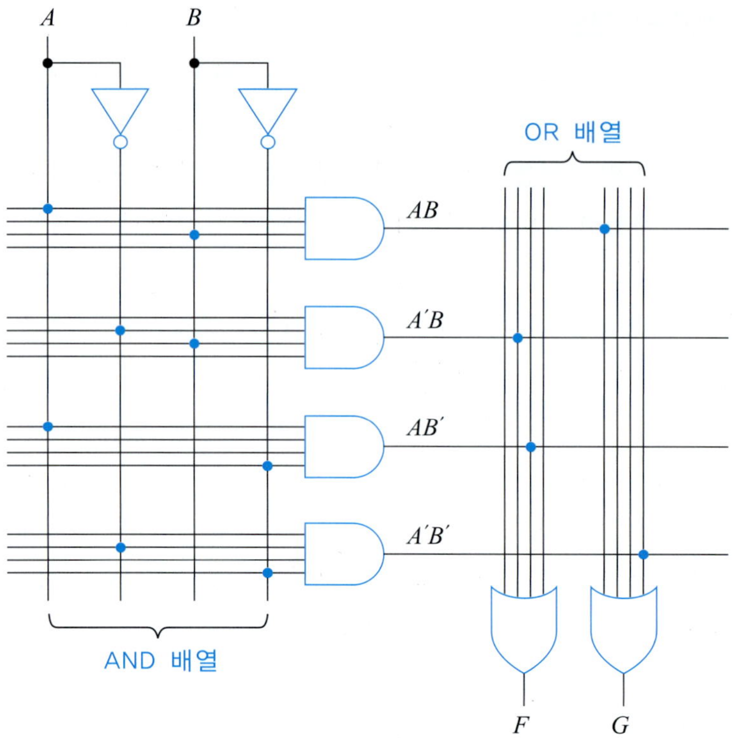

그림 9-1 간단한 게이트 배열의 내부 회로

그림 9-1에서 AND 게이트의 출력들은 하단에 표시된 두 개의 4-입력 OR 게이트 입력들로 연결될 수 있는데, 이 예에서는 각각 두 개씩만 연결되도록 프로그래밍 하였다. 이와 같이 AND 게이트의 출력으로 발생하는 곱의 항들을 OR 게이트를 통과시켜 합(sum)의 연산이 수행되도록 하면, SOP형 부울 표현을 구현하게 되는 것이다. 교차점들을 그림 9-1과 같이 연결한 경우에는 OR 게이트들의 출력 함수인 F와 G는 각각 아래와 같이 표현될 수 있다.

$$F = A'B + AB'$$
$$G = AB + A'B'$$

그런데 게이트 배열에서 게이트들의 수와 각 게이트의 입력 단자 수가 많아지게 되면, 신호 선들이 많아져서 회로가 매우 복잡해 보이게 된다. 따라서 이러한 회로를 그릴 때는 그림 9-2와 같이 각 게이트의 입출력 선을 한 개씩만 표시하는 방법이 주로 사용된다. 그리고 입력 신호선과 게이트 입력선이 서로 접속되는 교차점은 ×로 표시한다. 그와 같은 방법으로 그림 9-1의 회로를 다시 그려보면 그림 9-2와 같아진다.

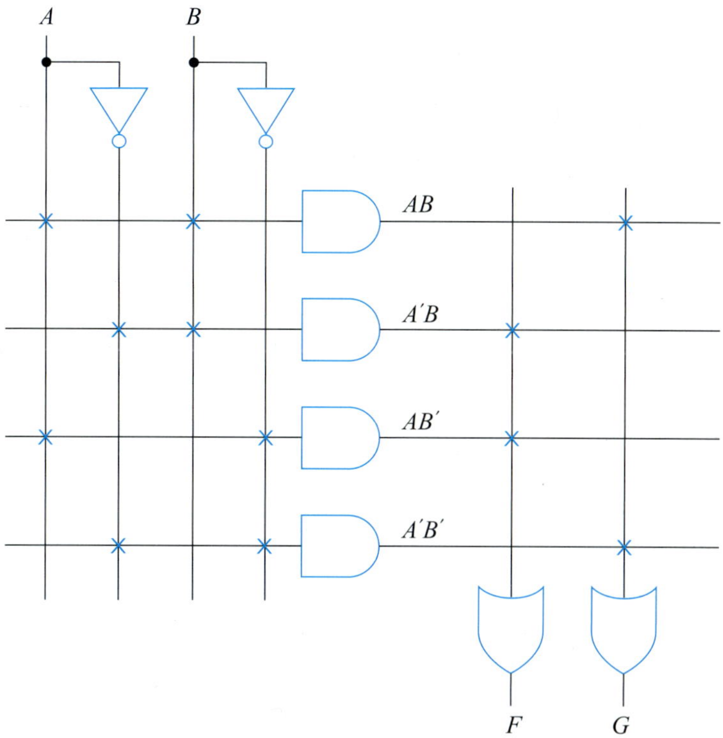

그림 9-2 간략화 표기를 사용한 게이트 배열 회로

그러면 이와 같은 게이트 배열에서 교차점의 접속은 실제로 어떻게 이루어지는지 살펴보기로 하자. 먼저, 게이트 배열이 포함된 IC 칩을 제조하기 전에 구현할 회로가 미리 확정되어 있는 경우에는 그림 9-1에서와 같이 해당 교차점에서 입력 신호선과 게이트 입력선을 연결하면 된다. 물론 이와 같이 제조 과정에서 회로를 고정시키는 경우에는 그 이후에 변경할 수 없게 된다. 그와는 달리, 교차점의 접속 여부는 사용자가 결정할 수 있도록 해주는 PLD 칩에서는 그림 9-3(a)와 같이 교차점이 퓨즈(fuse)에 의해 접속되어 있다. 퓨즈는 전류가 흐르는 도체이지만, 높은 전압이 인가되어 전류가 일정 수준 이상 흐르게 되면 녹아서 절단(open)되는 물질로 만들어진다. 이러한 칩은 제조 단계에서 퓨즈를 이용하여 모든 교차점들을 접속해둔다. 그 이후에, 사용자가 그 칩을 이용하여 원하는 회로를 구현할 때는 접속되어야 하는 교차점 이외의 퓨즈들은 녹여서 절단시키면 된다. 칩을 프로그래밍 한다는 것은 사실상 그와 같은 동작을 수행하는 것을 의미한다.

그림 9-3(b)는 그림 9-1의 회로에서 AB 항을 생성하는 첫 번째 AND 게이트의 입력단을 프로그래밍 한 결과를 보여주고 있다. 즉, 수직으로 표시된 네 개의 입력 선들 중에서 두 번째(A')와 네 번째(B') 선을 수평 방향의 게이트 입력 선들과 접속해주는 퓨즈들을 녹여 절단시킴으로써, AND 게이트로는 입력 신호선 A와 B만 연결되도록 한 것이다. 이에 대한 간략화된 표기는 그림 9-2에서 보는 바와 같이 첫 번째 AND 게이트 입력선 상의 첫 번째와 세 번째 교차점에만 ×를 표시해주는 것이다.

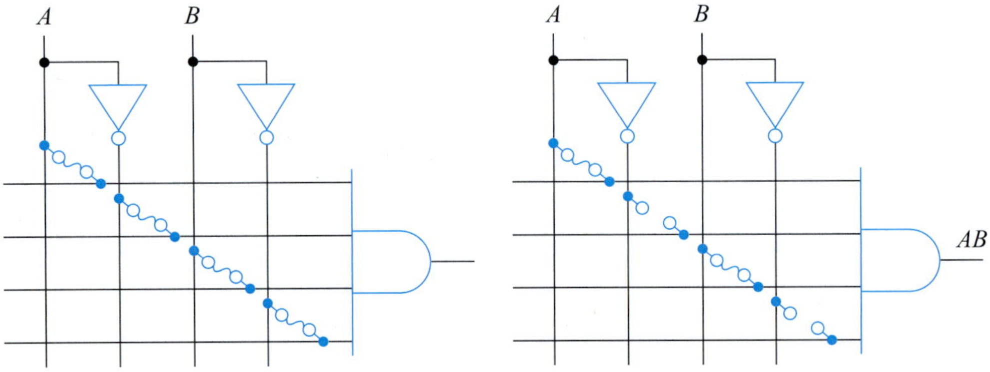

(a) 초기 상태 (b) 프로그래밍 된 상태

그림 9-3 퓨즈를 이용한 PLD의 내부 구성도

PLD는 그와 같이 사용자가 필요에 따라 적절히 교차점들을 접속함으로써 원하는 회로를 구현할 수 있게 해주는 게이트 배열들을 통칭하는 명칭이다. 그런데 실제 PLD 칩들은 다양한 방법으로 논리회로를 구현할 수 있도록 지원하기 위하여, 아래와 같은 세 가지 유형으로 제공되고 있다.

- PROM(Programmable Read-Only Memory): 다음의 블록도에서 보는 바와 같이 입력 신호들이 인가되는 AND 배열은 연결 상태가 고정되어 있으며, 출력을 발생하는 OR 배열은 퓨즈를 이용하여 프로그래밍 할 수 있도록 구성되어 있다.

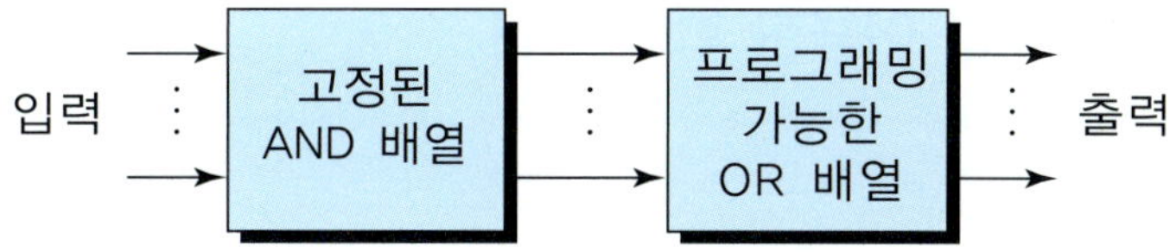

- PAL(Programmable Array Logic): PROM과는 반대되는 구성으로서, 입력단의 AND 배열은 연결 상태들을 프로그래밍 할 수 있도록 구성되지만, 출력단의 OR 배열은 고정되어 있다.

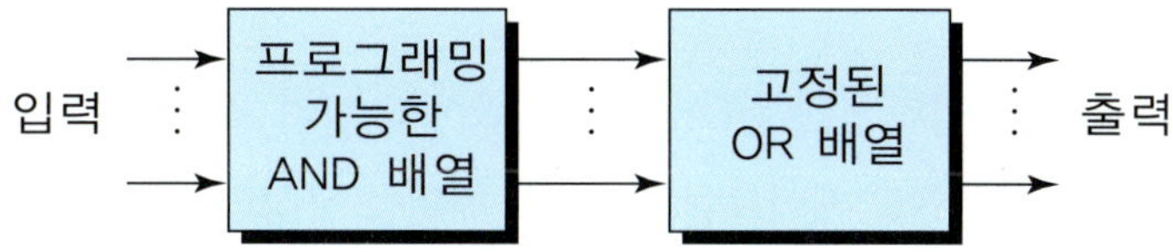

- PLA(Programmable Logic Array): 가장 융통성이 높은 칩으로서, 입력단의 AND 배열뿐 아니라 출력단의 OR 배열의 연결 상태들도 모두 프로그래밍을 이용하여 결정할 수 있다.

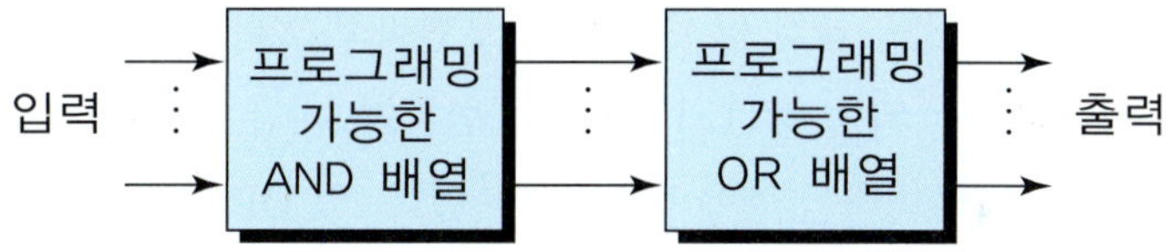

9.2 PROM을 이용한 회로 구현

PROM은 앞에서 설명한 바와 같이 입력 신호들이 인가되는 AND 배열은 연결 상태가 고정되어 있으며, 출력을 발생하는 OR 배열은 퓨즈를 이용하여 연결 상태를 프로그래밍 할 수 있도록 구성되어 있다. 실제 사용되는 PROM 칩들은 매우 많은 게이트들을 포함하고 있지만, 여기서는 설명을 단순화시키기 위하여 아주 작은 크기의 PROM을 고려해보기로 하자.

그림 9-4는 세 개의 입력 신호들(A,B,C)을 받아서 입력 조합 수만큼의 곱의 항들을 구현할 수 있도록, 8개의 AND 게이트들로 AND 배열을 구성한 PROM의 내부 회로를 보여주고 있다. 그리고 출력단은 네 개의 OR 게이트들로 이루어져 네 개의 출력들을 발생하도록 구성되어 있다. 이 칩이 처음 제조될 때는 그림 9-4에서와 같이 OR 배열의 모든 교차점들이 퓨즈로 접속되어 있다.

그림 9-4를 구체적으로 분석해보면, 첫 번째 AND 게이트의 출력은 입력 조합 ABC=000일 때 1이 되므로 곱의 항 $A'B'C'$을 구현하고 있다. 그리고 두 번째 AND 게이트는 ABC=001일 때 1이 되는 항인 $A'B'C$를 구현하며, 다른 AND 게이트들도 각 입력 조합에 대한 곱의 항을 나타낸다는 것을 확인할 수 있다. 각 OR 게이트의 입력은 모든 AND 게이트 출력들과 접속될 수 있는데, 구현할 부울 함수에 포함된 항들에 대응되는 AND 게이트 출력들만 선택하여 그 입력선과 접속하면 된다.

이제 그림 9-4와 같은 PROM을 이용하여 부울 함수를 구현하는 방법에 대하여 살펴보기로 하자. 이 PROM에는 출력단에 네 개의 OR 게이트들이 설치되어 있기 때문에, 최대 네 개까지의 부울 함수들을 구현할 수 있다. 한 가지 구현 예로서, 아래와 같은 SOP형 부울 함수들을 PROM을 이용하여 구현해보기로 하자.

$$F_3(A,B,C) = \Sigma(0,5) = A'B'C' + AB'C$$
$$F_2(A,B,C) = \Sigma(3,4,5) = A'BC + AB'C' + AB'C$$
$$F_1(A,B,C) = \Sigma(0,3,6,7) = A'B'C' + A'BC + ABC' + ABC$$
$$F_0(A,B,C) = \Sigma(1,3,6) = A'B'C + A'BC + ABC'$$

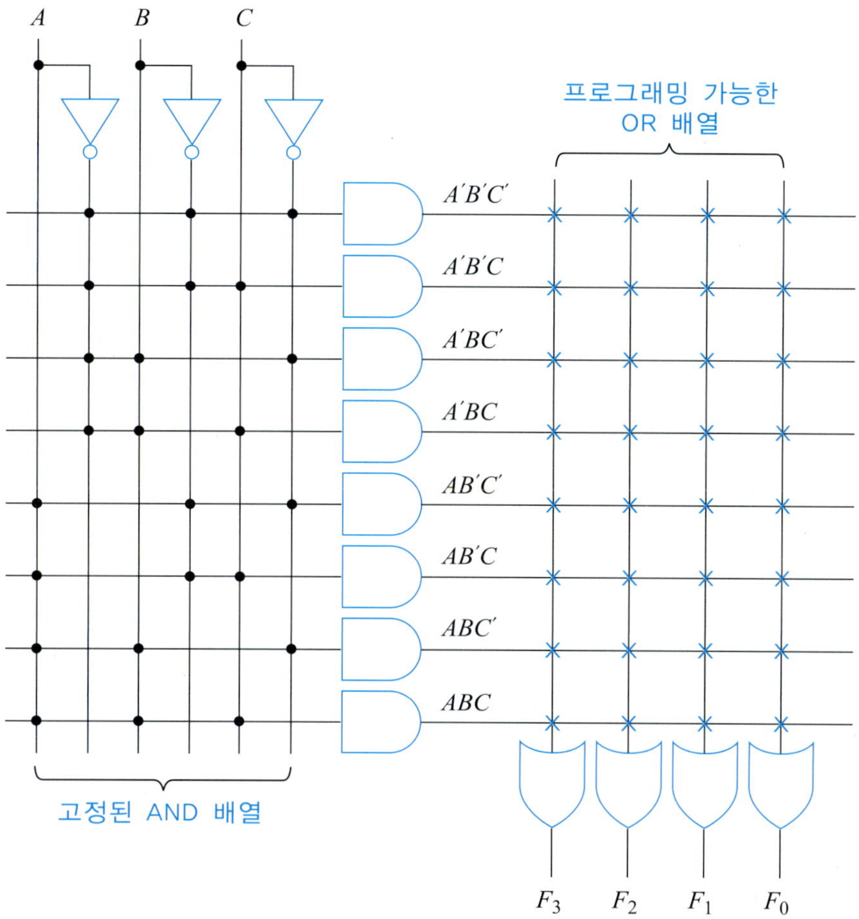

그림 9-4 PROM의 내부 구성도(초기 상태)

그림 9-5는 위의 부울 함수들을 구현하기 위하여 PROM을 프로그래밍 한 결과를 보여주고 있다. 그림의 첫 번째 OR 게이트의 입력선 상에서는 그와 교차되는 8개의 AND 게이트 출력선들 중에서 첫 번째와 여섯 번째 AND 게이트 출력들과의 교차점에 설치된 두 개의 퓨즈들만 그대로 두고, 나머지 퓨즈들은 모두 녹여 접속을 단절시킴으로써 부울 함수 F_3를 구현하였다. 같은 방법으로, 다른 세 개의 부울 함수들도 각 항에 대응되는 교차점만 접속을 그대로 두고 나머지는 모두 단절시킴으로써 모든 부울 함수들을 구현하였다. 위의 부울 함수들을 제6장에서와 같이 기본 게이트들을 이용하여 구현할 수도 있지만, 이와 같이 PROM을 이용하면 훨씬 더 쉽게 구현할 수 있는 것이다. 이러한 편이성은 회로가 복잡해질수록 그 효과가 더욱 커지게 된다.

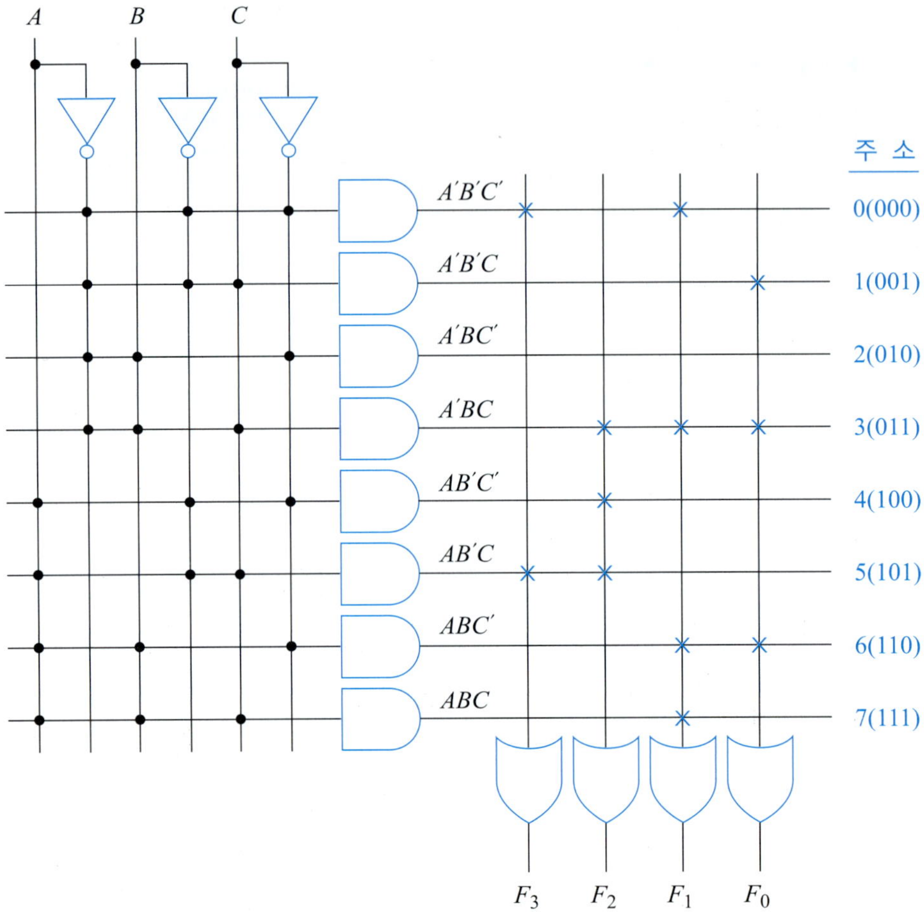

그림 9-5 PROM을 이용하여 SOP형 부울 함수들을 구현한 예

PROM으로 부울 함수들을 구현하는 경우에는 모든 항들이 정규형으로 표현되어야 한다. 그 이유는 PROM 입력단의 AND 배열에서 각 AND 게이트의 입력으로는 항상 도메인 내의 모든 변수들의 정상형 혹은 보수형 신호가 한 개씩 접속되도록 고정되어 있기 때문이다. 따라서 정규형으로 표현되지 않은 부울 함수를 PROM으로 구현하려면 먼저 정규형으로 변형해야 한다.

그런데 그림 9-5의 회로 구성을 다른 측면에서 살펴본다면, AND 배열이 그림 6-21의 3×8 디코더 회로와 동일하다는 것을 알 수 있다. 다만, 그림 9-5에서는 게이트의 입력 선을 간략화시켜 한 개만 표시했다는 것이 다를 뿐이다. 결과적으로, 입력 변수들의 값(000~111)이 인가될 때마다 AND 게이트들 중의 어느 한 개만 1로 세트된다. 예를 들어, 입력 신호로 ABC='000'이 인가된다면 첫 번째 AND 게이트의 출력이 세트되고, '001'이 인가되면 두 번째 게이트의 출력이 세트된다. 이와 같은 입출력 관계에 따라 3-비트 입력 값을 기억장치의 주소로 간주하고, OR 배열은 데이터 저장 장소, 그리고 OR 게이트의 출력들은 기억장치의 데이터 출력으로 사용할 수도 있다.

기억장치로 사용되는 어떤 PROM에서 OR 배열의 교차점들이 그림 9-5와 같이 접속되어 있다고 가정하자. 만약 입력 신호로 ABC='000'이 인가되었다면, 첫 번째 AND 게이트의 출력으로 발생되는 '1'(+5V)에 의해 OR 게이트들의 출력 $F_3=1$, $F_2=0$, $F_1=1$, $F_0=0$이 각각 발생된다. 이와 같은 입출력 관계는 기억장치의 0번지에 데이터 '1010'이 저장되어 있는 상태에서, 주소가 인가되면 그 기억 장소에 저장되어 있는 데이터가 읽혀져 나가는 기억장치 읽기(memory read) 동작에 해당한다. 다른 입력 조합들이 주소로 인가되는 경우에도 그림 9-5의 우측에 청색으로 표시된 주소에 대응되는 AND 게이트 출력선에 위치한 교차점들의 접속 상태에 따라, 해당 데이터 값이 OR 게이트 출력들을 통하여 발생된다는 것을 확인할 수 있다. 여기서 유의할 사항으로는 그림 9-5에서 세 번째 AND 게이트의 출력은 OR 게이트의 어느 입력선과도 접속되지 않았는데, 그것은 그 기억 장소에 저장된 데이터가 '0000'이라는 것을 의미한다. 즉, 주소로서 2(ABC=010)번지가 인가된다면, 출력으로는 '0000'이 나가게 된다.

그림 9-6(a)의 표는 OR 배열이 그림 9-5와 같이 접속되어 있는 8×4비트 PROM에서 각 주소에 저장되어 있는 데이터들을 정리한 결과를 보여주고 있다. 주소가 세 비트이기 때문에 8개의 기억 장소들이 존재하며, 각 기억 장소에는 네 비트 길이의 데이터가 저장되어 있다. 그림 9-6(b)는 그와 같이 PROM을 기억장치로 간주한 경우에 주소 선들과 데이터 출력 선들을 표시한 블록도를 보여주고 있다.

그런데 PROM이 프로그래밍 된 상태에서 칩의 상단에 위치한 창(window)을 통하여 퓨즈 부분에 자외선을 일정 시간(20~30분) 동안 비추어주면 끊어졌던 퓨즈들이 다시 접속되어, 원래 상태대로 복구되는 반도체 물질을 사용하여 칩을 제조할 수도 있다. 그와 같이 칩의 모든 접속들을 초기 상태로 복구시켜주는 과정을 '칩을 삭제(erase)한다'라고 말하는데, 기존의 회로 구성을 모두 지우고 원래의 칩 상태로 되돌아가게 해주는 동작이다. 그러한 삭제 과정을 거친 다음에는, 그 칩은 다시 프로그래밍 과정을 통하여 다른 회로를 구성하거나 다른 데이터를 저장하는데 사용될 수 있다. 따라서 그러한 칩을 삭제 가능

PROM(Erasable PROM: EPROM)이라고 부르며, 컴퓨터에서 주기억장치의 한 유형으로 널리 사용되고 있다. 또한 교차점의 퓨즈 대신에, 전기적으로도 원래의 상태로 복구시킬 수 있는 특수 구조의 트랜지스터를 사용하는 PROM도 개발되었다. 그것은 전기적으로 삭제할 수 있다는 의미로서 EEPROM(Electrically Erasable PROM)이라고 부르며, 플래시 메모리(flash memory)도 EEPROM의 한 유형이다.

주소			데이터			
A	B	C	F_3	F_2	F_1	F_0
0	0	0	1	0	1	0
0	0	1	0	0	0	1
0	1	0	0	0	0	0
0	1	1	0	1	1	1
1	0	0	0	1	0	0
1	0	1	1	1	0	0
1	1	0	0	0	1	1
1	1	1	0	0	1	0

(a) 그림 9-5의 PROM에 저장된 데이터

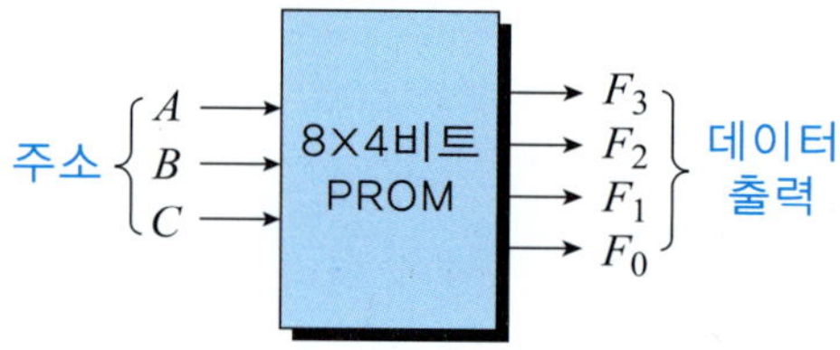

(b) 블록도

그림 9-6 8×4비트 PROM

9.3 PAL을 이용한 회로 구현

PAL(Programmable Array Logic)에서는 AND 배열이 프로그래밍 가능한 상태로 있으며, OR 배열의 연결은 고정되어 있다. PAL이 처음 제조될 때는 그림 9-7과 같이 AND 배열의 모든 교차점들이 퓨즈에 의해 서로 접속되어 있다. 고정된 OR 배열에서는 각 게이트의 입력과 AND 게이트 출력들이 일정한 패턴을 가지고 서로 접속되어 있다. 예를 들어, 그림 9-7의 경우에는 F_3를 발생하는 첫 번째 OR 게이트의 입력으로 첫 번째와 두 번째 AND 게이트의 출력들이 연결되어 있다. 그리고 F_2를 발생하는 두 번째 OR 게이트로는 세 번째와 네 번째 AND 게이트의 출력들이 연결되어 있으며, 같은 방법으로 F_1과 F_0를 발생하는 세 번째와 네 번째 OR 게이트의 입력으로도 각기 다른 두 개씩의 AND 게이트 출력들이 들어가도록 접속되어 있다. 이와 같은 연결 관계를 정리하면, 각 OR 게이트는 자신에게 입력값들을 제공해줄 AND 게이트 그룹을 가지고 있다는 것이다. AND 게이트들이 더 많이 배열된다면, 각 OR 게이트로 제공될 입력 신호들이 그만큼 더 늘어날 수 있을 것이다.

그림 9-7과 같은 PAL을 사용하는 경우에는 각 출력 함수(F_i)가 최대 두 개의 항들만 포함할 수 있다. 실제 상용화된 PAL 칩에는 그보다 훨씬 더 많은 수의 게이트들로 배열을 구성하기 때문에 그러한 제한은 별 문제가 되지 않지만, 여기서도 좀 더 다양한 예를 살펴보기 위하여 그림 9-8과 같이 입력과 출력이 각각 네 개씩인 PAL을 이용하여 아래와 같은 부울 함수들을 구현해보기로 하자. 여기서 유의할 사항이 있는데, PAL은 PROM과 달리 AND 배열의 접속을 선택할 수 있기 때문에 부울 함수가 정규형으로 표현되지 않아도 된다는 것이다. 즉, 입력 변수들 중의 일부를 포함하지 않은 항도 구현될 수 있다.

$$F_3 = A'BC'D + A'BCD' + A'BCD + ABCD'$$
$$F_2 = A'BCD' + A'BCD + ABCD$$
$$F_1 = A'BC' + A'BC + AB'C + ABC'$$
$$F_0 = A' + C'D' + ABCD$$

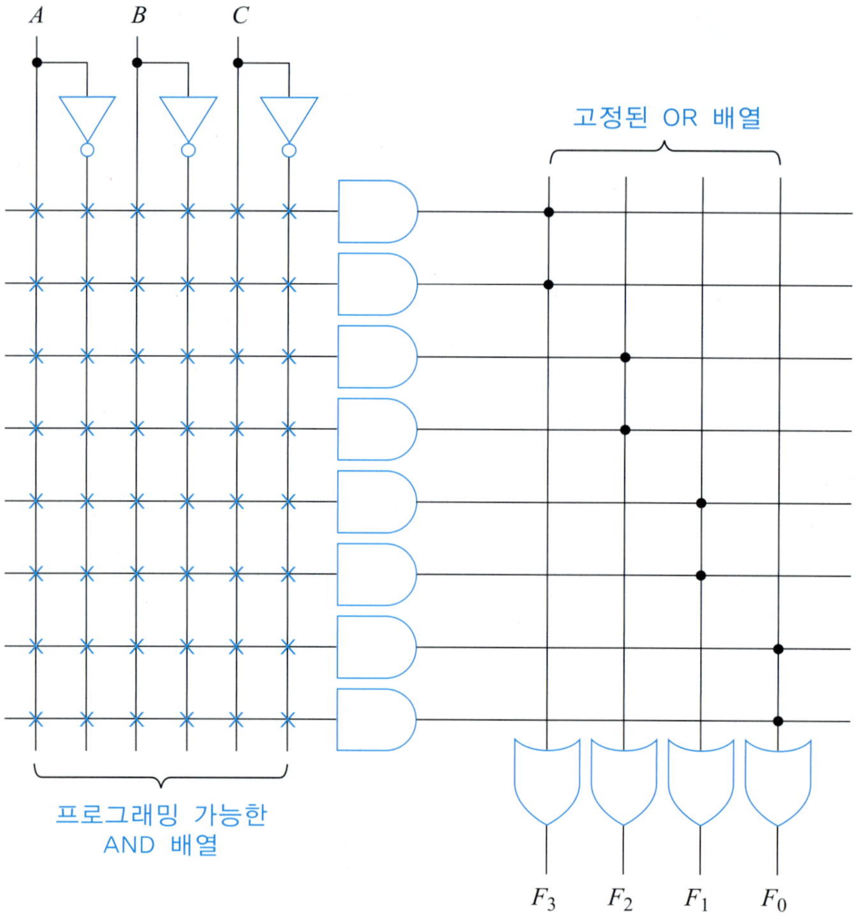

그림 9-7 세 개의 입력과 네 개의 출력을 가진 PAL의 구성도(초기 상태)

그림 9-8은 AND 배열을 적절히 프로그래밍 함으로써 위의 부울 함수들을 구현한 결과를 보여주고 있다. 먼저 F_3 함수의 구현을 위하여, 그 함수에 포함된 항들이 가진 입력 변수의 신호선들을 AND 배열 상단에 위치한 네 개의 AND 게이트 입력들과 접속하였다. 그런데 그 AND 게이트들의 출력은 이미 첫 번째 OR 게이트 입력과 고정 연결되어 있으므로, 그것으로 F_3의 구현이 완료되었다. F_2 함수의 경우에는 세 개의 항들로 이루어져 있기 때문에, 두 번째 OR 게이트와 접속된 AND 게이트 그룹에서 첫 번째 게이트는 사용되지 않았다. 그리고 F_1 함수에서는 항들이 세 개씩의 변수들로 이루어져 있기 때문에, AND 게이트 입력단의 접속에서 입력 신호들을 세 개씩만 접속하였다. 또한 F_0의 구현에서는 한 개 혹은 두 개의 변수만 가진 항들에 대하여 그 수만큼의 입력 신호들만 연결하였다.

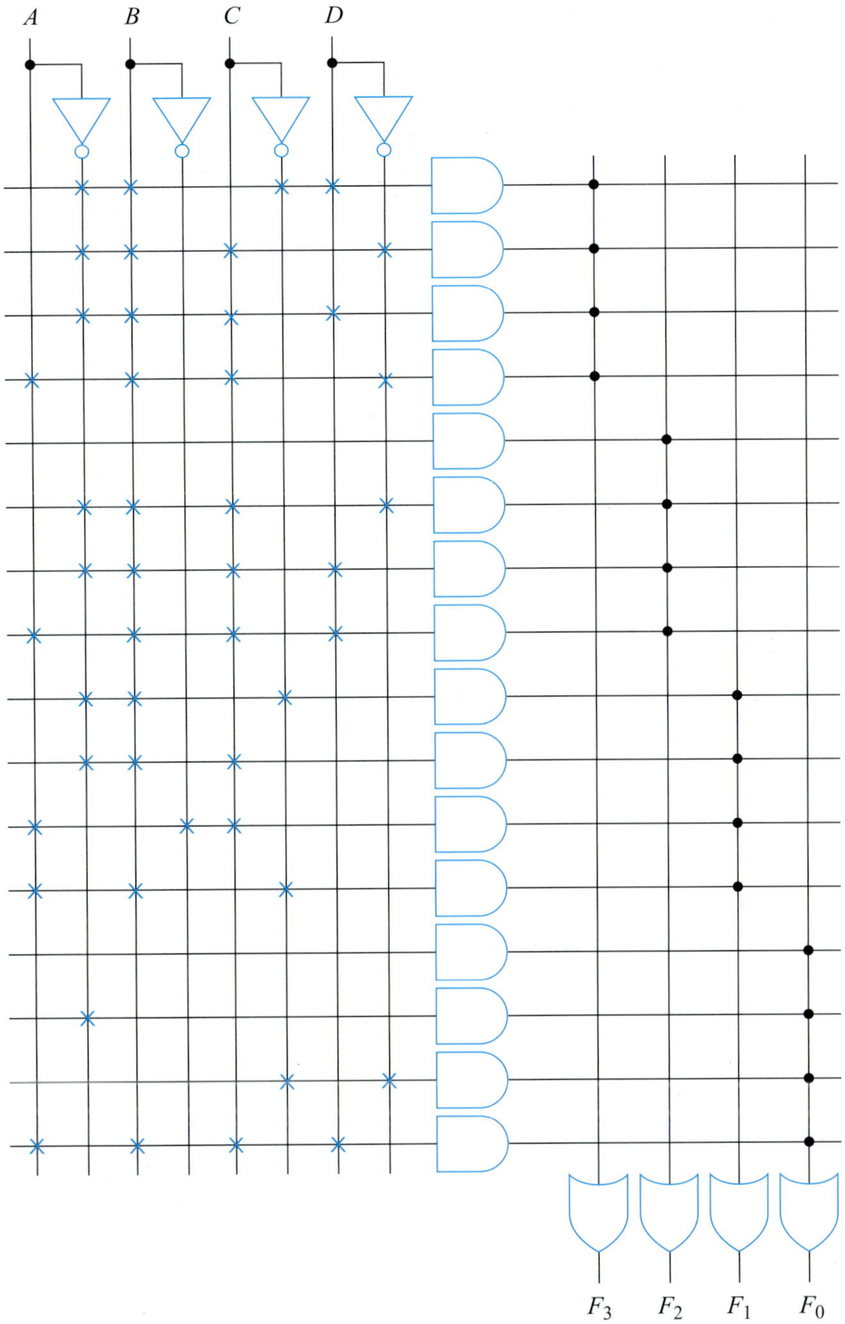

그림 9-8 PAL을 이용한 부울 함수 구현의 예

다른 유형의 구현을 설명하기 위하여 그림 9-9와 같이 다섯 개의 입력들과 세 개의 출력들을 가진 PAL을 이용하여 아래와 같은 4-변수 부울 함수들을 구현해보기로 하자.

$$x = AB'C' + CD$$
$$y = A'BC' + A'CD + ACD' + BCD$$
$$z = A'C'D + ACD' + A'BD + AB'C' + CD$$

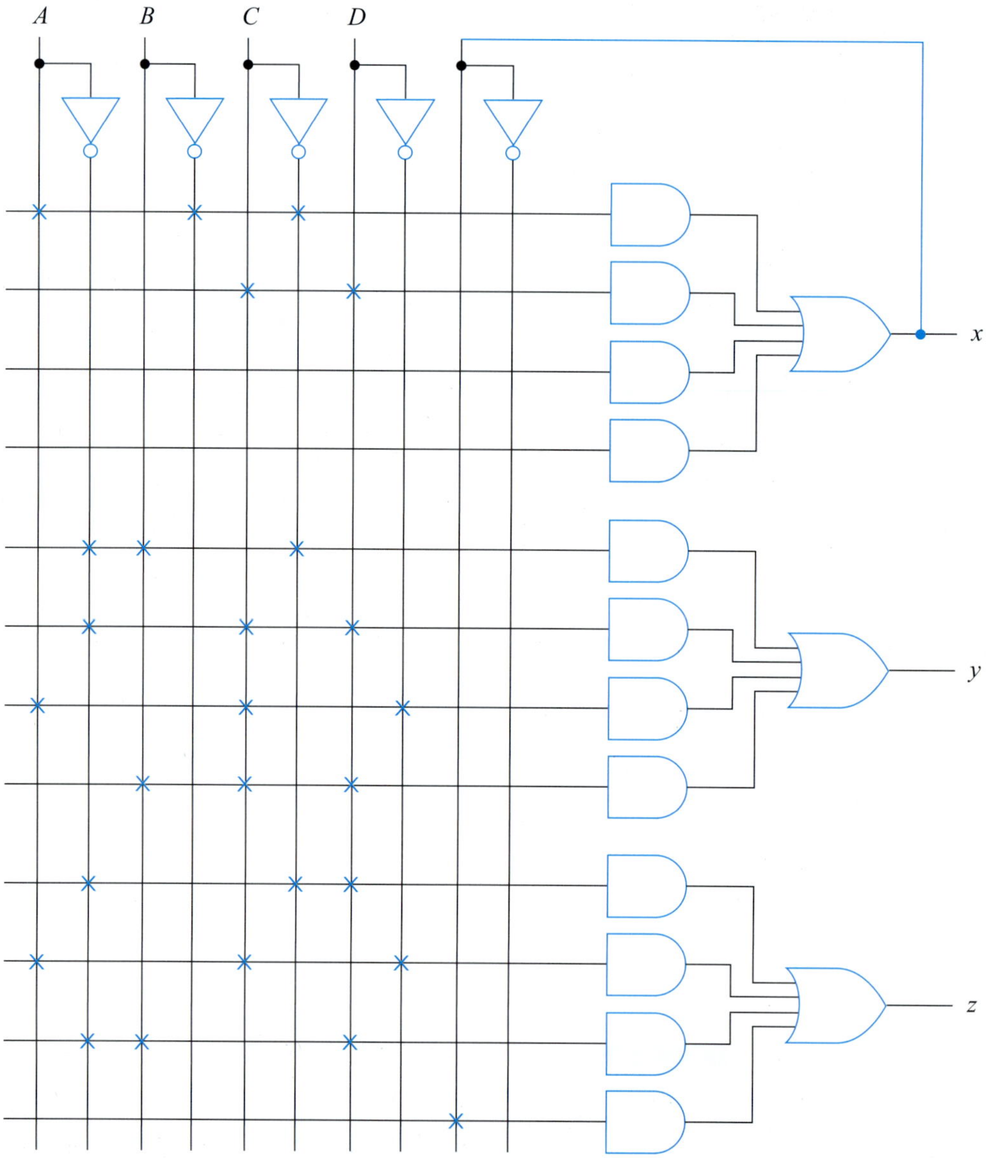

그림 9-9 외부 접속을 이용한 PAL 구현의 예

그림 9-9의 PAL에서는 출력단의 OR 배열 부분을 앞의 회로들과는 다른 형태로 표시하였다. 이 PAL에서도 각 OR 게이트가 네 개씩의 AND 게이트들로 구성된 그룹으로부터 입력을 받을 수 있다. 따라서 각 출력 함수도 최대 네 개의 항까지만 포함할 수 있다. 그런데 구현할 부울 함수들 중에서 세 번째인 z 함수는 다섯 개의 항들로 이루어져 있기 때문에 사실상 이 칩으로는 구현할 수가 없다. 그러나 z 함수를 좀 더 분석해보면 x 함수가 가진 항들을 포함하고 있다는 것을 확인할 수 있다. 따라서 z 함수는 아래와 같이 다시 표현할 수 있다.

$$z = A'C'D + ACD' + A'BD + x$$

앞의 부울 함수들은 네 개의 입력 변수들로 이루어지기 때문에, 그림 9-9의 PAL에서 입력들 중의 한 개가 다른 용도로 사용할 수 있게 된다. 따라서 이 구현의 예에서는 첫 번째 OR 게이트의 출력인 x를 외부 선을 이용하여 그 입력으로 접속함으로써, 다섯 개의 항들로 이루어진 부울 함수도 구현할 수 있다는 것을 보여주고 있다.

여기서는 이해를 돕기 위하여 작은 크기의 PAL들을 사용하여 설명하였다. 그러나 실제 제품들은 그보다 더 큰 규모의 게이트 배열을 포함하고 있고, 입력 및 출력 단자들의 수도 더 많다. 예를 들어, National Semiconductor사가 생산하는 PAL 칩들을 몇 가지 살펴보면 아래와 같다. 이 칩들의 번호에서 H와 L은 각각 '*active-high*' 출력 혹은 '*active-low*' 출력을 발생한다는 것을 가리킨다.

- 10H8 : 10개의 입력 단자들과 8개의 출력 단자들을 가진 PAL
- 14L4 : 14개의 입력 단자들과 4개의 출력 단자들을 가진 PAL

PAL에서도 AND 배열의 각 교차점 접속을 위하여 퓨즈를 사용하지만, 퓨즈 대신에 다시 연결 상태를 복구시킬 수 있는 물질을 이용한다면 재프로그래밍 가능한 PAL(reprogrammable PAL)을 만들 수 있다. 그러한 칩은 GAL(generic array logic)이라고 부른다.

지금까지 설명한 PAL을 이용하면 조합회로를 구현할 수 있지만, 순차회로를 구현하는 데 사용될 수 있는 순차형 PAL(sequential PAL)도 제조되고 있다. 예를 들어, 16R4라는 순차형 PAL은 16개의 입력 단자들과 4개의 D 플립-플롭들 및 그 출력 단자들로 이루어져 있으며, 그림 9-10은 16R4 칩 내부 회로의 일부분을 보여주고 있다.

그림 9-10에서 삼각형 모양의 게이트는 입력 신호에 대한 정상 출력과 반전된 출력을 모두 발생하는 버퍼 및 인버터를 결합하여 표시한 것이다. D 플립-플롭의 출력은 En 신호를 가진 3-상태 버퍼를 통하여 외부로 나간다. 16R4 칩에는 이러한 회로들 여러 개가 중복적으로 포함되어 있으며, AND 배열에서 입력선의 수는 모두 32개(16개 입력들에 대한 정상 및 반전 신호선 포함)이다. 이와 같은 순차형 PAL을 이용하면 최대 네 개의 상태를 가지는 순차회로를 하나의 칩으로 구현할 수 있다.

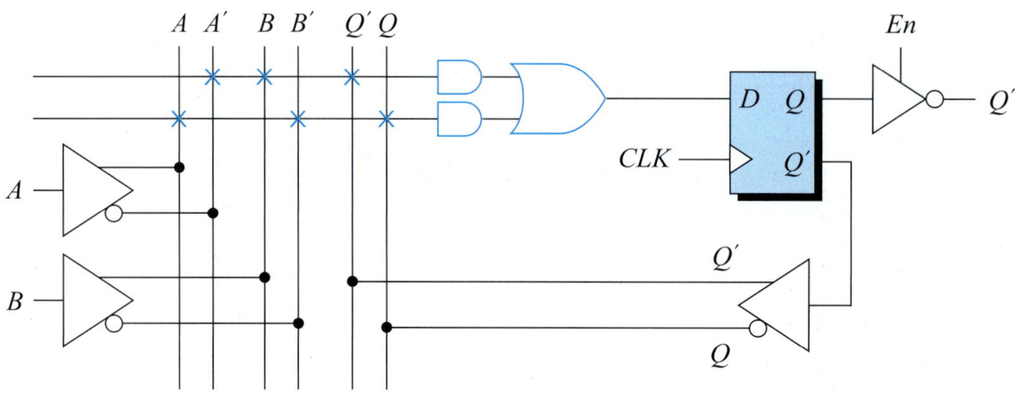

그림 9-10 순차형 PAL(16R4) 내부 회로의 일부분

9.4 PLA를 이용한 회로 구현

PLA(Programmable Logic Array)는 앞에서도 언급한 바와 같이 PLD들 중에서 가장 융통성이 높은 칩으로서, AND 배열과 OR 배열의 모든 교차점들이 퓨즈에 의해 접속되어 있다. 따라서 프로그래밍을 통하여 회로의 입력단과 출력단을 모두 원하는 대로 구성할 수 있다. 예를 들어, 그림 9-11은 세 개의 입력 신호들과 그 반전된 신호들이 8개의 AND 게이트들과 배열을 이루며, OR 게이트들을 통하여 네 개의 출력을 발생하는 PLA를 보여주고 있다. 이 PLA를 이용하여 아래와 같은 네 개의 부울 함수들을 구현해보기로 하자.

$$w = A'B' + ABC$$
$$x = A'B'C' + AB + AC$$
$$y = A'B' + BC$$
$$z = A'B'C + ABC' + AC$$

그림 9-11은 위의 네 함수들을 구현한 결과를 보여주는 PLA의 내부 구조이다. PLA에서는 AND 배열과 OR 배열 모두에서 필요한 수만큼의 접속을 선택할 수 있다. 따라서 각 부울 함수에 포함된 항의 개수만큼의 AND 게이트 출력들이 각 OR 게이트 입력과 연결되었다. 그리고 각 항을 이루고 있는 변수들에 대응되는 입력 신호들만 각 AND 게이트 입력과 접속되었다는 것을 확인할 수 있다.

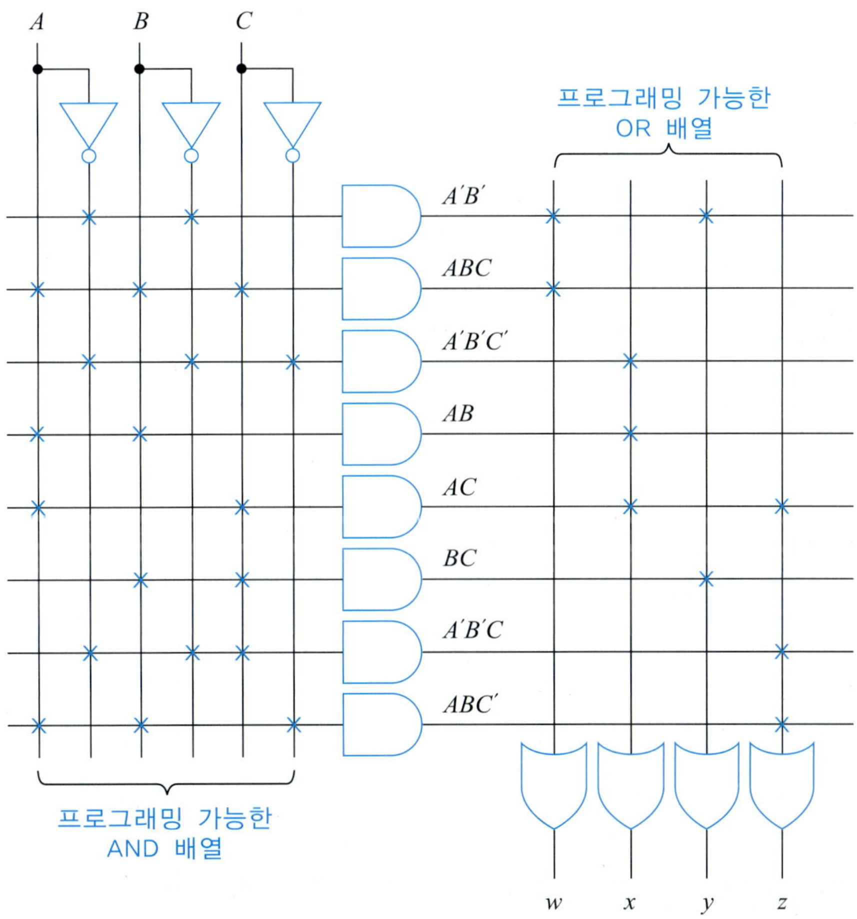

그림 9-11 PLA를 이용한 회로 구현의 예

이제 PLA를 이용하여 좀 더 복잡한 조합회로를 구현하는 예를 한 가지 살펴보기로 한다. 8.3절에서 스톱-워치 회로의 구성을 위해 사용되었던 세븐-세그먼트 디스플레이는 그림 9-12(b)와 같이 7개의 LED(light emitting diode)들로 구성된다. 세그먼트들은 디스플레이 시키고자 하는 내용에 따라 필요한 경우에만 켜진다. BCD-7SEG 디코더(BCD-to-seven-segment decoder)는 그 세그먼트들 중에서 0부터 9까지의 숫자를 디스플레이 하는데 필요한 출력들을 세트해주는 디코더이다. 따라서 이 디코더는 4-비트 BCD 코드를 입력으로 받아서 7개의 출력들을 발생하며, 그림 9-12(a)와 같은 블록도로 표시될 수 있다.

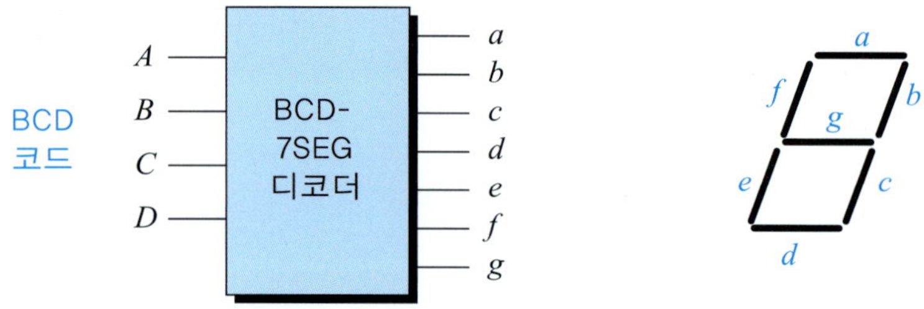

(a) 디코더의 블록도 (b) 7-세그먼트

그림 9-12 BCD-7SEG 디코더와 7-세그먼트 디스플레이

〈표 9-1〉 BCD 코드와 7-세그먼트 입력에 대한 진리표

BCD 입력				디코더 출력(세그먼트 입력)							디스플레이
A	*B*	*C*	*D*	*a*	*b*	*c*	*d*	*e*	*f*	*g*	
0	0	0	0	1	1	1	1	1	1	0	0
0	0	0	1	0	1	1	0	0	0	0	1
0	0	1	0	1	1	0	1	1	0	1	2
0	0	1	1	1	1	1	1	0	0	1	3
0	1	0	0	0	1	1	0	0	1	1	4
0	1	0	1	1	0	1	1	0	1	1	5
0	1	1	0	1	0	1	1	1	1	1	6
0	1	1	1	1	1	1	0	0	0	0	7
1	0	0	0	1	1	1	1	1	1	1	8
1	0	0	1	1	1	1	1	0	1	1	9

각 LED 세그먼트에 그림 9-12(b)와 같이 *a*부터 *g*까지의 변수를 지정하고, 각 BCD 숫자를 디스플레이하기 위하여 '1'로 세트되어야 하는 디코더 출력값들을 구하면 〈표 9-1〉과 같은 진리표를 작성할 수 있다. 그리고 진리표의 맨우측에는 그 출력값들에 의해 디스플레이 되는 숫자들의 모양이 나열되어 있다.

각 세그먼트 입력에 대한 부울 함수는 카노프 맵을 이용하면 간략화된 형태로 구할 수 있다. 그러나 PLA에는 게이트들의 수가 충분하기 때문에, 그림 9-13에서 보는 바와 같이 〈표 9-1〉의 입력값과 출력값들을 그대로 반영하여 구현하였다. 즉, AND 배열은 〈표 9-1〉의 좌측 BCD 입력에서 '1'인 부분의 접속은 그대로 두었고, '0'인 부분의 퓨즈는 절단시켰다. 그리고 OR 배열에서도 〈표 9-1〉의 디코더 출력, 즉 세븐-세그먼트의 입력값에 따라 같은 방법으로 접속 여부를 결정하였다.

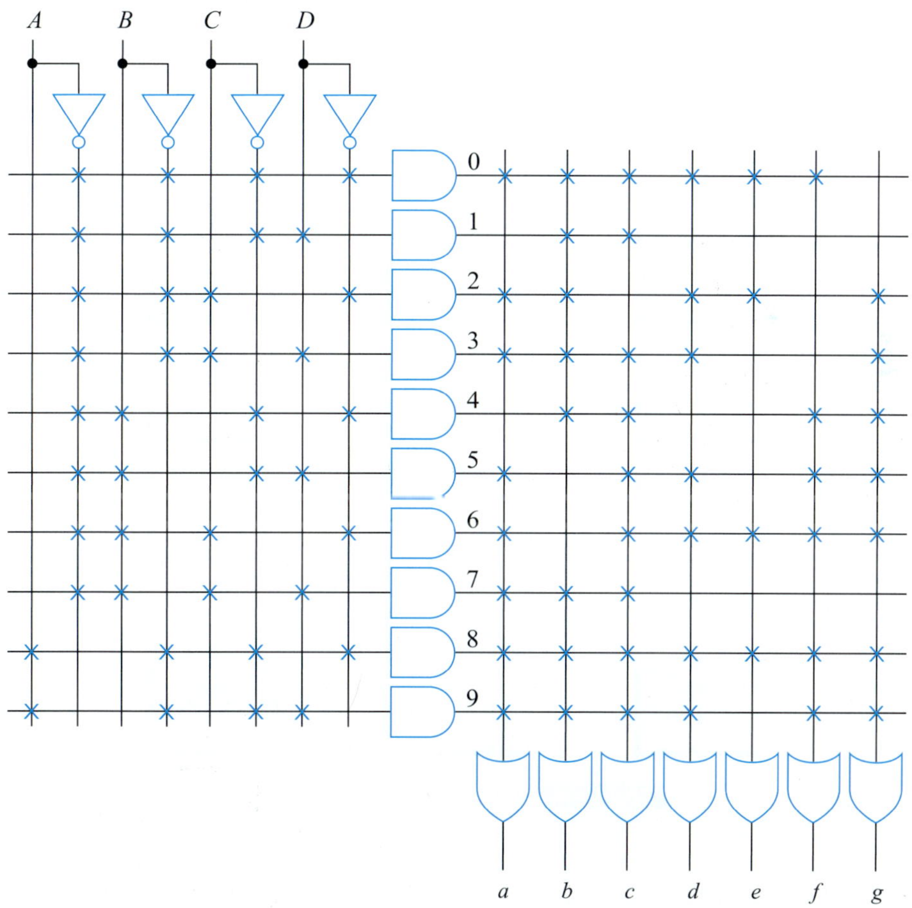

그림 9-13 PLA를 이용한 BCD-7SEG 디코더의 구현

9.5 CPLD

일반적으로 적은 수의 게이트들로 이루어지는 PAL 및 PLA와 같은 논리 장치들은 SPLD(simple programmable logic device)라고 부른다. 그러나 반도체 IC 칩에는 더 많은 수의 게이트들을 집적시킬 수 있기 때문에, 큰 규모의 회로들을 구현하는데 사용될 수 있도록 여러 개의 SPLD들을 하나의 칩에 포함시킨 CPLD(complex programmable logic device: complex PLD)들도 제조되고 있다. CPLD는 그림 9-14에서 보는 바와 같이 다수의 SPLD들과 그들 간의 연결을 지원해주는 상호연결망(interconnection)으로 구성된다.

CPLD에 포함되는 각 SPLD는 일반적으로 LAB(logic array block)이라고 부르며, 기능 블록(function block) 혹은 논리 블록(logic block)이라고도 한다. 그림 9-14의 중심부에는 LAB들 간의 상호연결망을 구성해주는 PIA(Programmable Interconnection Array)가 위치하고 있다. PIA는 제조회사에 따라 다르게 불리기도 하는데, 예를 들어 Xilinx사는 그것을 AIM(advanced interconnection matrix)이라고 부른다.

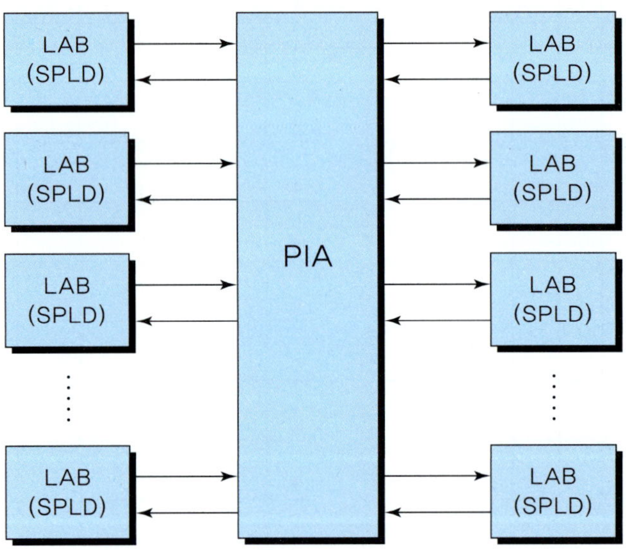

그림 9-14 CPLD의 일반적인 내부 조직

그림 9-14와 같은 CPLD에서 입력 신호들은 해당 LAB으로 들어가며, 각 LAB으로부

터 발생되는 출력 신호들은 다른 LAB으로 입력될 수도 있다. 그와 같이 다수의 LAB들에 대한 내부 접속 및 그들 간의 상호 연결을 위한 PIA을 구성하는 프로그래밍 작업은 매우 복잡하기 때문에 컴퓨터 소프트웨어를 이용하여 이루어진다. CPLD를 제조하는 회사들은 밀도(density; 단위 면적당 게이트 수), 전력 소모량, 전원 전압 및 처리 속도에 따라 다양한 종류의 칩들을 생산하고 있다. 큰 규모의 CPLD는 수천 개의 LAB들을 포함하며, 접속 핀의 수가 수백 개에 이르기도 한다. 주요 제조회사들로는 Altera사, Xilinx사, Lattice사 및 Cypress사 등이 있다.

9.6 FPGA

FPGA(field programmable gate array)는 CPLD와 마찬가지로 많은 수의 게이트들을 포함하는 IC 칩이지만, 내부 조직이 다르다. FPGA는 기본 블록으로서 PAL이나 PLA을 사용하지 않으며, CPLD보다 밀도가 훨씬 더 높다. FPGA를 구성하는 단위 블록인 CLB(configurable logic block)는 CPLD의 LAB보다는 더 단순한 구조를 가지고 있지만, 그 수가 더 많다. 그리고 그림 9-15에서 보는 바와 같이 FPGA는 CLB들을 서로 접속해주는 상호연결망이 매트릭스(matrix) 형태로 구성되며, 입력 및 출력 신호 인터페이스를 위한 I/O 블록들이 별도로 설치된다.

큰 규모의 FPGA는 수만 개의 CLB들뿐 아니라 기억장치와 같은 다른 요소들을 포함하는 것도 있기 때문에, 하나의 칩으로 소형 마이크로컴퓨터(microcomputer)도 구현할 수 있을 정도이다. CLB는 작은 게이트 배열들이 내부 연결망에 의해 서로 접속되는 구조를 가지고 있다. 그러한 CLB 내부 연결 및 CLB들 간의 상호연결을 구성하는 작업은 매우 복잡하기 때문에, 컴퓨터를 이용하여 회로를 구현할 수 있도록 도와주는 프로그램 언어들이 개발되어 있다. 그러한 언어들을 HDL(hardware description language)이라고 부르는데, 대표적인 것들로는 VHDL, Verilog, ABEL 및 AHDL 등이 있다. 앞 절에서 소개한 CPLD 제조회사들이 FPGA도 생산하고 있으며, 그 회사들은 기본적으로 표준 HDL에 해당하는 VHDL과 Verilog를 지원하는 소프트웨어 패키지들을 제공하고 있다.

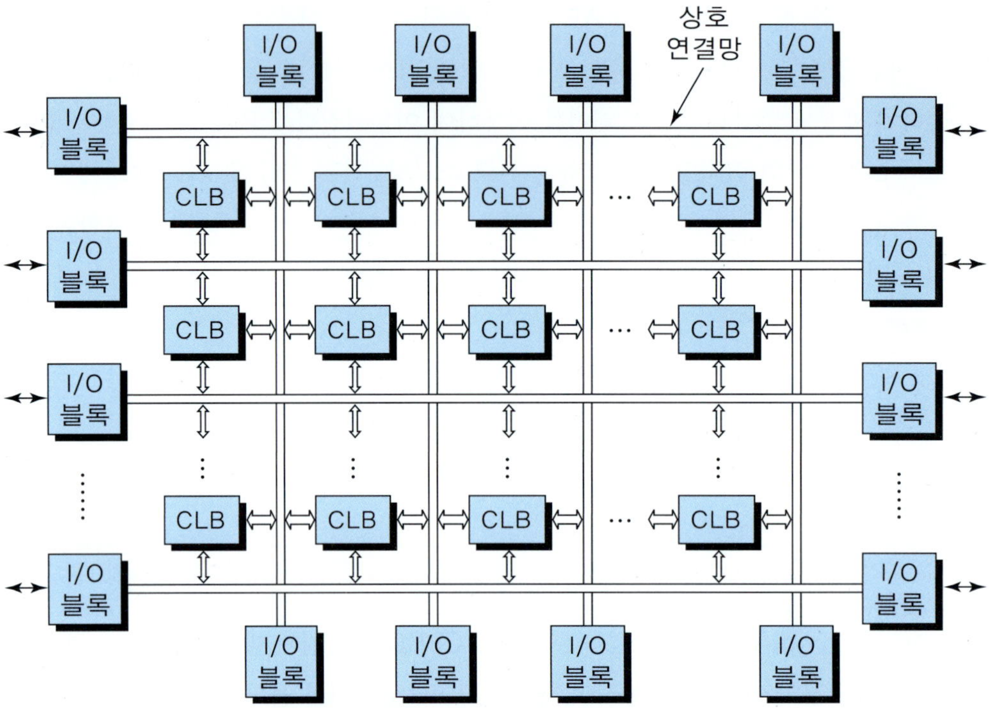

그림 9-15 FPGA의 일반적인 내부 조직

HDL의 간단한 예로서, 제6장에서 설명하였던 반가산기(half adder)를 Verilog 프로그램에서 모듈(module)로 작성한 결과는 그림 9-16과 같다. 여기서 A와 B는 입력, 합은 Sum, 올림수 출력은 Cout로 표기하였다.

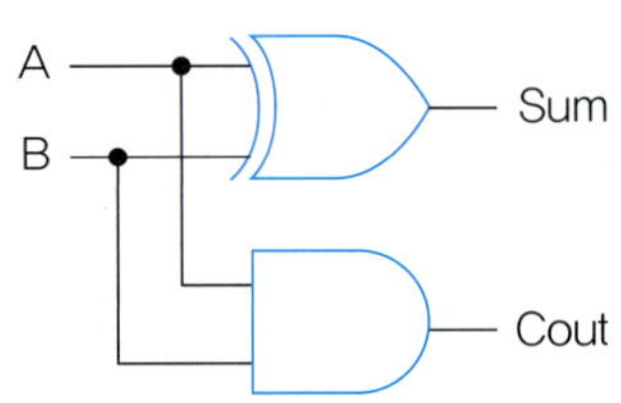

(a) 회로 모델

```
module halfadder(Sum,Cout,A,B);
   input A,B;
   output Sum,Cout;

   xor(Sum,A,B);
   and(Cout,A,B);
endmodule
```

(b) Verilog 프로그램

그림 9-16 반가산기에 대한 verilog 프로그램

기본문제

9.1 아래 중에서 'PLD(programmable logic device)를 프로그래밍 한다'는 말의 의미로서 옳지 않은 것은?

가. 회로간의 퓨즈를 선택적으로 녹여서 절단시키는 동작이다.
나. 내부 회로를 원하는 대로 구성한다는 의미이다.
다. PLD를 소프트웨어 개발에 사용한다는 의미이다.
라. 입력 신호 선들과 게이트 입력 선들 간의 접속 여부를 결정해주는 동작이다.

9.2 PLD들 중에서 AND 배열은 프로그래밍이 가능하고, 출력을 발생하는 OR 배열은 고정되어 있는 것은?

가. PROM 나. PAL
다. PLA 라. FPGA

9.3 PLD들 중에서 AND 배열은 연결 상태가 고정되어 있고, 출력을 발생하는 OR 배열은 프로그래밍이 가능한 것은?

가. PROM 나. PAL
다. PLA 라. FPGA

9.4 AND 배열과 OR 배열을 모두 프로그래밍 할 수 있어서, 회로 구성을 위한 융통성이 가장 높은 PLD는?

가. PROM 나. PAL
다. PLA 라. SPLD

9.5 어떤 PROM에 네 개의 입력 신호들(w,x,y,z)이 인가되고 출력 신호의 수는 8개라면, 최대 몇 개의 데이터들이 저장될 수 있는가?

가. 4개 나. 8개
다. 12개 라. 16개

9.6 어떤 PROM에서 입력 신호의 수가 4개이고 출력 신호의 수는 8개라면, 각 기억 장소에는 몇 비트씩 저장될 수 있는가?

가. 4비트　　나. 8개
다. 12개　　라. 16개

9.7 아래 중에서 내부 회로의 구성을 지우고 다시 프로그래밍 할 수 있는 장치가 아닌 것은?

가. PLA　　나. GAL
다. Flash memory　　라. EPROM

9.8 아래 중에서 CPLD의 원어는?

가. Controlled program learning device
나. Complex programmable logic device
다. Complete programmable logic driver
라. Central processing logic device

9.9 아래 중에서 FPGA의 원어는?

가. Flash programming gate array
나. Fast programmable generic array
다. Field programmable gate array
라. Field programming generic array

9.10 FPGA의 내부 회로 구현을 도와주는 언어인 HDL(hardware description language)이 아닌 것은?

가. VHDL　　나. Verilog
다. ABEL　　라. CPLD

정답

9.1 다　9.2 나　9.3 가　9.4 다　9.5 라　9.6 나　9.7 가　9.8 나　9.9 다
9.10 라

연습문제

9.1 그림 9-1의 게이트 배열에 입력선을 한 개 더 추가하여 세 개의 입력들(A,B,C)이 들어올 수 있도록 확장하고, 아래의 부울 함수들을 구현하라. 단, AND 게이트 및 OR 게이트의 수는 그대로 유지하며, 각 게이트의 입력 수는 필요한 만큼 추가하라.

$$F = A'BC + ABC'$$
$$G = A'B'C' + A'BC + AB'C$$

9.2 문제 9.1의 결과 회로를 그림 9-2와 같은 간략화 표기를 사용하여 다시 그려라.

9.3 퓨즈를 이용한 PLD의 간략화된 표기가 아래와 같은 경우에, 그에 대응되는 내부 구성도를 그림 9-3과 같이 그려라.

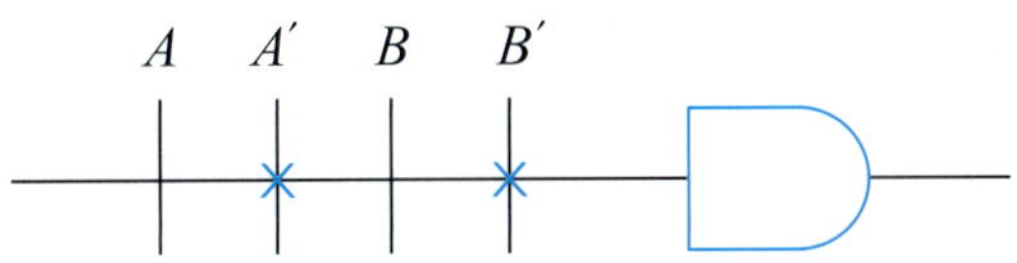

9.4 그림 9-4와 같은 PROM을 이용하여 아래의 부울 표현들을 구현하라.

$$w = \Sigma(0,1,4,5)$$
$$x = \Sigma(1,2,4,6,7)$$
$$y = A'B'C + AB'C' + ABC'$$
$$z = A'B'C + A'BC' + AB'C + ABC$$

9.5 문제 9.4와 같이 프로그래밍 된 PROM에 대하여, 각 주소에 저장된 데이터를 보여주는 그림 9-6(a)와 같은 진리표를 작성하라.

9.6 그림 9-8과 같은 PAL을 이용하여 아래의 부울 함수들을 구현하라.

$$w = A'BC + AB'C + ABD' + ABCD$$
$$x = A + BC'D' + ABCD'$$
$$y = A'BD' + A'CD + ABCD$$
$$z = A'BCD' + A'BC'D + A'BCD + ABCD'$$

9.7 그림 9–9와 같은 PAL에서 아래의 부울 함수들을 구현하는 방법을 제시하라.

$$x = A'B'C' + AD + BC$$
$$y = A'CD + ACD' + A'BD + A'B'C' + AD + BC$$
$$z = BC + AD + A'B'C' + A'CD' + BCD$$

9.8 그림 9–10의 순차형 PAL(16R4)의 내부 회로에서 D 플립-플롭의 입력 함수 D를 구하라.

9.9 그림 9–10의 순차형 PAL을 이용하여 그림 7–29의 회로를 구현하라. 단, x는 A 입력 선, y는 B 입력 선을 각각 이용하라. 그리고 한 개의 입력만 들어오는 AND 게이트는 입력을 그대로 통과시킨다고 가정한다.

9.10 그림 9–11과 같은 PLA를 이용하여 아래의 부울 함수들을 구현하라.

$$w = AB'C' + AB$$
$$x = A'B'C' + AB' + ABC$$
$$y = AB'C + BC$$
$$z = A'B'C + AB + AB'C'$$

9.11 CPLD와 FPGA의 차이점을 설명하라.

Digital Logic Circuits

부록: 실험

CONTENTS

부록: 실험

이 부록에서는 앞의 본문에서 설명하였던 회로들을 실제 논리회로 IC 칩을 이용하여 구성하고 실험을 통하여 동작들을 확인해봄으로써, 공부한 내용을 더욱 깊이 이해하는 데 도움이 될 수 있는 실험 과제들을 제시하고 있다. 그러나 본문에서 설명한 내용들이 많고 광범위하기 때문에, 상대적으로 더 중요하다고 판단되는 회로들을 중심으로 실험 주제들을 정리하였다. 또한 해당 회로를 포함하는 모듈을 위한 IC 칩들을 이용하는 실험도 제시하고 있다. 그러나 이론적인 내용에 대한 실험은 수행할 수 없기 때문에, 실험을 시작하는 시기와 진행은 교재의 진도에 따라 적절히 조정하면서 진행할 필요가 있을 것이다. 그리고 각 주제별로 제시한 과제들 중에서 필요한 것들만 발췌하여 실험하는 것도 제안한다.

1. 실험 장치

실험들을 수행하기 위해서는 해당 IC 칩들 외에도 아래와 같은 기본적인 실험 장치들과 소모품들을 준비해야 한다.

- 전원공급장치(power supply): +5V 전원 공급(모든 실험에서 TTL IC 칩들을 사용하는 것으로 가정함).
- 브레드보드(breadboard): IC 칩들을 장착하고, 각 핀들을 접속할 수 있는 구멍(hole)들이 나열된 보드로서, 납땜 없이도 회로를 구성할 수 있게 해주는 장치.
- 토글 스위치(toggle switch): 상태 '0'(0V)과 '1'(+5V)을 나타내는 입력 신호를 발생시키는 스위치들.
- 푸시버튼 스위치(push button switch): 상승-에지 혹은 하강-에지 신호 및 펄스 신호를 발생시키기 위한 스위치들.
- LED 및 7-세그먼트 디스플레이: 출력 신호들의 상태를 나타내는 디스플레이 장치들.
- 전선(wire): IC 칩들의 핀과 핀 사이를 연결하여 회로를 구성하기 위한 다양한 길이의 전선들.

만약 앞의 세부적인 장치들을 모두 하나의 패키지 형태로 포함하고 있는 논리회로실험 키트(logic circuit lab kit: 이하 실험 키트라고 함)를 이용할 수 있으면 더욱 편리해진다. 그림 L-1은 브레드보드 상에 IC 칩들을 꽂고, 실제 회로를 구성하기 위하여 전선들을 연결한 모습을 보여주고 있다. IC 칩의 각 핀이 꽂힌 구멍 옆에 나란히 위치한 네 개의 구멍들은 그 아래에서 서로 접속되어 있기 때문에, 그 핀과 다른 핀 사이를 연결하는 전선들을 꽂는데 사용될 수 있다.

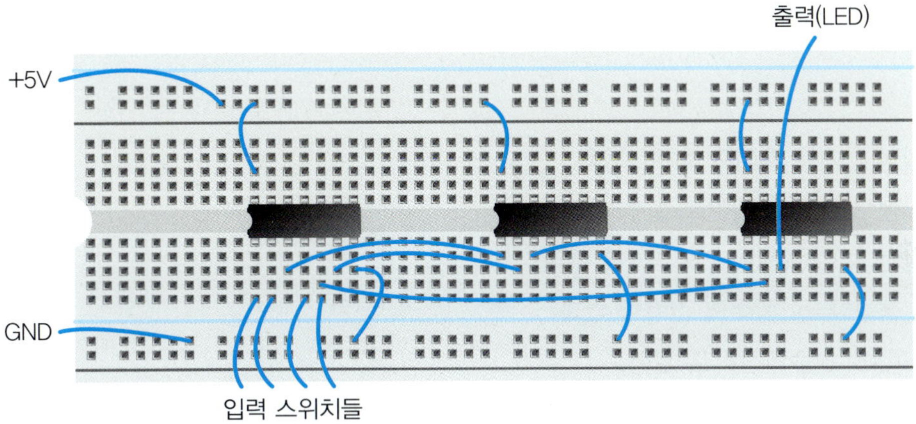

그림 L-1 브레드보드 상에 장착한 IC 칩들을 서로 연결하여 회로를 구성한 모습

각 실험에 필요한 IC 칩들이 준비되었을 때, 실험을 수행하는 절차는 아래와 같다.

① 브레드보드 상에 적절한 위치를 선정하여 IC 칩들을 장착한다.

② IC 칩들의 내부 조직을 확인하고, 회로 구성에 사용할 게이트들을 선택한 다음에, 각 칩의 핀 번호를 회로도에 표시한다.

③ 모든 IC 칩들의 전원(Vcc) 및 접지(GND) 핀을 전원공급장치의 해당 단자와 접속하고, 게이트들의 입력 및 출력 핀들을 적절한 길이의 전선으로 연결하여 회로를 구성한다(그림 L-1 참조). 이때 신호의 종류(전원, 입력, 출력)별로 서로 다른 색깔의 전선을 이용한다면 회로 구성을 진행하거나 검증하는 과정이 더 편리해진다.

④ 전원공급장치를 켜서 전원을 공급한 후, 각종 스위치들을 이용하여 입력 신호를 인가하면서 출력값을 확인하여 결과표에 기록한다.

⑤ 만약 원하는 출력을 얻지 못한 경우에는 전원 공급을 중단하고, 회로를 점검 및 수정한 다음에, 위의 과정을 반복한다.

2. 실험 과제

실험을 수행할 과제들 대부분은 본문의 각 장에서 설명한 회로들을 중심으로 구성하였다. 그리고 그 회로를 포함하고 있는 상용화된 IC 칩을 이용하여 더 복잡한 기능도 실험할 수 있도록 과제를 추가하였다. 또한, 실험 과정에서 회로로 인가할 입력값들과 그에 따라 얻어지는 출력값들을 채워 넣을 표(table)를 제공함으로써, 실험의 결과에 대한 검증이 용이하도록 하였다. 각 실험의 결과를 기록하는 표의 옆에는 실험 조교로 하여금 실험의 완료를 검사하고 표시하기 위한 '확인'란을 두었다.

- 실험 1: 기본 게이트 회로 실험
- 실험 2: NAND 게이트 실험
- 실험 3: Exclusive-OR 게이트 실험
- 실험 4: 부울 함수의 간략화 효과
- 실험 5: 산술연산회로 실험
- 실험 6: 디코더 실험
- 실험 7: 우선순위 엔코더 실험
- 실험 8: 순차회로의 분석
- 실험 9: 비동기식(리플) 카운터
- 실험 10: 동기식 업-다운 카운터

실험 1: 기본 게이트 회로 실험

실험 목적 그림 L-2와 같이 기본적인 게이트들로 이루어진 회로에 대한 실험을 통하여 실험 장치 사용법, 회로 구성 방법, 실험 절차 및 출력 확인 방법 등을 습득한다.

실험 절차

① IC 칩들을 이용하여 그림 L-2의 회로(본문의 그림 3-33과 동일)를 브레드보드 상에 구성하라. 단, AND 게이트(7408), OR 게이트(7432) 및 NAND 게이트(7400) 칩들의 핀 번호는 그림 L-3을 참고하라.

② 입력(A,B,C,D) 값들을 '0000'부터 '1111'까지 순차적으로 인가하면서 각각에 대한 출력값을 확인하여 〈표 L-1〉의 해당 빈칸에 기록하라. 단, 입력값들은 실험 키트의 토글 스위치들을 이용하여 인가하고, 출력 F는 LED로 접속하여 확인하라.

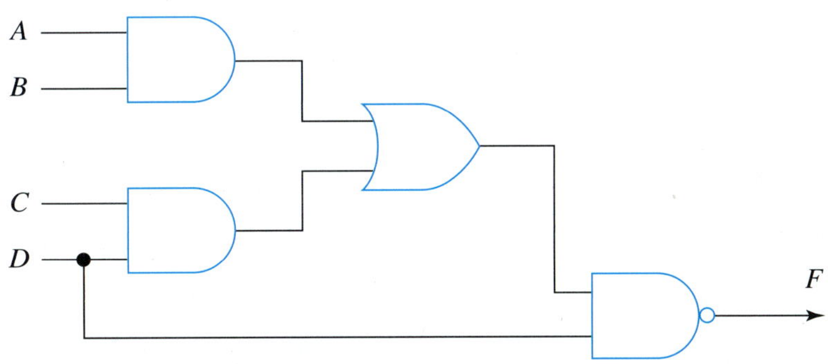

그림 L-2 [실험 1]을 위한 회로

〈표 L-1〉 [실험 1]에서 인가할 입력값들과 출력(F)의 결과들

확 인

A	B	C	D	F	A	B	C	D	F
0	0	0	0		1	0	0	0	
0	0	0	1		1	0	0	1	
0	0	1	0		1	0	1	0	
0	0	1	1		1	0	1	1	
0	1	0	0		1	1	0	0	
0	1	0	1		1	1	0	1	
0	1	1	0		1	1	1	0	
0	1	1	1		1	1	1	1	

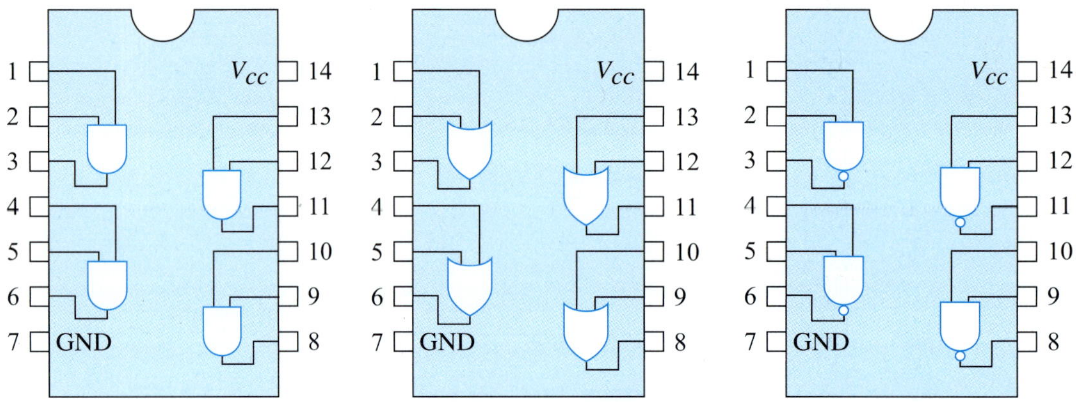

(a) 7408(AND 게이트) (b) 7432(OR 게이트) (c) 7400(NAND 게이트)

그림 L-3 기본 게이트 IC 칩들의 핀 번호

실험 2: NAND 게이트 실험

실험 목적 NAND 게이트를 이용하여 여러 가지 기본적인 논리 연산들을 모두 수행할 수 있다는 것을 확인함으로써, 그 범용성을 검증한다.

2-1. NAND 게이트의 범용성 검증

NAND 게이트 IC 칩(7400)을 이용하여 아래의 회로를 구성하고, 입력값들에 대한 출력을 확인하여 우측의 표에 채우라. 그리고 그 연산은 어떤 게이트와 같은지 쓰라.

(a)

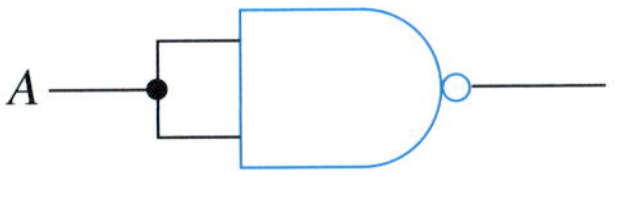

입력(A)	출력(F)
0	
1	

( ) 게이트와 동일

확 인

(b)

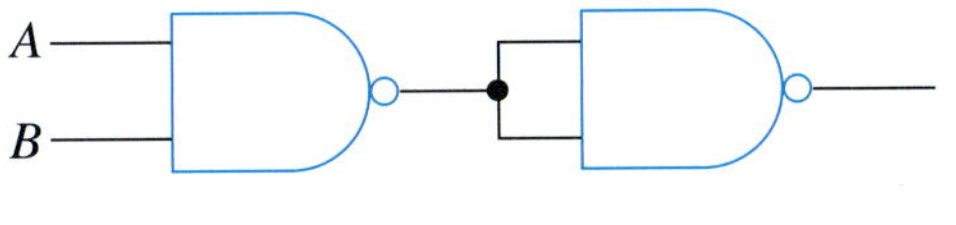

A	B	F
0	0	
0	1	
1	0	
1	1	

( ) 게이트와 동일

확 인

(c)

확 인

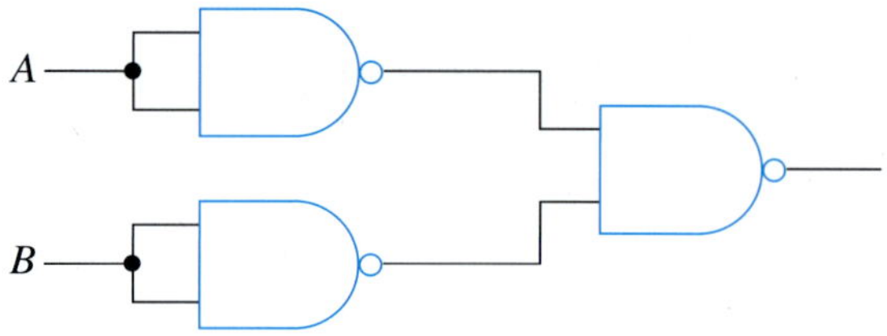

A	*B*	*F*
0	0	
0	1	
1	0	
1	1	

(　　　　　　) 게이트와 동일

2-2. NAND 게이트 회로

앞의 [실험 1]에서 사용한 그림 L-2의 회로를 NAND 게이트만으로 구성된 회로로 변경하여 아래의 빈 공간에 그려 넣고, IC 칩 7400을 한 개만 이용하여 회로에 대한 실험을 수행한 다음에, 그 결과값들을 〈표 L-2〉의 해당 빈칸에 기록하라. 또한, 그 결과가 〈표 L-1〉과 동일한지 확인하라.

[변경된 NAND 게이트 회로]

〈표 L-2〉 [실험 2-2]의 입력들과 출력 결과

A	B	C	D	F	A	B	C	D	F
0	0	0	0		1	0	0	0	
0	0	0	1		1	0	0	1	
0	0	1	0		1	0	1	0	
0	0	1	1		1	0	1	1	
0	1	0	0		1	1	0	0	
0	1	0	1		1	1	0	1	
0	1	1	0		1	1	1	0	
0	1	1	1		1	1	1	1	

확 인

실험 3: Exclusive-OR 게이트 실험

실험 목적 XOR 게이트의 응용 사례들을 통하여 동작 특성을 이해한다. 이 실험에는 XOR 게이트를 이용한 코드 변환기 및 패리티 비트 발생회로 등이 포함된다.

3-1. 2진-그레이 코드 변환기

그림 L-4와 같은 4-비트 2진수를 그레이 코드로 변환하는 2진-그레이 코드 변환기(Binary-to-Gray code converter)를 XOR 게이트 칩(7486)을 이용하여 회로를 구성하고, 〈표 L-3〉의 2진수 입력들에 대한 결과값을 구하여 기록하라(단, 출력값들은 실험 키트의 LED들로 접속하여 확인하라).

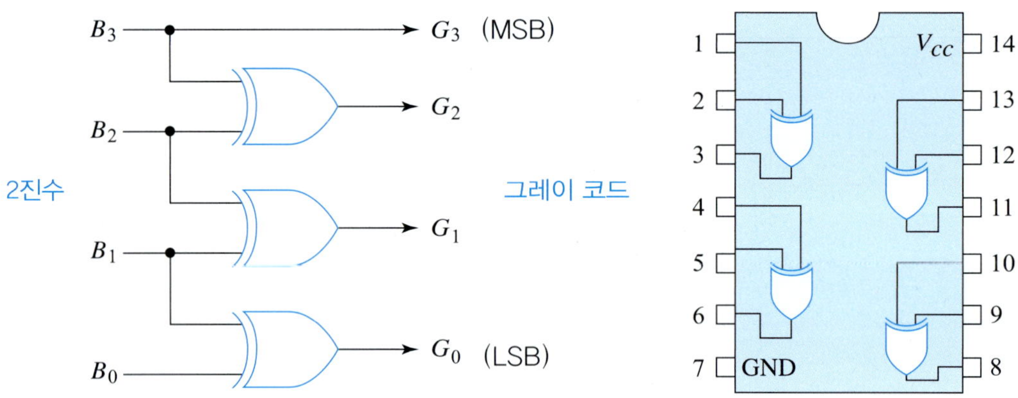

그림 L-4 XOR 게이트를 이용한 2진-그레이 코드 변환회로와 7486 게이트 내부 구조

〈표 L-3〉 2진수⟶그레이 코드 변환 결과

2진수	그레이 코드
1 0 0 1	
0 0 1 1	

확 인

3-2. 그레이-2진 코드 변환기

그림 L-5와 같이 그레이 코드를 2진수로 변환하는 그레이-2진 코드 변환기(Gray-to-Binary code converter)를 구성하고, 〈표 L-4〉에서 제시한 그레이 코드 입력들에 대한 결과값을 관측하여 빈칸을 채우라.

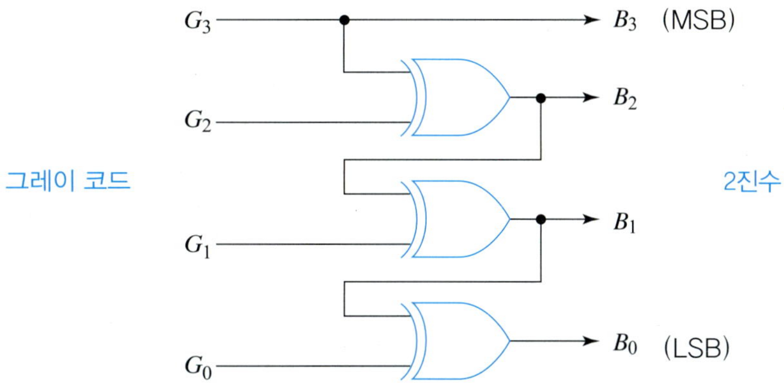

그림 L-5 XOR 게이트를 이용한 그레이-2진 코드 변환회로

〈표 L-4〉 그레이 코드⟶2진수 변환 결과

그레이 코드	2진수
1 1 0 0	
0 0 1 0	

확 인

3-3. 패리티 발생기

XOR 게이트 칩을 이용하여 그림 L-6(본문의 그림 6-61(b)와 동일)과 같이 7-비트 데이터에 대한 짝수 패리티 발생기를 구성하라. 그리고 〈표 L-5〉와 같은 입력 비트들에 대한 출력 패리티 비트(P_E)의 값을 확인하여 해당 출력란에 기록하라.

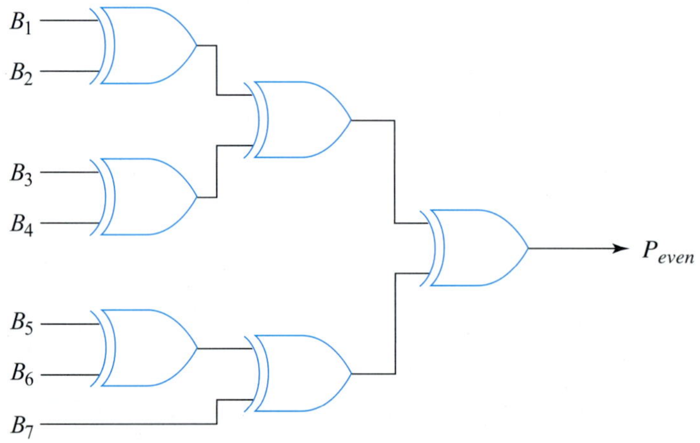

그림 L-6 7-비트 데이터에 대한 패리티 비트 발생회로

〈표 L-5〉 짝수 패리티 비트 생성 결과

확 인

입력							출력(P_E)
B_1	B_2	B_3	B_4	B_5	B_6	B_7	
0	1	1	0	0	0	1	
1	1	1	0	1	1	0	
알파벳 대문자 'F'에 대한 ASCII 코드							
특수 문자 '$'에 대한 ASCII 코드							

실험 4: 부울 함수의 간략화 효과

실험 목적 부울 함수의 법칙 및 규칙을 적용하여 간략화시킨 회로가 간략화되지 않은 원래의 회로와 동일한 연산을 수행한다는 것을 실험을 통하여 검증함으로써, 간략화의 효과 및 중요성을 확인한다.

4-1. 부울 함수 [규칙 11]을 이용한 간략화

그림 L-7(a)의 회로는 부울 함수 $F = A + A'B$를 구현한 회로이다. 그런데 제4장에서 설명한 부울 함수 [규칙 11]을 적용하면 $(A + A')(A + B) = (A + B)$로 간략화되며, 그것은 그림 L-7(b)와 같이 2-입력 OR 게이트로 구현된다. 그림 L-7의 두 회로에 대한 실험을 수행하여 〈표 L-6〉의 (a)와 (b)를 채우고, 두 실험의 결과가 같다는 것을 확인함으로써 부울 함수의 간략화 효과를 검증하라.

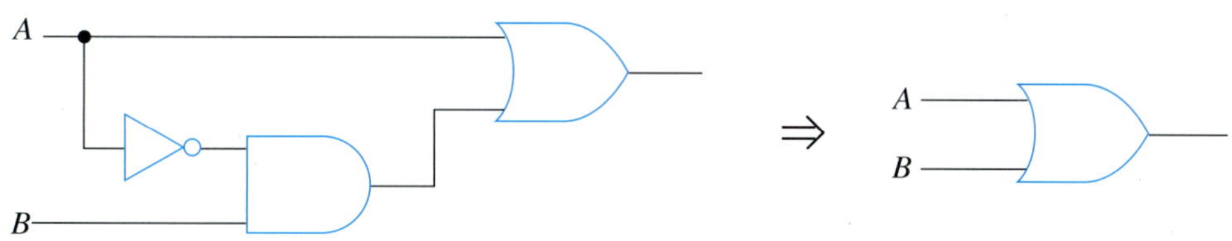

(a) $F = A + A'B$ (b) $F = A + B$

그림 L-7 부울 대수의 [규칙 11]

〈표 L-6〉 그림 L-7에 대한 입력 및 출력 결과

(a) 회로의 실험 결과

A	B	F
0	0	
0	1	
1	0	
1	1	

(b) 회로의 실험 결과

A	B	F
0	0	
0	1	
1	0	
1	1	

확 인

4-2. 3-변수 함수의 간략화

부울 함수 $F(x,y,z) = xy + x(y+z) + y(y+z)$를 구현한 회로는 그림 L-8(a)와 같다. 그런데 이 함수를 간략화하면 우측의 그림 L-8(a)와 같이 두 개의 게이트만으로도 동일한 기능을 수행하는 회로를 구현할 수 있다. IC 칩들을 이용하여 두 회로들을 각각 구성하고 실험을 수행하여, 〈표 L-7〉에 주어진 입력값들에 대한 출력값들을 관측하여 표를 채우라. 그리고 두 결과가 동일하다는 것을 확인함으로써 부울 함수의 간략화 효과를 검증하라.

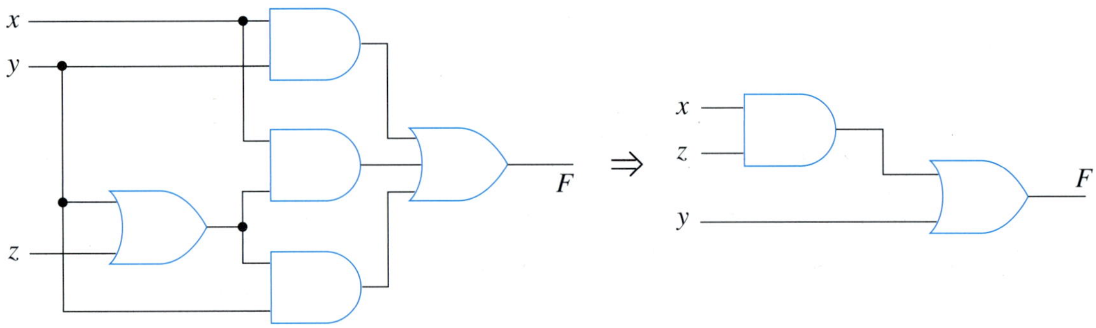

(a) 원래의 회로 (b) 간략화된 후의 회로

그림 L-8 $F = xy + x(y+z) + y(y+z)$을 구현한 회로 및 간략화된 회로

〈표 L-7〉 그림 L-8의 두 회로에 대한 실험 결과

확 인

(a) 원래 회로에 대한 실험 결과

x	y	z	F
0	0	0	
0	0	1	
0	1	0	
0	1	1	
1	0	0	
1	0	1	
1	1	0	
1	1	1	

(b) 간략화된 회로의 실험 결과

x	y	z	F
0	0	0	
0	0	1	
0	1	0	
0	1	1	
1	0	0	
1	0	1	
1	1	0	
1	1	1	

실험 5: 산술연산회로 실험

실험 목적 기본적인 산술 연산인 덧셈을 수행하는 가산기 및 덧셈과 뺄셈을 선택적으로 수행할 수 있는 가감산기의 동작을 실험을 통하여 확인한다.

5–1. 반가산기(Half adder)

두 비트들 간의 덧셈을 수행하는 반가산기 회로(그림 L–9)를 구성하고, 입력값에 대한 합(S)과 올림수(C)의 결과값들을 확인하여 〈표 L–8〉의 빈칸에 기입하라.

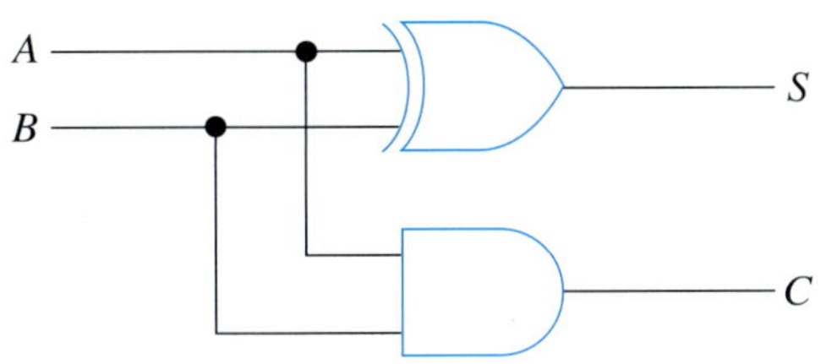

그림 L–9 반가산기 회로

〈표 L–8〉 반가산기의 입력 및 출력

A	B	S	C
0	0		
0	1		
1	0		
1	1		

확 인

5–2. 전가산기(Full adder)

세 비트를 더하고, 합과 올림수를 발생시키는 전가산기 회로는 그림 L–10과 같다. 해당 IC 칩들을 이용하여 회로를 구성하고, 출력값들을 구하여 〈표 L–9〉에 기록하라. 이 회로는 (1)번에서 구성한 반가산기(HA) 회로를 포함하고 있으므로, 그 회로를 다시 이용할 수 있다.

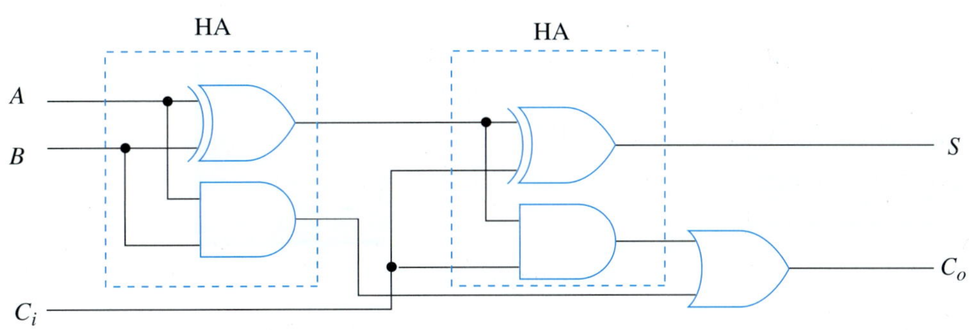

그림 L–10 전가산기 회로

〈표 L-9〉 전가산기의 입력값들과 출력 결과

확 인

A	B	C_i	S	C_o
0	0	0		
0	0	1		
0	1	0		
0	1	1		
1	0	0		
1	1	1		
1	0	0		
1	1	1		

5-3. 4-비트 병렬 가산기

IC 7483은 올림수 미리보기 기능을 가진 4-비트 병렬 가산기(본문 그림 6-16) 회로를 포함하고 있는 칩으로서, 네 개의 전가산기(FA)들로 이루어져 있다. 이 칩의 핀 배치도는 그림 L-11(a)와 같으며, 그림 L-11(b)는 입출력 신호들을 기능적으로 재배열한 블록도를 보여주고 있다. 여기서 올림수 C_0는 최하위 FA로 들어오는 올림수 입력이며, C_4는 최상위 FA로부터 발생하는 올림수 출력을 나타낸다.

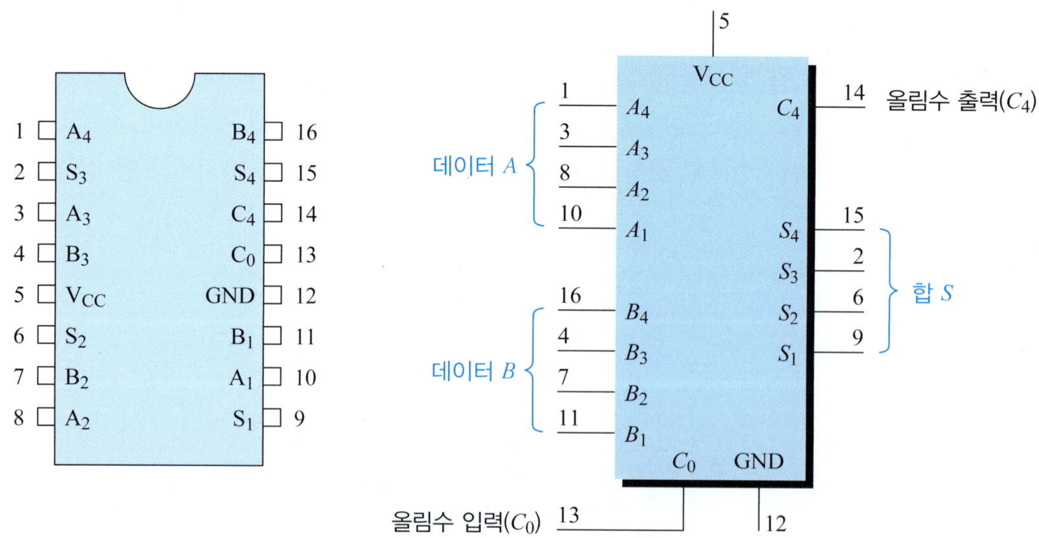

(a) 핀 배치도　　　(b) 블록도

그림 L-11 IC 7483(4-비트 병렬가산기) 칩의 핀 배치도 및 블록도 아래의 〈표 L-10〉에서 제시한 데이터 A 및 B의 비트 값들을 7483 칩의 해당 입력 핀들로 각각 입력하고, 출력 S의 4-비트 결과값들을 확인하여 빈칸에 채우라(단, 올림수 입력 $C_0=0$으로 가정한다). 그리고 입력 및 출력값들을 10진수로 변환하여 덧셈이 올바르게 수행되었는지 확인하라. 이때 C_4의 자릿수는 $16(2^4)$이라는 점에 유의하라.

〈표 L-10〉 4-비트 병렬 가산기의 입력들 및 출력 결과

A_4	A_3	A_2	A_1	B_4	B_3	B_2	B_1	C_4	S_4	S_3	S_2	S_1
0	0	1	0	0	1	0	1					
1	0	1	0	1	0	1	0					
0	0	1	0	0	1	1	1					
1	1	1	0	1	0	1	1					

확 인

5-4. 병렬 가감산기

하나의 회로를 이용하여 덧셈과 뺄셈을 선택적으로 수행할 수 있는 가감산기(adder-subtracter)는 그림 L-12에서 보는 바와 같이, 데이터 B의 네 비트들이 XOR 게이트를 통과한 다음에 7483 칩의 B 입력들로 들어가도록 함으로써 구성하면 된다(본문의 그림 6-56 참조). XOR 게이트들의 다른 한 입력으로는 공통적으로 **모드 선택 신호**(mode select signal)인 M을 접속한다. 그렇게 되면, 이 회로는 M='0'일 때 덧셈을 수행하고, M='1'일 때는 뺄셈을 수행하게 된다.

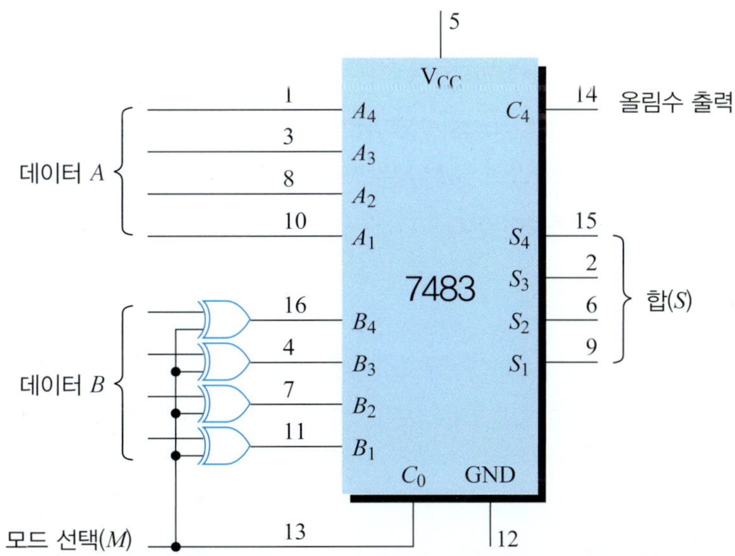

그림 L-12 7483을 이용한 4-비트 병렬 가감산 회로

그림 L−12의 회로를 구성한 다음에, 부호없는 정수들(unsigned integers) 간의 덧셈 $(A+B)$ 혹은 뺄셈$(A-B)$을 〈표 L−11〉에 제시된 연산들에 대하여 수행하고 결과값을 기록하라. 이 실험에서 모드 선택 신호인 M은 토글 스위치를 이용하여 덧셈 때는 '0', 뺄셈 때는 '1'로 세트한다. 단, 각 연산에 대한 올림수 출력(C_4)과 결과값$(S_4S_3S_2S_1)$은 2진수로 표시하고, 표의 맨우측 칸은 각 결과에 대한 10진수를 계산하여 채우라.

〈표 L−11〉 정수들 간의 덧셈 및 뺄셈

확 인

연산	A	B	C_4	$S_4\ S_3\ S_2\ S_1$	결과값(10진수)
2 + 3	0 0 1 0	0 0 1 1			
7 − 3	0 1 1 1	0 0 1 1			
7 + 9	0 1 1 1	0 1 1 0			
8 − 8	1 0 0 0	1 0 0 0			
9 + 14	1 0 0 1	1 1 1 0			
8 − 13	1 0 0 0	1 1 0 1			

또한, 각 실험의 연산 결과는 아래와 같아진다는 것을 확인하라.

- 결과값(S)이 15보다 더 큰 경우에는 올림수 출력 $C_4=1$이 된다.
- A가 B보다 크거나 같은 경우$(A \geq B)$에 뺄셈$(A-B)$을 수행하면 $C_4=1$이 된다. 이때 C_4는 버리게 되며, S의 네 비트가 결과값이 된다.
- A가 B보다 작을 때 뺄셈$(A-B)$을 수행하면, 결과값은 $(B-A)$에 대한 2의 보수가 되며, $C_4=0$이 된다. 따라서 결과값의 10진수는 S의 네 비트에 2의 보수를 취한 결과로부터 구하고, 음수 부호(−)를 추가하면 된다.

실험 6: 디코더 실험

실험 목적 각종 디코더(해독기)들의 동작을 실험하고, 각 입력 조합에 대한 출력값을 관찰하여 특성을 파악한다.

6-1. 2×4 디코더 실험

그림 L-13의 회로는 2×4 디코더(2-to-4 line decoder)의 세부적 구성도로서 본문의 그림 6-19를 다시 그린 것이다. 이 회로는 AND 게이트(7408) 칩과 인버터(7404) 칩을 이용하여 구성할 수 있다. 그리고 두 개의 입력 신호 A와 B는 토글 스위치를 이용하여 00~11까지 입력시키며, 네 개의 출력들은 각각 LED에 접속하여 실험한다.

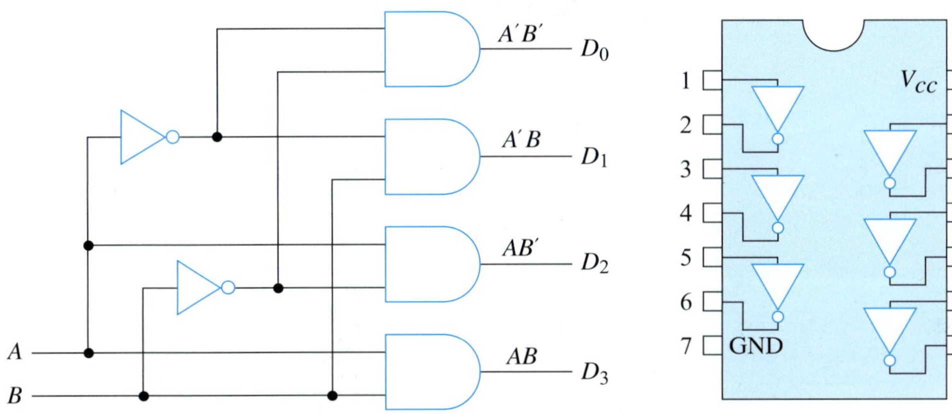

그림 L-13 2×4 디코더의 구성도와 7404 칩의 내부 구성

〈표 L-12〉에 주어진 입력값들에 대하여 실험을 수행한 다음에, 그 결과를 빈칸에 채우라. 이 과정에서도 입력을 인가했을 때 LED가 켜지는 출력은 '1', 꺼져 있는 출력은 '0'으로 표시하면 된다.

〈표 L-12〉 2×4 디코더의 입력 및 출력 결과

확인

A	B	D_0	D_1	D_2	D_3
0	0				
0	1				
1	0				
1	1				

6-2. 3×8 디코더 실험

이 실험에서는 1-of-8 해독기(1-of-8 decoder)라고도 불리는 3×8 디코더를 내부 회로로 포함하고 있는 74138 칩을 이용한다. 그림 L-14(a)는 핀들을 기능별로 분류하여 표시한 블록도이고, 그림 L-14(b)는 칩의 원래 핀 배치도를 보여주고 있다. 이 칩의 출력 신호들은 '*active-low*'이다. 즉, 선택되는 출력은 '0'이 되며, 그 이외의 출력들은 모두 '1'로 세트된다.

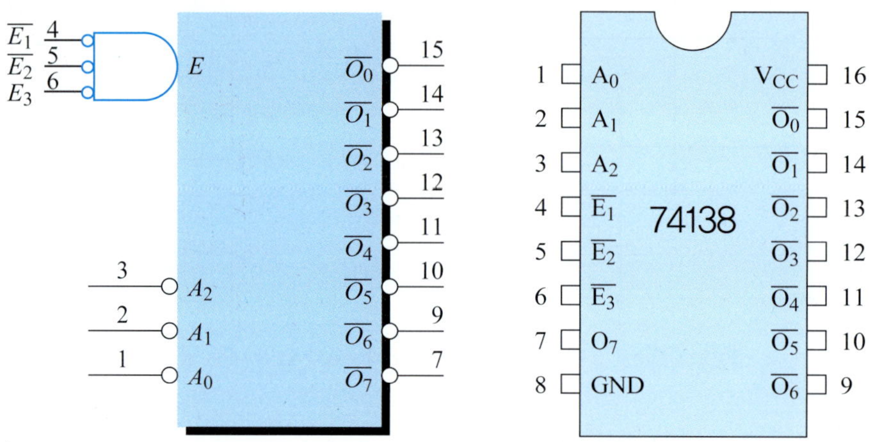

(a) 기능별 블록도　　(b) 핀 배치도

그림 L-14 3×8 디코더 칩(74138)의 블록도와 핀 배치도

이 칩에는 세 개의 입력 신호들 A_2, A_1, A_0가 있는데, A_2가 MSB이고 A_0는 LSB이다. 실험은 〈표 L-13〉에서 보는 바와 같이, 입력 신호들을 $A_2A_1A_0$='000'부터 '111'까지 차례대로 변경하면서, LED로 연결된 8개의 출력값들을 빈칸($\overline{O_0}$~$\overline{O_7}$)에 채워나가면 된다. 이 칩은 '*active-low*' 출력이므로, 선택된 출력의 LED는 꺼진 상태(0)가 되며, 다른 출력

들은 모두 켜진 상태(1)가 된다. 단, 이 실험에서 유의할 사항으로는 활성화(E) 신호가 0일 때는 디코더가 비활성화 되어, 어떤 출력도 선택되지 않는다. 그런데 그림 L-15(a)에서 $E=\overline{E_1}\,\overline{E_2}E_3$ 이므로, $E=1$로 세트하기 위해서는 세 개의 활성화 신호들의 값을 각각 $\overline{E_1}=\overline{E_2}=0$, $E_3=1$로 각각 세트해야 한다. 세 개의 활성화 신호들이 제공되기 때문에, 이 칩을 여러 개 이용하여 4×16, 5×32 디코더 등으로 쉽게 확장할 수 있다. 〈표 L-13〉에서 X는 '*don't care*'로서, 해당 입력이 0이든 1이든 출력에는 아무런 영향을 미치지 않는다는 것을 의미한다.

〈표 L-13〉 3×8 디코더의 입력들 및 출력 결과

활성화 신호			입력			출력							
$\overline{E_1}$	$\overline{E_2}$	E_3	A_2	A_1	A_0	$\overline{O_0}$	$\overline{O_1}$	$\overline{O_2}$	$\overline{O_3}$	$\overline{O_4}$	$\overline{O_5}$	$\overline{O_6}$	$\overline{O_7}$
1	X	X	X	X	X								
X	1	X	X	X	X								
X	X	0	X	X	X								
0	0	1	0	0	0								
0	0	1	0	0	1								
0	0	1	0	1	0								
0	0	1	0	1	1								
0	0	1	1	0	0								
0	0	1	1	0	1								
0	0	1	1	1	0								
0	0	1	1	1	1								

확 인

실험 7: 우선순위 엔코더 실험

실험 목적 우선순위(priority)를 판단하는 기능을 가진 엔코더의 동작을 실험을 수행하고, 그 특성을 이해한다.

7-1. 4×2 우선순위 엔코더

그림 L-15와 같은 4×2 우선순위 엔코더 회로(4-line-to-2-line priority encoder; 본문의 그림 6-30과 동일)는 네 개의 입력들 중에서 P_3의 우선순위가 가장 높고 P_1이 가장 낮다. 따라서 입력이 1로 세트되면, 다른 입력들의 값에 상관없이 출력 비트들(A, B)은 3을 나타내는 '11'이 된다. 즉, 세트된 입력들 중에서 우선순위가 가장 높은 입력에 대한 2진수 코드가 출력되는 것이다. 그리고 어떤 입력도 세트되지 않은 경우에는 출력값이 유효하지 않다는 것을 나타내기 위하여 $V = 0$이 된다.

그림 L-15의 회로를 구성하고, 〈표 L-14〉에서 제시한 입력값들을 각각 인가했을 때의 결과값을 확인하여 〈표 L-14〉에 기록하라. 단, 입력값들은 토글 스위치들을 이용하여 세트하고, 각 출력값은 LED로 접속하여 확인하라.

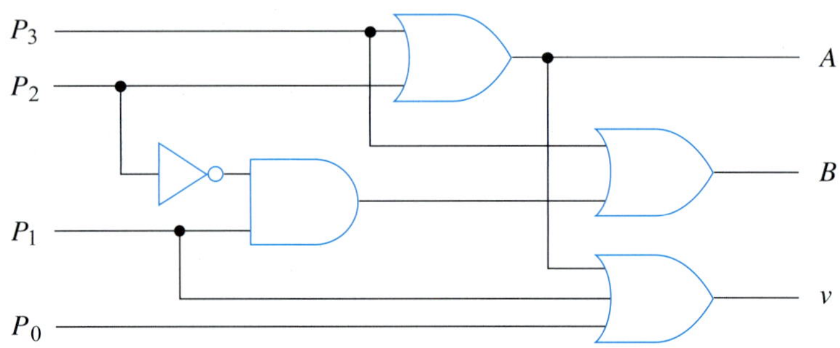

그림 L-15 우선순위 엔코더의 구성도

〈표 L-14〉 4×2 우선순위 엔코더의 입력 및 출력 결과

입력				출력		
P_3	P_2	P_1	P_0	V	A	B
1	1	0	1			
1	1	1	1			
0	1	1	0			
0	0	1	0			
0	0	1	1			
0	0	0	1			
0	0	0	0			

확 인

7-2. 8×3 우선순위 엔코더

74148 칩은 8개의 입력들 중에서 우선순위가 가장 높은 입력에 대한 3-비트 코드를 출력으로 발생하는 8×3 우선순위 엔코더이다. 대부분의 상용화된 칩들이 그러하듯이, 이 칩도 입력 및 출력 신호들이 활성화 시에 '0'가 되는 '*active-low* logic level'을 사용한다. 즉, '0'으로 세트되는 입력들 중에서 가장 우선순위가 높은 입력에 대응되는 2진수를 출력한다. 그림 L-16(a)는 74148 칩의 실제 핀 배치도이며, (b)는 기능별 블록도를 보여주고 있다.

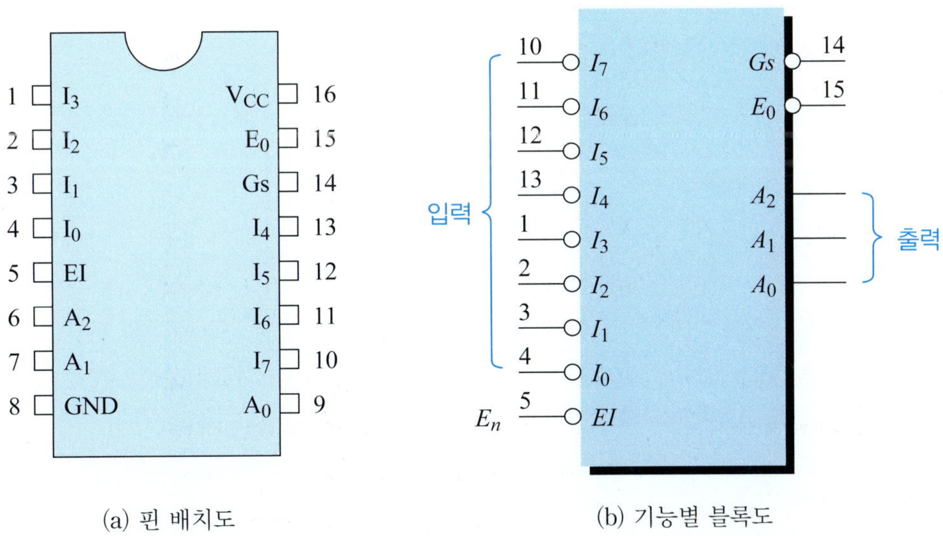

그림 L-16 74148(8×3 우선순위 엔코더) 칩의 배치도 및 핀 블록도

원래의 데이터 시트에서는 가장 우선순위가 높은 핀이 0, 가장 낮은 핀이 7로 표시되어 있으나, 그림 L-16의 핀 번호 및 명칭에서는 I_7이 가장 높고 I_0가 가장 낮은 우선순위를 가지는 것으로 변경하였다. 그 이유는 출력값이 반전됨에 따른 혼란을 줄이기 위해서이다. 결과적으로 I_0 입력이 '0'으로 세트되었을 때는 3-비트 출력값이 '000'이 될 것이고, I_7 입력이 '0'으로 세트되었을 때는 출력으로 '111'이 발생된다. EI 입력 핀은 칩의 인에이블(enable) 신호로서, '0'일 때 칩이 활성화된다. 인에이블 출력 신호인 E_0 핀은 여러 칩들을 이용하여 확장할 때 사용되며, 여기서는 고려할 필요가 없다.

이제 74148 칩을 브레드보드에 장착하고, 입력 신호들을 〈표 L-15〉에서와 같이 인가하면서 각각의 경우에 발생하는 출력 값들을 확인하여 표를 채우라. 표에서 X로 표시된 것은 '*don't care*' 조건을 의미한다. 따라서 더 낮은 우선순위를 가지는 입력들의 값을 0 혹은 1로 변경하면서, 그 값이 출력에는 영향을 미치지 않는다는 것을 확인해보라. 이 칩에서는 출력 Gs가 이전 실험의 유효(V) 신호에 해당한다. 그러므로 EI 신호가 '1'이거나 어떤 입력도 '0'으로 세트되지 않은 경우에는 모든 출력값들이 무효라는 것을 나타내도록 $Gs=1$로 세트되는지 확인하라.

〈표 L-15〉 4×2 우선순위 엔코더(74148)의 입력 및 출력 결과

확 인

입력 신호들									출력 신호들			
EI	I_7	I_6	I_5	I_4	I_3	I_2	I_1	I_0	Gs	A_2	A_1	A_0
1	X	X	X	X	X	X	X	X				
0	1	1	1	1	1	1	1	1				
0	0	X	X	X	X	X	X	X				
0	1	0	X	X	X	X	X	X				
0	1	1	1	0	X	X	X	X				
0	1	1	1	1	1	0	X	X				
0	1	1	1	1	1	1	1	0				

실험 8: 순차회로의 분석

실험 목적 동기식 순차회로의 상태 전이 과정을 실험을 통하여 분석함으로써 동작 특성을 파악하는 방법을 습득한다.

실험 절차

① D 플립-플롭(7474), XOR 게이트(7486), AND 게이트(7408), OR 게이트(7432) 칩들을 이용하여 아래의 순차회로를 구성하라. 단, D 플립-플롭의 핀 번호 및 내부 구조는 그림 L-18과 같다.

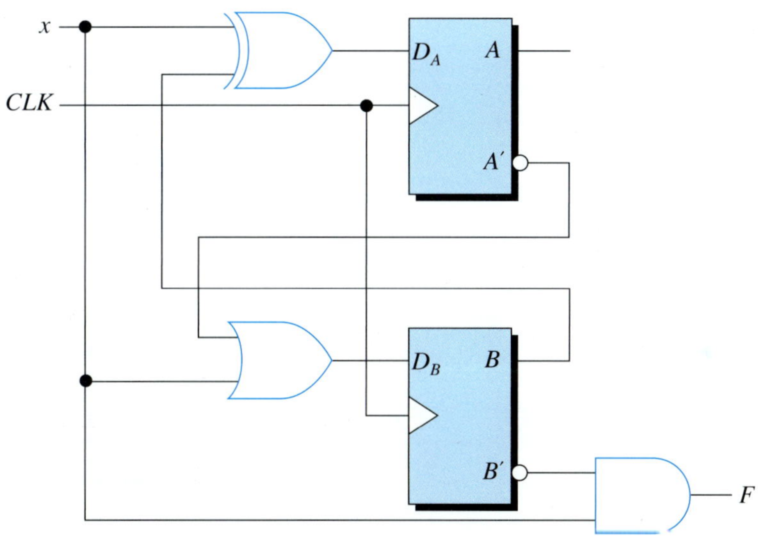

그림 L-17 두 개의 상태를 가지는 동기식 순차회로

② 회로의 입력(x)으로 아래의 값들을 순서대로 입력시키면서, 각각의 경우에 대한 '다음 상태(AB)' 및 '출력(F)'을 구하여 〈표 L-16〉의 해당 칸에 기록하라. 단, 회로의 초기 상태는 AB='00'이다.

입력(x): 0 1 1 0 0 1 0 1 1 0 1 0 0 1 1

즉, 첫 번째 클록 주기에서 입력 x를 0으로 세트하고 토글 스위치를 이용하여 클록(CLK) 펄스를 발생시킨 다음에, 상태 A와 B의 값을 확인하여 표의 '다음 상태' 칸에 기록한다. 그리고 그 순간의 출력 F의 값도 관찰하여 기록한다. 두 번째 클록 주기의 실험에서는 앞에서 측정된 '다음 상태'의 값들(AB)을 '현재 상태' 칸에 옮겨 적은 후에, x의 값을 1로 세트한 상태에서 클록 펄스를 발생시키고 상태 값들을 확인한 다음에 그 주기의 '다음 상태' 칸에 기록한다. 이와 같은 과정을 모든 x 값들에 대하여 순차적으로 수행한다.

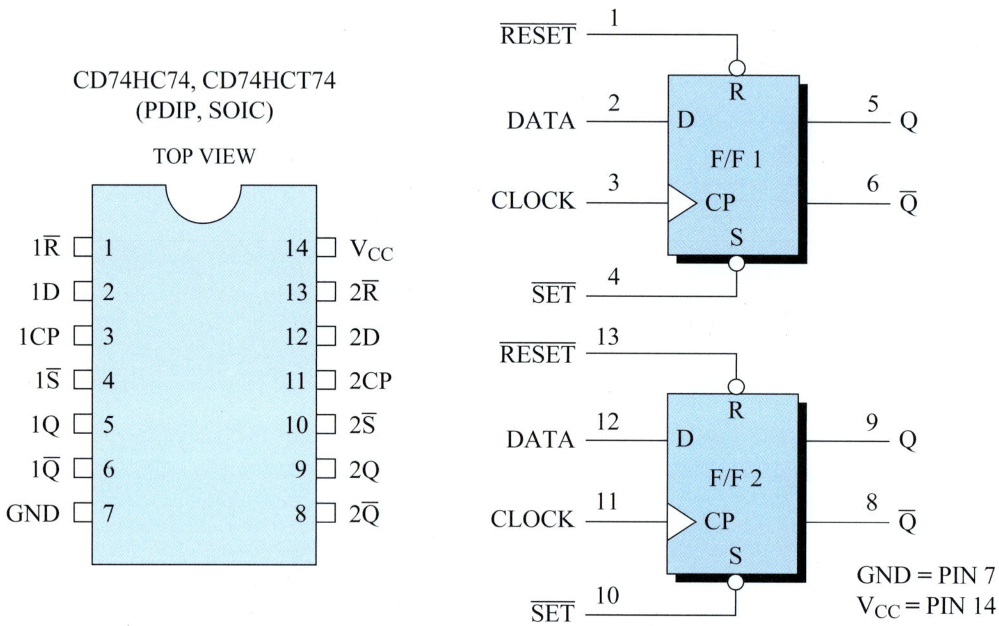

그림 L-18 D 플립-플롭(7474) 칩의 핀 번호 및 내부 구성도

〈표 L-16〉 상태전이 과정 및 출력

클록 주기	1	2	3	4	5	6	7	8	9	10	11	12	13	14	15
현재 상태 (AB)	00														
입력	0	1	1	0	0	1	0	1	1	0	1	0	0	1	1
다음 상태 (AB)															
출력(F)															

확 인

③ 위의 결과에 대한 상태 다이어그램을 아래에 그려라.

확 인

실험 9: 비동기식(리플) 카운터

실험 목적 리플 카운터라고도 부르는 비동기식 카운터는 플립-플롭들을 직렬로 연결하여 구성하기 때문에 구조가 매우 간단한 반면에, 동작 시간이 길다는 단점을 가지고 있다. 이 실험에서는 비동기식 카운터를 구성하고 동작 특성을 분석하고자 한다.

9-1. 비동기식 16진 카운터

네 개의 플립-플롭들을 그림 L-20과 같이 직렬로 연결하면 비동기식 16진 카운터를 구성할 수 있다(본문 그림 8-3의 회로와 동일). 그리고 그림 7-20과 같이 *JK* 플립-플롭의 두 입력 단자를 서로 접속하면 *T* 플립-플롭이 된다. 따라서 이 실험에서는 두 개의 *JK* 플립-플롭이 들어있는 7476 칩을 두 개 사용하여 회로를 구성하기로 한다. 실험 절차는 아래와 같다.

① *JK* 플립-플롭의 내부 구조 및 핀 번호(그림 L-19)를 참조하여 그림 L-20의 회로를 구성한다. 여기서 7476 칩은 앞의 다른 칩들과는 달리 핀의 수가 16개이며, Vcc 및 GND 핀이 각각 5번과 13번이라는 점을 유의하라.

② 하강-에지를 발생하는 푸시버튼 스위치를 이용하여 클록 펄스를 CP 단자로 입력하면서, 4비트 출력이 본문의 그림 8-4와 같이 '0000'부터 '1111'까지, 그리고 다시 '0000'으로 반복하는지 확인한다.

③ 함수 발생기(function generator)의 사용이 가능한 경우에는 1Hz 클록 펄스를 발생시켜 CP로 인가하면서, 연속적인 상태 변화가 일어나는지 확인한다.

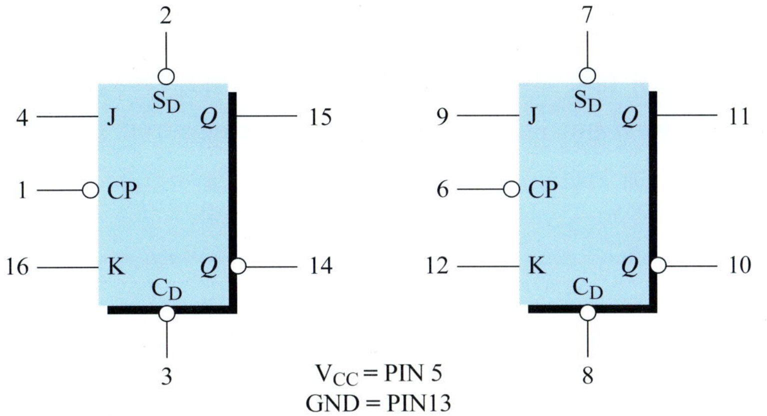

그림 L-19 7476(dual JK flip-flop) 칩의 내부 구성도와 핀 번호

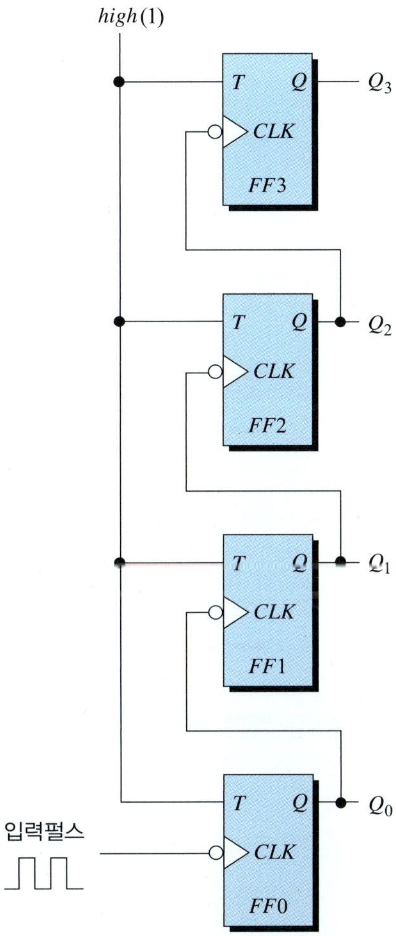

그림 L-20 16진 리플 카운터

확 인

9-2. BCD 리플 카운터

앞의 실험에서 사용한 16진 리플 카운터 회로에 그림 L-21과 같이 NAND 게이트를 추가하여 BCD 카운터를 구성한 다음에 실험 9-1의 절차를 반복하라. 실험 결과로서, 본문의 그림 8-8과 같은 상태 시퀀스(0000~1001)를 출력하는지 확인하라.

확 인

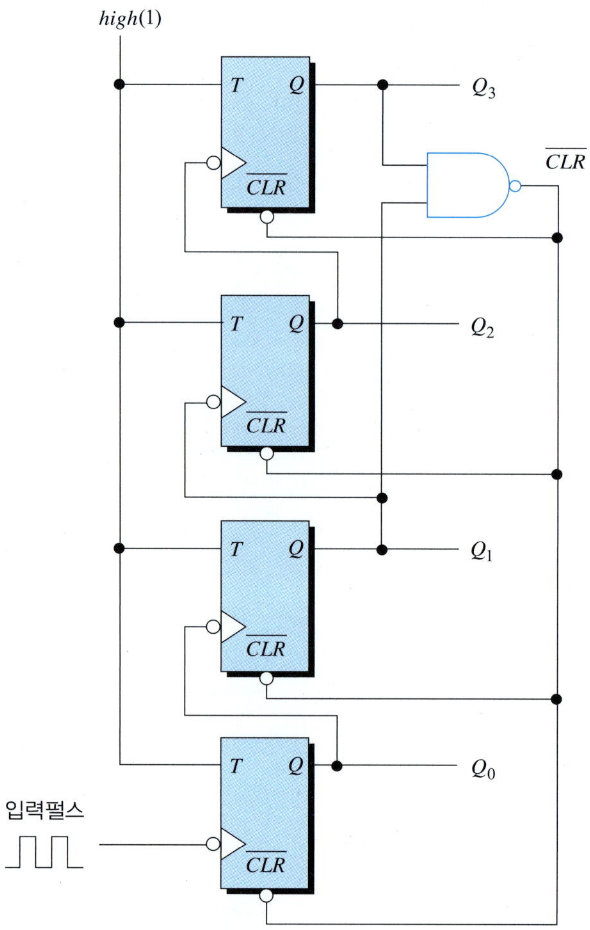

그림 L-21 BCD 리플 카운터

실험 10: 동기식 업-다운 카운터

실험 목적 제어 신호에 따라 업-카운팅(up-counting) 혹은 다운-카운팅(down-counting)을 선택적으로 수행할 수 있는 카운터를 구성하고 실험한다.

실험 절차

① 7476(*JK* 플립-플롭) 칩을 이용하여 그림 L-22(본문 그림 8-18)와 같은 업-다운 카운터 회로를 구성하라.

② *UP/DOWN* 선택신호를 그림 L-22와 같이 1~4 주기 동안에는 '1'(UP), 5~11 주기 동안은 '0'(DOWN), 그리고 12~16 주기에서는 다시 '1'(UP)으로 인가하라. 그 동안에 푸시 버튼 스위치를 이용하여 입력 펄스를 계속 발생시키면서, 그림 L-23의 아래와 같은 출력 파형들을 얻을 수 있는지 확인하라.

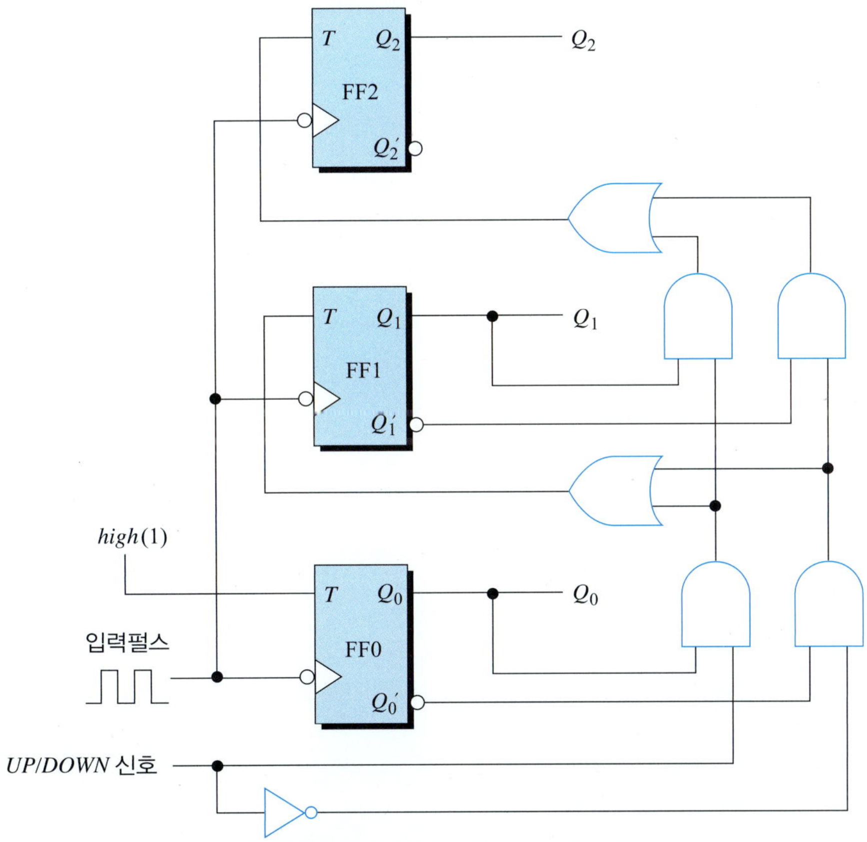

그림 L-22 업-다운 카운터의 구성도

확 인

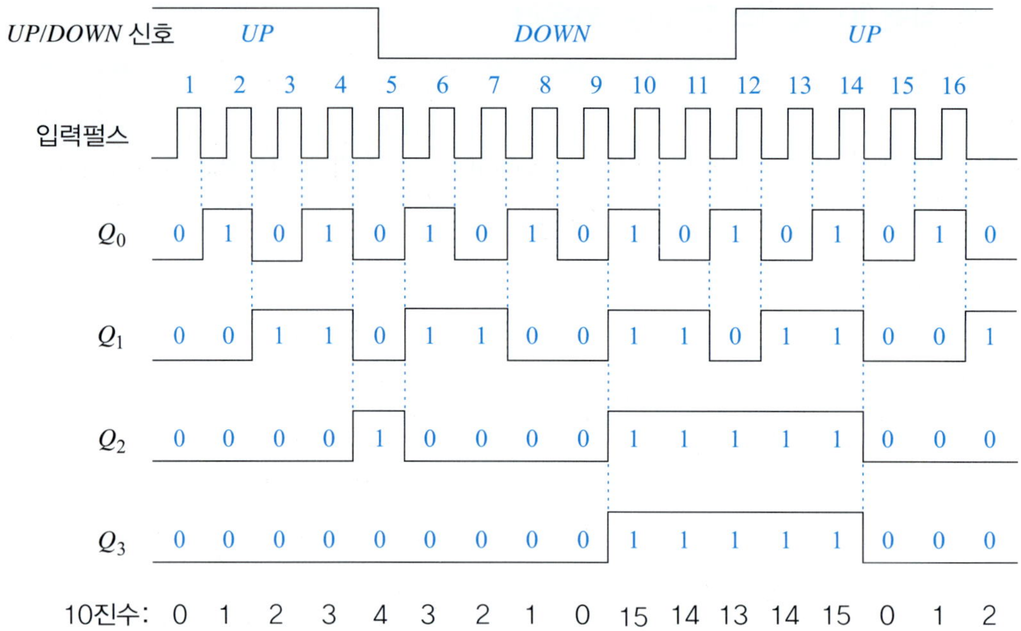

그림 L-23 업-다운 카운터의 실험을 위한 입력 및 출력 결과 파형

참고문헌

[BOO54] Boole, G. *An Investigation of the Laws of Thought*, New York: Dover, 1954.

[CAV84] Cavanagh, J. J. *Digital Computer Arithmetic*, New York: McGraw-Hill, 1984.

[DIE88] Dietmeyer, D. L. *Logic Design of Digital Systems*, 3rd Ed., Borton: Allyn Bacon, 1988.

[ERC03] Ercegovac, M. *Digital Arithmetic*, Morgan Kaufmann Publishing, 2003.

[FLO15] Floyd, T. L. *Digital Fundamentals*, 11th Ed., Hoboken, NJ: Pearson, 2015.

[HAM50] Hamming, R. W. "Error Detecting and Error Correcting Codes," *Bell System Technology Journal*, Vol. 29, 1950, pp. 147–160.

[HAR13] Harris, D. M. and S. L. Harris, *Digital Design and Computer Architecture*, 2nd Ed., Elsevier, 2013.

[HIL81] Hill, F. J., and G. R. Peterson, *Introduction to Switching Theory and Logical Design*, 3rd Ed., New York: John Wiley, 1981.

[HTF17] https://www.openpr.com/news/865478/3d-ic-and-2-5d-ic-packaging-market-in-depth-analysis-taiwan-semiconductor-samsung-electronics.html

[KAM13] Kamel, E. and K. Kamel, *Programmable Logic Controllers*, New York: McGraw-Hill, 2013.

[KAR53] Karnaugh, M. "A Map Method for Synthesis of Combinational Logic Circuits," *Trans. on AIEE, Communication and Electronics*, Vol. 72, pp. 593–599, 1953.

[KAT12] Katz, R. H. *Contemporary Logic Design*, Upper Saddle River, NJ: Prentice-Hall, 2012.

[KIT82] Kitson, B. *Programmable Array Logic Handbook*, Sunnyvale, CA: Advanced Micro Devices, 1982.

[LAL14] Lala, P. K. *Principles of Modern Digital Design*, Wiley-interscience, 2014.

[LIN83] Lin, S. and D. J. Costello, *Error Control Coding*, Englewood Cliffs, NJ: Prentice-Hall, 1983.

[MAN15] Mano, M. and C. R. Kime, *Logic and Computer Design Fundamentals*, 5th Ed., Upper Saddle River, NJ: Prentice-Hall, 2015.

[MAN11] Mano, M. M. *Digital Design*, 5th Ed., Englewood Cliffs, NJ: Prentice-Hall, 2011.

[MAR15] Marcovitz, A. B. *Introduction to Digital Logic Design*, 3rd Ed., New York: McGraw-Hill, 2015.

[McC86] McCluskey, E. J. *Logic Design Principles*, Englewood Cliffs, NJ: Prentice-Hall, 1986.

[NEL97] Nelson, V. P., et. al, *Digital Logic Circuit Analysis and Design*, Upper Saddle River, NJ: Prentice-Hall, 1997.

[PAR12] Parhami, B. *Algorithms and Design Methods for Digital Computer Arithmetic*, 2nd Ed., Oxford University Press, 2012.

[ROT92] Roth, C. H. *Fundamentals of Logic Design*, 4th Ed., St. Paul: West, 1992.

[SAL13] Salcic, Z. S. *Digital System Design and Prototyping Using Field Programmable Logic*, NY: Springer Publishing, 2013.

[SHA58] Shannon, C. E. "A Symbolic Analysis of Relay and Switching Circuits," *Trans. on AIEE*, vol. 57, 1958, pp. 713–723.

[SMT21] http://smtfocus.co.kr/article/articleView.asp?c_no1=&idx=1518

[TEX02] *Programmable Logic Data Book*, Dallas: Texas Instruments, 2002.

[TOC01] Tocci, R. J. and J. S. Widmer, *Digital Systems Principles and Applications*, 8th Ed., Upper Saddle River, NJ: Prentice-Hall. 2001.

[TRI94] Trimberger, S. M. *Field Programmable Gate Array Technology*, Boston: Kluwer Academics Publication, 1994.

[WAK00] Wakerly, J. F. *Digital Design: Principles and Practices*, 3rd Ed., Upper Saddle River, NJ: Prentice-Hall, 2000.

[XIL94] *The Programmable Logic Data Book*, 2nd Ed., San Jose, CA: Xilinx Inc., 1994.

찾 아 보 기